普通高等教育"十一五"国家级规划教材

高等数学

（经济管理类）

第 4 版

主　编　刘金林

副主编　蒋国强　钱　林

参　编　孟国明　翟高岭　蔡苏淮

机械工业出版社

本书系普通高等教育"十一五"国家级规划教材,内容包括函数、极限与连续、导数与微分、微分中值定理及导数的应用、不定积分、定积分及其应用、微分方程及差分方程初步、多元函数微积分学、无穷级数共 9 章,各节后配有习题,各章后配有总习题,并在书后给出了部分习题的参考答案与提示.为了提高读者运用数学知识处理实际经济问题的能力,书中还介绍了一定数量的经济应用例题.本书结构严谨,逻辑清晰,叙述详尽,通俗易懂,例题较多,习题丰富,便于教与学.

本书可供高等院校经济管理类各专业选用,也可供其他相关专业选用或供报考经济管理类硕士研究生的读者参考.

图书在版编目(CIP)数据

高等数学:经济管理类/刘金林主编.—4 版.—北京:机械工业出版社,2013.9
(2023.7 重印)

普通高等教育"十一五"国家级规划教材

ISBN 978-7-111-43397-2

Ⅰ.①高… Ⅱ.①刘… Ⅲ.①高等数学—高等学校—教材 Ⅳ.①O13

中国版本图书馆 CIP 数据核字(2013)第 165992 号

机械工业出版社(北京市百万庄大街 22 号 邮政编码 100037)
策划编辑:韩效杰 责任编辑:韩效杰 陈崇昱
责任校对:刘雅娜 封面设计:路恩中
责任印制:邹 敏
三河市宏达印刷有限公司印刷
2023 年 7 月第 4 版第 11 次印刷
184mm×240mm · 28 印张 · 484 千字
标准书号:ISBN 978-7-111-43397-2
定价:55.00 元

电话服务 网络服务

客服电话:010-88361066 机 工 官 网:www.cmpbook.com

010-88379833 机 工 官 博:weibo.com/cmp1952

010-68326294 金 书 网:www.golden-book.com

封底无防伪标均为盗版 机工教育服务网:www.cmpedu.com

第 4 版前言

《高等数学(经济管理类)》(第 4 版)是在《高等数学(经济类)》(第 3 版)的基础上,根据编者多年丰富的教学实践经验和对教学改革的认识,以及使用本教材的同行和读者们提出的宝贵意见进行修订的.

第 4 版保持了第 3 版的优点与特色,着重强调数学的思想方法,注重培养学生的数学思维能力,提高学生的数学素质与创新能力.为此我们重新进行了章节的划分、内容的重写和结构的调整.修订时也注意吸收国内外一些优秀教材在习题配置方面的优点,对本书第 3 版中的习题做了较大的调整.

党的二十大报告指出:"教育是国之大计、党之大计.培养什么人、怎样培养人、为谁培养人是教育的根本问题.育人的根本在于立德."为了更好引导广大学生关注时代社会,厚植家国情怀,拓展知识视野,本教材在每章设置了视频观看学习任务,激发学生怀抱梦想又脚踏实地,敢想敢为又善作善成,立志做有理想、敢担当、能吃苦、肯奋斗的新朝代好青年.

本次修订工作由刘金林、蒋国强、钱林、孟国明、翟高岭、蔡苏淮完成.

本次修订过程中,得到了机械工业出版社和扬州大学的大力支持和帮助,并得到了扬州大学教材出版基金资助,在此表示衷心的感谢.

书中难免有不妥之处,敬请广大专家、同行及读者给予批评指正.

目　录

第1章

函　数

人民的数学家——
华罗庚

世界万物都处于运动和变化之中.哪里有运动和变化,哪里就有变量.变量之间的关系反映了事物运动的规律.函数是变量之间关系的一种体现,是近代数学的一个基本概念,是微积分学的主要研究对象.

作为学习微积分的准备,本章主要讲述函数的一些基本知识.

1.1　实数

数(shù)起源于数(shǔ)和度量.人类对于数的认识过程与数学科学的发展过程是密不可分、相互影响的.因为微积分学是在实数范围内研究函数的,所以我们先简单介绍实数的有关知识.

1.1.1　实数的基本结论

(1)实数分为有理数和无理数两类.

(2)实数可以比较大小.任意两个实数a,b必满足下述三个关系之一:
$$a < b, \quad a = b, \quad a > b.$$

(3)任何两个不相等的实数之间必有另一个实数.

(4)建立数轴后,实数与数轴上的点一一对应,故习惯上也称数为"点".

(5)任意两个实数的和、差、积、商(除数不为0)仍是实数.

1.1.2　实数的绝对值

实数a的绝对值记为$|a|$,定义为$|a| = \begin{cases} a, & a \geq 0, \\ -a, & a < 0, \end{cases}$其几何意义是

数轴上的点 a 到原点的距离. 而 $|a-b|$ 表示点 a 与点 b 之间的距离.

实数的绝对值具有下列性质:

(1) $|a|\geqslant 0$, $|a|=0$ 当且仅当 $a=0$.

(2) $|a|=|-a|$, $|a|=\sqrt{a^2}$.

(3) $-|a|\leqslant a\leqslant|a|$, $|a|\leqslant B(B>0)$ 等价于 $-B\leqslant a\leqslant B$.

(4) $|a+b|\leqslant|a|+|b|$ (三角不等式).

(5) $|a-b|\geqslant\big||a|-|b|\big|\geqslant|a|-|b|$.

(6) $|ab|=|a||b|$, $\left|\dfrac{a}{b}\right|=\dfrac{|a|}{|b|}$ $(b\neq 0)$.

1.2　常用数集

元素都是数的集合称为**数集**,常见的数集有以下几种:

(1) 全体实数的集合,记为 **R**.

(2) 全体整数的集合,记为 **Z**.

(3) 全体自然数的集合 $\{0,1,2,3,\cdots\}$,记为 **N**.

(4) 全体正整数的集合 $\{1,2,3,\cdots\}$,记为 $\mathbf{N}_+$ 或 $\mathbf{Z}_+$.

(5) 全体有理数的集合,记为 **Q**.

区间也是常用的一类数集.

设 $a,b\in\mathbf{R}$,且 $a<b$,则:

数集 $\{x|a<x<b\}$ 称为**开区间**,记作 (a,b),即 $(a,b)=\{x|a<x<b\}$;

数集 $\{x|a\leqslant x\leqslant b\}$ 称为**闭区间**,记作 $[a,b]$,即 $[a,b]=\{x|a\leqslant x\leqslant b\}$;

数集 $\{x|a\leqslant x<b\}$ 及 $\{x|a<x\leqslant b\}$ 称为**半开区间**,分别记作 $[a,b)$ 与 $(a,b]$,即 $[a,b)=\{x|a\leqslant x<b\}$,$(a,b]=\{x|a<x\leqslant b\}$.

以上这些区间都称为**有限区间**,a,b 称为这些**区间的端点**,数 $b-a$ 称为这些**区间的长度**. 此外,还有所谓无限区间. 引进记号 $+\infty$(读作正无穷大)及 $-\infty$(读作负无穷大),则可类似地定义无限区间. 无限区间有两类共四种,它们的记号及定义如下:

$$(a,+\infty)=\{x|x>a\}, \quad (-\infty,b)=\{x|x<b\};$$

$$[a,+\infty)=\{x|x\geqslant a\}, \quad (-\infty,b]=\{x|x\leqslant b\}.$$

实数集 **R** 也可记作 $(-\infty,+\infty)$,即 $(-\infty,+\infty)=\mathbf{R}$,它也是无限区间.

在本教材中,当不需要辨明所讨论区间的类型时,我们常将其简称为"区间",且常用大写字母 I 表示.

当考虑某点附近的点所构成的集合时,我们需要引入邻域的概念.

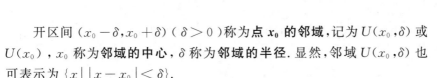
开区间 $(x_0 - \delta, x_0 + \delta)$ $(\delta > 0)$ 称为**点 x_0 的邻域**,记为 $U(x_0, \delta)$ 或 $U(x_0)$,x_0 称为**邻域的中心**,δ 称为**邻域的半径**. 显然,邻域 $U(x_0, \delta)$ 也可表示为 $\{x \mid |x - x_0| < \delta\}$.

点 x_0 的邻域去掉中心 x_0 后,得到的集合 $(x_0 - \delta, x_0) \bigcup (x_0, x_0 + \delta)$ 称为**点 x_0 的去心邻域**,记为 $\mathring{U}(x_0, \delta)$ 或 $\mathring{U}(x_0)$. 显然,$\mathring{U}(x_0, \delta) = \{x \mid 0 < |x - x_0| < \delta\}$.

当不需要指明邻域的半径时,我们常说"**点 x_0 的某一邻域**"(或"**点 x_0 的某一去心邻域**"),并记为 $U(x_0)$(或 $\mathring{U}(x_0)$). 有时为了方便,也把开区间 $(x_0 - \delta, x_0)$ 称为**点 x_0 的左邻域**,而把开区间 $(x_0, x_0 + \delta)$ 称为**点 x_0 的右邻域**.

1.3 函 数

1.3.1 常量与变量

定义 1-1　在观察某事物的过程中,若某个量的取值始终不变,则称该量为**常量**;而可取不同的值的量称为**变量**.

由定义可知,一个量是否为变量与观察事物的过程有关. 例如,重力加速度在同一地点是常量,在不同地点观测,则它是变量. 又如,市场上某种商品的价格在短期内是常量,而在较长的时间内它会变化,是变量. 因此,常量与变量的区别不是绝对的,它们在一定的条件下可以相互转化. 从取值范围来看,常量可以看成是仅在单元素集合取值的量,因此常量可看成是变量的特例.

1.3.2 函数的概念

在研究问题时涉及的变量往往不止一个. 变量之间常常会有某种确定的对应关系.

【例 1-1】　设某种商品的价格为 2 元/件,销售量为 q 件,销售收入为 R 元,则 $R = 2q$. 销售量变化时,销售收入也随之发生变化,且销售量确定后,销售收入也随之确定.

【例 1-2】　某气象站用温度自动记录仪记录气温变化情况. 设某天 24h 内的气温变化曲线如图 1-1 所示.

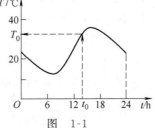

图　1-1

由图可知,该天任一时刻 t_0 对应的气温为 T_0(℃).

【例 1-3】 据统计,1960—1966 年世界人口增长情况如表 1-1 所示.

表 1-1

年份	1960	1961	1962	1963	1964	1965	1966
人口/百万	2972	3061	3151	3213	3234	3285	3356

由表可以看出人口数量随年份变化的对应规律.

以上几个例子的实际意义虽不同,但都通过特定对应法则(公式、图像、表格)反映了两个变量之间的对应关系.这种对应关系就是我们要研究的函数关系.

定义 1-2 设 x,y 是两个变量,D 是一个非空数集,对于每个 $x \in D$,变量 y 按照某个对应法则总有唯一确定的数值与之对应,则称 y 是 x 的**函数**,记作 $y = f(x)$,有时简记为 $f(x)$ 或 f,称 x 是**自变量**,y 是**因变量**,称 D 是函数的**定义域**,记作 D_f,即 $D_f = D$.

当变量 x 取值 $x_0 \in D$ 时,称 $f(x)$ 在点 x_0 处有定义,与之对应的变量 y 的值 y_0 被称为函数 $y = f(x)$ 在点 x_0 处的函数值,并记为 $f(x_0)$ 或 $y|_{x=x_0}$.当 x 取遍 D 中的各个值时,对应的函数值的全体组成的集合

$$Z_f = \{y \mid y = f(x), x \in D\}$$

称为函数的**值域**.平面直角坐标系中的点集 $\{(x,y) \mid y = f(x), x \in D\}$ 称为函数的**图像**.

函数 $y = f(x)$ 的图像通常是一条曲线,因此常常又称函数 $y = f(x)$ 的图像为曲线 $y = f(x)$.有的函数的图像只是散布在坐标平面上的一些点,如例 1-3 的图像.有的函数的图像无法描绘出来,如 Dirichlet 函数

$$y = \begin{cases} 1, x \in \mathbf{Q}, \\ 0, x \in \mathbf{R} \backslash \mathbf{Q}. \end{cases}$$

关于函数的定义域,对于有实际背景的函数,其定义域应根据实际背景中变量的实际意义确定.例如,圆的面积 s 是半径 r 的函数,即 $s = \pi r^2$,由于圆的半径一定是正数,因此这个函数的定义域为区间 $(0, +\infty)$.对于与具体的实际问题无关,而抽象地用解析式(公式)表示的函数,通常约定其定义域是使得解析式有意义的自变量的一切实数取值所构成的集合.这种定义域是由函数的解析式自然确定的,给定了解析式也就同时给定了定义域,故称为函数的**自然定义域**.

【例 1-4】 求函数 $y = \dfrac{\sqrt{x+2}}{x-3} + \lg(5-x)$ 的定义域.

解 使函数有意义,须 $\begin{cases} x+2 \geqslant 0, \\ x-3 \neq 0, \\ 5-x > 0, \end{cases}$ 即 $D = \{x \mid -2 \leqslant x < 5, x \neq 3\}$.

由函数的定义可知,只要函数的定义域与对应法则确定了,函数也就确定了,而自变量与因变量用什么字母表示并不重要.因此,定义域与对应法则称为**确定函数的基本要素**.两个函数相同当且仅当它们的定义域与对应法则分别相同.

【**例 1-5**】 判断下列各组中的两函数是否为同一个函数.

(1)函数 $y = \dfrac{x}{x(1+x)}$ 与函数 $y = \dfrac{1}{1+x}$.

(2)函数 $y = |x|$,$x \in \{-1, 0, 1\}$ 与函数 $s = t^2$,$t \in \{-1, 0, 1\}$.

(3)函数 $y = |x|$,$x \in \{-1, 0, 1\}$ 与函数 $y = x^3$,$x \in \{-1, 0, 1\}$.

解 (1)这两个函数的定义域不同.前者的定义域为 $\{x \mid x \neq 0, x \neq -1\}$,后者的定义域为 $\{x \mid x \neq -1\}$,故它们不是同一个函数.

(2)这两个函数的定义域和对应法则分别相同,所以是同一个函数.

(3)这两个函数的定义域相同,但对应法则不同,所以不是同一个函数.

1.3.3 函数表示法

在中学里我们已经学过,表示函数的常用方法有解析法(公式法)、图像法和表格法.本课程所讨论的函数一般用解析法表示,有时还同时画出其图像,以便对函数进行分析研究.

根据函数解析式形式的不同,函数又可分为**显函数**与**隐函数**.如果因变量可以由自变量的解析式直接表示出来,那么就称函数为**显函数**.例如,$y = x^2 - 3x$.我们遇到的函数一般都是显函数.如果自变量 x 与因变量 y 的对应关系由一个二元方程 $F(x, y) = 0$ 来表示,那么这样的函数称为**隐函数**.例如,由方程 $\sqrt[3]{x-y} + \sin 2x - 1 = 0$ 确定的函数就是隐函数.

用解析式表示函数时,一般一个函数仅用一个式子表示,但有些函数在其定义域的不同部分,对应法则需要用不同的式子表示,这种函数称为**分段函数**.例如,

$$y = \begin{cases} x^2, & -1 \leqslant x \leqslant 1, \\ 2-x, & x > 1 \end{cases}$$

就是定义在 $[-1, +\infty)$ 上的一个分段函数.当 $x \in [-1, 1]$ 时,函数的对应法则由 $y = x^2$ 确定;当 $x \in (1, +\infty)$ 时,函数的对应法则由 $y = 2-x$ 确

6

定.该函数的图像如图 1-2 所示.

又例如,符号函数(图像见图 1-3)

$$y = \operatorname{sgn} x = \begin{cases} -1, & x < 0, \\ 0, & x = 0, \\ 1, & x > 0 \end{cases}$$

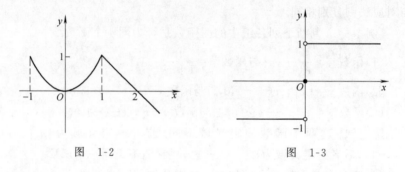

图 1-2   图 1-3

与取整函数

$$y = [x]$$

都是分段函数.这里记号 $[x]$ 表示不超过数 x 的最大整数.例如,$[2.1] = 2, [4.9] = 4, [\pi] = 3, [-2.03] = -3$ 等.

必须指出的是,在定义域的不同范围内用几个不同的式子表示一个(不是几个!)函数,不仅不会与函数的定义产生矛盾,而且还具有现实意义.在许多实际问题中经常会遇到分段函数的情形.

【例 1-6】 某运输公司是这样规定每吨货物的运价的:在 $a\,\mathrm{km}$ 以内时,运价为 k 元/km;超过 $a\,\mathrm{km}$ 时,超过部分的运价为 $0.8k$ 元/km.试建立运价 m 与里程 s 之间的函数关系.

解   根据题意,可得运价 m 与里程 s 之间的函数关系为

$$m = \begin{cases} ks, & 0 < s \leqslant a, \\ ka + 0.8k(s-a), & s > a. \end{cases}$$

1.4   函数的几种特性

1.4.1   单调性

定义 1-3   设函数 $f(x)$ 的定义域为 D,区间 $I \subset D$.

(1)若 $\forall x_1, x_2 \in I$,当 $x_1 < x_2$ 时,有 $f(x_1) < f(x_2)$,则称函数 $f(x)$ 在区间 I 上单调增加,并称区间 I 为函数 $f(x)$ 的单调增区间;

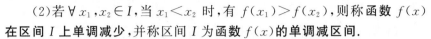
(2)若 $\forall x_1, x_2 \in I$,当 $x_1 < x_2$ 时,有 $f(x_1) > f(x_2)$,则称函数 $f(x)$ 在区间 I 上单调减少,并称区间 I 为函数 $f(x)$ 的单调减区间.

函数的单调增区间和单调减区间统称为函数的单调区间.若函数 $f(x)$ 在其定义域内单调增加(或单调减少),则称 $f(x)$ 为**单调增函数**(或**单调减函数**).单调增函数和单调减函数统称为**单调函数**.

从几何上看,单调增函数的图形是沿 x 轴正向逐渐上升的;单调减函数的图形是沿 x 轴正向逐渐下降的.

【例 1-7】 (1)函数 $y = x^2$ 在区间 $(-\infty, 0)$ 内单调减少,在区间 $(0, +\infty)$ 内单调增加.但此函数不是单调函数.

(2)函数 $y = x^3$ 在其定义域上是单调增加的,是单调函数.

(3)函数 $y = \begin{cases} 1, & x \in \mathbf{Q}, \\ -1, & x \in \mathbf{R} \backslash \mathbf{Q} \end{cases}$ 在任何区间上都不单调.

1.4.2 有界性

定义 1-4 设函数 $f(x)$ 的定义域为 D,数集 $I \subseteq D$.

(1)如果存在正数 C,使 $\forall x \in I$,都有 $|f(x)| \leqslant C$,则称函数 $f(x)$ 在 I 上**有界**.否则称函数 $f(x)$ 在 I 上无界,即若对于任意给定的正常数 M,存在 $x_0 \in I$,使 $|f(x_0)| > M$.

(2)如果存在常数 C,使 $\forall x \in I$,都有 $f(x) \leqslant C$,则称函数 $f(x)$ 在 I 上**有上界**.

(3)如果存在常数 C,使 $\forall x \in I$,都有 $f(x) \geqslant C$,则称该函数在 I 上**有下界**.

若函数在其定义域上有界,则称此函数为**有界函数**.显然,有界函数既有上界又有下界.反之,既有上界又有下界的函数必有界.有界函数在图像上的特征是它的图像夹在两条水平线之间.

【例 1-8】 (1)函数 $y = \sin x, y = \cos x, y = \dfrac{2x}{1+x^2}$ 都是有界函数.

(2)函数 $y = \dfrac{1}{x}$ 在区间 $(1, 2)$ 内有界,在区间 $(0, 1)$ 内无界,但在区间 $(0, 1)$ 内有下界.

由例 1-7、例 1-8 可知,函数的单调性、有界性都与所讨论的区间有关.

1.4.3 奇偶性

定义 1-5 设函数 $f(x)$ 的定义域为 D,且对于 $\forall x \in D$,总有

$-x \in D$.

(1)若 $\forall x \in D$,有 $f(-x) = f(x)$,则称此函数为**偶函数**;

(2)若 $\forall x \in D$,有 $f(-x) = -f(x)$,则称此函数为**奇函数**.

由定义 1-5 可知,奇(偶)函数的定义域一定关于原点对称.奇函数的图像关于原点中心对称,偶函数的图像关于 y 轴轴对称.

【**例 1-9**】 判定下列函数的奇偶性.

(1)$f(x) = x^3 \cos x$.

(2)$f(x) = \ln(x + \sqrt{1+x^2})$.

(3)$f(x) = x^3 + x^2$.

解 易见,所给函数的定义域都是 $\mathbf{R} = (-\infty, +\infty)$,它关于原点对称.

(1)因为

$$f(-x) = (-x)^3 \cos(-x) = -x^3 \cos x = -f(x),$$

所以,$f(x)$ 为奇函数.

(2)因为

$$f(-x) + f(x) = \ln(-x + \sqrt{1+x^2}) + \ln(x + \sqrt{1+x^2})$$
$$= \ln\left((-x + \sqrt{1+x^2})(x + \sqrt{1+x^2})\right)$$
$$= \ln 1 = 0,$$

从而 $f(-x) = -f(x)$,此函数为奇函数.

(3)因为 $f(-x) = -x^3 + x^2$ 不恒等于 $f(x)$ 或 $-f(x)$,故此函数既非奇函数,亦非偶函数.

1.4.4 周期性

定义 1-6 设函数 $f(x)$ 的定义域为 D.如果存在常数 $T > 0$,使对 $\forall x \in D$,都有 $x \pm T \in D$,且

$$f(x+T) = f(x),$$

则称 $f(x)$ 为**周期函数**,称常数 T 为此函数的周期.

通常,周期函数的周期是指**最小正周期**.例如,$y = \sin x, y = \cos x$ 都是周期函数,周期为 2π.但并非每个周期函数都有最小正周期.例如,函数 $y = C$(C 为某个常数)是周期函数,任何正实数均为其周期,但它没有最小正周期.

【**例 1-10**】 证明 $f(x) = x \sin x$ 不是周期函数.

证 反证法

设 $f(x)$ 以 T 为周期,则 $\forall x \in \mathbf{R}$,都有

$$(x+T)\sin(x+T)=x\sin x, \tag{1-1}$$

特别地,当 $x=0$ 时,则有 $T\sin T=0$,可知 $\sin T=0$,进而将 $T=n\pi(n\in \mathbf{N}_+)$ 代入式(1-1)整理得

$$[(-1)^n(x+n\pi)-x]\sin x\equiv 0.$$

由 x 的任意性,取 $x=1$,则有 $\pi=\dfrac{(-1)^n-1}{n}$,这与 π 是无理数矛盾. 因此该函数不是周期函数. 证毕.

1.5 反函数

在一个问题的两个变量中,将哪个变量作为自变量并非一成不变,常取决于研究和解决问题的目的及方法. 例如在例 1-1 中,如果我们想由销售收入来推知销售量,则可由 $R=2q$ 得 $q=\dfrac{1}{2}R$. 由后一个式子,只要知道了销售收入 R 的值,就可方便地找到销售量 q 的唯一对应值,此时,销售收入 R 就可看成自变量,函数 $q=\dfrac{1}{2}R$ 就称为 $R=2q$ 的反函数.

定义 1-7 设 $y=f(x)$ 的定义域为 D,值域为 Z_f. 如果对于每个 $y\in Z_f$,都有唯一的对应值 $x\in D$,满足 $y=f(x)$,则依此对应法则定义了一个以 Z_f 为定义域,y 为自变量,x 为因变量的函数,称此函数为 $y=f(x)$ 的**反函数**,记为 $x=f^{-1}(y)$.

由定义可知,反函数的定义域就是原来函数的值域;反函数的值域就是原来函数的定义域. 习惯上把反函数 $x=f^{-1}(y)$ 中的字母 x,y 互换,写成 $y=f^{-1}(x)$,容易证明 $y=f(x)$ 与 $y=f^{-1}(x)$ 的图像关于直线 $y=x$ 对称. 显然,单调函数必有反函数. 且反函数与原来的函数具有相同的单调性.

【例 1-11】 设 $y=f(x)=\sqrt{1-x^2}$,$D_f=[-1,0]$,求反函数及其定义域与值域.

解 由 $y=\sqrt{1-x^2}$ 解出 x(注意 $x\in[-1,0]$),得

$$x=-\sqrt{1-y^2},$$

将上式中的字母 x,y 对调,得 $y=\sqrt{1-x^2}$ 的反函数为

$$y=-\sqrt{1-x^2},$$

其定义域为 $D=Z_f=[0,1]$,值域为 $Z=D_f=[-1,0]$.

1.6 基本初等函数

基本初等函数是最常见、最基本的一类函数. 基本初等函数包括常数

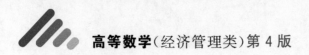

函数、幂函数、指数函数、对数函数、三角函数和反三角函数. 在中学里这些函数大多数已作过介绍,现对其扼要复习一下.

1. 常数函数

$$y = C \quad (C \text{ 为常数}).$$

常数函数的定义域为 $(-\infty, +\infty)$,无论 x 取何值,对应的 y 值都是常数 C,常数函数的图像见图 1-4.

2. 幂函数

$$y = x^{\alpha} \quad (\alpha \text{ 为常数}).$$

随 α 值的不同,幂函数的定义域和值域会不同. 但不论 α 为何值,幂函数在区间 $(0, +\infty)$ 内总有定义,且图像都经过点 $(1,1)$. 几个不同的幂函数的图像见图 1-5.

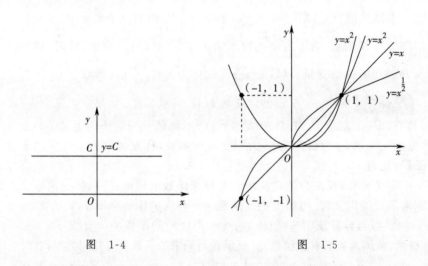

图 1-4   图 1-5

3. 指数函数

$$y = a^x \quad (a > 0, a \neq 1, a \text{ 是常数}).$$

此函数的定义域为 $(-\infty, +\infty)$,值域为 $(0, +\infty)$. 当 $a > 1$ 时,函数单调增加;当 $0 < a < 1$ 时,函数单调减少. 图像过点 $(0,1)$,如图 1-6 所示.

4. 对数函数

$$y = \log_a x \quad (a > 0, a \neq 1, a \text{ 是常数}).$$

对数函数 $y = \log_a x$ 是指数函数 $y = a^x$ 的反函数,其定义域为 $(0, +\infty)$,值域为 $(-\infty, +\infty)$. 当 $a > 1$ 时,函数单调增加;当 $0 < a < 1$ 时,函数单调减少. 函数 $y = \log_a x$ 的图像总通过点 $(1,0)$,见图 1-7.

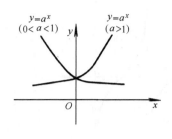

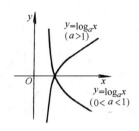

图 1-6   图 1-7

特别地,在高等数学中,常用到以 e 为底的指数函数(e^x)和对数函数($\log_e x$,记为 ln x,称为自然对数).这里常数 e 是无理数,e=2.7182818 …(见第 2 章 2.5.2)

5.三角函数

常用的三角函数有正弦函数 $y=\sin x$,余弦函数 $y=\cos x$,正切函数 $y=\tan x$,余切函数 $y=\cot x$,此外,还有正割函数 $y=\sec x$,余割函数 $y=\csc x$.

正弦函数与余弦函数的定义域都是 $(-\infty,+\infty)$,值域都是 $[-1,1]$,都以 2π 为最小正周期,见图 1-8 和图 1-9.正切函数的定义域为 $\{x \mid x \neq n\pi + \frac{\pi}{2}, n \in \mathbf{Z}\}$.余切函数的定义域为 $\{x \mid x \neq n\pi, n \in \mathbf{Z}\}$,正切函数

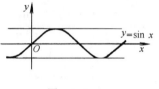

图 1-8

与余切函数的值域都是 $(-\infty,+\infty)$,都以 π 为最小正周期.见图 1-10 和图 1-11.

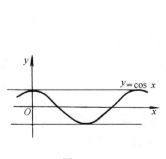

图 1-9

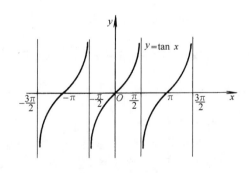

图 1-10

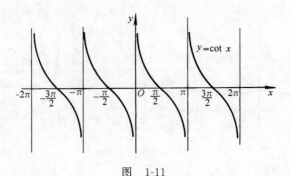

图　1-11

$\sin x,\tan x,\cot x,\csc x$ 都是奇函数;$\cos x,\sec x$ 都是偶函数.

以下是一些常用的三角函数之间的关系式:

(1)$\sin^2 x+\cos^2 x=1$.

(2)$\tan x=\dfrac{\sin x}{\cos x},\cot x=\dfrac{\cos x}{\sin x}$.

(3)$\sec x=\dfrac{1}{\cos x},\csc x=\dfrac{1}{\sin x}$.

(4)$1+\tan^2 x=\sec^2 x,1+\cot^2 x=\csc^2 x$.

(5)$\sin(\alpha\pm\beta)=\sin\alpha\cos\beta\pm\cos\alpha\sin\beta$,特别地,

$\quad\sin 2x=2\sin x\cos x$.

(6)$\cos(\alpha\pm\beta)=\cos\alpha\cos\beta\mp\sin\alpha\sin\beta$,特别地,

$\quad\cos 2x=\cos^2 x-\sin^2 x=2\cos^2 x-1=1-2\sin^2 x$.

利用(5)、(6)可以推得以下关系式:

(7)$2\sin\alpha\cos\beta=\sin(\alpha+\beta)+\sin(\alpha-\beta)$.

(8)$2\cos\alpha\cos\beta=\cos(\alpha+\beta)+\cos(\alpha-\beta)$.

(9)$2\sin\alpha\sin\beta=\cos(\alpha-\beta)-\cos(\alpha+\beta)$.

(10)$\sin\alpha\pm\sin\beta=2\sin\dfrac{\alpha\pm\beta}{2}\cos\dfrac{\alpha\mp\beta}{2}$.

(11)$\cos\alpha+\cos\beta=2\cos\dfrac{\alpha+\beta}{2}\cos\dfrac{\alpha-\beta}{2}$.

(12)$\cos\alpha-\cos\beta=-2\sin\dfrac{\alpha+\beta}{2}\sin\dfrac{\alpha-\beta}{2}$.

6. 反三角函数

三角函数 $y=\sin x,y=\cos x,y=\tan x$ 和 $y=\cot x$ 都是周期函数,对值域中的任意一个 y 值,总有无穷多个 x 的值与之对应,在整个定义域内这四个三角函数不存在反函数.但当限定 x 分别在区间 $\left[-\dfrac{\pi}{2},\dfrac{\pi}{2}\right]$,

$[0,\pi]$，$\left(-\dfrac{\pi}{2},\dfrac{\pi}{2}\right)$，$(0,\pi)$内变化时，上述四个函数在相应的区间上单调，从而反函数存在，依次定义它们的反函数为：

反正弦函数 $y=\arcsin x$，$x\in[-1,1]$，$y\in\left[-\dfrac{\pi}{2},\dfrac{\pi}{2}\right]$；

反余弦函数 $y=\arccos x$，$x\in[-1,1]$，$y\in[0,\pi]$；

反正切函数 $y=\arctan x$，$x\in(-\infty,+\infty)$，$y\in\left(-\dfrac{\pi}{2},\dfrac{\pi}{2}\right)$；

反余切函数 $y=\text{arccot}\, x$，$x\in(-\infty,+\infty)$，$y\in(0,\pi)$.

它们的图像如图 1-12 所示.

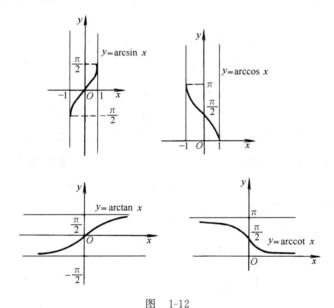

图 1-12

1.7 初等函数

1.7.1 复合函数的概念

设某企业经营者每年的收入 S 与该年的企业利润 L 有关，其函数关系为

$$S = 0.05L. \tag{1-2}$$

而利润 L 则与该企业产品的产量 Q 有关，其关系为

$$L = Q^{0.3}. \tag{1-3}$$

将式(1-3)代入式(1-2)，得

$$S = 0.05Q^{0.3}. \tag{1-4}$$

我们称函数(1-4)是由函数(1-2)与函数(1-3)复合而成的复合函数.

定义 1-8 设函数 $y=f(u)$ 的定义域为 D_f，函数 $u=\varphi(x)$ 的值域为 Z_φ，如果 $D_f \bigcap Z_\varphi \neq \varnothing$，则称函数 $y=f(\varphi(x))$ 为由**函数 $y=f(u)$ 和 $u=\varphi(x)$ 复合而成的复合函数**，并称 u 为**中间变量**.

由定义 1-8 可知，并不是任何两个函数都可以构成复合函数，函数 $y=f(u)$ 和 $u=\varphi(x)$ 能构成复合函数的条件是 $D_f \bigcap Z_\varphi \neq \varnothing$. 例如，函数 $y=f(u)=\arcsin u$ 与函数 $u=\varphi(x)=2+x^2$ 就不能构成复合函数. 因为前者的定义域为 $D_f=[-1,1]$，而者的值域为 $Z_\varphi=[2,+\infty)$，$D_f \bigcap Z_\varphi=\varnothing$.

复合函数的定义域为 $D=\{x \mid x \in D_\varphi, \varphi(x) \in D_f\}$. 例如，函数 $y=\sqrt{u}$ 与函数 $u=1-x^2$ 能构成复合函数 $y=\sqrt{1-x^2}$，它的定义域为

$$D=\{x \mid x \in D_\varphi, \varphi(x) \in D_f\}$$
$$=\{x \mid 1-x^2 \in [0,+\infty)\}=[-1,1].$$

有时复合函数也可以由三个或三个以上的函数复合而成.

【例 1-12】 由 $y=\sqrt{u}, u=v^2+2, v=\sin x$ 复合而成的复合函数为

$$y=\sqrt{\sin^2 x+2},$$

这里有两个中间变量 u, v.

【例 1-13】 设 $f(x)=\dfrac{1}{1+x}$，求 $f(f(x))$.

解 $f(f(x))=\dfrac{1}{1+f(x)}=\dfrac{1}{1+\dfrac{1}{1+x}}=\dfrac{1+x}{2+x}, x \neq -1, -2$.

【例 1-14】 设 $f(x)=\begin{cases} x^2+1, & x \leqslant 0, \\ e^x, & x>0, \end{cases}$ $g(x)=\ln x$，求 $f(g(x)), g(f(x))$.

解 $f(g(x))=\begin{cases} g^2(x)+1, & g(x) \leqslant 0, \\ e^{g(x)}, & g(x)>0 \end{cases}=\begin{cases} (\ln x)^2+1, & 0<x \leqslant 1, \\ x, & x>1. \end{cases}$

$g(f(x))=\begin{cases} g(x^2+1), & x \leqslant 0, \\ g(e^x), & x>0 \end{cases}=\begin{cases} \ln(x^2+1), & x \leqslant 0, \\ x, & x>0. \end{cases}$

在微积分中，我们经常需要对复杂的函数进行分解，也就是要分析一个复合函数是由哪些函数复合而成的.

【例 1-15】 指出下列函数是由哪几个函数复合而成的：

(1) $y=\sqrt{\arcsin x}$；

(2) $y=e^{\cos(x^2+1)}$.

解 （1）此函数由 $y = \sqrt{u}$，$u = \arcsin x$ 复合而成；

（2）此函数由 $y = \mathrm{e}^u$，$u = \cos v$，$v = x^2 + 1$ 复合而成.

1.7.2 初等函数的概念

定义 1-9 由基本初等函数经过有限次四则运算和有限次复合运算构成的并可由一个式子表示的函数，称为**初等函数**.

例如，$y = \sin x + \log_2 (\cos x)$，$y = \dfrac{x^2 \tan x}{1 + x}$ 等都是初等函数. 而

$$y = \begin{cases} 1, & x \in \mathbf{Q}, \\ -1, & x \in \mathbf{R} \backslash \mathbf{Q}, \end{cases} \quad \text{就不是初等函数.}$$

注意 分段函数虽然用多个式子表示，但是不能因此就说分段函数一定不是初等函数.

例如，$f(x) = \begin{cases} -x, & x < 0, \\ x, & x \geqslant 0 \end{cases}$ 是分段函数，但若将其改写成 $f(x) = |x| = \sqrt{x^2}$，则可知它是初等函数.

1.8 简单经济活动中的函数

1.8.1 总成本函数　总收入函数　总利润函数

人们在生产经营活动中总希望以较低的成本（记为 C）获得较高的收入（记为 R）和利润（记为 L）. 而成本、收入、利润这些经济变量都与产品的产量或销售量（记为 x）有关. 经过合理的简化与抽象，它们都可看成产量 x 的函数，分别称为总成本函数、总收入函数、总利润函数，分别记作 $C(x)$，$R(x)$，$L(x)$.

1. 总成本函数

要从事生产就需要投入，如生产所需的场地（厂房）、机器设备、劳动力、能源、原材料等. 它们大体上可分为两大类，一类与产品（商品）的产量（销量）无关，如厂房、设备等，称为固定成本，常用 C_0 表示；另一类随产量（销量）的增加而增加，称为可变成本，如原材料、能源等. 总成本是固定成本与可变成本之和，它是产量（销量）x 的单调增函数. 最简单的总成本函数是线性函数：

$$C = a + bx.$$

其中 a,b 为正的常数；$C\big|_{x=0} = a$ 为固定成本.

若将总成本分摊到每个产品(商品)上,则每个产品所分摊的成本称为平均成本,记为 $\overline{C}$ 或 AC,即 $\overline{C} = \dfrac{C}{x}$.

2. 总收入函数

将产品销售出去就得到收入.设价格为 p,销量为 x,则总收入为 $R = px$.

3. 总利润函数

利润是指收入减去成本后剩余的部分,即 $L = R - C$.

总成本等于总收入的状态称为保本,此时的产量(销量)称为保本点或无盈亏点;当总收入大于总成本时称为盈利;当总收入小于总成本时称为亏本.

【例 1-16】 设某厂每天生产 x 件产品的总成本为 $C(x) = 2.5x + 300$(单位:元).若每天至少能卖出 150 件产品,为了不亏本,单位产品售价至少应定为多少元?

解 为了不亏本,必须使每天售出的 150 件产品的总收入不小于总成本.设此时的价格为 p,则应有

$$150p \geqslant 2.5 \times 150 + 300 = 675,$$

解得 $p \geqslant 4.5$.因此,为了不亏本,价格至少应定为 4.5 元.

【例 1-17】 设某商店以每件 a 元的价格出售某种商品,但若顾客一次购买 50 件以上,则超出部分以每件 $0.9a$ 元的价格出售.试将一次成交的销售收入 R 表示成销售量的函数.

解 由题意可知,一次售出 50 件以内的收入为

$$R = ax, \quad 0 \leqslant x \leqslant 50,$$

而一次售出 50 件以上时,收入为

$$R = 50a + 0.9a(x - 50), \quad x > 50,$$

所以,一次成交的收入与销售量的函数关系是

$$R = \begin{cases} ax, & 0 \leqslant x \leqslant 50, \\ 50a + 0.9a(x - 50), & x > 50. \end{cases}$$

1.8.2 需求函数与供给函数

需求与供给是经济活动中的主要矛盾.在市场经济条件下,需求与供给关系对商品的生产与销售有重要影响,因此它们是经济学研究的重要对象.

一种商品的市场需求量 Q_d 与多种因素有关,如该商品的价格、相关商品的价格、气候、消费者的收入、消费习惯等.为简化问题,不考虑除价格以外的其他因素的影响或把其他因素看做相对稳定,那么需求量可看

成是价格 p 的一元函数,称为需求函数,记为

$$Q_d = f_d(p).$$

通常,需求函数是价格的单调减少函数.最简单、最常见的需求函数是线性需求函数

$$Q_d = a - bp, \quad a > 0, \quad b > 0,$$

其中 a 是价格为零时的最大需求量,$\dfrac{a}{b}$ 为最大销售价格(此时需求量为零).

一个市场上的商品供给量 Q_s 与多种因素有关.与前面类似,为简化问题,在一定条件下供给量也可看成价格的一元函数,称为供给函数.记为

$$Q_s = f_s(p),$$

供给函数是价格的单调增函数.最简单的供给函数为线性供给函数

$$Q_s = -c + dp, \quad c > 0, \quad d > 0.$$

当 $p \leqslant \dfrac{c}{d}$ 时,即 $Q_s \leqslant 0$ 时供给方一般将不向市场提供商品.

使一种商品的市场需求量与供给量相等的价格(记为 p_0)称为均衡价格.

【例 1-18】 某种商品的需求量和供给量与其价格的函数关系分别为

$$Q_d = 14 - 1.5p, \quad Q_s = -5 + 4p,$$

求该商品的均衡价格.

解 由供需平衡的条件 $Q_d = Q_s$ 得

$$14 - 1.5p = -5 + 4p,$$

解得均衡价格为 $p_0 = \dfrac{19}{5.5} \approx 3.45$.

总习题 1

1.求下列函数的定义域:

(1) $y = \arcsin \dfrac{1}{2}(x^2 - x)$;

(2) $y = \dfrac{\ln(1 - 2x)}{x^2 - 1}$;

(3) $y = \arccos \sqrt{\dfrac{x - 1}{x + 1}}$;

(4) $y = \sqrt{-\sin^2(\pi x)}$.

2.判断下列各组中的两个函数是否相同,并说明理由:

(1) $y = \sin(\arcsin x)$,$y = x$;

(2) $y = \ln \dfrac{x + 1}{x - 1}$,$y = \ln(x + 1) - \ln(x - 1)$;

(3) $y = \sqrt{1 - \sin^2 x}$,$s = \cos t$;

(4) $y = |x|, x \in \{0, 1\}$ 与 $y = x^2, x \in \{0, 1\}$.

3. (1) 设 $f(x) = \begin{cases} x+2, & x \leqslant 1, \\ 3x-1, & x > 1, \end{cases} g(x) = \begin{cases} 2x+3, & x < 2, \\ x-4, & x \geqslant 2, \end{cases}$

求 $F(x) = f(x) + g(x)$ 的表达式及 $F(0), F(1), F(2), F(1.5), F(3)$ 的值.

(2) 设 $f(x) = \begin{cases} 1, x \geqslant 0, \\ 0, x < 0, \end{cases} g(x) = \begin{cases} 0, x \geqslant 0, \\ 1, x < 0, \end{cases}$

求函数 $F(x) = f(x)g(x), H(x) = f(x) + g(x)$ 的表达式.

4. 下列函数哪些是奇函数? 哪些是偶函数? 哪些是非奇非偶函数?

(1) $y = |x| \sin x$;

(2) $y = \ln(x + \sqrt{x^2 + 1})$;

(3) $y = \ln(x - \sqrt{x^2 - 1})$;

(4) $y = \ln \dfrac{1-x}{1+x}$;

(5) $y = \mathrm{e}^x + \mathrm{e}^{-x}$;

(6) $y = \begin{cases} 1-x, & x < 0, \\ 1+x, & x \geqslant 0. \end{cases}$

5. 已知 $f(x)$ 是定义在 $[-1, 1]$ 上的奇函数, 当 $0 < x \leqslant 1$ 时, $f(x) = x^2 + x + 1$, 求 $f(x)$ 的表达式.

6. 设 $f(x)$ 是以 3 为周期的奇函数, 且 $f(-1) = -1$, 求 $f(7)$.

7. 求下列函数的反函数:

(1) $y = \dfrac{1-x}{1+x}$;

(2) $y = \dfrac{2^x}{2^x + 1}$;

(3) $y = \ln(x+2) + 1$;

(4) $y = \begin{cases} x, & x < 0, \\ x^2, & x \geqslant 0. \end{cases}$

8. 设函数 $f(x) = \dfrac{2x-1}{x+1}$ 与 $g(x)$ 的图像关于直线 $y = x$ 对称, 求 $g(x)$.

9. 设 $f\left(x + \dfrac{1}{x}\right) = x^2 + \dfrac{1}{x^2}$, 求 $f\left(\dfrac{1}{x}\right)$.

10. 设 $f\left(\dfrac{1}{x}\right) = x + \sqrt{1+x^2}$, 求 $f(x)$.

11. 设 $f(x) = \begin{cases} x+1, & x \leqslant 1, \\ 2x-1, & x > 1, \end{cases}$ 求 $f(x+1)$, $f(\ln x)$ 及 $f(\sin x)$.

12. 已知 $f(x) = \mathrm{e}^{x^2}$, $f(\varphi(x)) = 1 - x$, 且 $\varphi(x) > 0$, 求 $\varphi(x)$ 及其定义域.

13. 已知 $f(x)$ 的定义域为 $(0, 1]$, 求下列复合函数的定义域:

(1) $f(\ln x)$;　　　(2) $f(\mathrm{e}^x - 1)$;　　　(3) $f\left(\dfrac{1}{3} - x\right) + f\left(\dfrac{1}{3} + x\right)$.

14. 指出下列复合函数是由哪些简单函数复合而成的:

(1) $y = \dfrac{1}{(2x+3)^2}$;

(2) $y = (\sin x + \cos x + 1)^2 + 1$;

(3) $y = \sin \sqrt{\ln(x^2 + 1)}$;

(4) $y = \sin^2(\lg(3x + 5))$.

15. 设某行业只有两家企业提供给市场某种产品. 两家企业的产品供给量与市场价格的函数关系分别为

$$Q_1 = -8 + 2p, \quad Q_2 = -10 + 2.8p,$$

求市场的总供给量与价格的函数关系.

16. 某厂生产某种产品 1000t，当销售量不超过 700t 时，售价为 130 元/t，超过 700t 时，超过的部分按原价格的九折销售. 试写出销售总收入与总销售量的函数关系.

第 2 章

极限与连续

极限理论是微积分的基础,微积分学中的许多重要概念都是利用极限定义的.

本章首先介绍极限的概念、性质及运算法则,在此基础上建立函数连续的概念,讨论连续函数的性质.

2.1 数列的极限

2.1.1 数列的概念

定义 2-1 无穷多个数按一定次序排成的一列

$$u_1, u_2, \cdots, u_n, \cdots$$

称为**数列**,记为 $\{u_n\}$. u_n 是该数列的第 n 项,也称为**一般项**或**通项**.

下面是几个数例的例子:

(1) $\left\{\dfrac{1}{n}\right\}$,即 $1, \dfrac{1}{2}, \dfrac{1}{3}, \cdots, \dfrac{1}{n}, \cdots$,这里通项是 $u_n = \dfrac{1}{n}$.

(2) $\left\{\dfrac{1-(-1)^n}{n}\right\}$,即 $2, 0, \dfrac{2}{3}, 0, \dfrac{2}{5}, 0, \cdots$.

(3) $\left\{1 + \dfrac{(-1)^n}{n}\right\}$,即 $0, \dfrac{3}{2}, \dfrac{2}{3}, \dfrac{5}{4}, \dfrac{4}{5}, \cdots, 1 + \dfrac{(-1)^n}{n}, \cdots$.

(4) $\{(-1)^n\}$,即 $-1, 1, -1, \cdots, (-1)^n, \cdots$.

(5) $\{n\}$,即 $1, 2, 3, \cdots, n, \cdots$.

(6) $\{(-1)^n n\}$,即 $-1, 2, -3, 4, \cdots, (-1)^n n, \cdots$.

(7)设有一圆,先作内接正六边形,再作内接正十二边形,再作内接正二十四边形,依此类推,其面积分别记为 $A_1, A_2, A_3, \cdots, A_n, \cdots$,从而得一数列 $\{A_n\}$.

显然,数列可看成定义在正整数集合上的函数,即
$$u_n = f(n), \quad n \in \{1, 2, 3, \cdots\},$$
所以数列是一种特殊的函数.

可以用数轴上的动点表示数列,动点在数轴上的坐标依次为 $u_1, u_2, \cdots, u_n, \cdots$,并且数列的一些性态可以在数轴上表现出来.

定义 2-2 如果数列 $\{u_n\}$ 满足 $u_1 \leqslant u_2 \leqslant \cdots \leqslant u_n \leqslant \cdots$,则称此数列是**单调增加的**. 如果数列 $\{u_n\}$ 满足 $u_1 \geqslant u_2 \geqslant \cdots \geqslant u_n \geqslant \cdots$,则称此数列是**单调减少的**.

单调增加数列与单调减少数列统称为**单调数列**.

前述数列(5)、(7)是单调增加的,数列(1)是单调减少的,数列(2)、(3)、(4)、(6)都不是单调数列.

与有界函数的概念类似,对于数列有如下定义.

定义 2-3 设有数列 $\{u_n\}$,

(1)如果存在正数 M 使 $\forall n \in \mathbf{N}$,恒有 $|u_n| \leqslant M$,则称数列 $\{u_n\}$ **有界**.

(2)如果存在常数 K,使 $\forall n \in \mathbf{N}$,恒有 $u_n \leqslant K$,则称数列 $\{u_n\}$ **有上界**.

(3)如果存在常数 L,使 $\forall n \in \mathbf{N}$,恒有 $u_n \geqslant L$,则称数列 $\{u_n\}$ **有下界**.

由定义可见,$\{u_n\}$ 有界等价于 $\{u_n\}$ 既有上界又有下界.

在数列 $\{u_n\}$ 中任意抽取无穷多项并保持这些项在原数列中的先后次序,这样得到的一个数列称为原数列 $\{u_n\}$ 的**子数列**或**子列**.

设在数列 $\{u_n\}$ 中,第一次抽取 u_{n_1},第二次在 u_{n_1} 以后抽取 u_{n_2},第三次在 u_{n_2} 以后抽取 u_{n_3},$\cdots$,如此一直下去,得到一个数列
$$u_{n_1}, u_{n_2}, u_{n_3}, \cdots, u_{n_k}, \cdots$$
这个数列 $\{u_{n_k}\}$ 就是 $\{u_n\}$ 的一个子数列. 如
$$\{u_{2n-1}\}, \quad \text{即} \quad u_1, u_3, u_5, \cdots, u_{2n-1}, \cdots;$$
$$\{u_{2n}\}, \quad \text{即} \quad u_2, u_4, u_6, \cdots, u_{2n}, \cdots$$
都是数列 $\{u_n\}$ 的子数列.

2.1.2 数列的极限

考察下列三个数列当其项数 n 无限增大时的变化趋势:
$$2, \quad 2^2, \quad 2^3, \quad \cdots, \quad 2^n, \quad \cdots; \tag{2-1}$$
$$1, \quad -1, \quad 1, \quad \cdots, \quad (-1)^{n+1}, \quad \cdots; \tag{2-2}$$
$$0, \quad \frac{1}{2}, \quad \frac{2}{3}, \quad \cdots, \quad \frac{n-1}{n}, \quad \cdots. \tag{2-3}$$

容易看出，当项数 n 无限增大时，数列 (2-1) 的对应项 $x_n = 2^n$ 也无限增大，但它不趋于一个确定的常数；数列 (2-2) 的项始终在 1 和 -1 两点上来回跳动，它也不趋近于一个确定的常数.而数列 (2-3) 的情形就不一样了，当项数 n 无限增大时，它的对应项 $u_n = \dfrac{n+1}{n}$ 无限趋近于常数 1.我们把常数 1 称为这个数列的极限.一般地，对于数列 $\{u_n\}$，如果当项数 n 无限增大时（记为 $n \to \infty$），对应的 u_n 无限趋近于一个确定的常数 A，则称常数 A 为数列 $\{u_n\}$ 的极限.

我们指出，上述用描述性语言给出的极限概念是很含糊的，其中"无限增大""无限趋近"这些说法都不是很明确，它的确切含义需要使用精确的数学语言加以表达.

为此，我们以数列 $\{u_n\} = \left\{\dfrac{n-1}{n}\right\}$ 为例，来深入分析一下"当 $n \to \infty$ 时，u_n 无限趋近于常数 1"的含义.

我们知道，两个实数 a 和 b 的接近程度可以用这两个数的差的绝对值 $|a-b|$ 来度量，$|a-b|$ 越小，a 和 b 就越接近.我们说 $u_n = \dfrac{n-1}{n}$ 无限趋近于 1，就是说 $|u_n - 1|$ 可无限变小，亦即不论要求 $|u_n - 1|$ 多么小，$|u_n - 1|$ 总能变得那么小.

例如，如果要求 $|u_n - 1| < \dfrac{1}{100}$，由于 $|u_n - 1| = \dfrac{1}{n}$，因此只要 $n > 100$，即从第 101 项开始以后的一切项 u_n 都能满足这个要求；

如果要求 $|u_n - 1| < \dfrac{1}{1000}$，那么只要 $n > 1000$，即从第 1001 项开始以后的一切项都能满足这个要求；

一般地，对于任意给定的正数 ε（不论它多么小），总存在着一个正整数 N，使得当 $n > N$ 时，总有不等式 $|u_n - 1| < \varepsilon$ 成立.这就是"当 $n \to \infty$ 时，u_n 无限趋近于常数 1"这一语言的准确数学表达.

根据上面的分析，我们给出数列极限的下列定义：

定义 2-4　设 $\{u_n\}$ 为一数列，如果存在常数 A，对于任意给定的正数 ε，总存在正整数 N，使得当 $n > N$ 时，总有不等式 $|u_n - A| < \varepsilon$ 成立，那么就称**常数 A 为数列 $\{u_n\}$ 的极限**，或者称**数列 $\{u_n\}$ 收敛于 A**，记为

$$\lim_{n \to \infty} u_n = A \quad \text{或} \quad u_n \to A (n \to \infty).$$

如果不存在这样的常数 A，就称数列 $\{u_n\}$ 没有极限，或者称**数列 $\{u_n\}$ 发散**，习惯上也说 $\lim u_n$ 不存在.

对于上述数列极限的定义，我们还要着重指出下面两点：

（1）定义中的正数 ε 可以任意给定是很重要的. ε 是任意的,除了限于正数外,不受任何限制,它可以小到任何程度.只有这样,不等式 $|u_n-A|<\varepsilon$ 才能表达出 u_n 与 A 无限趋近的意思.

（2）定义中的正整数 N 是与 ε 有关的,它随给定的 ε 而取定.但是,对于给定的正数 ε,相应的正整数 N 不是唯一的.正因为如此,我们所关注的是满足条件的 N 是否存在,而至于这个 N 取什么值并不重要.

由于不等式 $|u_n-A|<\varepsilon$ 等价于 $u_n\in U(A,\varepsilon)$,而数列 $\{u_n\}$ 对应于数轴上的一个点列,故 $\lim\limits_{n\to\infty}u_n=A$ 在几何上可作如下解释:

对于任意给定的正数 ε,一定存在相应的正整数 N,使得从第 $N+1$ 项开始,后面的所有的项在数轴上的对应点 u_n 都落在点 A 的 ε 邻域内,而至多只有有限个点在这个邻域之外（见图 2-1）.

数列极限的定义并未直接提供求数列极限的方法,但能利用此定义来验证数列极限的正确性.

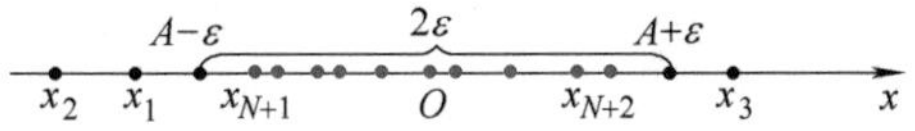

图　2-1

【例 2-1】 证明 $\lim\limits_{n\to\infty}\dfrac{2n+(-1)^n}{n}=2$.

证　对于任意给定的正数 ε,由于

$$|u_n-2|=\left|\frac{2n+(-1)^n}{n}-2\right|=\frac{1}{n},$$

故要使 $|u_n-2|<\varepsilon$,只要 $\dfrac{1}{n}<\varepsilon$,即 $n>\dfrac{1}{\varepsilon}$.

于是,取正整数 $N=\left[\dfrac{1}{\varepsilon}\right]$,则当 $n>N$ 时,总有 $|u_n-2|<\varepsilon$.根据数列极限的定义,有

$$\lim_{n\to\infty}\frac{2n+(-1)^n}{n}=2.$$

证毕.

【例 2-2】 已知数列 $\left\{\dfrac{1}{2^n}\right\}$,证明 $\lim\limits_{n\to\infty}\dfrac{1}{2^n}=0$.

证　对于任意给定的正数 ε（不妨设 $\varepsilon<0.5$）,要使

$$\left|\frac{1}{2^n}-0\right|=\frac{1}{2^n}<\varepsilon$$

成立,只要 $n>\log_2\dfrac{1}{\varepsilon}$.取 $N=\left[\log_2\dfrac{1}{\varepsilon}\right]$,则当 $n>N$ 时,总有 $\left|\dfrac{1}{2^n}-0\right|<\varepsilon$.

故 $\lim\limits_{n\to\infty}\dfrac{1}{2^n}=0$.证毕.

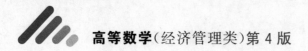

一般地可以证明 $\lim\limits_{n\to\infty} q^n = 0, (|q| < 1)$，这是一个有用的结论.

2.1.3　收敛数列的性质

性质 1（数列极限的唯一性）　若数列 $\{u_n\}$ 收敛，则极限唯一.

证　反证法. 设数列 $\{u_n\}$ 的极限不唯一，不妨假设 $a, b(a < b)$ 都是该数列的极限，则根据极限的定义及数列以 a 为极限可知：对于 $\varepsilon = \dfrac{b-a}{2}$，存在正整数 N_1，当 $n > N_1$ 时，有

$$|u_n - a| < \frac{b-a}{2},$$

即

$$a - \frac{b-a}{2} < u_n < a + \frac{b-a}{2},$$

从而有

$$u_n < \frac{a+b}{2}. \tag{2-4}$$

又由于数列以 b 为极限，所以对于上述 $\varepsilon = \dfrac{b-a}{2}$，存在正整数 N_2，使当 $n > N_2$ 时，有

$$|u_n - b| < \frac{b-a}{2},$$

即

$$b - \frac{b-a}{2} < u_n < b + \frac{b-a}{2},$$

从而有

$$u_n > \frac{a+b}{2}, \tag{2-5}$$

取 $N = \max\{N_1, N_2\}$，当 $n > N$ 时，式(2-4)、式(2-5)同时成立，这显然矛盾. 因此，收敛数列的极限是唯一的. 证毕.

性质 2（收敛数列的有界性）　收敛数列必有界.

证　设数列 $\{u_n\}$ 收敛于 A，即 $\lim\limits_{n\to\infty} u_n = A$. 根据数列极限的定义，对于 $\varepsilon = 1$，存在相应的正整数 N，当 $n > N$ 时，有 $|u_n - A| < 1$. 于是，当 $n > N$ 时，

$$|u_n| = |(u_n - A) + A| \leqslant |u_n - A| + |A| < 1 + |A|.$$

取 $M = \max\{|u_1|, |u_2|, \cdots, |u_N|, 1 + |A|\}$，则 $\forall n \in \mathbf{N}_+$，均有 $|u_n| \leqslant M$. 故数列 $\{u_n\}$ 有界. 证毕.

性质 2 的等价命题是"无界数列必发散". 然而，有界数列未必收敛.

例如,数列$\{(-1)^n\}$与$\{\sin n\}$均有界,但它们都是发散的.因此,数列有界是数列收敛的必要条件,但不是充分条件.

性质 3 (收敛数列的保号性) 若$\lim_{n\to\infty}u_n=A$,且$A>0$(或$A<0$),则存在正整数N,当$n>N$时,都有$u_n>0$(或$u_n<0$).

性质 3 的证明留给读者作为练习.

推论 若$\lim_{n\to\infty}u_n=A$,且存在正整数N,当$n>N$时,有$u_n\geqslant0$(或$u_n\leqslant0$),则$A\geqslant0$(或$A\leqslant0$).

性质 4 (收敛数列的子列收敛性) 若数列$\{u_n\}$收敛于A,则它的任一子数列也收敛于A.

性质 4 的证明从略.

由性质 4 可知,如果数列$\{u_n\}$有两个子数列收敛于不同的极限,那么数列$\{u_n\}$必定发散.例如,数列$\{(-1)^{n+1}\}$的子数列$\{u_{2k-1}\}$收敛于 1,而子数列$\{u_{2k}\}$收敛于-1.因此,$\{(-1)^{n+1}\}$是发散数列.同时这个例子也表明:发散的数列也可能有收敛的子列.

习题 2.1

1.观察下列数列的变化趋势,指出是收敛还是发散.如果收敛,写出其极限:

(1) $x_n=\dfrac{1}{\sqrt{n}}$;

(2) $x_n=\dfrac{n+1}{2n-1}$;

(3) $x_n=\dfrac{2^n}{n}$;

(4) $x_n=\dfrac{2^n+3^n}{3^n}$.

2.根据数列极限的定义证明:

(1) $\lim\limits_{n\to\infty}\dfrac{1}{n^2}=0$;

(2) $\lim\limits_{n\to\infty}\dfrac{3n-1}{2n+1}=\dfrac{3}{2}$.

(3) $\lim\limits_{n\to\infty}\dfrac{1}{n}\sin n=0$;

(4) $\lim\limits_{n\to\infty}\dfrac{1}{3^n}=0$.

3.证明:$\lim\limits_{n\to\infty}x_n=0$ 当且仅当 $\lim\limits_{n\to\infty}|x_n|=0$.

4.证明:若 $\lim\limits_{n\to\infty}x_n=a$,则 $\lim\limits_{n\to\infty}|x_n|=|a|$.

5.(1)对于数列 $\{x_n\}$,证明:$\lim\limits_{n\to\infty}x_n=a$ 的充分必要条件是 $\lim\limits_{k\to\infty}x_{2k-1}=a$,且 $\lim\limits_{k\to\infty}x_{2k}=a$;

(2)判断数列 $x_n=[1+(-1)^n]\dfrac{n}{n+1}$ 的敛散性.

2.2 函数的极限

上一节我们讨论了数列的极限.数列作为定义在正整数集合上的函

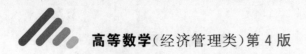

数,研究其极限时,其自变量的变化趋势只有一种状态,即自变量 n 取正整数(跳跃变化)且无限增大.本节我们研究一般函数的极限,其自变量可在某个区间内连续变化.下面分两种情况来讨论.

2.2.1 $x \to \infty$ 时函数 $f(x)$ 的极限

设函数 $f(x)$ 当 $|x|$ 大于某一正数时有定义,如果在 $|x|$ 无限增大(记为 $x \to \infty$ 时),对应的函数值 $f(x)$ 无限趋近于一个确定的常数 A,则称常数 A 为函数 $f(x)$ 当 $x \to \infty$ 时的极限.

将如上函数极限与数列极限相对照,所不同的仅在于数列 $x_n = f(n)$ 的自变量 n 取正整数,函数 $f(x)$ 的自变量 x 在实数范围取值,因此,仿照上节对数列极限所作的分析,我们得到下列定义:

定义 2-5 设函数 $f(x)$ 当 $|x|$ 大于某一正数时有定义,若存在常数 A,对于任意给定的正数 ε,总存在正数 X,使得当 $|x| > X$ 时,总有 $|f(x) - A| < \varepsilon$,则常数 A 称为**函数 $f(x)$ 当 $x \to \infty$ 时的极限**,记作

$$\lim_{x \to \infty} f(x) = A \quad \text{或} \quad f(x) \to A(x \to \infty).$$

此定义的几何意义是:对于任意给定的小正数 ε,总能找到正数 X,当点 x 落在区间 $(-\infty, -X)$ 或 $(X, +\infty)$ 内(即满足条件 $|x| > X$ 时),曲线 $y = f(x)$ 就介于两条水平线 $y = A + \varepsilon$,$y = A - \varepsilon$ 之间(见图2-2).

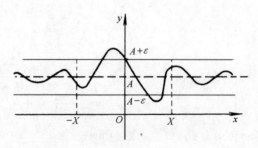

图 2-2

【例 2-3】 证明 $\lim\limits_{x \to \infty} \dfrac{3x - 2}{x} = 3$.

证 对于任意给定的正数 ε,由于

$$\left| \frac{3x - 2}{x} - 3 \right| = \frac{2}{|x|},$$

故要使 $\left| \dfrac{3x - 2}{x} - 3 \right| < \varepsilon$,只要 $\dfrac{2}{|x|} < \varepsilon$,即 $|x| > \dfrac{2}{\varepsilon}$. 于是,取正数 $X = \dfrac{2}{\varepsilon}$,当 $|x| > X$ 时,就有 $\left| \dfrac{3x - 2}{x} - 3 \right| < \varepsilon$. 所以 $\lim\limits_{x \to \infty} \dfrac{3x - 2}{x} = 3$. 证毕.

如果 $x>0$ 且 x 无限增大(记作 $x\to+\infty$),那么只要把定义 2-5 中的 $|x|>X$ 改为 $x>X$,便得 $\lim\limits_{x\to+\infty}f(x)=A$ 的定义;同样,如果 $x<0$ 且 $|x|$ 无限增大(记作 $x\to-\infty$),只要把定义 2-5 中的 $|x|>X$ 改为 $x<-X$,便得 $\lim\limits_{x\to-\infty}f(x)=A$ 的定义.

由上述定义容易证明 $\lim\limits_{x\to\infty}f(x)$ 与 $\lim\limits_{x\to-\infty}f(x)$ 及 $\lim\limits_{x\to+\infty}f(x)$ 有如下关系:

定理 2-1 $\lim\limits_{x\to\infty}f(x)=A(A$ 为常数)的充分必要条件是

$$\lim_{x\to-\infty}f(x)=\lim_{x\to+\infty}f(x)=A.$$

【例 2-4】 讨论极限 $\lim\limits_{x\to\infty}\arctan x$ 是否存在.

解 由图 2-3 可以看到

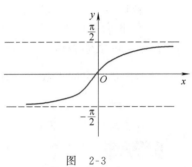

$$\lim_{x\to-\infty}f(x)=\lim_{x\to-\infty}\arctan x=-\frac{\pi}{2};$$

$$\lim_{x\to+\infty}f(x)=\lim_{x\to+\infty}\arctan x=\frac{\pi}{2}^{\ominus},$$

所以 $\lim\limits_{x\to+\infty}f(x)\neq\lim\limits_{x\to-\infty}f(x)$,从而由 定理 2-1 知, $\lim\limits_{x\to\infty}f(x)$ 不存在.

图 2-3

2.2.2 $x\to x_0$ 时函数的极限

下面考虑自变量 x 无限接近有限值 x_0,但不等于 x_0(记为 $x\to x_0$)时函数 $f(x)$ 的变化趋势.

设函数 $f(x)$ 在点 x_0 的某一去心邻域内有定义,如果在 $x\to x_0$ 的过程中,对应的函数值 $f(x)$ 无限趋近于一个确定的常数 A,则称常数 A 为函数 $f(x)$ 当 $x\to x_0$ 时的极限.

例如,设 $f(x)=4x-1$. 由于当 $x\to1$ 时,函数 $f(x)=4x-1$ 无限趋近于 3. 因此推知,当 $x\to1$ 时, $f(x)=4x-1$ 的极限为 3. 但如同数列极限的情况一样,我们需要对前面用描述性语言给出的函数极限的概念,精确地加以定义.

$\ominus$ $\lim\limits_{x\to+\infty}\arctan x=\dfrac{\pi}{2}$ 的证明:对于任意给定的正数 ε(不妨设 $\varepsilon<\dfrac{\pi}{2}$),由于 $\left|\arctan x-\dfrac{\pi}{2}\right|=\dfrac{\pi}{2}-\arctan x$,要使 $\left|\arctan x-\dfrac{\pi}{2}\right|<\varepsilon$,只要 $\dfrac{\pi}{2}-\arctan x<\varepsilon$,即 $x>\tan\left(\dfrac{\pi}{2}-\varepsilon\right)$. 于是,取正数 $X=\tan\left(\dfrac{\pi}{2}-\varepsilon\right)$,当 $x>X$ 时,就有 $\left|\arctan x-\dfrac{\pi}{2}\right|<\varepsilon$,故 $\lim\limits_{x\to+\infty}\arctan x=\dfrac{\pi}{2}$. $\lim\limits_{x\to-\infty}\arctan x=-\dfrac{\pi}{2}$ 的证明类似.

为此,以函数 $f(x)=4x-1$ 为例,深入分析一下"当 $x\to1$ 时,$f(x)=4x-1$ 无限趋近于 3"的含义.

我们已经知道,$f(x)$ 与 3 的接近程度可用 $|f(x)-3|$ 来刻画,而 x 与 1 的接近程度可用 $|x-1|$ 来刻画."$f(x)$ 无限趋近于 3"就是"对于任意给定的正数 ε,总能使不等式 $|f(x)-3|<\varepsilon$ 成立".

当然,如果要求 $|f(x)-3|<\varepsilon$,由于 $|f(x)-3|=|(4x-1)-3|=4|x-1|$,因此只要 x 满足 $|x-1|<\dfrac{\varepsilon}{4}$,即 x 与 1 的距离小于 $\dfrac{\varepsilon}{4}$ 时,就有 $|f(x)-3|<\varepsilon$.

这样,我们就得到了"当 $x\to1$ 时,$f(x)=4x-1$ 无限趋近于 3"这一描述性语言的数学表达:

对于任意给定的正数 ε,总存在正数 δ(在本例中 $\delta=\dfrac{\varepsilon}{4}$),使得当 $0<|x-1|<\delta$ 时,有 $|f(x)-3|<\varepsilon$.

一般地,我们引入下列定义:

定义 2-6 设函数 $f(x)$ 在点 x_0 的某一去心邻域内有定义,若存在常数 A,对于任意给定的正数 ε,总存在正数 δ,使得当 $0<|x-x_0|<\delta$ 时,有 $|f(x)-A|<\varepsilon$,则常数 A 称为**函数 $f(x)$ 当 $x\to x_0$ 时的极限**,或称为**函数 $f(x)$ 在点 x_0 处的极限**,记作

$$\lim_{x\to x_0}f(x)=A \quad 或 \quad f(x)\to A(x\to x_0).$$

对于上述定义,我们必须着重指出:$x\to x_0$ 的含义是 x 无限接近于 x_0,但 $x\neq x_0$.因而,当 $x\to x_0$ 时,$f(x)$ 有无极限仅与点 x_0 附近(即点 x_0 的某一去心邻域内)的函数值有关,而与点 x_0 处的函数值无关,甚至与 $f(x)$ 在点 x_0 处是否有定义无关.正因为如此,在定义中只要求 $f(x)$ 在点 x_0 的某一去心邻域内有定义.

定义 2-6 的几何意义是:对于任意给定的正数 ε,总存在点 x_0 的一个去心 δ 邻域,当 x 落入该去心邻域内时,函数 $y=f(x)$ 的图形就介于两条平行线 $y=A+\varepsilon$,$y=A-\varepsilon$ 之间(见图 2-4).

【例 2-5】 用定义证明

$$\lim_{x\to2}(3x+1)=7.$$

证 对于任意给定的正数 ε,要使

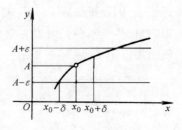

图 2-4

$|f(x)-7|=|(3x+1)-7|=3|x-2|<\varepsilon$ 成立,只要 $0<|x-2|<\dfrac{\varepsilon}{3}$

成立. 取 $\delta=\dfrac{\varepsilon}{3}$,则当 $0<|x-2|<\delta$ 时,必有 $|(3x+1)-7|<\varepsilon$,因此,

$\lim\limits_{x\to 2}(3x+1)=7$.

由定义 2-6,可以证明下列结论:

(1) $\lim\limits_{x\to x_0}(ax+b)=ax_0+b$　（a,b 为常数）;

(2) $\lim\limits_{x\to x_0}\sqrt{x}=\sqrt{x_0}$　（$x_0>0$）.

2.2.3　左极限与右极限

在上述 $x\to x_0$ 时 $f(x)$ 的极限的定义中,x 既可从 x_0 的左侧,也可从 x_0 的右侧趋于 x_0. 但是,在有的问题中我们有时只需或只能考虑 x 仅从 x_0 的某一侧趋于 x_0 时函数的极限.

在定义 2-6 中将 $0<|x-x_0|<\delta$ 改为 $0<x_0-x<\delta$,则表明当 x 从 x_0 的左侧趋向于 x_0 时,对应的函数值无限地趋于常数 A,这时称 A 是函数 $f(x)$ 当 $x\to x_0$ 时的**左极限**,记为

$$\lim_{x\to x_0^-}f(x)=A\quad\text{或}\quad f(x_0-0)=A.$$

类似地,若将定义 2-6 中的 $0<|x-x_0|<\delta$ 改为 $0<x-x_0<\delta$,则得到函数 $f(x)$ 当 $x\to x_0$ 时的**右极限**的定义,并将右极限记为

$$\lim_{x\to x_0^+}f(x)=A\quad\text{或}\quad f(x_0+0)=A.$$

左极限、右极限统称为**单侧极限**.

由单侧极限的定义不难得到下面的定理:

定理 2-2　极限 $\lim\limits_{x\to x_0}f(x)=A$（$A$ 为常数）的充分必要条件是左极限 $\lim\limits_{x\to x_0^-}f(x)$ 和右极限 $\lim\limits_{x\to x_0^+}f(x)$ 都存在且都等于 A,即

$$\lim_{x\to x_0^-}f(x)=\lim_{x\to x_0^+}f(x)=A.$$

定理 2-2 常用来判定函数在某点处的极限是否存在,尤其是常用来讨论分段函数在分段点处的极限的存在性.

【例 2-6】 已知函数 $f(x)=\begin{cases}3x+1,&x<2,\\[2mm]\dfrac{2(x^2-4)}{x-2},&x>2,\end{cases}$ 试讨论极限 $\lim\limits_{x\to 2}f(x)$ 是否存在.

解

$$\lim_{x\to 2^-}f(x)=\lim_{x\to 2^-}(3x+1)=7,$$

$$\lim_{x\to 2^+}f(x)=\lim_{x\to 2^+}\frac{2(x^2-4)}{x-2}=\lim_{x\to 2^+}2(x+2)=8,$$

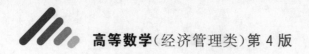

由于 $\lim\limits_{x \to 2^-} f(x) \neq \lim\limits_{x \to 2^+} f(x)$，所以 $\lim\limits_{x \to 2} f(x)$ 不存在.

2.2.4 极限的性质

与数列极限的性质类似,函数极限也有相应的一些性质(证明从略). 由于函数极限按自变量的变化过程不同有 6 种情形,为了方便,下面仅以 $\lim\limits_{x \to x_0} f(x)$ 这种情形为代表加以讨论. 至于其他情形的函数极限的性质,只要相应地作一些修改即可得出.

性质 1 (函数极限的唯一性) 若 $\lim\limits_{x \to x_0} f(x)$ 存在,则极限唯一.

性质 2 (局部有界性) 若 $\lim\limits_{x \to x_0} f(x) = A$,则存在常数 $M > 0$ 及 $\delta > 0$,当 $0 < |x - x_0| < \delta$ 时,有 $|f(x)| \leqslant M$.

性质 3 (局部保号性) 若 $\lim\limits_{x \to x_0} f(x) = A$,且 $A > 0$ 或 $(A < 0)$,则存在正数 δ,当 $0 < |x - x_0| < \delta$ 时,有 $f(x) > 0$(或 $f(x) < 0$).

推论 若 $\lim\limits_{x \to x_0} f(x) = A$,且在点 x_0 的某一去心邻域内 $f(x) \geqslant 0$ (或 $f(x) \leqslant 0$),则 $A \geqslant 0$(或 $A \leqslant 0$).

需要指出的是,若将上述推论中的"$f(x) \geqslant 0$(或 $f(x) \leqslant 0$)"改为 "$f(x) > 0$(或 $f(x) < 0$)",结论仍然是"$A \geqslant 0$(或 $A \leqslant 0$)". 也就是说,此时仍有可能 $A = 0$. 例如,$f(x) = x^2$,在点 $x_0 = 0$ 的某去心邻域内有 $f(x) > 0$,但 $\lim\limits_{x \to 0} f(x) = \lim\limits_{x \to 0} x^2 = 0$.

习题 2.2

1. 设 $f(x) = \begin{cases} e^x, & x \leqslant 0, \\ \dfrac{1}{x}, & x > 0, \end{cases}$ 求 $\lim\limits_{x \to -\infty} f(x)$ 及 $\lim\limits_{x \to +\infty} f(x)$,并说明 $\lim\limits_{x \to \infty} f(x)$ 是否存在.

2. 设 $f(x) = \dfrac{|x|}{x}$,证明 $\lim\limits_{x \to 0} f(x)$ 不存在.

3. 设 $f(x) = \begin{cases} x^2, & -1 < x < 0, \\ 1, & x = 0, \\ 2x, & 0 < x \leqslant 1, \end{cases}$ 求:

(1) $\lim\limits_{x \to 0} f(x)$;   (2) $\lim\limits_{x \to -1^+} f(x)$;   (3) $\lim\limits_{x \to 1^-} f(x)$.

4. 设 $f(x) = \begin{cases} 2x, & -1 < x < 0, \\ -2x, & 0 \leqslant x < 1, \\ x + 1, & 1 \leqslant x < 3, \end{cases}$ 求:

(1) $\lim\limits_{x \to 0} f(x)$;   (2) $\lim\limits_{x \to 1} f(x)$;   (3) $\lim\limits_{x \to 2} f(x)$.

5. 根据函数极限的定义证明：

(1) $\lim\limits_{x\to\infty} \dfrac{2x}{x+1} = 2$；

(2) $\lim\limits_{x\to 1}(3x-1) = 2$；

(3) $\lim\limits_{x\to 2} \dfrac{2(x^2-4)}{x-2} = 8$；

(4) $\lim\limits_{x\to-\infty} \mathrm{e}^x = 0$.

6. 证明：$\lim\limits_{x\to x_0} f(x) = A$ 的充分必要条件是 $\lim\limits_{x\to x_0^-} f(x) = \lim\limits_{x\to x_0^+} f(x) = A$.

7. 试说明极限 $\lim\limits_{x\to 0}\sin\dfrac{1}{x}$ 不存在.

2.3　无穷小量与无穷大量

在本节的讨论中，我们以 $x\to x_0$ 这种情形为代表，以此给出的有关定义、定理与性质等均适用于自变量 x 为其他变化过程的情形，也适用于数列. 当然，用于其他情形时，需要作相应的修改.

2.3.1　无穷小量的概念与性质

在极限的研究中，极限为 0 的函数发挥着重要作用，需要进行专门的讨论，为此引入下面的定义.

定义 2-7　若 $\lim\limits_{x\to x_0} f(x) = 0$，则称当 $x\to x_0$ 时，函数 $f(x)$ 为**无穷小量**，简称**无穷小**.

理解此概念时要注意以下几点：

(1) 不要把无穷小量与很小的常数（如 0.00001）混为一谈. 零是无穷小量中唯一的常数，其他的无穷小量都是以零为极限的变量.

(2) 由于极限总是与自变量的变化过程相联系的，因此说某个函数是无穷小量时，必须指明自变量的变化过程. 同一个函数，在自变量的某个变化过程中是无穷小量，而在自变量的另一个变化过程中可能就不是无穷小量. 例如，因为 $\lim\limits_{x\to 1}(2x-2) = 0$，所以当 $x\to 1$ 时，$2x-2$ 是无穷小量，而 $\lim\limits_{x\to 3}(2x-2) = 4\neq 0$，所以当 $x\to 3$ 时，$2x-2$ 就不是无穷小量.

下面的定理指出了函数极限与无穷小量之间的联系，这种联系在今后的讨论中常会用到.

定理 2-3　$\lim\limits_{x\to x_0} f(x) = A$ 的充分必要条件是 $f(x) = A + \alpha(x)$，其中 $\alpha(x)$ 是当 $x\to x_0$ 时的无穷小.

证　必要性：设 $\lim\limits_{x\to x_0} f(x) = A$，则对于任意给定的正数 ε，存在正数 δ，使得当 $0 < |x-x_0| < \delta$ 时，有 $|f(x)-A| < \varepsilon$. 令 $\alpha(x) = f(x) - A$，则

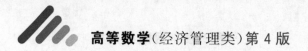
$\lim\limits_{x\to x_0}\alpha(x)=0$,即 $\alpha(x)$ 是当 $x\to x_0$ 时的无穷小,且 $f(x)=A+\alpha(x)$.

充分性:设 $f(x)=A+\alpha(x)$,其中 A 是常数,$\alpha(x)$ 是当 $x\to x_0$ 时的无穷小,则对于任意给定的正数 ε,存在正数 δ,使得当 $0<|x-x_0|<\delta$ 时,有 $|\alpha(x)|<\varepsilon$,即 $|f(x)-A|<\varepsilon$,故 $\lim\limits_{x\to x_0}f(x)=A$.证毕.

无穷小具有下列性质:

性质 1 有限个无穷小的和仍是无穷小.

证 只需证明,两个无穷小的和仍是无穷小(两个以上的情形同理可证).

设 $\alpha(x)$ 与 $\beta(x)$ 都是当 $x\to x_0$ 时的无穷小,即 $\lim\limits_{x\to x_0}\alpha(x)=0$,$\lim\limits_{x\to x_0}\beta(x)=0$.根据函数极限的定义,对于任意给定的 $\varepsilon>0$,存在 $\delta_1>0$ 与 $\delta_2>0$,当 $0<|x-x_0|<\delta_1$ 时,有 $|\alpha(x)|<\dfrac{\varepsilon}{2}$;当 $0<|x-x_0|<\delta_2$ 时,有 $|\beta(x)|<\dfrac{\varepsilon}{2}$.于是,取 $\delta=\min\{\delta_1,\delta_2\}$,则当 $0<|x-x_0|<\delta$ 时,有 $|\alpha(x)|<\dfrac{\varepsilon}{2}$ 与 $|\beta(x)|<\dfrac{\varepsilon}{2}$ 同时成立,从而

$$|\alpha(x)+\beta(x)|\leqslant|\alpha(x)|+|\beta(x)|<\frac{\varepsilon}{2}+\frac{\varepsilon}{2}=\varepsilon.$$

故 $\lim\limits_{x\to x_0}[\alpha(x)+\beta(x)]=0$,即 $\alpha(x)+\beta(x)$ 是当 $x\to x_0$ 时的无穷小.证毕.

性质 2 有界函数与无穷小的乘积仍是无穷小.

证 设函数 $f(x)$ 在点 x_0 的某一去心邻域内有界,即存在常数 $M>0$ 及 $\delta_0>0$,使得当 $x\in\mathring{U}(x_0,\delta_0)$ 时,有 $|f(x)|\leqslant M$.又设 $\alpha(x)$ 是当 $x\to x_0$ 时的无穷小,则对于任意给定的 $\varepsilon>0$,存在 $\delta>0$,当 $0<|x-x_0|<\delta$ 时,有 $|\alpha(x)|<\dfrac{\varepsilon}{M}$.取 $\delta^*=\min\{\delta_0,\delta\}$,则当 $0<|x-x_0|<\delta^*$ 时,有 $|f(x)|\leqslant M$ 与 $|\alpha(x)|<\dfrac{\varepsilon}{M}$ 同时成立,从而

$$|f(x)\alpha(x)|=|f(x)|\cdot|\alpha(x)|<M\frac{\varepsilon}{M}=\varepsilon.$$

故 $\lim\limits_{x\to x_0}f(x)\alpha(x)=0$,即 $f(x)\alpha(x)$ 是当 $x\to x_0$ 时的无穷小.证毕.

推论 1 常数与无穷小的乘积仍为无穷小.

推论 2 有限个无穷小的乘积仍是无穷小.

性质2提供了求一类极限的方法.

【例 2-7】 求下列极限:

$$(1)\lim_{x\to 0}x\sin\frac{1}{x};\qquad\qquad (2)\lim_{n\to\infty}\frac{1+(-1)^{n-1}}{2^n}.$$

解　(1)因为当 $x\to 0$ 时,函数 x 是无穷小,而且 $\sin\frac{1}{x}$ 是有界函数,所以由无穷小的性质得

$$\lim_{x\to 0}x\sin\frac{1}{x}=0.$$

(2)因为当 $n\to\infty$ 时,数列 $\left\{\frac{1}{2^n}\right\}$ 是无穷小,而且 $\{1+(-1)^{n-1}\}$ 是有界数列,所以由无穷小的性质得

$$\lim_{n\to\infty}\frac{1+(-1)^{n-1}}{2^n}=\lim_{n\to\infty}(1+(-1)^{n-1})\frac{1}{2^n}=0.$$

2.3.2　无穷大量

如果当 $x\to x_0$ 时,函数 $f(x)$ 的绝对值 $|f(x)|$ 无限增大,则称函数 $f(x)$ 为 $x\to x_0$ 时的无穷大量,上述定义可精确地叙述成:

定义 2-8　设函数 $f(x)$ 在 x_0 的某去心邻域有定义,若对于任意给定的正数 M,存在正数 δ,当 $0<|x-x_0|<\delta$ 时,恒有
$$|f(x)|>M,$$
则称当 $x\to x_0$ 时,$f(x)$ 为**无穷大量**,简称**无穷大**,记为 $\lim\limits_{x\to x_0}f(x)=\infty$.

如果将定义中的 $|f(x)|>M$ 改为 $f(x)>M$(或 $f(x)<-M$),则得 $f(x)$ 在 $x\to x_0$ 时为正无穷大(或负无穷大)的定义,并记为 $\lim\limits_{x\to x_0}f(x)=+\infty$(或 $\lim\limits_{x\to x_0}f(x)=-\infty$).

注意　(1)无穷大量不是固定的常数,不可与很大的数混为一谈.

(2)无穷大量与无界变量也不是同一个概念. 无穷大量是无界变量,但反过来,无界变量未必是无穷大量. 例如,$x\to\infty$ 时,函数 $x\sin x$ 是无界变量,但不是无穷大量.

(3)与无穷小量类似,说某个函数是无穷大量时,必须指明变量的变化过程.

(4)记号 $\lim\limits_{x\to x_0}f(x)=\infty$ 表明函数的极限不存在,有时为叙述方便,也称函数的极限为无穷大.

不难证明,无穷大量与无穷小量有下列重要的关系.

定理 2-4　在自变量的同一变化过程中,如果 $f(x)$ 为无穷大,则 $\frac{1}{f(x)}$ 为无穷小;反之,如果 $f(x)$ 为无穷小且 $f(x)\neq 0$,则 $\frac{1}{f(x)}$ 为无穷大.

习题 2.3

1. 下列函数在其自变量的指定变化过程中哪些是无穷小? 哪些是无穷大(包括正无穷大与负无穷大)? 哪些既不是无穷小也不是无穷大?

(1) $f(x) = \dfrac{x-1}{x}$, 当 $x \to 0$ 时;

(2) $f(x) = \dfrac{2x+1}{x^2}$, 当 $x \to \infty$ 时;

(3) $f(x) = \dfrac{x+1}{x^2}$, 当 $x \to 0$ 时;

(4) $f(x) = \dfrac{x}{(x+1)^2}$, 当 $x \to -1$ 时;

(5) $f(x) = e^x$, 当 $x \to \infty$ 时;

(6) $f(x) = \dfrac{\sin x}{x}$, 当 $x \to \infty$ 时;

(7) $f(x) = x \sin \dfrac{1}{x}$, 当 $x \to 0$ 时;

(8) $f(x) = \dfrac{x^2-1}{x-1}$, 当 $x \to 1$ 时.

2. 下列函数在自变量的哪些变化过程中为无穷小? 在自变量的哪些变化过程中为无穷大(包括正无穷大与负无穷大)?

(1) $f(x) = \dfrac{x+1}{x^3}$;   (2) $f(x) = \dfrac{x^3-x}{x^2-3x+2}$;

(3) $f(x) = \ln x$.

3. 利用无穷小的性质求下列极限:

(1) $\lim\limits_{x \to 0} x^3 \sin \dfrac{2}{x}$;   (2) $\lim\limits_{x \to \infty} \dfrac{\arctan x}{x}$;

(3) $\lim\limits_{x \to \infty} \dfrac{1+\cos x}{x}$;   (4) $\lim\limits_{x \to \infty} \dfrac{x^2}{2x+1}$.

4. 函数 $y = x \sin x$ 在 $(-\infty, +\infty)$ 内是否有界? 当 $x \to \infty$ 时此函数是否为无穷大?

2.4 极限运算法则

前面我们介绍了在自变量的各种变化过程中函数极限的定义, 它们在理论上是重要的. 但极限的定义中并没有给出求极限的方法, 而只能用来验证极限的正确性. 从这一节开始, 我们要讨论极限的求法, 本节先介绍极限的四则运算法则和复合函数的极限运算法则.

在本节及以后的讨论中, 有时记号"lim"下面没有标明自变量的变化过程.我们约定,这种情况对自变量的各种变化过程都是成立的.当然,在同一问题中,自变量的变化过程是相同的.

2.4.1　极限的四则运算法则

定理 2-5（函数极限的四则运算法则）　若 $\lim f(x)$ 与 $\lim g(x)$ 都存在,则

(1) $\lim[f(x) \pm g(x)] = \lim f(x) \pm \lim g(x)$;

(2) $\lim[f(x) \cdot g(x)] = \lim f(x) \cdot \lim g(x)$;

(3) $\lim \dfrac{f(x)}{g(x)} = \dfrac{\lim f(x)}{\lim g(x)}$　$(\lim g(x) \neq 0)$.

证　仅就 $x \to x_0$ 的情形证明(1).

(1)设 $\lim\limits_{x \to x_0} f(x) = A$, $\lim\limits_{x \to x_0} g(x) = B$,则根据定理 2-3 得,

$$f(x) = A + \alpha(x), g(x) = B + \beta(x),$$

其中 $\alpha(x)$ 及 $\beta(x)$ 为当 $x \to x_0$ 时的无穷小.于是,

$$f(x) \pm g(x) = [A + \alpha(x)] \pm [B + \beta(x)] = (A \pm B) + [\alpha(x) \pm \beta(x)].$$

由无穷小的性质 1(有限个无穷小的和仍是无穷小),得 $\alpha(x) \pm \beta(x)$ 仍是当 $x \to x_0$ 时的无穷小,所以根据定理 2-3 得

$$\lim_{x \to x_0}[f(x) \pm g(x)] = A \pm B = \lim_{x \to x_0} f(x) \pm \lim_{x \to x_0} g(x).$$

定理 2-5 中的结论(1)和(2)可以推广到有限个函数的代数和及乘积的极限的情形.由结论(2)还可得:

推论 1　设 $\lim f(x)$ 存在,则对于常数 C,有

$$\lim[Cf(x)] = C \lim f(x).$$

推论 2　设 $\lim f(x)$ 存在,则对于正整数 n,有

$$\lim[f(x)]^n = [\lim f(x)]^n.$$

需要强调的是,在运用极限的四则运算法则求极限时,参与运算的每个函数的极限都必须存在,运用商的极限运算法则时,还要求分母的极限不为零.

【例 2-8】　求下列极限:

(1) $\lim\limits_{x \to 1}(3x^2 - 2x + 1)$;　　　　　　(2) $\lim\limits_{x \to 2} \dfrac{x^2 - 3x + 1}{2x^3 + x^2 - 5}$.

解　(1) $\lim\limits_{x \to 1}(3x^2 - 2x + 1) = \lim\limits_{x \to 1}(3x^2) - \lim\limits_{x \to 1}(2x) + \lim\limits_{x \to 1} 1$

$$= 3 \lim_{x \to 1} x^2 - 2 \lim_{x \to 1} x + 1$$

$$= 3(\lim_{x \to 1} x)^2 - 2 \cdot 1 + 1$$

$$= 3 \cdot 1^2 - 1 = 2;$$

$$(2)\ \lim_{x \to 2} \frac{x^2 - 3x + 1}{2x^3 + x^2 - 5} = \frac{\lim\limits_{x \to 2}(x^2 - 3x + 1)}{\lim\limits_{x \to 2}(2x^3 + x^2 - 5)}$$

$$= \frac{\lim\limits_{x \to 2}x^2 - 3\lim\limits_{x \to 2}x + \lim\limits_{x \to 2}1}{2\lim\limits_{x \to 2}x^3 + \lim\limits_{x \to 2}x^2 - \lim\limits_{x \to 2}5}$$

$$= \frac{(\lim\limits_{x \to 2}x)^2 - 3 \cdot 2 + 1}{2(\lim\limits_{x \to 2}x)^3 + (\lim\limits_{x \to 2}x)^2 - 5}$$

$$= \frac{2^2 - 5}{2 \cdot 2^3 + 2^2 - 5}$$

$$= -\frac{1}{15}.$$

将上例推广,易得下列一般结论:

设 $P(x)$ 与 $Q(x)$ 均为多项式,则

$(1)\ \lim\limits_{x \to x_0} P(x) = P(x_0)$;

$(2)\ \lim\limits_{x \to x_0} \dfrac{P(x)}{Q(x)} = \dfrac{P(x_0)}{Q(x_0)} \quad (Q(x_0) \neq 0).$

需要指出的是,如果 $Q(x_0) = 0$,则计算极限 $\lim\limits_{x \to x_0} \dfrac{P(x)}{Q(x)}$ 就不能使用上述方法,而需要另外考虑,下面的例 2-9 就属于这种情况.

【例 2-9】 求下列极限:

$(1)\ \lim\limits_{x \to 2} \dfrac{x^2 - 3x + 2}{x^2 - 4}$;

$(2)\ \lim\limits_{x \to 1} \dfrac{x^2 - 1}{(x-1)^3}$.

解 (1)由于当 $x \to 2$ 时,分子与分母的极限都是零,故不能运用商的极限运算法则.因分子、分母有公因子 $x - 2$,而当 $x \to 2$ 时,$x \neq 2$,即 $x - 2 \neq 0$,所以求极限时可约去这个因子.于是,

$$\lim_{x \to 2} \frac{x^2 - 3x + 2}{x^2 - 4} = \lim_{x \to 2} \frac{x - 1}{x + 2} = \frac{1}{4}.$$

(2)因为 $\lim\limits_{x \to 1} \dfrac{(x-1)^3}{x^2 - 1} = \lim\limits_{x \to 1} \dfrac{(x-1)^2}{x + 1} = 0$,所以由无穷小量与无穷大量的关系(定理 2-4)得

$$\lim_{x \to 1} \frac{x^2 - 1}{(x-1)^3} = \lim_{x \to 1} \frac{x + 1}{(x-1)^2} = \infty.$$

本例中的两个极限,分子与分母都趋向于零,因而是两个无穷小的商的形式,它们也是一种未定式,称为 $\dfrac{0}{0}$ 型未定式.在这里,我们先约去分

子、分母的无穷小公因子,使之变成"定式",再运用极限的四则运算法则进行计算.

【例 2-10】　求 $\lim\limits_{x \to 1}\left(\dfrac{1}{x-1}-\dfrac{2}{x^2-1}\right)$.

解　因为当 $x \to 1$ 时,$\dfrac{1}{x-1}$ 与 $\dfrac{2}{x^2-1}$ 都是无穷大(这种类型的极限称为 $\infty-\infty$ 型未定式),极限都不存在,所以不能运用极限的四则运算法则. 我们用通分的办法将函数变形,使其转化为 $\dfrac{0}{0}$ 型未定式,再约去分子、分母的无穷小公因子后进行计算.

$$\lim_{x \to 1}\left(\frac{1}{x-1}-\frac{2}{x^2-1}\right)=\lim_{x \to 1}\frac{x-1}{x^2-1}=\lim_{x \to 1}\frac{1}{x+1}=\frac{1}{2}.$$

【例 2-11】　求下列极限:

(1) $\lim\limits_{x \to \infty}\dfrac{2x^2-3x+1}{3x^2+x-5}$;

(2) $\lim\limits_{x \to \infty}\dfrac{x^2+4x-3}{2x^3-3x+1}$;

(3) $\lim\limits_{x \to \infty}\dfrac{2x^3-3x+1}{x^2+4x-3}$.

解　(1) 因为当 $x \to \infty$ 时,$2x^2-3x+1$ 与 $3x^2+x-5$ 都是无穷大(这种类型的极限称为 $\dfrac{\infty}{\infty}$ 型未定式),极限都不存在,所以不能运用极限的四则运算法则.

用分子、分母中 x 的最高次幂 x^2 去除分子、分母,然后取极限,得

$$\lim_{x \to \infty}\frac{2x^2-3x+1}{3x^2+x-5}=\lim_{x \to \infty}\frac{2-\dfrac{3}{x}+\dfrac{1}{x^2}}{3+\dfrac{1}{x}-\dfrac{5}{x^2}}=\frac{2}{3}.$$

这是因为

$$\lim_{x \to \infty}\frac{a}{x^n}=a\lim_{x \to \infty}\frac{1}{x^n}=a\left(\lim_{x \to \infty}\frac{1}{x}\right)^n=0,$$

其中 a 为常数,n 为正整数,$\lim\limits_{x \to \infty}\dfrac{1}{x}=0$(根据无穷小量与无穷大量的关系).

(2) 先用 x^3 去除分母及分子,然后取极限,得

$$\lim_{x \to \infty}\frac{x^2+4x-3}{2x^3-3x+1}=\lim_{x \to \infty}\frac{\dfrac{1}{x}+\dfrac{4}{x^2}-\dfrac{3}{x^3}}{2-\dfrac{3}{x^2}+\dfrac{1}{x^3}}=\frac{0}{2}=0.$$

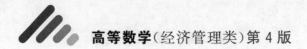
（3）由（2）并根据无穷小量与无穷大量的关系，立得

$$\lim_{x \to \infty} \frac{2x^3 - 3x + 1}{x^2 + 4x - 3} = \infty.$$

由例 2-11 可得下列一般结论：

若 $a_n \neq 0, b_m \neq 0$，则

$$\lim_{x \to \infty} \frac{a_n x^n + a_{n-1} x^{n-1} + \cdots + a_1 x + a_0}{b_m x^m + b_{m-1} x^{m-1} + \cdots + b_1 x + b_0} = \begin{cases} 0, & n < m, \\ \dfrac{a_n}{b_m}, & n = m, \\ \infty, & n > m. \end{cases}$$

其中 m, n 为正整数.

对于数列，也有与函数类似的极限四则运算法则.

【例 2-12】 求 $\lim\limits_{n \to \infty} \dfrac{2^{n+1} + 3^{n+1}}{2^n + 3^n}$.

解 $\lim\limits_{n \to \infty} \dfrac{2^{n+1} + 3^{n+1}}{2^n + 3^n} = \lim\limits_{n \to \infty} \dfrac{2\left(\dfrac{2}{3}\right)^n + 3}{\left(\dfrac{2}{3}\right)^n + 1} = 3.$

【例 2-13】 求 $\lim\limits_{n \to \infty} \left(\dfrac{1}{n^2} + \dfrac{2}{n^2} + \cdots + \dfrac{n}{n^2}\right)$.

解 当 $n \to \infty$ 时，项数也趋于无穷，是无穷多项和的形式，故不能用和的极限运算法则，现先求和使数列通项变形，再求极限.

$$\lim_{n \to \infty} \left(\frac{1}{n^2} + \frac{2}{n^2} + \cdots + \frac{n}{n^2}\right) = \lim_{n \to \infty} \frac{\dfrac{1}{2} n(n+1)}{n^2} = \frac{1}{2} \lim_{n \to \infty} \left(1 + \frac{1}{n}\right) = \frac{1}{2}.$$

2.4.2 复合函数的极限运算法则

定理 2-6（复合函数的极限运算法则） 设函数 $y = f(\varphi(x))$ 由函数 $y = f(u)$ 与 $u = \varphi(x)$ 复合而成.

（1）若 $\lim\limits_{x \to x_0} \varphi(x) = a$，且在点 x_0 的某去心邻域内 $\varphi(x) \neq a$，又 $\lim\limits_{u \to a} f(u) = A$，则

$$\lim_{x \to x_0} f(\varphi(x)) = \lim_{u \to a} f(u) = A.$$

（2）若 $\lim\limits_{x \to x_0} \varphi(x) = \infty$，且 $\lim\limits_{u \to \infty} f(u) = A$，则

$$\lim_{x \to x_0} f(\varphi(x)) = \lim_{u \to \infty} f(u) = A.$$

定理 2-6 表明：如果函数 $f(x)$ 与 $g(x)$ 都满足该定理条件，那么在求复合函数的极限 $\lim\limits_{x \to x_0} f(\varphi(x))$ 时，可作代换 $u = \varphi(x)$，使之转化为

$\lim\limits_{u \to a} f(u)$，这里 $a = \lim\limits_{x \to x_0} \varphi(x)$.

对于自变量的其他变化过程也有类似的复合函数的极限运算法则，只要将条件作适当修改即可.

【例 2-14】 求 $\lim\limits_{x \to 1} \sqrt{\dfrac{x^2 - 1}{x - 1}}$.

解　由于 $\lim\limits_{x \to 1} \dfrac{x^2 - 1}{x - 1} = \lim\limits_{x \to 1}(x + 1) = 2$，令 $u = \dfrac{x^2 - 1}{x - 1}$，则由定理 2-6 得

$$\lim\limits_{x \to 1} \sqrt{\dfrac{x^2 - 1}{x - 1}} = \lim\limits_{u \to 2} \sqrt{u} = \sqrt{2}.$$

习题　2.4

1.求下列极限：

(1) $\lim\limits_{x \to 2} \dfrac{x^2 - 4}{x - 2}$;

(2) $\lim\limits_{x \to \infty} \dfrac{(2x + 1)^3 (3x - 5)^4}{(7x^2 + 1)(x + 2)^5}$;

(3) $\lim\limits_{n \to \infty} \left(1 + \dfrac{1}{1 + 2} + \dfrac{1}{1 + 2 + 3} + \cdots + \dfrac{1}{1 + 2 + \cdots + n}\right)$;

(4) $\lim\limits_{x \to 0} x\left(x + \dfrac{1}{x}\right)$;

(5) $\lim\limits_{x \to 4} \dfrac{x^2 - 6x + 8}{x^2 - 3x - 4}$;

(6) $\lim\limits_{x \to 2} \left(\dfrac{4}{x^2 - 4} - \dfrac{1}{x - 2}\right)$;

(7) $\lim\limits_{x \to 1} \left(\dfrac{1}{1 - x} - \dfrac{3}{1 - x^3}\right)$;

(8) $\lim\limits_{x \to \infty} \left(\dfrac{x^3}{2x^2 - 1} - \dfrac{x^2}{2x + 1}\right)$;

(9) $\lim\limits_{n \to \infty} \left(1 + \dfrac{1}{2} + \dfrac{1}{4} + \cdots + \dfrac{1}{2^n}\right)$;

(10) $\lim\limits_{n \to \infty} \dfrac{2^n + 1}{3^n - 1}$;

(11) $\lim\limits_{x \to \infty} \dfrac{x + \sin x}{x - \sin x}$;

(12) $\lim\limits_{x \to \infty} \dfrac{x^2 + x\arctan x}{2x^2 + 3x + 1}$;

(13) $\lim\limits_{x \to \infty} (x^2 - 2x + 3)$;

(14) $\lim\limits_{x \to -\infty} (\sqrt{x^2 + 1} + x)$;

(15) $\lim\limits_{x \to +\infty} \dfrac{x(\sin x + \cos x)}{\sqrt{x^3 + 2x - 1}}$.

2.(1)若已知 $\lim\limits_{x \to x_0} \dfrac{f(x)}{g(x)} = a$（$a$ 为常数），且 $\lim\limits_{x \to x_0} g(x) = 0$，证明 $\lim\limits_{x \to x_0} f(x) = 0$；

(2)设 $\lim\limits_{x \to 1} \dfrac{x^2 + bx + c}{x - 1} = 3$，求常数 b,c.

3.设 $f(x) = \dfrac{4x^2 + 3}{x - 1} + ax + b$，若已知：

(1) $\lim\limits_{x \to \infty} f(x) = 0$;　　(2) $\lim\limits_{x \to \infty} f(x) = 2$;　　(3) $\lim\limits_{x \to \infty} f(x) = \infty$;

试分别求这三种情形下常数 a 与 b 的值.

4.已知 $\lim\limits_{x \to 3} \dfrac{x^2 - 2x + k}{x - 3}$ 存在且等于 a，求常数 k 与 a 的值.

5.已知 $\lim\limits_{x \to \infty} \left(\dfrac{x^2 + 1}{x + 1} - kx\right)$ 存在且等于 a，求常数 k 与 a 的值.

6.设 $\{a_n\}$，$\{b_n\}$，$\{c_n\}$ 均为非负数列,且 $\lim\limits_{n\to\infty}a_n=0$，$\lim\limits_{n\to\infty}b_n=1$，$\lim\limits_{n\to\infty}c_n=\infty$. 指出下列陈述哪些是正确的,哪些是错误的. 如果是正确的,说明理由;如果是错误的,给出反例.

(1) $a_n<b_n$（$\forall n\in \mathbf{N}_+$）;　　　　　(2) $b_n<c_n$（$\forall n\in \mathbf{N}_+$）;

(3) $\lim\limits_{n\to\infty}a_nc_n=0$;　　　　　　　(4) $\lim\limits_{n\to\infty}a_nc_n=\infty$;

(5) $\lim\limits_{n\to\infty}a_nc_n$ 不存在;　　　　　　(6) $\lim\limits_{n\to\infty}b_nc_n$ 不存在.

7.当 $x\to 1$ 时,函数 $\dfrac{x^2-1}{x-1}\mathrm{e}^{\frac{1}{x-1}}$ 的极限是否存在?

2.5　极限存在准则　两个重要极限

2.5.1　极限存在准则

准则 1（夹逼准则）　设三个数列 $\{x_n\}$，$\{y_n\}$，$\{z_n\}$ 满足以下条件:

(1)存在正整数 N_0,当 $n\geqslant N_0$ 时,恒有 $y_n\leqslant x_n\leqslant z_n$;

(2) $\lim\limits_{n\to\infty}y_n=\lim\limits_{n\to\infty}z_n=A$,

则数列 $\{x_n\}$ 收敛,且 $\lim\limits_{n\to\infty}x_n=A$.

证　由 $\lim\limits_{n\to\infty}y_n=\lim\limits_{n\to\infty}z_n=A$ 知,对任意给定的正数 ε,存在正整数 N_1 和 N_2,当 $n>N_1$ 时,有 $|y_n-A|<\varepsilon$,即

$$A-\varepsilon<y_n<A+\varepsilon. \tag{2-6}$$

当 $n>N_2$ 时,有 $|z_n-A|<\varepsilon$,即

$$A-\varepsilon<z_n<A+\varepsilon. \tag{2-7}$$

取 $N=\max\{N_0,N_1,N_2\}$,则当 $n>N$ 时,式(2-6)、式(2-7)同时成立.

又由条件(1)可得

$$A-\varepsilon<y_n\leqslant x_n\leqslant z_n<A+\varepsilon,$$

即 $|x_n-A|<\varepsilon$. 故 $\lim\limits_{n\to\infty}x_n=A$. 证毕.

对于函数极限也有类似的夹逼准则:

准则 1′　若函数 $f(x)$，$g(x)$，$h(x)$ 在点 x_0 的某去心邻域内有定义,且满足条件:

(1) $g(x)\leqslant f(x)\leqslant h(x)$;

(2) $\lim\limits_{x\to x_0}g(x)=\lim\limits_{x\to x_0}h(x)=A$,

则有 $\lim\limits_{x\to x_0}f(x)=A$.

对于自变量的其他变化趋势,上述夹逼准则也可类似给出.

【例 2-15】　求 $\lim\limits_{n\to\infty}\left(\dfrac{n}{n^2+1}+\dfrac{n}{n^2+2}+\cdots+\dfrac{n}{n^2+n}\right)$.

解　因为

$$\frac{n^2}{n^2+n} \leqslant \frac{n}{n^2+1} + \frac{n}{n^2+2} + \cdots + \frac{n}{n^2+n} \leqslant \frac{n^2}{n^2+1},$$

且

$$\lim_{n\to\infty}\frac{n^2}{n^2+n}=\lim_{n\to\infty}\frac{1}{1+\frac{1}{n}}=1, \qquad \lim_{n\to\infty}\frac{n^2}{n^2+1}=\lim_{n\to\infty}\frac{1}{1+\frac{1}{n^2}}=1,$$

故由夹逼准则得

$$\lim_{n\to\infty}\left(\frac{n}{n^2+1} + \frac{n}{n^2+2} + \cdots + \frac{n}{n^2+n}\right)=1.$$

准则 2 （单调有界准则）　单调且有界的数列必有极限.

在 2.1.3 中,我们曾指出,有界数列不一定收敛.现在准则 2 表明:如果数列不仅有界而且单调,那么该数列必定收敛.

对准则 2,我们不作证明,而给出如下的几何解释:

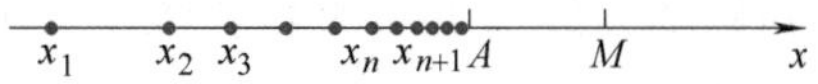

从数轴上看,对应于单调数列的动点 x_n 随 n 的增大只可能向一个方向移动,所以只有两种可

图　2-5

能情形:或者点 x_n 沿数轴移向无穷远($x_n \to -\infty$ 或 $x_n \to +\infty$);或者点 x_n 无限趋近于某一定点 A(如图 2-5 所示),也就是数列 $\{x_n\}$ 有极限.但现在假定数列 $\{x_n\}$ 有界.因此,上述第一种情形不可能发生.这样数列 $\{x_n\}$ 必有极限.

【例 2-16】　设 $x_n=\left(1+\frac{1}{n}\right)^n$,证明 $\lim\limits_{n\to\infty} x_n$ 存在.

证　由均值不等式得

$$x_n=\left(1+\frac{1}{n}\right)^n=\underbrace{\left(1+\frac{1}{n}\right)\cdot\left(1+\frac{1}{n}\right)\cdot \cdots \cdot\left(1+\frac{1}{n}\right)}_{n个}\cdot 1$$

$$<\left[\frac{\left(1+\frac{1}{n}\right)\cdot n+1}{n+1}\right]^{n+1}=\left(1+\frac{1}{n+1}\right)^{n+1}=x_{n+1},$$

即数列 $\{x_n\}$ 单调增加.

另一方面,由于

$$\frac{1}{x_n}=\frac{1}{\left(1+\frac{1}{n}\right)^n}=\left(\frac{n}{n+1}\right)^n=\left(\frac{n-1+\frac{1}{2}+\frac{1}{2}}{n+1}\right)^n=\left(\frac{1+1+\cdots+1+\frac{1}{2}+\frac{1}{2}}{n+1}\right)^n$$

$$>\left(\sqrt[n+1]{1\cdot 1\cdot \cdots \cdot 1\cdot \frac{1}{2}\cdot \frac{1}{2}}\right)^n=\left(\frac{1}{4}\right)^{\frac{n}{n+1}},$$

所以,$|x_n|=x_n<4^{\frac{n}{n+1}}<4$,即数列 $\{x_n\}$ 有界.

综合以上讨论知,$\{x_n\}$ 是单调且有界的数列.根据单调有界准则知 $\lim\limits_{n\to\infty} x_n$ 存在.记此极限之值为 e,即

$$\lim_{n\to\infty}\left(1+\frac{1}{n}\right)^n = e. \tag{2-8}$$

1.6 中提到的指数函数 e^x 与自然对数函数 $\ln x$ 的底 e 就是这个常数.

2.5.2 两个重要极限

重要极限 1 $\lim\limits_{x\to0}\dfrac{\sin x}{x}=1.$

下面利用夹逼准则证明这个极限.

当 $0<x<\dfrac{\pi}{2}$ 时,作单位圆如图 2-6 所示,设圆心角 $\angle AOB=x$,过点 A 作圆的切线与 OB 的延长线交于 C,又作 $BD\perp OA$,则有 $\sin x=BD$,$\tan x=AC$. 因为 $\triangle OAB$ 的面积 < 扇形 OAB 的面积 < $\triangle OAC$ 的面积,

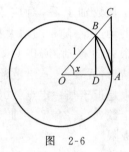

图 2-6

所以,当 $0<x<\dfrac{\pi}{2}$ 时,

$$\frac{1}{2}\sin x < \frac{1}{2}x < \frac{1}{2}\tan x,$$

即 $\sin x < x < \tan x.$

当 $-\dfrac{\pi}{2}<x<0$ 时,有 $0<-x<\dfrac{\pi}{2}$,从而有

$$\sin(-x)<-x<\tan(-x),$$

即当 $0<|x|<\dfrac{\pi}{2}$ 时,有

$$|\sin x|<|x|<|\tan x|. \tag{2-9}$$

用 $|\sin x|$ 去除上式各端,得

$$1<\left|\frac{x}{\sin x}\right|<\left|\frac{\tan x}{\sin x}\right|,$$

即 $1<\dfrac{x}{\sin x}<\dfrac{1}{\cos x}$,从而有

$$\cos x<\frac{\sin x}{x}<1.$$

而 $\cos x=1-2\sin^2\dfrac{x}{2}\geq 1-2\left(\dfrac{x}{2}\right)^2=1-\dfrac{x^2}{2}$,所以有

$$1-\frac{x^2}{2}<\cos x<\frac{\sin x}{x}<1.$$

因为 $\lim\limits_{x\to 0}\left(1-\frac{x^2}{2}\right)=1,\lim\limits_{x\to 0}1=1$,所以由夹逼准则,可得

$$\lim\limits_{x\to 0}\frac{\sin x}{x}=1.$$

注意　(1)由于当 $x=0$ 或 $|x|\geqslant\frac{\pi}{2}$ 时,显然有 $|\sin x|\leqslant|x|$,所以联系不等式(2-9),还可得下列重要不等式

$$|\sin x|\leqslant|x|,\quad x\in\mathbf{R}. \tag{2-10}$$

(2)由上述证明过程可以看到:

$$\lim\limits_{x\to 0}\cos x=1.$$

【例 2-17】　求下列极限:

(1)$\lim\limits_{x\to 0}\dfrac{\tan x}{x}$;　　　　　　　　　(2)$\lim\limits_{x\to 0}\dfrac{1-\cos x}{x^2}$.

解　(1)$\lim\limits_{x\to 0}\dfrac{\tan x}{x}=\lim\limits_{x\to 0}\left(\dfrac{\sin x}{x}\cdot\dfrac{1}{\cos x}\right)=\lim\limits_{x\to 0}\dfrac{\sin x}{x}\cdot\lim\limits_{x\to 0}\dfrac{1}{\cos x}=1\cdot 1=1.$

(2)$\lim\limits_{x\to 0}\dfrac{1-\cos x}{x^2}=\lim\limits_{x\to 0}\dfrac{2\sin^2\frac{x}{2}}{x^2}=\dfrac{1}{2}\lim\limits_{x\to 0}\dfrac{\sin^2\frac{x}{2}}{\left(\frac{x}{2}\right)^2}=\dfrac{1}{2}\lim\limits_{x\to 0}\left(\dfrac{\sin\frac{x}{2}}{\frac{x}{2}}\right)^2=\dfrac{1}{2}\cdot 1^2$

$$=\frac{1}{2}.$$

重要极限 2　$\lim\limits_{x\to\infty}\left(1+\dfrac{1}{x}\right)^x=\mathrm{e}.$

此结论可利用例 2-16 及夹逼准则来证明,证明从略.

在上式中,若令 $u=\dfrac{1}{x}$,则 $x\to\infty$ 时,$u\to 0$,于是有

$$\lim\limits_{u\to 0}(1+u)^{\frac{1}{u}}=\mathrm{e},$$

这是重要极限 2 的又一个常用形式.

重要极限 $\lim\limits_{x\to\infty}\left(1+\dfrac{1}{x}\right)^x=\mathrm{e}$ 或 $\lim\limits_{u\to 0}(1+u)^{\frac{1}{u}}=\mathrm{e}$ 也是一种未定式.一般地,若 $\lim f(x)=1,\lim g(x)=\infty$ 则极限 $\lim\left[f(x)\right]^{g(x)}$ 称为 1^∞ 型未定式.

【例 2-18】　求下列极限:

(1)$\lim\limits_{x\to\infty}\left(1+\dfrac{2}{x}\right)^{3x}$;　　(2)$\lim\limits_{x\to 0}(1-2x)^{\frac{1}{x}}$.

解　(1)$\lim\limits_{x\to\infty}\left(1+\dfrac{2}{x}\right)^{3x}=\lim\limits_{x\to\infty}\left[\left(1+\dfrac{2}{x}\right)^{\frac{x}{2}}\right]^6=\left[\lim\limits_{x\to\infty}\left(1+\dfrac{2}{x}\right)^{\frac{x}{2}}\right]^6=\mathrm{e}^6;$

$$(2) \lim_{x \to 0} (1-2x)^{\frac{1}{x}} = \lim_{x \to 0} \left\{ \left[1+(-2x) \right]^{\frac{1}{-2x}} \right\}^{-2}$$

$$= \frac{1}{\left\{ \lim_{x \to 0} \left[1+(-2x) \right]^{\frac{1}{-2x}} \right\}^2} = \frac{1}{e^2}.$$

【**例 2-19**】(连续复利问题) 设有一笔本金 A_0 存入银行,年利率为 r,则一年末结算时,其本利和为

$$A_1 = A_0 + rA_0 = A_0(1+r).$$

如果一年分两期计息,每期利率为 $\dfrac{r}{2}$,且前一期的本利和作为后一期的本金,则一年末的本利和为

$$A_2 = A_0 \left(1+\frac{r}{2} \right) + A_0 \left(1+\frac{r}{2} \right) \frac{r}{2} = A_0 \left(1+\frac{r}{2} \right)^2.$$

如果一年分 n 期计息,每期利率按 $\dfrac{r}{n}$ 计算,且前一期本利和作为后一期的本金,则一年末的本利和为

$$A_n = A_0 \left(1+\frac{r}{n} \right)^n.$$

于是到 t 年末共计复利 nt 次,其本利和为

$$A_n(t) = A_0 \left(1+\frac{r}{n} \right)^{nt}.$$

令 $n \to \infty$,则表示利息随时计入本金,这样,t 年末的本利和为

$$A(t) = \lim_{n \to \infty} A_n(t) = \lim_{n \to \infty} A_0 \left(1+\frac{r}{n} \right)^{nt}$$

$$= A_0 \lim_{n \to \infty} \left[\left(1+\frac{r}{n} \right)^{\frac{n}{r}} \right]^{rt} = A_0 e^{rt}.$$

这种将利息计入本金重复计算复利的方法称为连续复利.类似于连续复利问题的数学模型,在研究物体的冷却、细菌的繁殖、放射性元素的衰变等许多问题中都会用到,因此有很重要的实际意义.

习题 2.5

1. 求下列极限:

$(1) \lim\limits_{n \to \infty} \left(\dfrac{1}{\sqrt{n^2+\pi}} + \dfrac{1}{\sqrt{n^2+2\pi}} + \cdots + \dfrac{1}{\sqrt{n^2+n\pi}} \right)$;

$(2) \lim\limits_{n \to \infty} \left[\dfrac{n^2+1}{n^3} + \dfrac{n^2+1}{n^3+n} + \dfrac{n^2+1}{n^3+2n} + \cdots + \dfrac{n^2+1}{n^3+(n-1)n} \right]$;

$(3) \lim\limits_{x \to +\infty} (2^x+3^x)^{\frac{1}{x}}$;

(4) $\lim\limits_{n\to\infty} \sqrt[n]{1+2^n+3^n}$.

2.求下列极限：

(1) $\lim\limits_{x\to 0}\sin x$；

(2) $\lim\limits_{n\to\infty} n\sin\dfrac{\pi}{n}$；

(3) $\lim\limits_{x\to 0}\dfrac{\sin 2x}{\tan 3x}$；

(4) $\lim\limits_{x\to 1}\dfrac{\sin(x-1)}{x^3-1}$；

(5) $\lim\limits_{x\to\frac{\pi}{2}}\dfrac{\cos x}{2x-\pi}$；

(6) $\lim\limits_{x\to 0}x\cot 2x$；

(7) $\lim\limits_{x\to 0}\dfrac{\sec x-\cos x}{x^2}$；

(8) $\lim\limits_{x\to 0^-}\dfrac{x}{\sqrt{1-\cos x}}$；

(9) $\lim\limits_{x\to 0}\dfrac{1-\cos 4x}{x\sin x}$；

(10) $\lim\limits_{x\to 0}\dfrac{2x-\sin x}{2x+\sin x}$；

(11) $\lim\limits_{x\to\infty}\dfrac{2x-\sin x}{2x+\sin x}$；

(12) $\lim\limits_{n\to\infty}2^n\sin\dfrac{x}{2^n}(x\neq 0)$.

(13) $\lim\limits_{x\to +\infty}\dfrac{x+x^2\sin\dfrac{1}{x}}{x-\arctan x}$.

3.求下列极限：

(1) $\lim\limits_{x\to\infty}\left(1-\dfrac{3}{x}\right)^x$；

(2) $\lim\limits_{x\to\infty}\left(\dfrac{x+1}{x}\right)^{2x}$；

(3) $\lim\limits_{x\to 0}(1-\tan x)^{\cot x}$；

(4) $\lim\limits_{x\to 1}(3-2x)^{\frac{3}{x-1}}$；

(5) $\lim\limits_{x\to 0}(\cos 2x)^{\csc^2 x}$；

(6) $\lim\limits_{x\to\infty}\left(\dfrac{x+2}{x-2}\right)^x$；

(7) $\lim\limits_{x\to\infty}\left(\dfrac{2x-4}{2x+1}\right)^{2x}$；

(8) $\lim\limits_{n\to\infty}\left(\dfrac{n^2+3}{n^2+1}\right)^{n^2}$；

(9) $\lim\limits_{x\to 1}x^{\frac{2}{x-1}}$；

(10) $\lim\limits_{x\to -1}(x+2)^{\frac{x}{x+1}}$.

4.已知极限 $\lim\limits_{x\to\infty}\left(\dfrac{x+2a}{x-a}\right)^x=8$，求 a.

5.设对任意 x，总有 $\varphi(x)\leqslant f(x)\leqslant g(x)$，且 $\lim\limits_{x\to\infty}[g(x)-\varphi(x)]=0$，是否一定有 $\lim\limits_{x\to\infty}f(x)$ 存在？

2.6 无穷小的比较

我们知道，两个无穷小的和、差、积仍是无穷小. 然而，两个无穷小的商却会出现各种不同的情形. 例如，当 $x\to 0$ 时，$x,x^2,\sin x,1-\cos x$ 均为无穷小，而

$$\lim\limits_{x\to 0}\dfrac{x^2}{x}=0,\lim\limits_{x\to 0}\dfrac{x}{x^2}=\infty,\lim\limits_{x\to 0}\dfrac{\sin x}{x}=1,\lim\limits_{x\to 0}\dfrac{1-\cos x}{x^2}=\dfrac{1}{2}.$$

两个无穷小之商的极限的各种不同情况，反映了不同无穷小趋于零的速度是有"快慢"之分的. 为了描述无穷小趋于零的"快慢"程度，我们引

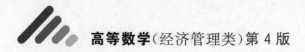

入无穷小的阶的概念.

定义 2-9 设当 $x \to x_0$ 时,α 及 β 均是无穷小,

(1)若 $\lim\limits_{x \to x_0} \dfrac{\beta}{\alpha} = 0$,则称当 $x \to x_0$ 时 $\boldsymbol{\beta}$ 是比 $\boldsymbol{\alpha}$ 高阶的无穷小,记作 $\beta = o(\alpha)$ $(x \to x_0)$;

(2)若 $\lim\limits_{x \to x_0} \dfrac{\beta}{\alpha} = \infty$,则称当 $x \to x_0$ 时 $\boldsymbol{\beta}$ 是比 $\boldsymbol{\alpha}$ 低阶的无穷小;

(3)若 $\lim\limits_{x \to x_0} \dfrac{\beta}{\alpha} = C \neq 0$,则称当 $x \to x_0$ 时 $\boldsymbol{\beta}$ 与 $\boldsymbol{\alpha}$ 是同阶无穷小;

(4)若 $\lim\limits_{x \to x_0} \dfrac{\beta}{\alpha} = 1$,则称当 $x \to x_0$ 时 $\boldsymbol{\beta}$ 与 $\boldsymbol{\alpha}$ 是等价无穷小,记作 $\alpha \sim \beta$ $(x \to x_0)$;

对于自变量的其他五种变化趋势以及数列也有类似的定义. 显然,等价无穷小是同阶无穷小的特殊情况.

有了无穷小的阶的概念,我们再来考察本节开头讨论的几个无穷小.

因为 $\lim\limits_{x \to 0} \dfrac{x^2}{x} = 0$,所以当 $x \to 0$ 时,x^2 是比 x 高阶的无穷小,即 $x^2 = o(x)$ $(x \to 0)$.

因为 $\lim\limits_{x \to 0} \dfrac{x}{x^2} = \infty$,所以当 $x \to 0$ 时,x 是比 x^2 低阶的无穷小.

因为 $\lim\limits_{x \to 0} \dfrac{\sin x}{x} = 1$,所以当 $x \to 0$ 时,$\sin x$ 与 x 是等价无穷小,即 $\sin x \sim x$ $(x \to 0)$.

因为 $\lim\limits_{x \to 0} \dfrac{1 - \cos x}{x^2} = \dfrac{1}{2}$,所以当 $x \to 0$ 时,$1 - \cos x$ 与 x^2 是同阶无穷小.

【例 2-20】 证明:当 $x \to 0$ 时,$\sqrt{1+x} - 1 \sim \dfrac{1}{2} x$.

证 因为
$$\lim_{x \to 0} \frac{\sqrt{1+x} - 1}{\frac{1}{2} x} = \lim_{x \to 0} \frac{\left(\sqrt{1+x}\right)^2 - 1}{\frac{1}{2} x (\sqrt{1+x} + 1)}$$
$$= \lim_{x \to 0} \frac{2}{(\sqrt{1+x} + 1)}$$
$$= \frac{2}{2} = 1,$$

所以
$$\sqrt{1+x} - 1 \sim \frac{1}{2} x \ (x \to 0).$$

关于等价无穷小有下列重要结论:

定理 2-7　设 $\alpha, \alpha^*, \beta, \beta^*$ 都是同一变化过程中的无穷小，若 $\alpha \sim \alpha^*$，$\beta \sim \beta^*$，且 $\lim \dfrac{\beta^*}{\alpha^*}$ 存在或为无穷大，则有

$$\lim \frac{\beta}{\alpha} = \lim \frac{\beta^*}{\alpha^*}.$$

证　若 $\lim \dfrac{\beta^*}{\alpha^*}$ 存在，则

$$\lim \frac{\beta}{\alpha} = \lim \left(\frac{\beta}{\beta^*} \cdot \frac{\beta^*}{\alpha^*} \cdot \frac{\alpha^*}{\alpha} \right) = \lim \frac{\beta}{\beta^*} \cdot \lim \frac{\beta^*}{\alpha^*} \cdot \lim \frac{\alpha^*}{\alpha} = \lim \frac{\beta^*}{\alpha^*}.$$

若 $\lim \dfrac{\beta^*}{\alpha^*} = \infty$，则 $\lim \dfrac{\alpha^*}{\beta^*} = 0$. 由上面的讨论得

$$\lim \frac{\alpha}{\beta} = \lim \frac{\alpha^*}{\beta^*} = 0,$$

从而 $\lim \dfrac{\beta}{\alpha} = \infty$. 故

$$\lim \frac{\beta}{\alpha} = \lim \frac{\beta^*}{\alpha^*}.$$

证毕.

此定理表明：在求两个无穷小之比的极限时，分子、分母都可用其等价无穷小来代替. 如果用来代替的无穷小选得适当，则可以简化计算.

常用的等价无穷小有：

① $\sin x \sim x$　$(x \to 0)$；　　② $\tan x \sim x$　$(x \to 0)$；

③ $\arcsin x \sim x$　$(x \to 0)$；　　④ $\arctan x \sim x$　$(x \to 0)$；

⑤ $1 - \cos x \sim \dfrac{1}{2} x^2$　$(x \to 0)$；　⑥ $\sqrt{1+x} - 1 \sim \dfrac{1}{2} x$　$(x \to 0)^{\ominus}$；

⑦ $\ln(1+x) \sim x$　$(x \to 0)$；　　⑧ $e^x - 1 \sim x$　$(x \to 0)$.

其中关系式①、②、⑤可由重要极限 1 或例 2-17 得到，关系式⑥由例 2-20 得到，关系式③、④、⑦、⑧的证明需要用到后面的知识，将在下一节 (2.7) 中给予证明.

【例 2-21】　求 $\lim\limits_{x \to 0} \dfrac{\tan 2x}{\sin 3x}$.

解　由于 $x \to 0$ 时，$\tan 2x \sim 2x$，$\sin 3x \sim 3x$，所以

$$\lim_{x \to 0} \frac{\tan 2x}{\sin 3x} = \lim_{x \to 0} \frac{2x}{3x} = \frac{2}{3}.$$

【例 2-22】　求 $\lim\limits_{x \to 0} \dfrac{\tan x - \sin x}{x^3}$.

$\ominus$　一般地，对任意非零常数 μ，都有 $(1+x)^\mu - 1 \sim \mu x\,(x \to 0)$.

解 $\lim\limits_{x\to 0}\dfrac{\tan x-\sin x}{x^3}=\lim\limits_{x\to 0}\dfrac{\tan x(1-\cos x)}{x^3}=\lim\limits_{x\to 0}\dfrac{x\cdot\frac{1}{2}x^2}{x^3}=\dfrac{1}{2}.$

值得注意的是,上述等价无穷小的代换法仅适用于分子或分母中极限为零的"因子",而当分子或分母是几个无穷小的代数和时,若各项用其等价无穷小代换,则有可能得到错误的结果.例如,在上例中,若将分子中的两项都用其等价无穷小 x 代换,则得到极限为 0 的错误结论.

习题 2.6

1. 当 $x\to 0$ 时,$x-x^2$ 与 x^2-x^3 相比,哪一个是高阶无穷小?

2. 当 $x\to 1$ 时,无穷小 $x-1$ 与下列无穷小是否同阶?是否等价?

(1) x^2-1; (2) $2(\sqrt{x}-1)$; (3) $\dfrac{1}{x}-1$; (4) $\ln x$.

3. 设当 $x\to 0$ 时,$\sec x-\cos x$ 与 $\sqrt{a+x^n}-\sqrt{a}$ 是等价无穷小,求常数 a 与 n.

4. 求 k 值

(1) 当 $x\to 0^+$ 时,x^3+2x 与 x^k 是同阶无穷小量;

(2) 当 $x\to 0^+$ 时,$\sqrt{3x^2+x}$ 与 x^k 是同阶无穷小量.

5. 设当 $x\to 0$ 时,$1-\cos(x^2)$ 是 $x\sin^n x$ 的高阶无穷小,而 $x\sin^n x$ 又是 $e^{x^2}-1$ 的高阶无穷小,求正整数 n.

6. 已知当 $x\to 0$ 时,$\ln\sqrt{\cos x}$ 是 x 的 k 阶无穷小,求常数 k.

7. 若 $x\to x_0$ 时,α 及 β 都是无穷小,则 α 与 β 是否一定可以比较"阶"的高低?

8. 利用等价无穷小替换法求下列极限:

(1) $\lim\limits_{x\to 0}\dfrac{\arctan 2x}{\arcsin 3x}$;

(2) $\lim\limits_{x\to 0}\dfrac{\sqrt{1+x^2}-1}{e^{x^2}-1}$;

(3) $\lim\limits_{x\to 0}\dfrac{x\sin^2 x}{\tan(x^3)}$;

(4) $\lim\limits_{x\to 0}\dfrac{x\ln(1-2x)}{1-\sec x}$;

(5) $\lim\limits_{x\to 0}\dfrac{\sin x-\tan x}{x\ln(1+x^2)}$;

(6) $\lim\limits_{x\to 1}\dfrac{e^x-e}{\ln x}$;

(7) $\lim\limits_{x\to 0}\dfrac{2^x-1}{\sin x}$;

(8) $\lim\limits_{x\to\infty}x\ln\dfrac{x+1}{x}$;

(9) $\lim\limits_{x\to +\infty}\dfrac{\ln(1+x)-\ln x}{x}$;

(10) $\lim\limits_{x\to 1}\dfrac{\ln(2-x)}{\tan(x-1)}$;

(11) $\lim\limits_{x\to 0}\dfrac{\sin(x^m)}{\sin^n x}$ ($m,n\in\mathbf{N}_+$).

(12) $\lim\limits_{x\to 0}\dfrac{1}{x}\ln(1+x+x^2+x^3)$;

(13) $\lim\limits_{x\to\infty}x\sin\dfrac{2x}{x^2+1}$;

(14) $\lim\limits_{x\to\pi}\dfrac{\sin 2x}{\sin 3x}$;

(15) $\lim\limits_{x\to 0}\dfrac{e^x+\tan x-1}{x}$.

2.7 函数的连续性

现实世界中,许多现象是"渐变"的.例如,当时间的变化很微小时,气温的变化也很微小,气温随时间的变化是渐变的;再如,当正方形边长的变化很微小时,正方形面积的变化也很微小,正方形面积随边长的变化也是渐变的.现实世界中除了"渐变"现象外,还存在"突变"现象.例如,发射人造卫星一般都用火箭助推,在火箭燃料耗尽的瞬间,火箭自行脱落,于是飞行质量突然从一个值跳过所有的中间值减少为另一个值."渐变"与"突变"这两种不同现象在函数关系上的反映,就是函数的连续与间断.

在本节,我们将利用极限来精确刻画函数的连续性.

2.7.1 变量的增量

设变量 u 从初值 u_0 改变到终值 u_1,称终值与初值之差 $u_1 - u_0$ 为变量 u 在此变化过程中的**增量**(或称为**改变量**),记为 Δu,即

$$\Delta u = u_1 - u_0.$$

显然,增量可以是正数,也可以是负数或 0.

对函数 $y = f(x)$,若自变量 x 从 x_0 变到 x_1,则自变量的增量为 $\Delta x = x_1 - x_0$,而相应的,函数值 y 从 $f(x_0)$ 变到 $f(x_1)$,函数的增量为 $\Delta y = f(x_1) - f(x_0)$.

例如,函数 $y = x^2$,若自变量 x 从 3 变到 1,则 $\Delta x = 1 - 3 = -2$,$\Delta y = f(1) - f(3) = 1^2 - 3^2 = -8$.

2.7.2 函数连续的概念

函数 $y = f(x)$ 在点 x_0 处连续,是指当自变量在 x_0 处取得微小增量 Δx 时,相应的函数 $y = f(x)$ 的增量 Δy 也很微小.

上述概念用极限的语言来表达,就是定义 2-10.

定义 2-10 设函数 $y = f(x)$ 在点 x_0 的某个邻域内有定义,如果自变量在 x_0 处的增量 Δx 趋于零时,函数相应的增量 Δy 也趋于零(见图 2-7),即有

$$\lim_{\Delta x \to 0} \Delta y = \lim_{\Delta x \to 0} [f(x_0 + \Delta x) - f(x_0)] = 0,$$

则称函数 $f(x)$ **在点** x_0 **处连续**,并称点 x_0 为函数 $f(x)$ 的连续点.

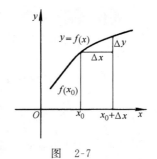

图 2-7

【**例 2-23**】 证明函数 $y = \sin x$ 在任意一

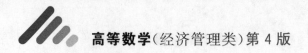

点 x 处都连续.

证　任意取定一点 x_0,则有

$$\Delta y = \sin(x_0+\Delta x)-\sin x_0 = 2\sin\frac{\Delta x}{2}\cos\left(x_0+\frac{\Delta x}{2}\right).$$

由于 $\cos\left(x_0+\dfrac{\Delta x}{2}\right)$ 是有界函数,当 $\Delta x\to 0$ 时,$\sin\dfrac{\Delta x}{2}$ 是无穷小量,因此由 2.3 中的性质 2 得

$$\lim_{\Delta x\to 0}\Delta y = \lim_{\Delta x\to 0}2\sin\frac{\Delta x}{2}\cos\left(x_0+\frac{\Delta x}{2}\right)=0,$$

于是由定义知,$y=\sin x$ 在点 x_0 处连续.再由点 x_0 的任意性可知,$y=\sin x$ 在任意一点 x 处都连续.证毕.

同理可证:$y=\cos x$ 在任意一点 x 处连续.

在定义 2-10 中,若令 $x=x_0+\Delta x$,则 $\Delta x\to 0$ 等价于 $x\to x_0$,相应地

$$\Delta y = f(x_0+\Delta x)-f(x_0)=f(x)-f(x_0)\to 0$$

等价于

$$f(x)\to f(x_0).$$

所以,我们得到定义 2-10 的等价定义:

定义 2-11　设函数 $y=f(x)$ 在点 x_0 的某一邻域内有定义,如果有

$$\lim_{x\to x_0}f(x)=f(x_0),$$

则称函数 $f(x)$ 在点 x_0 处连续,并称点 x_0 为函数 $f(x)$ 的连续点.

相应于函数在一点的左、右极限的概念,我们给出左、右连续的定义如下:

定义 2-12　当 $\lim\limits_{x\to x_0^-}f(x)=f(x_0)$ 时,称函数 $f(x)$ 在点 x_0 处左连续.

当 $\lim\limits_{x\to x_0^+}f(x)=f(x_0)$ 时,称函数 $f(x)$ 在点 x_0 处右连续.

由极限存在的充分必要条件和函数在一点处连续的定义,有以下定理.

定理 2-8　函数 $f(x)$ 在点 x_0 处连续的充分必要条件是函数 $f(x)$ 在点 x_0 处既左连续又右连续.

【例 2-24】　讨论函数 $f(x)=\begin{cases}x\sin\dfrac{1}{x}, & x\neq 0, \\ 1, & x=0\end{cases}$ 在点 $x=0$ 处的连续性.

解　因为 $\lim\limits_{x\to 0}f(x)=\lim\limits_{x\to 0}x\sin\dfrac{1}{x}=0$,但 $f(0)=1$,所以

$$\lim_{x \to 0} f(x) \neq f(0),$$

故 $f(x)$ 在点 $x=0$ 处不连续.

【例 2-25】 试讨论函数 $f(x) = \begin{cases} 1+x, & x<1, \\ 2-x^2, & 1 \leqslant x < 2, \\ x-4, & x \geqslant 2 \end{cases}$ 在点 $x=1, x=2$ 处的连续性.

解　因为 $\lim\limits_{x \to 1^-} f(x) = \lim\limits_{x \to 1^-} (1+x) = 2$，而 $f(1)=1$，所以函数在点 $x=1$ 处不左连续，从而函数在点 $x=1$ 处不连续.

又因为 $\lim\limits_{x \to 2^-} f(x) = \lim\limits_{x \to 2^-} (2-x^2) = -2$，$\lim\limits_{x \to 2^+} f(x) = \lim\limits_{x \to 2^+} (x-4) = -2$，$f(2)=-2$，所以函数在点 $x=2$ 处连续.

现将函数在一点处的连续性的概念扩展到函数在区间内（上）的连续性.

定义 2-13　如果函数 $f(x)$ 在开区间 (a,b) 内任意一点都连续，则称**函数 $f(x)$ 在区间 (a,b) 内连续**；如果函数 $f(x)$ 在 (a,b) 内连续，且在区间的左端点右连续，在右端点左连续，则称**函数在闭区间 $[a,b]$ 上连续**.

若函数 $f(x)$ 在区间 I 上连续，则称此函数是该区间上的连续函数，而称该区间为此**函数的连续区间**.

函数 $f(x)$ 在区间 I 上连续的几何意义是：曲线 $y=f(x)$ 的图形是该区间上一条连续不断的曲线.

2.7.3　函数的间断点及其分类

定义 2-14　若函数 $f(x)$ 在点 x_0 的某一去心邻域内有定义，但在点 x_0 处不连续，则称点 x_0 为**函数 $f(x)$ 的不连续点**或**间断点**.

由上述间断点的定义，点 x_0 成为函数 $f(x)$ 的间断点有下列三种情形：

(1) $f(x)$ 在点 x_0 的某一去心邻域内有定义，但在点 x_0 处无定义；

(2) $f(x)$ 在点 x_0 的某一邻域内有定义，但 $\lim\limits_{x \to x_0} f(x)$ 不存在；

(3) $f(x)$ 在点 x_0 的某一邻域内有定义，且 $\lim\limits_{x \to x_0} f(x)$ 存在，但 $\lim\limits_{x \to x_0} f(x) \neq f(x_0)$.

【例 2-26】 函数 $y = \dfrac{x^2-1}{x-1}$ 在 $x=1$ 处无定义，所以点 $x=1$ 是函数 $y = \dfrac{x^2-1}{x-1}$ 的间断点.

【例 2-27】 函数 $y = \dfrac{1}{x-1}$ 在 $x=1$ 处无定义,所以点 $x=1$ 是函数

$y = \dfrac{1}{x-1}$ 的间断点.

【例 2-28】 函数 $f(x) = \begin{cases} x+1, & x<0, \\ 2x+3, & x \geqslant 0 \end{cases}$ 在点 $x=0$ 处有定义,且在

该点处左极限、右极限都存在,但不相等(分别等于 1 和 3),所以在该点
处极限不存在,点 $x=0$ 是此函数的间断点.

【例 2-29】 函数 $f(x) = \begin{cases} \sin\dfrac{1}{x}, & x \neq 0, \\ 0, & x=0 \end{cases}$ 在点 $x=0$ 处有定义,但在该

点处极限不存在. 所以函数在 $x=0$ 处间断.

根据函数 $f(x)$ 在间断点 x_0 处左、右极限的情况,常将间断点分为
两类:

(1)若 x_0 是 $f(x)$ 的间断点,且 $f(x)$ 在点 x_0 处的左、右极限都存在,
则称 x_0 是 $f(x)$ 的**第一类间断点**;

(2)若 x_0 是 $f(x)$ 的间断点,且 $f(x)$ 在点 x_0 处的左、右极限至少有
一个不存在,则称 x_0 是 $f(x)$ 的**第二类间断点**.

显然,不是第一类间断点的间断点都是第二类间断点.

在第一类间断点中,如果左极限、右极限相等,即 $\lim\limits_{x \to x_0} f(x)$ 存在,则称
此间断点为**可去间断点**. 如果左、右极限不相等,则称该间断点为**跳跃间
断点**.

在例 2-26 中,因为 $\lim\limits_{x \to 1} f(x) = 2$,所以点 $x=1$ 为可去间断点.

对于可去间断点 x_0,我们可以补充定义或修改 $f(x_0)$ 的值,使得在该
点处的函数值等于该点处的极限值,从而使点 $x = x_0$ 为连续点.在例 2-26
中,函数在 $x=1$ 处无定义,若补充 $f(1) = 2$,则 $f(x) = \begin{cases} \dfrac{x^2-1}{x-1}, & x \neq 1, \\ 2, & x=1 \end{cases}$ 在

$x=1$ 处连续.

在例 2-27 中,因为 $\lim\limits_{x \to 1} f(x) = \infty$(即 $\lim\limits_{x \to 1^-} f(x) = \lim\limits_{x \to 1^+} f(x) = \infty$),
所以点 $x=1$ 是函数的第二类间断点(这种左右极限至少有一个为无穷
大的间断点也称为**无穷间断点**).

在例 2-28 中,因为 $\lim\limits_{x \to 0^-} f(x) = 1, \lim\limits_{x \to 0^+} f(x) = 3$,所以点 $x=0$ 是跳
跃间断点.

在例 2-29 中,因为 $\lim\limits_{x \to 0^-} f(x)$ 不存在,所以点 $x=0$ 是第二类间断点

（由于 $x \to 0$ 时,函数 $f(x) = \sin \dfrac{1}{x}$ 的值在 -1 与 1 之间振荡无限多次,故这种间断点也称为**振荡间断点**).

2.7.4　连续函数的运算与初等函数的连续性

1. 连续函数的和、差、积、商的连续性

根据函数在一点处连续的定义及极限的四则运算法则,可以得到以下定理:

定理 2-9　若函数 $f(x)$ 与 $g(x)$ 在点 x_0 处连续,则 $f(x) \pm g(x)$, $f(x) \cdot g(x)$, $\dfrac{f(x)}{g(x)}$ $(g(x_0) \neq 0)$ 在点 x_0 处也连续.

证　考虑两个函数和的情形. 记 $F(x) = f(x) + g(x)$,根据函数在点 x_0 处连续的定义及函数和的极限运算法则,有

$$\lim_{x \to x_0} F(x) = \lim_{x \to x_0} \left[f(x) + g(x) \right]$$
$$= \lim_{x \to x_0} f(x) + \lim_{x \to x_0} g(x) = f(x_0) + g(x_0) = F(x_0),$$

从而函数 $F(x)$ 在点 x_0 处连续.

对于两个函数的差、积、商的情形可仿此证明.

2. 反函数与复合函数的连续性

定理 2-10　如果函数 $y = f(x)$ 在区间 I_x 上单调增加（或单调减少）且连续,值域为 I_y,那么其反函数 $x = \varphi(y)$ 在区间 I_y 上单调增加（或单调减少）且连续.

证明从略.

例如,正弦函数 $y = \sin x$ 在闭区间 $\left[-\dfrac{\pi}{2}, \dfrac{\pi}{2} \right]$ 上单调增加且连续,所以它的反函数 $y = \arcsin x$ 在闭区间 $[-1, 1]$ 上也单调增加且连续.

类似地,反三角函数 $\arccos x$, $\arctan x$, $\operatorname{arccot} x$ 在它们的定义域上都是连续的.

【例 2-30】　求 $\lim\limits_{x \to 0} \dfrac{\arcsin x}{x}$.

解　令 $t = \arcsin x$,因为 $x = \sin t$ 在点 $t = 0$ 处是连续的,且 $\lim\limits_{t \to 0} \sin t = 0$,所以由反正弦函数的连续性可知 $\lim\limits_{x \to 0} \arcsin x = 0$,所以

$$\lim_{x \to 0} \frac{\arcsin x}{x} = \lim_{t \to 0} \frac{t}{\sin t} = 1.$$

由例 2-30 我们看到

$$\arcsin x \sim x \quad (x \to 0).$$

类似地,有

$$\arctan x \sim x \quad (x \to 0).$$

定理 2-11 设函数 $y=f(u)$ 在点 u_0 处连续,函数 $u=\varphi(x)$ 当 $x \to x_0$ 时极限存在,且 $\lim\limits_{x \to x_0} \varphi(x)=u_0$,则复合函数 $y=f(\varphi(x))$ 当 $x \to x_0$ 时极限也存在,且等于 $f(u_0)$, 即

$$\lim_{x \to x_0} f(\varphi(x))=f(u_0). \tag{2-11}$$

上式也可写成

$$\lim_{x \to x_0} f(\varphi(x))=f(\lim_{x \to x_0} \varphi(x)), \tag{2-12}$$

或

$$\lim_{x \to x_0} f(\varphi(x))=\lim_{u \to u_0} f(u). \tag{2-13}$$

式(2-12)表明在满足定理 2-11 的条件下,求复合函数 $y=f(\varphi(x))$ 的极限时,函数符号与极限符号可以交换次序.

式(2-13)表明在满足定理 2-11 的条件下,如果作变量代换 $u=\varphi(x)$,则求极限 $\lim\limits_{x \to x_0} f(\varphi(x))$ 可转化为求极限 $\lim\limits_{u \to u_0} f(u)$.

把定理中的 $x \to x_0$ 换成 $x \to \infty$,也可得到类似的结论.

【例 2-31】 求 $\lim\limits_{x \to 0} \dfrac{\ln(1+x)}{x}$.

解 $\lim\limits_{x \to 0} \dfrac{\ln(1+x)}{x}=\lim\limits_{x \to 0} \ln((1+x)^{\frac{1}{x}})=\ln(\lim\limits_{x \to 0}(1+x)^{\frac{1}{x}})$
$$=\ln e=1.$$

【例 2-32】 求 $\lim\limits_{x \to 0} \dfrac{e^x-1}{x}$.

解 令 $e^x-1=t$,则 $x=\ln(1+t)$, $x \to 0$ 时 $t \to 0$,于是

$$\lim_{x \to 0} \frac{e^x-1}{x}=\lim_{t \to 0} \frac{t}{\ln(1+t)}=1.$$

由例 2-31、例 2-32 我们得到

$$\ln(1+x) \sim x \quad (x \to 0);$$
$$e^x-1 \sim x \quad (x \to 0).$$

定理 2-12 设函数 $y=f(u)$ 在点 $u=u_0$ 处连续,又函数 $u=\varphi(x)$ 在 x_0 处连续,且 $\varphi(x_0)=u_0$,则复合函数 $y=f(\varphi(x))$ 在点 $x=x_0$ 处连续.

证 因为函数 $u=\varphi(x)$ 在点 x_0 处是连续的,所以只要在上面的定理 2-11 中令 $u_0=\varphi(x_0)$,于是由式(2-11)得

$$\lim_{x \to x_0} f(\varphi(x))=f(u_0)=f(\varphi(x_0)).$$

证毕.

推论 两个连续函数的复合函数仍然是连续函数.

对于多个函数复合的情形结论也成立.

【例 2-33】 讨论函数 $y = \cos\sqrt{x}$ 的连续性.

解 函数 $y = \cos\sqrt{x}$ 可看成是函数 $y = \cos u$ 与 $u = \sqrt{x}$ 复合而成. 由于 $y = \cos u$ 当 $-\infty < u < +\infty$ 时连续, $u = \sqrt{x}$ 当 $x \geqslant 0$ 时连续, 所以由定理 2-12 的推论知, 函数 $y = \cos\sqrt{x}$ 在区间 $[0, +\infty)$ 上连续.

3. 初等函数的连续性

利用函数连续的定义及连续函数的性质可以证明: 基本初等函数在其定义域内都是连续的. 再根据连续函数的四则运算法则和连续函数的复合函数的连续性, 可以得出下面的重要结论: 一切初等函数在其定义区间内都是连续的. 所谓定义区间, 是指包含在定义域内的区间.

根据这个结论, 如果 $f(x)$ 是初等函数, x_0 是其定义区间内的一个点, 那么在求 $\lim\limits_{x \to x_0} f(x)$ 时, 只要将 x_0 代入函数求函数值 $f(x_0)$ 即可.

【例 2-34】 求 $\lim\limits_{x \to 1} \dfrac{x^3 \sin x + \ln x}{\mathrm{e}^x \sqrt{1+x^2}}$.

解 由于 $f(x) = \dfrac{x^3 \sin x + \ln x}{\mathrm{e}^x \sqrt{1+x^2}}$ 是初等函数, 点 $x = 1$ 是其定义区间内的点, 所以

$$\lim_{x \to 1} \frac{x^3 \sin x + \ln x}{\mathrm{e}^x \sqrt{1+x^2}} = \frac{1^3 \sin 1 + \ln 1}{\mathrm{e}^1 \sqrt{1+1^2}} = \frac{\sqrt{2} \sin 1}{2\mathrm{e}}.$$

【例 2-35】 求 $\lim\limits_{x \to 0} \dfrac{1 - \sqrt{1-x^2}}{x}$.

解 $\lim\limits_{x \to 0} \dfrac{1 - \sqrt{1-x^2}}{x} = \lim\limits_{x \to 0} \dfrac{(1 - \sqrt{1-x^2})(1 + \sqrt{1-x^2})}{x(1 + \sqrt{1-x^2})}$

$$= \lim_{x \to 0} \frac{x}{1 + \sqrt{1-x^2}} = \frac{0}{2} = 0.$$

【例 2-36】 讨论函数 $f(x) = \begin{cases} x^2 - 1, & x \leqslant 0, \\ \dfrac{1}{x-1}, & 0 < x < 2 \\ x + 1, & x \geqslant 2 \end{cases}$ 的连续性.

解 由初等函数的连续性知 $f(x)$ 在区间 $(-\infty, 0), (0, 1), (1, 2), (2, +\infty)$ 内连续. 对于点 $x = 0$, 因为

$$\lim_{x \to 0^-} f(x) = \lim_{x \to 0^-} (x^2 - 1) = -1 = f(0),$$

$$\lim_{x \to 0^{+}} f(x) = \lim_{x \to 0^{+}} \frac{1}{x-1} = -1 = f(0),$$

所以 $f(x)$ 在 $x=0$ 处连续.

对于点 $x=2$,因为

$$\lim_{x \to 2^{-}} f(x) = \lim_{x \to 2^{-}} \frac{1}{x-1} = 1,$$

$$\lim_{x \to 2^{+}} f(x) = \lim_{x \to 2^{+}} (x+1) = 3,$$

所以 $f(x)$ 在 $x=2$ 处间断.

综上所述,$f(x)$ 在 $(-\infty, 1)$,$(1, 2)$,$(2, +\infty)$ 内连续.

2.7.5 闭区间上连续函数的性质

闭区间上的连续函数有一些重要性质.

定理 2-13(最值定理) 若函数 $f(x)$ 在闭区间 $[a,b]$ 上连续,则 $f(x)$ 在 $[a,b]$ 上必有最大值和最小值.

这就是说,如果函数 $f(x)$ 在闭区间 $[a,b]$ 上连续,那么至少存在一点 $\xi_1 \in [a,b]$,使 $f(\xi_1)$ 是 $f(x)$ 在区间 $[a,b]$ 上的最大值;又至少存在一点 $\xi_2 \in [a,b]$,使 $f(\xi_2)$ 是 $f(x)$ 在区间 $[a,b]$ 上的最小值.

此定理的几何解释是:在直角坐标系中,闭区间上的连续曲线至少有一点为曲线上的最高点,也至少有一点为曲线上的最低点.

注意 最值定理给出了函数有最大值和最小值的充分条件.定理中的两个条件(闭区间、连续函数)缺一不可.在开区间连续的函数或在闭区间上有间断点的函数都不一定有此性质.

例如,函数 $y=x$ 在 $(0,1)$ 上连续,但它在区间 $(0,1)$ 内既无最大值也无最小值. 又如,函数 $f(x) = \begin{cases} x+1, & -1 \leqslant x < 0, \\ 0, & x=0, \\ x-1, & 0 < x \leqslant 1 \end{cases}$ 在区间 $[-1,1]$ 上有定义,但 $x=0$ 是其间断点,它在 $[-1,1]$ 既无最大值,也无最小值.

定理 2-14(介值定理) 闭区间上的连续函数必能取得介于最大值与最小值之间的一切值.

这就是说,如果函数 $f(x)$ 在闭区间 $[a,b]$ 上连续,则由定理 2-13,$f(x)$ 在 $[a,b]$ 上取得它的最大值 M 和最小值 m,对介于 M 和 m 之间的任意数 C,在开区间 (a,b) 内至少有一点 ξ,使得 $f(\xi)=C$.

介值定理的几何解释是:设 M 和 m 分别是连续曲线弧 $y=f(x)$ $(a \leqslant x \leqslant b)$ 的最高点与最低点的纵坐标,则该曲线弧与水平直线 $y=$

$C(m<C<M)$ 至少有一个交点(如图 2-8 所示).

推论(零点定理) 若函数 $f(x)$ 在闭区间 $[a,b]$ 上连续,且 $f(a)$ 与 $f(b)$ 异号(即 $f(a)\cdot f(b)<0$),则至少存在一点 $\xi\in(a,b)$,使 $f(\xi)=0$.

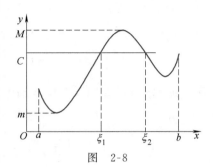

图 2-8

零点定理的几何解释是:如果连续曲线弧 $y=f(x)(a\leqslant x\leqslant b)$ 的两个端点位于 x 轴的不同侧,那么这段曲线弧与 x 轴至少有一个交点(如图 2-9 所示).

零点定理常用来证明方程根的存在性.

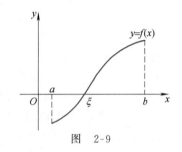

图 2-9

【例 2-37】 证明方程 $x^3-4x^2+1=0$ 在区间 $(0,1)$ 内至少有一个根.

证 因为函数 $f(x)=x^3-4x^2+1$ 是初等函数,所以在闭区间 $[0,1]$ 上连续,且

$$f(0)=1>0,\ f(1)=-2<0.$$

由零点定理知,至少存在一点 $\xi\in(0,1)$,使得 $f(\xi)=0$,即 ξ 是方程 $x^3-4x^2+1=0$ 的一个根.证毕.

习题 2.7

1.研究下列函数在指定点处的连续性:

(1) $f(x)=\begin{cases}(1-x)^{\frac{1}{x}}, & x\neq 0, \\ e, & x=0,\end{cases}$ 点 $x=0$;

(2) $f(x)=\begin{cases}\dfrac{\sin x}{x}, & x\neq 0, \\ 1, & x=0,\end{cases}$ 点 $x=0$;

(3) $f(x)=\begin{cases}x^2, & x<0, \\ 2x, & 0<x<1, \\ 1-x, & x\geqslant 1,\end{cases}$ 点 $x=0$,点 $x=1$.

2.讨论下列函数的连续性,若有间断点,指出其类型:

(1) $f(x)=\dfrac{x^2-1}{x^2-3x+2}$;   (2) $f(x)=\dfrac{x^2-x}{|x|(x^2-1)}$;

$$(3)\ f(x)=\begin{cases} e^{\frac{1}{x}}, & x<0, \\ 1, & x=0, \\ \dfrac{e^{x^2}-1}{x}, & x>0; \end{cases} \qquad (4)\ f(x)=\begin{cases} \ln x, & 0<x<1, \\ (x-1)^2, & 1\leqslant x\leqslant 2, \\ \dfrac{x-2}{\sqrt{x+2}-2}, & x>2. \end{cases}$$

3. 求函数 $f(x)=\sqrt{\dfrac{x^2-x-2}{x^2+x-6}}$ 的连续区间,并求 $\lim\limits_{x\to 2}f(x)$.

4. 设

$$f(x)=\begin{cases} \dfrac{1-\cos x}{x^2}, & x<0, \\ b, & x=0, \quad (a>0) \\ \dfrac{\sqrt{a+x}-\sqrt{a}}{x}, & x>0. \end{cases}$$

当常数 a,b 为何值时,

(1) $x=0$ 是函数 $f(x)$ 的连续点?

(2) $x=0$ 是函数 $f(x)$ 的可去间断点?

(3) $x=0$ 是函数 $f(x)$ 的跳跃间断点?

5. 求函数 $f(x)=\lim\limits_{n\to\infty}\dfrac{x-x^{2n+1}}{1+x^{2n}}$ 的间断点,并判别间断点的类型.

6. 判断函数 $f(x)=\lim\limits_{n\to\infty}\dfrac{n\arctan nx}{\sqrt{n^2+n}}$ 是否连续. 若不连续,指出间断点的类型.

7. 求下列极限:

(1) $\lim\limits_{x\to 1}\sqrt{\dfrac{\sin(\ln x)}{\ln x}}$;

(2) $\lim\limits_{x\to\infty}\dfrac{2x^2-3x-4}{\sqrt{x^4+1}}$;

(3) $\lim\limits_{x\to-\infty}\dfrac{x+2}{\sqrt{x^2-3x+1}}$;

(4) $\lim\limits_{x\to 2}\sqrt{\dfrac{x^2-4}{x-2}}$;

(5) $\lim\limits_{x\to 0}(\cos x)^{\csc^2 x}$;

(6) $\lim\limits_{x\to 0}(1+xe^x)^{\frac{x+1}{x}}$;

(7) $\lim\limits_{x\to\infty}\left(\dfrac{x^2+x+1}{x^2+x}\right)^{2x^2}$;

(8) $\lim\limits_{x\to+\infty}x(\sqrt{x^2+1}-x)$;

(9) $\lim\limits_{x\to 0}\dfrac{\sqrt{1+\tan x}-\sqrt{1+\sin x}}{\sqrt{1+x\sin^2 x}-1}$;

(10) $\lim\limits_{x\to 0}\dfrac{\ln\sqrt{1+2x}}{x}$.

8. 设函数 $f(x)$ 在区间 (a,b) 内连续,且 $f(a)$ 与 $f(b)$ 异号,问在区间 (a,b) 内是否必至少有一点 ξ,使得 $f(\xi)=0$.

9. 证明方程 $x^5-3x^3-1=0$ 至少有一个介于 1 与 2 之间的实根.

10. 证明方程 $x^3-3x^2+1=0$ 至少有一个小于 1 的正根.

11. 证明方程 $x=a\sin x+b$ ($a>0,b>0$) 至少有一个不超过 $a+b$ 的正根.

12. 设函数 $f(x)$ 在闭区间 $[0,1]$ 上连续,且 $\forall x\in[0,1]$,有 $0\leqslant f(x)\leqslant 1$. 证明:至少存在一点 $x_0\in[0,1]$,使得 $f(x_0)=x_0$.

13. 证明在 $(0,\pi)$ 内至少存在一点 ξ,使得 $\sin\xi=-\xi\cos\xi$.

14. 设函数 $f(x)$ 在闭区间 $[a,b]$ 上连续,且 $a<x_1<x_2<\cdots<x_n<b$ ($n\geqslant 2$).

证明:至少存在一点 $\xi \in [x_1, x_n]$,使得

$$f(\xi) = \frac{f(x_1) + f(x_2) + \cdots + f(x_n)}{n}.$$

总习题 2

1.选择题

(1)设 $0 < a < b$,则 $\lim\limits_{n \to \infty} \sqrt[n]{a^n + b^n} = ($　　).

A. 1　　　　　　B. 2　　　　　　C. a　　　　　　D. b

(2)设 $f(x) = \dfrac{\sqrt{1 + x^2}}{x}$,则 $\lim\limits_{x \to \infty} f(x)$ (　　).

A.等于 1　　　　B.等于 0　　　　C.等于 -1　　　D.不存在

(3)若 $\lim\limits_{x \to x_0} f(x)$ 存在, $\lim\limits_{x \to x_0} g(x)$ 不存在,则下列命题正确的是(　　).

A. $\lim\limits_{x \to x_0} [f(x) + g(x)]$ 与 $\lim\limits_{x \to x_0} [f(x) \cdot g(x)]$ 都存在

B. $\lim\limits_{x \to x_0} [f(x) + g(x)]$ 与 $\lim\limits_{x \to x_0} [f(x) \cdot g(x)]$ 都不存在

C. $\lim\limits_{x \to x_0} [f(x) + g(x)]$ 必不存在,而 $\lim\limits_{x \to x_0} [f(x) \cdot g(x)]$ 可能存在

D. $\lim\limits_{x \to x_0} [f(x) + g(x)]$ 可能存在,而 $\lim\limits_{x \to x_0} [f(x) \cdot g(x)]$ 必不存在

(4)当 $x \to 0$ 时,下列四个无穷小中,比其他三个更高阶的无穷小是(　　).

A. $1 - \cos x^2$　　B. $e^{x^2} - 1$　　C. $\sqrt{1 + x^2} - 1$　　D. $\sin x - \tan x$

(5)当 $x \to 0$ 时,函数 $f(x) = 2^x + 3^x - 2$ 是 x 的(　　).

A.高阶无穷小　　B. 低阶无穷小　　C. 同阶无穷小　　D. 等价无穷小

(6)设当 $x \to 0$ 时,函数 $f(x) = \sin 2x - 2\sin x$ 是 x 的 k 阶无穷小,则 $k = ($　　).

A. 1　　　　　　B. 2　　　　　　C. 3　　　　　　D. 4

(7)函数 $f(x) = \dfrac{|x|(x^2 - 5x + 6)}{x^3 - 3x^2 + 2x}$ 的第一类间断点共有(　　).

A. 0 个　　　　　B. 1 个　　　　　C. 2 个　　　　　D. 3 个

(8) $x = 0$ 是函数 $f(x) = \begin{cases} \dfrac{e^{\frac{1}{x}} - 1}{e^{\frac{1}{x}} + 1}, & x \neq 0, \\ 1, & x = 0 \end{cases}$ 的(　　).

A.可去间断点　　B. 跳跃间断点　　C. 无穷间断点　　D. 连续点

(9)设函数 $f(x)$ 在 $(-\infty, +\infty)$ 内连续,且 $f(x) \neq 0$,函数 $\varphi(x)$ 在 $(-\infty, +\infty)$ 内有定义,且有间断点,则必有间断点的函数是(　　).

A. $f(\varphi(x))$　　　B. $\varphi(f(x))$　　　C. $[\varphi(x)]^2$　　　D. $\dfrac{\varphi(x)}{f(x)}$

(10)函数 $f(x) = \dfrac{\sqrt{4 - x^2}}{\sqrt{x^2 - 1}}$ 的连续区间是(　　).

A. $(-\infty, -1), (1, +\infty)$　　　　　B. $(-\infty, -1), (-1, 1), (1, +\infty)$

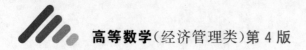

C. $[-2,-1),(-1,1),(1,2]$ D. $[-2,-1),(1,2]$

2.填空题

(1)设 a,b 都是常数,若 $\lim\limits_{x\to 1}\dfrac{x-1}{x^3+2x+a}=b\neq 0$,则 $a=$ _____, $b=$ _____.

(2)设 a,b 都是常数,若 $\lim\limits_{x\to 1}\dfrac{\sqrt{x+a}+b}{x^2-1}=1$,则 $a=$ _____, $b=$ _____.

(3)设当 $x\to 1$ 时,$(x^2+x-2)^2\ln x$ 与 $a(x-1)^n$ 是等价无穷小,则常数 $a=$ _____,$n=$ _____.

(4)若 $x=2$ 为函数 $f(x)=\dfrac{x^2+3x+a}{(x-2)^2}\ln(x-1)$ 的可去间断点,则常数 $a=$ _____.

(5)设 $f(x)=\begin{cases} \mathrm{e}^{ax+b}, & -1\leqslant x<0, \\ \mathrm{e}, & x=0, \\ (1+ax)^{\frac{b}{x}}, & 0<x\leqslant 1 \end{cases}$ 为连续函数,则常数 $a=$ _____,$b=$ _____.

(6)函数 $f(x)=\dfrac{1}{1-\mathrm{e}^{\frac{x}{1-x}}}$ 的第一类间断点是 _____.

(7)设 $f(x)=\begin{cases} \dfrac{x^{10}-1}{x-1}, & x\neq 1, \\ a, & x=1 \end{cases}$ 在点 $x=1$ 处连续,则常数 $a=$ _____.

(8)设函数 $f(x)=\dfrac{px^2-2}{x^2+1}+3qx+5$ 是当 $x\to\infty$ 时的无穷小,则常数 $p=$ _____,$q=$ _____.

(9)设 $\lim\limits_{x\to 0}\dfrac{f(x)}{x}=a$,其中 a 为常数,则 $\lim\limits_{x\to 0}f(x)\sin\dfrac{1}{x}=$ _____.

3.求下列极限:

(1) $\lim\limits_{x\to 0}\dfrac{\sqrt{1+x^2}-1}{x\arcsin x}$;

(2) $\lim\limits_{x\to e}\dfrac{\ln x-1}{x-e}$;

(3) $\lim\limits_{x\to 1}\dfrac{x+x^2+\cdots+x^n-n}{x-1}$;

(4) $\lim\limits_{x\to\infty}\dfrac{x^2+\sin x}{x^2-x\cos x}$;

(5) $\lim\limits_{x\to+\infty}\left[\sqrt{(x+p)(x+q)}-x\right]$;

(6) $\lim\limits_{x\to\infty}\dfrac{x\sin x}{\sqrt{1+x^2}}\arctan\dfrac{1}{x}$;

(7) $\lim\limits_{x\to 1}\dfrac{\sqrt[3]{x^2}-2\sqrt[3]{x}+1}{(x-1)^2}$;

(8) $\lim\limits_{x\to 0}\dfrac{\ln(2+x)+\ln(2-x)-2\ln 2}{x^2}$;

(9) $\lim\limits_{x\to 0}\left(\dfrac{1+\tan x}{1+\sin x}\right)^{\frac{1}{x^3}}$;

(10) $\lim\limits_{x\to 0}\left(\dfrac{a^x+b^x+c^x}{3}\right)^{\frac{1}{x}}$;

(11) $\lim\limits_{x\to\infty}(x+\sqrt[3]{1-x^3})$;

(12) $\lim\limits_{x\to\frac{\pi}{4}}\tan(2x)\tan\left(\dfrac{\pi}{4}-x\right)$.

4.证明: $\lim\limits_{x\to\infty}(\sqrt{x^2+x}-\sqrt{x^2-x})$ 不存在.

5.求下列函数的间断点,并指出其类型:

(1) $f(x) = \dfrac{x}{\sin x}$;

(2) $f(x) = \begin{cases} \ln(1+x), & -1 < x \leqslant 0, \\ \mathrm{e}^{\frac{1}{x-1}}, & x > 0 \text{ 且 } x \neq 1. \end{cases}$

6. 讨论函数 $f(x) = \lim\limits_{n \to \infty} \dfrac{n^x - n^{-x}}{n^x + n^{-x}} \mathrm{e}^{-x}$ 的连续性. 若有间断点, 指出其类型.

7. 设

$$f(x) = \begin{cases} \dfrac{\sqrt{x^2+1}-1}{\sqrt{x^2+a^2}-a}, & x < 0, \\ 2, & x = 0, \quad (a > 0) \\ \dfrac{\ln(1+bx)}{\mathrm{e}^x - 1}, & x > 0. \end{cases}$$

问常数 a, b 为何值时,

(1) $x = 0$ 是函数 $f(x)$ 的连续点?

(2) $x = 0$ 是函数 $f(x)$ 的可去间断点?

(3) $x = 0$ 是函数 $f(x)$ 的跳跃间断点?

8. 试补充定义 $f(0)$, 使函数 $f(x) = \left(\dfrac{1 + x 2^x}{1 + x 3^x} \right)^{\frac{1}{x^2}}$ 在 $x = 0$ 处连续.

9. 设函数 $f(x)$ 在闭区间 $[0, 2a]$ 上连续, 且 $f(0) = f(2a)$. 证明: 至少存在一点 $\xi \in [0, a]$, 使得 $f(\xi) = f(\xi + a)$.

10. 设函数 $f(x)$ 满足: $\forall x_1, x_2 \in (a, b)$, 恒有
$$|f(x_1) - f(x_2)| \leqslant L |x_1 - x_2|,$$
其中 L 为正常数, 且 $f(a) \cdot f(b) < 0$. 证明: 至少存在一点 $\xi \in (a, b)$, 使得 $f(\xi) = 0$.

第3章

导数与微分

导数与微分是一元函数微分学的两个基本概念，在工程技术及经济管理等领域均有广泛的应用．本章介绍导数与微分的定义、性质及其计算．

3.1 导数的概念

在许多实际问题中，需要研究某个变量相对于另一个变量变化的快慢程度，这类问题称为变化率问题．导数概念的产生起源于对变化率问题的研究．

3.1.1 实践中的变化率问题

1. 变速直线运动的速度

匀速直线运动的速度恒等于路程与所用时间之比，其与时刻的先后及路程的长短无关．而对于变速直线运动，速度随时间在变，现讨论怎样把某一时刻的速度——瞬时速度描写出来．

假设路程函数为

$$s = s(t),$$

求该物体在时刻 t_0 的速度 $v(t_0)$．

基本想法是：虽然对整体而言速度是变的，但对局部说来可以近似地看成不变，即当 $|\Delta t|$ 很小时，可以认为，从时刻 t_0 到时刻 $t_0 + \Delta t$ 这段时间内，速度没有很大的变化，可以近似地看成匀速运动，因而这段时间内的平均速度就可以看成时刻 t_0 的瞬时速度的近似值，

$$\bar{v} = \frac{\Delta s}{\Delta t} = \frac{s(t_0 + \Delta t) - s(t_0)}{\Delta t},$$

$|\Delta t|$ 越小,这个平均速度就越接近于时刻 t_0 的瞬时速度 $v(t_0)$.要得到瞬时速度 $v(t_0)$,可令 $\Delta t \to 0$,如果极限存在,则

$$v(t_0) = \lim_{\Delta t \to 0} \frac{\Delta s}{\Delta t} = \lim_{\Delta t \to 0} \frac{s(t_0 + \Delta t) - s(t_0)}{\Delta t},$$

由此可见,物体在时刻 t_0 的瞬时速度 $v(t_0)$ 是路程函数 $s = s(t)$ 的增量 Δs 与自变量 t 的增量 Δt 的比值 $\dfrac{\Delta s}{\Delta t}$ 当 $\Delta t \to 0$ 时的极限.

2. 平面曲线的切线斜率

设平面曲线方程为 $y = f(x)$,$M_0(x_0, f(x_0))$ 为曲线 $y = f(x)$ 上一点.

如图 3-1 所示,在曲线上另取一点 $M(x_0 + \Delta x, f(x_0 + \Delta x))$,$(\Delta x \neq 0)$,连接点 M_0 和 M 的直线 M_0M 就是曲线的一条割线.当动点 M 沿着曲线趋近于点 M_0 时,如果割线 M_0M 的斜率有极限值,则过 M_0 以极限值为斜率的直线,即

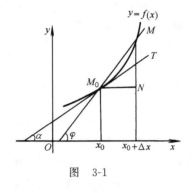

图　3-1

割线 MM_0 的极限位置 M_0T 被称为曲线在点 M_0 处的切线.

设割线 M_0M 的倾斜角为 φ,其斜率为

$$\tan \varphi = \frac{NM}{M_0N} = \frac{\Delta y}{\Delta x} = \frac{f(x_0 + \Delta x) - f(x_0)}{\Delta x}.$$

显然,点 M 趋近于点 M_0 等价于 $\Delta x \to 0$,而当 $\Delta x \to 0$ 时,如果割线 M_0M 的倾斜角 φ 的正切 $\tan \varphi$ 有极限,由正切函数的连续性可知,割线 M_0M 的斜率 $\tan \varphi$ 将趋近切线的斜率 $\tan \alpha$,于是,曲线 $y = f(x)$ 在点 $M_0(x_0, y_0)$ 处的切线斜率为

$$k = \tan \alpha = \lim_{\Delta x \to 0} \tan \varphi = \lim_{\Delta x \to 0} \frac{\Delta y}{\Delta x} = \lim_{\Delta x \to 0} \frac{f(x_0 + \Delta x) - f(x_0)}{\Delta x}.$$

即曲线 $y = f(x)$ 在点 $M_0(x_0, y_0)$ 处的切线斜率为函数 $f(x)$ 的增量 Δy 与自变量 x 的增量 Δx 的比值 $\dfrac{\Delta y}{\Delta x}$ $(\Delta x \to 0)$ 的极限.

前面讨论的两个实例分别取自物理学和几何学,背景完全不同,但解决问题的思路相同,其结果也有相同的数学结构——当自变量增量趋向于零时,相应的函数的增量与自变量增量之比的极限.撇开各个问题的具体含义,抽取它们在数量方面的共性进行研究,就得到一个抽象的、从而

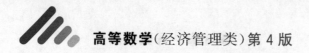

适用性更广泛的数学概念——导数（即函数在一点的瞬时变化率）.

3.1.2 导数的定义

定义 3-1 设函数 $y=f(x)$ 在点 x_0 的某邻域内有定义，当自变量在 x_0 处取得增量 $\Delta x(\Delta x \neq 0)$ 时，相应地函数取得增量

$$\Delta y = f(x_0 + \Delta x) - f(x_0),$$

如果极限

$$\lim_{\Delta x \to 0} \frac{\Delta y}{\Delta x} = \lim_{\Delta x \to 0} \frac{f(x_0 + \Delta x) - f(x_0)}{\Delta x}$$

存在，则称函数 $f(x)$ **在 x_0 处可导**，并称此极限值为 $f(x)$ 在 x_0 处的**导数**，记为 $f'(x_0)$，即

$$f'(x_0) = \lim_{\Delta x \to 0} \frac{f(x_0 + \Delta x) - f(x_0)}{\Delta x},$$

导数 $f'(x_0)$ 也可记为

$$y'\Big|_{x=x_0}, \ \frac{\mathrm{d}y}{\mathrm{d}x}\Big|_{x=x_0}, \ \frac{\mathrm{d}f}{\mathrm{d}x}\Big|_{x=x_0}.$$

如果上述极限不存在，则称函数 $f(x)$ 在点 x_0 处不可导或没有导数，称 x_0 为 $f(x)$ 的不可导点. 特别当上述极限为无穷大时，此时导数不存在，有时也称函数 $f(x)$ 在点 x_0 的导数为无穷大.

如果令 $x=x_0+\Delta x$，则当 $\Delta x \to 0$ 时，$x \to x_0$，于是，导数的定义式又可表示为

$$f'(x_0) = \lim_{x \to x_0} \frac{f(x) - f(x_0)}{x - x_0}.$$

用导数概念来叙述前面的两个例子，则有：作直线运动的质点在 t_0 的瞬时速度是路程函数 $s(t)$ 在点 t_0 的导数；平面曲线 $y=f(x)$ 在一点 $(x_0, f(x_0))$ 的切线斜率是函数 $f(x)$ 在点 x_0 的导数.

既然导数是用极限定义的，而极限有左、右极限，导数自然也有左、右导数的概念.

$$f'_-(x_0) = \lim_{\Delta x \to 0^-} \frac{f(x_0 + \Delta x) - f(x_0)}{\Delta x} = \lim_{x \to x_0^-} \frac{f(x) - f(x_0)}{x - x_0},$$

$$f'_+(x_0) = \lim_{\Delta x \to 0^+} \frac{f(x_0 + \Delta x) - f(x_0)}{\Delta x} = \lim_{x \to x_0^+} \frac{f(x) - f(x_0)}{x - x_0}$$

分别称为左、右导数，统称为单侧导数.

显然，导数与左、右导数有如下关系：

定理 3-1 函数 $f(x)$ 在点 x_0 处可导的充分必要条件是 $f(x)$ 在点 x_0 处的左导数和右导数都存在且相等，即

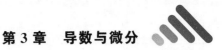

$$f'(x_0) = A \Leftrightarrow f'_-(x_0) = A = f'_+(x_0).$$

如果函数 $f(x)$ 在某区间 I 内每一点都可导,那么就称函数 $f(x)$ 在**区间 I 内可导**,并称 $f(x)$ **是区间 I 内的可导函数**.如果区间包含端点,那么函数在左端点可导是指右导数存在,在右端点可导是指左导数存在.

当函数 $y = f(x)$ 在区间 I 内可导时,对于任一 $x \in I$,都对应着 $f(x)$ 的一个确定的导数值.这样就构成了一个新的函数,称为函数 $y = f(x)$ 的**导函数**,记作 y' 或 $f'(x)$,也可记作 $\dfrac{\mathrm{d}y}{\mathrm{d}x}$ 或 $\dfrac{\mathrm{d}f(x)}{\mathrm{d}x}$.

在导数 $f'(x_0)$ 的定义中将 x_0 换成 x 即得导函数的定义式:

$$f'(x) = \lim_{\Delta x \to 0} \frac{f(x + \Delta x) - f(x)}{\Delta x}.$$

显然,函数 $f(x)$ 在点 x_0 处的导数 $f'(x_0)$ 就是导函数 $f'(x)$ 在点 x_0 处的函数值,即

$$f'(x_0) = f'(x) \big|_{x = x_0}.$$

在不至于引起混淆的场合下,导函数通常简称为导数.

3.1.3　按定义求导数举例

导数的定义是一种构造性定义.从理论上说,只要根据这个定义就可求出函数的导数.下面举例说明如何按导数的定义求一些简单函数的导数.

【例 3-1】 求常值函数 $f(x) = C$(C 为常数)的导数.

解　$f'(x) = \lim\limits_{\Delta x \to 0} \dfrac{f(x + \Delta x) - f(x)}{\Delta x} = \lim\limits_{\Delta x \to 0} \dfrac{C - C}{\Delta x} = 0$,即

$$(C)' = 0.$$

【例 3-2】 求幂函数 $f(x) = x^n$($n \in \mathbf{N}_+$)的导数.

解　$f'(x) = \lim\limits_{\Delta x \to 0} \dfrac{f(x + \Delta x) - f(x)}{\Delta x} = \lim\limits_{\Delta x \to 0} \dfrac{(x + \Delta x)^n - x^n}{\Delta x}$

$\qquad = \lim\limits_{\Delta x \to 0} \dfrac{C_n^1 x^{n-1} \Delta x + C_n^2 x^{n-2} (\Delta x)^2 + \cdots + (\Delta x)^n}{\Delta x}$

$\qquad = C_n^1 x^{n-1} = n x^{n-1},$

即

$$(x^n)' = n x^{n-1}.$$

更一般地,有

$$(x^\alpha)' = \alpha x^{\alpha - 1} \quad (\alpha \in \mathbf{R}).$$

这就是幂函数的导数公式,它的证明将在下一节中给出.

特别地

$$(x)' = x^0 = 1,$$

$$(\sqrt{x})' = (x^{\frac{1}{2}})' = \frac{1}{2}x^{-\frac{1}{2}} = \frac{1}{2\sqrt{x}},$$

$$\left(\frac{1}{x}\right)' = (x^{-1})' = -x^{-2} = -\frac{1}{x^2}.$$

上述三个幂函数的导数经常用到,应记住它们.

【**例 3-3**】 求对数函数 $f(x) = \log_a x\,(a>0, a\neq1)$ 的导数.

解 $f'(x) = \lim\limits_{\Delta x \to 0} \dfrac{f(x+\Delta x)-f(x)}{\Delta x} = \lim\limits_{\Delta x \to 0} \dfrac{\log_a(x+\Delta x)-\log_a x}{\Delta x}$

$\qquad = \lim\limits_{\Delta x \to 0} \dfrac{\log_a\left(1+\frac{\Delta x}{x}\right)}{\Delta x} = \lim\limits_{\Delta x \to 0} \dfrac{\ln\left(1+\frac{\Delta x}{x}\right)}{\Delta x \ln a}$

$\qquad = \lim\limits_{\Delta x \to 0} \dfrac{\frac{\Delta x}{x}}{\Delta x \ln a} = \dfrac{1}{x \ln a},$

即 $$(\log_a x)' = \frac{1}{x\ln a}.$$

特别地,

$$(\ln x)' = \frac{1}{x}.$$

【**例 3-4**】 求正弦函数 $f(x) = \sin x$ 的导数.

解 $f'(x) = \lim\limits_{\Delta x \to 0} \dfrac{f(x+\Delta x)-f(x)}{\Delta x} = \lim\limits_{\Delta x \to 0} \dfrac{\sin(x+\Delta x)-\sin x}{\Delta x}$

$\qquad = \lim\limits_{\Delta x \to 0} \dfrac{2\cos\left(x+\frac{\Delta x}{2}\right)\sin\frac{\Delta x}{2}}{\Delta x} = \lim\limits_{\Delta x \to 0} \dfrac{2\cos\left(x+\frac{\Delta x}{2}\right)\cdot\frac{\Delta x}{2}}{\Delta x}$

$\qquad = \lim\limits_{\Delta x \to 0} \cos\left(x+\frac{\Delta x}{2}\right) = \cos x,$

即 $$(\sin x)' = \cos x.$$

用类似的方法可得

$$(\cos x)' = -\sin x.$$

讨论分段函数在分段点处的可导性时,需用导数的定义解决.

【**例 3-5**】 求函数

$$f(x) = \begin{cases} x, & x<0, \\ \sin x, & x\geqslant 0 \end{cases}$$

在 $x=0$ 处的导数.

解 $f'_-(0) = \lim\limits_{x\to0^-} \dfrac{f(x)-f(0)}{x-0} = \lim\limits_{x\to0^-} \dfrac{x-\sin 0}{x} = 1,$

$\quad f'_+(0) = \lim\limits_{x\to0^+} \dfrac{f(x)-f(0)}{x-0} = \lim\limits_{x\to0^+} \dfrac{\sin x-\sin 0}{x} = 1,$

由于 $f'_-(0)=f'_+(0)$，所以 $f(x)$ 在 $x=0$ 处可导，且

$$f'(0) = 1.$$

【例 3-6】 求函数

$$f(x) = \begin{cases} x^2 \sin \dfrac{1}{x}, & x \neq 0, \\ 0, & x = 0 \end{cases}$$

在 $x=0$ 处的导数.

解 $f'(0) = \lim_{x \to 0} \dfrac{f(x) - f(0)}{x - 0} = \lim_{x \to 0} \dfrac{x^2 \sin \dfrac{1}{x} - 0}{x}$

$= \lim_{x \to 0} x \sin \dfrac{1}{x} = 0.$

读者可思考例 3-6 与例 3-5 的不同之处.

3.1.4 导数的几何意义

由前面的讨论可知，如果函数 $f(x)$ 在点 x_0 处可导，则其导数 $f'(x_0)$ 的几何意义是曲线 $y=f(x)$ 在点 $(x_0, f(x_0))$ 处的切线斜率. 于是，曲线 $y=f(x)$ 在点 $(x_0, f(x_0))$ 处的切线方程为

$$y - y_0 = f'(x_0)(x - x_0).$$

法线方程为

$$y - y_0 = -\frac{1}{f'(x_0)}(x - x_0) \quad (f'(x_0) \neq 0).$$

特别地，若 $f'(x_0)=0$，则切线平行于 x 轴，其方程为

$$y = y_0,$$

法线垂直于 x 轴，其方程为

$$x = x_0,$$

若 $f'(x_0)=\infty$，则切线垂直于 x 轴，切线、法线方程分别为

$$x = x_0, y = y_0.$$

【例 3-7】 求抛物线 $y=x^2$ 在点 $(-1,1)$ 处的切线方程和法线方程.

解 由例 3-2 知 $y'=2x$，$y'|_{x=-1}=-2$，即曲线 $y=x^2$ 在点 $(-1,1)$ 处的切线斜率为 -2. 于是，切线方程为

$$y - 1 = (-2)[x - (-1)], \ 即 \ y + 2x + 1 = 0.$$

法线方程为

$$y - 1 = \frac{1}{2}[x - (-1)], \ 即 \ 2y - x - 3 = 0.$$

3.1.5 可导性与连续性的关系

【例 3-8】 证明函数

$$f(x) = |x| = \begin{cases} x, & x \geqslant 0, \\ -x, & x < 0, \end{cases}$$

在 $x = 0$ 处连续但不可导.

证 $\lim\limits_{x \to 0^-} f(x) = \lim\limits_{x \to 0^-} (-x) = 0, \lim\limits_{x \to 0^+} f(x) = \lim\limits_{x \to 0^+} x = 0,$

所以有

$$\lim\limits_{x \to 0} f(x) = 0 = f(0),$$

即 $f(x) = |x|$ 在 $x = 0$ 处连续. 由于

$$f'_-(0) = \lim\limits_{\Delta x \to 0^-} \frac{f(0 + \Delta x) - f(0)}{\Delta x} = \lim\limits_{\Delta x \to 0^-} \frac{-\Delta x - 0}{\Delta x} = -1,$$

$$f'_+(0) = \lim\limits_{\Delta x \to 0^+} \frac{f(0 + \Delta x) - f(0)}{\Delta x} = \lim\limits_{\Delta x \to 0^+} \frac{\Delta x - 0}{\Delta x} = 1,$$

即 $f'_-(0) \neq f'_+(0)$, 故 $f(x) = |x|$
在 $x = 0$ 处不可导. 证毕.

上述结果容易从图 3-2 中看
出, 曲线 $f(x) = |x|$ 在点 $(0,0)$ 处是
连续的, 但在该点处出现"尖角", 切
线不存在, 从而切线斜率(即导数)
不存在. 可见, 函数在某点连续不能
保证在该点可导. 但是, 有如下
定理.

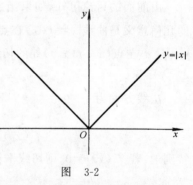

图 3-2

定理 3-2 函数 $y = f(x)$ 在 x_0 处可导, 则必在 x_0 处连续.

证 设自变量 x 在 x_0 处取得增量 $\Delta x \neq 0$, 相应地函数取得增量

$$\Delta y = f(x_0 + \Delta x) - f(x_0),$$

于是, 由定理条件($f'(x_0)$存在)有

$$\lim\limits_{\Delta x \to 0} \Delta y = \lim\limits_{\Delta x \to 0} \frac{\Delta y}{\Delta x} \cdot \Delta x = \lim\limits_{\Delta x \to 0} \frac{\Delta y}{\Delta x} \cdot \lim\limits_{\Delta x \to 0} \Delta x = f'(x_0) \cdot 0 = 0.$$

这表明函数 $y = f(x)$ 在 x_0 处连续. 证毕.

注意 函数连续只是函数可导的必要条件, 而不是充分条件.

【例 3-9】 设函数 $f(x) = \begin{cases} \ln(1+2x), & -\dfrac{1}{2} < x \leqslant 1, \\ ax+b, & x > 1 \end{cases}$ 问 a,b 取

何值时，$f(x)$ 在 $x=1$ 处可导？

分析　由定理 3-2，$f(x)$ 在 $x=1$ 处可导，则 $f(x)$ 在 $x=1$ 处连续，由此可得到一个关于 a 和 b 的关系式. 再由定理 3-1，$f(x)$ 在 $x=1$ 处可导，有 $f'_+(1) = f'_-(1)$，由此可得到另一个关于 a 和 b 的关系式.

解
$$\lim_{x \to 1^-} f(x) = \lim_{x \to 1^-} \ln(1+2x) = \ln 3,$$
$$\lim_{x \to 1^+} f(x) = \lim_{x \to 1^+} (ax+b) = a+b.$$

要使 $f(x)$ 在 $x=1$ 处可导，首先，$f(x)$ 必须在 $x=1$ 处连续，故 $a+b = \ln 3$. 又因为

$$f'_-(1) = \lim_{\Delta x \to 0^-} \frac{f(1+\Delta x) - f(1)}{\Delta x} = \lim_{\Delta x \to 0^-} \frac{\ln(3+2\Delta x) - \ln 3}{\Delta x}$$

$$= \lim_{\Delta x \to 0^-} \frac{\ln\left(1 + \dfrac{2}{3}\Delta x\right)}{\Delta x} = \lim_{\Delta x \to 0^-} \frac{\dfrac{2}{3}\Delta x}{\Delta x} = \frac{2}{3},$$

$$f'_+(1) = \lim_{\Delta x \to 0^+} \frac{f(1+\Delta x) - f(1)}{\Delta x} = \lim_{\Delta x \to 0^+} \frac{a(1+\Delta x) + b - \ln 3}{\Delta x}$$

$$= \lim_{\Delta x \to 0^+} \frac{a(1+\Delta x) + b - (a+b)}{\Delta x} = a,$$

要使 $f(x)$ 在 $x=1$ 处可导，应有 $a = \dfrac{2}{3}$，再由 $a+b = \ln 3$ 得 $b = \ln 3 - \dfrac{2}{3}$.

综上所述，当 $a = \dfrac{2}{3}, b = \ln 3 - \dfrac{2}{3}$ 时，$f(x)$ 在 $x=1$ 处可导.

习题　3.1

1. 利用导数定义求下列导数：

(1) $y = \cos x$，求 $\dfrac{\mathrm{d}y}{\mathrm{d}x}$；

(2) $y = \dfrac{1}{x^2}$，求 y'，$\dfrac{\mathrm{d}y}{\mathrm{d}x}\bigg|_{x=1}$.

2. 设函数 $f(x)$ 在 x_0 处可导，求：

(1) $\lim\limits_{n \to \infty} n\left[f\left(x_0 - \dfrac{1}{n}\right) - f(x_0)\right]$；

(2) $\lim\limits_{h \to 0} \dfrac{f(x_0+h) - f(x_0-h)}{h}$.

3. 设函数 $f(x)$ 在 $x=0$ 处可导，且 $f(0) = 0$，求

(1) $\lim\limits_{x \to 0} \dfrac{f(tx)}{t}$　$(t \neq 0)$；

(2) $\lim\limits_{x \to 0} \dfrac{f(tx) - f(-tx)}{x}$.

4.设 $f(x) = \begin{cases} x^2, & x \leqslant 1, \\ 2x, & x > 1, \end{cases}$ 求 $f'_-(1)$ 及 $f'_+(1)$,并说明 $f'(1)$ 是否存在.

5.设 $f(x) = \begin{cases} \dfrac{\sqrt{1+x^2}-1}{x}, & x \neq 0, \\ 0, & x = 0, \end{cases}$ 求 $f'(0)$.

6.讨论下列函数在点 $x = 0$ 处的连续性与可导性:

(1) $f(x) = |\sin x|$;

(2) $f(x) = \begin{cases} x^2\cos\dfrac{1}{x}, & x \neq 0, \\ 0, & x = 0; \end{cases}$

(3) $f(x) = \begin{cases} x\sin\dfrac{2}{x}, & x \neq 0, \\ 0, & x = 0; \end{cases}$

(4) $f(x) = \begin{cases} \dfrac{\ln(1-x)}{x}, & x \neq 0, \\ 0, & x = 0. \end{cases}$

7.若 $f(x)$ 为偶函数,且 $f'(0)$ 存在,证明 $f'(0) = 0$.

8.求曲线 $y = \sin x$ 在点 $\left(\dfrac{\pi}{4}, \dfrac{\sqrt{2}}{2}\right)$ 处的切线方程与法线方程.

9.在曲线 $y = \ln x$ 上求一点,使该点的切线平行于直线 $x - 2y - 2 = 0$.

10.证明双曲线 $xy = 1$ 上任一点处的切线与两坐标轴围成的三角形的面积为定值.

3.2 求导法则与基本导数公式

从理论上说,按导数的定义即可求出初等函数的导数.但根据定义求导数往往非常繁复,有时实际上是不可行的.本节将介绍基本初等函数的导数公式及函数的求导法则,借助于这些公式与法则,就能比较方便地求出初等函数的导数.

3.2.1 函数和、差、积、商的求导法则

定理 3-3 设函数 $u = u(x)$,$v = v(x)$ 都在点 x 处可导,则它们的和、差、积、商(除分母为零的点外)也都在点 x 处可导,且有

(1) $[u(x) \pm v(x)]' = u'(x) \pm v'(x)$;

(2) $[u(x) \cdot v(x)]' = u'(x)v(x) + u(x)v'(x)$,

特别地,$[Cu(x)]' = Cu'(x)$(C 为常数);

(3) $\left[\dfrac{u(x)}{v(x)}\right]' = \dfrac{u'(x)v(x) - u(x)v'(x)}{v^2(x)}$ ($v(x) \neq 0$).

证 在此只证法则(3),而将法则(1)、(2)的证明留给读者自己完成.

令 $f(x)=\dfrac{u(x)}{v(x)}$ $(v(x)\neq 0)$,则

$$
\begin{aligned}
\lim_{\Delta x\to 0}\frac{f(x+\Delta x)-f(x)}{\Delta x}
&=\lim_{\Delta x\to 0}\frac{\dfrac{u(x+\Delta x)}{v(x+\Delta x)}-\dfrac{u(x)}{v(x)}}{\Delta x}\\
&=\lim_{\Delta x\to 0}\frac{u(x+\Delta x)v(x)-u(x)v(x+\Delta x)}{\Delta x v(x)v(x+\Delta x)}\\
&=\lim_{\Delta x\to 0}\frac{[u(x+\Delta x)-u(x)]v(x)-u(x)[v(x+\Delta x)-v(x)]}{\Delta x v(x)v(x+\Delta x)}\\
&=\lim_{\Delta x\to 0}\frac{\left[\dfrac{u(x+\Delta x)-u(x)}{\Delta x}\right]v(x)-u(x)\left[\dfrac{v(x+\Delta x)-v(x)}{\Delta x}\right]}{v(x)v(x+\Delta x)}\\
&=\frac{u'(x)v(x)-u(x)v'(x)}{v^2(x)}.
\end{aligned}
$$

故 $\dfrac{u(x)}{v(x)}$ $(v(x)\neq 0)$在点 x 可导,且 $\left[\dfrac{u(x)}{v(x)}\right]'=\dfrac{u'(x)v(x)-u(x)v'(x)}{v^2(x)}$.

定理 3-3 中法则(1)、(2)可推广到有限个函数的运算的情形. 例如,
$$(uvw)'=u'vw+uv'w+uvw'.$$

【例 3-10】 求函数 $y=3x^2+4\log_2 x-5\sin x$ 的导数.

解
$$
\begin{aligned}
y'&=(3x^2)'+(4\log_2 x)'-(5\sin x)'\\
&=3(x^2)'+4(\log_2 x)'-5(\sin x)'\\
&=6x+\frac{4}{x\ln 2}-5\cos x.
\end{aligned}
$$

【例 3-11】 设 $y=\cos x\ln x$,求 $y'|_{x=\pi}$.

解
$$
\begin{aligned}
y'&=(\cos x)'\ln x+\cos x(\ln x)'\\
&=-\sin x\ln x+\frac{1}{x}\cos x,
\end{aligned}
$$

所以
$$
y'\Big|_{x=\pi}=-\frac{1}{\pi}.
$$

【例 3-12】 证明正切、余切、正割、余割函数的导数公式.
$$(\tan x)'=\sec^2 x,\quad (\cot x)'=-\csc^2 x,$$
$$(\sec x)'=\sec x\tan x,\quad (\csc x)'=-\csc x\cot x.$$

证
$$
\begin{aligned}
(\tan x)'&=\left(\frac{\sin x}{\cos x}\right)'=\frac{(\sin x)'\cos x-\sin x(\cos x)'}{\cos^2 x}\\
&=\frac{\cos^2 x+\sin^2 x}{\cos^2 x}=\frac{1}{\cos^2 x}=\sec^2 x.
\end{aligned}
$$

同理可证 $(\cot x)' = -\csc^2 x$.

$$(\csc x)' = \left(\frac{1}{\sin x}\right)' = \frac{-(\sin x)'}{\sin^2 x} = -\frac{\cos x}{\sin^2 x} = -\csc x \cot x,$$

同理可证 $(\sec x)' = \sec x \tan x$. 证毕.

【例 3-13】 求函数 $y = \dfrac{x\sin x + \cos x}{x\cos x - \sin x}$ 的导数.

解

$$y' = \frac{(x\sin x + \cos x)'(x\cos x - \sin x) - (x\sin x + \cos x)(x\cos x - \sin x)'}{(x\cos x - \sin x)^2}$$

$$= \frac{(x\cos x)(x\cos x - \sin x) - (x\sin x + \cos x)(-x\sin x)}{(x\cos x - \sin x)^2}$$

$$= \frac{x^2}{(x\cos x - \sin x)^2}.$$

【例 3-14】 设 $y = \sqrt[3]{x}\sin x$, 求 $y'\big|_{x=0}$.

解 由于 $\sqrt[3]{x}$ 在 $x=0$ 处不可导, 故不能使用定理 3-3.

$$y'\big|_{x=0} = \lim_{x\to 0}\frac{\sqrt[3]{x}\sin x - 0}{x - 0} = \lim_{x\to 0}\sqrt[3]{x}\cdot\frac{\sin x}{x} = 0.$$

注意 （1）只有当两个函数都可导时，才可用定理 3-3 求它们的和、差、积、商的导数；

（2）不可导函数与可导函数的乘积可能是可导函数.

【例 3-15】 设函数

$$f(x) = \begin{cases} \ln x, & x\geqslant 1, \\ 2(x-1), & x<1, \end{cases}$$

求 (1) $f'(x)$; (2) $f'(-1)$, $f'(2)$.

解 对于分段函数，求它的导函数时需分段进行，在分段点 $x=1$ 处的导数，则要用导数定义讨论它的左、右导数，以确定 $f(x)$ 在 $x=1$ 处的可导性.

(1) 当 $x>1$ 时, $f'(x) = \dfrac{1}{x}$,

当 $x<1$ 时, $f'(x) = 2$,

当 $x=1$ 时, $f(x)$ 在 $x=1$ 处连续,

$$f'_-(1) = \lim_{\Delta x\to 0^-}\frac{f(1+\Delta x) - f(1)}{\Delta x} = \lim_{\Delta x\to 0^-}\frac{2\Delta x - 0}{\Delta x} = 2,$$

$$f'_+(1) = \lim_{\Delta x\to 0^+}\frac{f(1+\Delta x) - f(1)}{\Delta x} = \lim_{\Delta x\to 0^+}\frac{\ln(1+\Delta x) - 0}{\Delta x} = 1,$$

故 $f'(1)$ 不存在，即 $f(x)$ 在 $x=1$ 处不可导. 所以

$$f'(x) = \begin{cases} \dfrac{1}{x}, & x > 1, \\ 2, & x < 1. \end{cases}$$

(2) $f'(-1) = 2$，$f'(2) = \dfrac{1}{2}$．

3.2.2　反函数的求导法则

如图 3-3 所示，函数 $y = f(x)$ 与其反函数 $x = \varphi(y)$ 表示同一条曲线. 曲线上点 $P_0(x_0, y_0)$ 处的切线对于 x 轴的倾斜角为 α，对于 y 轴的倾斜角为 β．

$$f'(x_0) = \tan\alpha, \quad \varphi'(y_0) = \tan\beta(\neq 0)$$

由于 $\alpha + \beta = \dfrac{\pi}{2} \left(\text{或} \dfrac{3}{2}\pi\right)$，当 $\alpha + \beta = \dfrac{\pi}{2}$ 时有

$$f'(x_0) = \tan\alpha = \tan\left(\dfrac{\pi}{2} - \beta\right) = \cot\beta = \dfrac{1}{\tan\beta} = \dfrac{1}{\varphi'(y_0)}.$$

当 $\alpha + \beta = \dfrac{3}{2}\pi$ 时有相同结论. 由此可建立反函数的求导法则：

定理 3-4　设函数 $x = \varphi(y)$ 在某区间内连续并严格单调，且在该区间内某点 y_0 处有导数 $\varphi'(y_0) \neq 0$，则其反函数 $y = f(x)$ 在 y_0 的对应点 $x_0 (= \varphi(y_0))$ 处也可导，且有

$$f'(x_0) = \dfrac{1}{\varphi'(y_0)},$$

即反函数的导数等于直接函数导数的倒数.

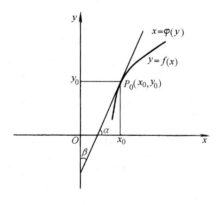

图　3-3

*证　由函数 $x = \varphi(y)$ 在某区间内连续并严格单调可知，其反函数 $y = f(x)$ 在相应区间内连续并严格单调. 设 $y = f(x)$ 的自变量在 x_0 处取得增量 $\Delta x \neq 0$，则由 $f(x)$ 的单调性可知

$$\Delta y = f(x_0 + \Delta x) - f(x_0) \neq 0,$$

又由 $f(x)$ 的连续性知，$\Delta x \to 0$ 时，$\Delta y \to 0$. 又因为 $\varphi'(y_0) \neq 0$，所以有

$$f'(x_0) = \lim_{\Delta x \to 0} \dfrac{\Delta y}{\Delta x} = \dfrac{1}{\lim\limits_{\Delta y \to 0} \dfrac{\Delta x}{\Delta y}} = \dfrac{1}{\varphi'(y_0)}.$$

证毕.

【例 3-16】　求函数 $y = a^x (a > 0, a \neq 1)$ 的导数.

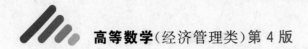

解 函数 $x=\log_a y$ 在 $(0,+\infty)$ 内单调连续,值域为 $(-\infty,+\infty)$,且

$$(\log_a y)' = \frac{1}{y\ln a} \neq 0, \quad y \in (0,+\infty).$$

于是,由定理 3-4 可知,其反函数 $y=a^x$ 在 $(-\infty,+\infty)$ 内可导,且

$$y' = (a^x)' = \frac{1}{(\log_a y)'} = y\ln a = a^x\ln a,$$

即指数函数的导数公式为

$$(a^x)' = a^x\ln a \quad (a>0, a\neq 1),$$

特别地,

$$(e^x)' = e^x.$$

【例 3-17】 证明下列反三角函数的导数公式.

$$(\arcsin x)' = \frac{1}{\sqrt{1-x^2}}, \quad |x|<1,$$

$$(\arccos x)' = -\frac{1}{\sqrt{1-x^2}}, \quad |x|<1,$$

$$(\arctan x)' = \frac{1}{1+x^2}, \quad x\in(-\infty,+\infty),$$

$$(\operatorname{arccot} x)' = -\frac{1}{1+x^2}, \quad x\in(-\infty,+\infty).$$

证 (1)函数 $x=\sin y$ 在 $\left(-\dfrac{\pi}{2},\dfrac{\pi}{2}\right)$ 内单调连续,值域为 $(-1,1)$,且

$$(\sin y)' = \cos y > 0, \quad y\in\left(-\frac{\pi}{2},\frac{\pi}{2}\right).$$

由定理 3-4,其反函数 $y=\arcsin x$ 在 $(-1,1)$ 内可导,且

$$y' = (\arcsin x)' = \frac{1}{(\sin y)'} = \frac{1}{\cos y} = \frac{1}{\sqrt{1-\sin^2 y}} = \frac{1}{\sqrt{1-x^2}},$$

同理可证

$$(\arccos x)' = -\frac{1}{\sqrt{1-x^2}}, \quad |x|<1.$$

(2)函数 $x=\cot y$ 在 $(0,\pi)$ 内单调连续,值域为 $(-\infty,+\infty)$,且

$$(\cot y)' = -\csc^2 y < 0, \quad y\in(0,\pi).$$

由定理 3-4,其反函数 $y=\operatorname{arccot} x$ 在 $(-\infty,+\infty)$ 内可导,且

$$y' = (\operatorname{arccot} x)' = \frac{1}{(\cot y)'} = \frac{1}{-\csc^2 y} = -\frac{1}{1+\cot^2 y} = -\frac{1}{1+x^2},$$

同理可证

$$(\arctan x)' = \frac{1}{1+x^2}, \quad x\in(-\infty,+\infty).$$

3.2.3　复合函数的求导法则

如何求 $y=\sin 2x$ 的导数？也许有人会不假思索地求解如下

$$y'=(\sin 2x)'=\cos 2x.$$

上述解法是错误的.利用函数积的求导法则,很容易得出正确答案为

$$\begin{aligned}
y'&=(\sin 2x)'=(2\sin x\cos x)'\\
&=2\big[(\sin x)'\cos x+\sin x(\cos x)'\big]\\
&=2(\cos^2 x-\sin^2 x)=2\cos 2x.
\end{aligned}$$

实际上,$y=\sin 2x$ 不是基本初等函数,它是由 $y=\sin u$ 和 $u=2x$ 复合而成的函数.

由于复合函数是较常见的一类函数,而且一般的复合运算也未必能像上例那样转化为基本初等函数的四则运算,所以有必要建立复合函数的求导法则.

定理 3-5　设函数 $u=\varphi(x)$ 在点 x 处有导数 $\varphi'(x)$,在对应点 $u(=\varphi(x))$ 处,函数 $y=f(u)$ 有导数 $f'(u)$,则复合函数 $y=f(\varphi(x))$ 在点 x 处可导,且

$$\big[f(\varphi(x))\big]'=f'(u)\varphi'(x)=f'(\varphi(x))\varphi'(x).$$

上式也可写为

$$\frac{\mathrm{d}y}{\mathrm{d}x}=\frac{\mathrm{d}y}{\mathrm{d}u}\cdot\frac{\mathrm{d}u}{\mathrm{d}x},\quad 或 \quad y'_x=y'_u\cdot u'_x.$$

即复合函数的导数等于复合函数对中间变量的导数乘以中间变量对自变量的导数,并称之为复合函数求导的链式规则.

注意　$\big[f(\varphi(x))\big]'$ 表示将 $u=\varphi(x)$ 代入 $f(u)$ 得到 $f(\varphi(x))$ 后对 x 求导数；$f'(\varphi(x))$ 表示将 $f(u)$ 对 u 求导数得到 $f'(u)$ 后再将 $u=\varphi(x)$ 代入.

*证　设自变量在 x 处取得增量 $\Delta x\neq 0$,相应地有

$$\Delta u=\varphi(x+\Delta x)-\varphi(x),$$
$$\Delta y=f(\varphi(x+\Delta x))-f(\varphi(x))=f(u+\Delta u)-f(u).$$

由于 $y=f(u)$ 在 u 处有导数 $f'(u)$,所以

$$\lim_{\Delta u\to 0}\frac{\Delta y}{\Delta u}=f'(u).$$

由极限与无穷小量的关系可知

$$\frac{\Delta y}{\Delta u}=f'(u)+\alpha,\quad \Delta u\neq 0,$$

其中 $\alpha\to 0$(当 $\Delta u\to 0$ 时).即当 $\Delta u\neq 0$ 时,

$$\Delta y = \left[f'(u) + \alpha \right] \Delta u.$$

当 $\Delta u = 0$ 时,约定 $\alpha = 0$,则上式对 $\Delta u = 0$ 也成立. 于是

$$\frac{\Delta y}{\Delta x} = \left[f'(u) + \alpha \right] \frac{\Delta u}{\Delta x}, \ \Delta x \neq 0.$$

由 $u = \varphi(x)$ 在点 x 处可导可知,$u = \varphi(x)$ 在点 x 处连续,即当 $\Delta x \to 0$ 时, $\Delta u \to 0$. 故

$$\lim_{\Delta x \to 0} \frac{\Delta y}{\Delta x} = \lim_{\Delta x \to 0} \left[f'(u) + \alpha(\Delta u) \right] \frac{\Delta u}{\Delta x}$$

$$= \left[f'(u) + \lim_{\Delta u \to 0} \alpha(\Delta u) \right] \cdot \lim_{\Delta x \to 0} \frac{\Delta u}{\Delta x},$$

即 $\left[f(\varphi(x)) \right]' = f'(u)\varphi'(x) = f'(\varphi(x))\varphi'(x)$. 证毕.

推论 设 $y = f(u)$,$u = \varphi(v)$,$v = \psi(x)$ 均可导,则 $y = f[\varphi(\psi(x))]$ 可导,且

$$\frac{dy}{dx} = \frac{dy}{du} \cdot \frac{du}{dv} \cdot \frac{dv}{dx}.$$

对于有限个函数复合而成的复合函数,也有类似的求导法则.

复合函数求导的链式规则非常重要,能否熟练运用链式规则,是衡量导数计算的基本训练是否过关的一个重要标志.

【例 3-18】 设 $y = x^{\alpha}$,$x > 0$,α 为实数,求 y'.

例 3-2 曾就 $\alpha = n$(正整数)推导过其求导公式,表面上,$y = x^{\alpha}$ 不是一个复合函数,但它可以写成 $y = e^{\ln x^{\alpha}} = e^{\alpha \ln x}$.

解 $y = x^{\alpha} = e^{\alpha \ln x}$ 可看成由函数 $y = e^u$ 与 $u = \alpha \ln x$ 复合而成,由链式规则有

$$y' = (x^{\alpha})' = (e^u)'_u \cdot (\alpha \ln x)'_x$$

$$= e^u \cdot \frac{\alpha}{x} = x^{\alpha} \cdot \frac{\alpha}{x} = \alpha \cdot x^{\alpha - 1},$$

即幂函数的导数公式为

$$(x^{\alpha})' = \alpha x^{\alpha - 1}.$$

【例 3-19】 求 $y = \tan^3(\ln x)$ 的导数.

解 将 $y = \tan^3(\ln x)$ 分解为基本初等函数

$$y = u^3, u = \tan v, v = \ln x$$

的复合,由链式规则,有

$$y' = (u^3)'_u (\tan v)'_v (\ln x)'_x = 3u^2 \cdot \sec^2 v \cdot \frac{1}{x}$$

$$= \frac{3}{x} \tan^2(\ln x) \cdot \sec^2(\ln x).$$

求复合函数的导数,写出中间变量有时很麻烦,在对复合函数的分解

比较熟练后,不必写出中间变量,可在明晰复合层次,分清复合关系的基础上直接按复合函数的求导法则"从外到内,逐层求导". 仍以例 3-19 为例,说明具体做法.

$$y' = 3\tan^2(\ln x) \cdot (\tan \ln x)'$$
$$= 3\tan^2(\ln x) \cdot \sec^2(\ln x) \cdot (\ln x)'$$
$$= 3\tan^2(\ln x) \cdot \sec^2(\ln x) \cdot \frac{1}{x} = \frac{3}{x}\tan^2(\ln x) \cdot \sec^2(\ln x).$$

【例 3-20】 证明:$(\log_a |x|)' = \dfrac{1}{x\ln a} \quad (a>0, a\neq 1)$.

证 当 $x>0$ 时,$(\log_a |x|)' = (\log_a x)' = \dfrac{1}{x\ln a}$.

当 $x<0$ 时,

$$(\log_a |x|)' = [\log_a(-x)]' = \frac{1}{(-x)\ln a} \cdot (-x)' = \frac{1}{x\ln a}.$$

下面再列举几个综合运用函数的和、差、积、商的求导法则与复合函数的求导法则的例子.

【例 3-21】 求 $y = \dfrac{1}{2}\operatorname{arccot}\left(\dfrac{2x}{1-x^2}\right)$ 的导数.

解
$$y' = \frac{1}{2} \cdot \frac{-1}{1+\left(\frac{2x}{1-x^2}\right)^2} \cdot \left(\frac{2x}{1-x^2}\right)'$$
$$= \frac{1}{2} \cdot \frac{-1}{1+\left(\frac{2x}{1-x^2}\right)^2} \cdot \frac{2(1-x^2) - 2x \cdot (-2x)}{(1-x^2)^2}$$
$$= -\frac{1}{1+x^2}.$$

【例 3-22】 求 $y = e^{\sqrt{1-\sin\frac{1}{x}}}$ 的导数.

解
$$y' = e^{\sqrt{1-\sin\frac{1}{x}}} \cdot \left(\sqrt{1-\sin\frac{1}{x}}\right)'$$
$$= e^{\sqrt{1-\sin\frac{1}{x}}} \cdot \frac{1}{2\sqrt{1-\sin\frac{1}{x}}} \cdot \left(1-\sin\frac{1}{x}\right)'$$
$$= e^{\sqrt{1-\sin\frac{1}{x}}} \cdot \frac{1}{2\sqrt{1-\sin\frac{1}{x}}} \cdot \left[0 - \left(\cos\frac{1}{x}\right) \cdot \left(\frac{1}{x}\right)'\right]$$
$$= \frac{\cos\frac{1}{x}}{2x^2\sqrt{1-\sin\frac{1}{x}}} e^{\sqrt{1-\sin\frac{1}{x}}}.$$

【例 3-23】 求 $y=\ln(x+\sqrt{a^2+x^2})$ 的导数.

解 $\begin{aligned} y' &= \frac{1}{x+\sqrt{a^2+x^2}} \cdot (x+\sqrt{a^2+x^2})' \\ &= \frac{1}{x+\sqrt{a^2+x^2}} \cdot \left[1+\frac{1}{2}\frac{1}{\sqrt{a^2+x^2}} \cdot (a^2+x^2)'\right] \\ &= \frac{1}{x+\sqrt{a^2+x^2}}\left(1+\frac{x}{\sqrt{a^2+x^2}}\right) \\ &= \frac{1}{\sqrt{a^2+x^2}}. \end{aligned}$

【例 3-24】 求 $y=e^{-x}\ln(1-x)$ 的导数.

解

$$\begin{aligned} y' &= (e^{-x})'\ln(1-x)+e^{-x}[\ln(1-x)]' \\ &= e^{-x}(-x)'\ln(1-x)+e^{-x}\frac{1}{1-x}(1-x)' \\ &= -e^{-x}\ln(1-x)-e^{-x}\frac{1}{1-x} \\ &= e^{-x}\left[\frac{1}{x-1}-\ln(1-x)\right]. \end{aligned}$$

【例 3-25】 已知 $\varphi(u)$ 的导数存在,试求下列各函数的导数.
$$e^{\varphi(x)},\varphi(\ln x),[\varphi(x+a)]^n,\varphi[(x+a)^n].$$

解 $[e^{\varphi(x)}]' = e^{\varphi(x)} \cdot [\varphi(x)]' = e^{\varphi(x)}\varphi'(x),$

$[\varphi(\ln x)]' = \varphi'(\ln x) \cdot (\ln x)' = \frac{1}{x}\varphi'(\ln x),$

$\begin{aligned} \{[\varphi(x+a)]^n\}' &= n[\varphi(x+a)]^{n-1} \cdot [\varphi(x+a)]' \\ &= n[\varphi(x+a)]^{n-1}\varphi'(x+a) \cdot (x+a)' \\ &= n[\varphi(x+a)]^{n-1}\varphi'(x+a), \end{aligned}$

$\begin{aligned} \{\varphi[(x+a)^n]\}' &= \varphi'[(x+a)^n] \cdot [(x+a)^n]' \\ &= \varphi'[(x+a)^n]n(x+a)^{n-1} \cdot (x+a)' \\ &= n(x+a)^{n-1}\varphi'[(x+a)^n]. \end{aligned}$

3.2.4 基本求导法则与公式

现将前面得到的求导法则与基本初等函数的导数公式汇集如下,以备查阅(其中 c、α、a 为常数,且 $a>0$,$a\neq1$).

(1) $(u\pm v)' = u' \pm v'$;

(2) $(uv)' = u'v+uv'$,$(cu)' = cu'$;

(3) $\left(\dfrac{u}{v}\right)' = \dfrac{u'v - uv'}{v^2}$;

(4) 反函数导数 $\dfrac{\mathrm{d}y}{\mathrm{d}x} = \dfrac{1}{\dfrac{\mathrm{d}x}{\mathrm{d}y}}$

(5) 复合函数导数 $\dfrac{\mathrm{d}y}{\mathrm{d}x} = \dfrac{\mathrm{d}y}{\mathrm{d}u} \cdot \dfrac{\mathrm{d}u}{\mathrm{d}x}$;

(6) $(c)' = 0$;

(7) $(x^a)' = ax^{a-1}$,特别地,$(x)' = 1$,$(\sqrt{x})' = \dfrac{1}{2\sqrt{x}}$,$\left(\dfrac{1}{x}\right)' = -\dfrac{1}{x^2}$.

(8) $(a^x)' = a^x \ln a$,特别地,$(\mathrm{e}^x)' = \mathrm{e}^x$;

(9) $(\log_a|x|)' = \dfrac{1}{x \ln a}$,特别地,$(\ln|x|)' = \dfrac{1}{x}$;

(10) $(\sin x)' = \cos x$, $(\cos x)' = -\sin x$,
 $(\tan x)' = \sec^2 x$, $(\cot x)' = -\csc^2 x$,
 $(\sec x)' = \sec x \tan x$, $(\csc x)' = -\csc x \cot x$;

(11) $(\arcsin x)' = \dfrac{1}{\sqrt{1-x^2}}$,$(\arccos x)' = -\dfrac{1}{\sqrt{1-x^2}}$,
 $(\arctan x)' = \dfrac{1}{1+x^2}$,$(\operatorname{arccot} x)' = -\dfrac{1}{1+x^2}$.

求函数的导数是高等数学中最基本的运算,必须熟记上述求导公式与法则.

习题 3.2

1. 求下列函数的导数:

(1) $y = \sqrt{x} + \dfrac{1}{x} - 2\cos x + \ln 2$;   (2) $y = 2^x + x^2 + \log_2 x$;

(3) $y = x^2 \ln x$;   (4) $y = \mathrm{e}^x \cos x$;

(5) $y = x^3 \ln x \cos x$;   (6) $y = x^2 \arctan x$;

(7) $y = \sin x \cdot \arcsin x$;   (8) $y = \dfrac{\tan x}{\arctan x}$;

(9) $y = \dfrac{\sec x}{x}$;   (10) $y = \dfrac{x \mathrm{e}^x}{x^2 + 1}$;

(11) $y = \dfrac{\mathrm{e}^x}{x \ln x}$;   (12) $y = \dfrac{1 + 2\sin x}{1 + 2\cos x}$.

2. 求下列函数的导数:

(1) $y = \mathrm{e}^{2x}$;   (2) $y = \ln(1-x)$;

(3) $y = (\arccos x)^2$;   (4) $y = \operatorname{arccot} \dfrac{1}{x}$;

(5) $y = \sqrt[3]{(x^2-1)^2}$；

(6) $y = e^{\arctan\sqrt{x}}$；

(7) $y = \ln\sin 2x$；

(8) $y = \sin\sqrt{2x+1}$；

(9) $y = \text{arccot}(e^{-x})$；

(10) $y = e^{\sin\frac{1}{x}}$；

(11) $y = \dfrac{e^{2x}-1}{e^{2x}+1}$；

(12) $y = \dfrac{1-\sin\sqrt{x}}{1+\sin\sqrt{x}}$；

(13) $y = \arcsin\sqrt{\dfrac{1-x}{1+x}}$；

(14) $y = \sin^n x \sin nx$；

(15) $y = \arctan\dfrac{x+1}{x-1}$；

(16) $y = \dfrac{\sqrt{1+x}-\sqrt{1-x}}{\sqrt{1+x}+\sqrt{1-x}}$；

(17) $y = x\arcsin\dfrac{x}{2} + \sqrt{4-x^2}$；

(18) $y = \ln(\ln^2(\ln^3 x))$；

(19) $y = \ln(\csc x - \cot x)$；

(20) $y = \ln(\sec x + \tan x)$；

(21) $y = \arcsin\dfrac{2x}{1+x^2}$；

(22) $y = \dfrac{1}{2}\ln\tan\dfrac{x}{2} - \dfrac{\cos x}{2\sin^2 x}$；

(23) $y = \ln\sqrt{\dfrac{x^2+1}{x^2-1}}$；

(24) $y = \ln\dfrac{1+\sqrt{x}}{1-\sqrt{x}}$；

(25) $y = \ln\tan\dfrac{x}{2} - \cos x \cdot \ln(\tan x)$；

(26) $y = \sqrt{1+\ln^2 x}$；

(27) $y = \dfrac{1}{4}\ln\dfrac{1+x}{1-x} - \dfrac{1}{2}\arctan x$；

(28) $y = \dfrac{x}{2}\sqrt{a^2-x^2} + \dfrac{a^2}{2}\arcsin\dfrac{x}{a}$；

(29) $y = \dfrac{\sqrt{\sin^2 x + 1} + \sin x}{\sqrt{\sin^2 x + 1} - \sin x}$；

(30) $y = \dfrac{\sqrt{x^2+1} + \sqrt{x^2-1}}{\sqrt{x^2+1} - \sqrt{x^2-1}}$.

3. 求下列函数在指定点处的导数：

(1) $y = e^{2x}(x^2 - 3x + 1)$，求 $y'\big|_{x=0}$；

(2) $f(x) = \dfrac{3}{3-x} + \dfrac{x^2}{3}$，求 $f'(6)$；

(3) $f(x) = \dfrac{1-\sqrt{x}}{1+\sqrt{x}}$，求 $f'(4)$；

(4) $y = \dfrac{xe^x}{\sin x + \cos x}$，求 $\dfrac{dy}{dx}\Big|_{x=0}$.

4. 设 $f(x)$ 为可导函数，求下列函数的导数：

(1) $y = f(x^2)$；

(2) $y = f^2(x)$；

(3) $y = f^2(x^2)$；

(4) $y = f^2(f(x^2))$；

(5) $y = f(\sin^2 x) + f(\cos^2 x)$；

(6) $y = \sin(f(x)) \cdot f(\sin x)$.

5. 设 $f(1-x) = xe^{-x}$，且 $f(x)$ 为可导函数，求 $f'(x)$.

6. 设 $f(2x+3) = x^2\ln(2x+1)$，且 $f(x)$ 为可导函数，求 $f'(2x+3)$.

7. 求下列分段函数的导数：

(1) $f(x) = \begin{cases} \dfrac{\sqrt{1+x^2}-1}{x}, & x \neq 0, \\ 0, & x = 0; \end{cases}$

$$(2)\ f(x)=\begin{cases}\mathrm{e}^{2x}, & x\leqslant 0,\\[2mm]\dfrac{\sin^2 x+x}{x}, & x>0.\end{cases}$$

3.3　高阶导数

已知变速直线运动物体的路程函数为 $s=s(t)$，则物体运动的速度为 $v(t)=s'(t)$，而速度在 t_0 时刻的变化率

$$\lim_{\Delta t\to 0}\frac{v(t_0+\Delta t)-v(t_0)}{\Delta t}=\lim_{t\to t_0}\frac{v(t)-v(t_0)}{t-t_0}$$

就是运动物体在 t_0 时刻的加速度. 因此，加速度是速度函数的导数，也就是路程函数 $s(t)$ 的导函数的导数，这就产生了高阶导数的概念.

定义 3-2　若函数 $f(x)$ 的导函数 $f'(x)$ 在点 x_0 可导，则称 $f'(x)$ 在点 x_0 的导数为 $f(x)$ 在 x_0 的**二阶导数**，记作 $f''(x_0)$，即

$$\lim_{\Delta x\to 0}\frac{f'(x_0+\Delta x)-f'(x_0)}{\Delta x}=\lim_{x\to x_0}\frac{f'(x)-f'(x_0)}{x-x_0}=f''(x_0),$$

且称 $f(x)$ 在点 x_0 二阶可导. 若函数 $f(x)$ 在开区间 (a,b) 内每一点 x 都二阶可导，则得到一个定义在 (a,b) 上的二阶导函数，记作 $f''(x)$.

类似地，可由二阶导函数 $f''(x)$ 定义 $f(x)$ 的三阶导函数 $f'''(x)$. 一般地，可由 $f(x)$ 的 $n-1$ 阶导函数 $f^{(n-1)}(x)$ 定义 $f(x)$ 的 n 阶导函数 $f^{(n)}(x)$，简称 n 阶导数. 二阶及二阶以上的导数统称为高阶导数.

函数 $f(x)$ 在 x_0 处的 n 阶导数记作

$$f^{(n)}(x_0),\quad y^{(n)}\Big|_{x=x_0},\quad \frac{\mathrm{d}^n y}{\mathrm{d}x^n}\Big|_{x=x_0}\quad \text{或}\quad \frac{\mathrm{d}^n f(x_0)}{\mathrm{d}x^n}.$$

相应地，n 阶导函数记作

$$f^{(n)}(x),\quad y^{(n)},\quad \frac{\mathrm{d}^n y}{\mathrm{d}x^n}\quad \text{或}\quad \frac{\mathrm{d}^n f(x)}{\mathrm{d}x^n}.$$

由上述概念可知，高阶导数的计算是求导数方法的反复运用. 求函数 $f(x)$ 的 n 阶导数，一般是在求一阶、二阶、三阶等前面几阶导数的过程中归纳出 $f^{(n)}(x)$ 的表达式.

【例 3-26】　求幂函数 $y=x^n$（n 为正整数）的各阶导数.

解　$y'=nx^{n-1}$,

$\qquad y''=(y')'=(nx^{n-1})'=n(n-1)x^{n-2}$,

$\qquad y'''=(y'')'=[n(n-1)x^{n-2}]'=n(n-1)(n-2)x^{n-3}$,

$$\vdots$$

$\qquad y^{(n-1)}=n(n-1)(n-2)\cdots 2x$,

$$y^{(n)} = (y^{(n-1)})' = [n(n-1)(n-2)\cdots 2x]' = n!,$$
$$y^{(n+1)} = y^{(n+2)} = \cdots = 0.$$

由此可见,对于正整数幂函数 x^n,前 n 次导数每求导一次,幂次降 1,其 n 阶导数为常数,大于 n 阶的导数都等于 0.

【例 3-27】 求 $y = \sin x$ 的 n 阶导数.

解 $y' = \cos x, y'' = -\sin x, y''' = -\cos x, y^{(4)} = \sin x.$
继续求导,出现周而复始现象,为得到 n 阶导数的统一公式,可将上述各阶导数写成:

$$y' = \cos x = \sin\left(x + \frac{\pi}{2}\right),$$

$$y'' = -\sin x = \sin(x + \pi) = \sin\left(x + \frac{2\pi}{2}\right),$$

$$y''' = -\cos x = \sin\left(x + \frac{3\pi}{2}\right),$$

$$y^{(4)} = \sin x = \sin\left(x + \frac{4\pi}{2}\right).$$

一般地,可推得 n 阶导数为

$$y^{(n)} = (\sin x)^{(n)} = \sin\left(x + \frac{n}{2}\pi\right), n = 1, 2, 3, \cdots.$$

类似地,可求得余弦函数的 n 阶导数公式

$$(\cos x)^{(n)} = \cos\left(x + \frac{n}{2}\pi\right), n = 1, 2, 3, \cdots.$$

【例 3-28】 求 $y = \ln(1-x)$ 的 n 阶导数.

解 $y' = \dfrac{1}{1-x}(1-x)' = \dfrac{1}{x-1},$

$$y'' = -\frac{1}{(x-1)^2},$$

$$y''' = (-1)(-2)\frac{1}{(x-1)^3},$$

$$y^{(4)} = (-1)(-2)(-3)\frac{1}{(x-1)^4},$$

$$\vdots$$

一般地,有

$$y^{(n)} = [\ln(1-x)]^{(n)} = (-1)^{n-1}\frac{(n-1)!}{(x-1)^n}, \quad n = 1, 2, 3, \cdots.$$

对分段函数的各段分段点,一般用导数定义考察其可导性(包括高阶导数).

【例 3-29】 研究函数 $f(x) = x|x|$ 的二阶导数.

解　$f(x)=x|x|=\begin{cases} x^2, & x\geqslant 0, \\ -x^2, & x<0. \end{cases}$

当 $x>0$ 时，$f'(x)=2x$.

当 $x<0$ 时，$f'(x)=-2x$.

当 $x=0$ 时，

$$f'_-(0)=\lim_{\Delta x\to 0^-}\frac{f(0+\Delta x)-f(0)}{\Delta x}=\lim_{\Delta x\to 0^-}\frac{-(\Delta x)^2-0}{\Delta x}=0,$$

$$f'_+(0)=\lim_{\Delta x\to 0^+}\frac{f(0+\Delta x)-f(0)}{\Delta x}=\lim_{\Delta x\to 0^+}\frac{(\Delta x)^2-0}{\Delta x}=0.$$

所以，$f'(0)=0$.

综上有

$$f'(x)=\begin{cases} 2x, & x\geqslant 0, \\ -2x, & x<0. \end{cases}$$

当 $x>0$ 时，$f'(x)=2x$，所以，$f''(x)=2$.

当 $x<0$ 时，$f'(x)=-2x$，所以，$f''(x)=-2$.

当 $x=0$ 时，

$$\lim_{x\to 0^-}\frac{f'(x)-f'(0)}{x-0}=\lim_{x\to 0^-}\frac{-2x-0}{x}=-2,$$

$$\lim_{x\to 0^+}\frac{f'(x)-f'(0)}{x-0}=\lim_{x\to 0^+}\frac{2x-0}{x}=2.$$

所以 $f''(0)$ 不存在，即 $f(x)$ 在 $x=0$ 处不是二阶可导的.

因而

$$f''(x)=\begin{cases} 2, & x>0, \\ -2, & x<0. \end{cases}$$

【例 3-30】　设 $y=\dfrac{1}{x^2-2x-8}$，求 $y^{(n)}$.

解　若直接运用函数的求导法则，则

$$y'=-\frac{1}{(x^2-2x-8)^2}\cdot(2x-2),$$

在此基础上再求高阶导数将非常复杂，且难以归纳出 $y^{(n)}$ 的表达式. 本题可将函数的分母分解，从而将函数写为两个分母为一次式的简单分式的和，计算变得非常简单.

$$y=\frac{1}{(x-4)(x+2)}=\frac{1}{6}\left(\frac{1}{x-4}-\frac{1}{x+2}\right),$$

$$y'=\frac{1}{6}\left[-\frac{1}{(x-4)^2}+\frac{1}{(x+2)^2}\right],$$

$$y''=\frac{1}{6}\left[2\cdot\frac{1}{(x-4)^3}-2\cdot\frac{1}{(x+2)^3}\right],$$

$$y''' = \frac{1}{6}\left[-2\times 3\cdot\frac{1}{(x-4)^4}+2\times 3\cdot\frac{1}{(x+2)^4}\right],$$

$$\vdots$$

$$y^{(n)} = \frac{(-1)^n n!}{6}\left[\frac{1}{(x-4)^{n+1}}-\frac{1}{(x+2)^{n+1}}\right], \quad n = 1,2,3,\cdots.$$

习题 3.3

1.求下列函数的二阶导数:

(1) $y = (1+x^2)\arctan x$;　　　　　　(2) $y = xe^{x^2}$;

(3) $y = \dfrac{e^x}{x}$;　　　　　　　　　　(4) $y = \ln(x+\sqrt{x^2+1})$;

(5) $y = e^{-x}\sin x$;　　　　　　　　　(6) $y = \ln(1-x^2)$.

2.设 $f(x)$ 二阶可导,求下列函数的二阶导数:

(1) $y = f\left(\dfrac{1}{x}\right)$;　　　　　　　(2) $y = e^{f(x)}$.

3.求下列函数的指定阶导数:

(1) $y = e^x\cos x$,求 $y^{(4)}$;

(2) $y = (2x+1)^{100}$,求 $y^{(100)}$.

4.求下列函数的 n 阶导数:

(1) $y = xe^x$;　　　　　　　　　　(2) $y = x\ln x$;

(3) $y = \sin^2 x$;　　　　　　　　　(4) $y = \sin^4 x + \cos^4 x$;

(5) $y = \dfrac{x^2}{x+1}$;　　　　　　　　(6) $y = \dfrac{1}{x(1-x)}$;

(7) $y = \sqrt[m]{2x+1}$.

3.4　隐函数与参数方程确定的函数的导数

3.4.1　隐函数的导数与对数求导法

1. 隐函数的导数

在 1.3.3 中我们已经知道,由二元方程 $F(x,y)=0$ 所确定的函数称为隐函数.把一个隐函数化成显函数,称为**隐函数的显化**.隐函数的显化有时是困难的,甚至是不可能的.因此,我们希望有一种方法,不管隐函数能否显化,都能直接由方程求出它所确定的隐函数的导数来.

假设由方程 $F(x,y)=0$ 所确定的函数为 $y=y(x)$,则把它代回方程 $F(x,y)=0$ 中便得恒等式 $F[x,y(x)]\equiv0$.利用复合函数的求导法则,恒

等式两边对 x 求导就得到关于导数 $\dfrac{\mathrm{d}y}{\mathrm{d}x}$ 的等式,从中解出 $\dfrac{\mathrm{d}y}{\mathrm{d}x}$ 即得所求导数. 这就是隐函数的求导法. 下面通过具体例子来说明这种方法.

【例 3-31】 求由 $x^2 + y^2 = 1$ 所确定的隐函数的导数 y'.

解 设方程确定隐函数 $y = y(x)$,原方程即为
$$x^2 + [y(x)]^2 = 1.$$
方程两端对 x 求导,利用复合函数链式规则,得
$$2x + 2yy' = 0.$$
解出 y' 得
$$y' = -\frac{x}{y}.$$

原方程确定两个隐函数,化为显函数为 $y = \pm\sqrt{1-x^2}$,读者可对两个显函数分别求导,都能得到上面的结果,由例 3-31 可见,即使对能化为显函数的隐函数,有时用隐函数求导法求导会更简单些. 此外,隐函数求导法求得的导数结果中一般既含自变量,又含因变量.

【例 3-32】 设函数 $y = y(x)$ 由方程 $\mathrm{e}^y + xy^2 - \mathrm{e}^2 = 0$ 确定,求 $\dfrac{\mathrm{d}y}{\mathrm{d}x}\bigg|_{x=0}$.

解 方程两边同时对 x 求导,得
$$\mathrm{e}^y \frac{\mathrm{d}y}{\mathrm{d}x} + y^2 + x \cdot 2y \frac{\mathrm{d}y}{\mathrm{d}x} = 0,$$
从而
$$\frac{\mathrm{d}y}{\mathrm{d}x} = -\frac{y^2}{2xy + \mathrm{e}^y}.$$
由于当 $x = 0$ 时 $y = 2$,故
$$\frac{\mathrm{d}y}{\mathrm{d}x}\bigg|_{x=0} = -\frac{y^2}{2xy + \mathrm{e}^y}\bigg|_{\substack{x=0 \\ y=2}} = -\frac{4}{\mathrm{e}^2}.$$

【例 3-33】 求由方程 $\ln\sqrt{x^2 + y^2} = \arctan\dfrac{y}{x}$ 所确定的隐函数的二阶导数 $\dfrac{\mathrm{d}^2 y}{\mathrm{d}x^2}$.

解 为了便于求导,将原方程改写成
$$\frac{1}{2}\ln(x^2 + y^2) = \arctan\frac{y}{x},$$
上式两边同时对 x 求导,得
$$\frac{1}{2}\frac{2x + 2yy'}{x^2 + y^2} = \frac{1}{1 + \left(\dfrac{y}{x}\right)^2}\frac{y'x - y}{x^2}.$$
化简得
$$x + yy' = y'x - y,$$

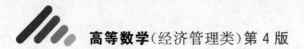

从而，
$$\frac{\mathrm{d}y}{\mathrm{d}x}=y'=\frac{x+y}{x-y}.$$

上式两边再对 x 求导，得

$$\frac{\mathrm{d}^2 y}{\mathrm{d}x^2}=\frac{(1+y')(x-y)-(x+y)(1-y')}{(x-y)^2}=\frac{2(xy'-y)}{(x-y)^2}$$

$$=\frac{2\left(x\,\dfrac{x+y}{x-y}-y\right)}{(x-y)^2}=\frac{2(x^2+y^2)}{(x-y)^3}.$$

2. 对数求导法

形如 $y=u(x)^{v(x)}$ 的函数称为**幂指函数**. 对于这类函数，直接使用前面介绍的求导法则不能求出其导数. 可先在两边取对数，将其化为隐函数，再按隐函数的求导方法求出其导数. 我们把这种求导数的方法称为**对数求导法**.

【例 3-34】 设 $y=x^{\sin x}\,(x>0)$，求 y'.

解 两边取对数，得

$$\ln y=\sin x\ln x,$$

上式两边对 x 求导，得

$$\frac{1}{y}y'=\cos x \cdot \ln x+\sin x \cdot \frac{1}{x},$$

于是，
$$y'=x^{\sin x}\left(\cos x \cdot \ln x+\frac{1}{x}\sin x\right).$$

求幂指函数 $y=u(x)^{v(x)}$ 的导数，除了可以用对数求导法外，还可以把幂指函数 $y=u(x)^{v(x)}$ 表示为 $y=\mathrm{e}^{v(x)\ln(u(x))}$ 的形式，再按复合函数的求导法则求导，即

$$y'=\left[u(x)^{v(x)}\right]'=\left[\mathrm{e}^{v(x)\ln(u(x))}\right]'$$

$$=\mathrm{e}^{v(x)\ln(u(x))}\left[v'(x)\ln(u(x))+v(x)\frac{u'(x)}{u(x)}\right]$$

$$=u(x)^{v(x)}\left[v'(x)\ln(u(x))+v(x)\frac{u'(x)}{u(x)}\right].$$

【例 3-35】 设 $y=2^{x^2}+x^x$，求 y'.

解 $y'=(2^{x^2})'+(\mathrm{e}^{x\ln x})'=2^{x^2}\ln 2 \cdot 2x+\mathrm{e}^{x\ln x}(\ln x+1)$

$$=2^{x^2+1}x\ln 2+x^x(\ln x+1).$$

对数求导法还常用于求由多个因式乘、除、乘方、开方表示的复杂显函数的导数.

【例 3-36】 求函数 $y=\sqrt[3]{\dfrac{x^2(b-x)^5}{(x-a)^7}}$ 的导数.

解 等号两端取绝对值，有

$$|y| = \sqrt[3]{\left| \frac{x^2(b-x)^5}{(x-a)^7} \right|},$$

两端取对数有

$$\ln|y| = \frac{1}{3}(2\ln|x| + 5\ln|b-x| - 7\ln|x-a|),$$

两端对 x 求导,得

$$\frac{1}{y} \cdot y' = \frac{1}{3}\left(2 \cdot \frac{1}{x} + 5 \cdot \frac{-1}{b-x} - 7 \cdot \frac{1}{x-a}\right),$$

解得

$$y' = \frac{1}{3}\left(\frac{2}{x} + \frac{5}{x-b} - \frac{7}{x-a}\right)y,$$

即

$$y' = \frac{1}{3}\left(\frac{2}{x} + \frac{5}{x-b} - \frac{7}{x-a}\right)\sqrt[3]{\frac{x^2(b-x)^5}{(x-a)^7}}.$$

注意　在用对数求导法求导数时,一般总省略等式两端取绝对值的步骤(有时原显函数的函数值可能为负),从例题可以看出这样省略并不影响解题结果.

*3.4.2　参数方程确定的函数的导数

如果参数方程

$$\begin{cases} x = \varphi(t) \\ y = \psi(t) \end{cases} \tag{3-1}$$

确定了 y 与 x 之间的函数关系,则称此函数关系所表达的函数为**由参数方程所确定的函数**.由于从式(3-1)中消去参数 t 有时是困难的,因此我们希望有一种方法能直接由参数方程(3-1)求出它所确定的函数的导数来.

设 $x = \varphi(t)$ 具有反函数 $t = \varphi^{-1}(x)$,则由参数方程(3-1)所确定的函数可看做由函数 $y = \psi(t)$ 与 $t = \varphi^{-1}(x)$ 复合而成的复合函数 $y = \psi(\varphi^{-1}(x))$.再设函数 $x = \varphi(t)$ 与 $y = \psi(t)$ 都可导,且 $\varphi'(t) \neq 0$,则由复合函数的求导法则与反函数的求导法则得

$$\frac{\mathrm{d}y}{\mathrm{d}x} = \frac{\mathrm{d}y}{\mathrm{d}t} \cdot \frac{\mathrm{d}t}{\mathrm{d}x} = \frac{\mathrm{d}y}{\mathrm{d}t} \cdot \frac{1}{\frac{\mathrm{d}x}{\mathrm{d}t}} = \frac{\frac{\mathrm{d}y}{\mathrm{d}t}}{\frac{\mathrm{d}x}{\mathrm{d}t}} = \frac{\psi'(t)}{\varphi'(t)}. \tag{3-2}$$

式(3-2)就是由参数方程(3-1)所确定的函数的导数公式.

如果函数 $x = \varphi(t)$ 与 $y = \psi(t)$ 还是二阶可导的,那么由式(3-2)又可

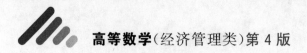

得到由参数方程(3-1)所确定的函数的二阶导数公式:

$$\frac{\mathrm{d}^2 y}{\mathrm{d}x^2} = \frac{\mathrm{d}}{\mathrm{d}x}\left(\frac{\mathrm{d}y}{\mathrm{d}x}\right) = \frac{\mathrm{d}}{\mathrm{d}t}\left[\frac{\psi'(t)}{\varphi'(t)}\right] \cdot \frac{\mathrm{d}t}{\mathrm{d}x} = \frac{\left[\dfrac{\psi'(t)}{\varphi'(t)}\right]'_t}{\varphi'(t)},$$

即

$$\frac{\mathrm{d}^2 y}{\mathrm{d}x^2} = \frac{\psi''(t)\varphi'(t) - \psi'(t)\varphi''(t)}{[\varphi'(t)]^3}.$$

【例 3-37】 求曲线 $\begin{cases} x = 2(t - \sin t) \\ y = 2(1 - \cos t) \end{cases}$ 在点 $(\pi - 2, 2)$ 处的切线方程.

解 由式(3-2)得

$$\frac{\mathrm{d}y}{\mathrm{d}x} = \frac{\dfrac{\mathrm{d}y}{\mathrm{d}t}}{\dfrac{\mathrm{d}x}{\mathrm{d}t}} = \frac{2\sin t}{2(1 - \cos t)} = \frac{\sin t}{1 - \cos t},$$

点 $(\pi - 2, 2)$ 对应于参数 $t = \dfrac{\pi}{2}$. 所求切线的斜率为

$$k = \frac{\mathrm{d}y}{\mathrm{d}x}\bigg|_{t = \frac{\pi}{2}} = \frac{\sin t}{1 - \cos t}\bigg|_{t = \frac{\pi}{2}} = 1.$$

故所求切线方程为 $\qquad y - 2 = 1 \cdot [x - (\pi - 2)],$

即 $\qquad\qquad x - y + 4 - \pi = 0.$

【例 3-38】 求由参数方程 $\begin{cases} x = \ln(1 + t^2) \\ y = t - \arctan t \end{cases}$ 所确定的函数的二阶导

数 $\dfrac{\mathrm{d}^2 y}{\mathrm{d}x^2}$.

解 $\qquad \dfrac{\mathrm{d}y}{\mathrm{d}x} = \dfrac{\dfrac{\mathrm{d}y}{\mathrm{d}t}}{\dfrac{\mathrm{d}x}{\mathrm{d}t}} = \dfrac{1 - \dfrac{1}{1 + t^2}}{\dfrac{2t}{1 + t^2}} = \dfrac{t}{2},$

$$\frac{\mathrm{d}^2 y}{\mathrm{d}x^2} = \frac{\dfrac{\mathrm{d}}{\mathrm{d}t}\left(\dfrac{t}{2}\right)}{\dfrac{2t}{1 + t^2}} = \frac{\dfrac{1}{2}}{\dfrac{2t}{1 + t^2}} = \frac{1 + t^2}{4t}.$$

习题 3.4

1. 求下列方程所确定的隐函数 $y = y(x)$ 的导数:

(1) $x^3 + y^3 - 3xy = 0$;   (2) $xy = \mathrm{e}^{x+y}$;

(3) $x^2 + xy + y^2 = 1$;   (4) $\mathrm{e}^{xy} + y\ln x = \cos 2x$.

2. 求下列方程所确定的隐函数 $y = y(x)$ 的二阶导数:

(1) $x^2 + 4y^2 = 4$;   (2) $y = \tan(x + y)$;

(3) $y = \cos(x + y)$；　　　　　　(4) $xe^y - y + 1 = 0$.

3. 求下列方程所确定的隐函数 $y = y(x)$ 在 $x = 0$ 处的一阶导数与二阶导数：

(1) $x^3 + x^2 y + y^3 = a^3 (a \neq 0)$；　　(2) $e^y + xy = e$.

4. 求下列函数的导数：

(1) $y = (1 + x^2)^{\tan x}$；　　　　　(2) $y = \left(\dfrac{x}{1 + x}\right)^x + x^{\frac{x}{1 + x}} (x > 0)$；

(3) $y = \sqrt{\dfrac{x(x^2 + 1)}{(x^2 - 1)^3}}$；　　　　(4) $y = \dfrac{(x + 1)^2 \sqrt{3x - 2}}{x^3 \sqrt{2x + 1}}$.

5. 求曲线 $x^{\frac{2}{3}} + y^{\frac{2}{3}} = a^{\frac{2}{3}}$ 在点 $\left(\dfrac{\sqrt{2}}{4}a, \dfrac{\sqrt{2}}{4}a\right)$ 处的切线方程与法线方程.

6. 求曲线 $y - xe^y = 1$ 在点 $(0, 1)$ 处的切线方程与法线方程.

*7. 求下列参数方程所确定的函数 $y = y(x)$ 的一阶导数与二阶导数：

(1) $\begin{cases} x = 3t^2, \\ y = 2t^3; \end{cases}$　　　　　(2) $\begin{cases} x = e^t \cos t, \\ y = e^t \sin t; \end{cases}$

(3) $\begin{cases} x = 1 - t^2, \\ y = t - t^3; \end{cases}$　　　　　(4) $\begin{cases} x = \ln(1 + t^2), \\ y = \operatorname{arccot} t. \end{cases}$

*8. 求曲线 $\begin{cases} x = 3e^{-t}, \\ y = 2e^t \end{cases}$ 在相应于 $t = 0$ 的点处的切线方程与法线方程.

*9. 求曲线 $\begin{cases} x = \dfrac{1}{2}t^2, \\ y = 1 - t \end{cases}$ 在点 $\left(\dfrac{1}{2}, 0\right)$ 处的切线方程与法线方程.

3.5　函数的微分

3.5.1　微分的定义

为了引入微分的定义，我们先分析一个实际问题. 一块正方形金属薄片受温度变化的影响，其边长由 x_0 变到 $x_0 + \Delta x$（见图 3-4），问此薄片的面积改变了多少？

设此薄片的边长为 x，面积为 A，则
$$A = A(x) = x^2.$$
于是问题成为求函数 $A = x^2$ 在点 x_0 处相应于自变量增量 Δx 的增量 ΔA，即

$$\begin{aligned} \Delta A &= A(x_0 + \Delta x) - A(x_0) \\ &= (x_0 + \Delta x)^2 - x_0^2 \\ &= 2x_0 \Delta x + (\Delta x)^2. \end{aligned}$$

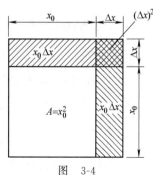

图　3-4

从上式可以看出,ΔA 分为两部分,第一部分 $2x_0\Delta x$ 是 Δx 的线性函数,即图 3-4 中带有斜线的两个矩形面积之和;第二部分 $(\Delta x)^2$ 在图中是带有交叉斜线的小正方形的面积.当 $\Delta x \to 0$ 时,第二部分 $(\Delta x)^2$ 是比 Δx 高阶的无穷小,即 $(\Delta x)^2 = o(\Delta x)(\Delta x \to 0)$.由此可见,如果边长改变很微小,即 $|\Delta x|$ 很小,则面积的改变量可近似地用第一部分(Δx 的线性函数)来代替,即

$$\Delta A \approx 2x_0\Delta x.$$

因为线性函数是非常简单的函数,并且被忽略的第二部分是比 Δx 高阶的无穷小,所以这种近似替代可使函数增量的计算大为简化,同时又能满足实际中的精确度要求.微分的概念就源于这种思想.

定义 3-3 设函数 $y = f(x)$ 在点 x_0 的某一邻域 $U(x_0)$ 内有定义,$x_0 + \Delta x \in U(x_0)$,如果函数 $y = f(x)$ 在点 x_0 处的增量

$$\Delta y = f(x_0 + \Delta x) - f(x_0)$$

可表示为

$$\Delta y = A\Delta x + o(\Delta x),$$

其中 A 不依赖于 Δx,则称函数 $y = f(x)$ **在点 x_0 处可微**,而 $A\Delta x$ 称为函数 $y = f(x)$ 在点 x_0 **处相应于自变量增量 Δx 的微分**,记为 $\mathrm{d}y\big|_{x=x_0}$,即

$$\mathrm{d}y\big|_{x=x_0} = A\Delta x.$$

当 $A \neq 0$ 时,$A\Delta x$ 是 Δy 的主要部分($\Delta x \to 0$),由于 $A\Delta x$ 是 Δy 关于 Δx 的线性表达式,因此微分 $\mathrm{d}y\big|_{x=x_0} = A\Delta x$ 称为 Δy 的**线性主部**.且当 $|\Delta x|$ 很小时,有近似等式

$$\Delta y \approx \mathrm{d}y\big|_{x=x_0}.$$

函数 $y = f(x)$ 在任一点 x 处相应于自变量增量 Δx 的微分,简称为**函数的微分**,记为 $\mathrm{d}y$ 或 $\mathrm{d}f(x)$.值得注意的是,$\mathrm{d}y$ 不仅与 x 有关,而且与 Δx 有关,而 x 与 Δx 是互相独立的两个变量.

3.5.2 可导与可微的关系

定理 3-6 函数 $y = f(x)$ 在 x_0 处可微的充分必要条件是函数 $y = f(x)$ 在 x_0 处可导,且当 $f(x)$ 在 x_0 处可微时,$\mathrm{d}y\big|_{x=x_0} = f'(x_0)\Delta x$.

证　**必要性**　若 $y = f(x)$ 在 x_0 处可微,则由微分的定义(定义 3-3)得,

$$\Delta y = A\Delta x + o(\Delta x),$$

其中 A 不依赖于 Δx.于是,

$$\frac{\Delta y}{\Delta x} = A + \frac{o(\Delta x)}{\Delta x},$$

从而
$$\lim_{\Delta x \to 0} \frac{\Delta y}{\Delta x} = A + \lim_{\Delta x \to 0} \frac{o(\Delta x)}{\Delta x} = A.$$

这表明，函数 $y = f(x)$ 在 x_0 处可导，且 $f'(x_0) = A$，从而
$$\mathrm{d}y \big|_{x = x_0} = A \Delta x = f'(x_0) \Delta x.$$

充分性　若 $y = f(x)$ 在 x_0 处可导，则 $\lim\limits_{\Delta x \to 0} \dfrac{\Delta y}{\Delta x} = f'(x_0)$，由函数极限与无穷小的关系（定理 2-3）得
$$\frac{\Delta y}{\Delta x} = f'(x_0) + \alpha,$$

其中 $\lim\limits_{\Delta x \to 0} \alpha = 0$. 于是，
$$\Delta y = f'(x_0) \Delta x + \alpha \cdot \Delta x.$$

因为 $\alpha \cdot \Delta x = o(\Delta x)$，且 $f'(x_0)$ 与 Δx 无关，故由微分的定义得，$y = f(x)$ 在 x_0 处可微，且 $\mathrm{d}y \big|_{x = x_0} = f'(x_0) \Delta x$. 证毕.

通常把自变量 x 的增量 Δx 称为**自变量的微分**，并记作 $\mathrm{d}x$，即 $\mathrm{d}x = \Delta x$. 于是，
$$\mathrm{d}y \big|_{x = x_0} = f'(x_0) \mathrm{d}x, \quad \mathrm{d}y = f'(x) \mathrm{d}x;$$

从而
$$\frac{\mathrm{d}y}{\mathrm{d}x} \bigg|_{x = x_0} = f'(x_0), \qquad \frac{\mathrm{d}y}{\mathrm{d}x} = f'(x).$$

这就是说，函数的微分等于函数的导数与自变量的微分之积，而函数的导数等于函数的微分与自变量的微分之商. 因此，导数也叫做"**微商**".

由于求微分的问题可归结为求导数的问题，因此，求导数与微分的运算统称为**微分运算**；求导数与微分的方法统称为**微分法**.

【**例 3-39**】　设 $y = x^3$，求 $\mathrm{d}y, \mathrm{d}y \big|_{x=2}$ 及 $\mathrm{d}y \Big|_{\substack{x=2 \\ \mathrm{d}x = 0.01}}$.

解　　$\mathrm{d}y = y' \mathrm{d}x = 3x^2 \mathrm{d}x$；

$\mathrm{d}y \big|_{x=2} = y' \big|_{x=2} \mathrm{d}x = 3x^2 \big|_{x=2} \mathrm{d}x = 12 \mathrm{d}x$；

$\mathrm{d}y \Big|_{\substack{x=2 \\ \mathrm{d}x=0.01}} = y' \mathrm{d}x \Big|_{\substack{x=2 \\ \mathrm{d}x=0.01}} = 3x^2 \mathrm{d}x \Big|_{\substack{x=2 \\ \mathrm{d}x=0.01}} = 12 \times 0.01 = 0.12.$

3.5.3　微分的几何意义

由于函数 $y = f(x)$ 在点 x_0 处的导数 $f'(x_0)$ 在几何上表示曲线 $y = f(x)$ 在点 $(x_0, f(x_0))$ 处的切线的斜率，即 $f'(x_0) = \tan \alpha$（α 为切线的倾角），而 $\mathrm{d}y \big|_{x = x_0} = f'(x_0) \Delta x$，因此，$\mathrm{d}y \big|_{x = x_0} = f'(x_0) \Delta x = \tan \alpha \cdot \Delta x.$

由此可见，函数 $y = f(x)$ 在点 x_0 处的微分 $\mathrm{d}y \big|_{x = x_0}$ 在几何上表示曲线 $y = f(x)$ 在点 $(x_0, f(x_0))$ 处的切线上的点的纵坐标相应于 $\mathrm{d}x$（即 Δx）的增量（见图 3-5）.

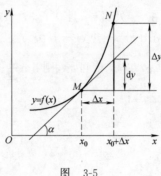

图 3-5

3.5.4　基本微分公式与微分的运算法则

由导数与微分的关系及基本导数公式与导数的运算法则,立即可得基本微分公式与微分的运算法则.

1. 基本微分公式

(1) $\mathrm{d}(C)=0$.

(2) $\mathrm{d}(x^{\mu})=\mu x^{\mu-1}\mathrm{d}x$, 特别地, $\mathrm{d}\left(\dfrac{1}{x}\right)=-\dfrac{1}{x^2}\mathrm{d}x$, $\mathrm{d}(\sqrt{x})=\dfrac{1}{2\sqrt{x}}\mathrm{d}x$.

(3) $\mathrm{d}(a^x)=a^x\ln a\,\mathrm{d}x$, 特别地, $\mathrm{d}(\mathrm{e}^x)=\mathrm{e}^x\mathrm{d}x$.

(4) $\mathrm{d}(\log_a x)=\dfrac{1}{x\ln a}\mathrm{d}x$, 特别地, $\mathrm{d}(\ln x)=\dfrac{1}{x}\mathrm{d}x$.

(5) $\mathrm{d}(\sin x)=\cos x\mathrm{d}x$; 　　　　　　　　$\mathrm{d}(\cos x)=-\sin x\mathrm{d}x$;

　　　$\mathrm{d}(\tan x)=\sec^2 x\mathrm{d}x$; 　　　　　　　$\mathrm{d}(\cot x)=-\csc^2 x\mathrm{d}x$.

　　　$\mathrm{d}(\sec x)=\sec x\tan x\mathrm{d}x$; 　　　　　$\mathrm{d}(\csc x)=-\csc x\cot x\mathrm{d}x$.

(6) $\mathrm{d}(\arcsin x)=\dfrac{1}{\sqrt{1-x^2}}\mathrm{d}x$; 　　　　$\mathrm{d}(\arccos x)=-\dfrac{1}{\sqrt{1-x^2}}\mathrm{d}x$;

　　　$\mathrm{d}(\arctan x)=\dfrac{1}{1+x^2}\mathrm{d}x$; 　　　　$\mathrm{d}(\text{arccot}\,x)=-\dfrac{1}{1+x^2}\mathrm{d}x$.

2. 函数的和、差、积、商的微分法则

设 $u=u(x)$ 与 $v=v(x)$ 均在点 x 处可微,则它们的和、差、积、商也在点 x 处(除分母为零的点外)可微,且有

$$\mathrm{d}(u\pm v)=\mathrm{d}u\pm\mathrm{d}v;$$

$$\mathrm{d}(uv)=v\mathrm{d}u+u\mathrm{d}v,\quad \text{特别地,}\ \mathrm{d}(Cu)=C\mathrm{d}u\quad (C\ \text{为常数});$$

$$\mathrm{d}\left(\frac{u}{v}\right)=\frac{v\mathrm{d}u-u\mathrm{d}v}{v^2}(v\neq 0).$$

3. 复合函数的微分法则

设函数 $y=f(u)$ 与 $u=\varphi(x)$ 都可微,则复合函数 $y=f(\varphi(x))$ 的微分为

$$\mathrm{d}y=\frac{\mathrm{d}y}{\mathrm{d}x}\mathrm{d}x=\frac{\mathrm{d}y}{\mathrm{d}u}\frac{\mathrm{d}u}{\mathrm{d}x}\mathrm{d}x=f'(u)\varphi'(x)\mathrm{d}x.$$

由于 $\varphi'(x)\mathrm{d}x=\mathrm{d}u$,所以上式又可写成

$$\mathrm{d}y=\frac{\mathrm{d}y}{\mathrm{d}u}\mathrm{d}u=f'(u)\mathrm{d}u.$$

由此可见,无论 u 是自变量还是中间变量,函数 $y=f(u)$ 的微分均可写成

$$\mathrm{d}y=f'(u)\mathrm{d}u$$

的形式,即微分形式保持不变. 这一性质称为**微分形式不变性**.

【例 3-40】 设 $y=\mathrm{e}^{\sin x^2}$,求 $\mathrm{d}y$.

解　$\mathrm{d}y=\mathrm{d}(\mathrm{e}^{\sin x^2})=\mathrm{e}^{\sin x^2}\mathrm{d}(\sin x^2)=\mathrm{e}^{\sin x^2}\cos x^2\mathrm{d}(x^2)$
　　　$=\mathrm{e}^{\sin x^2}\cos x^2 2x\mathrm{d}x=2x\mathrm{e}^{\sin x^2}\cos x^2\mathrm{d}x.$

【例 3-41】 设 $y=\mathrm{e}^{2x}\cos 3x$,求 $\mathrm{d}y$.

解　　　　　$\mathrm{d}y=\mathrm{d}(\mathrm{e}^{2x})\cos(3x)+\mathrm{e}^{2x}\mathrm{d}(\cos 3x)$
　　　　　　　$=\mathrm{e}^{2x}\mathrm{d}(2x)\cos 3x+\mathrm{e}^{2x}(-\sin 3x)\mathrm{d}(3x)$
　　　　　　　$=2\mathrm{e}^{2x}\cos 3x\mathrm{d}x-3\mathrm{e}^{2x}\sin 3x\mathrm{d}x$
　　　　　　　$=\mathrm{e}^{2x}(2\cos 3x-3\sin 3x)\mathrm{d}x.$

【例 3-42】 求由方程 $y^2+\ln y=x^4$ 所确定的隐函数 $y=y(x)$ 的微分.

解　方程两边同时求微分,得

$$2y\mathrm{d}y+\frac{1}{y}\mathrm{d}y=4x^3\mathrm{d}x,$$

于是,　　　　　　　　$\mathrm{d}y=\frac{4x^3 y}{2y^2+1}\mathrm{d}x.$

3.5.5　微分在近似计算中的应用

由前面的讨论知道,如果函数 $y=f(x)$ 在点 x_0 处的导数 $f'(x_0)\neq 0$,则当 $|\Delta x|$ 很小时,就有

$$\Delta y=f(x_0+\Delta x)-f(x_0)\approx \mathrm{d}y\big|_{x=x_0}.$$

即　　　　　　$\Delta y=f(x_0+\Delta x)-f(x_0)\approx f'(x_0)\Delta x,$　　　　　(3-3)

或　　　　　　　$f(x_0+\Delta x)\approx f(x_0)+f'(x_0)\Delta x$　　　　　　(3-4)

令 $x=x_0+\Delta x$,即 $\Delta x=x-x_0$,则式(3-4)可改写为

$$f(x) \approx f(x_0) + f'(x_0)(x-x_0) \qquad (3\text{-}5)$$

如果 $f(x_0)$ 与 $f'(x_0)$ 都容易计算，那么可以利用式（3-3）来近似计算函数增量 Δy，利用式（3-4）（或式（3-5））来近似计算点 x_0 邻近的函数值 $f(x_0+\Delta x)$（或 $f(x)$）。式（3-5）的实质是在点 x_0 的邻近用 x 的线性函数

$$f(x_0) + f'(x_0)(x-x_0)$$

来近似表达非线性函数 $f(x)$，这在数学上称为**非线性函数的局部线性化**，这是微分学的基本思想之一。式（3-5）的几何意义是在点 $(x_0, f(x_0))$ 附近用曲线 $y=f(x)$ 在该点处的切线段来近似代替曲线段（如图 3-5 所示），简称为以"直"代"曲"。

【例 3-43】 求当 x 由 $60°$ 变到 $61°$ 时，函数 $y = \sin x$ 的增量的近似值。

解 取 $x_0 = 60° = \dfrac{\pi}{3}$，$\Delta x = 1° = \dfrac{\pi}{180}$，则由式（3-3），得

$$\Delta y \approx (\sin x)' \big|_{x=\frac{\pi}{3}} \cdot \Delta x = \frac{\pi}{180} \cos \frac{\pi}{3} \approx 0.0087.$$

【例 3-44】 求 $\sqrt{2}$ 的近似值。

解 令 $f(x) = \sqrt{x}$，取接近 2 且易开方的数 $x_0 = 1.96 = 1.4^2$，$\Delta x = 2 - 1.96 = 0.04$，则由式（3-4），得

$$\sqrt{2} = f(2) = f(1.96 + 0.04) \approx f(1.96) + f'(1.96) \times 0.04$$

$$= \sqrt{1.96} + \frac{1}{2\sqrt{1.96}} \times 0.04 \approx 1.4143.$$

利用式（3-5）可证明如下常用近似公式：当 $|x|$ 很小时

$$\sin x \approx x; \quad \tan x \approx x;$$

$$\mathrm{e}^x \approx 1+x; \quad \ln(1+x) \approx x; \quad (1+x)^\alpha \approx 1+\alpha x.$$

习题 3.5

1. 设函数 $y = f(x)$ 的图形如图 3-6 所示，试在图 3-6a～d 中分别标出点 x_0 处的 $\mathrm{d}y$，Δy 及 $\Delta y - \mathrm{d}y$，并说明其正负。

2. 设 $y = x + \dfrac{1}{x}$，求 $\mathrm{d}y \big|_{x=2}$，$\mathrm{d}y \big|_{\substack{x=2 \\ \mathrm{d}x=0.04}}$。

3. 求下列函数的微分：

(1) $y = x\cos 2x$;

(2) $y = x^2 \mathrm{e}^{-x}$;

(3) $y = \arctan \dfrac{1-x^2}{1+x^2}$;

(4) $y = \arcsin \sqrt{1-x^2}$;

(5) $y = \dfrac{\ln(1-x)}{x}$;

(6) $y = \dfrac{x}{\sqrt{x^2-1}}$;

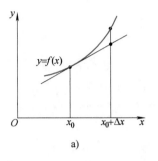

a)

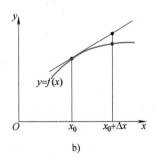

b)

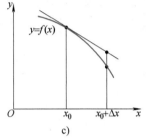

c)

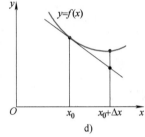

d)

图 3-6

(7) $y = \mathrm{e}^{-x}\cos(1-x)$；　　　　　(8) $y = 8x^x - 6\tan^2 x \, (x > 0)$.

4. 求下列方程所确定的隐函数 $y = y(x)$ 的微分：

(1) $x^2 + 2xy - y^2 = a^2$；　　　　　(2) $y = \mathrm{e}^{-\frac{x}{y}}$；

(3) $\cos(xy) = x^2 y^2$；　　　　　(4) $2y - x = (x-y)\ln(x-y)$.

5. 将适当的函数填入下列括号内使等式成立：

(1) $\mathrm{d}($ 　 $) = \dfrac{1}{\sqrt{x}}\mathrm{d}x$；　　　　　(2) $\mathrm{d}($ 　 $) = \dfrac{1}{x}\mathrm{d}x$；

(3) $\mathrm{d}($ 　 $) = \dfrac{1}{2x+1}\mathrm{d}x$；　　　　　(4) $\mathrm{d}($ 　 $) = \csc^2 2x\,\mathrm{d}x$；

(5) $\mathrm{d}($ 　 $) = \sqrt{x}\,\mathrm{d}x$；　　　　　(6) $\mathrm{d}($ 　 $) = \dfrac{1}{(x+1)^2}\mathrm{d}x$；

(7) $\mathrm{d}(2^{x^2}) = ($ 　 $)\mathrm{d}(x^2)$；　　　　　(8) $\mathrm{d}(\sqrt{1-x^2}) = ($ 　 $)\mathrm{d}(1-x^2)$.

6. 设扇形的圆心角 $\alpha = 60^\circ$，半径 $R = 100\mathrm{cm}$，如果 R 不变，α 减少 $30'$，问扇形的面积大约改变了多少？又如果 α 不变，R 增加 $1\mathrm{cm}$，问扇形的面积大约改变了多少？

7. 计算下列各式的近似值：

(1) $\sqrt[6]{65}$；　　　　　(2) $\cos 29^\circ$.

总习题 3

1. 选择题

(1) 设 $f'(1) = 2$，则 $\lim\limits_{x \to 0} \dfrac{f(1-x) - f(1+x)}{\sin x} = ($ 　 $)$.

A. 2   B. -2 C. 4   D. -4

(2)设 $f(x) = \begin{cases} x^3, & x \leqslant 1, \\ 2x^2, & x > 1, \end{cases}$ 则 $f(x)$ 在 $x = 1$ 处(   ).

A. 左、右导数都存在但不相等   B. 左、右导数都存在且相等

C. 左导数存在、右导数不存在   D. 左导数不存在、右导数存在

(3)设函数 $f(x)$ 在 $x = 0$ 处可导,$F(x) = f(x)[1 + |\sin x|]$,则 $f(0) = 0$ 是 $F(x)$ 在 $x = 0$ 处可导的(   ).

A. 充分必要条件   B. 充分非必要条件

C. 必要非充分条件   D. 非充分非必要条件

(4)设函数 $f(x)$ 在点 x_0 的某个邻域内有定义,则 $f(x)$ 在点 x_0 处可导的一个充分条件是(   ).

A. $\lim\limits_{h \to +\infty} h\left[f\left(x_0 + \dfrac{1}{h}\right) - f(x_0)\right]$ 存在

B. $\lim\limits_{h \to 0} \dfrac{f(x_0 + 2h) - f(x_0 + h)}{h}$ 存在

C. $\lim\limits_{h \to 0} \dfrac{f(x_0 + h) - f(x_0 - h)}{2h}$ 存在

D. $\lim\limits_{h \to 0} \dfrac{f(x_0) - f(x_0 - h)}{h}$ 存在

(5)设 $f(x) = x^2 |x|$,若 $f^{(n)}(0)$ 存在,而 $f^{(n+1)}(0)$ 不存在,则 $n = ($ $)$.

A. 1   B. 2   C. 3   D. 4

(6)设函数 $f(x) = \lim\limits_{n \to \infty} \sqrt[n]{1 + |x|^{3n}}$,则 $f(x)$ 在 $(-\infty, +\infty)$ 内(   ).

A. 处处可导   B. 恰有一个不可导点

C. 恰有两个不可导点   D. 至少有三个不可导点

(7) $f(x) = (x-1) |(x-1)(x-2)(x-3)|$ 的不可导点共有(   ).

A. 0 个   B. 1 个   C. 2 个   D. 3 个

2.填空题

(1)设 $f(x^2 + 1) = x^4 + x^2 + 1$,则 $f'(x^2 + 1) = $ _____.

(2)设 $y = f^2(f^2(x))$,其中 $f(x)$ 为可导函数,且 $f(1) = 1$,$f'(1) = 2$,则 $\dfrac{\mathrm{d}y}{\mathrm{d}x}\Big|_{x=1} = $ _____.

(3)已知 $y = f\left(\dfrac{3x - 2}{3x + 2}\right)$,$f'(x) = \arcsin x^2$,则 $\dfrac{\mathrm{d}y}{\mathrm{d}x}\Big|_{x=0} = $ _____.

(4)设 $y = x(x^3 + x^2 + x + 1)^3$,则 $y^{(10)} = $ _____.

(5) 设 函 数 $f(x)$ 在 $x = 0$ 处连续,且 $\lim\limits_{x \to 0} \dfrac{f(x)}{x} = 2$,则 $\lim\limits_{n \to \infty} n\left[f\left(\dfrac{1}{n}\right) - f\left(-\dfrac{1}{n}\right)\right] = $ _____.

(6)设 $y = \ln(1 + 2^{-x})$,则 $\mathrm{d}y = $ _____.

(7)设函数 $y = f(x)$ 由方程 $xy + 2\ln x = y^4$ 所确定,则曲线 $y = f(x)$ 在点

$(1,1)$ 处的切线方程是 _____.

(8) 设函数 $y = f(x)$ 由方程 $e^{2x+y} - \cos xy = e - 1$ 所确定,则曲线 $y = f(x)$ 在点 $(0,1)$ 处的法线方程是 _____.

(9) 设 $\begin{cases} x = f(t), \\ y = f(e^{3t} - 1), \end{cases}$ 其中 f 为可导函数,且 $f'(0) \neq 0$,则 $\dfrac{dy}{dx}\Big|_{t=0}$ = _____.

(10) 曲线 $\begin{cases} x = 1 + t^2, \\ y = t^3 \end{cases}$ 在点 $(5,8)$ 处的切线方程为 _____.

(11) 设函数 $y = y(x)$ 由方程 $x = y^y$ 确定,则 $dy = $ _____.

(12) 设曲线 $y = x^3 + ax$ 与 $y = bx^2 + c$ 都通过点 $(-1, 0)$,且在该点有公共切线,则 $a = $ _____,$b = $ _____,$c = $ _____.

3. 求下列函数的导数:

(1) $y = \dfrac{\sqrt{x^2+1} - x}{\sqrt{x^2+1} + x}$;

(2) $y = \ln(e^x + \sqrt{1 + e^{2x}})$;

(3) $y = \ln\sqrt{\dfrac{e^{4x}}{e^{4x} + 1}}$;

(4) $y = \arctan\dfrac{1 + \sqrt{x}}{1 - \sqrt{x}}$;

(5) $y = \sqrt{x \sin 2x \sqrt{e^{4x} + 1}}$;

(6) $y = x^{\frac{1}{x}} + \left(\dfrac{1}{x}\right)^x \ (x > 0)$;

(7) $f(x) = \begin{cases} \dfrac{x}{1 + e^{\frac{1}{x}}}, & x \neq 0, \\ 0, & x = 0; \end{cases}$

(8) $f(x) = \begin{cases} x\cos x, & x \leqslant 0, \\ \dfrac{\sin^2 x}{\sqrt{x}}, & x > 0. \end{cases}$

4. 求下列方程所确定的隐函数 $y = y(x)$ 的导数:

(1) $e^{xy} + y^2 = \cos x$;

(2) $e^{x+y} + \cos(xy) = 0$.

5. 设函数 $y = y(x)$ 由方程 $y = 1 + xe^y$ 确定,求 $\dfrac{d^2 y}{dx^2}\Big|_{x=0}$.

6. 设函数 $y = y(x)$ 由方程 $xe^{f(y)} = e^y$ 确定,其中 f 具有二阶导数,且 $f' \neq 1$,求 $\dfrac{d^2 y}{dx^2}$.

*7. 求下列参数方程所确定的函数 $y = y(x)$ 的一阶导数与二阶导数:

(1) $\begin{cases} x = 1 + t^2, \\ y = \cos t; \end{cases}$

(2) $\begin{cases} x = \cos^3 t, \\ y = \sin^3 t. \end{cases}$

8. 求下列函数的 n 阶导数:

(1) $y = \dfrac{1}{x^2 - 5x + 6}$;

(2) $y = \dfrac{4x^2 + 1}{2x - 1}$.

9. 讨论下列函数在 $x = 0$ 处的连续性与可导性:

(1) $f(x) = \begin{cases} \dfrac{\ln(1 + x^2)}{x}, & x \neq 0, \\ 0, & x = 0; \end{cases}$

(2) $f(x) = \begin{cases} xe^{\frac{1}{x}}, & x < 0, \\ \sin x, & x \geqslant 0. \end{cases}$

10. 设函数 $f(x)$ 在点 x_0 可导,且 $f(x_0) = 0$,函数 $g(x)$ 在点 x_0 处连续,试讨论函数 $\varphi(x) = f(x)g(x)$ 在点 x_0 处的可导性.

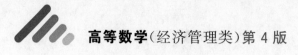

11.设函数 $f(x)$ 满足下列条件:

(1) $f(x+y) = f(x) \cdot f(y)$, $\forall x, y \in (-\infty, +\infty)$;

(2) $f(x) = 1 + xg(x)$,而 $\lim\limits_{x \to 0} g(x) = 1$.

试证明 $f(x)$ 在 $(-\infty, +\infty)$ 上处处可导,且 $f'(x) = f(x)$.

12.已知 $f(x)$ 是周期为 5 的连续函数,它在 $x = 0$ 的某一邻域内满足关系式

$$f(1 + \sin x) - 3f(1 - \sin x) = 8x + o(x),$$

且 $f(x)$ 在 $x = 1$ 处可导,求曲线 $y = f(x)$ 在点 $(6, f(6))$ 处的切线方程.

第4章

微分中值定理及导数的应用

数字技术的世界

在上一章中,我们引入了导数的概念,并讨论了导数的计算方法.本章中,我们将应用导数来研究函数及其图形的性态,并利用这些知识解决一些实际问题.为此,先要介绍微分学的几个中值定理,它们是导数应用的理论基础.

4.1 微分中值定理

微分中值定理包括罗尔(Rolle)定理,拉格朗日(Lagrange)中值定理和柯西(Cauchy)中值定理.我们先介绍罗尔定理,然后由它推出拉格朗日中值定理和柯西中值定理.

4.1.1 罗尔定理

在叙述和证明罗尔定理之前,先介绍一个基本引理——费马(Fermat)引理.

费马引理 设函数 $f(x)$ 在含有 x_0 的某个开区间 (a,b) 内有定义,并且在 x_0 处可导,如果对任意的 $x \in (a,b)$,有

$$f(x) \leqslant f(x_0) \quad (\text{或 } f(x) \geqslant f(x_0)),$$

那么 $f'(x_0) = 0$.

证 不妨设对任意的 $x \in (a,b)$,有 $f(x) \leqslant f(x_0)$(如果 $f(x) \geqslant f(x_0)$,可类似地证明),则对于 $x_0 + \Delta x \in (a,b)$,有

$$f(x_0 + \Delta x) \leqslant f(x_0),$$

因此,当 $\Delta x > 0$ 时,

$$\frac{f(x_0+\Delta x)-f(x_0)}{\Delta x}\leqslant 0;$$

当 $\Delta x<0$ 时,

$$\frac{f(x_0+\Delta x)-f(x_0)}{\Delta x}\geqslant 0.$$

由于假设 $f'(x_0)$ 存在,由极限的保号性得

$$f'(x_0)=\lim_{\Delta x\to 0^+}\frac{f(x_0+\Delta x)-f(x_0)}{\Delta x}\leqslant 0,$$

$$f'(x_0)=\lim_{\Delta x\to 0^-}\frac{f(x_0+\Delta x)-f(x_0)}{\Delta x}\geqslant 0,$$

所以,$f'(x_0)=0$. 证毕.

通常,称使导数 $f'(x)$ 为零的点为函数 $f(x)$ 的**驻点**或**稳定点**.

罗尔定理 如果函数 $f(x)$ 满足

(1)在闭区间 $[a,b]$ 上连续;

(2)在开区间 (a,b) 内可导;

(3)在区间端点的函数值相等,即 $f(a)=f(b)$,

那么在 (a,b) 内至少存在一点 ξ,使得

$$f'(\xi)=0.$$

从图 4-1 来看,这个定理的成立是显然的.因为当 $f(x)$ 满足定理的各项条件时,在曲线弧 $y=f(x)(a<x<b)$ 上至少可以找到一点 C(曲线弧在区间内的最高点或最低点),使曲线在该点的切线与 AB 连线平行,也就是与 x 轴平行.当记 C 点的横坐标为 ξ 时,有 $f'(\xi)=0.$

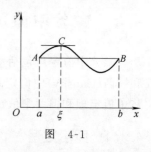

图 4-1

上面的几何事实给我们的证明提供了一个思路.

证 因为 $f(x)$ 在闭区间 $[a,b]$ 上连续,故根据连续函数在闭区间上的性质知:$f(x)$ 在闭区间 $[a,b]$ 上一定取得最大值 M 和最小值 m.

分两种情形讨论:

(1)若 $M=m$,则函数 $f(x)$ 在闭区间 $[a,b]$ 上恒为常数. 即 $\forall x\in [a,b]$,$f(x)=M$. 因此,在区间 (a,b) 内 $f'(x)=0$. 于是,任取 $\xi\in (a,b)$,有 $f'(\xi)=0.$

(2)若 $M\neq m$,则由于 $f(a)=f(b)$,所以 M,m 两数中至少有一个不等于 $f(a)$ 或 $f(b)$.不妨设 $M\neq f(a)$,则在开区间 (a,b) 内至少有一点 ξ,使得 $f(\xi)=M$.于是,$\forall x\in [a,b]$,有 $f(x)\leqslant f(\xi)$. 由 $f(x)$ 在开区间 $(a,$

b)内可导及费马引理可知 $f'(\xi)=0$. 证毕.

罗尔定理的三个条件是很重要的,一旦有一个条件不满足,就可能导致定理的结论不成立. 如下面的三个函数,分别有一个条件不满足,显然它们都没有导数等于零的点.

① $f(x)=\begin{cases} x, & 0 \leqslant x < 1, \\ 0, & x=1; \end{cases}$

② $f(x)=|x| \quad (-1 \leqslant x \leqslant 1);$

③ $f(x)=x \quad (-1 \leqslant x \leqslant 1).$

4.1.2 拉格朗日中值定理

如果我们把罗尔定理中的第三个条件 $f(a)=f(b)$ 去掉,那么在图4-2中,连接 A、B 两点的弦 AB 就不再与 x 轴平行,但在曲线上至少可以找到一点 C,这一点的切线与弦 AB 平行. 假设 C 点的横坐标是 ξ,那么 C 点的切线斜率就是 $f'(\xi)$;而弦 AB 的斜率为 $\dfrac{f(b)-f(a)}{b-a}$,故 $f'(\xi)=\dfrac{f(b)-f(a)}{b-a}$,这就引出了十分重要的拉格朗日中值定理.

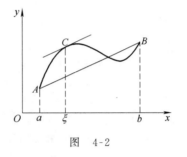

图 4-2

拉格朗日中值定理 如果函数 $f(x)$ 满足

(1)在闭区间 $[a,b]$ 上连续;

(2)在开区间 (a,b) 内可导,

那么在 (a,b) 内至少存在一点 ξ,使得

$$f(b)-f(a)=f'(\xi)(b-a), \qquad (4-1)$$

式(4-1)称为**拉格朗日中值公式**.

分析 不难看出,罗尔定理是拉格朗日中值定理的特殊情况,要证明拉格朗日中值定理,一般思路是利用转化的思想,将待证的问题转化为能用罗尔定理解决的问题. 为此,需要构造一个符合罗尔定理条件的辅助函数 $F(x)$.

式(4-1)可变形为

$$f'(\xi)-\frac{f(b)-f(a)}{b-a}=0,$$

注意到上式即为

$$\left[f(x)-\frac{f(b)-f(a)}{b-a}x \right]' \bigg|_{x=\xi}=0,$$

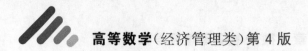

它恰好与罗尔定理的结论吻合.

证 作辅助函数

$$F(x) = f(x) - \frac{f(b) - f(a)}{b - a} x,$$

由于 $f(x)$ 在闭区间 $[a, b]$ 上连续,在开区间 (a, b) 内可导,所以 $F(x)$ 也在闭区间 $[a, b]$ 上连续,在开区间 (a, b) 内可导,而且

$$F(a) = \frac{bf(a) - af(b)}{b - a} = F(b).$$

由罗尔定理知,在 (a, b) 内至少存在一点 ξ,使得 $F'(\xi) = 0$.

由于

$$F'(x) = f'(x) - \frac{f(b) - f(a)}{b - a},$$

故

$$F'(\xi) = f'(\xi) - \frac{f(b) - f(a)}{b - a} = 0,$$

从而

$$f(b) - f(a) = f'(\xi)(b - a).$$

证毕.

显然,式(4-1)可以写成

$$f'(\xi) = \frac{f(b) - f(a)}{b - a}. \tag{4-2}$$

明显地,对于 $a > b$,式(4-1)、式(4-2)也都成立.

设 $x_0, x_0 + \Delta x$ 为闭区间 $[a, b]$ 上任意两个不同的点,则式(4-1)在以 $x_0, x_0 + \Delta x$ 为端点的闭区间上就可写为

$$f(x_0 + \Delta x) - f(x_0) = f'(\xi) \cdot \Delta x,$$

其中 ξ 介于 $x_0, x_0 + \Delta x$ 之间.由于 ξ 可表示为 $\xi = x_0 + \theta \Delta x (0 < \theta < 1)$ 的形式,故上式成为

$$f(x_0 + \Delta x) - f(x_0) = f'(x_0 + \theta \Delta x) \cdot \Delta x \quad (0 < \theta < 1), \tag{4-3}$$

式(4-3)称为**有限增量公式**.

我们知道,在某区间上常数的导数恒为零,那么它的逆命题是否成立呢?下面的推论回答了这个问题.

推论 1 如果函数 $f(x)$ 在闭区间 $[a, b]$ 上连续,在开区间 (a, b) 内 $f'(x) \equiv 0$,则 $f(x) \equiv C$ $(x \in [a, b]$,C 为常数$)$.

证 在区间 $[a, b]$ 上任取两点 x_1, x_2(不妨假设 $x_1 < x_2$),由拉格朗日中值定理得

$$f(x_2) - f(x_1) = f'(\xi)(x_2 - x_1) \quad (x_1 < \xi < x_2).$$

因为 $f'(\xi) = 0$,所以 $f(x_2) - f(x_1) = 0$,即

$$f(x_2) = f(x_1),$$

这说明 $f(x)$ 在区间 $[a, b]$ 上任意两点处的函数值相等,即 $f(x)$ 在这个区

间上是一个常数. 证毕.

推论 2　如果两个函数 $f(x)$ 和 $g(x)$ 都在闭区间 $[a,b]$ 上连续, 在开区间 (a,b) 内可导且 $f'(x) \equiv g'(x)$, 则

$$f(x) \equiv g(x) + C \qquad (x \in [a,b], C \text{ 为常数}).$$

证　由 (a,b) 内 $f'(x) \equiv g'(x)$ 得 $[f(x) - g(x)]' \equiv 0$, 故由推论 1 可知

$$f(x) - g(x) \equiv C, x \in [a,b],$$

从而

$$f(x) \equiv g(x) + C.$$

证毕.

如果把上述推论 1、2 中的闭区间换成其他各种区间（包括无穷区间）, 其结论仍然成立.

4.1.3　柯西中值定理

将拉格朗日中值定理推广到两个函数的情形, 就得到下面的柯西中值定理。

柯西中值定理　如果函数 $f(x), g(x)$ 满足

(1) 在闭区间 $[a,b]$ 上连续;

(2) 在开区间 (a,b) 内可导;

(3) 在开区间 (a,b) 内 $g'(x) \neq 0$,

那么在 (a,b) 内至少存在一点 $\xi (a < \xi < b)$, 使得

$$\frac{f(b) - f(a)}{g(b) - g(a)} = \frac{f'(\xi)}{g'(\xi)}. \tag{4-4}$$

分析　与证明拉格朗日中值定理的方法类似, 将待证的问题转化为能用罗尔定理解决的问题. 将式 (4-4) 改写为

$$f'(\xi) - \frac{f(b) - f(a)}{g(b) - g(a)} g'(\xi) = 0,$$

即

$$\left[f(x) - \frac{f(b) - f(a)}{g(b) - g(a)} g(x) \right]' \bigg|_{x=\xi} = 0,$$

上式恰好与罗尔定理的结论吻合.

证　首先由条件 (3) 可知 $g(a) \neq g(b)$. 因为若 $g(a) = g(b)$, 则由罗尔定理, 至少存在一点 $\eta \in (a,b)$, 使得 $g'(\eta) = 0$, 与假设矛盾.

作辅助函数

$$\varphi(x) = f(x) - \frac{f(b) - f(a)}{g(b) - g(a)} g(x), \tag{4-5}$$

由条件 (1)、(2) 可知, $\varphi(x)$ 在 $[a,b]$ 上连续, 在 (a,b) 内可导, 且

$$\varphi(a)=\varphi(b)=\frac{f(a)g(b)-f(b)g(a)}{g(b)-g(a)}.$$

根据罗尔定理,在 (a,b) 内至少存在一点 ξ,使得 $\varphi'(\xi)=0$,由于

$$\varphi'(x)=f'(x)-\frac{f(b)-f(a)}{g(b)-g(a)}g'(x),\qquad(4\text{-}6)$$

故

$$\varphi'(\xi)=f'(\xi)-\frac{f(b)-f(a)}{g(b)-g(a)}g'(\xi),$$

这就得到

$$\frac{f(b)-f(a)}{g(b)-g(a)}=\frac{f'(\xi)}{g'(\xi)}\qquad(a<\xi<b).\ 证毕.$$

在柯西中值定理中,当取 $g(x)=x$ 时,$g(b)-g(a)=b-a,g'(x)=1$,式(4-4)就变成了:

$$\frac{f(b)-f(a)}{b-a}=f'(\xi)\qquad(a<\xi<b),$$

因此柯西中值定理是拉格朗日中值定理的推广.

下面讨论柯西中值定理的几何意义. 考虑下列用参数方程表示的曲线:

$$\begin{cases} x=g(t), \\ y=f(t), \end{cases}\qquad(a\leqslant t\leqslant b)\qquad(4\text{-}7)$$

其中 t 为参数,图 4-3 中的 A 点和 B 点分别对应于参数 t 的取值为 a 和 b. 弦 AB 的斜率为

$$\frac{f(b)-f(a)}{g(b)-g(a)},$$

由参数方程的求导法则知,曲线在点 (x,y) 处的切线斜率为

$$\frac{\mathrm{d}y}{\mathrm{d}x}=\frac{f'(t)}{g'(t)},$$

从而曲线在点 C 处(对应参数 $t=\xi$)的切线斜率为

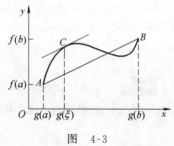

图 4-3

$$\frac{f'(\xi)}{g'(\xi)}\qquad(a<\xi<b),$$

因此等式 $\dfrac{f(b)-f(a)}{g(b)-g(a)}=\dfrac{f'(\xi)}{g'(\xi)}$ 意味着曲线在点 C 处的切线与弦 AB 是平行的.

4.1.4 例题

【例 4-1】 验证函数 $f(x)=\ln\sin x$ 在 $\left[\dfrac{\pi}{6},\dfrac{5\pi}{6}\right]$ 上满足罗尔定理条件,并求出定理结论中的 ξ.

解　（1）$f(x)$ 为初等函数，在 $\left[\dfrac{\pi}{6},\dfrac{5\pi}{6}\right]$ 上有定义，故 $f(x)$ 在 $\left[\dfrac{\pi}{6},\dfrac{5\pi}{6}\right]$ 上连续.

（2）$f'(x)=\cot x$ 在 $\left(\dfrac{\pi}{6},\dfrac{5\pi}{6}\right)$ 内有定义，故 $f(x)$ 在 $\left(\dfrac{\pi}{6},\dfrac{5\pi}{6}\right)$ 内可导.

（3）$f\left(\dfrac{\pi}{6}\right)=-\ln 2=f\left(\dfrac{5\pi}{6}\right)$.

综上，$f(x)$ 在 $\left[\dfrac{\pi}{6},\dfrac{5\pi}{6}\right]$ 上满足罗尔定理条件.

由 $f'(\xi)=\cot \xi=0$，得 $\xi=\dfrac{\pi}{2}\in\left(\dfrac{\pi}{6},\dfrac{5\pi}{6}\right)$ 即为所求.

【例 4-2】　证明方程 $x^5-5x+1=0$ 有且仅有一个小于 1 的正实根.

证　（1）存在性

设 $f(x)=x^5-5x+1$，则 $f(x)$ 在 $[0,1]$ 上连续，$f(0)=1$，$f(1)=-3$，由零点定理知存在 $x_0\in(0,1)$，使 $f(x_0)=0$，即方程有小于 1 的正根.

（2）唯一性

假设另有 $x_1\in(0,1)$，$x_1\neq x_0$，使得 $f(x_1)=0$，因为 $f(x)$ 在以 x_0，x_1 为端点的区间满足罗尔定理条件，所以在 x_0，x_1 之间至少存在一点 ξ，使得 $f'(\xi)=0$. 但 $f'(x)=5(x^4-1)<0$，$x\in(0,1)$，矛盾，故假设不真.

【例 4-3】　证明：$\arcsin x+\arccos x=\dfrac{\pi}{2}$，$x\in[-1,1]$.

证　设 $f(x)=\arcsin x+\arccos x$，则 $f(x)$ 在 $[-1,1]$ 上连续，在 $(-1,1)$ 内可导且 $f'(x)\equiv 0$，由拉格朗日中值定理的推论 1 可知
$$f(x)=C，\quad x\in[-1,1].$$

令 $x=0$，由 $f(0)=\arcsin 0+\arccos 0=\dfrac{\pi}{2}$，

得 $C=\dfrac{\pi}{2}$，故
$$\arcsin x+\arccos x=\dfrac{\pi}{2}，x\in[-1,1].$$

【例 4-4】　（1）若对任意 x，$f'(x)=\cos x$，求 $f(x)$；

（2）若对任意 x，$f'(x)=4x^3$，且 $f(0)=1$，求 $f(x)$.

解　（1）　导数为 $\cos x$ 的函数之一是 $\sin x$，由拉格朗日中值定理的推论（2），
$$f(x)=\sin x+C.$$

（2）　与（1）类似地，有 $f(x)=x^4+C$，由 $f(0)=1$ 得 $C=1$，故
$$f(x)=x^4+1.$$

【例 4-5】 证明对任意两个实数 x_1, x_2, 恒有
$$|\sin x_1 - \sin x_2| \leqslant |x_1 - x_2|.$$

证 函数 $f(x) = \sin x$ 在 $[x_1, x_2]$ 或 $[x_2, x_1]$ $(x_1 \neq x_2)$ 上满足拉格朗日中值定理条件, 由式(4-1)有
$$\sin x_1 - \sin x_2 = \cos \xi \cdot (x_1 - x_2), \xi 在 x_1 与 x_2 之间.$$

进而　　$|\sin x_1 - \sin x_2| = |\cos \xi| \cdot |x_1 - x_2| \leqslant |x_1 - x_2|.$

当 $x_1 = x_2$ 时, 结论亦成立. 证毕.

【例 4-6】 试证: 当 $x > 0$ 时, $\dfrac{x}{1+x} < \ln(1+x) < x$.

分析 将待证不等式改写为 $\dfrac{x}{1+x} < \ln(1+x) - \ln 1 < x$, 故可对 $\ln u$ 在 $[1, 1+x]$ 上用拉格朗日中值定理, 或对 $\ln(1+u)$ 在 $[0, x]$ 上用同样的定理.

证 作辅助函数 $f(u) = \ln u$, 则 $f(u)$ 在 $[1, 1+x]$ 上满足拉格朗日中值定理的条件, 故至少存在一点 $\xi \in (1, 1+x)$, 使
$$f(1+x) - f(1) = f'(\xi)x,$$
即
$$\ln(1+x) - \ln 1 = \frac{x}{\xi}.$$

又由 $1 < \xi < 1+x$, 有 $\dfrac{x}{1+x} < \dfrac{x}{\xi} < x$, 从而当 $x > 0$ 时, 有
$$\frac{x}{1+x} < \ln(1+x) < x.$$

【例 4-7】 函数 $f(x)$ 在 $[0,1]$ 上连续, 在 $(0,1)$ 内可导, 且 $f(1) = 0$, 试证: 至少存在一点 $\xi \in (0,1)$, 使得 $f'(\xi) = -\dfrac{1}{\xi} f(\xi)$.

证 将待证结果改写为 $\xi f'(\xi) + f(\xi) = 0$, 即 $[x f(x)]' \big|_{x=\xi} = 0$. 作辅助函数 $F(x) = x f(x)$, 则 $F(x)$ 在 $[0,1]$ 上满足罗尔定理条件, 于是, 至少存在一点 $\xi \in (0,1)$, 使
$$F'(\xi) = \xi f'(\xi) + f(\xi) = 0,$$
即
$$f'(\xi) = -\frac{1}{\xi} f(\xi).$$

证毕.

【例 4-8】 设 $f(x)$ 在 $[a,b]$ 上连续, 在 (a,b) 内可导, 试证: 存在 $\xi \in (a,b)$, 使得 $f(b) - f(a) = \xi f'(\xi) \ln \dfrac{b}{a}$　$(0 < a < b)$.

证　待证等式变形为 $\dfrac{f(b)-f(a)}{\ln b-\ln a}=\dfrac{f'(\xi)}{\dfrac{1}{\xi}}=\dfrac{f'(\xi)}{(\ln x)'\big|_{x=\xi}}$.

作辅助函数 $g(x)=\ln x$，则 $g(x)$ 在 $[a,b]$ 上连续，(a,b) 内可导，且 $g'(x)=\dfrac{1}{x}\neq0$，故 $f(x)$ 和 $g(x)$ 在 $[a,b]$ 上满足柯西中值定理的条件，于是至少存在一点 $\xi\in(a,b)$，使

$$\frac{f'(\xi)}{g'(\xi)}=\frac{f(b)-f(a)}{g(b)-g(a)}, \quad 即\ \frac{f'(\xi)}{\dfrac{1}{\xi}}=\frac{f(b)-f(a)}{\ln b-\ln a},$$

亦即

$$f(b)-f(a)=\xi f'(\xi)\ln\frac{b}{a}.$$

证毕.

习题　4.1

1.验证罗尔定理对函数 $f(x)=x\ln(2-x)$ 在区间 $[0,1]$ 上的正确性.

2.函数 $f(x)=x^3,g(x)=x^2+1$ 在区间 $[1,2]$ 上是否满足柯西中值定理的条件？若满足条件，求出定理中的 ξ.

3.不用求出函数 $f(x)$ 的导数，说明方程 $f'(x)=0$ 有几个根？并指出它们所在的区间.

(1) $f(x)=x(x-1)(x-2)(x-3)$；

(2) $f(x)=e^x\sin x$.

4.设实数 $a_0,a_1,\cdots,a_n$ 满足 $a_0+\dfrac{a_1}{2}+\dfrac{a_2}{3}+\cdots+\dfrac{a_n}{n+1}=0$ ，证明方程 $a_0+a_1x+a_2x^2+\cdots+a_nx^n=0$ 在 $(0,1)$ 内至少有一个实根.

5.利用中值定理证明下列不等式：

(1) $\arctan a-\arctan b<a-b$　$(0<b<a)$；

(2) $\dfrac{b-a}{b}<\ln\dfrac{b}{a}<\dfrac{b-a}{a}$　$(0<a<b)$；

(3) $\dfrac{x_2-x_1}{\cos^2 x_1}<\tan x_2-\tan x_1<\dfrac{x_2-x_1}{\cos^2 x_2}(0<x_1<x_2<\dfrac{\pi}{2})$；

(4) $e^x>e\cdot x$　$(x>1)$.

6.证明：$2\arctan x+\arcsin\dfrac{2x}{1+x^2}=\pi(x\geqslant1)$.

7.若函数 $f(x)$ 在区间 (a,b) 内具有二阶导数，且 $f(x_1)=f(x_2)=f(x_3)$ ，其中 $a<x_1<x_2<x_3<b$ ，证明：至少存在一点 $\xi\in(x_1,x_3)$ ，使得 $f''(\xi)=0$.

8.设函数 $f(x)$ 在闭区间 $[a,b]$ 上满足罗尔定理的条件，且 $f(x)$ 不恒等于常数，证明：在 (a,b) 内至少存在一点 ξ ，使得 $f'(\xi)>0$.

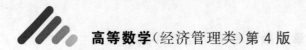

9. $f(x)$ 在 $[a,b]$ 上连续,(a,b) 内可导,且 $f(a)=f(b)=0$.试证:在 (a,b) 内至少存在一点 ξ,使得 $f'(\xi)-f(\xi)=0$.

10. 证明:若函数 $f(x)$ 在 $(-\infty,+\infty)$ 内满足关系式 $f'(x)=f(x)$,且 $f(0)=1$,那么 $f(x)=\mathrm{e}^x$.

4.2 洛必达法则

在第 2 章中,我们介绍了求未定式极限的若干方法.然而,那些方法仅适用于某些较特殊的情形,而对于一般的未定式极限就未必适用了.下面介绍的洛必达(L'Hospital)法则是求未定式极限的一种简捷且有效的方法.

4.2.1 $\dfrac{0}{0}$ 型及 $\dfrac{\infty}{\infty}$ 型未定式

关于 $\dfrac{0}{0}$ **型未定式**,有下列定理:

定理 4-1 设

(1) $\lim\limits_{x \to x_0} f(x)=0$,$\lim\limits_{x \to x_0} g(x)=0$;

(2) $f(x)$ 与 $g(x)$ 在点 x_0 的某去心邻域内可导,且 $g'(x)\neq 0$;

(3) $\lim\limits_{x \to x_0}\dfrac{f'(x)}{g'(x)}=A$(常数或 ∞),

则有
$$\lim_{x \to x_0}\frac{f(x)}{g(x)}=\lim_{x \to x_0}\frac{f'(x)}{g'(x)}=A. \tag{4-8}$$

证 因为极限 $\lim\limits_{x \to x_0}\dfrac{f(x)}{g(x)}$ 与 $f(x_0)$,$g(x_0)$ 无关,所以可以补充或改变函数的定义,使得 $f(x_0)=g(x_0)=0$,这样函数 $f(x)$ 与 $g(x)$ 在点 x_0 处就连续了.

设 x 为 x_0 的邻域内异于 x_0 的任意一点,在区间 $[x,x_0]$ 或 $[x_0,x]$ 上 $f(x)$ 和 $g(x)$ 满足柯西中值定理的条件,于是
$$\frac{f(x)}{g(x)}=\frac{f(x)-f(x_0)}{g(x)-g(x_0)}=\frac{f'(\xi)}{g'(\xi)} \quad (\xi \text{ 在 } x \text{ 与 } x_0 \text{ 之间}),$$
当 $x \to x_0$ 时,有 $\xi \to x_0$,从而
$$\lim_{x \to x_0}\frac{f(x)}{g(x)}=\lim_{\xi \to x_0}\frac{f'(\xi)}{g'(\xi)},$$
由条件(3)知
$$\lim_{\xi \to x_0}\frac{f'(\xi)}{g'(\xi)}=A,$$
所以 $\lim\limits_{x \to x_0}\dfrac{f(x)}{g(x)}=\lim\limits_{x \to x_0}\dfrac{f'(x)}{g'(x)}=A.$

上述定理说明在一定条件下,对于 $x \to x_0$ 时的 $\dfrac{0}{0}$ 型未定式,可以通过导数比的极限来求函数比的极限.

需要注意的是,若 $\lim\limits_{x \to x_0} \dfrac{f'(x)}{g'(x)}$ 仍属于 $\dfrac{0}{0}$ 型,并且 $f'(x)$ 和 $g'(x)$ 满足定理中的条件,则可以继续使用洛必达法则,即

$$\lim_{x \to x_0} \frac{f(x)}{g(x)} = \lim_{x \to x_0} \frac{f'(x)}{g'(x)} = \lim_{x \to x_0} \frac{f''(x)}{g''(x)},$$

这个过程可以一直下去,直到求出极限为止.

【例 4-9】 求 $\lim\limits_{x \to 2} \dfrac{\ln(x^2 - 3)}{x^2 - 3x + 2}$ $\left(\dfrac{0}{0} \text{型} \right)$.

解 $\lim\limits_{x \to 2} \dfrac{\ln(x^2 - 3)}{x^2 - 3x + 2} = \lim\limits_{x \to 2} \dfrac{\dfrac{1}{x^2 - 3} \cdot 2x}{2x - 3} = 4.$

【例 4-10】 求 $\lim\limits_{x \to 0} \dfrac{e^x + e^{-x} - 2}{1 - \cos x}$.

解 $\lim\limits_{x \to 0} \dfrac{e^x + e^{-x} - 2}{1 - \cos x} = \lim\limits_{x \to 0} \dfrac{e^x - e^{-x}}{\sin x} = \lim\limits_{x \to 0} \dfrac{e^x + e^{-x}}{\cos x} = 2.$

洛必达法则是求未定式极限的一种有效方法,但最好与第 2 章中学过的求极限的方法(如等价无穷小代换法等)结合使用. 此外,能化简时应尽可能先化简,若有定式(极限为非零常数)因子应先分离,这样可使运算过程大大简化.

【例 4-11】 求 $\lim\limits_{x \to +\infty} \dfrac{\ln\left(1 + \dfrac{1}{x}\right)}{\text{arccot } x}$ $\left(\dfrac{0}{0} \text{型} \right)$.

解 先将分子用等价无穷小代换,简化后再用洛必达法则求解.

$$\lim_{x \to +\infty} \frac{\ln\left(1 + \dfrac{1}{x}\right)}{\text{arccot } x} = \lim_{x \to +\infty} \frac{\dfrac{1}{x}}{\text{arccot } x} = \lim_{x \to +\infty} \frac{-\dfrac{1}{x^2}}{-\dfrac{1}{1 + x^2}} = 1.$$

【例 4-12】 求 $\lim\limits_{x \to 0} \dfrac{(x - \sin x)^2 \sin x^2}{x^8}$ $\left(\dfrac{0}{0} \text{型} \right)$.

解 $\lim\limits_{x \to 0} \dfrac{(x - \sin x)^2 \sin x^2}{x^8} = \lim\limits_{x \to 0} \dfrac{(x - \sin x)^2 \cdot x^2}{x^8}$

$= \lim\limits_{x \to 0} \left(\dfrac{x - \sin x}{x^3} \right)^2 = \left(\lim\limits_{x \to 0} \dfrac{1 - \cos x}{3x^2} \right)^2$

$= \left(\lim\limits_{x \to 0} \dfrac{\dfrac{1}{2}x^2}{3x^2} \right)^2 = \dfrac{1}{36}.$

109

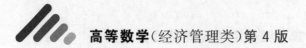

【例 4-13】 求 $\lim\limits_{x\to 1}\dfrac{x^x - x}{\ln x - x + 1}$ $\left(\dfrac{0}{0}\ \text{型}\right)$.

解 因为 $(x^x)' = (e^{x\ln x})' = e^{x\ln x}\left(\ln x + x\cdot\dfrac{1}{x}\right) = x^x(\ln x + 1)$,

故有

$$\lim_{x\to 1}\frac{x^x - x}{\ln x - x + 1} = \lim_{x\to 1}\frac{x^x(\ln x + 1) - 1}{\dfrac{1}{x} - 1} = \lim_{x\to 1}x\cdot\lim_{x\to 1}\frac{x^x(\ln x + 1) - 1}{1 - x}$$

$$= 1\cdot 1\lim_{x\to 1}\frac{x^x(\ln x + 1)^2 + x^x\cdot\dfrac{1}{x}}{-1} = -2.$$

对于 $x\to x_0$ 时的 $\dfrac{\infty}{\infty}$ 型未定式,也有相应的洛必达法则.

定理 4-1′ 设

(1) $\lim\limits_{x\to x_0}f(x) = \infty$, $\lim\limits_{x\to x_0}g(x) = \infty$;

(2) $f(x)$ 与 $g(x)$ 在点 x_0 的某去心邻域内可导,且 $g'(x)\neq 0$;

(3) $\lim\limits_{x\to x_0}\dfrac{f'(x)}{g'(x)} = A$(常数或 ∞),

则有
$$\lim_{x\to x_0}\frac{f(x)}{g(x)} = \lim_{x\to x_0}\frac{f'(x)}{g'(x)} = A. \qquad (4\text{-}9)$$

证明从略.

我们指出,对于自变量的其他变化过程($x\to x_0^-$, $x\to x_0^+$, $x\to\infty$, $x\to +\infty$, $x\to -\infty$)下的 $\dfrac{0}{0}$ 型或 $\dfrac{\infty}{\infty}$ 型未定式,定理 4-1 及定理 4-1′ 的条件相应修改后,结论仍然成立。

【例 4-14】 求 $\lim\limits_{x\to 0^+}\dfrac{\ln\sin ax}{\ln\sin x}$ $(a > 0)$ $\left(\dfrac{\infty}{\infty}\ \text{型}\right)$.

解 $\lim\limits_{x\to 0^+}\dfrac{\ln\sin ax}{\ln\sin x} = \lim\limits_{x\to 0^+}\dfrac{\dfrac{1}{\sin ax}\cdot\cos ax\cdot a}{\dfrac{1}{\sin x}\cdot\cos x}$

$$= \lim_{x\to 0^+}\frac{a\cdot\sin x\cdot\cos ax}{\sin ax\cdot\cos x} = \lim_{x\to 0^+}\frac{a\cdot x\cdot\cos ax}{ax\cdot\cos x} = 1$$

【例 4-15】 求 $\lim\limits_{x\to +\infty}\dfrac{\ln x}{x^\alpha}$ $(\alpha > 0)$ $\left(\dfrac{\infty}{\infty}\ \text{型}\right)$.

解 $\lim\limits_{x\to +\infty}\dfrac{\ln x}{x^\alpha} = \lim\limits_{x\to +\infty}\dfrac{\dfrac{1}{x}}{\alpha\cdot x^{\alpha-1}} = \dfrac{1}{\alpha}\lim\limits_{x\to +\infty}\dfrac{1}{x^\alpha} = 0.$

【例 4-16】 求 $\lim\limits_{x\to +\infty}\dfrac{x^\alpha}{e^x}$ $(\alpha > 0)$ $\left(\dfrac{\infty}{\infty}\ \text{型}\right)$.

解　$\lim\limits_{x \to +\infty} \dfrac{x^{\alpha}}{e^x} = \lim\limits_{x \to +\infty} \dfrac{\alpha x^{\alpha-1}}{e^x} = \lim\limits_{x \to +\infty} \dfrac{\alpha(\alpha-1)x^{\alpha-2}}{e^x} = \cdots$

$$= \lim\limits_{x \to +\infty} \dfrac{\alpha(\alpha-1)\cdots(\alpha-m+1)x^{\alpha-m}}{e^x}$$

$$= \lim\limits_{x \to +\infty} \dfrac{\alpha(\alpha-1)\cdots(\alpha-m+1)}{e^x x^{m-\alpha}}$$

$$= 0 \quad (m \geqslant \alpha).$$

从例 4-15、例 4-16 看到，当 $x \to +\infty$ 时，虽然函数 $\ln x, x^{\alpha}(\alpha > 0), e^x$ 均为无穷大，但这三个函数增大的"速度"是不一样的，指数函数 e^x 增加得最快，其次是幂函数 x^{α}，而对数函数 $\ln x$ 增加得最慢．这种情况对于 $\log_a x\ (a > 1), x^{\alpha}(a > 0), a^x(a > 1)$ 也成立．

【例 4-17】　求 $\lim\limits_{x \to \infty} \dfrac{x + \sin x}{x + \cos x} \quad \left(\dfrac{\infty}{\infty} \text{型}\right)$.

解　因为 $\lim\limits_{x \to \infty} \dfrac{(x + \sin x)'}{(x + \cos x)'} = \lim\limits_{x \to \infty} \dfrac{1 + \cos x}{1 - \sin x}$ 不存在，不满足洛必达法则的条件(3)，故不可用法则，应另寻其他解法，利用"有界函数与无穷小的乘积仍是无穷小"这一结论可得

$$\lim\limits_{x \to \infty} \dfrac{x + \sin x}{x + \cos x} = \lim\limits_{x \to \infty} \dfrac{1 + \dfrac{1}{x}\sin x}{1 + \dfrac{1}{x}\cos x} = 1.$$

【例 4-18】　求 $\lim\limits_{x \to -\infty} \dfrac{e^x + e^{-x}}{e^x - e^{-x}} \quad \left(\dfrac{\infty}{\infty} \text{型}\right)$.

解　$\lim\limits_{x \to -\infty} \dfrac{e^x + e^{-x}}{e^x - e^{-x}} = \lim\limits_{x \to -\infty} \dfrac{e^x - e^{-x}}{e^x + e^{-x}} = \lim\limits_{x \to -\infty} \dfrac{e^x + e^{-x}}{e^x - e^{-x}}.$

可见，无论使用多少次洛必达法则，始终是 $\dfrac{\infty}{\infty}$ 型未定式．故不可使用法则，事实上

$$\lim\limits_{x \to -\infty} \dfrac{e^x + e^{-x}}{e^x - e^{-x}} = \lim\limits_{x \to -\infty} \dfrac{e^{2x} + 1}{e^{2x} - 1} = -1.$$

4.2.2　其他类型未定式

除了上面介绍的 $\dfrac{0}{0}$ 及 $\dfrac{\infty}{\infty}$ 型这两种未定式外，还会遇到 $0 \cdot \infty, \infty - \infty, 1^{\infty}, 0^0, \infty^0$ 等类型的未定式，它们都可通过恒等变形转化为 $\dfrac{0}{0}$ 或 $\dfrac{\infty}{\infty}$ 型未定式，然后用洛必达法则求出极限．

1. $0 \cdot \infty$ 型未定式

若 $\lim\limits_{x \to x_0} f(x) = 0$, $\lim\limits_{x \to x_0} g(x) = \infty$, 则 $\lim\limits_{x \to x_0} f(x) \cdot g(x)$ 为 $0 \cdot \infty$ 型未定

式. 将其改写为 $\lim\limits_{x \to x_0} f(x) \cdot g(x) = \lim\limits_{x \to x_0} \dfrac{f(x)}{\dfrac{1}{g(x)}}$ 或 $\lim\limits_{x \to x_0} f(x) \cdot g(x) =$

$\lim\limits_{x \to x_0} \dfrac{g(x)}{\dfrac{1}{f(x)}}$, 就转化为 $\dfrac{0}{0}$ 或 $\dfrac{\infty}{\infty}$ 型未定式.

【例 4-19】 求 $\lim\limits_{x \to 0^+} x^n \ln x \, (n > 0)$.

解 $\lim\limits_{x \to 0^+} x^n \ln x = \lim\limits_{x \to 0^+} \dfrac{\ln x}{\dfrac{1}{x^n}} = \lim\limits_{x \to 0^+} \dfrac{\dfrac{1}{x}}{-\dfrac{n}{x^{n+1}}} = -\dfrac{1}{n} \lim\limits_{x \to 0^+} x^n = 0$.

【例 4-20】 求 $\lim\limits_{x \to 1^-} [\ln x \cdot \ln(1-x)]$.

解 $\lim\limits_{x \to 1^-} [\ln x \cdot \ln(1-x)] = \lim\limits_{x \to 1^-} \dfrac{\ln(1-x)}{\dfrac{1}{\ln x}} = \lim\limits_{x \to 1^-} \dfrac{\dfrac{1}{1-x} \cdot (-1)}{-\dfrac{1}{\ln^2 x} \cdot \dfrac{1}{x}}$

$= \lim\limits_{x \to 1^-} \dfrac{x \ln^2 x}{1-x} = \lim\limits_{x \to 1^-} x \cdot \lim\limits_{x \to 1^-} \dfrac{\ln^2 x}{1-x}$

$= \lim\limits_{x \to 1^-} \dfrac{2 \ln x \cdot \dfrac{1}{x}}{-1}$

$= 0$.

2. $\infty - \infty$ 型未定式

若 $\lim\limits_{x \to x_0} f(x) = \infty$, $\lim\limits_{x \to x_0} g(x) = \infty$, 则 $\lim\limits_{x \to x_0} [f(x) - g(x)]$ 为 $\infty - \infty$ 型未

定式. 一般使用通分等方法将其转化为 $\dfrac{0}{0}$ 型未定式.

【例 4-21】 求 $\lim\limits_{x \to 0} \left(\dfrac{1}{x} - \dfrac{1}{e^x - 1} \right)$.

解 $\lim\limits_{x \to 0} \left(\dfrac{1}{x} - \dfrac{1}{e^x - 1} \right) = \lim\limits_{x \to 0} \dfrac{e^x - 1 - x}{x(e^x - 1)} = \lim\limits_{x \to 0} \dfrac{e^x - 1 - x}{x^2}$

$= \lim\limits_{x \to 0} \dfrac{e^x - 1}{2x} = \lim\limits_{x \to 0} \dfrac{x}{2x} = \dfrac{1}{2}$.

3. 0^0、∞^0 及 1^∞ 型未定式

若 $\lim\limits_{x \to x_0} f(x) = 0$, $\lim\limits_{x \to x_0} g(x) = 0$; 或 $\lim\limits_{x \to x_0} f(x) = \infty$, $\lim\limits_{x \to x_0} g(x) = 0$; 或

$\lim\limits_{x \to x_0} f(x) = 1$, $\lim\limits_{x \to x_0} g(x) = \infty$; 则 $\lim\limits_{x \to x_0} f(x)^{g(x)}$ 分别为 0^0、∞^0 及 1^∞ 型未定

式. 对于这种幂指函数的极限, 一般写成指数形式 (或取对数形式) 再化为 $\dfrac{0}{0}$ 或 $\dfrac{\infty}{\infty}$ 型未定式.

【例 4-22】　求 $\lim\limits_{x\to 0^{+}} x^{x}$.

解　这是 0^{0} 型未定式.

$$\lim_{x\to 0^{+}} x^{x} = \lim_{x\to 0^{+}} \mathrm{e}^{x\ln x} = \mathrm{e}^{\lim\limits_{x\to 0^{+}} x\ln x}$$

$$= \mathrm{e}^{\lim\limits_{x\to 0^{+}}\frac{\ln x}{1/x}} = \mathrm{e}^{\lim\limits_{x\to 0^{+}}\frac{\frac{1}{x}}{-1/x^{2}}} = \mathrm{e}^{\lim\limits_{x\to 0^{+}}(-x)}$$

$$= \mathrm{e}^{0} = 1.$$

【例 4-23】　求 $\lim\limits_{x\to 0}\left(\dfrac{2}{\pi}\arccos x\right)^{\frac{1}{x}}$.

解　这是 1^{∞} 型未定式.

$$\lim_{x\to 0}\left(\frac{2}{\pi}\arccos x\right)^{\frac{1}{x}} = \mathrm{e}^{\lim\limits_{x\to 0}\frac{1}{x}\ln\left(\frac{2}{\pi}\arccos x\right)}$$

$$= \mathrm{e}^{\lim\limits_{x\to 0}\frac{\ln\left(\frac{2}{\pi}\right)+\ln(\arccos x)}{x}}$$

$$= \mathrm{e}^{\lim\limits_{x\to 0}\frac{1}{\arccos x}\cdot\frac{1}{-\sqrt{1-x^{2}}}}$$

$$= \mathrm{e}^{-\frac{2}{\pi}}.$$

【例 4-24】　求 $\lim\limits_{x\to\frac{\pi}{2}^{-}}(\tan x)^{2x-\pi}$.

解　这是 ∞^{0} 型未定式.

$$\lim_{x\to\frac{\pi}{2}^{-}}(\tan x)^{2x-\pi} = \mathrm{e}^{\lim\limits_{x\to\frac{\pi}{2}^{-}}(2x-\pi)\ln(\tan x)} = \mathrm{e}^{\lim\limits_{x\to\frac{\pi}{2}^{-}}\frac{\ln(\tan x)}{1/(2x-\pi)}}$$

$$= \mathrm{e}^{\lim\limits_{x\to\frac{\pi}{2}^{-}}\frac{(1/\tan x)\cdot\sec^{2}x}{-2/(2x-\pi)^{2}}} = \mathrm{e}^{-\lim\limits_{x\to\frac{\pi}{2}^{-}}\frac{(2x-\pi)^{2}}{\sin 2x}}$$

$$= \mathrm{e}^{-\lim\limits_{x\to\frac{\pi}{2}^{-}}\frac{2(2x-\pi)\cdot 2}{\cos 2x\cdot 2}} = \mathrm{e}^{0} = 1.$$

习题　4.2

1. 利用洛必达法则求下列极限:

(1) $\lim\limits_{x\to a}\dfrac{\sqrt[3]{x}-\sqrt[3]{a}}{\sqrt{x}-\sqrt{a}}$　$(a>0)$;

(2) $\lim\limits_{x\to a}\dfrac{\sin x-\sin a}{x-a}$;

(3) $\lim\limits_{x\to 0}\dfrac{\ln(1+x)-x}{\cos x-1}$;

(4) $\lim\limits_{x\to\frac{\pi}{2}}\dfrac{\ln\sin x}{(\pi-2x)^{2}}$;

(5) $\lim\limits_{x\to 0}\dfrac{\cos x-\sqrt{1+x}}{x^{3}}$;

(6) $\lim\limits_{x\to 0}\dfrac{\ln(1+x^{2})}{\sec x-\cos x}$;

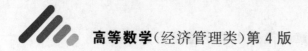

(7) $\lim\limits_{x\to 0^+}\dfrac{\ln\sin 3x}{\ln\sin x}$;

(8) $\lim\limits_{x\to 1}\dfrac{x+x^2+\cdots+x^n-n}{x-1}$;

(9) $\lim\limits_{x\to 0}\dfrac{\tan x-x}{x-\sin x}$;

(10) $\lim\limits_{x\to\infty}x(\mathrm{e}^{\frac{2}{x}}-1)$;

(11) $\lim\limits_{x\to 1}\left(\dfrac{x}{x-1}-\dfrac{1}{\ln x}\right)$;

(12) $\lim\limits_{x\to 1^-}(1-x)^{\cos\frac{\pi}{2}x}$;

(13) $\lim\limits_{x\to 0^+}x^{\frac{1}{\ln(\mathrm{e}^x-1)}}$;

(14) $\lim\limits_{x\to 0^+}\left(\dfrac{1}{x}\right)^{\tan x}$;

(15) $\lim\limits_{x\to 0}(1+x)^{\cot 2x}$;

(16) $\lim\limits_{x\to 0}\dfrac{1-x^2-\mathrm{e}^{-x^2}}{\sin^4 2x}$;

(17) $\lim\limits_{x\to +\infty}(2^x+3^x+5^x)^{\frac{1}{x}}$;

(18) $\lim\limits_{x\to +\infty}\left(\dfrac{\pi}{2}-\arctan x\right)^{\frac{1}{\ln x}}$;

(19) $\lim\limits_{x\to 0}\left[\dfrac{(1+x)^{\frac{1}{x}}}{\mathrm{e}}\right]^{\frac{1}{x}}$.

2. 问 a 与 b 取何值时, 有 $\lim\limits_{x\to 0}\left(\dfrac{\sin 3x}{x^3}+\dfrac{a}{x^2}+b\right)=0$.

3. 验证极限 $\lim\limits_{x\to 0}\dfrac{x^2\sin\frac{1}{x}}{\sin x}$ 存在, 但不能用洛必达法则计算出来.

4. 设 $f(x)=\begin{cases}\dfrac{g(x)}{x}, & x\neq 0,\\ 0, & x=0,\end{cases}$ 其中 $g(x)$ 具有二阶导数, 并且 $g(0)=0$, $g'(0)=0$, $g''(0)=a$, 求 $f'(0)$.

4.3 泰勒公式

多项式函数是最简单的函数之一. 对于一些较复杂的函数, 为了研究方便, 我们通常设法用多项式来近似表示. 本节讨论这一问题.

4.3.1 泰勒公式

在上一章中, 我们已经知道, 当函数 $y=f(x)$ 在点 x_0 的某邻域 $U(x_0)$ 内有定义且在 x_0 有导数时, 如果 $x_0+\Delta x\in U(x_0)$, 那么就有

$$\Delta y=f(x_0+\Delta x)-f(x_0)=f'(x_0)\Delta x+o(\Delta x),$$

令 $x=x_0+\Delta x$, 则上式可改写为

$$f(x)=f(x_0)+f'(x_0)\cdot(x-x_0)+o(x-x_0).$$

上式表明: 当 $|x-x_0|$ 很小时, 就可以用 $(x-x_0)$ 的一次多项式 $f(x_0)+f'(x_0)\cdot(x-x_0)$ 近似地代替 $f(x)$. 但这种近似表达式有以下不足: 首先, 用上面的一次多项式代替 $f(x)$ 时所产生的误差仅仅是关于 $(x-x_0)$ 的高阶无穷小, 它的精确度往往还不能满足实际需要; 其次, 用它来作近

似计算无法估计误差的大小. 因此, 很自然地想到能否用 $(x-x_0)$ 的 $n(n>1)$ 次多项式

$$P_n(x)=a_0+a_1(x-x_0)+a_2(x-x_0)^2+\cdots+a_n(x-x_0)^n$$

来近似表示函数 $f(x)$, 使得当 $x\to x_0$ 时, $f(x)-P_n(x)$ 是比 $(x-x_0)^n$ 高阶的无穷小量, 并且能够写出误差 $|f(x)-P_n(x)|$ 的具体表达式.

为了找到这样的多项式, 我们先来考虑一个特殊情况: 如果 $f(x)$ 本身就是 $(x-x_0)$ 的一个 n 次多项式, 即:

$$f(x)=a_0+a_1(x-x_0)+a_2(x-x_0)^2+\cdots+a_n(x-x_0)^n.$$

两边求各阶导数, 有

$$f'(x)=a_1+2a_2(x-x_0)+\cdots+na_n(x-x_0)^{n-1},$$
$$f''(x)=2a_2+3\cdot2a_3(x-x_0)+\cdots+n(n-1)a_n(x-x_0)^{n-2},$$
$$\vdots$$
$$f^{(n)}(x)=n!\,a_n.$$

在上面各式中, 令 $x=x_0$, 则有

$$a_0=f(x_0), a_1=f'(x_0),$$
$$a_2=\frac{f''(x_0)}{2!}, a_3=\frac{f'''(x_0)}{3!}, \cdots,$$
$$a_n=\frac{f^{(n)}(x_0)}{n!}.$$

于是得到

$$f(x)=f(x_0)+f'(x_0)(x-x_0)+\frac{f''(x_0)}{2!}(x-x_0)^2+\cdots+\frac{f^{(n)}(x_0)}{n!}(x-x_0)^n$$

$$(4\text{-}10)$$

上式表明, 如果 $f(x)$ 是 $(x-x_0)$ 的一个 n 次多项式, 它就一定可以写成式 (4-10) 的形式. 如果 $f(x)$ 是一般的函数 (非多项式), 它就不能表示成式 (4-10) 的形式. 我们自然会问: $f(x)$ 与下列 n 次多项式 $P_n(x)$:

$$P_n(x)=f(x_0)+f'(x_0)(x-x_0)+\frac{f''(x_0)}{2!}(x-x_0)^2+\cdots+\frac{f^{(n)}(x_0)}{n!}(x-x_0)^n$$

$$(4\text{-}11)$$

有怎样的关系呢? 下面的泰勒中值定理解决了这个问题.

泰勒 (Taylor) 中值定理 如果函数 $f(x)$ 在区间 (a,b) 内具有直到 $(n+1)$ 阶的导数, $x_0\in(a,b)$, 则对于任一 $x\in(a,b)$, 有

$$f(x)=f(x_0)+f'(x_0)(x-x_0)+\frac{f''(x_0)}{2!}(x-x_0)^2+\cdots+$$

$$\frac{f^{(n)}(x_0)}{n!}(x-x_0)^n+R_n(x),$$
$$(4\text{-}12)$$

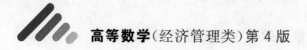

其中

$$R_n(x) = \frac{f^{(n+1)}(\xi)}{(n+1)!}(x-x_0)^{n+1} \quad (\xi 介于 x_0 与 x 之间). \quad (4\text{-}13)$$

证

$$R_n(x) = f(x) - P_n(x)$$

$$= f(x) - \left[f(x_0) + f'(x_0)(x-x_0) + \frac{f''(x_0)}{2!}(x-x_0)^2 + \cdots + \right.$$

$$\left. \frac{f^{(n)}(x_0)}{n!}(x-x_0)^n \right]$$

因为 $f(x)$ 在区间 (a,b) 内 $(n+1)$ 次可导,故 $R_n(x)$ 也为 $(n+1)$ 次可导,并且

$$R_n(x_0) = R'_n(x_0) = R''_n(x_0) = \cdots = R_n^{(n)}(x_0) = 0.$$

令 $\varphi(x) = (x-x_0)^{n+1}$,则对于 (a,b) 内的点 x_0 以及 x,函数 $R_n(x)$ 与 $\varphi(x)$ 在区间 $[x_0, x]$(或 $[x, x_0]$)上满足柯西中值定理的条件,于是得

$$\frac{R_n(x)}{\varphi(x)} = \frac{R_n(x) - R_n(x_0)}{\varphi(x) - \varphi(x_0)} = \frac{R'_n(\xi_1)}{\varphi'(\xi_1)} (\xi_1 \text{ 介于 } x_0 \text{ 与 } x \text{ 之间}).$$

在以 ξ_1 和 x_0 为端点的区间上,再一次应用柯西中值定理,得

$$\frac{R_n(x)}{\varphi(x)} = \frac{R'_n(\xi_1)}{\varphi'(\xi_1)} = \frac{R'_n(\xi_1) - R'_n(x_0)}{\varphi'(\xi_1) - \varphi'(x_0)} = \frac{R''_n(\xi_2)}{\varphi''(\xi_2)} (\xi_2 \text{ 介于 } x_0 \text{ 与 } \xi_1 \text{ 之间}).$$

如此继续进行下去,应用 $n+1$ 次柯西中值定理后,有

$$\frac{R_n(x)}{\varphi(x)} = \frac{R_n^{(n+1)}(\xi)}{(n+1)!}$$

(ξ 介于 x_0 与 ξ_n 之间,当然也在 x_0 与 x 之间).

由上式得到

$$R_n(x) = \frac{f^{(n+1)}(\xi)}{(n+1)!}(x-x_0)^{n+1} \quad (\xi 介于 x_0 与 x 之间).$$

证毕.

多项式(4-11)称为函数 $f(x)$ 在点 $x = x_0$ 处的 n 次泰勒多项式,式(4-12)称为函数 $f(x)$ 在点 $x = x_0$ 处带有拉格朗日型余项的 n 阶泰勒公式,而 $R_n(x)$ 的表达式(4-13)称为拉格朗日型余项.

当 $n = 0$ 时,带有拉格朗日型余项的泰勒公式成为

$$f(x) = f(x_0) + f'(\xi) \cdot (x-x_0) \quad (\xi 介于 x_0 与 x 之间),$$

这就是拉格朗日中值公式,因此,泰勒中值定理是拉格朗日中值定理的推广.

由式(4-12)可知,如果用泰勒多项式 $P_n(x)$ 来近似表示函数 $f(x)$ 时,其误差为 $|R_n(x)|$. 对于某个固定的 n,当 $x \in (a,b)$ 时,如果 $|f^{(n+1)}(x)| \leqslant M$,则有误差估计式:

$$\mid R_n(x)\mid = \left| \frac{f^{(n+1)}(\xi)}{(n+1)!}(x-x_0)^{n+1} \right| \leqslant \frac{M}{(n+1)!}\mid x-x_0\mid^{n+1}. \quad (4\text{-}14)$$

及

$$\lim_{x\to x_0}\frac{R_n(x)}{(x-x_0)^n}=0.$$

由此可见,当 $x\to x_0$ 时 $R_n(x)$ 是比 $(x-x_0)^n$ 高阶的无穷小量. 至此,我们提出的问题圆满地得到了解决.

我们指出,在不需要余项的精确表达式时,若函数 $f(x)$ 在区间 (a, b) 内具有 n 阶连续导数,则 n 阶泰勒公式也可写成

$$f(x)=f(x_0)+f'(x_0)(x-x_0)+\frac{f''(x_0)}{2!}(x-x_0)^2+\cdots+\frac{f^{(n)}(x_0)}{n!}(x-x_0)^n+R_n(x),$$
$$(4\text{-}15)$$

其中

$$R_n(x)=o\left[(x-x_0)^n\right]. \quad (4\text{-}16)$$

式(4-15)称为函数 $f(x)$ 在点 $x=x_0$ 处带有皮亚诺(Peano)型余项的 n 阶**泰勒公式**,而 $R_n(x)$ 的表达式(4-16)称为**皮亚诺型余项**.

4.3.2 几个函数的麦克劳林公式

在泰勒公式(4-12)中,令 $x_0=0$,则 ξ 在 0 与 x 之间,记 $\xi=\theta x(0<\theta<1)$,这时泰勒公式(4-12)就变成如下较简单的形式

$$f(x)=f(0)+f'(0)x+\frac{f''(0)}{2!}x^2+\cdots+\frac{f^{(n)}(0)}{n!}x^n+\frac{f^{(n+1)}(\theta x)}{(n+1)!}x^{n+1}$$
$$(0<\theta<1), \quad (4\text{-}17)$$

上式称为函数 $f(x)$ 带有拉格朗日型余项的 n 阶**麦克劳林**(Maclaurin)**公式**.

在式(4-15)中,令 $x_0=0$,则有下列带有皮亚诺型余项的麦克劳林公式

$$f(x)=f(0)+f'(0)x+\frac{f''(0)}{2!}x^2+\cdots+\frac{f^{(n)}(0)}{n!}x^n+o(x^n), \quad (4\text{-}18)$$

由式(4-17)或式(4-18)可得近似公式

$$f(x)\approx f(0)+f'(0)x+\frac{f''(0)}{2!}x^2+\cdots+\frac{f^{(n)}(0)}{n!}x^n,$$

误差估计式(4-14)相应地变为

$$\mid R_n(x)\mid \leqslant \frac{M}{(n+1)!}\mid x\mid^{n+1}.$$

【例 4-25】 求函数 $f(x)=\mathrm{e}^x$ 的带有拉格朗日型余项的 n 阶麦克劳林公式,并且:(1)用展开式中前 8 项计算 e 的近似值,估计其误差;(2)计

算 e 的近似值,使误差不超过 10^{-5}.

解 因为 $f(x)=\mathrm{e}^x$,$f^{(n)}(x)=\mathrm{e}^x(n=1,2,\cdots)$,所以

$$f(0)=f'(0)=f''(0)=\cdots=f^{(n)}(0)=1.$$

把上述值代入式(4-17),并注意到 $f^{(n+1)}(\theta x)=\mathrm{e}^{\theta x}$,便得

$$\mathrm{e}^x=1+x+\frac{x^2}{2!}+\frac{x^3}{3!}+\cdots+\frac{x^n}{n!}+\frac{\mathrm{e}^{\theta x}}{(n+1)!}x^{n+1}\quad(0<\theta<1).$$

当 $x=1$ 时,

$$\mathrm{e}=1+1+\frac{1}{2!}+\frac{1}{3!}+\cdots+\frac{1}{n!}+\frac{\mathrm{e}^{\theta}}{(n+1)!},$$

于是

$$\mathrm{e}\approx1+1+\frac{1}{2!}+\frac{1}{3!}+\cdots+\frac{1}{n!},$$

误差

$$|R_n|=\frac{1}{(n+1)!}\mathrm{e}^{\theta}<\frac{\mathrm{e}}{(n+1)!}<\frac{3}{(n+1)!}.$$

(1)要求用前 8 项计算,即取 $n=7$,则

$$\mathrm{e}\approx1+1+\frac{1}{2!}+\frac{1}{3!}+\cdots+\frac{1}{7!}\approx2.7182,$$

此时误差为

$$|R_n|<\frac{3}{(n+1)!}=\frac{3}{8!}\approx7.44\times10^{-5}.$$

(2)要使 $\frac{3}{(n+1)!}<\frac{1}{100000}$,只要取 $n=8$,即取展开式中的前九项计算可保证所产生的误差不超过 10^{-5}. 此时

$$\mathrm{e}\approx1+1+\frac{1}{2!}+\frac{1}{3!}+\cdots+\frac{1}{8!}\approx2.71829.$$

【**例 4-26**】 求函数 $f(x)=\sin x$ 的带有拉格朗日型余项的 $2n$ 阶麦克劳林公式.

解 因为 $f(x)=\sin x$,$f^{(n)}(x)=\sin\left(x+\frac{n\pi}{2}\right)(n=1,2,\cdots)$,所以,

$$f(0)=0\ ,f'(0)=1\ ,f''(0)=0\ ,$$
$$f'''(0)=-1,\cdots,f^{(2n-1)}(0)=(-1)^{n-1},f^{(2n)}(0)=0.$$

把上述值代入式(4-17),就得到

$$\sin x=x-\frac{x^3}{3!}+\frac{x^5}{5!}-\cdots+(-1)^{n-1}\frac{x^{2n-1}}{(2n-1)!}+R_{2n}(x).$$

其中

$$R_{2n}(x)=\frac{\sin\left(\theta x+\frac{(2n+1)\pi}{2}\right)}{(2n+1)!}x^{2n+1}\quad(0<\theta<1).$$

如果在展开式中分别取前 2 项、前 3 项作为近似公式,则得

$$\sin x \approx x - \frac{x^3}{3!}, \quad \sin x \approx x - \frac{x^3}{3!} + \frac{x^5}{5!},$$

其误差分别满足

$$|R_4(x)| \leqslant \frac{1}{5!}|x|^5, \quad |R_6(x)| \leqslant \frac{1}{7!}|x|^7.$$

类似地,可以得到其他常用的带有拉格朗日型余项的麦克劳林公式:

$$\cos x = 1 - \frac{x^2}{2!} + \frac{x^4}{4!} - \cdots + (-1)^n \frac{x^{2n}}{(2n)!} + R_{2n+1}(x),$$

其中　　　$$R_{2n+1}(x) = \frac{\cos(\theta x + (n+1)\pi)}{(2n+2)!} x^{2n+2} \quad (0 < \theta < 1);$$

$$\ln(1+x) = x - \frac{1}{2}x^2 + \frac{1}{3}x^3 - \cdots + (-1)^{n-1}\frac{1}{n}x^n + R_n(x),$$

其中　　　$$R_n(x) = \frac{(-1)^n}{(n+1)(1+\theta x)^{n+1}} x^{n+1} \quad (0 < \theta < 1);$$

$$(1+x)^\alpha = 1 + \alpha x + \frac{\alpha(\alpha-1)}{2!}x^2 + \cdots + \frac{\alpha(\alpha-1)(\alpha-2)\cdots(\alpha-n+1)}{n!}x^n + R_n(x),$$

其中 $$R_n(x) = \frac{\alpha(\alpha-1)\cdots(\alpha-n+1)(\alpha-n)}{(n+1)!}(1+\theta x)^{\alpha-n-1}x^{n+1} \quad (0 < \theta < 1).$$

【例 4-27】　利用带有皮亚诺型余项的麦克劳林公式求下列极限.

(1) $\lim\limits_{x \to 0} \dfrac{x - \sin x}{x^3}$;　(2) $\lim\limits_{x \to 0} \dfrac{\cos x - \mathrm{e}^{-\frac{x^2}{2}}}{x^4}$.

解　(1)因为分母是 x^3,所以只要将 $\sin x$ 用带有皮亚诺型余项的 3 阶麦克劳林公式表示即可.

$$\sin x = x - \frac{x^3}{3!} + o(x^3),$$

$$\lim_{x \to 0} \frac{x - \sin x}{x^3} = \lim_{x \to 0} \frac{x - \left[x - \frac{x^3}{3!} + o(x^3)\right]}{x^3}$$

$$= \lim_{x \to 0} \left[\frac{1}{3!} - \frac{o(x^3)}{x^3}\right] = \frac{1}{6}.$$

(2)　　$$\mathrm{e}^{-\frac{x^2}{2}} = 1 + \left(-\frac{x^2}{2}\right) + \frac{1}{2!}\left(-\frac{x^2}{2}\right)^2 + o\left(\left(\frac{x^2}{2}\right)^2\right),$$

$$\cos x = 1 - \frac{x^2}{2!} + \frac{x^4}{4!} + o(x^4),$$

所以　$\cos x - \mathrm{e}^{-\frac{x^2}{2}} = \dfrac{x^4}{4!} - \dfrac{x^4}{8} + o(x^4) = -\dfrac{x^4}{12} + o(x^4)$,于是

$$\lim_{x \to 0} \frac{\cos x - \mathrm{e}^{-\frac{x^2}{2}}}{x^4} = \lim_{x \to 0} \left[-\frac{1}{12} + \frac{o(x^4)}{x^4}\right] = -\frac{1}{12}.$$

119

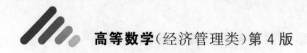

习题 4.3

1. 将多项式 $f(x) = x^4 - 5x^3 + 2x + 4$ 展开成 $x-3$ 的多项式.

2. 应用麦克劳林公式，按 x 的幂展开函数 $f(x) = (x^2 - 3x + 1)^3$.

3. 求函数 $f(x) = \sin^2 x$ 的 $2n+1$ 阶带有拉格朗日型余项的麦克劳林公式.

4. 求函数 $f(x) = \arcsin x$ 的带有拉格朗日型余项的 3 阶麦克劳林公式.

5. 求函数 $f(x) = \ln x$ 按 $x-2$ 的幂展开的带有皮亚诺型余项的 n 阶泰勒公式.

6. 求函数 $f(x) = xe^x$ 的带有皮亚诺型余项的 n 阶麦克劳林展开式.

7. 求常数 A_0，A_1，A_2 的值以及 $R(x)$ 的表达式，使下式成立

$$\frac{1}{x+2} = A_0 + A_1(x+1) + A_2(x+1)^2 + R(x).$$

8. 应用三阶泰勒公式求下列各数的近似值，并估计误差：

(1) $\sqrt[3]{30}$；　　　　　　　　(2) $\sin 18°$.

9. 利用泰勒公式求下列极限：

(1) $\lim\limits_{x \to 0} \left(\dfrac{1}{x} - \dfrac{1}{\sin x} \right)$；　　　　(2) $\lim\limits_{x \to 0} \dfrac{e^{\tan x} - 1}{x}$；

(3) $\lim\limits_{x \to 0} \dfrac{e^x \sin x - x(1+x)}{x^3}$.

4.4　函数的单调性和极值

4.4.1　函数单调性的判别

用单调性的定义来判别函数的单调性并不容易，本节将利用微分中值定理推导出用导数判别函数单调性的简便而有效的方法.

我们已经知道，函数在 (a,b) 内单调递增，它表示的曲线在 (a,b) 内就会随着 x 的增大而上升；函数在 (a,b) 内单调递减，曲线在 (a,b) 内就会随着 x 的增大而下降. 下面利用导数来对函数的单调性进行判别.

从图形上看，如果函数 $y = f(x)$ 在 (a,b) 内单调递增，那么相应曲线上每一点处切线的斜率都非负，即 $f'(x) \geq 0$，如图 4-4 所示；同样，如果函数 $f(x)$ 在 (a,b) 内单调递减，那么相应曲线上每一点处切线的斜率都非正，即 $f'(x) \leq 0$，如图 4-5 所示. 由此可见，函数的单调性与导数的符号密切相关. 这样就可以用导数来判别函数 $f(x)$ 的单调性.

定理 4-2　设函数 $f(x)$ 在 $[a,b]$ 上连续，在 (a,b) 内可导.

(1) 若在 (a,b) 内 $f'(x) > 0$，则 $f(x)$ 在 $[a,b]$ 上单调增加；

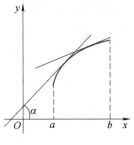

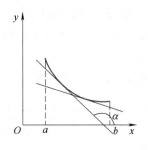

图 4-4　　　　　　　　　　图 4-5

(2)若在(a,b)内 $f'(x)<0$,则$f(x)$在$[a,b]$上单调减少.

证　在$[a,b]$上任取 x_1,x_2 且 $x_1<x_2$. 则$f(x)$在$[x_1,x_2]$上满足拉格朗日中值定理的条件. 于是,至少存在一点 $\xi\in(x_1,x_2)$,使得

$$f(x_2)-f(x_1)=f'(\xi)(x_2-x_1),\quad x_1<\xi<x_2.$$

由此立即可得定理结论. 证毕.

显然,若将定理中的闭区间换成其他各种区间(包括无穷区间),定理结论仍然成立.

利用定理 4-2 确定函数 $f(x)$ 的单调区间,需要保证函数在区间内可导且导数有固定的正负符号. 由此可知,如果存在 $f'(x)=0$ 的点或 $f'(x)$ 不存在的点,则应把这些点作为划分区间的分界点,把原区间划分为几个子区间.

求函数 $f(x)$ 的单调区间的步骤如下:先求出 $f'(x)=0$ 的点及 $f'(x)$ 不存在的点,这些点分 $f(x)$ 的定义域为若干个小区间,列表逐个考察每个小区间上 $f'(x)$ 的符号,确定相应区间上函数 $f(x)$ 的单调性.

【例 4-28】　确定函数 $f(x)=\dfrac{3}{5}x^{\frac{5}{3}}-\dfrac{3}{2}x^{\frac{2}{3}}+1$ 的单调区间.

解　$f'(x)=x^{\frac{2}{3}}-x^{-\frac{1}{3}}=\dfrac{x-1}{\sqrt[3]{x}}$.

令 $f'(x)=0$ 得 $x=1$,当 $x=0$ 时,$f'(x)$不存在. 以 $x_1=0$ 和 $x_2=1$ 为分点,分 $f(x)$ 的定义域$(-\infty,+\infty)$分为三个子区间,列表讨论如下:

x	$(-\infty,0)$	0	$(0,1)$	1	$(1,+\infty)$
$f'(x)$	+		−		+
$f(x)$	↗		↘		↗

由表可知,$f(x)$的单调增加区间为$(-\infty,0]$和$[1,+\infty)$,单调减少区间为$[0,1]$.

在使用定理 4-2 时,条件可适当放宽:如果 $f(x)$ 在 $[a,b]$ 上连续,在 (a,b) 内可导,且除有限个点 $x_1,x_2,\cdots,x_n$ 或可列无穷个点 $x_1,x_2,\cdots,x_n,\cdots$ 处 $f'(x)=0$ 外,$f'(x)$ 均为正(负),则 $f(x)$ 在 $[a,b]$ 仍然单调增加(减少).

利用函数的单调性可证明一些不等式.

【例 4-29】 试证:当 $x>1$ 时,$3-\dfrac{1}{x}<2\sqrt{x}$.

证 令 $f(x)=3-\dfrac{1}{x}-2\sqrt{x}$,则由

$$f'(x)=\frac{1}{x^2}-\frac{1}{\sqrt{x}}=\frac{1-x^{\frac{3}{2}}}{x^2}<0 \quad (x>1)$$

可知,$x\geqslant 1$ 时,$f(x)$ 单调减少,又因 $f(1)=0$,故当 $x>1$ 时,$f(x)<f(1)=0$,即当 $x>1$ 时,$3-\dfrac{1}{x}<2\sqrt{x}$.证毕.

【例 4-30】 证明:$x>0$ 时,$\sin x>x-\dfrac{1}{6}x^3$.

证 设 $g(x)=\sin x-x+\dfrac{x^3}{6}$,则

$$g'(x)=\cos x-1+\frac{x^2}{2},g''(x)=x-\sin x,$$

$$g'''(x)=1-\cos x.$$

因 $g''(x)$ 在 $[0,+\infty)$ 上连续,在 $(0,+\infty)$ 内 $g'''(x)\geqslant 0$,且仅在 $x_n=2n\pi(n=1,2,\cdots)$ 处 $g'''(x)=0$,所以 $g''(x)$ 在 $[0,+\infty)$ 上单调递增.于是当 $x>0$ 时,有 $g''(x)>g''(x)=0$,故 $g'(x)$ 在 $[0,+\infty)$ 上单调递增.当 $x>0$ 时,得 $g'(x)>g'(0)=0$.此即表明,$g(x)$ 在 $[0,+\infty)$ 上单调递增,当 $x>0$ 时,有 $g(x)>g(0)=0$,即

$$\sin x>x-\frac{1}{6}x^3 \quad (x>0).$$

4.4.2 函数的极值及其求法

观察图 4-6,可以看出,$y=f(x)$ 在严格单调增加区间与严格单调减少区间的分界点 x_3 的函数值 $f(x_3)$ 要比 x_3 附近点的函数值大;同样可见,x_1 点的函数值 $f(x_1)$ 要比 x_1 附近点的函数值小.像这种局部的最大、最小值我们称为函数的极值.

定义 4-1 设函数 $f(x)$ 在点 x_0 的某邻域内有定义.如果对该邻域内任意点 $x(x\neq x_0)$,均有 $f(x)<f(x_0)$(或 $f(x)>f(x_0)$),则称 $f(x_0)$ 是

$f(x)$的**极大值**（或**极小值**），称 x_0 是 $f(x)$的**极大值点**（或**极小值点**）.函数的极大、极小值统称为函数的极值,极大、极小值点统称为**极值点**.

值得注意的是,函数的极值与最值是两个不同的概念,极值是函数在一

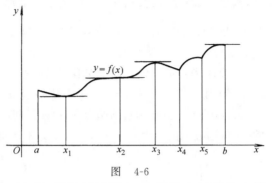

图　4-6

点与其附近的函数值相比较而言的,是局部性概念,它只能在区间的内部取得,函数在一区间上可能有若干极值,且极小值可能大于极大值;最值是对整个区间而言的,是整体性概念,它可能在区间内部,也可能在区间端点取得,函数的最大、最小值最多各有一个,且最小值必不大于最大值.

由本章 4.1.1 中的费马引理可知,如果函数 $f(x)$在点 x_0 处可导,且在 x_0 处取得极值,那么 $f'(x_0)=0$.于是,我们可得下面的定理.

定理 4-3　（函数取得极值的必要条件）设函数 $f(x)$在 x_0 处取得极值,则必有 $f'(x_0)=0$ 或 $f'(x_0)$不存在.

定理 4-3 表明:函数的极值点必是函数的驻点或不可导点.然而,函数的驻点与不可导点不一定就是极值点.例如,函数 $f(x)=x^3$ 的导数为 $f'(x)=3x^2,f'(0)=0$,尽管 $x=0$ 为该函数的驻点,但 $x=0$ 并不是这个函数的极值点.再如,函数 $f(x)=\sqrt[3]{x}$在点 $x=0$ 处不可导,但该函数在 $x=0$ 处并不取得极值.

怎样判定函数在驻点或不可导点处究竟是否取得极值? 如果是的话,是取得极大值还是极小值? 下面给出两个判定极值的充分条件.

定理 4-4　（函数取得极值的第一充分条件）设函数 $f(x)$在点 x_0 处连续,且在 x_0 的某去心邻域 $\mathring{U}(x_0,\delta)$内可导.

(1)如果当 $x\in(x_0-\delta,x_0)$时,$f'(x)>0$,而当 $x\in(x_0,x_0+\delta)$时,$f'(x)<0$,则 $f(x)$在点 x_0 处取得极大值;

(2)如果当 $x\in(x_0-\delta,x_0)$时,$f'(x)<0$,而当 $x\in(x_0,x_0+\delta)$时,$f'(x)>0$,则 $f(x)$在点 x_0 处取得极小值;

(3)如果当 $x\in(x_0-\delta,x_0)\bigcup(x_0,x_0+\delta)$时,$f'(x)$的符号不发生变化,则 $f(x)$在点 x_0 处不取得极值.

证　(1)因为当 $x\in(x_0-\delta,x_0)$时,$f'(x)>0$,而当 $x\in(x_0,x_0+\delta)$时,$f'(x)<0$,又函数 $f(x)$在点 x_0 处连续,故根据函数单调性的判定定

理,函数 $f(x)$ 在区间 $(x_0-\delta,\ x_0]$ 上单调增加,在区间 $[x_0,\ x_0+\delta)$ 内单调减少. 故当 $x\in\overset{\circ}{U}(x_0,\delta)$ 时,总有 $f(x)<f(x_0)$. 所以 $f(x)$ 在点 x_0 处取得极大值(如图 4-7a 所示).

(2)证法与情形(1)类似,如图 4-7b 所示.

(3)因为当 $x\in(x_0-\delta,\ x_0)\bigcup(x_0,\ x_0+\delta)$ 时,$f'(x)$ 不变号,即 $f'(x)>0$(或 $f'(x)<0$),则函数 $f(x)$ 在区间 $(x_0-\delta,\ x_0+\delta)$ 内是单调增加的(或单调减少的),因此 $f(x)$ 在点 x_0 处不取得极值,如图 4-7c、图 4-7d.

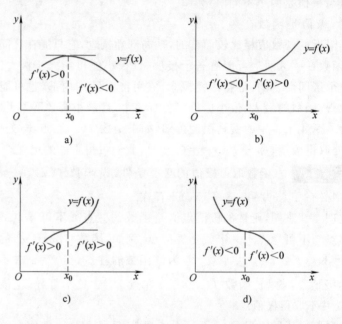

图 4-7

用定理4-4求函数的极值与前面讨论函数的单调性解题步骤类似.

【例 4-31】 求函数 $f(x)=x^{\frac{2}{3}}(3-x)^{\frac{1}{3}}$ 的极值.

解 $f'(x)=\dfrac{2}{3}x^{-\frac{1}{3}}(3-x)^{\frac{1}{3}}+x^{\frac{2}{3}}\cdot\dfrac{1}{3}(3-x)^{-\frac{2}{3}}(-1)$

$\qquad\ =x^{-\frac{1}{3}}(3-x)^{-\frac{2}{3}}(2-x).$

令 $f'(x)=0$ 得驻点 $x_1=2$,当 $x_2=0$,$x_3=3$ 时,$f'(x)$ 不存在. 以这些点为分点分 $f(x)$ 的定义域 $(-\infty,+\infty)$ 为四个小区间,列表讨论如下:

x	$(-\infty,0)$	0	$(0,2)$	2	$(2,3)$	3	$(3,+\infty)$
$f'(x)$	$-$	不存在	$+$	0	$-$	不存在	$-$
$f(x)$	↘	极小值 0	↗	极大值 $\sqrt[3]{4}$	↘	非极值	↘

由表可知, $f(x)$ 有极小值 $f(0)=0$, 极大值 $f(2)=\sqrt[3]{4}$.

当函数 $f(x)$ 在其驻点处二阶导数存在且不为零时, 有更为简便的极值判别法.

定理 4-5　(函数取得极值的第二充分条件)设函数 $f(x)$ 在点 x_0 处具有二阶导数, 且 $f'(x_0)=0$, $f''(x_0)\neq0$, 则

(1)当 $f''(x_0)<0$ 时, 函数 $f(x)$ 在点 x_0 处取得极大值;

(2)当 $f''(x_0)>0$ 时, 函数 $f(x)$ 在点 x_0 处取得极小值.

证　(1)由于 $f''(x_0)<0$, 根据二阶导数的定义有

$$f''(x_0)=\lim_{x\to x_0}\frac{f'(x)-f'(x_0)}{x-x_0}=\lim_{x\to x_0}\frac{f'(x)}{x-x_0}<0.$$

由极限的局部保号性, 可知在点 x_0 的某去心邻域 $\overset{\circ}{U}(x_0,\delta)$ 内, 必有

$$\frac{f'(x)}{x-x_0}<0.$$

由此可见: 当 $x\in(x_0-\delta,\ x_0)$ 时, $f'(x)>0$, 而当 $x\in(x_0,\ x_0+\delta)$ 时, $f'(x)<0$, 由极值的第一判定法知道, 函数 $f(x)$ 在点 x_0 处取得极大值.

(2) $f''(x_0)>0$ 的情形可类似地证明.

如果 $f'(x_0)=f''(x_0)=0$, 那么极值的第二判定法就不能应用. 事实上, 此时函数在点 x_0 处可能取得极大值, 也可能取得极小值, 还有可能不取得极值. 例如, $f_1(x)=-x^4$, $f_2(x)=x^4$, $f_3(x)=x^3$ 这三个函数在 $x=0$ 处就分别属于这三种情况. 这时仍然需要利用极值的第一判定法.

【例 4-32】　求函数 $f(x)=x^3-3x^2-9x+5$ 的极值.

解　因 $f'(x)=3x^2-6x-9=3(x+1)(x-3)$, 令 $f'(x)=0$ 得驻点　$x_1=-1,x_2=3$. 而

$$f''(x)=6x-6,$$

$f''(-1)=-12<0$, 故 $f(-1)=10$ 是 $f(x)$ 的极大值; $f''(3)=12>0$, 故 $f(3)=-22$ 是 $f(x)$ 的极小值.

【例 4-33】　求函数 $f(x)=(x^2-1)^3+1$ 的极值.

解　因 $f'(x)=3(x^2-1)^2\cdot2x=6x(x^2-1)^2$, 令 $f'(x)=0$ 得驻点 $x_1=-1,x_2=0,x_3=1$.

$$f''(x)=6(x^2-1)^2+6x\cdot2(x^2-1)\cdot2x=6(x^2-1)(5x^2-1).$$

$f''(0)=6>0$, 故 $f(0)=0$ 是 $f(x)$ 的极小值.

$f''(-1)=f''(1)=0$, 不能使用定理 4-5. 因为 $f'(x)=6x(x^2-1)^2$ 在 $x=-1$ 及 $x=1$ 的左、右邻域内不改变符号, 由定理 4-4, $x=-1$、$x=1$ 均不是极值点.

125

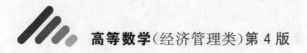

4.4.3　函数的最大值、最小值

在生产实际、工程技术及经济活动中,经常会碰到一类问题:在一定条件下,如何才能使"时间最少、效率最高、用料最省、成本最低"等问题.这些问题反映在数学上就是求某一函数(通常称为目标函数)的最大值或最小值问题.

那么如何求函数在一个区间上的最大值和最小值呢?

假设函数 $f(x)$ 在闭区间 $[a,b]$ 上连续,根据闭区间上连续函数的性质,$f(x)$ 在 $[a,b]$ 上一定存在最大值和最小值.如果最大值或最小值在区间 (a,b) 内部某一点取得,则该点或者是函数的不可导点,或者由费马引理可知是函数的驻点.又因为最大值或最小值也有可能在区间端点 a 或 b 取得.因此求函数 $f(x)$ 在闭区间 $[a,b]$ 上的最大值和最小值的步骤如下:

(1)求导数 $f'(x)$;

(2)求出 $f(x)$ 在 (a,b) 内的全部驻点与不可导点 $x_1,x_2,\cdots,x_n$;

(3)计算 $f(x_1),f(x_2),\cdots,f(x_n)$ 及 $f(a),f(b)$;

(4)比较(3)中各数值的大小,其中最大的就是函数 $f(x)$ 在 $[a,b]$ 上的最大值,最小的就是函数 $f(x)$ 在 $[a,b]$ 上的最小值.

【例 4-34】　求函数 $f(x)=x(x-1)^{\frac{1}{3}}$ 在区间 $[-2,2]$ 上的最值.

解　$f'(x)=(x-1)^{\frac{1}{3}}+x\cdot\frac{1}{3}(x-1)^{-\frac{2}{3}}=\frac{1}{3}(4x-3)(x-1)^{-\frac{2}{3}}$,

极值可疑点 $x_1=\frac{3}{4},x_2=1$ 均在区间 $(-2,2)$ 内.

$$f(-2)=2\sqrt[3]{3},\quad f(2)=2,\quad f\left(\frac{3}{4}\right)=-\frac{3}{8}\sqrt[3]{2},\quad f(1)=0.$$

比较以上各值可得,$f(x)$ 在 $[-2,2]$ 上的最大值为 $f(-2)=2\sqrt[3]{3}$,最小值为 $f\left(\frac{3}{4}\right)=-\frac{3}{8}\sqrt[3]{2}$.

在下面两种情况下,求最大值与最小值还可以更方便.

(1)若函数 $f(x)$ 在闭区间 $[a,b]$ 上单调增加,则 $f(a)$ 必然是最小值,$f(b)$ 是最大值;若函数 $f(x)$ 在闭区间 $[a,b]$ 上单调减少,那么 $f(a)$ 是最大值,$f(b)$ 是最小值.

(2)如果连续函数在某区间(不限于闭区间)内只有唯一的极大值而没有极小值,那么该极大值就是函数在此区间上的最大值;同样,如果只有唯一的极小值而没有极大值,那么该极小值就是函数在此区间上的最小值.

【例 4-35】 试证:当 $x>-1,0<\alpha<1$ 时,$(1+x)^{\alpha}\leqslant 1+\alpha x$.

证 设 $f(x)=1+\alpha x-(1+x)^{\alpha}$,当 $x>-1$ 时,有

$$f'(x)=\alpha-\alpha (1+x)^{\alpha-1}=\frac{\alpha}{(1+x)^{1-\alpha}}[(1+x)^{1-\alpha}-1],$$

令 $f'(x)=0$,得驻点 $x=0$. 由于当 $-1<x<0$ 时,$f'(x)<0$;当 $0<x<+\infty$ 时,$f'(x)>0$;故函数 $f(x)$ 在 $x=0$ 处取得极小值,由极值的唯一性可知,此极小值 $f(0)$ 也是 $f(x)$ 在区间 $(-1,+\infty)$ 内的最小值,于是当 $x>-1$ 时,$f(x)\geqslant f(0)=0$,即

$$(1+x)^{\alpha}\leqslant 1+\alpha x.$$

经济应用中常见的最值问题有成本最小化、利润最大化及库存控制.

【例 4-36】 设直圆柱形罐头的容积为定值 V,其高 h 与底半径 r 为何值时用料最少(即表面积 S 最小)?

解 由 $V=\pi r^{2}h,S=2\pi r^{2}+2\pi rh=2\pi r^{2}+\frac{2V}{r}$,有

$$S'(r)=4\pi r-\frac{2V}{r^{2}}.$$

令 $S'(r)=0$ 得唯一驻点

$$r_{0}=\sqrt[3]{\frac{V}{2\pi}},$$

又由 $S''(r)=4\pi+\frac{4V}{r^{3}}>0$ 知,r_{0} 是 $S(r)$ 的极小值点,也是 $S(r)$ 的最小值点. 此时,容器的高为

$$h_{0}=\frac{V}{\pi r_{0}{}^{2}}=\frac{V}{\pi}\sqrt[3]{\frac{4\pi^{2}}{V^{2}}}=\sqrt[3]{\frac{4V}{\pi}}=2r_{0},$$

故当 $h=2r=\sqrt[3]{\frac{4V}{\pi}}$ 时,用料最少.

【例 4-37】 设某厂每日生产某种产品 x 单位的总成本为

$$C(x)=\frac{1}{5}x^{2}+4x+20(元),$$

问每日生产多少单位的产品,其平均成本最小? 并求最小平均成本和相应的边际成本(成本的导数,详见 4.7.1).

解 平均成本为

$$\overline{C}(x)=\frac{C(x)}{x}=\frac{x}{5}+4+\frac{20}{x},$$

令 $\overline{C}'(x)=\frac{1}{5}-\frac{20}{x^{2}}=0$,得唯一驻点 $x_{0}=10$(负值 $x_{1}=-10$ 舍去).

又由 $\overline{C}''(x)=\frac{40}{x^{3}}>0$,知 $x_{0}=10$ 为极小值点,也是最小值点. 即每日生

产 10 个单位的产品时,平均成本最小,为 $\overline{C}(10)=8$(元/单位). 此时,边际成本为 $C'(10)=\left(\dfrac{2}{5}x+4\right)\Big|_{x=10}=8$(元/单位)$=\overline{C}(10)$.

一般地,如果平均成本 $\overline{C}(x)=\dfrac{C(x)}{x}$ 可导,则当 $\overline{C}(x)$ 取得最小值时,必有

$$\overline{C}'(x)=\frac{xC'(x)-C(x)}{x^2}=0, \quad 即 \quad C'(x)=\frac{C(x)}{x}=\overline{C}(x).$$

即:对一般的成本函数,都有最小平均成本等于其相应边际成本的结论.

【例 4-38】 已知某商品的需求函数为 $Q=1000-100p$,总成本函数为 $C=1000+3Q$. 若工厂有权自定价格,每天生产多少个单位的产品时,利润最大?此时价格为多少?

解 总收入 $R=Q\cdot p=Q\cdot\dfrac{1000-Q}{100}=10Q-\dfrac{Q^2}{100}$.

利润 $L=R-C=\left(10Q-\dfrac{Q^2}{100}\right)-(1000+3Q)=7Q-\dfrac{Q^2}{100}-1000$.

令 $L'(Q)=7-\dfrac{2Q}{100}=0$,得唯一驻点 $Q_0=350$.

又由 $L''(Q)=-\dfrac{1}{50}<0$ 知,$Q_0=350$ 为极大值点,也是最大值点. 即

每日生产 350 个单位的产品时,利润最大,此时价格为 $p=\dfrac{1000-Q}{100}\Big|_{Q=350}=6.5$ 个价格单位.

【例 4-39】 某厂生产的产品年销售量为 100 万件. 假设(1)这些产品分成若干批生产,每批需生产准备费 1000 元(与批量大小无关);(2)产品均匀销售(即产品的平均库存量为批量的一半),且每件产品库存一年需库存费 0.05 元. 试求使每年生产所需的生产准备费与库存费之和为最小的最佳批量(称为经济批量).

解 设每年的生产准备费与库存费之和为 C,批量为 x,则

$$C=C(x)=1000\times\frac{1000000}{x}+0.05\times\frac{x}{2}=\frac{10^9}{x}+\frac{x}{40},$$

令 $C'(x)=\dfrac{1}{40}-\dfrac{10^9}{x^2}=0$,得驻点 $x_0=2\times10^5$.

又由 $C''(x)=\dfrac{2\times10^9}{x^3}>0$ 知驻点 x_0 为最小值点. 因此,最佳批量为 20 万件.

在类似于例 4-39 的库存控制问题中,建立函数关系时要抓住两点,其一,我们所讨论的往往都是理想化的情形,即均匀销售——平均库存

量＝批量÷2；其二，批量×批次＝总量.倘若所要求的是最佳批次，将批次设为自变量 x，抓住上述两个关系式，也不难列出相应函数关系式.

习题　4.4

1.确定下列函数的单调区间：

(1) $y = 3x - x^3$；

(2) $y = \dfrac{x}{1 + x^2}$；

(3) $y = 2x^2 - \ln x$；

(4) $y = \sqrt{2x - x^2}$；

(5) $y = (x - 1)(x + 1)^3$；

(6) $y = x - 2\sin x$　$(0 \leqslant x \leqslant 2\pi)$；

(7) $y = \sqrt[3]{(2x - a)(a - x)^2}$ $(a > 0)$；　(8) $y = (x - 1)x^{\frac{2}{3}}$.

2.利用单调性证明下列不等式：

(1)当 $x > 1$ 时，$2\sqrt{x} > 3 - \dfrac{1}{x}$；

(2)当 $0 < x < \dfrac{\pi}{2}$ 时，$\dfrac{2}{\pi}x < \sin x < x$；

(3)当 $x > 0$ 时，$\ln(1 + x) > \dfrac{\arctan x}{1 + x}$；

(4)当 $0 < x < \dfrac{\pi}{2}$ 时，$\tan x > x + \dfrac{1}{3}x^3$；

(5)当 $x > 4$ 时，$x^2 < 2^x$；

(6)当 m，n 为正整数，且 $1 < m < n$ 时，$(1 + m)^n > (1 + n)^m$.

3.设常数 $k > 0$，讨论方程 $\ln x = \dfrac{x}{e} - k$ 在 $(0, +\infty)$ 内实根的个数.

4.单调函数的导函数是否必为单调函数？

5.求下列函数的极值：

(1) $y = 2x^3 - 3x^2 + 7$；

(2) $y = (x - 1)^3(2x + 3)^2$；

(3) $y = x - \ln(1 + x)$；

(4) $y = \sqrt[3]{(x^2 - a^2)^2}$　$(a > 0)$；

(5) $y = (x - 5)^2\sqrt[3]{(x + 1)^2}$；

(6) $y = \cos x + \sin x$ $\left(-\dfrac{\pi}{2} \leqslant x \leqslant \dfrac{\pi}{2}\right)$；

(7) $y = e^x\cos x$；

(8) $y = \dfrac{(x - 2)(x - 3)}{x^2}$.

6.问 a 为何值时，函数 $f(x) = a\sin x + \dfrac{1}{3}\sin 2x$ 在 $x = \dfrac{\pi}{3}$ 处取得极值？它是极大值还是极小值？并求此极值.

7.求下列函数的最大值或最小值，如果都存在，均求出：

(1) $y = \dfrac{1}{3}x^3 - 2x^2 + 5$，$x \in [-2, 2]$；

(2) $y = |x^2 - 3x + 2|$，$x \in [-3, 4]$；

(3) $y = 2x + \sqrt{1-x}$，$x \in [-5, 1]$；

(4) $y = \dfrac{x}{x^2 + 1}$，$x \in (0, +\infty)$；

(5) $y = x^2 - \dfrac{8}{x}$，$x \in (-\infty, 0)$.

8.把长为 l 的线段截为两段,怎样截才能使以这两个线段为边所组成的矩形的面积最大?

9.从一块边长为 a 的正方形铁皮的各角上截去相等的方块,作成一个无盖的盒子,问截去多少,方能使做成的盒子容积最大?

10.某厂每批生产某种商品 x 个单位的费用为 $C(x) = 5x + 200$ (元),得到的收入为 $R(x) = 10x - 0.01x^2$ (元),问每批生产多少个单位产品时利润最大?

11.设某厂每天生产某种产品 x 单位时的总成本函数为

$$C(x) = 0.5x^2 + 36x + 9800 \ (元),$$

问每天生产多少个单位的产品时,其平均成本最低?

12.某厂家打算生产一批商品投放市场,已知该商品的需求函数为

$$p = p(x) = 10\mathrm{e}^{-\frac{x}{2}},$$

且最大需求量为 6,其中 x 表示需求量、p 表示价格.求使收益最大的产量、最大收益和相应价格.

13.某工厂生产某产品,日总成本 C 中固定成本为 100 个单位,每多生产一个单位产品,成本增加 20 个单位,该商品的日需求函数为 $Q = 17 - \dfrac{p}{20}$,其中 p 为产品单价,求日产量为多少时工厂日总利润最大?

14.某商场每年销售出某商品 2400 件(设商场均匀销售),每件成本 150 元,一件产品库存一年所需库存费为其成本的 2%,每次订货需花费 100 元,问全年分多少批定货产品的定货费与库存费之和最小,并求出最小费用.

15.一房地产公司有 50 套公寓要出租.当月租金定为 1000 元时,公寓能全部租出去;当月租金每增加 50 元时,就会多一套公寓租不出去,而租出去的公寓每月需花费 100 元的维修费,问房租定为多少元时可获得最大收入?

4.5　曲线的凹凸性、拐点与渐近线

4.5.1　曲线的凹凸性与拐点

在 4.4.1 中,我们利用函数一阶导数的符号研究了函数的单调性.函数的单调性反映在图形上就是曲线的上升或下降,但是,仅根据上升或下降还不足以反映曲线的准确形态.例如图 4-8 中的两条曲线弧,虽然都是

上升的,但图形却显著不同, $\overset{\frown}{ACB}$ 是凸的,而 $\overset{\frown}{ADB}$ 是凹的,由此可知,需要讨论曲线的凹凸情况,以便进一步了解函数图形的性态.

从图 4-9a 可以看出,曲线弧是凹的,如果取弧上任意不同两点,则连接两点间的弦总位于这两点间弧段的上方;图 4-9b 显示的刚好相反,曲线弧是凸的,如果取弧上任意不同两点,则连接两点间的弦总位于这两点间弧段的下

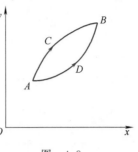

图　4-8

方,这表明曲线的凹凸性可以用连接曲线弧上任意不同两点的弦的中点与曲线弧上相应点(具有相同横坐标的点)的位置来确定.下面给出曲线凹凸性的定义.

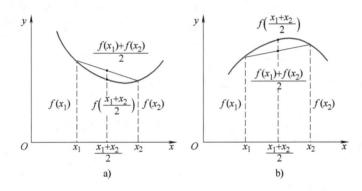

图　4-9

定义 4-2　设函数 $f(x)$ 在区间 I 上连续,如果对于 I 上任意两点 $x_1,x_2(x_1 \neq x_2)$,总有

$$f\left(\frac{x_1+x_2}{2}\right)<\frac{f(x_1)+f(x_2)}{2},$$

那么称函数 $f(x)$ 在 I 上的图形是**凹的**;如果总有

$$f\left(\frac{x_1+x_2}{2}\right)>\frac{f(x_1)+f(x_2)}{2},$$

那么称函数 $f(x)$ 在 I 上的图形是**凸的**.

从图 4-10 可以看到:如果曲线 $y=f(x)$ 在区间上是凹的,则曲线上各点处的切线斜率 $f'(x)$ 随着 x 的增加而增加;如果曲线 $y=f(x)$ 在区间上是凸的,则曲线上各点处的切线斜率 $f'(x)$ 随着 x 的增加反而减少.这启发我们通过函数 $f(x)$ 的二阶导数的正负来判定曲线的凹凸性.

定理 4-6　设函数 $f(x)$ 在闭区间 $[a,b]$ 上连续,在开区间 (a,b) 内具有二阶导数,

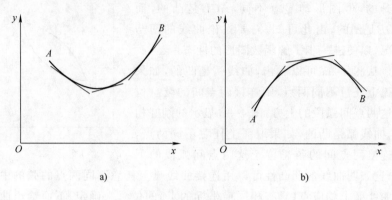

图 4-10

(1)如果在(a,b)内 $f''(x)>0$,那么 $f(x)$在$[a,b]$上的图形是凹的;

(2)如果在(a,b)内 $f''(x)<0$,那么 $f(x)$在$[a,b]$上的图形是凸的.

证 (1)设任意 $x_1,x_2\in[a,b]$,且 $x_1<x_2$,记 $x_0=\dfrac{x_1+x_2}{2}$,并且记 $x_2-x_0=x_0-x_1=h$,则由拉格朗日中值定理,得

$$f(x_1)-f(x_0)=f'(\xi_1)(x_1-x_0)=-f'(\xi_1)h \quad (x_1<\xi_1<x_0);$$
$$f(x_2)-f(x_0)=f'(\xi_2)(x_2-x_0)=f'(\xi_2)h \quad (x_0<\xi_2<x_2).$$

两式相加,得

$$f(x_1)+f(x_2)-2f(x_0)=[f'(\xi_2)-f'(\xi_1)]h.$$

对 $f'(x)$在区间$[\xi_1,\xi_2]$上再利用拉格朗日中值定理,上式变为

$$f(x_1)+f(x_2)-2f(x_0)=f''(\xi)(\xi_2-\xi_1)h \quad (\xi_1<\xi<\xi_2).$$

由(a,b)内 $f''(x)>0$,得 $f''(\xi)>0$,而显然 $\xi_2-\xi_1>0,h>0$,因此

$$f(x_1)+f(x_2)-2f(x_0)>0,$$

即

$$f\left(\frac{x_1+x_2}{2}\right)<\frac{f(x_1)+f(x_2)}{2},$$

所以 $f(x)$在$[a,b]$上的图形是凹的.

(2)证法与情形(1)类似,这里从略.

如果把此判别法中的闭区间换成其他各种区间(包括无穷区间),其结论仍然成立.

定义 4-3 连续曲线上凹弧与凸弧的分界点称为拐点.

显然,如果 $f(x)$在区间(a,b)内具有连续的二阶导数,那么在拐点处,其横坐标 x_0 必然满足 $f''(x_0)=0$.除此以外,$f(x)$的二阶导数不存在的点,也有可能是使 $f''(x)$的符号发生改变的分界点.

综合以上分析,我们可以按下列步骤来求连续曲线 $y=f(x)$的凹凸

区间与拐点：

(1)确定 $y=f(x)$ 的定义域；

(2)求二阶导数 $f''(x)$；

(3)求出定义域内所有使 $f''(x)=0$ 的点与 $f''(x)$ 不存在的点；

(4)用(3)中求出的点将定义域分为若干个子区间,列表讨论 $f''(x)$ 在各子区间内的符号,并由此确定曲线的凹凸区间；

(5)求出曲线的拐点.

【例 4-40】 求曲线 $y=x^{\frac{5}{3}}-5x^{\frac{2}{3}}+2$ 的凹凸区间与拐点.

解 函数定义域为 $(-\infty,+\infty)$.

$$y'=\frac{5}{3}x^{\frac{2}{3}}-\frac{10}{3}x^{-\frac{1}{3}},$$

$$y''=\frac{10}{9}x^{-\frac{1}{3}}+\frac{10}{9}x^{-\frac{4}{3}}=\frac{10(x+1)}{9x\sqrt[3]{x}}.$$

令 $y''=0$,得 $x=-1$;当 $x=0$ 时,y'' 不存在.列表讨论如下：

x	$(-\infty,-1)$	-1	$(-1,0)$	0	$(0,+\infty)$
y''	$-$	0	$+$	不存在	$+$
y	$\frown$	-4	$\smile$	2	$\smile$

(符号 $\frown$ 表示凸,$\smile$ 表示凹.)

由此可见:该曲线在区间 $(-\infty,-1]$ 上是凸的,在区间 $(-1,0)$ 以及 $(0,+\infty)$ 上是凹的.点 $(-1,-4)$ 为拐点.

4.5.2 曲线的渐近线

由平面解析几何知识知道,双曲线 $\dfrac{x^2}{a^2}-\dfrac{y^2}{b^2}=1$ 有渐近线 $\dfrac{x}{a}\pm\dfrac{y}{b}=0$. 对一般曲线 $y=f(x)$,如何确定其渐近线,以把握曲线无限延伸时的走向及趋势,为此给出定义：

定义 4-4 如果曲线 $y=f(x)$ 上一动点沿曲线无限远离原点时,无限接近某直线(即该动点与直线的距离趋于零),则称此直线为曲线 $y=f(x)$ 的渐近线.

渐近线分为水平渐近线、垂直渐近线和斜渐近线三种.

1.水平渐近线与垂直渐近线

由渐近线的定义,结合图 4-11a 易得下列结论：

若 $\lim\limits_{x\to\infty}f(x)=C$(或 $\lim\limits_{x\to-\infty}f(x)=C$,或 $\lim\limits_{x\to+\infty}f(x)=C$),则直线 $y=C$ 为曲线 $y=f(x)$ 的水平渐近线;若 $\lim\limits_{x\to x_0}f(x)=\infty$(或 $\lim\limits_{x\to x_0^-}f(x)=\infty$,或

$\lim\limits_{x \to x_0^+} f(x) = \infty)$,则直线 $x = x_0$ 为曲线 $y = f(x)$ 的垂直渐近线.

例如,$y = \dfrac{1}{x-1}$,由于 $\lim\limits_{x \to \infty} \dfrac{1}{x-1} = 0$,所以 $y = 0$ 为曲线 $y = \dfrac{1}{x-1}$ 的水平渐近线;由于 $\lim\limits_{x \to 1} \dfrac{1}{x-1} = \infty$,所以 $x = 1$ 为曲线 $y = \dfrac{1}{x-1}$ 的垂直渐近线.

又如,$y = x e^{-x}$,由于 $\lim\limits_{x \to +\infty} x e^{-x} = \lim\limits_{x \to +\infty} \dfrac{x}{e^x} = 0$,所以 $y = 0$ 为曲线 $y = x e^{-x}$ 的水平渐近线.

【例 4-41】 求曲线 $y = \dfrac{\ln x}{x-1}$ 的渐近线.

解 易知定义域 $x > 0, x \neq 1$,

因为 $\lim\limits_{x \to +\infty} \dfrac{\ln x}{x-1} = \lim\limits_{x \to +\infty} \dfrac{\frac{1}{x}}{1} = 0$,故该曲线有水平渐近线 $y = 0$.

因为 $\lim\limits_{x \to 0^+} \dfrac{\ln x}{x-1} = +\infty$,故该曲线有垂直渐近线 $x = 0$.

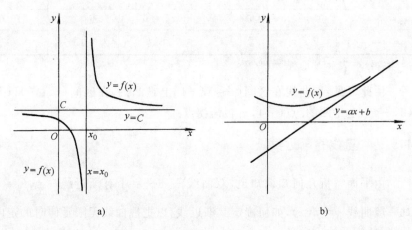

a)   b)

图 4-11

* 2. 斜渐近线

由渐近线的定义,结合图 4-11b 易得下列结论:

若 $a = \lim\limits_{x \to \infty} \dfrac{f(x)}{x} \neq 0$,$b = \lim\limits_{x \to \infty} [f(x) - ax]$ 都存在,(或 $a = \lim\limits_{x \to +\infty} \dfrac{f(x)}{x} \neq 0$,$b = \lim\limits_{x \to +\infty} [f(x) - ax]$ 都存在,或 $a = \lim\limits_{x \to -\infty} \dfrac{f(x)}{x} \neq 0$,$b = \lim\limits_{x \to -\infty} [f(x) - ax]$ 都存在.)则直线 $y = ax + b$ 为曲线 $y = f(x)$ 的斜渐近线.

由渐近线概念易知,$x \to +\infty$(或 $x \to -\infty$)时任意曲线 $y = f(x)$ 不可能同时具有水平渐近线与斜渐近线.

*【例 4-42】　求曲线 $y = x + \arctan x$ 的渐近线.

解　显然,曲线无水平、垂直渐近线. 因为

$$\lim_{x \to \infty} \frac{f(x)}{x} = \lim_{x \to \infty} \left(1 + \frac{1}{x} \arctan x \right) = 1 = a,$$

而

$$\lim_{x \to +\infty} [f(x) - ax] = \lim_{x \to +\infty} \arctan x = \frac{\pi}{2} = b_1,$$

$$\lim_{x \to -\infty} [f(x) - ax] = \lim_{x \to -\infty} \arctan x = -\frac{\pi}{2} = b_2.$$

故当 $x \to +\infty$ 时,曲线有斜渐近线 $y = x + \frac{\pi}{2}$;当 $x \to -\infty$ 时,曲线有斜渐

近线 $y = x - \frac{\pi}{2}$.

习题　4.5

1.求下列曲线的凹凸区间与拐点

(1) $y = 2x^3 - 3x^2 - 36x + 25$;　　　　(2) $y = \ln(x^2 + 1)$;

(3) $y = x - \dfrac{1}{x}$;　　　　(4) $y = \dfrac{x}{(x+1)^2}$;

(5) $y = 3x^{\frac{1}{3}} - \dfrac{3}{4} x^{\frac{4}{3}} + 1$;　　　　(6) $y = (x-1)\sqrt[3]{x^2}$.

2.问 a 和 b 为何值时,点 $(1,3)$ 是曲线 $y = ax^3 + bx^2$ 的拐点?

3.已知函数 $f(x) = x^3 + ax^2 + bx + c$ 在点 $x = 3$ 处取得极值,且点 $(2,4)$ 是曲线 $y = f(x)$ 的拐点,求常数 a,b,c 的值.

4.证明曲线 $y = \dfrac{x+1}{x^2+1}$ 有三个位于同一直线上的拐点.

5.求下列曲线的渐近线:

(1) $y = \dfrac{x}{(x+2)^2}$;　　　　(2) $y = x^2 e^{-x}$;

(3) $y = \ln(x^2 - 1)$;　　　　(4) $y = \dfrac{1}{\arctan 2x}$;

(5) $y = x + \dfrac{2x}{x^2 - 1}$.

*6.求下列曲线的渐近线:

(1) $y = \dfrac{x^3}{(x-1)^2}$;　　　　(2) $y = \ln(1 + e^x)$;

(3) $y = (1+x)e^{1 - \frac{1}{x}}$.

4.6　函数作图

函数的图像是对函数的直观表示,可以使函数的各种性态一目了然,

它对函数的研究有很大的帮助.中学阶段作函数的图像主要用描点法,点描得太少,图像不精确,点描得太多,工作量又太大,而且描点法也难免会漏掉一些关键点如极值点、拐点,函数图像伸展到无穷远时的状态也难以准确把握.将本章所讨论的函数的性态综合起来,可以较精确地描绘函数的图像.

作函数 $y=f(x)$ 的图形的基本步骤如下:

(1)确定函数 $f(x)$ 的定义域,讨论其奇偶性与周期性.

(2)求出 $f'(x)$、$f''(x)$,找出使它们等于零和不存在的点,利用这些点将定义域分成若干个小区间,列表逐个考察每个小区间上 $f'(x)$ 与 $f''(x)$ 的符号,并确定函数的单调区间、极值点、凹凸区间及拐点.

(3)求曲线 $y=f(x)$ 的渐近线.

(4)画图,先画出渐近线、极值点、拐点,然后按表中最后一行所列的增减性及凹凸性将这些点之间的曲线段依次描出,必要时再计算几个辅助点的坐标,如图像与坐标轴交点等,使函数图像更精确.

【例 4-43】 作函数 $f(x)=\dfrac{1}{\sqrt{2\pi}}\mathrm{e}^{-\frac{x^2}{2}}$ 的图形.

解 (1)函数的定义域为 $(-\infty,+\infty)$,且该函数为偶函数,其图形关于 y 轴对称.因此,可先研究 $x\geqslant0$ 时的图形.

(2) $f'(x)=-\dfrac{x}{\sqrt{2\pi}}\mathrm{e}^{-\frac{x^2}{2}}$,$f''(x)=\dfrac{x^2-1}{\sqrt{2\pi}}\mathrm{e}^{-\frac{x^2}{2}}$. 在 $[0,+\infty)$ 上,$f'(x)$ 的零点为 $x=0$；$f''(x)$ 的零点为 $x=1$.用点 $x=1$ 将 $(0,+\infty)$ 分为两个区间,列表讨论如下:

x	0	$(0,1)$	1	$(1,+\infty)$
$f'(x)$	0	$-$		$-$
$f''(x)$		$-$	0	$+$
$f(x)$	极大值$\dfrac{1}{\sqrt{2\pi}}$	↘ ⌒	拐点$(1,\dfrac{1}{\sqrt{2\pi\mathrm{e}}})$	↘ ⌣

(3) $\lim\limits_{x\to\infty}f(x)=\lim\limits_{x\to\infty}\dfrac{1}{\sqrt{2\pi}}\mathrm{e}^{-\frac{x^2}{2}}=0$.

故曲线有水平渐近线 $y=0$ 即 x 轴.

(4)描出点 $(0,\dfrac{1}{\sqrt{2\pi}})$、$(1,\dfrac{1}{\sqrt{2\pi\mathrm{e}}})$,并据表中末行所述函数性质画出曲线在 y 轴右侧的图形,然后根据偶函数关于 y 轴对称,画出 y 轴左侧的图形,如图 4-12 所示.

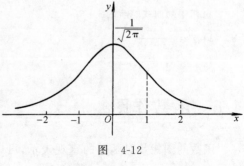

图 4-12

【例 4-44】 作函数 $f(x) = \dfrac{(x-3)^2}{4(x-1)}$ 的图形.

解 (1)函数的定义域为 $(-\infty,1) \bigcup (1,+\infty)$.

(2) $f'(x) = \dfrac{(x+1)(x-3)}{4(x-1)^2}$, $\quad f''(x) = \dfrac{2}{(x-1)^3}$.

令 $f'(x) = 0$ 得 $x_1 = -1, x_2 = 3, f''(x) \neq 0$.

以 $x_1 = -1, x_2 = 3$ 为分点,分定义域为四个区间,列表讨论如下:

x	$(-\infty,-1)$	-1	$(-1,1)$	$(1,3)$	3	$(3,+\infty)$
$f'(x)$	$+$	0	$-$	$-$	0	$+$
$f''(x)$	$-$		$-$	$+$		$+$
$f(x)$	↗ ⌢	极大值 -2	↘ ⌢	↘ ⌣	极小值 0	↗ ⌣

(3) $\lim\limits_{x \to 1} f(x) = \lim\limits_{x \to 1} \dfrac{(x-3)^2}{4(x-1)} = \infty$,故曲线有垂直渐近线 $x=1$,

$$a = \lim_{x \to \infty} \frac{f(x)}{x} = \lim_{x \to \infty} \frac{(x-3)^2}{4x(x-1)} = \frac{1}{4},$$

$$b = \lim_{x \to \infty} [f(x) - ax] = \lim_{x \to \infty} \left[\frac{(x-3)^2}{4(x-1)} - \frac{x}{4} \right]$$

$$= \lim_{x \to \infty} \frac{-5x+9}{4(x-1)} = -\frac{5}{4},$$

故曲线有斜渐近线 $y = \dfrac{1}{4}x - \dfrac{5}{4}$.

(4)画出两条渐近线,并描出特殊点 $(-1,-2)$, $\left(0, -\dfrac{9}{4}\right)$, $(3,0)$,然后根据表中末行所述函数性质依次描出曲线的图形(见图 4-13).

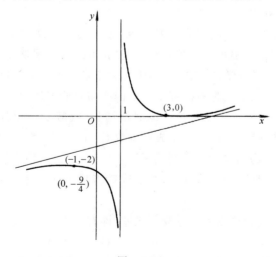

图 4-13

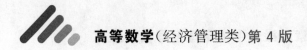

习题 4.6

1. 作出下列函数的图形:

(1) $y = x^3 - x^2 - x + 1$;   (2) $f(x) = e^{\frac{1}{x}}$;

(3) $f(x) = \dfrac{\ln x}{x}$;   (4) $y = \dfrac{x}{1 + x^2}$;

*(5) $y = \dfrac{x^2}{x + 1}$.

4.7 导数概念在经济学中的应用

本节介绍导数概念在经济学中的两个应用——边际分析和弹性分析.

4.7.1 边际和边际分析

设需求量 Q 是价格 p 的函数 $Q = Q(p)$,自变量在 p 点有增量 Δp,因变量相应有增量 ΔQ. 则 $\dfrac{\Delta Q}{\Delta p}$ 表示在 Δp 的变化范围内,价格平均每变化 1 个单位,需求量变化多少个单位. 现在要从 Δp 范围的平均情况过渡到 p 这一点的瞬时情况,取极限 $\lim\limits_{\Delta p \to 0} \dfrac{\Delta Q}{\Delta p}$——这就是需求函数在 p 点的导数. 经济学中"p 点的**边际需求**"定义为价格在 p 时,价格增加 1 个单位时需求量的增量. 这里,自变量的改变"1 个单位"可以认为是微小的变化,即 $\Delta p = 1$ 很小,由微分近似公式知

$$\Delta Q = Q(p + 1) - Q(p) \approx Q'(p)\Delta p = Q'(p),$$

即以需求函数在 p 点的导数值近似代替"p 点的**边际需求**".

类似地,在经济学中,边际成本定义为产量增加 1 个单位时所增加的总成本,边际收入定义为多销售 1 个单位产品时所增加的销售总收入,边际利润定义为多销售 1 个单位产品时所增加(或减少)的利润. 在经济理论研究及经济问题分析中,当总成本函数 $C = C(x)$(x 为产量)、总收入函数 $R = R(x)$(x 为销售量)、总利润函数 $L = L(x)$(x 为销售量)可导时,也分别称 $C'(x)$、$R'(x)$、$L'(x)$ 为产量或销售量为 x 时的边际成本、边际收入、边际利润.

由于总利润为总收入与总成本之差,即有

$$L(x) = R(x) - C(x),$$

由导数运算法则可知,边际利润为边际收入与边际成本之差

$$L'(x) = R'(x) - C'(x).$$

【例 4-45】　某产品的总成本 C（单位：元）和产量 Q（单位：件）的函数关系式为 $C = 1000 + 5Q + 30\sqrt{Q}$. 试求：

(1) 生产 100 件产品时的总成本和平均单位成本.

(2) 产量从 100 件增加到 225 件时总成本的平均变化率.

(3) 生产 100 件和 225 件产品时的边际成本.

解　(1) $C(100) = (1000 + 5 \times 100 + 30\sqrt{100}) = 1800$,

$$\overline{C}(100) = \frac{C(100)}{100} = \frac{1800}{100} = 18,$$

即生产 100 件产品时的总成本为 1800 元，平均每件成本为 18 元.

$(2) \dfrac{\Delta C}{\Delta Q} = \dfrac{C(225) - C(100)}{225 - 100} = \dfrac{2575 - 1800}{125} = 6.2$,

即产量从 100 件增加到 225 件时，平均每增加 1 件产品，总成本增加 6.2 元.

$(3)\ C'(Q) = 5 + 30 \cdot \dfrac{1}{2\sqrt{Q}} = 5 + \dfrac{15}{\sqrt{Q}}$,

$$C'(100) = 5 + \frac{15}{\sqrt{100}} = 6.5,$$

$$C'(225) = 5 + \frac{15}{\sqrt{225}} = 6,$$

即生产 100 件和 225 件产品时的边际成本分别为 6.5 元/件和 6 元/件. 其经济含义为，当产量为 100 件时，再增加 1 件产品，总成本将增加 6.5 元左右；当产量为 225 件时，再增加 1 件产品，总成本将增加 6 元左右.

【例 4-46】　设产品的需求函数为 $x = 100 - 5p$，其中 p 为价格，x 为需求量. 求边际收入函数及 $x = 20, 50$ 和 70 时的边际收入，并解释所得结果的经济意义.

解　总收入函数为 $R(x) = px$，而由 $x = 100 - 5p$ 有 $p = \dfrac{1}{5}(100 - x)$. 于是，总收入函数为

$$R(x) = px = \frac{1}{5}(100 - x)x = \frac{1}{5}(100x - x^2).$$

所以，边际收入函数为

$$R'(x) = \frac{1}{5}(100 - 2x),$$

$$R'(20) = 12, \quad R'(50) = 0, \quad R'(70) = -8.$$

即当销售量（需求量）为 20 个单位时，再多销售一个单位产品，总收入约

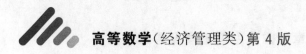

增加 12 个单位；当销售量为 50 个单位时，扩大销售总收入不会增加；当销售量为 70 个单位时，再多销售一个单位产品，反而使总收入约减少 8 个单位.

4.7.2 弹性与弹性分析

1. 弹性的概念

由前面的边际分析可见，尽管边际概念反映了经济函数关系中一个量的变化对另一个量的影响，但边际值依赖于所采用的计量单位. 如边际需求 $Q'(p)$ 表示价格为 p 时，价格变化 1 个单位，需求量大约变化 $Q'(p)$ 个单位. 因而无法在不同产品(产品的计量单位不同)、不同市场(价格的货币单位不同)之间进行比较. 在经济数学中，另一概念能更深刻地刻画需求对价格变化反应的灵敏度，它表示在某一价格水平下，价格变化百分之一时需求量变化的百分比.

联系"边际"概念的经济意义及定义式——绝对增量之比的极限，不难想到"相对增量之比"，从而与"边际需求"讨论类似地有：$\dfrac{\Delta Q/Q}{\Delta p/p}$——表示在 Δp 的变化范围内，价格平均每变化百分之一，需求量变化百分之几. $\lim\limits_{\Delta p \to 0} \dfrac{\Delta Q/Q}{\Delta p/p}$——将它定义为 p 点的需求的价格弹性，其经济含义是，当价格为 p 时，价格变化百分之一，需求量(大约)变化百分之几.

对一般的函数 $y = f(x)$，给出弹性定义如下：

定义 4-5 设函数 $y = f(x)$ 在点 x_0($x_0 \neq 0$)的某邻域内有定义，且 $f(x_0) \neq 0$. 如果极限

$$\lim_{\Delta x \to 0} \frac{\Delta y/f(x_0)}{\Delta x/x_0} = \lim_{\Delta x \to 0} \frac{[f(x_0 + \Delta x) - f(x_0)]/f(x_0)}{\Delta x/x_0}$$

存在，则称此极限值为函数 $y = f(x)$ 在点 x_0 处的**点弹性**，记为 $\dfrac{Ey}{Ex}\Big|_{x=x_0}$.

而称比值

$$\frac{\Delta y/f(x_0)}{\Delta x/x_0} = \frac{f(x_0 + \Delta x) - f(x_0)}{\Delta x} \cdot \frac{x_0}{f(x_0)}$$

为函数 $y = f(x)$ 在点 x_0 与 $x_0 + \Delta x$ 之间的**弧弹性**.

易见，当 $|\Delta x|$ 很小时，点弹性 $\dfrac{Ey}{Ex}\Big|_{x=x_0} \approx$ 弧弹性 $\dfrac{\Delta y/f(x_0)}{\Delta x/x_0}$，从而有函数相对改变量与自变量相对改变量之间的如下关系式

$$\frac{\Delta y}{y_0} \approx \frac{Ey}{Ex}\Big|_{x=x_0} \cdot \frac{\Delta x}{x_0}. \tag{4-19}$$

由定义 4-5 可推出弹性计算公式

$$\frac{Ey}{Ex}\Big|_{x=x_0} = \lim_{\Delta x \to 0} \frac{\Delta y/y_0}{\Delta x/x_0} = \lim_{\Delta x \to 0} \frac{\Delta y}{\Delta x} \cdot \frac{x_0}{y_0} = \frac{x_0}{f(x_0)} \cdot \frac{\mathrm{d}y}{\mathrm{d}x}\Big|_{x=x_0}.$$

若函数 $y=f(x)$ 在区间 (a,b) 内可导且 $f(x) \neq 0$,则称

$$\frac{Ey}{Ex} = \frac{x}{f(x)} f'(x)$$

为 $y=f(x)$ 在 (a,b) 内的(**点**)**弹性函数**.

2. 需求弹性分析

设某商品需求量对价格的函数 $Q=Q(p)$ 可导,则需求对价格的弹性为

$$\frac{EQ}{Ep} = \frac{p}{Q(p)} \cdot \frac{\mathrm{d}Q}{\mathrm{d}p}.$$

需求价格弹性在经济分析中研究较多,简称为需求弹性,并以固定记号 ε_p 记之.

由于需求函数 $Q=Q(p)$ 是减函数,故需求价格弹性为负值,比较弹性大小时是比较其绝对值大小.

当 $|\varepsilon_p| > 1$ 即 $\varepsilon_p < -1$ 时,称为高弹性,此时商品需求量变化的百分比高于价格变化的百分比,价格的变动对需求量的影响较大;当 $|\varepsilon_p| < 1$ 即 $-1 < \varepsilon_p < 0$ 时,称为低弹性,此时商品需求量变化的百分比低于价格变化的百分比,价格的变动对需求量的影响不大;当 $|\varepsilon_p| = 1$,即 $\varepsilon_p = -1$ 时,称为单位弹性,此时商品需求量变化的百分比等于价格变化的百分比.

在商品经济中,商品经营者关心的是提价($\Delta p > 0$)或降价($\Delta p < 0$)对总收益的影响.利用弹性计算公式,可以推导出收益对价格的弹性与需求弹性的关系,从而作出定量分析.事实上,由 $\varepsilon_p = \frac{p}{Q(p)} \cdot \frac{\mathrm{d}Q}{\mathrm{d}p}$ 及销售收益 $R(p) = p \cdot Q(p)$ 有

$$\frac{ER}{Ep} = \frac{p}{R(p)} \cdot \frac{\mathrm{d}R}{\mathrm{d}p} = \frac{p}{p \cdot Q(p)} \Big[Q(p) + p \frac{\mathrm{d}Q}{\mathrm{d}p} \Big]$$

$$= 1 + \frac{p}{Q(p)} \cdot \frac{\mathrm{d}Q}{\mathrm{d}p} = 1 + \varepsilon_p, \tag{4-20}$$

由此可知,当 $\varepsilon_p < -1$(高弹性)时,$\frac{ER}{Ep} = 1 + \varepsilon_p < 0$,价格上涨 1%,需求量约减少 $-\varepsilon_p$ %,收益约减少 $(-1-\varepsilon_p)$ %,降价将使收益增加,薄利多销多收益;当 $-1 < \varepsilon_p < 0$(低弹性)时,$\frac{ER}{Ep} = 1 + \varepsilon_p > 0$,价格上涨 1%,收益约增加 $(1+\varepsilon_p)$ %,降价则使收益减小;当 $\varepsilon_p = -1$(单位弹性)时,提

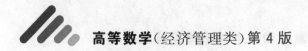

价或降价对总收益无明显影响.

【例 4-47】 某商品的需求函数为 $Q=Q(p)=75-p^2$,

(1)求 $p=6$ 时的需求价格弹性,并给以适当的经济解释.

(2)在 $p=4$ 时,若价格上涨 1%,总收入是增加还是减少?变化多少?

解 $\varepsilon_p=\dfrac{p}{Q}Q'(p)=\dfrac{p}{75-p^2}(-2p)=\dfrac{2p^2}{p^2-75}$.

(1)当 $p=6$ 时,$\varepsilon_p=\dfrac{72}{36-75}\approx-1.85$,表示价格 $p=6$ 时,提价 1%,需求量大约减少 1.85%,为高弹性,提价将使总收入减少.

(2)当 $p=4$ 时,$\varepsilon_p=\dfrac{32}{16-75}\approx-0.54$,低弹性,提价将使总收入增加.

由 $\dfrac{ER}{Ep}=1+\varepsilon_p$,得 $\dfrac{ER}{Ep}\Big|_{p=4}\approx0.46$,即 $p=4$ 时,价格上涨 1%,总收入大约增加 0.46%.

【例 4-48】 已知某企业某种产品的需求弹性的范围是 $1.3\sim2.1$,如果该企业准备明年将价格降低 10%,问这种商品的销售量预期会增加多少?总收入预期会如何变化?变化多少?

解 由式(4-19)及式(4-20)有

$$\frac{\Delta Q}{Q}\approx\varepsilon_p\,\frac{\Delta p}{p},\frac{\Delta R}{R}\approx\frac{ER}{Ep}\cdot\frac{\Delta p}{p}=(1+\varepsilon_p)\frac{\Delta p}{p}.$$

当 $|\varepsilon_p|=1.3$ 即 $\varepsilon_p=-1.3$ 时,

$$\frac{\Delta Q}{Q}\approx(-1.3)\times(-0.1)=13\%,$$

$$\frac{\Delta R}{R}\approx(1-1.3)\times(-0.1)=3\%.$$

当 $|\varepsilon_p|=2.1$ 即 $\varepsilon_p=-2.1$ 时,

$$\frac{\Delta Q}{Q}\approx(-2.1)\times(-0.1)=21\%,$$

$$\frac{\Delta R}{R}\approx(1-2.1)\times(-0.1)=11\%.$$

即明年降价 10% 时该商品销售量预期约增加 $13\%\sim21\%$,总收入预期约增加 $3\%\sim11\%$.

需求弹性除了上面所分析的需求价格弹性外,常用的还有需求的收入弹性.假设 x 表示消费者的人均收入,y 表示某商品的人均需求量,则 $y=f(x)$ 在经济学中称为恩格尔函数,显然,$y=f(x)$ 为增函数,故需求收入弹性 $\dfrac{Ey}{Ex}=\dfrac{x}{y}\cdot y'>0$. 类似于需求价格弹性的讨论,当 $\dfrac{Ey}{Ex}>1$ 时,高弹性,需求增加的百分比大于收入增加的百分比;当 $0<\dfrac{Ey}{Ex}<1$ 时,低弹性,需求增加的百分比小于收入增加的百分比.

例如,某地电扇的恩格尔函数在城市为 $y=0.0002x^{1.431}$(台/人),在乡镇为 $y=1.58\times10^6 x^{2.1789}$(台/人),需求收入弹性分别为 1.431 和 2.1789.说明电扇在大城市发展势头已减缓,在乡镇中发展势头还较快,这对厂家安排销售市场提供了参考信息.

在经济学中,除研究需求弹性外,还要研究供给弹性,生产量关于资本、劳力的弹性等.有上述分析作基础,读者不难对其他经济变量的弹性作出分析讨论.

习题 4.7

1.生产某产品,每日固定成本为 100 元,每多生产一个单位产品,成本增加 20 元,该产品的需求函数为 $Q=17-\dfrac{p}{20}$,试写出日总成本函数和总利润函数,并求边际成本函数和边际利润函数.

2.某商品的需求量 Q 为价格 p 的函数
$$Q=150-2p^2.$$
(1)求 $p=6$ 时的边际需求,并说明其经济意义;

(2)求 $p=6$ 时的需求弹性,并说明其经济意义;

(3)求 $p=6$ 时,若价格下降 2%,总收益是增加还是减少? 变化百分之几?

3.求下列函数的弹性(其中 k,a 为常数):

(1) $y=kx^a$;　　(2) $y=e^{kx}$;　　(3) $y=4-\sqrt{x}$;　　(4) $y=10\sqrt{9-x}$.

4.指出下列需求关系中,价格 p 取何值时,需求是高弹性或低弹性的:

(1) $x=100(2-\sqrt{p})$;　　　　(2) $p=\sqrt{a-bx}$　$(a,b>0)$.

总习题 4

1.选择题

(1)设 $y=f(x)$ 满足方程 $y''-2y'+4y=-e^{\sin x}$,且 $f(x_0)>0$,$f'(x_0)=0$,则函数 $f(x)$ 在点 x_0 处(　　).

　A.取得极大值　　　　　　　　B.某个邻域内单调增加

　C.取得极小值　　　　　　　　D.某个邻域内单调减少

(2)设 $f'''(x_0)$ 存在,且 $f'''(x_0)\neq0$,$f''(x_0)=0$,则下列结论成立的是(　　).

　A. x_0 是 $f(x)$ 的极小值点

　B. x_0 是 $f(x)$ 的极大值点

　C. $(x_0,f(x_0))$ 是曲线 $y=f(x)$ 的拐点

D. x_0 是 $f(x)$ 的驻点

(3)若 $f(x) = -f(-x)$,在 $(0, +\infty)$ 内 $f'(x) > 0$,$f''(x) > 0$,则在 $(-\infty, 0)$ 内(   ).

A. $f'(x) < 0$,$f''(x) < 0$ B. $f'(x) < 0$,$f''(x) > 0$

C. $f'(x) > 0$,$f''(x) < 0$ D. $f'(x) > 0$,$f''(x) > 0$

(4)曲线 $y = \dfrac{x^2 + 2x - 3}{(x^3 - x)(x^2 + 1)}$ 的铅直渐近线的条数是(   ).

A. 0   B. 1   C. 2   D. 3

(5)若函数 $f(x)$ 在区间 $(0, +\infty)$ 内二阶可导,且 $\lim\limits_{x \to +\infty} f''(x) = 0$,则对任意正常数 a,必有(   ).

A. $\lim\limits_{x \to +\infty} [f'(x+a) - f'(x)] = 1$

B. $\lim\limits_{x \to +\infty} [f'(x+a) - f'(x)] = 0$

C. $\lim\limits_{x \to +\infty} [f'(x+a) - f'(x)] = \infty$

D. $\lim\limits_{x \to +\infty} [f'(x+a) - f'(x)]$ 不存在

(6)设 $f(x)$ 在 $[0,1]$ 上,满足 $f''(x) > 0$,则 $f'(1)$,$f'(0)$ 和 $f(1) - f(0)$ 的大小顺序为(   ).

A. $f'(1) > f'(0) > f(1) - f(0)$ B. $f'(1) > f(1) - f(0) > f'(0)$

C. $f(1) - f(0) > f'(1) > f'(0)$ D. $f'(1) > f(0) - f(1) > f'(0)$

2. 填空题

(1)设当 $x \to 0$ 时,$1 - \cos(e^{x^2} - 1)$ 与 $2^m x^n$ 是等价无穷小,则 $m = $____,$n = $____.

(2)$\lim\limits_{x \to 0} \dfrac{\sqrt{4 + \tan x} - \sqrt{4 + \sin x}}{x(1 - \cos x)} = $_____.

(3)设函数 $f(x) = x e^x$,则 $f^{(n)}(x)$ 在 $x = $_____处取极小值_____.

(4)设函数 $f(x)$ 在区间 $[0, +\infty)$ 内二阶可导,且曲线 $y = f(x)$ 在点 $(1, f(1))$ 处与曲线 $y = x^3 - 3$ 相切,在 $(0, +\infty)$ 内与曲线 $y = x^3 - 3$ 有相同的凹向,则方程 $f(x) = 0$ 在 $(1, +\infty)$ 内有_____个实根.

(5)设 $0 < a < \dfrac{1}{e}$,则函数 $f(x) = \ln x - ax$ 在 $(0, +\infty)$ 内零点的个数为_____.

3. 求下列极限

(1)$\lim\limits_{x \to 0} \left(\dfrac{1+x}{1 - e^{-x}} - \dfrac{1}{x} \right)$;

(2)$\lim\limits_{x \to 0} \dfrac{(1 - \cos x)[x - \ln(1 + \tan x)]}{\sin^4 x}$;

(3)$\lim\limits_{x \to 0} \left[\dfrac{1}{\ln(x + \sqrt{1 + x^2})} - \dfrac{1}{\ln(1 + x)} \right]$;

(4)$\lim\limits_{x \to 0} \dfrac{\sqrt{1 + \tan x} - \sqrt{1 + \sin x}}{x \ln(1 + x) - x^2}$;

(5)$\lim\limits_{x \to +\infty} \left(\dfrac{2}{\pi} \arctan x \right)^x$;

(6) $\lim\limits_{x \to \infty} \left(\dfrac{a_1^{\frac{1}{x}} + a_2^{\frac{1}{x}} + \cdots + a_n^{\frac{1}{x}}}{n} \right)^{nx}$ （其中 $a_1, a_2, \cdots, a_n > 0$）．

4. 求函数 $f(x) = \begin{cases} x^2 - 3x + 1, x < 0, \\ \sqrt[3]{(x^2-1)^2}, x \geqslant 0 \end{cases}$ 的单调区间．

5. 已知数列 $3, 3 - \lg 2, 3 - 2\lg 2, \cdots, 3 - (n-1)\lg 2, \cdots$，问前多少项和为最大．

6. 求椭圆 $x^2 - xy + y^2 = 3$ 上纵坐标最大和最小的点．

7. 将长为 a 的铁丝切成两段，一段围成正方形，另一段围成圆，问两段铁丝各为多长时，正方形与圆的面积之和最小．

8. 某商品的需求函数为 $Q = 100 - 5p$，其中价格 $p \in (0, 20)$，Q 为需求量．

(1) 求需求量对价格的弹性 $E_p (E_p > 0)$；

(2) 推导 $\dfrac{dR}{dp} = Q(1 - E_p)$（其中 R 为收益），并用弹性 E_p 说明价格在何范围内变化时，降低价格反而使总收益增加．

9. 设某产品的需求函数为 $Q = Q(p)$，收益函数为 $R = pQ$，其中 p 为产品价格，Q 为需求量（产品的产量），$Q(p)$ 是单调减函数．如果当价格为 p_0 时对应的产量为 Q_0，边际收益 $\left. \dfrac{dR}{dQ} \right|_{Q=Q_0} = a > 0$，收益对价格的边际效应 $\left. \dfrac{dR}{dp} \right|_{p=p_0} = c < 0$，需求对价格的弹性 $E_p = b > 1$，求 p_0 和 Q_0．

10. 某商品进价为 a（元/件），根据以往经验，当销售价为 b（元/件）时，销售量为 c 件（a, b, c 均为正常数，且 $b \geqslant \dfrac{4}{3}a$），市场调查表明，销售价每下降 10%，销售量可增加 40%，现决定一次性降价，试问，当销售价定为多少时，可获得最大利润？并求出最大利润．

11. 设 $f(x)$ 在 $[0,1]$ 上连续，在 $(0,1)$ 内二阶可导，过点 $A(0, f(0))$ 与 $B(1, f(1))$ 的直线与曲线 $y = f(x)$ 相交于点 $C(c, f(c))$，其中 $0 < c < 1$，证明：在 $(0,1)$ 内至少存在一点 ξ，使得 $f''(\xi) = 0$．

12. 设 $f(x)$ 在 $[a,b]$ 上连续，在 (a,b) 内可导，且 $f(a) \cdot f(b) > 0$，$f(a) \cdot f\left(\dfrac{a+b}{2}\right) < 0$，证明：对任意实数 k，在 (a,b) 内存在 ξ，使得 $f'(\xi) = kf(\xi)$．

13. 已知函数 $f(x)$ 在区间 $[1,2]$ 上连续，在 $(1,2)$ 内可导，且 $f(1) = \dfrac{1}{2}$，$f(2) = 2$．证明：至少存在一点 $\xi \in (1, 2)$，使得 $f'(\xi) = \dfrac{2f(\xi)}{\xi}$．

14. 设 p, q 是大于 1 的常数，且 $\dfrac{1}{p} + \dfrac{1}{q} = 1$，证明：对任意 $x > 0$，有 $\dfrac{1}{p}x^p + \dfrac{1}{q} \geqslant x$．

第 5 章

北斗:想象无限

不定积分

在第 3 章中,我们讨论了如何求一个函数的导函数的问题,本章将讨论它的反问题,即已知一个函数 $f(x)$,要寻求一个可导函数 $F(x)$,使它的导函数等于已知函数 $f(x)$,即 $F'(x)=f(x)$.这是积分学的基本问题之一.

5.1 不定积分的概念与性质

5.1.1 原函数与不定积分的概念

定义 5-1 如果在区间 I 上,可导函数 $F(x)$ 的导函数为 $f(x)$,即对任一个 $x \in I$,都有

$$F'(x)=f(x) \quad 或 \quad \mathrm{d}F(x)=f(x)\mathrm{d}x,$$

则称函数 $F(x)$ 为 $f(x)$(或 $f(x)\mathrm{d}x$)在区间 I 上的一个**原函数**.

例如,因为 $(\sin x)'=\cos x$,所以 $\sin x$ 是 $\cos x$ 的一个原函数.

又如,因为

$$\left[\frac{1}{2}\ln(1+x^2)\right]'=\frac{1}{2} \cdot \frac{1}{1+x^2} \cdot 2x=\frac{x}{1+x^2},$$

所以 $\frac{1}{2}\ln(1+x^2)$ 是 $\frac{x}{1+x^2}$ 的一个原函数.

关于原函数,以下三个问题有待讨论.

(1)函数 $f(x)$ 满足什么条件时,能保证它的原函数一定存在? 对这个问题给出如下结论,具体证明将在下一章中完成.

定理 5-1 (原函数存在定理) 如果函数 $f(x)$ 在区间 I 上连续,则在区间 I 上存在可导函数 $F(x)$,使对任一个 $x \in I$,都有

$$F'(x)=f(x).$$

简单地说就是：连续函数一定存在原函数.

（2）如果函数 $f(x)$ 在区间 I 上有原函数，则原函数有多少个？

设函数 $F(x)$ 是 $f(x)$ 在区间 I 上的一个原函数，即对任一个 $x\in I$，都有

$$F'(x)=f(x),$$

从而

$$[F(x)+C]'=F'(x)=f(x)\quad（C\ 为任意常数），$$

这说明：如果函数 $f(x)$ 有一个原函数，则 $f(x)$ 就有无限多个原函数.

（3）如果函数 $F(x)$ 是 $f(x)$ 在区间 I 上的一个原函数，则 $f(x)$ 的其他原函数与 $F(x)$ 有什么关系？

设 $\Phi(x)$ 是 $f(x)$ 的任一个原函数，即对任一个 $x\in I$，有

$$\Phi'(x)=f(x),$$

因为

$$[\Phi(x)-F(x)]'=\Phi'(x)-F'(x)=f(x)-f(x)\equiv 0,$$

由 4.1 节中的拉格朗日中值定理的推论可知，在一个区间上导数恒为零的函数必为常数，所以

$$\Phi(x)-F(x)=C\quad（C\ 为任意常数），$$

即

$$\Phi(x)=F(x)+C.$$

上式表明：若 $f(x)$ 的一个原函数为 $F(x)$，则 $f(x)$ 的全体原函数为 $F(x)+C$（C 为任意常数）.

综上所述，引入不定积分的概念.

定义 5-2　在区间 I 上，函数 $f(x)$ 的全体原函数称为 $f(x)$（或 $f(x)\mathrm{d}x$）在区间 I 上的**不定积分**，记作

$$\int f(x)\mathrm{d}x,$$

其中符号 $\int$ 称为**积分号**，$f(x)$ 称为**被积函数**，$f(x)\mathrm{d}x$ 称为**被积表达式**，x 称为**积分变量**.

由定义 5-2 知，求不定积分 $\int f(x)\mathrm{d}x$ 时，只要先求出 $f(x)$ 的一个原函数 $F(x)$，然后再加上任意常数 C 就行了.

【例 5-1】　求 $\int\cos x\mathrm{d}x$.

解　因为 $(\sin x)'=\cos x$，所以 $\sin x$ 是 $\cos x$ 的一个原函数，故

$$\int \cos x \mathrm{d}x = \sin x + C.$$

【例 5-2】 求 $\int x^2 \mathrm{d}x$.

解 因为 $\left(\dfrac{1}{3}x^3\right)' = x^2$,所以 $\dfrac{1}{3}x^3$ 是 x^2 的一个原函数,故

$$\int x^2 \mathrm{d}x = \frac{1}{3}x^3 + C.$$

【例 5-3】 求 $\int \dfrac{1}{x} \mathrm{d}x$.

解 当 $x>0$ 时,因为 $(\ln x)' = \dfrac{1}{x}$,所以 $\ln x$ 是 $\dfrac{1}{x}$ 在 $(0,+\infty)$ 内的一个原函数,即在 $(0,+\infty)$ 内

$$\int \frac{1}{x} \mathrm{d}x = \ln x + C;$$

当 $x<0$ 时,因为 $[\ln(-x)]' = \dfrac{1}{-x}(-1) = \dfrac{1}{x}$,所以 $\ln(-x)$ 是 $\dfrac{1}{x}$ 在 $(-\infty,0)$ 内的一个原函数,即在 $(-\infty,0)$ 内

$$\int \frac{1}{x} \mathrm{d}x = \ln(-x) + C.$$

综上有

$$\int \frac{1}{x} \mathrm{d}x = \ln|x| + C.$$

【例 5-4】 求通过点 $(2,3)$,且曲线上任一点处的切线斜率等于该点横坐标的两倍的曲线方程.

解 设所求的曲线方程为 $y = f(x)$,由题设及导数的几何意义,得

$$f'(x) = 2x,$$

于是

$$f(x) = \int 2x \mathrm{d}x = x^2 + C.$$

因为所求曲线通过点 $(2,3)$,即 $f(2) = 3$,故 $C = -1$;因此,所求曲线方程为

$$y = x^2 - 1.$$

其图形如图 5-1 所示.

函数 $f(x)$ 的原函数 $y = F(x)$ 的图形称为 $f(x)$ 的**积分曲线**,全体原函数的图形称为 $f(x)$ 的**积分曲线族**,它是由某条积分曲线沿 y 轴方向平移而得到的.在相同横坐标 x 处,积分曲线族中每一条曲线的切线有相同的斜率 $f(x)$.例

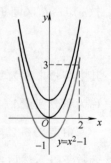

图 5-1

5-4 即是求函数 $2x$ 通过点 $(2,3)$ 的那条积分曲线(见图 5-1).

5.1.2 不定积分的性质

性质 1　$\left[\int f(x)\mathrm{d}x\right]' = f(x)$　或　$\mathrm{d}\int f(x)\mathrm{d}x = f(x)\mathrm{d}x$;

$\int F'(x)\mathrm{d}x = F(x) + C$　或　$\int \mathrm{d}F(x) = F(x) + C.$

性质 1 可以由原函数和不定积分的定义直接导出. 它表明不定积分运算(简称积分运算)与导数(或微分)运算(简称微分运算)是互逆运算,当相继作这两种运算时,或者相互抵消,或者抵消后差一个常数.

性质 2　设函数 $f(x)$ 及 $g(x)$ 的原函数存在,则

$$\int[f(x) \pm g(x)]\mathrm{d}x = \int f(x)\mathrm{d}x \pm \int g(x)\mathrm{d}x.$$

证　因为

$$\left[\int f(x)\mathrm{d}x \pm \int g(x)\mathrm{d}x\right]' = \left[\int f(x)\mathrm{d}x\right]' \pm \left[\int g(x)\mathrm{d}x\right]'$$
$$= f(x) \pm g(x),$$

所以 $\int f(x)\mathrm{d}x \pm \int g(x)\mathrm{d}x$ 是 $f(x) \pm g(x)$ 的原函数,又因为它含有两个积分号,形式上含有两个任意常数,而任意常数的代数和仍为任意常数,故实际上含有一个任意常数,所以它是 $f(x) \pm g(x)$ 的不定积分.

性质 2 对于有限多个函数都是成立的.

性质 3　设函数 $f(x)$ 的原函数存在,k 为非零常数,则

$$\int kf(x)\mathrm{d}x = k\int f(x)\mathrm{d}x.$$

性质 3 的证明留给读者自己完成.

【例 5-5】　已知 $\int \dfrac{f(x)}{\sqrt{1-x^2}}\mathrm{d}x = x\arcsin x + C$,求 $f(x)$.

解　因为 $\dfrac{f(x)}{\sqrt{1-x^2}} = (x\arcsin x+C)' = \arcsin x + \dfrac{x}{\sqrt{1-x^2}}$,所以

$$f(x) = \sqrt{1-x^2}\arcsin x + x.$$

5.1.3 基本积分公式

既然积分运算是微分运算的逆运算,那么很自然地可以由基本初等函数的导数公式得到下列基本积分公式:

(1) $\int k\mathrm{d}x = kx + C$　(k 是常数);

(2) $\int x^{\mu} \mathrm{d}x = \dfrac{1}{\mu+1} x^{\mu+1} + C \quad (\mu \neq -1)$;

(3) $\int \dfrac{1}{x} \mathrm{d}x = \ln|x| + C$;

(4) $\int a^{x} \mathrm{d}x = \dfrac{a^{x}}{\ln a} + C \quad (a > 0, a \neq 1)$;

(5) $\int \mathrm{e}^{x} \mathrm{d}x = \mathrm{e}^{x} + C$;

(6) $\int \sin x \mathrm{d}x = -\cos x + C$;

(7) $\int \cos x \mathrm{d}x = \sin x + C$;

(8) $\int \sec^{2} x \mathrm{d}x = \tan x + C$;

(9) $\int \csc^{2} x \mathrm{d}x = -\cot x + C$;

(10) $\int \sec x \tan x \mathrm{d}x = \sec x + C$;

(11) $\int \csc x \cot x \mathrm{d}x = -\csc x + C$;

(12) $\int \dfrac{1}{\sqrt{1-x^{2}}} \mathrm{d}x = \arcsin x + C$;

(13) $\int \dfrac{1}{1+x^{2}} \mathrm{d}x = \arctan x + C$.

以上公式是计算不定积分的基础,必须熟记.

利用不定积分的性质和基本积分公式,可以求出一些简单函数的不定积分,这种方法称为**直接积分法**.

【例 5-6】 求 $\int \dfrac{1}{x^{2}} \mathrm{d}x$.

解 $\int \dfrac{1}{x^{2}} \mathrm{d}x = \int x^{-2} \mathrm{d}x = \dfrac{1}{-2+1} x^{-2+1} + C = -\dfrac{1}{x} + C$.

【例 5-7】 求 $\int x^{3} \sqrt{x} \mathrm{d}x$.

解 $\int x^{3} \sqrt{x} \mathrm{d}x = \int x^{\frac{7}{2}} \mathrm{d}x = \dfrac{2}{9} x^{\frac{9}{2}} + C$.

以上例题表明,用分式或根式表示的幂函数,往往应先化为 x^{μ} 的形式,然后再用幂函数的积分公式来求不定积分.

【例 5-8】 求 $\int \dfrac{(x-1)^{2}}{\sqrt{x}} \mathrm{d}x$.

解
$$\int \frac{(x-1)^2}{\sqrt{x}}\mathrm{d}x = \int (x^{\frac{3}{2}} - 2x^{\frac{1}{2}} + x^{-\frac{1}{2}})\mathrm{d}x$$
$$= \int x^{\frac{3}{2}}\mathrm{d}x - 2\int x^{\frac{1}{2}}\mathrm{d}x + \int x^{-\frac{1}{2}}\mathrm{d}x$$
$$= \frac{2}{5}x^{\frac{5}{2}} - \frac{4}{3}x^{\frac{3}{2}} + 2x^{\frac{1}{2}} + C.$$

【例 5-9】　求 $\displaystyle\int \frac{2^x + 4 \cdot 3^{x+1}}{5^x}\mathrm{d}x$.

解
$$\int \frac{2^x + 4 \cdot 3^{x+1}}{5^x}\mathrm{d}x = \int \left(\frac{2^x}{5^x} + \frac{12 \cdot 3^x}{5^x}\right)\mathrm{d}x$$
$$= \int \left[\left(\frac{2}{5}\right)^x + 12 \cdot \left(\frac{3}{5}\right)^x\right]\mathrm{d}x$$
$$= \frac{\left(\dfrac{2}{5}\right)^x}{\ln 2 - \ln 5} + \frac{12 \cdot \left(\dfrac{3}{5}\right)^x}{\ln 3 - \ln 5} + C$$
$$= \frac{2^x}{5^x(\ln 2 - \ln 5)} + \frac{12 \cdot 3^x}{5^x(\ln 3 - \ln 5)} + C.$$

【例 5-10】　求 $\displaystyle\int \frac{1}{x^2(1+x^2)}\mathrm{d}x$.

解
$$\int \frac{1}{x^2(1+x^2)}\mathrm{d}x = \int \frac{1+x^2-x^2}{x^2(1+x^2)}\mathrm{d}x = \int \left(\frac{1}{x^2} - \frac{1}{1+x^2}\right)\mathrm{d}x$$
$$= -\frac{1}{x} - \arctan x + C.$$

【例 5-11】　求 $\displaystyle\int \frac{x^4}{1+x^2}\mathrm{d}x$.

解
$$\int \frac{x^4}{1+x^2}\mathrm{d}x = \int \frac{x^4-1+1}{1+x^2}\mathrm{d}x = \int \left(x^2 - 1 + \frac{1}{1+x^2}\right)\mathrm{d}x$$
$$= \frac{1}{3}x^3 - x + \arctan x + C.$$

【例 5-12】　求 $\displaystyle\int \tan^2 x\,\mathrm{d}x$.

解
$$\int \tan^2 x\,\mathrm{d}x = \int (\sec^2 x - 1)\mathrm{d}x = \tan x - x + C.$$

【例 5-13】　求 $\displaystyle\int \frac{1}{\sin^2 x \cos^2 x}\mathrm{d}x$.

解
$$\int \frac{1}{\sin^2 x \cos^2 x}\mathrm{d}x = \int \frac{\sin^2 x + \cos^2 x}{\sin^2 x \cos^2 x}\mathrm{d}x = \int \left(\frac{1}{\cos^2 x} + \frac{1}{\sin^2 x}\right)\mathrm{d}x$$
$$= \int (\sec^2 x + \csc^2 x)\mathrm{d}x = \tan x - \cot x + C.$$

【例 5-14】　求 $\displaystyle\int \frac{1}{\sin^2 \dfrac{x}{2} \cos^2 \dfrac{x}{2}}\mathrm{d}x$.

解 $\displaystyle\int \frac{1}{\sin^2 \frac{x}{2} \cos^2 \frac{x}{2}} \mathrm{d}x = \int \frac{4}{4 \sin^2 \frac{x}{2} \cos^2 \frac{x}{2}} \mathrm{d}x = \int \frac{4}{\sin^2 x} \mathrm{d}x$

$$= 4\int \csc^2 x \mathrm{d}x = -4 \cot x + C.$$

在例 5-8 到例 5-14 中，先利用代数或三角公式对被积函数进行恒等变形，从而将所求积分化为基本积分公式中已有的形式，然后再求积分.

习题 5.1

1.已知一个函数的导数是 $\dfrac{1}{\sqrt{1-x^2}}$，且当 $x=1$ 时，该函数值是 $\dfrac{3}{2}\pi$，求这个函数.

2.验证在 $(-\infty, +\infty)$ 内，$\sin^2 x$，$-\dfrac{1}{2}\cos 2x$，$-\cos^2 x$ 都是同一函数的原函数.

3.求下列不定积分：

(1) $\displaystyle\int \frac{2}{x^3} \mathrm{d}x$；

(2) $\displaystyle\int x^2 \sqrt[3]{x} \mathrm{d}x$；

(3) $\displaystyle\int (1+x^2)^2 \mathrm{d}x$；

(4) $\displaystyle\int \frac{x^2 - 3x + 2}{\sqrt{x}} \mathrm{d}x$；

(5) $\displaystyle\int \left(\frac{1}{\sqrt{x}} + \frac{1}{x^2}\right) \mathrm{d}x$；

(6) $\displaystyle\int (\sqrt{x}+1)(\sqrt{x^3}-1) \mathrm{d}x$；

(7) $\displaystyle\int \left(2\mathrm{e}^x + \frac{3}{x}\right) \mathrm{d}x$；

(8) $\displaystyle\int \mathrm{e}^x \left(1 - \frac{\mathrm{e}^{-x}}{\cos^2 x}\right) \mathrm{d}x$；

(9) $\displaystyle\int 5^x \mathrm{e}^x \mathrm{d}x$；

(10) $\displaystyle\int (\mathrm{e}^x + 3\sin x + \sec^2 x) \mathrm{d}x$；

(11) $\displaystyle\int \cot^2 x \mathrm{d}x$；

(12) $\displaystyle\int \sec x(\sec x - \tan x) \mathrm{d}x$；

(13) $\displaystyle\int \cos^2 \frac{x}{2} \mathrm{d}x$；

(14) $\displaystyle\int \frac{1}{1 + \cos 2x} \mathrm{d}x$；

(15) $\displaystyle\int \frac{1}{1 + \sin x} \mathrm{d}x$；

(16) $\displaystyle\int \frac{\cos 2x}{\cos x - \sin x} \mathrm{d}x$；

(17) $\displaystyle\int \frac{\cos 2x}{\sin^2 x \cos^2 x} \mathrm{d}x$；

(18) $\displaystyle\int \frac{(1 + \sin x)^2}{\cos^2 x} \mathrm{d}x$；

(19) $\displaystyle\int \left(\frac{3}{1+x^2} - \frac{2}{\sqrt{1-x^2}}\right) \mathrm{d}x$；

(20) $\displaystyle\int \frac{\sqrt{1+x^2}}{\sqrt{1-x^4}} \mathrm{d}x$；

(21) $\displaystyle\int \frac{x^2}{1+x^2} \mathrm{d}x$；

(22) $\displaystyle\int \frac{1 + x + x^2}{x(1+x^2)} \mathrm{d}x$；

(23) $\displaystyle\int \frac{1 + 2x^2}{x^2(1+x^2)} \mathrm{d}x$；

(24) $\displaystyle\int \frac{x - \sqrt{1-x^2}}{x\sqrt{1-x^2}} \mathrm{d}x$；

(25) $\displaystyle\int \frac{3x^4 + 2x^2}{x^2 + 1} \mathrm{d}x$；

(26) $\displaystyle\int \frac{x^3 + x^2 + x + 2}{x^2 + 1} \mathrm{d}x$.

4.已知一曲线通过点 $(1, -1)$，且曲线上任一点处的切线斜率等于该点横坐标的倒数，求该曲线的方程.

5.设某企业的边际收益是 $R'(x)=100-0.01x$（其中 x 为产品的产量），且当产量 $x=0$ 时，收益 $R=0$．试求收益函数 $R(x)$ 和平均收益函数．

6.一种流感病毒每天以 $(240t-3t^2)$ 的速率增加，其中 t 是首次爆发后的天数，如果第一天有 50 个病人，求在第 10 天被感染的人数．

7.已知 $f(x)=k\tan 2x$ 的一个原函数是 $\dfrac{2}{3}\ln\cos 2x$，求常数 k．

8.已知 $\int f(x+1)\mathrm{d}x=x\mathrm{e}^{x+1}+C$，求函数 $f(x)$．

9.设 $f(x)$ 是 $(-\infty,+\infty)$ 内的连续的奇函数，$F(x)$ 是它的一个原函数，证明：$F(x)$ 是偶函数．

5.2 换元积分法

利用不定积分的性质和基本积分公式，所能计算的积分是很有限的．因此，有必要进一步研究不定积分的求法．本节中将复合函数的求导法则反过来用于求不定积分，得到非常有效的换元积分法．

5.2.1 第一类换元法

定理 5-2 设函数 $F(u)$ 是 $f(u)$ 的一个原函数，$u=\varphi(x)$ 可导，则有换元积分公式

$$\int f(\varphi(x))\varphi'(x)\mathrm{d}x=\left[\int f(u)\mathrm{d}u\right]_{u=\varphi(x)}=F(\varphi(x))+C. \quad (5\text{-}1)$$

证 由复合函数求导法则，得

$$[F(\varphi(x))]'=F'(\varphi(x))\varphi'(x)=f(\varphi(x))\varphi'(x),$$

即 $F(\varphi(x))$ 是 $f(\varphi(x))\varphi'(x)$ 的原函数，所以换元积分公式(5-1)成立．证毕．

运用第一类换元积分公式(5-1)的关键在于将被积函数表示成这样两部分的乘积，一部分是某个已知函数 $\varphi(x)$ 的复合函数 $f(\varphi(x))$，另一部分是函数 $\varphi(x)$ 的导数 $\varphi'(x)$．如要计算积分 $\int g(x)\mathrm{d}x$，则第一类换元法的基本方法为：

$$\int g(x)\mathrm{d}x\xrightarrow{\text{分解}g(x)}\int f(\varphi(x))\varphi'(x)\mathrm{d}x$$

$$\xrightarrow{\text{凑微分}}\int f(\varphi(x))\mathrm{d}(\varphi(x))$$

相同 成为基本积分公式中的形式

$$\xrightarrow{u=\varphi(x)}\int f(u)\mathrm{d}u$$

$$=F(u)+C$$

$$=F(\varphi(x))+C.$$

【**例 5-15**】 求 $\displaystyle\int \frac{1}{5+3x}\mathrm{d}x$.

解 $\displaystyle\int \frac{1}{5+3x}\mathrm{d}x = \frac{1}{3}\int \frac{1}{5+3x}\mathrm{d}(5+3x)$

$$\xlongequal{u=5+3x} \frac{1}{3}\int \frac{1}{u}\mathrm{d}u = \frac{1}{3}\ln|u|+C$$

$$= \frac{1}{3}\ln|5+3x|+C.$$

【**例 5-16**】 求 $\displaystyle\int \frac{x}{1+x^2}\mathrm{d}x$.

解 $\displaystyle\int \frac{x}{1+x^2}\mathrm{d}x = \frac{1}{2}\int \frac{1}{1+x^2}\mathrm{d}(x^2) = \frac{1}{2}\int \frac{1}{1+x^2}\mathrm{d}(1+x^2)$

$$\xlongequal{u=1+x^2} \frac{1}{2}\int \frac{1}{u}\mathrm{d}u = \frac{1}{2}\ln|u|+C$$

$$= \frac{1}{2}\ln(1+x^2)+C.$$

【**例 5-17**】 求 $\displaystyle\int \tan x\mathrm{d}x$.

解 $\displaystyle\int \tan x\mathrm{d}x = \int \frac{\sin x}{\cos x}\mathrm{d}x = -\int \frac{1}{\cos x}\mathrm{d}(\cos x)$

$$\xlongequal{u=\cos x} -\int \frac{1}{u}\mathrm{d}u = -\ln|u|+C$$

$$= -\ln|\cos x|+C.$$

同理可得

$$\int \cot x\mathrm{d}x = \ln|\sin x|+C.$$

在例 5-15 到例 5-17 的积分中,虽然被积函数不同,但选取恰当的函数 $u=\varphi(x)$ 后,可应用同一个积分公式求得结果,这就扩大了基本积分公式的使用范围. 由于本方法在积分过程中,关键是要从被积表达式中凑出一个微分因子 $\varphi'(x)\mathrm{d}x = \mathrm{d}\varphi(x)$,故第一类换元积分法也称为**凑微分法**.

在对第一类换元积分法比较熟悉后,可不必明显写出变量代换 $u=\varphi(x)$.

【**例 5-18**】 求 $\displaystyle\int \cos(2+5x)\mathrm{d}x$.

解 $\displaystyle\int \cos(2+5x)\mathrm{d}x = \frac{1}{5}\int \cos(2+5x)\mathrm{d}(2+5x)$

$$= \frac{1}{5}\sin(2+5x)+C.$$

【例 5-19】　求 $\int x\sqrt{1-x^2}\mathrm{d}x$.

解　$\int x\sqrt{1-x^2}\mathrm{d}x = \dfrac{1}{2}\int \sqrt{1-x^2}\mathrm{d}(x^2)$

$= -\dfrac{1}{2}\int (1-x^2)^{\frac{1}{2}}\mathrm{d}(1-x^2)$

$= -\dfrac{1}{2}\cdot\dfrac{2}{3}(1-x^2)^{\frac{3}{2}}+C$

$= -\dfrac{1}{3}(1-x^2)^{\frac{3}{2}}+C.$

【例 5-20】　求 $\int \dfrac{x}{1+x^4}\mathrm{d}x$.

解　$\int \dfrac{x}{1+x^4}\mathrm{d}x = \dfrac{1}{2}\int \dfrac{1}{1+x^4}\mathrm{d}(x^2) = \dfrac{1}{2}\int \dfrac{1}{1+(x^2)^2}\mathrm{d}(x^2)$

$= \dfrac{1}{2}\arctan x^2 + C.$

【例 5-21】　求 $\int x^2 e^{2x^3}\mathrm{d}x$.

解　$\int x^2 e^{2x^3}\mathrm{d}x = \dfrac{1}{3}\int e^{2x^3}\mathrm{d}(x^3) = \dfrac{1}{6}\int e^{2x^3}\mathrm{d}(2x^3) = \dfrac{1}{6}e^{2x^3}+C.$

【例 5-22】　求 $\int \dfrac{1}{x^2}\sin\dfrac{1}{x}\mathrm{d}x$.

解　$\int \dfrac{1}{x^2}\sin\dfrac{1}{x}\mathrm{d}x = -\int \sin\dfrac{1}{x}\mathrm{d}\left(\dfrac{1}{x}\right) = \cos\dfrac{1}{x}+C.$

【例 5-23】　求 $\int \dfrac{1}{\sqrt{x-x^2}}\mathrm{d}x$.

解　$\int \dfrac{1}{\sqrt{x-x^2}}\mathrm{d}x = \int \dfrac{1}{\sqrt{x}\cdot\sqrt{1-x}}\mathrm{d}x = 2\int \dfrac{1}{\sqrt{1-x}}\mathrm{d}(\sqrt{x})$

$= 2\int \dfrac{1}{\sqrt{1-(\sqrt{x})^2}}\mathrm{d}(\sqrt{x}) = 2\arcsin\sqrt{x}+C.$

【例 5-24】　求 $\int \dfrac{1}{x\ln x}\mathrm{d}x$.

解　$\int \dfrac{1}{x\ln x}\mathrm{d}x = \int \dfrac{1}{\ln x}\mathrm{d}(\ln x) = \ln|\ln x|+C.$

【例 5-25】　求 $\int \sec^4 x\mathrm{d}x$.

解 $\displaystyle\int \sec^4 x\mathrm{d}x = \int \sec^2 x\mathrm{d}(\tan x) = \int (1+\tan^2 x)\mathrm{d}(\tan x)$

$$= \tan x + \frac{1}{3}\tan^3 x + C.$$

【例 5-26】 求 $\displaystyle\int \frac{x+\arctan x}{1+x^2}\mathrm{d}x.$

解 $\displaystyle\int \frac{x+\arctan x}{1+x^2}\mathrm{d}x = \int \frac{x}{1+x^2}\mathrm{d}x + \int \frac{\arctan x}{1+x^2}\mathrm{d}x$

$$= \frac{1}{2}\int \frac{1}{1+x^2}\mathrm{d}(1+x^2) +$$

$$\int \arctan x\mathrm{d}(\arctan x)$$

$$= \frac{1}{2}\ln(1+x^2) + \frac{1}{2}(\arctan x)^2 + C.$$

【例 5-27】 求 $\displaystyle\int \frac{1}{a^2+x^2}\mathrm{d}x \quad (a\neq 0).$

解 $\displaystyle\int \frac{1}{a^2+x^2}\mathrm{d}x = \int \frac{1}{a^2}\cdot\frac{1}{1+\dfrac{x^2}{a^2}}\mathrm{d}x = \frac{1}{a}\int \frac{1}{1+\left(\dfrac{x}{a}\right)^2}\mathrm{d}\left(\frac{x}{a}\right)$

$$= \frac{1}{a}\arctan \frac{x}{a} + C.$$

【例 5-28】 求 $\displaystyle\int \frac{1}{\sqrt{a^2-x^2}}\mathrm{d}x \quad (a>0).$

解 $\displaystyle\int \frac{1}{\sqrt{a^2-x^2}}\mathrm{d}x = \int \frac{1}{a}\cdot\frac{1}{\sqrt{1-\dfrac{x^2}{a^2}}}\mathrm{d}x = \int \frac{1}{\sqrt{1-\left(\dfrac{x}{a}\right)^2}}\mathrm{d}\left(\frac{x}{a}\right)$

$$= \arcsin \frac{x}{a} + C.$$

【例 5-29】 求 $\displaystyle\int \frac{1}{a^2-x^2}\mathrm{d}x.$

解 $\displaystyle\int \frac{1}{a^2-x^2}\mathrm{d}x = \frac{1}{2a}\int \frac{(a-x)+(a+x)}{(a-x)(a+x)}\mathrm{d}x$

$$= \frac{1}{2a}\int \left(\frac{1}{a+x}+\frac{1}{a-x}\right)\mathrm{d}x$$

$$= \frac{1}{2a}(\ln|a+x|-\ln|a-x|) + C$$

$$= \frac{1}{2a}\ln\left|\frac{a+x}{a-x}\right| + C.$$

【例 5-30】　求 $\displaystyle\int \frac{\mathrm{d}x}{\mathrm{e}^x + \mathrm{e}^{-x}}$.

解　　$\displaystyle\int \frac{\mathrm{d}x}{\mathrm{e}^x + \mathrm{e}^{-x}} = \int \frac{\mathrm{e}^x}{\mathrm{e}^{2x} + 1}\mathrm{d}x = \int \frac{1}{(\mathrm{e}^x)^2 + 1}\mathrm{d}(\mathrm{e}^x)$

$$= \arctan \mathrm{e}^x + C.$$

【例 5-31】　求 $\displaystyle\int \cos^3 x \mathrm{d}x$.

解　　$\displaystyle\int \cos^3 x \mathrm{d}x = \int \cos^2 x \mathrm{d}(\sin x) = \int (1 - \sin^2 x)\mathrm{d}(\sin x)$

$$= \sin x - \frac{1}{3}\sin^3 x + C.$$

【例 5-32】　求 $\displaystyle\int \sin^3 x \cos^2 x \mathrm{d}x$.

解　　$\displaystyle\int \sin^3 x \cos^2 x \mathrm{d}x = -\int \sin^2 x \cos^2 x \mathrm{d}(\cos x)$

$$= -\int (1 - \cos^2 x)\cos^2 x \mathrm{d}(\cos x)$$

$$= -\int (\cos^2 x - \cos^4 x)\mathrm{d}(\cos x)$$

$$= -\frac{1}{3}\cos^3 x + \frac{1}{5}\cos^5 x + C.$$

一般地，凑微分并运用公式 $\sin^2 x + \cos^2 x = 1$，可得：

$$\int \sin^{2k+1} x \cos^n x \mathrm{d}x = -\int (1 - \cos^2 x)^k \cos^n x \mathrm{d}(\cos x);$$

$$\int \sin^n x \cos^{2k+1} x \mathrm{d}x = \int \sin^n x (1 - \sin^2 x)^k \mathrm{d}(\sin x),$$

其中 $k, n \in \mathbf{N}$.

【例 5-33】　求 $\displaystyle\int \cos^2 x \mathrm{d}x$.

解　　$\displaystyle\int \cos^2 x \mathrm{d}x = \int \frac{1 + \cos 2x}{2}\mathrm{d}x = \frac{1}{2}\int \mathrm{d}x + \frac{1}{2}\int \cos 2x \mathrm{d}x$

$$= \frac{1}{2}x + \frac{1}{4}\sin 2x + C.$$

【例 5-34】　求 $\displaystyle\int \sin^2 5x \cos^2 5x \mathrm{d}x$.

解　　$\displaystyle\int \sin^2 5x \cos^2 5x \mathrm{d}x = \frac{1}{4}\int \sin^2 10x \mathrm{d}x$

$$= \frac{1}{8}\int (1 - \cos 20x)\mathrm{d}x$$

$$= \frac{1}{8}\left(x - \frac{1}{20}\sin 20x\right) + C.$$

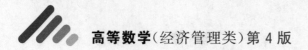
一般地,运用公式

$$\sin^2 \alpha = \frac{1 - \cos 2\alpha}{2}, \quad \cos^2 \alpha = \frac{1 + \cos 2\alpha}{2}$$

可得

$$\int \sin^{2k} x \cos^{2n} x \, \mathrm{d}x = \frac{1}{2^{k+n}} \int (1 - \cos 2x)^k (1 + \cos 2x)^n \, \mathrm{d}x \quad (k, n \in \mathbf{N}).$$

上式右端可化为关于 $\cos 2x$ 的多项式的积分来计算. 怎样求积分

$$\int \cos^m 2x \, \mathrm{d}x \quad (m \in \mathbf{N}),$$

请读者思考.

【例 5-35】 求 $\int \cos 2x \cos 5x \, \mathrm{d}x$.

解 $\int \cos 2x \cos 5x \, \mathrm{d}x = \frac{1}{2} \int (\cos 3x + \cos 7x) \, \mathrm{d}x$

$$= \frac{1}{6} \sin 3x + \frac{1}{14} \sin 7x + C.$$

一般地,运用三角函数的积化和差公式

$$\sin \alpha \cos \beta = \frac{1}{2} [\sin(\alpha + \beta) + \sin(\alpha - \beta)],$$

$$\cos \alpha \cos \beta = \frac{1}{2} [\cos(\alpha + \beta) + \cos(\alpha - \beta)],$$

$$\sin \alpha \sin \beta = -\frac{1}{2} [\cos(\alpha + \beta) - \cos(\alpha - \beta)],$$

可求得 $\int \sin kx \cos nx \, \mathrm{d}x, \int \cos kx \cos nx \, \mathrm{d}x$ 及 $\int \sin kx \sin nx \, \mathrm{d}x (k, n \in \mathbf{N})$ 的积分.

通过上述例题可以看到,利用公式(5-1)求不定积分,需要一定的技巧,读者必须熟悉下列基本题型与凑微分的方法:

(1) $\int f(ax + b) \, \mathrm{d}x = \frac{1}{a} \int f(ax + b) \, \mathrm{d}(ax + b) \quad (a \neq 0)$;

(2) $\int f(x^\mu) x^{\mu-1} \, \mathrm{d}x = \frac{1}{\mu} \int f(x^\mu) \, \mathrm{d}(x^\mu) \quad (\mu \neq 0)$;

(3) $\int f(\ln x) \frac{1}{x} \, \mathrm{d}x = \int f(\ln x) \, \mathrm{d}(\ln x)$;

(4) $\int f(a^x) a^x \, \mathrm{d}x = \frac{1}{\ln a} \int f(a^x) \, \mathrm{d}(a^x) \quad (a > 0, a \neq 1)$.

特别地, $\int f(\mathrm{e}^x) \mathrm{e}^x \, \mathrm{d}x = \int f(\mathrm{e}^x) \, \mathrm{d}(\mathrm{e}^x)$;

(5) $\displaystyle\int f(\sin x)\cos x\mathrm{d}x = \int f(\sin x)\mathrm{d}(\sin x)$;

(6) $\displaystyle\int f(\cos x)\sin x\mathrm{d}x = -\int f(\cos x)\mathrm{d}(\cos x)$;

(7) $\displaystyle\int f(\tan x)\sec^2 x\mathrm{d}x = \int f(\tan x)\mathrm{d}(\tan x)$;

(8) $\displaystyle\int f(\cot x)\csc^2 x\mathrm{d}x = -\int f(\cot x)\mathrm{d}(\cot x)$;

(9) $\displaystyle\int f(\arctan x)\frac{1}{1+x^2}\mathrm{d}x = \int f(\arctan x)\mathrm{d}(\arctan x)$;

(10) $\displaystyle\int f(\arcsin x)\frac{1}{\sqrt{1-x^2}}\mathrm{d}x = \int f(\arcsin x)\mathrm{d}(\arcsin x)$.

【例 5-36】　求 $\displaystyle\int \sec x\mathrm{d}x$.

解　$\displaystyle\int \sec x\mathrm{d}x = \int \frac{1}{\cos x}\mathrm{d}x = \int \frac{\cos x}{\cos^2 x}\mathrm{d}x = \int \frac{1}{1-\sin^2 x}\mathrm{d}(\sin x)$

$$= \frac{1}{2}\ln\left|\frac{1+\sin x}{1-\sin x}\right| + C$$

$$= \frac{1}{2}\ln\left|\frac{(1+\sin x)^2}{\cos^2 x}\right| + C$$

$$= \ln\left|\frac{1+\sin x}{\cos x}\right| + C$$

$$= \ln|\sec x + \tan x| + C.$$

同理,有 $\displaystyle\int \csc x\mathrm{d}x = \ln|\csc x - \cot x| + C$.

【例 5-37】　求 $\displaystyle\int \frac{2^{\arctan\sqrt{x}}}{\sqrt{x}(1+x)}\mathrm{d}x$.

解　$\displaystyle\int \frac{2^{\arctan\sqrt{x}}}{\sqrt{x}(1+x)}\mathrm{d}x = 2\int \frac{2^{\arctan\sqrt{x}}}{1+x}\mathrm{d}(\sqrt{x}) = 2\int \frac{2^{\arctan\sqrt{x}}}{1+(\sqrt{x})^2}\mathrm{d}(\sqrt{x})$

$$= 2\int 2^{\arctan\sqrt{x}}\mathrm{d}(\arctan\sqrt{x}) = \frac{2}{\ln 2}2^{\arctan\sqrt{x}} + C.$$

我们特别指出,例 5-37 的积分,需要进行两次凑微分,才能转化为基本积分公式中的形式.

5.2.2　第二类换元法

定理 5-3　设 $x = \psi(t)$ 是单调、可导的函数,且 $\psi'(t) \neq 0$,$x = \psi(t)$ 的反函数记为 $t = \psi^{-1}(x)$;又设 $f(\psi(t))\psi'(t)$ 具有原函数 $F(t)$,则

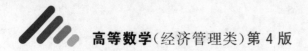

$F(\psi^{-1}(x))$ 是 $f(x)$ 的原函数，即有换元积分公式

$$\int f(x)\mathrm{d}x \xlongequal[\mathrm{d}x=\psi'(t)\mathrm{d}t]{x=\psi(t)} \int f(\psi(t))\psi'(t)\mathrm{d}t$$

$$= \left[F(t)+C\right]\big|_{t=\psi^{-1}(x)}$$

$$= F(\psi^{-1}(x))+C. \tag{5-2}$$

证 由复合函数及反函数求导法则，得

$$\left[F(\psi^{-1}(x))\right]' = \frac{\mathrm{d}F(t)}{\mathrm{d}t}\cdot\frac{\mathrm{d}t}{\mathrm{d}x} = \frac{\mathrm{d}F(t)}{\mathrm{d}t}\cdot\frac{1}{\dfrac{\mathrm{d}x}{\mathrm{d}t}}$$

$$= f(\psi(t))\psi'(t)\cdot\frac{1}{\psi'(t)}$$

$$= f(x),$$

即 $F(\psi^{-1}(x))$ 是 $f(x)$ 的原函数，所以换元积分公式(5-2)成立．证毕．

定理 5-3 中的换元是 $x=\psi(t)$，为了区别于第一类换元 $\varphi(x)=u$，称形如 $x=\psi(t)$ 的换元为**第二类换元法**．下面介绍第二类换元法中用得较多的三角代换和根式代换．

1. 三角代换

三角代换是以三角函数作换元的代换，一般规律如下：

(1)被积函数中含有 $\sqrt{a^2-x^2}$，可作代换 $x=a\sin t$ 或 $x=a\cos t$；

(2)被积函数中含有 $\sqrt{a^2+x^2}$，可作代换 $x=a\tan t$ 或 $x=a\cot t$；

(3)被积函数中含有 $\sqrt{x^2-a^2}$，可作代换 $x=a\sec t$ 或 $x=a\csc t$．

【例 5-38】 求 $\displaystyle\int \sqrt{a^2-x^2}\mathrm{d}x \quad (a>0)$．

解 令 $x=a\sin t, -\dfrac{\pi}{2}<t<\dfrac{\pi}{2}$，则 $\mathrm{d}x=a\cos t\,\mathrm{d}t, t=\arcsin\dfrac{x}{a}$，

$\sqrt{a^2-x^2}=\sqrt{a^2-a^2\sin^2 t}=a\cos t$．于是

$$\int \sqrt{a^2-x^2}\mathrm{d}x = \int a\cos t\cdot a\cos t\,\mathrm{d}t = a^2\int\frac{1+\cos 2t}{2}\mathrm{d}t$$

$$= a^2\left(\frac{1}{2}t+\frac{1}{4}\sin 2t\right)+C.$$

为了把 $\sin 2t$ 变回 x 的函数，我们可以根据变换 $x=a\sin t$ 作辅助三角形(图 5-2)，从而有

$$\sin 2t = 2\sin t\cos t = 2\cdot\frac{x}{a}\cdot\frac{\sqrt{a^2-x^2}}{a},$$

因此

$$\int \sqrt{a^2 - x^2}\, dx = \frac{x}{2}\sqrt{a^2 - x^2} + \frac{a^2}{2}\arcsin\frac{x}{a} + C.$$

【例 5-39】 求 $\displaystyle\int \frac{dx}{\sqrt{x^2 + a^2}}$ $(a > 0)$.

解 令 $x = a\tan t$，$-\dfrac{\pi}{2} < t < \dfrac{\pi}{2}$，则 $dx = a\sec^2 t\, dt$，$\sqrt{x^2 + a^2} = \sqrt{a^2\tan^2 t + a^2} = a\sec t$. 于是，

$$\int \frac{dx}{\sqrt{x^2 + a^2}} = \int \frac{a\sec^2 t}{a\sec t}dt = \int \sec t\, dt = \ln|\sec t + \tan t| + C_1.$$

作辅助三角形(图 5-3)，有

$$\sec t = \frac{\sqrt{x^2 + a^2}}{a}, \quad \tan t = \frac{x}{a},$$

代入，得

$$\int \frac{dx}{\sqrt{x^2 + a^2}} = \ln\left| \frac{\sqrt{x^2 + a^2}}{a} + \frac{x}{a} \right| + C_1$$

$$= \ln(x + \sqrt{x^2 + a^2}) + C,$$

其中 $C = C_1 - \ln a$.

【例 5-40】 求 $\displaystyle\int \frac{dx}{\sqrt{x^2 - a^2}}$ $(a > 0)$.

解 被积函数的定义域是 $x > a$ 及 $x < -a$，我们先在 $x > a$ 时求不定积分.

当 $x > a$ 时，令 $x = a\sec t$，$0 < t < \dfrac{\pi}{2}$，则 $dx = a\sec t\tan t\, dt$，$\sqrt{x^2 - a^2} = \sqrt{a^2\sec^2 t - a^2} = a\tan t$. 于是

$$\int \frac{dx}{\sqrt{x^2 - a^2}} = \int \frac{a\sec t\tan t}{a\tan t}dt = \int \sec t\, dt$$

$$= \ln|\sec t + \tan t| + C_1.$$

作辅助三角形(图 5-4)，有

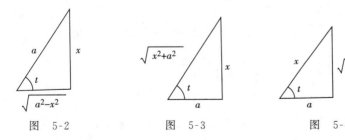

图 5-2 　　　　 图 5-3 　　　　 图 5-4

$$\sec t = \frac{x}{a}, \quad \tan t = \frac{\sqrt{x^2-a^2}}{a},$$

代入,得

$$\int \frac{\mathrm{d}x}{\sqrt{x^2-a^2}} = \ln \left| \frac{x}{a} + \frac{\sqrt{x^2-a^2}}{a} \right| + C_1$$

$$= \ln \left| x + \sqrt{x^2-a^2} \right| + C,$$

其中 $C = C_1 - \ln a$.

上述结论在 $x < -a$ 时仍然成立. 即当 $x > a$ 或 $x < -a$ 时,总有

$$\int \frac{\mathrm{d}x}{\sqrt{x^2-a^2}} = \ln \left| x + \sqrt{x^2-a^2} \right| + C.$$

以上三角代换,有时候也适用于有理分式函数,见下例.

【例 5-41】 求 $\displaystyle\int \frac{1}{(1+x^2)^2} \mathrm{d}x$.

解　令 $x = \tan t, -\dfrac{\pi}{2} < t < \dfrac{\pi}{2}$,则 $\mathrm{d}x = \sec^2 t \mathrm{d}t$,

$$\int \frac{1}{(1+x^2)^2} \mathrm{d}x = \int \frac{\sec^2 t}{\sec^4 t} \mathrm{d}t = \int \cos^2 t \mathrm{d}t = \int \frac{1+\cos 2t}{2} \mathrm{d}t$$

$$= \frac{1}{2}t + \frac{1}{4}\sin 2t + C$$

$$= \frac{1}{2}\arctan x + \frac{x}{2(1+x^2)} + C.$$

在例 5-38 至例 5-40 中,通过所选用的代换,虽然可以消除被积函数中的根式,但具体解题时要分析被积函数的具体情况,选择尽可能简捷的积分方法,不要拘泥于上述的变量代换,如例 5-19、例 5-28 等.

2. 根式代换

根式代换是指将被积函数中的根式设为新变量 t 的代换,一般适用于由代换便于消去根式的情形.

【例 5-42】 求 $\displaystyle\int \frac{\mathrm{d}x}{1+\sqrt{x-1}}$.

解　令 $\sqrt{x-1} = t, x = t^2 + 1$,则 $\mathrm{d}x = 2t\mathrm{d}t$. 于是

$$\int \frac{\mathrm{d}x}{1+\sqrt{x-1}} = \int \frac{2t}{1+t} \mathrm{d}t = 2\int \left(1 - \frac{1}{1+t}\right) \mathrm{d}t$$

$$= 2[t - \ln(1+t)] + C$$

$$= 2\left[\sqrt{x-1} - \ln(1+\sqrt{x-1})\right] + C.$$

【例 5-43】 求 $\displaystyle\int \frac{1}{x}\sqrt{\frac{1-x}{x}}\mathrm{d}x$.

解　令 $\sqrt{\dfrac{1-x}{x}}=t,x=\dfrac{1}{1+t^2}$，则 $\mathrm{d}x=\dfrac{-2t}{(1+t^2)^2}\mathrm{d}t$. 于是

$$\int \frac{1}{x}\sqrt{\frac{1-x}{x}}\mathrm{d}x=\int (1+t^2)t\,\frac{-2t}{(1+t^2)^2}\mathrm{d}t=-2\int \frac{t^2}{1+t^2}\mathrm{d}t$$

$$=-2\int \left(1-\frac{1}{1+t^2}\right)\mathrm{d}t=-2t+2\arctan t+C$$

$$=-2\sqrt{\frac{1-x}{x}}+2\arctan \sqrt{\frac{1-x}{x}}+C.$$

一般地，

(1) 被积函数含有 $\sqrt[n]{ax+b}$，可作代换 $\sqrt[n]{ax+b}=t$；

(2) 被积函数中含有 $\sqrt[n]{\dfrac{ax+b}{cx+d}}$，可作代换 $\sqrt[n]{\dfrac{ax+b}{cx+d}}=t$.

【例 5-44】 求 $\displaystyle\int \frac{\mathrm{d}x}{\sqrt{\mathrm{e}^x+1}}$.

解　令 $\sqrt{\mathrm{e}^x+1}=t,x=\ln(t^2-1)$，则 $\mathrm{d}x=\dfrac{2t}{t^2-1}\mathrm{d}t$. 于是

$$\int \frac{\mathrm{d}x}{\sqrt{\mathrm{e}^x+1}}=\int \frac{1}{t}\cdot \frac{2t}{t^2-1}\mathrm{d}t=\int \frac{2}{t^2-1}\mathrm{d}t=\int \left(\frac{1}{t-1}-\frac{1}{t+1}\right)\mathrm{d}t$$

$$=\ln|t-1|-\ln|t+1|+C$$

$$=\ln \left|\frac{\sqrt{\mathrm{e}^x+1}-1}{\sqrt{\mathrm{e}^x+1}+1}\right|+C.$$

为了便于计算积分，特别列出本节中几个例题的结果，以后可作为积分公式使用(其中常数 $a>0$).

(14) $\displaystyle\int \tan x\mathrm{d}x=-\ln|\cos x|+C$；

(15) $\displaystyle\int \cot x\mathrm{d}x=\ln|\sin x|+C$；

(16) $\displaystyle\int \sec x\mathrm{d}x=\ln|\sec x+\tan x|+C$；

(17) $\displaystyle\int \csc x\mathrm{d}x=\ln|\csc x-\cot x|+C$；

(18) $\displaystyle\int \frac{\mathrm{d}x}{a^2+x^2}=\frac{1}{a}\arctan \frac{x}{a}+C$；

$(19) \displaystyle\int \frac{\mathrm{d}x}{a^2 - x^2} = \frac{1}{2a} \ln \left| \frac{a+x}{a-x} \right| + C;$

$(20) \displaystyle\int \frac{\mathrm{d}x}{\sqrt{a^2 - x^2}} = \arcsin \frac{x}{a} + C;$

$(21) \displaystyle\int \frac{\mathrm{d}x}{\sqrt{x^2 \pm a^2}} = \ln \left| x + \sqrt{x^2 \pm a^2} \right| + C;$

$(22) \displaystyle\int \sqrt{a^2 - x^2}\, \mathrm{d}x = \frac{x}{2} \sqrt{a^2 - x^2} + \frac{a^2}{2} \arcsin \frac{x}{a} + C.$

【例 5-45】 求 $\displaystyle\int \frac{\mathrm{d}x}{\sqrt{1 - x - x^2}}.$

解　$\displaystyle\int \frac{\mathrm{d}x}{\sqrt{1 - x - x^2}} = \int \frac{\mathrm{d}\left(x + \frac{1}{2}\right)}{\sqrt{\frac{5}{4} - \left(x + \frac{1}{2}\right)^2}} = \arcsin \frac{2x + 1}{\sqrt{5}} + C.$

* 3. 倒代换

倒代换是指变换 $x = \dfrac{1}{t}$，利用倒代换常常可以消去被积函数分母中的变量因子.

【例 5-46】 求 $\displaystyle\int \frac{\sqrt{a^2 - x^2}}{x^4} \mathrm{d}x.$

解　本例可作代换 $x = a\sin t$ 解决，现使用倒代换. 令 $x = \dfrac{1}{t}$，则 $\mathrm{d}x = -\dfrac{1}{t^2}\mathrm{d}t.$ 于是，

$$\int \frac{\sqrt{a^2 - x^2}}{x^4} \mathrm{d}x = \int \frac{\sqrt{a^2 - \dfrac{1}{t^2}}}{\dfrac{1}{t^4}} \left(-\frac{1}{t^2}\right) \mathrm{d}t = -\int t \sqrt{a^2 t^2 - 1}\, \mathrm{d}t$$

$$= -\frac{1}{2a^2} \int (a^2 t^2 - 1)^{\frac{1}{2}} \mathrm{d}(a^2 t^2 - 1)$$

$$= -\frac{1}{2a^2} \cdot \frac{2}{3} (a^2 t^2 - 1)^{\frac{3}{2}} + C$$

$$= -\frac{(\sqrt{a^2 - x^2})^3}{3a^2 x^3} + C.$$

【例 5-47】 求 $\displaystyle\int \frac{\mathrm{d}x}{x(x^7 + 2)}.$

解法一 令 $x = \dfrac{1}{t}$，则 $\mathrm{d}x = -\dfrac{1}{t^2}\mathrm{d}t$. 于是，

$$\int \frac{\mathrm{d}x}{x(x^7+2)} = \int \frac{t}{\dfrac{1}{t^7}+2} \cdot \left(-\frac{1}{t^2}\right)\mathrm{d}t = -\int \frac{t^6}{1+2t^7}\mathrm{d}t$$

$$= -\frac{1}{14}\ln|1+2t^7| + C$$

$$= -\frac{1}{14}\ln|2+x^7| + \frac{1}{2}\ln|x| + C.$$

解法二 $\displaystyle\int \frac{\mathrm{d}x}{x(x^7+2)} = \int \frac{x^6\,\mathrm{d}x}{x^7(x^7+2)}$

$$= \frac{1}{7}\int \frac{\mathrm{d}x^7}{x^7(x^7+2)} = \frac{1}{14}\left[\int \frac{\mathrm{d}x^7}{x^7} - \int \frac{\mathrm{d}x^7}{x^7+2}\right]$$

$$= -\frac{1}{14}\ln|2+x^7| + \frac{1}{2}\ln|x| + C.$$

165

习题 5.2

1. 在下列各式等号右端的空白处填入适当的系数，使等式成立：

(1) $\mathrm{d}x = \underline{\qquad} \mathrm{d}(7x)$；

(2) $\mathrm{d}x = \underline{\qquad} \mathrm{d}(5x-1)$；

(3) $x\mathrm{d}x = \underline{\qquad} \mathrm{d}(x^2)$；

(4) $x\mathrm{d}x = \underline{\qquad} \mathrm{d}(1-4x^2)$；

(5) $\mathrm{e}^{-3x}\mathrm{d}x = \underline{\qquad} \mathrm{d}(\mathrm{e}^{-3x})$；

(6) $\sin 3x\,\mathrm{d}x = \underline{\qquad} \mathrm{d}(\cos 3x)$；

(7) $\dfrac{1}{x}\mathrm{d}x = \underline{\qquad} \mathrm{d}(2-3\ln x)$；

(8) $\dfrac{1}{1+4x^2}\mathrm{d}x = \underline{\qquad} \mathrm{d}(\arctan 2x)$；

(9) $\dfrac{1}{\sqrt{1-x^2}}\mathrm{d}x = \underline{\qquad} \mathrm{d}(3-\arcsin x)$；

(10) $\dfrac{x}{\sqrt{1-x^2}}\mathrm{d}x = \underline{\qquad} \mathrm{d}(\sqrt{1-x^2})$.

2. 若已知 $\displaystyle\int f(x)\mathrm{d}x = F(x) + C$，求下列各式积分：

(1) $\displaystyle\int f(ax+b)\mathrm{d}x$；

(2) $\displaystyle\int \mathrm{e}^{-2x}f(\mathrm{e}^{-2x})\mathrm{d}x$；

(3) $\displaystyle\int \cos 3x \cdot f(\sin 3x)\mathrm{d}x$；

(4) $\displaystyle\int \frac{f'(\ln x)}{x\,\sqrt{f(\ln x)}}\mathrm{d}x$.

3. 求下列不定积分：

(1) $\displaystyle\int (1-3x)^{100}\mathrm{d}x$；

(2) $\displaystyle\int \frac{\mathrm{d}x}{\sqrt{2-5x}}$；

(3) $\displaystyle\int \cos(7x+1)\mathrm{d}x$；

(4) $\displaystyle\int \frac{\mathrm{d}x}{\sqrt[3]{1-3x}}$；

(5) $\displaystyle\int \frac{\mathrm{d}x}{4x^2+12x+9}$；

(6) $\displaystyle\int \frac{x}{4+9x^2}\mathrm{d}x$；

(7) $\int \dfrac{x}{\sqrt{2-x^2}}\mathrm{d}x$;

(8) $\int x\sin x^2\,\mathrm{d}x$;

(9) $\int x^2\sqrt{1+2x^3}\,\mathrm{d}x$;

(10) $\int x^4\mathrm{e}^{-x^5}\mathrm{d}x$;

(11) $\int \dfrac{x^3}{\sqrt{4-x^8}}\mathrm{d}x$;

(12) $\int \dfrac{1}{x^2}\cos\dfrac{1}{x}\mathrm{d}x$;

(13) $\int \dfrac{\mathrm{d}x}{x\sqrt{x^2-1}}$;

(14) $\int \dfrac{1}{\sqrt{x}}\tan\sqrt{x}\,\mathrm{d}x$;

(15) $\int \dfrac{\mathrm{d}x}{\sqrt{x}(1+x)}$;

(16) $\int \dfrac{\mathrm{d}x}{x(2\ln x+1)}$;

(17) $\int \dfrac{\mathrm{d}x}{x\sqrt{1-\ln^2 x}}$;

(18) $\int \dfrac{(1+\ln x)^2\,\mathrm{d}x}{x}$;

(19) $\int \dfrac{\mathrm{e}^{2x}}{2+3\mathrm{e}^{2x}}\mathrm{d}x$;

(20) $\int \dfrac{\mathrm{d}x}{1+\mathrm{e}^x}$;

(21) $\int \dfrac{\mathrm{d}x}{\mathrm{e}^{-x}-\mathrm{e}^x}$;

(22) $\int (2x-5)(x^2-5x+2)^2\,\mathrm{d}x$;

(23) $\int \dfrac{x+1}{x^2+2x+5}\mathrm{d}x$;

(24) $\int \dfrac{\mathrm{d}x}{(\arcsin x)^2\sqrt{1-x^2}}$;

(25) $\int \dfrac{2^{\arctan x}}{1+x^2}\mathrm{d}x$;

(26) $\int \dfrac{\tan(2x+1)\,\mathrm{d}x}{\cos^2(2x+1)}$;

(27) $\int \dfrac{\sin x+\cos x}{\sqrt{\sin x-\cos x}}\mathrm{d}x$;

(28) $\int \sin^2 x\cos^3 x\,\mathrm{d}x$;

(29) $\int \tan^4 x\,\mathrm{d}x$;

(30) $\int \tan^5 x\sec^3 x\,\mathrm{d}x$;

(31) $\int \cos^4 x\,\mathrm{d}x$;

(32) $\int \dfrac{\csc x\cdot\cot x}{\sqrt{1-\csc x}}\mathrm{d}x$;

(33) $\int \dfrac{\mathrm{d}x}{\sin^2 x+2\cos^2 x}$;

(34) $\int \sin x\sin 3x\,\mathrm{d}x$;

(35) $\int \sin^2 4x\,\mathrm{d}x$;

(36) $\int \dfrac{x^2}{9+4x^2}\mathrm{d}x$;

(37) $\int \dfrac{1-x}{\sqrt{9-4x^2}}\mathrm{d}x$;

(38) $\int \dfrac{\sin x\cos x}{1+\sin^4 x}\mathrm{d}x$;

(39) $\int \dfrac{\mathrm{d}x}{\sqrt{x-x^2}\arcsin\sqrt{x}}$;

(40) $\int \dfrac{1}{x^2}\sin\dfrac{2}{x}\mathrm{e}^{\sin^2\frac{1}{x}}\mathrm{d}x$.

4. 求下列不定积分:

(1) $\int \dfrac{\mathrm{d}x}{x\sqrt{4-x^2}}$;

(2) $\int \dfrac{x^2}{\sqrt{4-x^2}}\mathrm{d}x$;

(3) $\int \dfrac{\mathrm{d}x}{\sqrt{(1-x^2)^3}}$;

(4) $\int \dfrac{x^3}{\sqrt{a^2-x^2}}\mathrm{d}x$;

(5) $\int \dfrac{\mathrm{d}x}{x^2\sqrt{1+x^2}}$;

(6) $\int \dfrac{x^2}{(1+x^2)^2}\mathrm{d}x$;

(7) $\int \dfrac{\mathrm{d}x}{x^2\sqrt{x^2-a^2}}$;

(8) $\int \dfrac{\sqrt{x^2-9}}{x}\mathrm{d}x$;

(9) $\displaystyle\int \frac{x}{\sqrt{2x-3}}\mathrm{d}x$;

(10) $\displaystyle\int \frac{\mathrm{d}x}{2+\sqrt[3]{x+1}}$;

(11) $\displaystyle\int \frac{\mathrm{d}x}{\sqrt{x}+\sqrt[3]{x^2}}$;

(12) $\displaystyle\int \frac{\mathrm{d}x}{\sqrt{x}+\sqrt[4]{x}}$;

(13) $\displaystyle\int \frac{\mathrm{d}x}{(x+1)\sqrt{x+2}}$;

(14) $\displaystyle\int \frac{x+1}{x\sqrt{x-2}}\mathrm{d}x$;

(15) $\displaystyle\int \frac{\mathrm{d}x}{\sqrt{\mathrm{e}^{2x}-9}}$;

(16) $\displaystyle\int \sqrt{\frac{1-x}{1+x}}\mathrm{d}x$;

(17) $\displaystyle\int \frac{\mathrm{d}x}{\sqrt{(x^2+1)^3}}$;

(18) $\displaystyle\int \frac{\mathrm{d}x}{x\sqrt{x^2-9}}$;

(19) $\displaystyle\int \frac{1}{x}\sqrt{\frac{1-x}{x}}\mathrm{d}x$;

(20) $\displaystyle\int \frac{\sqrt{a^2-x^2}}{x^4}\mathrm{d}x$;

(21) $\displaystyle\int \frac{\mathrm{d}x}{\sqrt{x^2-2x-3}}$;

(22) $\displaystyle\int \frac{\mathrm{d}x}{\sqrt{5+4x-x^2}}$.

5.3　分部积分法

换元积分法是建立在复合函数求导法则基础上的积分方法. 现在我们将以乘积的求导法则为基础, 建立新的积分方法——分部积分法, 分部积分法主要解决两种不同类型函数乘积的积分问题.

设函数 $u=u(x)$ 及 $v=v(x)$ 具有连续导数, 则有

$$(uv)'=u'v+uv',$$

移项得

$$uv'=(uv)'-u'v,$$

上式两边求不定积分, 得

$$\int uv'\mathrm{d}x=uv-\int u'v\mathrm{d}x.$$

由于 $u'\mathrm{d}x=\mathrm{d}u,v'\mathrm{d}x=\mathrm{d}v$, 所以上式又可写为

$$\int u\mathrm{d}v=uv-\int v\mathrm{d}u. \tag{5-3}$$

称公式 (5-3) 为**分部积分公式**. 该公式的意义在于: 当求积分 $\displaystyle\int u\mathrm{d}v$ 困难, 而求积分 $\displaystyle\int v\mathrm{d}u$ 容易时, 可以通过分部积分公式实现转化. 以下通过例题说明分部积分公式的运用.

【例 5-48】　求 $\displaystyle\int x\cos x\mathrm{d}x$.

解　被积函数是幂函数与三角函数的乘积, 如果将幂函数取作 u, 则

$$\int x\cos x\mathrm{d}x = \int x\mathrm{d}(\sin x)$$

> 取 $u = x, \mathrm{d}v = \mathrm{d}(\sin x)$,
> 则 $\mathrm{d}u = \mathrm{d}x, v = \sin x$

$$= x\sin x - \int \sin x\mathrm{d}x$$

$$= x\sin x + \cos x + C.$$

如果将三角函数取作 u, 则

$$\int x\cos x\mathrm{d}x = \int \cos x\mathrm{d}\left(\frac{1}{2}x^2\right)$$

> 取 $u = \cos x, \mathrm{d}v = \mathrm{d}\left(\frac{1}{2}x^2\right)$,
> 则 $\mathrm{d}u = -\sin x\mathrm{d}x, v = \frac{1}{2}x^2$

$$= \frac{1}{2}x^2\cos x + \frac{1}{2}\int x^2\sin x\mathrm{d}x$$

由于幂函数幂次升高,导致等式右端的积分比等式左端的积分更困难.

由此可见,正确选取 u 和 $\mathrm{d}v$ 是能否成功运用分部积分公式的关键. 选取 u 和 $\mathrm{d}v$ 的一般原则为:

(1)选作 $\mathrm{d}v$ 的部分应容易求得 v;

(2)$\int v\mathrm{d}u$ 要比 $\int u\mathrm{d}v$ 容易积出.

【例 5-49】 求 $\int x^2\mathrm{e}^x\mathrm{d}x$.

解 $$\int x^2\mathrm{e}^x\mathrm{d}x = \int x^2\mathrm{d}(\mathrm{e}^x)$$

> 取 $u = x^2, \mathrm{d}v = \mathrm{d}(\mathrm{e}^x)$,
> 则 $\mathrm{d}u = 2x\mathrm{d}x, v = \mathrm{e}^x$

$$= x^2\mathrm{e}^x - \int 2x\mathrm{e}^x\mathrm{d}x$$

$$= x^2\mathrm{e}^x - 2\int x\mathrm{d}(\mathrm{e}^x)$$

> 取 $u = x, \mathrm{d}v = \mathrm{d}(\mathrm{e}^x)$,
> 则 $\mathrm{d}u = \mathrm{d}x, v = \mathrm{e}^x$

$$= x^2\mathrm{e}^x - 2x\mathrm{e}^x + 2\int \mathrm{e}^x\mathrm{d}x$$

$$= (x^2 - 2x + 2)\mathrm{e}^x + C.$$

由上述两例可知,当被积函数是幂函数与正(余)弦函数或幂函数与指数函数的乘积时,可考虑使用分部积分法,且可将幂函数取作 u. 这里假定幂指数是正整数.

分部积分法运用熟练后,就只要把被积表达式凑成 $u\mathrm{d}v$ 的形式,而不必再把 u 和 $\mathrm{d}v$ 具体写出来.

【例 5-50】 求 $\int x^2\ln x\mathrm{d}x$.

解 $$\int x^2\ln x\mathrm{d}x = \frac{1}{3}\int \ln x\mathrm{d}(x^3) = \frac{1}{3}x^3 \cdot \ln x - \frac{1}{3}\int x^3 \cdot \frac{1}{x}\mathrm{d}x$$

$$= \frac{1}{3}x^3\ln x - \frac{1}{9}x^3 + C.$$

【例 5-51】 求 $\int \arcsin x \mathrm{d}x$.

解　$\int \arcsin x \mathrm{d}x = x \arcsin x - \int x \dfrac{1}{\sqrt{1-x^2}} \mathrm{d}x$

$\qquad\qquad = x \arcsin x + \sqrt{1-x^2} + C.$

【例 5-52】 求 $\int x \arctan x \mathrm{d}x$.

解　$\int x \arctan x \mathrm{d}x = \dfrac{1}{2} \int \arctan x \mathrm{d}(x^2) = \dfrac{1}{2} \int \arctan x \mathrm{d}(1+x^2)$

$\qquad\qquad = \dfrac{1}{2}(1+x^2) \arctan x - \dfrac{1}{2} \int (1+x^2) \dfrac{1}{1+x^2} \mathrm{d}x$

$\qquad\qquad = \dfrac{1}{2}(1+x^2) \arctan x - \dfrac{1}{2} x + C.$

由上述三例可知,当被积函数是幂函数与对数函数或幂函数与反三角函数的乘积时,可考虑使用分部积分法,且可将对数函数或反三角函数取作 u.

【例 5-53】 求 $\int \mathrm{e}^x \cos x \mathrm{d}x$.

解　$\int \mathrm{e}^x \cos x \mathrm{d}x = \int \mathrm{e}^x \mathrm{d}(\sin x) = \mathrm{e}^x \sin x - \int \mathrm{e}^x \sin x \mathrm{d}x$

$\qquad\qquad = \mathrm{e}^x \sin x + \int \mathrm{e}^x \mathrm{d}(\cos x)$

$\qquad\qquad = \mathrm{e}^x \sin x + \mathrm{e}^x \cos x - \int \mathrm{e}^x \cos x \mathrm{d}x ,$

所以　$\int \mathrm{e}^x \cos x \mathrm{d}x = \dfrac{1}{2} \mathrm{e}^x (\sin x + \cos x) + C.$

我们指出,当被积函数是指数函数与正(余)弦函数的乘积时,指数函数或正(余)弦函数都可取作 u.经过两次分部积分,一定使得所求的积分重新出现.此时,将它移到等式左边合并,像解代数方程一样即可解出积分的结果.但必须注意,两次分部积分时,应将相同类型的函数取作 u.

经过分部积分后,又出现原来所求的积分,这在积分计算中是经常遇见的,下面再看两例.

【例 5-54】 求 $\int \sec^3 x \mathrm{d}x$.

解　$\int \sec^3 x \mathrm{d}x = \int \sec x \mathrm{d}(\tan x) = \sec x \tan x - \int \tan^2 x \sec x \mathrm{d}x$

$\qquad\qquad = \sec x \tan x - \int (\sec^2 x - 1) \sec x \mathrm{d}x$

$\qquad\qquad = \sec x \tan x - \int \sec^3 x \mathrm{d}x + \int \sec x \mathrm{d}x$

$\qquad\qquad = \sec x \tan x + \ln|\sec x + \tan x| - \int \sec^3 x \mathrm{d}x ,$

所以 $\int \sec^3 x \mathrm{d}x = \dfrac{1}{2} \sec x \tan x + \dfrac{1}{2} \ln |\sec x + \tan x| + C.$

【例 5-55】 求 $\int \sqrt{a^2 - x^2}\, \mathrm{d}x \ (a > 0).$

解

$$
\begin{aligned}
\int \sqrt{a^2 - x^2}\, \mathrm{d}x &= x\sqrt{a^2 - x^2} - \int x \mathrm{d}\sqrt{a^2 - x^2}\\
&= x\sqrt{a^2 - x^2} - \int \frac{-x^2}{\sqrt{a^2 - x^2}}\mathrm{d}x\\
&= x\sqrt{a^2 - x^2} - \int \frac{a^2 - x^2 - a^2}{\sqrt{a^2 - x^2}}\mathrm{d}x\\
&= x\sqrt{a^2 - x^2} - \int \sqrt{a^2 - x^2}\,\mathrm{d}x + \int \frac{a^2}{\sqrt{a^2 - x^2}}\mathrm{d}x\\
&= x\sqrt{a^2 - x^2} - \int \sqrt{a^2 - x^2}\,\mathrm{d}x + a^2 \arcsin \frac{x}{a}.
\end{aligned}
$$

所以 $\int \sqrt{a^2 - x^2}\, \mathrm{d}x = \dfrac{1}{2} x\sqrt{a^2 - x^2} + \dfrac{a^2}{2}\arcsin \dfrac{x}{a} + C.$

注 读者不妨将此例与例 5-38 作比较.

在积分过程中,有时需要兼用几种不同方法,如下面的例子,先用第二类换元法消去根号再用分部积分法.

【例 5-56】 求 $\int \mathrm{e}^{\sqrt{x}}\mathrm{d}x.$

解 令 $\sqrt{x} = t$,则 $x = t^2, \mathrm{d}x = 2t\mathrm{d}t.$ 于是

$$
\begin{aligned}
\int \mathrm{e}^{\sqrt{x}}\mathrm{d}x &= \int \mathrm{e}^t \cdot 2t\mathrm{d}t = 2\int t \mathrm{e}^t \mathrm{d}t = 2\int t \mathrm{d}(\mathrm{e}^t)\\
&= 2\left(t\mathrm{e}^t - \int \mathrm{e}^t \mathrm{d}t\right) = 2(t - 1)\mathrm{e}^t + C\\
&= 2(\sqrt{x} - 1)\mathrm{e}^{\sqrt{x}} + C.
\end{aligned}
$$

如果被积函数中含有抽象函数的导数并以其为因子,则往往将这样的因子凑微分,再用第一类换元积分法或分部积分法计算.

【例 5-57】 求 $\int x f''(x)\mathrm{d}x$,其中 $f(x)$ 为二阶连续可导函数.

解

$$
\begin{aligned}
\int x f''(x)\mathrm{d}x &= \int x \mathrm{d}[f'(x)] = x f'(x) - \int f'(x)\mathrm{d}x\\
&= x f'(x) - f(x) + C.
\end{aligned}
$$

习题 5.3

1. 求下列不定积分:

(1) $\int x\sin(1-3x)\mathrm{d}x$;

(2) $\int x\mathrm{e}^{1-x}\mathrm{d}x$;

(3) $\int x^2\sin x\mathrm{d}x$;

(4) $\int x^3\cos x^2\mathrm{d}x$;

(5) $\int(x^2-2x+5)\mathrm{e}^{2x}\mathrm{d}x$;

(6) $\int\ln x\mathrm{d}x$;

(7) $\int x\ln(x-1)\mathrm{d}x$;

(8) $\int\dfrac{\ln x}{\sqrt{x}}\mathrm{d}x$;

(9) $\int x\ln(1+x^2)\mathrm{d}x$;

(10) $\int x\sin^2 x\mathrm{d}x$;

(11) $\int\arctan x\mathrm{d}x$;

(12) $\int x^2\arctan x\mathrm{d}x$;

(13) $\int\dfrac{\ln^2 x}{x^2}\mathrm{d}x$;

(14) $\int\mathrm{e}^{-2x}\sin\dfrac{x}{2}\mathrm{d}x$;

(15) $\int\dfrac{\sin^2 x}{\mathrm{e}^x}\mathrm{d}x$;

(16) $\int\sin(\ln x)\mathrm{d}x$;

(17) $\int x\tan^2 x\mathrm{d}x$;

(18) $\int\dfrac{x\cos x}{\sin^3 x}\mathrm{d}x$;

(19) $\int\dfrac{\arcsin\sqrt{x}}{\sqrt{1-x}}\mathrm{d}x$;

(20) $\int x\arctan\sqrt{x}\mathrm{d}x$;

(21) $\int\dfrac{x^2+\arcsin\sqrt{x}}{\sqrt{x}}\mathrm{d}x$;

(22) $\int(\arcsin x)^2\mathrm{d}x$;

(23) $\int\dfrac{x^2\arctan x}{1+x^2}\mathrm{d}x$;

(24) $\int\mathrm{e}^{\sqrt{3x+9}}\mathrm{d}x$;

(25) $\int\mathrm{e}^{\sqrt[3]{x}}\mathrm{d}x$;

(26) $\int\ln(\sqrt{1+x}+\sqrt{1-x})\mathrm{d}x$.

2.已知函数 $f(x)$ 的一个原函数是 $\dfrac{\sin x}{x}$,求不定积分 $\int xf'(x)\mathrm{d}x$.

3.已知 $f'(\mathrm{e}^x)=1+x$,求函数 $f(x)$.

4.已知函数 $f(x)$ 的一个原函数是 $x\ln x$,求不定积分 $\int xf''(x)\mathrm{d}x$.

5.4　有理函数与三角有理式的积分

由前面的学习可以体会到,求积分远比求导数困难.一些看似简单的初等函数,其不定积分甚至不能用初等函数来表示.例如

$$\int\dfrac{\sin x}{x}\mathrm{d}x,\quad \int\mathrm{e}^{-x^2}\mathrm{d}x,\quad \int\dfrac{1}{\ln x}\mathrm{d}x,\quad \int\dfrac{1}{\sqrt{1+x^4}}\mathrm{d}x,$$

等等,这些积分是积不出来的.

下面所介绍的有理函数的积分,其结果一定能够用初等函数来表示.

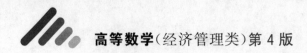

5.4.1 有理函数的积分

所谓有理函数,是指由两个多项式函数相除而得到的函数,其一般形式为:

$$R(x) = \frac{P_n(x)}{Q_m(x)} = \frac{a_0 x^n + a_1 x^{n-1} + \cdots + a_{n-1} x + a_n}{b_0 x^m + b_1 x^{m-1} + \cdots + b_{m-1} x + b_m}.$$

其中 n, m 为正整数,$a_0, a_1, \cdots, a_{n-1}, a_n$ 和 $b_0, b_1, \cdots, b_{m-1}, b_m$ 为常数,且 $a_0 \neq 0, b_0 \neq 0$. 若 $n < m$,则称 $R(x)$ 为(有理)真分式,否则称 $R(x)$ 为(有理)假分式. 不失一般性,我们假定 $P_n(x)$ 与 $Q_m(x)$ 没有公因子.

对于假分式,总可以利用多项式的除法将其化为一个多项式与一个真分式的和. 而多项式的积分很容易求出,所以讨论有理函数的不定积分时,只需解决真分式的不定积分.

一般地,有理真分式 $R(x) = \dfrac{P_n(x)}{Q_m(x)}$ 的不定积分可按下列步骤进行计算.

第一步 将分母 $Q_m(x)$ 在实数范围内分解为一次因式与二次质因式的乘积,分解后只含下列两类因式:$(x-a)^k$,$(x^2 + px + q)^l$,其中 $p^2 - 4q < 0, k, l$ 为正整数.

第二步 根据 $Q_m(x)$ 的分解结果,将真分式 $\dfrac{P_n(x)}{Q_m(x)}$ 拆分成若干个部分分式之和(部分分式是指形如 $\dfrac{A}{(x-a)^k}$ 或 $\dfrac{Mx+N}{(x^2+px+q)^k}$ 的分式,其中 $p^2 - 4q < 0, k$ 为正整数). 具体方法如下.

(1)若分母 $Q_m(x)$ 中含有因式 $(x-a)^k$,则和式中对应地含有下列 k 个部分分式之和:

$$\frac{A_1}{(x-a)^k} + \frac{A_2}{(x-a)^{k-1}} + \cdots + \frac{A_k}{x-a}; \tag{5-4}$$

(2)若分母 $Q_m(x)$ 中含有因式 $(x^2 + px + q)^l$,则和式中对应地含有下列 l 个部分分式之和:

$$\frac{M_1 x + N_1}{(x^2+px+q)^l} + \frac{M_2 x + N_2}{(x^2+px+q)^{l-1}} + \cdots + \frac{M_l x + N_l}{x^2+px+q}. \tag{5-5}$$

在式(5-4)、式(5-5)中,常数 $A_i (i = 1, 2, \cdots, k), M_j, N_j (j = 1, 2, \cdots, l)$ 可通过待定系数法求得.

第三步 利用换元法等积分方法,求出各部分分式的积分.

【例 5-58】 求 $\displaystyle\int \frac{x+1}{x^2 - 5x + 6} \mathrm{d}x$.

解　因为 $x^2-5x+6=(x-3)(x-2)$，所以设

$$\frac{x+1}{x^2-5x+6}=\frac{x+1}{(x-3)(x-2)}=\frac{A}{x-3}+\frac{B}{x-2},$$

其中 A 和 B 为待定系数. 上式两端去分母后，得

$$x+1=A(x-2)+B(x-3).$$

令 $x=3$，得　　　　　　　　　　　$A=4$；

令 $x=2$，得　　　　　　　　　　　$B=-3$.

所以　　　　　　　　$\dfrac{x+1}{x^2-5x+6}=\dfrac{4}{x-3}-\dfrac{3}{x-2}.$

$$\int\frac{x+1}{x^2-5x+6}\mathrm{d}x=\int\left(\frac{4}{x-3}-\frac{3}{x-2}\right)\mathrm{d}x$$

$$=4\ln|x-3|-3\ln|x-2|+C.$$

【例 5-59】　求 $\displaystyle\int\frac{2x^2+x+3}{x(x^2+2x+3)}\mathrm{d}x$.

解　设　　　　$\dfrac{2x^2+x+3}{x(x^2+2x+3)}=\dfrac{A}{x}+\dfrac{Bx+C}{x^2+2x+3},$

其中 A,B,C 为待定常数. 将上式去分母并整理得

$$2x^2+x+3=(A+B)x^2+(2A+C)x+3A.$$

比较上式两端同次幂的系数，得方程组

$$\begin{cases}A\ +\ B=2,\\ 2A\ +\ C=1,\\ 3A\qquad=3,\end{cases}\quad\text{由此解得}\quad\begin{cases}A=1,\\ B=1,\\ C=-1,\end{cases}$$

故

$$\frac{2x^2+x+3}{x(x^2+2x+3)}=\frac{1}{x}+\frac{x-1}{x^2+2x+3},$$

从而

$$\int\frac{2x^2+x+3}{x(x^2+2x+3)}\mathrm{d}x=\int\frac{1}{x}\mathrm{d}x+\int\frac{x-1}{x^2+2x+3}\mathrm{d}x$$

$$=\ln|x|+\int\frac{\frac{1}{2}(x^2+2x+3)'-2}{x^2+2x+3}\mathrm{d}x$$

$$=\ln|x|+\frac{1}{2}\int\frac{(x^2+2x+3)'}{x^2+2x+3}\mathrm{d}x-2\int\frac{1}{x^2+2x+3}\mathrm{d}x$$

$$=\ln|x|+\frac{1}{2}\int\frac{\mathrm{d}(x^2+2x+3)}{x^2+2x+3}-2\int\frac{1}{(x+1)^2+(\sqrt2)^2}\mathrm{d}x$$

$$=\ln|x|+\frac{1}{2}\ln(x^2+2x+3)-\sqrt2\arctan\frac{x+1}{\sqrt2}+C.$$

【例 5-60】 求 $\int \dfrac{x^4 - x^3 + 1}{x^3 + x^2} \mathrm{d}x$.

解 先利用多项式的除法将有理假分式 $\dfrac{x^4 - x^3 + 1}{x^3 + x^2}$ 化为多项式与有理真分式的和. 由

$$
\begin{array}{r}
x-2 \\
x^3+x^2\overline{\smash{\big)}\,x^4-x^3+1} \\
\underline{x^4+x^3} \\
-2x^3+1 \\
\underline{-2x^3-2x^2} \\
2x^2+1
\end{array}
$$

得

$$\frac{x^4 - x^3 + 1}{x^3 + x^2} = x - 2 + \frac{2x^2 + 1}{x^3 + x^2}.$$

又因为

$$\frac{2x^2 + 1}{x^3 + x^2} = \frac{2x^2 + 1}{x^2(x+1)} = \frac{-1}{x} + \frac{1}{x^2} + \frac{3}{x+1},$$

故

$$\frac{x^4 - x^3 + 1}{x^3 + x^2} = x - 2 - \frac{1}{x} + \frac{1}{x^2} + \frac{3}{x+1},$$

从而

$$\int \frac{x^4 - x^3 + 1}{x^3 + x^2} \mathrm{d}x = \int \left(x - 2 - \frac{1}{x} + \frac{1}{x^2} + \frac{3}{x+1} \right) \mathrm{d}x$$

$$= \frac{1}{2}x^2 - 2x - \ln|x| - \frac{1}{x} + 3\ln|x+1| + C.$$

以上所述的只是计算有理函数积分的一般方法,该方法的运算往往比较复杂,对于某些特殊的有理函数的积分,应尽可能选择简单的方法计算.

【例 5-61】 求 $\int \dfrac{x^2}{x^3 - 1} \mathrm{d}x$.

解 $\displaystyle \int \frac{x^2}{x^3 - 1} \mathrm{d}x = \frac{1}{3} \int \frac{\mathrm{d}(x^3 - 1)}{x^3 - 1} = \frac{1}{3}\ln|x^3 - 1| + C.$

*5.4.2 三角有理式的积分

三角有理式是指由三角函数及常数经过有限次四则运算所构成的函数. 由于 $\tan x, \cot x, \sec x, \csc x$ 都可以用 $\sin x$ 和 $\cos x$ 的有理式来表示,所以三角有理式可表示为以 $\sin x$ 和 $\cos x$ 为变量的有理函数 $R(\sin x, \cos x)$ 的形式. 因为

$$\sin x = 2\sin \frac{x}{2} \cos \frac{x}{2}$$

$$= \frac{2\tan \frac{x}{2}}{\sec^2 \frac{x}{2}} = \frac{2\tan \frac{x}{2}}{1+\tan^2 \frac{x}{2}},$$

$$\cos x = \cos^2 \frac{x}{2} - \sin^2 \frac{x}{2} = \frac{1-\tan^2 \frac{x}{2}}{\sec^2 \frac{x}{2}} = \frac{1-\tan^2 \frac{x}{2}}{1+\tan^2 \frac{x}{2}},$$

所以三角有理式的积分,可用代换(称为"万能代换")

$$\tan \frac{x}{2} = u, \mathrm{d}x = \frac{2}{1+u^2}\mathrm{d}u$$

转化为有理函数的积分,即

$$\int R(\sin x, \cos x)\mathrm{d}x = \int R\left(\frac{2u}{1+u^2}, \frac{1-u^2}{1+u^2}\right) \cdot \frac{2}{1+u^2}\mathrm{d}u.$$

注　当 $R(\sin x, \cos x)$ 中 $\sin x$ 和 $\cos x$ 的幂次均为偶数时,可令 $u = \tan x$(称为修改的万能代换),此时

$$\sin x = \frac{u}{\sqrt{1+u^2}}, \cos x = \frac{1}{\sqrt{1+u^2}}, \mathrm{d}x = \frac{1}{1+u^2}\mathrm{d}u.$$

【**例 5-62**】　求 $\displaystyle\int \frac{1}{\sin^4 x}\mathrm{d}x$.

解法一　令 $u = \tan \dfrac{x}{2}$,则 $\sin x = \dfrac{2u}{1+u^2}, \mathrm{d}x = \dfrac{2}{1+u^2}\mathrm{d}u$.

$$\int \frac{1}{\sin^4 x}\mathrm{d}x = \int \frac{1}{\left(\dfrac{2u}{1+u^2}\right)^4} \cdot \frac{2}{1+u^2}\mathrm{d}u$$

$$= \int \frac{1+3u^2+3u^4+u^6}{8u^4}\mathrm{d}u$$

$$= \frac{1}{8}\left(-\frac{1}{3u^3} - \frac{3}{u} + 3u + \frac{u^3}{3}\right) + C$$

$$= \frac{1}{8}\left[-\frac{1}{3\left(\tan \dfrac{x}{2}\right)^3} - \frac{3}{\left(\tan \dfrac{x}{2}\right)} + 3\tan \frac{x}{2} + \frac{\left(\tan \dfrac{x}{2}\right)^3}{3}\right] + C.$$

解法二　令 $u = \tan x$,则 $\sin x = \dfrac{u}{\sqrt{1+u^2}}, \mathrm{d}x = \dfrac{1}{1+u^2}\mathrm{d}u$.

$$\int \frac{1}{\sin^4 x} dx = \int \frac{1}{\left(\dfrac{u}{\sqrt{1+u^2}}\right)^4} \cdot \frac{1}{1+u^2} du$$

$$= \int \frac{1+u^2}{u^4} du = -\frac{1}{3u^3} - \frac{1}{u} + C$$

$$= -\frac{1}{3}\cot^3 x - \cot x + C.$$

解法三　$\displaystyle\int \frac{1}{\sin^4 x} dx = \int \csc^2 x(1+\cot^2 x) dx$

$$= \int \csc^2 x dx + \int \cot^2 x \csc^2 x dx$$

$$= -\cot x - \frac{1}{3}\cot^3 x + C.$$

注　比较三种解法可知，万能代换不一定是最佳方法，故三角有理函数积分的计算，应先考虑其他较简单的方法，不得已时再引用万能代换.

习题　5.4

1.求下列不定积分：

(1) $\displaystyle\int \frac{x}{x^2+5x+4} dx$；

(2) $\displaystyle\int \frac{x}{x^2+3x-4} dx$；

(3) $\displaystyle\int \frac{4x+3}{(x-2)^3} dx$；

(4) $\displaystyle\int \frac{x^2+1}{(x+1)^2(x-1)} dx$；

(5) $\displaystyle\int \frac{dx}{(x^2+1)(x^2+x)}$；

(6) $\displaystyle\int \frac{dx}{x^4-1}$；

(7) $\displaystyle\int \frac{dx}{x^2+2x+5}$；

(8) $\displaystyle\int \frac{x}{x^2+2x+2} dx$；

(9) $\displaystyle\int \frac{x-2}{x^2+2x+3} dx$；

(10) $\displaystyle\int \frac{x^2+1}{x^2-2x+2} dx$；

(11) $\displaystyle\int \frac{2x+3}{x^2+3x-10} dx$；

(12) $\displaystyle\int \frac{x^3}{9+x^2} dx$；

(13) $\displaystyle\int \frac{dx}{x(x^2+1)}$；

(14) $\displaystyle\int \frac{dx}{x(1+\sqrt[3]{x})^2}$；

(15) $\displaystyle\int \frac{\sqrt{x+1}-1}{\sqrt{x+1}+1} dx$；

(16) $\displaystyle\int \frac{1}{x}\sqrt{\frac{1-x}{1+x}} dx$.

2.求下列三角有理式的不定积分：

(1) $\displaystyle\int \frac{dx}{2\cos x+3}$；

(2) $\displaystyle\int \frac{dx}{2+\sin x}$；

（3）$\displaystyle\int \frac{\mathrm{d}x}{\sin x + \tan x}$；

（4）$\displaystyle\int \frac{\mathrm{d}x}{1 + \sin x + \cos x}$；

（5）$\displaystyle\int \frac{1 + \sin x}{\sin x(1 + \cos x)}\mathrm{d}x$；

（6）$\displaystyle\int \frac{\sin^3 x}{\cos^2 x}\mathrm{d}x$；

（7）$\displaystyle\int \frac{\mathrm{d}x}{(\sin x + \cos x)^2}$；

（8）$\displaystyle\int \frac{\mathrm{d}x}{1 + 3\cos^2 x}$；

（9）$\displaystyle\int \frac{1}{\sin x \cos^3 x}\mathrm{d}x$。

总习题 5

1.选择题

（1）函数 $f(x) = 2(\mathrm{e}^{2x} - \mathrm{e}^{-2x})$ 的原函数是（　　）．

A. $(\mathrm{e}^x + \mathrm{e}^{-x})^2$　　B. $\dfrac{1}{2}(\mathrm{e}^x + \mathrm{e}^{-x})$　　C. $(\mathrm{e}^x + \mathrm{e}^{-x})$　　D. $\dfrac{1}{2}(\mathrm{e}^{2x} + \mathrm{e}^{-2x})^{-1}$

（2）若等式 $\displaystyle\int f(x)\mathrm{e}^{-\frac{1}{x}}\mathrm{d}x = -\mathrm{e}^{-\frac{1}{x}} + C$ 成立，则函数 $f(x) = $（　　）．

A. $-\dfrac{1}{x}$　　　　B. $-\dfrac{1}{x^2}$　　　　C. $\dfrac{1}{x}$　　　　D. $\dfrac{1}{x^2}$

（3）设 $f(x)$ 是连续函数，$F(x)$ 是 $f(x)$ 的原函数，则（　　）．

A. 当 $f(x)$ 是奇函数时，$F(x)$ 必为偶函数

B. 当 $f(x)$ 是偶函数时，$F(x)$ 必为奇函数

C. 当 $f(x)$ 是周期函数时，$F(x)$ 必为周期函数

D. 当 $f(x)$ 是单调函数时，$F(x)$ 必为单调函数

（4）设 $f(x) = \mathrm{e}^{-x}$，则 $\displaystyle\int \frac{f'(\ln x)}{x}\mathrm{d}x = $（　　）．

A. $-\dfrac{1}{x} + C$　　B. $\ln x + C$　　　C. $\dfrac{1}{x} + C$　　　D. $-\ln x + C$

（5）设 $f(x) = \max\{x^3, x^2, 1\}$，$F(x)$ 是 $f(x)$ 的原函数，且 $F(1) = \dfrac{1}{4}$，则

$F(x) = $（　　）．

A. $\begin{cases} \dfrac{1}{4}x^4, & x > 1, \\[2mm] x, & -1 \leqslant x \leqslant 1, \\[2mm] \dfrac{1}{3}x^3, & x < -1 \end{cases}$　　B. $\begin{cases} \dfrac{1}{4}x^4 + C_1, & x > 1, \\[2mm] x + C_2, & -1 \leqslant x \leqslant 1, \\[2mm] \dfrac{1}{3}x^3 + C_3, & x < -1 \end{cases}$

C. $\begin{cases} \dfrac{1}{4}x^4, & x > 1, \\[2mm] x + \dfrac{1}{3}, & -1 \leqslant x \leqslant 1, \\[2mm] \dfrac{1}{3}x^3 - \dfrac{1}{3}, & x < -1 \end{cases}$　　D. $\begin{cases} \dfrac{1}{4}x^4, & x > 1, \\[2mm] x - \dfrac{3}{4}, & -1 \leqslant x \leqslant 1, \\[2mm] \dfrac{1}{3}x^3 - \dfrac{17}{12}, & x < -1 \end{cases}$

2.填空题

(1)不定积分 $\int \dfrac{\mathrm{d}x}{1-\sin x} =$ _____ ;

(2)设 $f(\ln x) = \dfrac{\ln(1+x)}{x}$,则 $\int f(x)\mathrm{d}x =$ _____ ;

(3)设 $\int xf(x)\mathrm{d}x = \sqrt{1-x^2}+C$,则 $\int \dfrac{x}{f(x)}\mathrm{d}x =$ _____ ;

(4)已知 $f(x)$ 的一个原函数为 $\tan 2x$,则 $\int xf'(x)\mathrm{d}x =$ _____ ;

(5)设 $f(x^2-1) = \ln \dfrac{x^2}{x^2-2}$,且 $f(\varphi(x)) = \ln x$,则 $\int \varphi(x)\mathrm{d}x =$ _____ .

3.求下列不定积分:

(1) $\int \dfrac{\sqrt{x}}{x^3+4}\mathrm{d}x$;

(2) $\int \dfrac{1}{x(x^6+4)}\mathrm{d}x$;

(3) $\int \dfrac{6^x}{4^x+9^x}\mathrm{d}x$;

(4) $\int \dfrac{\arctan(1-x)}{x^2-2x+2}\mathrm{d}x$;

(5) $\int \dfrac{\sin 2x}{\sqrt{1-\sin^4 x}}\mathrm{d}x$;

(6) $\int \dfrac{\sqrt{1+\cos x}}{\sin x}\mathrm{d}x \quad (0 < x < \pi)$;

(7) $\int \dfrac{4-2x}{\sqrt{3-2x-x^2}}\mathrm{d}x$;

(8) $\int \dfrac{1}{x^4 \sqrt{1+x^2}}\mathrm{d}x$;

(9) $\int \dfrac{x^2}{(x^2+8)^{\frac{3}{2}}}\mathrm{d}x$;

(10) $\int \dfrac{1}{x^3 \sqrt{x^2-9}}\mathrm{d}x$;

(11) $\int \dfrac{\sqrt[3]{x}}{x(\sqrt{x}+\sqrt[3]{x})}\mathrm{d}x$;

(12) $\int \sqrt{\dfrac{3-2x}{3+2x}}\mathrm{d}x$;

(13) $\int \dfrac{\ln x}{(1+x^2)^{\frac{3}{2}}}\mathrm{d}x$;

(14) $\int \dfrac{\mathrm{d}x}{\sqrt[3]{(x+1)^2 (x-1)^4}}$;

(15) $\int \dfrac{x\mathrm{e}^x}{(\mathrm{e}^x+1)^2}\mathrm{d}x$;

(16) $\int \dfrac{x\mathrm{e}^x}{(x+1)^2}\mathrm{d}x$;

(17) $\int \sin 2x \cdot f''(\sin x)\mathrm{d}x$;

(18) $\int \mathrm{e}^{\sin x} \dfrac{x\cos^3 x - \sin x}{\cos^2 x}\mathrm{d}x$;

(19) $\int \dfrac{\mathrm{e}^x(2+\sin 2x)}{\cos^2 x}\mathrm{d}x$;

(20) $\int \dfrac{x^{11}}{x^8+3x^4+2}\mathrm{d}x$;

(21) $\int \dfrac{\mathrm{d}x}{x^2(1-x^4)}$;

(22) $\int \dfrac{\mathrm{d}x}{\sin^4 x + \cos^4 x}$.

4.设函数 $F(x)$ 为 $f(x)$ 的原函数,且 $x \geqslant 0$, $f(x)F(x) = \dfrac{x\mathrm{e}^x}{2(1+x)^2}$,已知 $F(0) = 1$, $F(x) > 0$,试求函数 $f(x)$.

5.设当 $x \neq 0$ 时, $f'(x)$ 连续,求 $\int \dfrac{xf'(x) - (1+x)f(x)}{x^2\mathrm{e}^x}\mathrm{d}x$.

6.设 $F(x) = f(x) - \dfrac{1}{f(x)}$, $G(x) = f(x) + \dfrac{1}{f(x)}$, $F'(x) = G^2(x)$,且 $f\left(\dfrac{\pi}{4}\right) = 1$,求函数 $f(x)$.

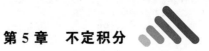

7.一公司某产品的边际成本为 $3x+20$,它的边际收益为 $44-5x$,当生产与销售 80 单位产品时的成本为 11400 元,试求:

(1)该产品产量的最佳水平(边际成本=边际收益);

(2)利润函数;

(3)在产量的最佳水平状态下该公司是盈利还是亏损?

8.求证下列各题.

(1)设 $I_n = \displaystyle\int \tan^n x \, \mathrm{d}x$($n \geqslant 2$ 为整数),证明:

$$I_n + I_{n-2} = \frac{1}{n-1} \tan^{n-1} x;$$

(2)设 $\displaystyle\int \frac{\mathrm{d}x}{(5+4\cos x)^2} = \frac{P\sin x}{5+4\cos x} + Q\int \frac{\mathrm{d}x}{5+4\cos x}$,证明:

$$P = -\frac{4}{9}, Q = \frac{5}{9};$$

(3)设 $f(x)$ 是单调连续函数,$f^{-1}(x)$ 是它的反函数,$F(x)$ 是 $f(x)$ 的原函数,证明:

$$\int f^{-1}(x)\mathrm{d}x = xf^{-1}(x) - F(f^{-1}(x)) + C.$$

179

第 6 章

定积分及其应用

定积分是微积分学中又一个重要的基本概念. 本章首先从实际问题中抽象出定积分的概念, 然后讨论定积分的基本性质, 揭示定积分与不定积分之间的联系, 从而解决定积分的计算问题.

6.1 定积分的概念与性质

6.1.1 定积分问题举例

1. 曲边梯形的面积

在平面直角坐标系 xOy 中, 由直线 $x = a$, $x = b$, $y = 0$ 及连续曲线 $y = f(x)$ ($f(x) \geqslant 0$) 所围成的平面图形称为**曲边梯形** (如图 6-1 所示), 下面我们来求该曲边梯形的面积 A.

对于矩形, 由于它的高是不变的, 所以它的面积可按公式

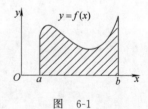

图 6-1

$$矩形面积 = 高 \times 底$$

计算. 而对于曲边梯形, 由于在底边上各点处的高 $f(x)$ 随 x 在区间 $[a, b]$ 上变化而变化, 所以它的面积不能直接按上述公式计算; 注意到 $f(x)$ 是连续函数, 即当 x 变化不大时, $f(x)$ 的变化也不大, 从而有理由将 $f(x)$ 在很小一段区间上近似地看成不变, 间接利用上述公式来计算面积. 因此, 如果把区间 $[a, b]$ 划分为许多小区间 (等价于将曲边梯形分割成许多窄条形的小曲边梯形), 在每个小区间上用其中某一点处的高来近似代替

该小区间上小曲边梯形的变高,即用一个小矩形的面积近似代替了小曲边梯形的面积,从而以所有这些小矩形面积之和作为原曲边梯形面积 A 的近似值.对区间$[a,b]$分割越细密,其近似值的近似程度将越高,所以用小矩形面积之和的极限表示原曲边梯形的面积 A.这一过程的数学表示如下:

（1）分割

如图 6-2 所示,在区间$[a,b]$内任意插入 $n-1$ 个分点

$$a=x_0<x_1<x_2<\cdots<x_{n-1}<x_n=b,$$

把$[a,b]$分成 n 个小区间

$$[x_0,x_1],[x_1,x_2],\cdots,[x_{n-1},x_n],$$

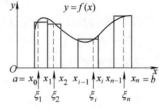

图　6-2

它们的长度依次为

$$\Delta x_1=x_1-x_0,\Delta x_2=x_2-x_1,\cdots,\Delta x_n=x_n-x_{n-1},$$

过每一个分点作垂直于 x 轴的直线,把原曲边梯形分成 n 个小曲边梯形,记第 i 个小区间$[x_{i-1},x_i]$上小曲边梯形的面积为 $\Delta A_i(i=1,2,\cdots,n)$,则

$$A=\sum_{i=1}^{n}\Delta A_i.$$

（2）取近似

在每个小区间$[x_{i-1},x_i]$上任取一点 ξ_i,以底边长为 Δx_i、高为 $f(\xi_i)$ 的小矩形面积 $f(\xi_i)\Delta x_i$ 近似代替小曲边梯形的面积 ΔA_i,即

$$\Delta A_i\approx f(\xi_i)\Delta x_i\quad(i=1,2,\cdots,n).$$

（3）求和

把 n 个小矩形的面积加起来,得到原曲边梯形面积 A 的近似值,即

$$A\approx f(\xi_1)\Delta x_1+f(\xi_2)\Delta x_2+\cdots+f(\xi_n)\Delta x_n$$

$$=\sum_{i=1}^{n}f(\xi_i)\Delta x_i.$$

（4）取极限

对区间$[a,b]$分割越细密,和式 $\sum_{i=1}^{n}f(\xi_i)\Delta x_i$ 作为原曲边梯形面积 A 近似值的近似程度将越高,若每个小区间的长度 Δx_i 都趋于零,则和式 $\sum_{i=1}^{n}f(\xi_i)\Delta x_i$ 的极限就是原曲边梯形面积 A 的精确值.

记 $\lambda=\max\{\Delta x_1,\Delta x_2,\cdots,\Delta x_n\}$,则

$$A=\lim_{\lambda\to 0}\sum_{i=1}^{n}f(\xi_i)\Delta x_i.$$

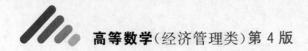

2. 变速直线运动的路程

设物体作直线运动,已知速度 $v=v(t)$ 是时间间隔 $[T_1,T_2]$ 上的连续函数,且 $v(t)\geqslant 0$,试求在这段时间内物体所经过的路程 s.

如果物体作匀速直线运动,则

$$路程＝速度×时间;$$

但现在考虑的物体作变速直线运动,其速度 v 随时间 t 的变化而连续地变化,因此所求路程 s 不能再按匀速直线运动的路程公式来计算.但由于 $v(t)$ 是 t 的连续函数,故当 t 在一个很小的区间上变化时,速度 $v(t)$ 的变化也很小,从而近似地看做是匀速,可以按上述公式计算路程的近似值. 基于以上分析,我们可用完全类似于求曲边梯形面积的方法来求变速直线运动的路程.

（1）分割

在时间间隔 $[T_1,T_2]$ 内任意插入 $n-1$ 个分点

$$T_1=t_0<t_1<t_2<\cdots<t_{n-1}<t_n=T_2,$$

把 $[T_1,T_2]$ 分成 n 个小时段

$$[t_0,t_1],[t_1,t_2],\cdots,[t_{n-1},t_n],$$

各个小时段的时长依次为

$$\Delta t_1=t_1-t_0,\Delta t_2=t_2-t_1,\cdots,\Delta t_n=t_n-t_{n-1},$$

记第 i 个小时段 $[t_{i-1},t_i]$ 内物体经过的路程为 $\Delta s_i(i=1,2,\cdots,n)$,则

$$s=\sum_{i=1}^{n}\Delta s_i.$$

（2）取近似

在每个小时段 $[t_{i-1},t_i]$ 内任取一个时刻 τ_i,以 τ_i 时刻的速度 $v(\tau_i)$ 来代替该小时段 $[t_{i-1},t_i]$ 上各个时刻的速度,得到物体在该小时段上所经过路程 Δs_i 的近似值,即

$$\Delta s_i\approx v(\tau_i)\Delta t_i\quad(i=1,2,\cdots,n).$$

（3）求和

把 n 个小时段上所经过路程 Δs_i 的近似值加起来,得到 $[T_1,T_2]$ 上所经过路程 s 的近似值,即

$$s\approx v(\tau_1)\Delta t_1+v(\tau_2)\Delta t_2+\cdots+v(\tau_n)\Delta t_n$$

$$=\sum_{i=1}^{n}v(\tau_i)\Delta t_i.$$

（4）取极限

记 $\lambda=\max\{\Delta t_1,\Delta t_2,\cdots,\Delta t_n\}$,则当 $\lambda\to 0$ 时,上述和式的极限就是所求变速直线运动的路程

$$s = \lim_{\lambda \to 0} \sum_{i=1}^{n} v(\tau_i) \Delta t_i.$$

6.1.2　定积分的定义

上面讨论的两个实际问题,一个属于几何学,一个属于物理学. 尽管它们各自的具体内容不同,但有着下列共同的特点:

(1)解决问题的方法与步骤相同;

(2)所求的整体量表示为相同结构的一种特定式(和式)的极限;

类似这样的实际问题还有很多,如果抛开它们的具体意义,抓住它们在数量关系上共同的本质与特性加以概括,可以抽象出下列定积分的定义.

定义 6-1　设函数 $f(x)$ 在 $[a,b]$ 上有界,在 $[a,b]$ 内任意插入 $n-1$ 个分点

$$a = x_0 < x_1 < \cdots < x_{n-1} < x_n = b,$$

把区间 $[a,b]$ 分成 n 个小区间

$$[x_0, x_1], [x_1, x_2], \cdots, [x_{n-1}, x_n],$$

各个小区间的长度依次为

$$\Delta x_1 = x_1 - x_0, \Delta x_2 = x_2 - x_1, \cdots, \Delta x_n = x_n - x_{n-1};$$

在每个小区间 $[x_{i-1}, x_i]$ 上任取一点 $\xi_i (x_{i-1} \leqslant \xi_i \leqslant x_i)$,作函数值 $f(\xi_i)$ 与小区间长度 Δx_i 的乘积 $f(\xi_i) \Delta x_i (i=1,2,\cdots,n)$,并求和

$$S = \sum_{i=1}^{n} f(\xi_i) \Delta x_i,$$

记 $\lambda = \max\{\Delta x_1, \Delta x_2, \cdots, \Delta x_n\}$,如果不论对 $[a,b]$ 怎样分法,也不论在小区间 $[x_{i-1}, x_i]$ 上点 ξ_i 怎样选取,只要当 $\lambda \to 0$ 时,和式 S 总趋于确定的极限 I,则称该极限 I 为函数 $f(x)$ 在区间 $[a,b]$ 上的**定积分**(简称积分),记作

$$\int_a^b f(x) \mathrm{d}x,$$

即　　　　　$$\int_a^b f(x) \mathrm{d}x = I = \lim_{\lambda \to 0} \sum_{i=1}^{n} f(\xi_i) \Delta x_i,$$

其中 $f(x)$ 称为**被积函数**,$f(x)\mathrm{d}x$ 称为**被积表达式**,x 称为**积分变量**,a 称为**积分下限**,b 称为**积分上限**,$[a,b]$ 称为**积分区间**,$\sum_{i=1}^{n} f(\xi_i) \Delta x_i$ 称为**积分和**.

注意　定积分 $\int_a^b f(x) \mathrm{d}x$ 表示和式 $\sum_{i=1}^{n} f(\xi_i) \Delta x_i$ 当 $\lambda \to 0$ 时的极限

值,它是一个确定的数值.这个数值仅与被积函数 $f(x)$ 及积分区间 $[a,b]$ 有关.如果既不改变被积函数 f,也不改变积分区间 $[a,b]$,只是把积分变量 x 改成其他字母,如 t 或 u,这时和的极限 I 是不变的,也就是定积分的值不变.即

$$\int_a^b f(x)\mathrm{d}x = \int_a^b f(t)\mathrm{d}t = \int_a^b f(u)\mathrm{d}u.$$

这说明,定积分的值仅与被积函数及积分区间有关,而与积分变量的选取无关.

如果 $f(x)$ 在 $[a,b]$ 上的定积分存在,则称函数 $f(x)$ 在 $[a,b]$ 上**可积**.由定积分的定义,一个在 $[a,b]$ 上可积的函数 $f(x)$,必定是 $[a,b]$ 上的有界函数,即函数有界是函数可积的必要条件.

关于函数可积的充分条件,本书不作深入讨论,只给出以下两个结论.

定理 6-1 如果函数 $f(x)$ 在区间 $[a,b]$ 上连续,则 $f(x)$ 在 $[a,b]$ 上可积.

定理 6-2 如果函数 $f(x)$ 在区间 $[a,b]$ 上有界,且只有有限个间断点,则 $f(x)$ 在 $[a,b]$ 上可积.

利用定积分的定义,前面所讨论的两个实际问题可以分别表述如下:曲线 $y=f(x)(f(x)\geqslant0)$、x 轴及两条直线 $x=a$、$x=b$ 所围成的曲边梯形的面积 A 等于函数 $f(x)$ 在区间 $[a,b]$ 上的定积分,即

$$A = \int_a^b f(x)\mathrm{d}x.$$

物体以速度 $v=v(t)(v(t)\geqslant0)$ 作直线运动,从时刻 $t=T_1$ 到时刻 $t=T_2$,该物体所经过的路程 s 等于函数 $v(t)$ 在区间 $[T_1,T_2]$ 上的定积分,即

$$s = \int_{T_1}^{T_2} v(t)\mathrm{d}t.$$

6.1.3 定积分的几何意义

定积分的几何意义,可以用曲边梯形的面积来说明.

当 $f(x)\geqslant0$ 时,定积分 $\int_a^b f(x)\mathrm{d}x$ 在几何上表示由曲线 $y=f(x)$、直线 $x=a$、$x=b$ 与 x 轴所围成的曲边梯形的面积 A(如图 6-3 所示),即

$$\int_a^b f(x)\mathrm{d}x = A.$$

当 $f(x)\leqslant0$ 时,由曲线 $y=f(x)$、直线 $x=a$、$x=b$ 与 x 轴所围成的曲边梯形位于 x 轴的下方(如图 6-4 所示),定积分 $\int_a^b f(x)\mathrm{d}x$ 在几何上表

示曲边梯形面积 A 的负值,即

$$\int_a^b f(x)\mathrm{d}x = -A.$$

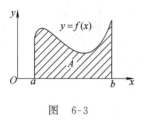

图 6-3

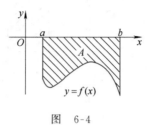

图 6-4

当 $f(x)$ 在区间 $[a,b]$ 上有时为正,有时为负时,则由曲线 $y=f(x)$、直线 $x=a$、$x=b$ 与 x 轴围成的图形,某些部分在 x 轴的上方,而其他部分在 x 轴的下方(如图 6-5 所示),此时定积分 $\int_a^b f(x)\mathrm{d}x$ 在几何上表示 x 轴上方图形面积减去 x 轴下方图形面积,即

$$\int_a^b f(x)\mathrm{d}x = A_1 - A_2 + A_3.$$

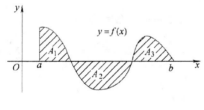

图 6-5

【例 6-1】 利用定积分的几何意义求下列定积分:

(1) $\int_1^2 x\mathrm{d}x$; (2) $\int_0^1 \sqrt{1-x^2}\mathrm{d}x$.

解 (1)由定积分的几何意义,定积分 $\int_1^2 x\mathrm{d}x$ 表示图 6-6a 中梯形的面积,故

$$\int_1^2 x\mathrm{d}x = \frac{(1+2)\times 1}{2} = \frac{3}{2}.$$

(2)由定积分的几何意义,定积分 $\int_0^1 \sqrt{1-x^2}\mathrm{d}x$ 表示图 6-6b 中半径为 1 的四分之一圆的面积,故

$$\int_0^1 \sqrt{1-x^2}\mathrm{d}x = \frac{1}{4}\cdot \pi \cdot 1^2 = \frac{\pi}{4}.$$

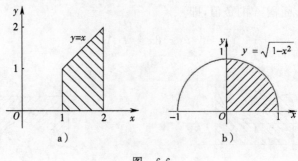

图　6-6

【例 6-2】 利用定义求定积分 $\int_0^1 x^2 \mathrm{d}x$.

解 因为被积函数 $f(x) = x^2$ 在积分区间 $[0,1]$ 上连续,而连续函数一定可积,所以定积分与区间 $[0,1]$ 的分割方法及点 ξ_i 的取法无关. 为了便于计算,不妨将区间 $[0,1]$ 分成 n 等份,分点为

$$x_i = \frac{i}{n} \quad (i = 1, 2, \cdots, n-1),$$

每个小区间 $[x_{i-1}, x_i]$ 的长度 $\Delta x_i = \frac{1}{n}(i = 1, 2, \cdots, n)$ 取

$$\xi_i = x_i \quad (i = 1, 2, \cdots, n),$$

得和式 $\displaystyle\sum_{i=1}^n f(\xi_i)\Delta x_i = \sum_{i=1}^n \xi_i^2 \Delta x_i = \sum_{i=1}^n x_i^2 \Delta x_i = \sum_{i=1}^n \left(\frac{i}{n}\right)^2 \cdot \frac{1}{n}$

$$= \frac{1}{n^3}(1^2 + 2^2 + \cdots + n^2)$$

$$= \frac{1}{n^3} \cdot \frac{1}{6}n(n+1)(2n+1)$$

$$= \frac{1}{6}\left(1 + \frac{1}{n}\right)\left(2 + \frac{1}{n}\right).$$

当 $\lambda \to 0$ 即 $n \to \infty$ 时,上式极限即为所求的定积分,即

$$\int_0^1 x^2 \mathrm{d}x = \lim_{\lambda \to 0} \sum_{i=1}^n f(\xi_i)\Delta x_i = \lim_{n \to \infty} \frac{1}{6}\left(1 + \frac{1}{n}\right)\left(2 + \frac{1}{n}\right) = \frac{1}{3}.$$

6.1.4　定积分的性质

为了应用和计算的方便,我们先对定积分作以下两点补充规定:

(1)当 $a = b$ 时, $\displaystyle\int_a^b f(x)\mathrm{d}x = 0$;

(2)当 $a > b$ 时, $\displaystyle\int_a^b f(x)\mathrm{d}x = -\int_b^a f(x)\mathrm{d}x$.

上式表明,如果交换定积分的上、下限,则定积分的绝对值不变而符

号相反.

下面讨论定积分的性质.下列各性质中积分上、下限的大小,如不特别指明,均不加限制,并假定各性质中所列出的定积分都是存在的.

性质 1 函数和(差)的定积分等于它们各自定积分的和(差),即

$$\int_a^b [f(x) \pm g(x)] \mathrm{d}x = \int_a^b f(x) \mathrm{d}x \pm \int_a^b g(x) \mathrm{d}x.$$

证 $\quad \displaystyle\int_a^b [f(x) \pm g(x)] \mathrm{d}x = \lim_{\lambda \to 0} \sum_{i=1}^n [f(\xi_i) \pm g(\xi_i)] \Delta x_i$

$$= \lim_{\lambda \to 0} \sum_{i=1}^n f(\xi_i) \Delta x_i \pm \lim_{\lambda \to 0} \sum_{i=1}^n g(\xi_i) \Delta x_i$$

$$= \int_a^b f(x) \mathrm{d}x \pm \int_a^b g(x) \mathrm{d}x.$$

性质 1 对于任意有限多个函数的和(差)都是成立的.

类似地,可以证明:

性质 2 被积函数中的常数因子可以提到积分号外,即

$$\int_a^b k f(x) \mathrm{d}x = k \int_a^b f(x) \mathrm{d}x \quad (k \text{ 是常数}).$$

性质 3 如果将积分区间分成两部分,则在整个区间上的定积分等于这两部分区间上定积分之和,即

设 $a < c < b$,则

$$\int_a^b f(x) \mathrm{d}x = \int_a^c f(x) \mathrm{d}x + \int_c^b f(x) \mathrm{d}x.$$

证 因为函数 $f(x)$ 在区间 $[a,b]$ 上可积,所以不论把 $[a,b]$ 怎样分割,积分和的极限总是不变的.因此,在划分区间时,可以使 c 永远是个分点.那么 $[a,b]$ 上的积分和等于 $[a,c]$ 上的积分和加 $[c,b]$ 上的积分和,记为

$$\sum_{[a,b]} f(\xi_i) \Delta x_i = \sum_{[a,c]} f(\xi_i) \Delta x_i + \sum_{[c,b]} f(\xi_i) \Delta x_i.$$

令 $\lambda \to 0$,上式两端同时取极限,即得

$$\int_a^b f(x) \mathrm{d}x = \int_a^c f(x) \mathrm{d}x + \int_c^b f(x) \mathrm{d}x.$$

当 $a < b < c$ 时,由已证明的结论

$$\int_a^c f(x) \mathrm{d}x = \int_a^b f(x) \mathrm{d}x + \int_b^c f(x) \mathrm{d}x,$$

得 $\quad \displaystyle\int_a^b f(x) \mathrm{d}x = \int_a^c f(x) \mathrm{d}x - \int_b^c f(x) \mathrm{d}x$

$$= \int_a^c f(x) \mathrm{d}x + \int_c^b f(x) \mathrm{d}x.$$

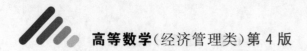

所以,不论 a,b,c 的相对位置如何,总有等式

$$\int_a^b f(x)\mathrm{d}x = \int_a^c f(x)\mathrm{d}x + \int_c^b f(x)\mathrm{d}x$$

成立. 这个性质称为定积分对于积分区间具有**可加性**.

性质 4 如果在区间 $[a,b]$ 上 $f(x)\equiv 1$,则

$$\int_a^b 1\cdot \mathrm{d}x = \int_a^b \mathrm{d}x = b-a.$$

这个性质的证明请读者自己完成.

性质 5 如果在区间 $[a,b]$ 上,$f(x)\geqslant 0$,则

$$\int_a^b f(x)\mathrm{d}x \geqslant 0 \quad (a<b).$$

证 因为 $f(x)\geqslant 0$,所以 $f(\xi_i)\geqslant 0(i=1,2,\cdots,n)$,又因为 $\Delta x_i\geqslant 0$ $(i=1,2,\cdots,n)$,因此

$$\sum_{i=1}^n f(\xi_i)\Delta x_i \geqslant 0,$$

令 $\lambda = \max\{\Delta x_1,\Delta x_2,\cdots,\Delta x_n\}\to 0$,便得到要证的不等式.

推论 1 如果在区间 $[a,b]$ 上满足 $f(x)\leqslant g(x)$,则

$$\int_a^b f(x)\mathrm{d}x \leqslant \int_a^b g(x)\mathrm{d}x \quad (a<b).$$

证 因为 $g(x)-f(x)\geqslant 0$,由性质 5 得

$$\int_a^b [g(x)-f(x)]\mathrm{d}x \geqslant 0,$$

再利用性质 1,便得到要证的不等式.

推论 2 $\left|\int_a^b f(x)\mathrm{d}x\right| \leqslant \int_a^b |f(x)|\mathrm{d}x \quad (a<b).$

证 因为

$$-|f(x)| \leqslant f(x) \leqslant |f(x)|,$$

由性质 5 的推论 1 及性质 2 得

$$-\int_a^b |f(x)|\mathrm{d}x \leqslant \int_a^b f(x)\mathrm{d}x \leqslant \int_a^b |f(x)|\mathrm{d}x,$$

即

$$\left|\int_a^b f(x)\mathrm{d}x\right| \leqslant \int_a^b |f(x)|\mathrm{d}x.$$

性质 6 设 M 及 m 分别是函数 $f(x)$ 在区间 $[a,b]$ 上的最大值及最小值,则

$$m(b-a) \leqslant \int_a^b f(x)\mathrm{d}x \leqslant M(b-a) \quad (a<b).$$

证 因为 $m\leqslant f(x)\leqslant M$,所以由性质 5 的推论 1,得

$$\int_a^b m\,\mathrm{d}x \leqslant \int_a^b f(x)\,\mathrm{d}x \leqslant \int_a^b M\,\mathrm{d}x,$$

再由性质 2 及性质 4，便得到要证的不等式.

性质 6 表明，由被积函数在积分区间上的最大值和最小值，可以估计积分值的大致范围. 在 $f(x) \geqslant 0$ 时，性质 6 的几何意义如图 6-7 所示. 由曲线 $y=f(x)$、直线 $x=a$, $x=b$ 及 x 轴所围曲边梯形的面积，介于以区间 $[a, b]$ 为底、函数 $f(x)$ 的最大值 M 和最小值 m 为高的两个矩形面积之间.

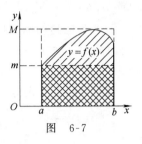

图　6-7

【例 6-3】　估计定积分 $\int_0^2 x\mathrm{e}^{-x}\,\mathrm{d}x$ 的值.

解　设 $f(x)=x\mathrm{e}^{-x}, 0 \leqslant x \leqslant 2$，则

$$f'(x)=(1-x)\mathrm{e}^{-x}, 令\ f'(x)=0, 得\ x=1,$$

比较　　　　　　$f(0)=0, f(1)=\mathrm{e}^{-1}, f(2)=2\mathrm{e}^{-2},$

得　　　　　　　　$m=0, M=\mathrm{e}^{-1}.$

由性质 6 得

$$0 \leqslant \int_0^2 x\mathrm{e}^{-x}\,\mathrm{d}x \leqslant 2\mathrm{e}^{-1}.$$

性质 7（定积分中值定理）　如果函数 $f(x)$ 在闭区间 $[a, b]$ 上连续，则在 $[a, b]$ 上至少存在一点 ξ，使下式成立：

$$\int_a^b f(x)\,\mathrm{d}x = f(\xi)(b-a) \quad (a \leqslant \xi \leqslant b).$$

这个公式称为**积分中值公式**.

证　因为 $f(x)$ 在闭区间 $[a, b]$ 上连续，所以一定取得最大值 M 和最小值 m，由性质 6，得

$$m(b-a) \leqslant \int_a^b f(x)\,\mathrm{d}x \leqslant M(b-a),$$

即　　　　　　　$m \leqslant \dfrac{1}{b-a}\int_a^b f(x)\,\mathrm{d}x \leqslant M.$

这表明，一个确定的数值 $\dfrac{1}{b-a}\int_a^b f(x)\,\mathrm{d}x$ 介于函数 $f(x)$ 的最小值 m 和最大值 M 之间，根据闭区间上连续函数的介值定理，在 $[a, b]$ 上至少存在一点 ξ，使得

$$f(\xi) = \dfrac{1}{b-a}\int_a^b f(x)\,\mathrm{d}x \quad (a \leqslant \xi \leqslant b)$$

成立，上式两端乘以 $b-a$，便得到所要证的等式.

积分中值定理的几何意义是：在区间 $[a, b]$ 上至少存在一点 ξ，使得以

189

区间 $[a,b]$ 为底边,以 $y=f(x)$ (不妨设 $f(x) \geqslant 0$) 为曲边的曲边梯形面积等于同一底边而高为 $f(\xi)$ 的一个矩形的面积(如图 6-8 所示).

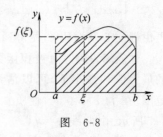

图 6-8

由积分中值公式得

$$f(\xi) = \frac{1}{b-a} \int_a^b f(x) \mathrm{d}x.$$

通常称 $\dfrac{1}{b-a} \displaystyle\int_a^b f(x)\mathrm{d}x$ 为函数 $f(x)$ 在区间 $[a,b]$ 上的平均值,它是有限个数的算术平均值概念对连续函数的推广. 事实上,将 $[a,b]$ 分割为 n 个等长的子区间

$$[x_{i-1}, x_i] \quad (i = 1, 2, \cdots, n),$$

每个子区间的长度 $\Delta x_i = \dfrac{b-a}{n}$,取 $\xi_i = x_i$,则对应的 n 个函数值 $y_i = f(x_i)$ 的算术平均值为

$$\frac{1}{n} \sum_{i=1}^n y_i = \frac{1}{n} \sum_{i=1}^n f(x_i) = \frac{1}{b-a} \sum_{i=1}^n f(x_i) \frac{b-a}{n} = \frac{1}{b-a} \sum_{i=1}^n f(x_i) \Delta x_i.$$

显然,n 越大,上式就越接近于函数 $f(x)$ 在 $[a,b]$ 上的平均值. 令 $n \to \infty$,上式的极限就定义为 $f(x)$ 在 $[a,b]$ 上的平均值,即

$$\lim_{n \to \infty} \frac{1}{n} \sum_{i=1}^n y_i = \frac{1}{b-a} \lim_{n \to \infty} \sum_{i=1}^n f(x_i) \Delta x_i = \frac{1}{b-a} \int_a^b f(x) \mathrm{d}x.$$

在例 4-39 中提到产品均匀销售(即产品的平均库存量为批量的一半),现用函数平均值的概念予以说明. 产品均匀销售时库存量关于时间的函数 $Q = f(t)$ 如图 6-9 所示,由定积分的几何意义有 $\displaystyle\int_0^T f(t)\mathrm{d}t = \frac{1}{2}TQ_0$,再由函数平均值的概念有

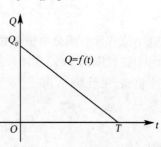

图 6-9

$$\overline{Q} = \frac{1}{T} \int_0^T f(t)\mathrm{d}t = \frac{1}{T} \frac{1}{2} TQ_0 = \frac{1}{2}Q_0.$$

习题 6.1

1. 利用定积分的定义计算下列各题:

(1) $\displaystyle\int_2^3 x \mathrm{d}x$;

(2) $\displaystyle\int_0^1 \mathrm{e}^x \mathrm{d}x$.

2.将以下各极限表示成某个函数在某区间上的定积分:

(1) $\lim\limits_{n\to\infty}\left(\dfrac{1}{n+1}+\dfrac{1}{n+2}+\cdots+\dfrac{1}{n+n}\right)$;

(2) $\lim\limits_{n\to\infty}\left(\dfrac{n}{n^2+1}+\dfrac{n}{n^2+2^2}+\cdots+\dfrac{n}{n^2+n^2}\right)$.

3.利用定积分的几何意义求下列定积分:

(1) $\displaystyle\int_{-a}^{a}\sqrt{a^2-x^2}\,\mathrm{d}x\,(a>0)$;　　　(2) $\displaystyle\int_{-1}^{1}|x|\,\mathrm{d}x$;

(3) $\displaystyle\int_{-1}^{1}x\,\mathrm{d}x$;　　　(4) $\displaystyle\int_{0}^{2\pi}\sin x\,\mathrm{d}x$.

4.已知 $\displaystyle\int_{0}^{\pi}\sin x\,\mathrm{d}x=2$,利用定积分的几何意义求 $\displaystyle\int_{0}^{n\pi}|\sin x|\,\mathrm{d}x\,(n\in\mathbf{N})$.

5.设 $\displaystyle\int_{-1}^{1}3f(x)\,\mathrm{d}x=18,\int_{-1}^{3}f(x)\,\mathrm{d}x=4,\int_{-1}^{3}g(x)\,\mathrm{d}x=3$,求:

(1) $\displaystyle\int_{-1}^{1}f(x)\,\mathrm{d}x$;　　　(2) $\displaystyle\int_{1}^{3}f(x)\,\mathrm{d}x$;

(3) $\displaystyle\int_{3}^{-1}g(x)\,\mathrm{d}x$;　　　(4) $\displaystyle\int_{-1}^{3}\dfrac{1}{5}[4f(t)+3g(t)]\,\mathrm{d}t$.

6.不计算定积分的值,比较下列各对定积分值的大小:

(1) $\displaystyle\int_{0}^{1}x^2\,\mathrm{d}x$ 与 $\displaystyle\int_{0}^{1}x^3\,\mathrm{d}x$;　　　(2) $\displaystyle\int_{-2}^{2}x^3\,\mathrm{d}x$ 与 $\displaystyle\int_{0}^{2}x^3\,\mathrm{d}x$;

(3) $\displaystyle\int_{0}^{\frac{\pi}{2}}\sin x\,\mathrm{d}x$ 与 $\displaystyle\int_{0}^{\frac{\pi}{2}}x\,\mathrm{d}x$;　　　(4) $\displaystyle\int_{0}^{1}\mathrm{e}^x\,\mathrm{d}x$ 与 $\displaystyle\int_{0}^{1}(1+x)\,\mathrm{d}x$.

7.估计下列积分的值:

(1) $I=\displaystyle\int_{0}^{2\pi}\dfrac{\mathrm{d}x}{10+3\cos x}$;　　　(2) $I=\displaystyle\int_{0}^{1}\mathrm{e}^{x^2}\,\mathrm{d}x$;

(3) $I=\displaystyle\int_{\frac{\pi}{4}}^{\frac{\pi}{2}}\dfrac{\sin x}{x}\,\mathrm{d}x$;　　　(4) $I=\displaystyle\int_{0}^{\frac{\pi}{2}}\dfrac{1}{\sqrt{1-\frac{1}{2}\sin^2 x}}\,\mathrm{d}x$.

8.设 $f(x)$ 及 $g(x)$ 在闭区间 $[a,b]$ 上连续,证明:

(1)若在 $[a,b]$ 上 $f(x)\geqslant 0$,且 $\displaystyle\int_{a}^{b}f(x)\,\mathrm{d}x=0$,则在 $[a,b]$ 上 $f(x)\equiv 0$;

(2)若在 $[a,b]$ 上 $f(x)\geqslant 0$,且 $f(x)\not\equiv 0$,则 $\displaystyle\int_{a}^{b}f(x)\,\mathrm{d}x>0$;

(3)若在 $[a,b]$ 上 $f(x)\leqslant g(x)$,且 $\displaystyle\int_{a}^{b}f(x)\,\mathrm{d}x=\int_{a}^{b}g(x)\,\mathrm{d}x$,则在 $[a,b]$ 上 $f(x)\equiv g(x)$.

9.设函数 $f(x)$ 在闭区间 $[0,1]$ 上连续,在开区间 $(0,1)$ 内可导,且满足 $3\displaystyle\int_{\frac{2}{3}}^{1}f(x)\,\mathrm{d}x=f(0)$,证明:在 $(0,1)$ 内至少存在一点 ξ,使得 $f'(\xi)=0$.

10.设函数 $f(x)$ 在闭区间 $[0,1]$ 上可微,且满足 $f(1)-2\displaystyle\int_{0}^{\frac{1}{2}}xf(x)\,\mathrm{d}x=0$,证明:在 $(0,1)$ 内必有一点 ξ,使得 $\xi f'(\xi)+f(\xi)=0$.

11. 设函数 $f(x)$ 和 $g(x)$ 在区间 $[a,b]$ 上连续,且 $g(x) \neq 0$,$x \in [a,b]$. 试证:至少存在一点 $\xi \in (a,b)$,使得

$$\frac{\int_a^b f(x) \mathrm{d}x}{\int_a^b g(x) \mathrm{d}x} = \frac{f(\xi)}{g(\xi)}.$$

6.2 微积分基本公式

上一节中介绍了定积分的概念. 是将定积分定义为一种和式的极限,如果按照定积分的定义来计算定积分(如上节中例 6-2),往往是非常困难的. 因此,必须寻求计算定积分值的有效方法.

下面我们对变速直线运动中位置函数 $s(t)$ 及速度函数 $v(t)$ 之间的联系作进一步研究,以此来探索计算定积分值的新方法.

6.2.1 变速直线运动中位置函数与速度函数之间的联系

设物体作直线运动,在这条直线上取定原点、正向及长度单位,使它构成一数轴. 记 t 时刻物体所在的位置为 $s(t)$,速度为 $v(t)$,如图 6-10 所示(为讨论方便起见,可以设 $v(t) \geqslant 0$).

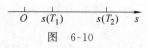

图 6-10

由微分学知识,得

$$s'(t) = v(t),$$

即位置函数 $s(t)$ 是速度函数 $v(t)$ 的一个原函数.

由定积分的概念可得,物体在时间间隔 $[T_1, T_2]$ 内所经过的路程等于速度函数 $v(t)$ 在 $[T_1, T_2]$ 上的定积分

$$\int_{T_1}^{T_2} v(t) \mathrm{d}t.$$

由位置函数 $s(t)$ 的实际意义,物体在时间间隔 $[T_1, T_2]$ 内所经过的路程又等于位置函数 $s(t)$ 在区间 $[T_1, T_2]$ 上的增量

$$s(T_2) - s(T_1).$$

由此可见,位置函数 $s(t)$ 与速度函数 $v(t)$ 之间有如下关系:

$$\int_{T_1}^{T_2} v(t) \mathrm{d}t = s(T_2) - s(T_1),$$

即速度函数 $v(t)$ 在区间 $[T_1, T_2]$ 上的定积分,等于 $v(t)$ 的原函数 $s(t)$ 在积分区间 $[T_1, T_2]$ 上的增量. 如果这一结论具有普遍意义,则定积分的计算就可用下列简单方法:

连续函数 $f(x)$ 在区间 $[a,b]$ 上的定积分等于 $f(x)$ 的原函数 $F(x)$ 在积分区间 $[a,b]$ 上的增量,即

$$\int_a^b f(x)\mathrm{d}x = F(b) - F(a).$$

上述结论是否真的成立呢?

6.2.2　积分上限的函数及其导数

设函数 $f(x)$ 在区间 $[a,b]$ 上连续,x 为 $[a,b]$ 上的任意一点,考察以 x 为积分上限的定积分

$$\int_a^x f(x)\mathrm{d}x.$$

由于 $f(x)$ 在 $[a,x]$ 上仍然连续,因此这个定积分存在.这里的 x 既表示定积分的上限,又表示积分变量,根据定积分与积分变量的选取无关的特性,为了避免混淆,可以把积分变量换为 t,则有

$$\int_a^x f(x)\mathrm{d}x = \int_a^x f(t)\mathrm{d}t, x \in [a,b].$$

当积分上限 x 在 $[a,b]$ 上任意变动时,对于每一个取定的 x 值,定积分 $\int_a^x f(t)\mathrm{d}t$ 都有一个确定的数值与 x 对应,所以,定积分 $\int_a^x f(t)\mathrm{d}t$ 定义了一个 $[a,b]$ 上的函数,记作 $\Phi(x)$,即

$$\Phi(x) = \int_a^x f(t)\mathrm{d}t \quad (a \leqslant x \leqslant b),$$

称 $\Phi(x)$ 为**积分上限的函数**.$\Phi(x)$ 具有以下重要性质.

定理 6-3　设函数 $f(x)$ 在区间 $[a,b]$ 上连续,则积分上限的函数

$$\Phi(x) = \int_a^x f(t)\mathrm{d}t$$

在 $[a,b]$ 上可导,且有

$$\Phi'(x) = \frac{\mathrm{d}}{\mathrm{d}x}\int_a^x f(t)\mathrm{d}t = f(x) \quad (a \leqslant x \leqslant b). \tag{6-1}$$

证　若 $x \in (a,b)$,则当 x 取得增量 Δx,且保证 $x + \Delta x \in [a,b]$ 时,函数 $\Phi(x)$ 在 $x + \Delta x$ 处的函数值(如图6-11所示)为

$$\Phi(x + \Delta x) = \int_a^{x+\Delta x} f(t)\mathrm{d}t,$$

由此得函数 $\Phi(x)$ 的增量为

$$\Delta\Phi = \Phi(x + \Delta x) - \Phi(x)$$

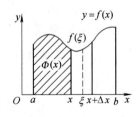

图　6-11

$$= \int_a^{x+\Delta x} f(t)\mathrm{d}t - \int_a^x f(t)\mathrm{d}t$$

$$= \int_a^x f(t)\mathrm{d}t + \int_x^{x+\Delta x} f(t)\mathrm{d}t - \int_a^x f(t)\mathrm{d}t$$

$$= \int_x^{x+\Delta x} f(t)\mathrm{d}t,$$

应用积分中值定理,得

$$\Delta\Phi = f(\xi)\Delta x \quad (\xi\text{介于 } x \text{ 与 } x+\Delta x \text{ 之间}),$$

故

$$\frac{\Delta\Phi}{\Delta x} = f(\xi).$$

由于 $f(x)$ 在 $[a,b]$ 上连续,而当 $\Delta x \to 0$ 时,有 $\xi \to x$,因此

$$\lim_{\Delta x \to 0} f(\xi) = f(x).$$

于是,令 $\Delta x \to 0$ 对上式两端取极限,得

$$\lim_{\Delta x \to 0}\frac{\Delta\Phi}{\Delta x} = \lim_{\Delta x \to 0} f(\xi) = f(x),$$

故

$$\Phi'(x) = \lim_{\Delta x \to 0}\frac{\Delta\Phi}{\Delta x} = f(x).$$

若 $x=a$,取 $\Delta x > 0$,则同理可证得 $\Phi'_+(a) = f(a)$;若 $x=b$,取 $\Delta x < 0$,则同理可证得 $\Phi'_-(b) = f(b)$. 证毕.

由定理 6-3 还可以推得下列有用结论:

推论 设函数 $f(x)$ 连续,且函数 $g(x)$,$h(x)$ 均可导,则对任意常数 a,都有

$$\frac{\mathrm{d}}{\mathrm{d}x}\int_x^a f(t)\mathrm{d}t = -f(x); \tag{6-2}$$

$$\frac{\mathrm{d}}{\mathrm{d}x}\int_a^{g(x)} f(t)\mathrm{d}t = f(g(x))g'(x); \tag{6-3}$$

$$\frac{\mathrm{d}}{\mathrm{d}x}\int_{h(x)}^a f(t)\mathrm{d}t = -f(h(x))h'(x); \tag{6-4}$$

$$\frac{\mathrm{d}}{\mathrm{d}x}\int_{h(x)}^{g(x)} f(t)\mathrm{d}t = f(g(x))g'(x) - f(h(x))h'(x). \tag{6-5}$$

下面仅证明式(6-3)成立,其余各式请读者自己完成. 事实上,将 $\int_a^{g(x)} f(t)\mathrm{d}t$ 看做是以 $u=g(x)$ 为中间变量的复合函数,由复合函数的求导法则及公式(6-1),得

$$\frac{\mathrm{d}}{\mathrm{d}x}\int_a^{g(x)} f(t)\mathrm{d}t = \frac{\mathrm{d}}{\mathrm{d}u}\int_a^u f(t)\mathrm{d}t \cdot \frac{\mathrm{d}u}{\mathrm{d}x}$$

$$= f(u) \cdot \frac{\mathrm{d}u}{\mathrm{d}x} = f(g(x))g'(x).$$

【例 6-4】　求(1) $\dfrac{\mathrm{d}}{\mathrm{d}x}\displaystyle\int_a^x \sin t\mathrm{d}t$；　(2) $\dfrac{\mathrm{d}}{\mathrm{d}x}\displaystyle\int_x^a \sin t\mathrm{d}t$；　(3) $\dfrac{\mathrm{d}}{\mathrm{d}x}\displaystyle\int_a^{x^3} \sin t\mathrm{d}t$；

(4) $\dfrac{\mathrm{d}}{\mathrm{d}x}\displaystyle\int_{x^2}^{x^3} \sin t\mathrm{d}t$；　(5) $\dfrac{\mathrm{d}}{\mathrm{d}x}\displaystyle\int_a^b \sin t\mathrm{d}t$.

解　(1)由式(6-1)得

$$\frac{\mathrm{d}}{\mathrm{d}x}\int_a^x \sin t\mathrm{d}t = \sin x.$$

(2)由式(6-2)得

$$\frac{\mathrm{d}}{\mathrm{d}x}\int_x^a \sin t\mathrm{d}t = -\sin x.$$

(3)由式(6-3)得

$$\frac{\mathrm{d}}{\mathrm{d}x}\int_a^{x^3} \sin t\mathrm{d}t = \sin x^3 \cdot (x^3)' = 3x^2 \sin x^3.$$

(4)由式(6-5)得

$$\frac{\mathrm{d}}{\mathrm{d}x}\int_{x^2}^{x^3} \sin t\mathrm{d}t = \sin x^3 \cdot (x^3)' - \sin x^2 \cdot (x^2)'$$

$$= 3x^2 \sin x^3 - 2x\sin x^2.$$

(5)注意到 $\displaystyle\int_a^b \sin x\mathrm{d}x$ 是一个常数,故

$$\frac{\mathrm{d}}{\mathrm{d}x}\int_a^b \sin t\mathrm{d}t = 0.$$

【例 6-5】　求函数 $f(x)=\displaystyle\int_0^x t\mathrm{e}^{-t}\mathrm{d}t$ 的极值.

解　$f'(x)=x\mathrm{e}^{-x}$,令 $f'(x)=0$,得驻点 $x=0$.

当 $x<0$ 时,$f'(x)<0$;当 $x>0$ 时,$f'(x)>0$. 所以 $f(x)$ 在 $x=0$ 处取得极小值 $f(0)=0$.

【例 6-6】　求 $\displaystyle\lim_{x\to 0}\dfrac{\displaystyle\int_0^{\sin^2 x}\ln(1+t)\mathrm{d}t}{\sqrt{1+x^4}-1}$.

解　利用等价无穷小,当 $x\to 0$ 时,$\sin x \sim x$,$\ln(1+\sin^2 x)\sim\sin^2 x\sim x^2$,$\sqrt{1+x^4}-1\sim\dfrac{1}{2}x^4$,从而

$$\lim_{x\to 0}\frac{\displaystyle\int_0^{\sin^2 x}\ln(1+t)\mathrm{d}t}{\sqrt{1+x^4}-1} = \lim_{x\to 0}\frac{\displaystyle\int_0^{\sin^2 x}\ln(1+t)\mathrm{d}t}{\dfrac{1}{2}x^4}$$

$$= \lim_{x\to 0}\frac{2\sin x\cos x\ln(1+\sin^2 x)}{2x^3}$$

$$= \lim_{x\to 0}\frac{2x^3\cos x}{2x^3} = 1.$$

195

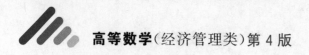

按照原函数的概念,定理 6-3 的结论表明:$\Phi(x)$ 是连续函数 $f(x)$ 的一个原函数,由此得到原函数存在定理.

定理 6-4　如果函数 $f(x)$ 在区间 $[a,b]$ 上连续,则积分上限的函数

$$\Phi(x) = \int_a^x f(t)\mathrm{d}t$$

是 $f(x)$ 在 $[a,b]$ 上的一个原函数.

这个定理的重要意义是:一方面,肯定了连续函数的原函数总是存在的;另一方面,揭示了定积分与原函数之间的联系,指出连续函数 $f(x)$ 存在一个定积分形式的原函数 $\int_a^x f(t)\mathrm{d}t$. 因此,我们就有可能通过原函数来计算定积分.

6.2.3　牛顿-莱布尼茨公式

定理 6-5　设 $f(x)$ 是 $[a,b]$ 上的连续函数,$F(x)$ 是 $f(x)$ 在 $[a,b]$ 上的一个原函数,则

$$\int_a^b f(x)\mathrm{d}x = F(b) - F(a). \tag{6-6}$$

证　因为 $F(x)$ 是 $f(x)$ 的一个原函数,而积分上限的函数

$$\Phi(x) = \int_a^x f(t)\mathrm{d}t$$

也是 $f(x)$ 的一个原函数,因为任意两个原函数之差是一个常数,所以

$$F(x) - \Phi(x) = C \quad (a \leqslant x \leqslant b),$$

即

$$F(x) = \Phi(x) + C,$$

于是

$$F(b) - F(a) = \Phi(b) - \Phi(a) = \int_a^b f(t)\mathrm{d}t - \int_a^a f(t)\mathrm{d}t$$

$$= \int_a^b f(t)\mathrm{d}t,$$

把积分变量 t 换成 x,得

$$\int_a^b f(x)\mathrm{d}x = F(b) - F(a). \qquad 证毕.$$

式(6-6)称为**牛顿(Newton)-莱布尼茨(Leibniz)公式**.为方便起见,我们把 $F(b) - F(a)$ 记为 $F(x)\Big|_a^b$ 或 $[F(x)]_a^b$,于是牛顿-莱布尼茨公式又可表示为

$$\int_a^b f(x)\mathrm{d}x = F(x)\Big|_a^b = F(b) - F(a)$$

或

$$\int_a^b f(x)\mathrm{d}x = [F(x)]_a^b = F(b) - F(a).$$

牛顿-莱布尼茨公式的意义在于进一步揭示了定积分与被积函数的原函数或不定积分之间的联系. 它表明: 一个连续函数在 $[a, b]$ 上的定积分等于它的任意一个原函数在 $[a, b]$ 上的增量, 这就给定积分的计算提供了一个有效而简便的方法.

【例 6-7】 利用牛顿-莱布尼茨公式计算例 6-2 中的定积分 $\int_0^1 x^2 \, \mathrm{d}x$.

解　因为 $\dfrac{x^3}{3}$ 是 x^2 的一个原函数, 所以按牛顿-莱布尼茨公式, 得

$$\int_0^1 x^2 \, \mathrm{d}x = \frac{x^3}{3} \bigg|_0^1 = \frac{1^3}{3} - \frac{0^3}{3} = \frac{1}{3}.$$

【例 6-8】 求 $\int_0^\pi \sin x \, \mathrm{d}x$.

解　$\int_0^\pi \sin x \, \mathrm{d}x = -\cos x \bigg|_0^\pi = -\cos \pi - (-\cos 0) = 2.$

【例 6-9】 求 $\int_0^2 \dfrac{\mathrm{d}x}{2x - 5}$.

解　$\int_0^2 \dfrac{\mathrm{d}x}{2x - 5} = \left[\dfrac{1}{2} \ln |2x - 5| \right]_0^2 = -\dfrac{1}{2} \ln 5.$

【例 6-10】 设 $f(x) = \begin{cases} 0, & -1 \leqslant x < 0, \\ 1 + \mathrm{e}^{-x}, & 0 \leqslant x \leqslant 2, \end{cases}$ 求 $\int_{-1}^2 f(x) \, \mathrm{d}x$.

解　因为函数 $f(x)$ 在 $[-1, 2]$ 上除点 $x = 0$ 处间断外, 在其余点处均连续, 所以 $f(x)$ 在 $[-1, 2]$ 上可积. 由于 $f(x)$ 为分段函数, 故定积分需要分段计算.

$$\int_{-1}^2 f(x) \, \mathrm{d}x = \int_{-1}^0 0 \, \mathrm{d}x + \int_0^2 (1 + \mathrm{e}^{-x}) \, \mathrm{d}x$$
$$= 0 + [x - \mathrm{e}^{-x}]_0^2 = 3 - \mathrm{e}^{-2}.$$

【例 6-11】 求 $\int_0^\pi \sqrt{1 + \cos 2x} \, \mathrm{d}x$.

解　$\int_0^\pi \sqrt{1 + \cos 2x} \, \mathrm{d}x = \int_0^\pi \sqrt{2\cos^2 x} \, \mathrm{d}x = \sqrt{2} \int_0^\pi |\cos x| \, \mathrm{d}x$

$$= \sqrt{2} \left[\int_0^{\frac{\pi}{2}} \cos x \, \mathrm{d}x + \int_{\frac{\pi}{2}}^\pi (-\cos x) \, \mathrm{d}x \right]$$
$$= \sqrt{2} \left(\sin x \bigg|_0^{\frac{\pi}{2}} - \sin x \bigg|_{\frac{\pi}{2}}^\pi \right) = 2\sqrt{2}.$$

本例定积分的被积函数中含有绝对值, 需注意其处理方法.

【例 6-12】 利用牛顿-莱布尼茨公式证明积分中值定理的如下改进:

如果函数 $f(x)$ 在闭区间 $[a, b]$ 上连续, 则在开区间 (a, b) 内至少存在一点 ξ, 使

$$\int_a^b f(x)\mathrm{d}x = f(\xi)(b-a) \quad (a<\xi<b).$$

证 因为 $f(x)$ 连续,所以它的原函数存在,设为 $F(x)$. 即在 $[a,b]$ 上满足

$$F'(x)=f(x).$$

根据牛顿-莱布尼茨公式,得

$$\int_a^b f(x)\mathrm{d}x = F(b)-F(a).$$

由于函数 $F(x)$ 在区间 $[a,b]$ 上满足拉格朗日中值定理的条件,因此由拉格朗日中值定理,在开区间 (a,b) 内至少存在一点 ξ,使

$$F(b)-F(a)=F'(\xi)(b-a) \quad (a<\xi<b),$$

即

$$\int_a^b f(x)\mathrm{d}x = f(\xi)(b-a) \quad (a<\xi<b).$$

注 请读者注意此例与 6.1.4 中性质 7(定积分中值定理)的区别.

牛顿-莱布尼茨公式解决了定积分的计算问题. 由于定积分是一种特殊和式的极限,故有些极限可表示为定积分,这样我们就可通过计算定积分来求出这种极限. 由定积分的定义结合例 6-2 的解题过程易知,当函数 $f(x)$ 在 $[0,1]$ 上连续时,有

$$\lim_{n\to\infty}\sum_{i=1}^{n} f\left(\frac{i}{n}\right)\frac{1}{n} = \int_0^1 f(x)\mathrm{d}x. \tag{6-7}$$

【例 6-13】 求 $\displaystyle\lim_{n\to\infty}\left(\frac{1}{\sqrt{4n^2-1}}+\frac{1}{\sqrt{4n^2-2^2}}+\cdots+\frac{1}{\sqrt{4n^2-n^2}}\right)$.

解

$$\lim_{n\to\infty}\left(\frac{1}{\sqrt{4n^2-1}}+\frac{1}{\sqrt{4n^2-2^2}}+\cdots+\frac{1}{\sqrt{4n^2-n^2}}\right)$$

$$=\lim_{n\to\infty}\left(\frac{1}{\sqrt{4-\frac{1}{n^2}}}+\frac{1}{\sqrt{4-\frac{2^2}{n^2}}}+\cdots+\frac{1}{\sqrt{4-\frac{n^2}{n^2}}}\right)\cdot\frac{1}{n}$$

$$=\lim_{n\to\infty}\sum_{i=1}^{n}\frac{1}{\sqrt{4-\left(\frac{i}{n}\right)^2}}\cdot\frac{1}{n},$$

对照式(6-7)可知

$$\lim_{n\to\infty}\left(\frac{1}{\sqrt{4n^2-1}}+\frac{1}{\sqrt{4n^2-2^2}}+\cdots+\frac{1}{\sqrt{4n^2-n^2}}\right)$$

$$=\int_0^1 \frac{1}{\sqrt{4-x^2}}\mathrm{d}x$$

$$=\arcsin\frac{x}{2}\Big|_0^1 = \frac{\pi}{6}.$$

习题 6.2

1. 计算下列定积分：

(1) $\int_1^2 \left(x + \dfrac{1}{x}\right)^2 dx$;

(2) $\int_1^e \dfrac{1+\sqrt{x}}{x} dx$;

(3) $\int_0^{\frac{\pi}{4}} \tan^2 x dx$;

(4) $\int_{-1}^0 \dfrac{3x^4 + 3x^2 + 1}{x^2 + 1} dx$;

(5) $\int_{-\frac{1}{2}}^{\frac{1}{2}} \dfrac{\sqrt{1+x^2}}{\sqrt{1-x^4}} dx$;

(6) $\int_0^2 \sqrt{x^3 - 2x^2 + x} dx$;

(7) $\int_{-\frac{\pi}{2}}^{\frac{\pi}{2}} \sqrt{1 - \cos 2x} dx$;

(8) $\int_{-2}^4 e^{|x|} dx$;

(9) $\int_0^{2\pi} |\sin x - \cos x| dx$;

(10) $\int_{-1}^2 f(x) dx$，其中 $f(x) = \begin{cases} 1 - |x|, & |x| \leqslant 1, \\ x^2, & |x| > 1. \end{cases}$

2. 计算下列导数：

(1) $\dfrac{d}{dx} \int_0^x \dfrac{t}{1 + \cos t} dt$;

(2) $\dfrac{d}{dx} \int_{x^2}^{x^3} \dfrac{dt}{\sqrt{1 + t^4}}$;

(3) $\dfrac{d}{dx} \int_{x^2}^{\sin x} e^{-t^2} dt$;

(4) $\dfrac{d}{dx} \int_{\sin x}^{\cos x} \sqrt{1 - x^2} dx$;

(5) $\dfrac{d}{dx} \int_0^{\cos x} x \sin t dt$;

(6) $\dfrac{d}{dx} \int_2^3 \cos(x^2) dx$.

3. 求由 $\int_0^y (1 + t) dt + \int_0^x \cos t dt = 0$ 所确定的函数的导数 $\dfrac{dy}{dx}$.

4. 求由参数方程 $x = \int_1^t u \ln u du, y = \int_{t^2}^1 u^2 \ln u du$ 所确定的函数的导数 $\dfrac{dy}{dx}$.

5. 设 $f(x)$ 在 $(-\infty, +\infty)$ 内连续，$g(x) = \int_a^x (x - t) f(t) dt$，求 $g''(x)$.

6. 求下列极限：

(1) $\lim\limits_{x \to 0} \dfrac{\int_{\cos^2 x}^1 \sqrt{1 + t^2} dt}{x^2}$;

(2) $\lim\limits_{x \to 0} \int_0^x \dfrac{1}{x^2} \ln(1 + 2t) dt$;

(3) $\lim\limits_{x \to 0} \dfrac{x - \int_0^x e^{t^2} dt}{x^2 \ln(1 + 2x)}$;

(4) $\lim\limits_{x \to 0} \dfrac{1}{e^x - 1} \int_0^x (1 + t^2) e^{t^2 - x^2} dt$;

(5) $\lim\limits_{x \to 0} \dfrac{\int_0^{x^2} t f(t) dt}{x^4}$，其中 $f(x)$ 在 $(-\infty, +\infty)$ 内连续.

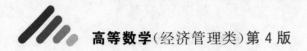

7.若 $f(x)$ 在 $x = 0$ 的某邻域内连续,且 $f(0) = 0$,$f'(0) = 2$,求 $\lim\limits_{x \to 0} \dfrac{\displaystyle\int_0^x f(t)\,\mathrm{d}t}{x^2}$.

8.求 $f(x) = \displaystyle\int_0^x t\mathrm{e}^{-t}\,\mathrm{d}t$ 的极值与其图形的拐点.

9.设 $f(x) = \begin{cases} x+1, & x < 0, \\ x, & x \geqslant 0, \end{cases}$ 求 $\varphi(x) = \displaystyle\int_{-1}^x f(t)\,\mathrm{d}t$ 在 $[-1,1]$ 上的表达式,并

讨论 $\varphi(x)$ 在 $[-1,1]$ 上的连续性与可导性.

10.设 $f(x)$ 在 $[a,b]$ 上连续,在 (a,b) 内可导,且 $f'(x) < 0$,记

$$F(x) = \frac{1}{x-a}\int_a^x f(t)\,\mathrm{d}t,$$

证明:$F(x)$ 在 (a,b) 内单调减少.

11.设 $f(x)$ 在 $[0,+\infty)$ 内连续,且 $\lim\limits_{x \to +\infty} f(x) = 1$,证明:函数

$$y = \mathrm{e}^{-x}\int_0^x \mathrm{e}^t f(t)\,\mathrm{d}t$$

满足方程 $\dfrac{\mathrm{d}y}{\mathrm{d}x} + y = f(x)$,并求 $\lim\limits_{x \to +\infty} y(x)$.

12.利用定积分定义,求 $\lim\limits_{n \to \infty} \dfrac{1+\sqrt{2}+\cdots+\sqrt{n}}{n\sqrt{n}}$.

6.3 定积分的换元法和分部积分法

为了简便地计算定积分,本节把不定积分的换元积分法和分部积分法移植到定积分中,形成相应的积分方法.

6.3.1 定积分的换元法

定理 6-6 设函数 $f(x)$ 在区间 $[a,b]$ 上连续,作变换 $x = \varphi(t)$,它满足条件

(1) $\varphi(t)$ 在以 α,β 为端点的区间上有连续导数.

(2) 当 t 从 α 变到 β 时,$\varphi(t)$ 从 $\varphi(\alpha) = a$ 单调地变到 $\varphi(\beta) = b$,则有

$$\int_a^b f(x)\,\mathrm{d}x = \int_\alpha^\beta f(\varphi(t))\varphi'(t)\,\mathrm{d}t. \tag{6-8}$$

证 设 $\displaystyle\int f(x)\,\mathrm{d}x = F(x) + C$,则由不定积分的换元公式有

$$\int f(\varphi(t))\varphi'(t)\,\mathrm{d}t = F(\varphi(t)) + C.$$

于是

$$\int_a^\beta f(\varphi(t))\varphi'(t)\mathrm{d}t = F(\varphi(t))\Big|_a^\beta$$
$$= F(\varphi(\beta)) - F(\varphi(\alpha))$$
$$= F(b) - F(a)$$
$$= \int_a^b f(x)\mathrm{d}x.$$

证毕.

在应用式(6-8)计算定积分时,通过变换:$x = \varphi(t)$,将原来的定积分

$$\int_a^b f(x)\mathrm{d}x$$

换成了关于新变量 t 的定积分

$$\int_a^\beta f(\varphi(t))\varphi'(t)\mathrm{d}t,$$

其积分限的变换规则是:与原定积分的下限 a 对应的值 α 成为新定积分的下限,与原定积分的上限 b 对应的值 β 成为新定积分的上限.另外,在求出了新定积分被积函数 $f(\varphi(t))\varphi'(t)$ 的原函数 $F(\varphi(t))$ 后,只要直接代入新变量 t 的上、下限求值

$$F(\varphi(\beta)) - F(\varphi(\alpha)),$$

而不必像不定积分那样,再把变量 t 还原为变量 x.

【例 6-14】　求 $\displaystyle\int_0^a \sqrt{a^2 - x^2}\,\mathrm{d}x \quad (a > 0)$.

解　设 $x = a\sin t$,则 $\mathrm{d}x = a\cos t\mathrm{d}t$,且当 $x = 0$ 时,$t = 0$;当 $x = a$ 时,$t = \dfrac{\pi}{2}$.

于是

$$\int_0^a \sqrt{a^2 - x^2}\,\mathrm{d}x = a^2 \int_0^{\frac{\pi}{2}} \cos^2 t\,\mathrm{d}t$$
$$= a^2 \int_0^{\frac{\pi}{2}} \frac{1 + \cos 2t}{2}\,\mathrm{d}t$$
$$= \frac{a^2}{2}\left[t + \frac{1}{2}\sin 2t\right]_0^{\frac{\pi}{2}} = \frac{\pi}{4}a^2.$$

注　此例中定积分的值也可由定积分的几何意义求得,见例 6-1 中的第(2)问.

【例 6-15】　求 $\displaystyle\int_{-5}^1 \frac{x + 1}{\sqrt{5 - 4x}}\,\mathrm{d}x$.

解　设 $\sqrt{5 - 4x} = t$,则 $x = \dfrac{5 - t^2}{4}$,$\mathrm{d}x = -\dfrac{t}{2}\mathrm{d}t$,且

当 $x = -5$ 时,$t = 5$;当 $x = 1$ 时,$t = 1$.

于是
$$\int_{-5}^{1}\frac{x+1}{\sqrt{5-4x}}\mathrm{d}x=\int_{5}^{1}\frac{\frac{5-t^{2}}{4}+4}{t}\left(-\frac{t}{2}\mathrm{d}t\right)$$
$$=\frac{1}{8}\int_{1}^{5}(9-t^{2})\mathrm{d}t$$
$$=\frac{1}{8}\left[9t-\frac{1}{3}t^{3}\right]_{1}^{5}$$
$$=-\frac{2}{3}.$$

【例 6-16】 求 $\int_{0}^{\ln 2}\sqrt{\mathrm{e}^{x}-1}\mathrm{d}x$.

解 设 $\sqrt{\mathrm{e}^{x}-1}=t$,则 $x=\ln(1+t^{2})$,$\mathrm{d}x=\frac{2t}{1+t^{2}}\mathrm{d}t$,且

当 $x=0$ 时,$t=0$;当 $x=\ln 2$ 时,$t=1$.

于是
$$\int_{0}^{\ln 2}\sqrt{\mathrm{e}^{x}-1}\mathrm{d}x=\int_{0}^{1}t\frac{2t}{1+t^{2}}\mathrm{d}t$$
$$=2\int_{0}^{1}\left(1-\frac{1}{1+t^{2}}\right)\mathrm{d}t$$
$$=2[t-\arctan t]_{0}^{1}=2-\frac{\pi}{2}.$$

如果反过来使用定积分换元公式(6-8),则成为相应于不定积分的第一类换元积分在定积分中的形式.为使用方便起见,把换元公式(6-8)中左右两边对调位置,同时把 t 改记为 x,而 x 改记为 t,得
$$\int_{a}^{b}f(\varphi(x))\varphi'(x)\mathrm{d}x=\int_{\alpha}^{\beta}f(t)\mathrm{d}t,$$
其中 $\varphi(x)=t$,$\varphi(a)=\alpha$,$\varphi(b)=\beta$.

【例 6-17】 求 $\int_{0}^{\frac{\pi}{2}}\cos^{6}x\sin x\mathrm{d}x$.

解 设 $\cos x=t$,则 $-\sin x\mathrm{d}x=\mathrm{d}t$,且

当 $x=0$ 时,$t=1$;当 $x=\frac{\pi}{2}$ 时,$t=0$.

于是 $\int_{0}^{\frac{\pi}{2}}\cos^{6}x\sin x\mathrm{d}x=-\int_{1}^{0}t^{6}\mathrm{d}t=\int_{0}^{1}t^{6}\mathrm{d}t=\frac{1}{7}t^{7}\Big|_{0}^{1}=\frac{1}{7}.$

在本例中,如果我们不明显地写出新变量 t,此时定积分的上、下限就不要变更.这是这类题型常用的方法,由此本例计算过程可简写如下:
$$\int_{0}^{\frac{\pi}{2}}\cos^{6}x\sin x\mathrm{d}x=-\int_{0}^{\frac{\pi}{2}}\cos^{6}x\mathrm{d}(\cos x)=-\left[\frac{1}{7}\cos^{7}x\right]_{0}^{\frac{\pi}{2}}=\frac{1}{7}.$$

【例 6-18】 求 $\int_{0}^{\pi}\sqrt{\sin x-\sin^{3}x}\mathrm{d}x$.

解　$\displaystyle\int_0^\pi \sqrt{\sin x - \sin^3 x}\,\mathrm{d}x = \int_0^\pi \sqrt{\sin x(1 - \sin^2 x)}\,\mathrm{d}x$

$\displaystyle = \int_0^\pi \sqrt{\sin x}\,|\cos x|\,\mathrm{d}x$

$\displaystyle = \int_0^{\frac{\pi}{2}} \sqrt{\sin x}\cos x\,\mathrm{d}x - \int_{\frac{\pi}{2}}^\pi \sqrt{\sin x}\cos x\,\mathrm{d}x$

$\displaystyle = \int_0^{\frac{\pi}{2}} \sin^{\frac{1}{2}} x\,\mathrm{d}(\sin x) - \int_{\frac{\pi}{2}}^\pi \sin^{\frac{1}{2}} x\,\mathrm{d}(\sin x)$

$\displaystyle = \left[\frac{2}{3}\sin^{\frac{3}{2}} x\right]_0^{\frac{\pi}{2}} - \left[\frac{2}{3}\sin^{\frac{3}{2}} x\right]_{\frac{\pi}{2}}^\pi$

$\displaystyle = \frac{2}{3} - \left(-\frac{2}{3}\right) = \frac{4}{3}.$

【例 6-19】　设函数 $f(x)$ 在 $[-a,a]$ 上连续,证明:

(1) 若 $f(x)$ 为偶函数,则有 $\displaystyle\int_{-a}^a f(x)\,\mathrm{d}x = 2\int_0^a f(x)\,\mathrm{d}x$;

(2) 若 $f(x)$ 为奇函数,则有 $\displaystyle\int_{-a}^a f(x)\,\mathrm{d}x = 0$.

证　因为　$\displaystyle\int_{-a}^a f(x)\,\mathrm{d}x = \int_{-a}^0 f(x)\,\mathrm{d}x + \int_0^a f(x)\,\mathrm{d}x$,

对积分 $\displaystyle\int_{-a}^0 f(x)\,\mathrm{d}x$ 作代换 $x = -t$,得

$$\int_{-a}^0 f(x)\,\mathrm{d}x = \int_a^0 f(-t)(-\,\mathrm{d}t) = \int_0^a f(-t)\,\mathrm{d}t = \int_0^a f(-x)\,\mathrm{d}x.$$

于是　　　　　　$\displaystyle\int_{-a}^a f(x)\,\mathrm{d}x = \int_0^a f(-x)\,\mathrm{d}x + \int_0^a f(x)\,\mathrm{d}x$

$$= \int_0^a [f(-x) + f(x)]\,\mathrm{d}x.$$

(1) 若 $f(x)$ 为偶函数,则 $f(-x) + f(x) = 2f(x)$,从而

$$\int_{-a}^a f(x)\,\mathrm{d}x = \int_0^a [f(-x) + f(x)]\,\mathrm{d}x = 2\int_0^a f(x)\,\mathrm{d}x;$$

(2) 若 $f(x)$ 为奇函数,则 $f(-x) + f(x) = 0$,从而

$$\int_{-a}^a f(x)\,\mathrm{d}x = \int_0^a [f(-x) + f(x)]\,\mathrm{d}x = 0.$$

利用本例的结论,可以简化对称于原点的区间(简称对称区间)上偶函数、奇函数定积分的计算.

【例 6-20】　求 $\displaystyle\int_{-1}^1 \frac{|x| + x\cos x}{1 + |x|}\,\mathrm{d}x$.

解 $\displaystyle\int_{-1}^1 \frac{|x|+x\cos x}{1+|x|}\mathrm{d}x = \int_{-1}^1 \frac{|x|}{1+|x|}\mathrm{d}x + \int_{-1}^1 \frac{x\cos x}{1+|x|}\mathrm{d}x$

$\displaystyle = 2\int_0^1 \frac{x}{1+x}\mathrm{d}x + 0 = 2\int_0^1 \Big(1-\frac{1}{1+x}\Big)\mathrm{d}x$

$\displaystyle = 2[x - \ln(1+x)]_0^1 = 2(1-\ln 2).$

【例 6-21】 设 $f(x)$ 在 $[0,1]$ 上连续，证明：

$$\int_0^\pi xf(\sin x)\mathrm{d}x = \frac{\pi}{2}\int_0^\pi f(\sin x)\mathrm{d}x,$$

并由此计算 $\displaystyle\int_0^\pi \frac{x\sin x}{1+\cos^2 x}\mathrm{d}x.$

证 设 $x=\pi-t$，则 $\mathrm{d}x=-\mathrm{d}t$，且

当 $x=0$ 时，$t=\pi$；当 $x=\pi$ 时，$t=0$.

于是 $\displaystyle\int_0^\pi xf(\sin x)\mathrm{d}x = \int_\pi^0 (\pi-t)f(\sin(\pi-t))(-\mathrm{d}t)$

$\displaystyle = \int_0^\pi (\pi-t)f(\sin t)\mathrm{d}t$

$\displaystyle = \pi\int_0^\pi f(\sin t)\mathrm{d}t - \int_0^\pi tf(\sin t)\mathrm{d}t$

$\displaystyle = \pi\int_0^\pi f(\sin x)\mathrm{d}x - \int_0^\pi xf(\sin x)\mathrm{d}x,$

所以 $\displaystyle\int_0^\pi xf(\sin x)\mathrm{d}x = \frac{\pi}{2}\int_0^\pi f(\sin x)\mathrm{d}x.$

对于定积分 $\displaystyle\int_0^\pi \frac{x\sin x}{1+\cos^2 x}\mathrm{d}x$，可以把被积函数看成 $xf(\sin x)$，利用上述结论，即得

$$\int_0^\pi \frac{x\sin x}{1+\cos^2 x}\mathrm{d}x = \frac{\pi}{2}\int_0^\pi \frac{\sin x}{1+\cos^2 x}\mathrm{d}x = -\frac{\pi}{2}\int_0^\pi \frac{\mathrm{d}(\cos x)}{1+\cos^2 x}$$

$$= -\frac{\pi}{2}\arctan(\cos x)\Big|_0^\pi = -\frac{\pi}{2}\Big(-\frac{\pi}{4}-\frac{\pi}{4}\Big) = \frac{\pi^2}{4}.$$

【例 6-22】 设 $f(x)$ 是连续的周期函数，T 为周期，证明：

(1) $\displaystyle\int_a^{a+T} f(x)\mathrm{d}x = \int_0^T f(x)\mathrm{d}x$ （a 为任意常数）；

(2) $\displaystyle\int_a^{a+nT} f(x)\mathrm{d}x = n\int_0^T f(x)\mathrm{d}x$ （$n\in\mathbf{N}$）.

证 (1) $\displaystyle\int_a^{a+T} f(x)\mathrm{d}x = \int_a^0 f(x)\mathrm{d}x + \int_0^T f(x)\mathrm{d}x + \int_T^{a+T} f(x)\mathrm{d}x,$

对上式等号右端的第三项，设 $x=T+t$，则 $\mathrm{d}x=\mathrm{d}t$，且

当 $x=T$ 时，$t=0$；当 $x=a+T$ 时，$t=a$.

于是

$$\int_{T}^{a+T} f(x)\mathrm{d}x = \int_{0}^{a} f(T+t)\mathrm{d}t = \int_{0}^{a} f(t)\mathrm{d}t = \int_{0}^{a} f(x)\mathrm{d}x,$$

故

$$\int_{a}^{a+T} f(x)\mathrm{d}x = \int_{a}^{0} f(x)\mathrm{d}x + \int_{0}^{T} f(x)\mathrm{d}x + \int_{0}^{a} f(x)\mathrm{d}x = \int_{0}^{T} f(x)\mathrm{d}x.$$

(2) $$\int_{a}^{a+nT} f(x)\mathrm{d}x = \sum_{k=0}^{n-1} \int_{a+kT}^{a+kT+T} f(x)\mathrm{d}x,$$

由(1)得 $$\int_{a+kT}^{a+kT+T} f(x)\mathrm{d}x = \int_{0}^{T} f(x)\mathrm{d}x,$$

因此 $$\int_{a}^{a+nT} f(x)\mathrm{d}x = \sum_{k=0}^{n-1} \int_{0}^{T} f(x)\mathrm{d}x = n\int_{0}^{T} f(x)\mathrm{d}x.$$

【例 6-23】 设函数

$$f(x) = \begin{cases} x\mathrm{e}^{-x^2}, & x \geqslant 0, \\ \dfrac{1}{1+\cos x}, & -\pi < x < 0, \end{cases}$$

求 $\int_{1}^{4} f(x-2)\mathrm{d}x.$

解 设 $x-2=t$,则 $\mathrm{d}x = \mathrm{d}t$,且

当 $x=1$ 时,$t=-1$;当 $x=4$ 时,$t=2$.

于是 $$\int_{1}^{4} f(x-2)\mathrm{d}x = \int_{-1}^{2} f(t)\mathrm{d}t = \int_{-1}^{0} \frac{1}{1+\cos t}\mathrm{d}t + \int_{0}^{2} t\mathrm{e}^{-t^2}\mathrm{d}t$$

$$= \int_{-1}^{0} \frac{1}{2\cos^2 \dfrac{t}{2}}\mathrm{d}t - \frac{1}{2}\int_{0}^{2} \mathrm{e}^{-t^2}\mathrm{d}(-t^2)$$

$$= \left[\tan \frac{t}{2}\right]_{-1}^{0} - \frac{1}{2}\,\mathrm{e}^{-t^2}\,\Big|_{0}^{2} = \tan \frac{1}{2} - \frac{1}{2}\mathrm{e}^{-4} + \frac{1}{2}.$$

6.3.2 定积分的分部积分法

定理 6-7 设函数 $u(x)$、$v(x)$ 在区间 $[a,b]$ 上具有连续的导数,则

$$\int_{a}^{b} u(x)\mathrm{d}v(x) = \left[u(x)v(x)\right]_{a}^{b} - \int_{a}^{b} v(x)\mathrm{d}u(x), \tag{6-9}$$

简记为 $$\int_{a}^{b} u\,\mathrm{d}v = \left[uv\right]_{a}^{b} - \int_{a}^{b} v\,\mathrm{d}u.$$

公式(6-9)称为定积分的**分部积分公式**.利用不定积分的分部积分法及定积分的牛顿-莱布尼茨公式,容易证明公式(6-9).该公式表明,用分部积分公式计算定积分时,不必把原函数全部求出来之后,再代入上、下限,而是先计算 $u(x)v(x)$ 在 $[a,b]$ 上的增量,并计算出定积分 $\int_{a}^{b} v(x)\mathrm{d}u(x)$,再求出两者之差.

【例 6-24】 求 $\displaystyle\int_0^{\pi} x\sin x\,\mathrm{d}x$.

解 $\displaystyle\int_0^{\pi} x\sin x\,\mathrm{d}x = -\int_0^{\pi} x\,\mathrm{d}(\cos x) = -[x\cos x]_0^{\pi} + \int_0^{\pi}\cos x\,\mathrm{d}x$

$\qquad\qquad = \pi + \sin x\,\big|_0^{\pi} = \pi.$

【例 6-25】 求 $\displaystyle\int_0^1 \arctan x\,\mathrm{d}x$.

解 $\displaystyle\int_0^1 \arctan x\,\mathrm{d}x = [x\arctan x]_0^1 - \int_0^1 x\cdot\frac{1}{1+x^2}\,\mathrm{d}x$

$\qquad\qquad = \frac{\pi}{4} - \frac{1}{2}\ln(1+x^2)\,\bigg|_0^1 = \frac{\pi}{4} - \frac{1}{2}\ln 2.$

【例 6-26】 求 $\displaystyle\int_{\frac{1}{2}}^1 \mathrm{e}^{-\sqrt{2x-1}}\,\mathrm{d}x$.

解 设 $\sqrt{2x-1} = t$，则 $x = \dfrac{1}{2}(1+t^2)$，$\mathrm{d}x = t\,\mathrm{d}t$，且

$\qquad$ 当 $x = \dfrac{1}{2}$ 时，$t = 0$；当 $x = 1$ 时，$t = 1$.

于是 $\qquad\qquad \displaystyle\int_{\frac{1}{2}}^1 \mathrm{e}^{-\sqrt{2x-1}}\,\mathrm{d}x = \int_0^1 \mathrm{e}^{-t}t\,\mathrm{d}t = -\int_0^1 t\,\mathrm{d}(\mathrm{e}^{-t})$

$\qquad\qquad\qquad\qquad = -t\mathrm{e}^{-t}\,\bigg|_0^1 + \int_0^1 \mathrm{e}^{-t}\,\mathrm{d}t = 1 - \frac{2}{\mathrm{e}}.$

【例 6-27】 证明定积分公式：

$$I_n = \int_0^{\frac{\pi}{2}} \sin^n x\,\mathrm{d}x \left(= \int_0^{\frac{\pi}{2}} \cos^n x\,\mathrm{d}x \right)$$

$$= \begin{cases} \dfrac{n-1}{n}\cdot\dfrac{n-3}{n-2}\cdot\cdots\cdot\dfrac{4}{5}\cdot\dfrac{2}{3}, & n \text{ 为大于 1 的正奇数,} \\[3mm] \dfrac{n-1}{n}\cdot\dfrac{n-3}{n-2}\cdot\cdots\cdot\dfrac{3}{4}\cdot\dfrac{1}{2}\cdot\dfrac{\pi}{2}, & n \text{ 为正偶数.} \end{cases}$$

证 $\displaystyle I_n = \int_0^{\frac{\pi}{2}} \sin^n x\,\mathrm{d}x = -\int_0^{\frac{\pi}{2}} \sin^{n-1} x\,\mathrm{d}(\cos x)$

$\qquad\quad = [-\sin^{n-1} x\cos x]_0^{\frac{\pi}{2}} + (n-1)\int_0^{\frac{\pi}{2}} \cos^2 x\sin^{n-2} x\,\mathrm{d}x$

$\qquad\quad = 0 + (n-1)\int_0^{\frac{\pi}{2}} (1-\sin^2 x)\sin^{n-2} x\,\mathrm{d}x$

$\qquad\quad = (n-1)\int_0^{\frac{\pi}{2}} \sin^{n-2} x\,\mathrm{d}x - (n-1)\int_0^{\frac{\pi}{2}} \sin^n x\,\mathrm{d}x$

$\qquad\quad = (n-1)I_{n-2} - (n-1)I_n,$

所以 $\qquad\qquad\qquad\qquad I_n = \dfrac{n-1}{n}I_{n-2}.$

这个等式称为积分 I_n 关于下标的**递推公式**，它将 I_n 的计算化为 I_{n-2} 的计算. 如果把 n 换成 $n-2$，则得

$$I_{n-2} = \frac{n-3}{n-2} I_{n-4}.$$

如此进行下去，直到 I_n 的下标递减到 0 或 1 为止. 而

$$I_0 = \int_0^{\frac{\pi}{2}} \mathrm{d}x = \frac{\pi}{2}, \quad I_1 = \int_0^{\frac{\pi}{2}} \sin x \mathrm{d}x = 1,$$

所以，当 n 为大于 1 的正奇数时，

$$I_n = \frac{n-1}{n} \cdot \frac{n-3}{n-2} \cdot \cdots \cdot \frac{4}{5} \cdot \frac{2}{3} \cdot I_1 = \frac{n-1}{n} \cdot \frac{n-3}{n-2} \cdot \cdots \cdot \frac{4}{5} \cdot \frac{2}{3};$$

当 n 为正偶数时，

$$I_n = \frac{n-1}{n} \cdot \frac{n-3}{n-2} \cdot \cdots \cdot \frac{3}{4} \cdot \frac{1}{2} \cdot I_0 = \frac{n-1}{n} \cdot \frac{n-3}{n-2} \cdot \cdots \cdot \frac{3}{4} \cdot \frac{1}{2} \cdot \frac{\pi}{2}.$$

至于定积分 $\int_0^{\frac{\pi}{2}} \cos^n x \mathrm{d}x$ 与 $\int_0^{\frac{\pi}{2}} \sin^n x \mathrm{d}x$ 相等，可作变换 $x = \frac{\pi}{2} - t$ 证得.

【例 6-28】 求 $\int_0^{\pi} \cos^6 \frac{x}{2} \mathrm{d}x$.

解　令 $\frac{x}{2} = t$，由例 6-27 的结论得

$$\int_0^{\pi} \cos^6 \frac{x}{2} \mathrm{d}x = 2 \int_0^{\frac{\pi}{2}} \cos^6 t \mathrm{d}t = 2 \cdot \frac{5}{6} \cdot \frac{3}{4} \cdot \frac{1}{2} \cdot \frac{\pi}{2} = \frac{5}{16} \pi.$$

习题　6.3

1. 求下列定积分：

(1) $\int_1^2 (3x-1)^5 \mathrm{d}x$;

(2) $\int_1^2 \frac{1}{x^2+4x+3} \mathrm{d}x$;

(3) $\int_{-\pi}^{\pi} \cos 3x \mathrm{d}x$;

(4) $\int_0^1 \frac{x^2}{1+x^3} \mathrm{d}x$;

(5) $\int_0^{\frac{\pi}{2}} \cos^5 x \sin 2x \mathrm{d}x$;

(6) $\int_0^{\frac{\pi}{2}} \frac{\sin x}{5-3\cos x} \mathrm{d}x$;

(7) $\int_0^{\frac{\pi}{4}} \frac{\mathrm{d}x}{1+\sin^2 x}$;

(8) $\int_0^1 \frac{1}{1+\mathrm{e}^x} \mathrm{d}x$;

(9) $\int_1^{\mathrm{e}^2} \frac{\mathrm{d}x}{x\sqrt{1+\ln x}}$;

(10) $\int_{-\pi}^{\pi} \sin^2 3x \mathrm{d}x$;

(11) $\int_{-\frac{1}{2}}^{\frac{1}{2}} \frac{(\arcsin x)^2}{\sqrt{1-x^2}} \mathrm{d}x$;

(12) $\int_{\frac{1}{4}}^{\frac{3}{4}} \frac{\arcsin\sqrt{x}}{\sqrt{x(1-x)}} \mathrm{d}x$;

(13) $\int_{-2}^0 \frac{x+2}{x^2+2x+2} \mathrm{d}x$;

(14) $\int_0^{\ln 2} \sqrt{\mathrm{e}^x-1} \mathrm{d}x$;

$(15) \displaystyle\int_0^a x^2 \sqrt{a^2-x^2}\,\mathrm{d}x \quad (a>0);$ $\qquad (16) \displaystyle\int_0^2 x \sqrt{4-x^2}\,\mathrm{d}x;$

$(17) \displaystyle\int_0^{\sqrt{2}a} \frac{x}{\sqrt{3a^2-x^2}}\,\mathrm{d}x \quad (a>0);$ $\qquad (18) \displaystyle\int_1^2 \frac{\sqrt{x^2-1}}{x}\,\mathrm{d}x;$

$(19) \displaystyle\int_{\frac{\sqrt{2}}{2}}^1 \frac{\sqrt{1-x^2}}{x^2}\,\mathrm{d}x;$ $\qquad (20) \displaystyle\int_1^{\sqrt{3}} \frac{\mathrm{d}x}{x^2\sqrt{1+x^2}};$

$(21) \displaystyle\int_{\frac{3}{4}}^1 \frac{\mathrm{d}x}{\sqrt{1-x}-1};$ $\qquad (22) \displaystyle\int_0^1 x \sqrt{\frac{1-x}{1+x}}\,\mathrm{d}x.$

2. 设 $f(x)=\begin{cases} \mathrm{e}^{-x}, & x\geqslant 0, \\ 1+x^2, & x<0, \end{cases}$ 求 $\displaystyle\int_{\frac{1}{2}}^2 f(x-1)\,\mathrm{d}x.$

3. 求 $f(x)=\displaystyle\int_0^x \frac{2t-1}{t^2-t+1}\,\mathrm{d}t$ 在 $[0,2]$ 上的最大值、最小值.

4. 设函数 $f(x)$ 在区间 $(-\infty,+\infty)$ 上连续, 并满足条件

$$\int_0^x f(x-u)\mathrm{e}^u\,\mathrm{d}u = \sin x, \; x\in(-\infty,+\infty),$$

求 $f(x)$.

5. 用分部积分法求下列定积分:

$(1) \displaystyle\int_0^1 x\mathrm{e}^{-2x}\,\mathrm{d}x;$ $\qquad (2) \displaystyle\int_0^{2\pi} x^2\cos x\,\mathrm{d}x;$

$(3) \displaystyle\int_0^{\frac{\pi}{2}} x\sin^2\frac{x}{2}\,\mathrm{d}x;$ $\qquad (4) \displaystyle\int_1^4 \frac{\ln x}{\sqrt{x}}\,\mathrm{d}x;$

$(5) \displaystyle\int_0^{\sqrt{3}} x\arctan x\,\mathrm{d}x;$ $\qquad (6) \displaystyle\int_0^{\frac{1}{2}} (\arcsin x)^2\,\mathrm{d}x;$

$(7) \displaystyle\int_0^{\sqrt{3}} \ln(x+\sqrt{1+x^2})\,\mathrm{d}x;$ $\qquad (8) \displaystyle\int_{\frac{\pi}{4}}^{\frac{\pi}{2}} \frac{x}{\sin^2 x}\,\mathrm{d}x;$

$(9) \displaystyle\int_0^{\frac{\pi}{2}} \mathrm{e}^{2x}\cos x\,\mathrm{d}x;$ $\qquad (10) \displaystyle\int_1^{\mathrm{e}} \sin(\ln x)\,\mathrm{d}x;$

$(11) \displaystyle\int_0^{\frac{\pi}{4}} \frac{2x\sin x}{\cos^3 x}\,\mathrm{d}x;$ $\qquad (12) \displaystyle\int_{\frac{1}{\mathrm{e}}}^{\mathrm{e}} |\ln x|\,\mathrm{d}x;$

$(13) \displaystyle\int_0^{2\pi} x \sqrt{1+\cos x}\,\mathrm{d}x.$

6. 试推导 $I_n=\displaystyle\int_1^{\mathrm{e}} (\ln x)^n\,\mathrm{d}x$ 的递推公式, 其中 n 为自然数, 并计算 I_3.

7. 计算下列定积分:

$(1) \displaystyle\int_0^1 \mathrm{e}^{\sqrt{x}}\,\mathrm{d}x;$ $\qquad (2) \displaystyle\int_0^{\frac{\pi^2}{4}} (\sin\sqrt{x})^2\,\mathrm{d}x;$

$(3) \displaystyle\int_{-\frac{\pi}{2}}^{\frac{\pi}{2}} x\sin^8 x\,\mathrm{d}x;$ $\qquad (4) \displaystyle\int_{-\frac{\pi}{4}}^{\frac{\pi}{4}} \cos^7 2x\,\mathrm{d}x;$

$(5) \displaystyle\int_{-\frac{\pi}{2}}^{\frac{\pi}{2}} \left(\frac{\cos x}{2+\sin x}+x^4\sin x\right)\mathrm{d}x;$

$(6) \displaystyle\int_{-\frac{3}{4}\pi}^{\frac{3}{4}\pi} (1+\sin 2x)\sqrt{1+\cos 2x}\,\mathrm{d}x;$

(7) $\int_{-\frac{1}{2}}^{\frac{1}{2}} \dfrac{(1+x)\arcsin x}{\sqrt{1-x^2}}\mathrm{d}x$;

(8) $\int_0^{\frac{\pi}{2}} \dfrac{x+\sin x}{1+\cos x}\mathrm{d}x$;

(9) $\int_{\frac{1}{2}}^{\frac{\sqrt{3}}{2}} \dfrac{\arcsin x}{x^2\sqrt{1-x^2}}\mathrm{d}x$;

(10) $\int_0^1 (1-x^2)^{\frac{m}{2}}\mathrm{d}x \quad (m \in \mathbf{N}_+)$.

8. 证明下列等式:

(1) $\int_0^1 x^m (1-x)^n \mathrm{d}x = \int_0^1 x^n (1-x)^m \mathrm{d}x \quad (m > 0, n > 0)$;

(2) $\int_a^b f(x)\mathrm{d}x = (b-a)\int_0^1 f(a+(b-a)x)\mathrm{d}x \quad (f(x)$ 是 $[a,b]$ 上的连续函数);

(3) $\int_0^a x^3 f(x^2)\mathrm{d}x = \dfrac{1}{2}\int_0^{a^2} xf(x)\mathrm{d}x \quad (a > 0, f(x)$ 可积);

(4) $\int_0^1 \left[\int_0^x f(t)\mathrm{d}t\right]\mathrm{d}x = \int_0^1 (1-x)f(x)\mathrm{d}x \quad (f(x)$ 在 $[0,1]$ 上连续).

9. 设 $f''(x)$ 在 $[0,1]$ 上连续,且 $f(0) = 1$, $f(2) = 3$, $f'(2) = 5$,求 $\int_0^1 xf''(2x)\mathrm{d}x$.

10. 若 $f(t)$ 是连续的奇函数,证明 $\int_0^x f(t)\mathrm{d}t$ 是偶函数;若 $f(t)$ 是连续的偶函数, 证明 $\int_0^x f(t)\mathrm{d}t$ 是奇函数.

6.4 反常积分

前面所介绍的定积分概念中有两个基本的条件:其一是积分区间 $[a, b]$ 的有限性;其二是被积函数 $f(x)$ 的有界性. 但在某些实际问题中,常会遇到积分区间为无穷区间或者被积函数为无界函数的积分,因此,需要对定积分的概念加以推广. 本节利用极限研究无穷区间上的积分或者无界函数的积分,形成反常积分的概念.

6.4.1 无穷限的反常积分

定义 6-2 设函数 $f(x)$ 在无穷区间 $[a, +\infty)$ 上连续,取 $b > a$,如果极限

$$\lim_{b \to +\infty} \int_a^b f(x)\mathrm{d}x$$

存在,则称此极限值为**函数 $f(x)$ 在无穷区间 $[a, +\infty)$ 上的反常积分**,记

作 $\int_a^{+\infty} f(x)\mathrm{d}x$,即

$$\int_a^{+\infty} f(x)\mathrm{d}x = \lim_{b \to +\infty} \int_a^b f(x)\mathrm{d}x; \qquad (6\text{-}10)$$

此时也称**反常积分** $\int_a^{+\infty} f(x)\mathrm{d}x$ **收敛**;如果式(6-11)中的极限不存在,则

函数 $f(x)$ 在无穷区间 $[a,+\infty)$ 上的反常积分 $\int_a^{+\infty} f(x)\mathrm{d}x$ 就没有意义,

称**反常积分** $\int_a^{+\infty} f(x)\mathrm{d}x$ **发散**,这时记号 $\int_a^{+\infty} f(x)\mathrm{d}x$ 不再表示数值.

类似地,设函数 $f(x)$ 在无穷区间 $(-\infty,b]$ 上连续,取 $a<b$,如果极限

$$\lim_{a \to -\infty} \int_a^b f(x)\mathrm{d}x$$

存在,则称**反常积分** $\int_{-\infty}^b f(x)\mathrm{d}x$ **收敛**,且有

$$\int_{-\infty}^b f(x)\mathrm{d}x = \lim_{a \to -\infty} \int_a^b f(x)\mathrm{d}x,$$

否则,称**反常积分** $\int_{-\infty}^b f(x)\mathrm{d}x$ **发散**.

设函数 $f(x)$ 在无穷区间 $(-\infty,+\infty)$ 上连续,如果反常积分

$$\int_{-\infty}^0 f(x)\mathrm{d}x \ 与 \int_0^{+\infty} f(x)\mathrm{d}x$$

都收敛,则称**反常积分** $\int_{-\infty}^{+\infty} f(x)\mathrm{d}x$ **收敛**,且有

$$\int_{-\infty}^{+\infty} f(x)\mathrm{d}x = \int_{-\infty}^0 f(x)\mathrm{d}x + \int_0^{+\infty} f(x)\mathrm{d}x$$

$$= \lim_{a \to -\infty} \int_a^0 f(x)\mathrm{d}x + \lim_{b \to +\infty} \int_0^b f(x)\mathrm{d}x;$$

否则,称**反常积分** $\int_{-\infty}^{+\infty} f(x)\mathrm{d}x$ **发散**.

由上述定义及牛顿-莱布尼茨公式,可得如下结果.

设 $F(x)$ 为 $f(x)$ 在 $[a,+\infty)$ 上的一个原函数,如果 $\lim\limits_{x \to +\infty} F(x)$ 存在,则反常积分

$$\int_a^{+\infty} f(x)\mathrm{d}x = \lim_{x \to +\infty} F(x) - F(a);$$

如果 $\lim\limits_{x \to +\infty} F(x)$ 不存在,则反常积分 $\int_a^{+\infty} f(x)\mathrm{d}x$ 发散.

记 $F(+\infty) = \lim\limits_{x \to +\infty} F(x)$,$[F(x)]_a^{+\infty} = F(+\infty) - F(a)$,则当 $F(+\infty)$ 存在时,反常积分

$$\int_a^{+\infty} f(x)\mathrm{d}x = \big[F(x)\big]_a^{+\infty} = F(+\infty) - F(a);$$

当 $F(+\infty)$ 不存在时,反常积分 $\displaystyle\int_a^{+\infty} f(x)\mathrm{d}x$ 发散.

类似地,如果在 $(-\infty,b]$ 上 $F'(x)=f(x)$,则当 $F(-\infty)$ 存在时,反常积分

$$\int_{-\infty}^b f(x)\mathrm{d}x = \big[F(x)\big]_{-\infty}^b = F(b) - F(-\infty);$$

当 $F(-\infty)$ 不存在时,反常积分 $\displaystyle\int_{-\infty}^b f(x)\mathrm{d}x$ 发散.

如果在 $(-\infty,+\infty)$ 内 $F'(x)=f(x)$,则当 $F(-\infty)$ 与 $F(+\infty)$ 都存在时,反常积分

$$\int_{-\infty}^{+\infty} f(x)\mathrm{d}x = \big[F(x)\big]_{-\infty}^{+\infty} = F(+\infty) - F(-\infty);$$

当 $F(-\infty)$ 与 $F(+\infty)$ 至少有一个不存在时,反常积分 $\displaystyle\int_{-\infty}^{+\infty} f(x)\mathrm{d}x$ 发散.

【例 6-29】 求反常积分 $\displaystyle\int_{-\infty}^{+\infty} \frac{\mathrm{d}x}{1+x^2}$.

解　$\displaystyle\int_{-\infty}^{+\infty} \frac{\mathrm{d}x}{1+x^2} = \big[\arctan x\big]_{-\infty}^{+\infty}$

$$= \lim_{x\to+\infty}\arctan x - \lim_{x\to-\infty}\arctan x = \frac{\pi}{2} - \left(-\frac{\pi}{2}\right) = \pi.$$

该反常积分值的几何意义是:当 $a\to-\infty$、$b\to+\infty$ 时,虽然图 6-12 中阴影部分向左、向右无限延伸,但其面积却有极限值 π. 一般地,当反常积分 $\displaystyle\int_{-\infty}^{+\infty} f(x)\mathrm{d}x\ (f(x)\geqslant 0)$ 收敛时,

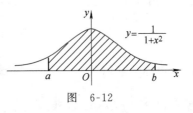

图　6-12

其反常积分值表示位于曲线 $y=f(x)$ 下方,x 轴上方的图形的面积.

【例 6-30】 求反常积分 $\displaystyle\int_0^{+\infty} t\mathrm{e}^{-pt}\mathrm{d}t$,其中 $p>0$,且为常数.

解　$\displaystyle\int_0^{+\infty} t\mathrm{e}^{-pt}\mathrm{d}t = -\frac{1}{p}\int_0^{+\infty} t\,\mathrm{d}(\mathrm{e}^{-pt}) = -\frac{1}{p}t\mathrm{e}^{-pt}\Big|_0^{+\infty} + \frac{1}{p}\int_0^{+\infty}\mathrm{e}^{-pt}\mathrm{d}t$

$$= -\frac{1}{p}\lim_{t\to+\infty} t\mathrm{e}^{-pt} - \frac{1}{p^2}\mathrm{e}^{-pt}\Big|_0^{+\infty}$$

$$= -\frac{1}{p}\lim_{t\to+\infty}\frac{t}{\mathrm{e}^{pt}} - \frac{1}{p^2}\lim_{t\to+\infty}\mathrm{e}^{-pt} + \frac{1}{p^2} = \frac{1}{p^2}.$$

【例 6-31】 讨论反常积分 $\int_1^{+\infty} \dfrac{\mathrm{d}x}{x^p}$ 的敛散性,其中 p 为任意常数.

解 当 $p=1$ 时,

$$\int_1^{+\infty} \frac{\mathrm{d}x}{x^p} = \int_1^{+\infty} \frac{\mathrm{d}x}{x} = \ln x \Big|_1^{+\infty} = \lim_{x \to +\infty} \ln x = +\infty;$$

当 $p \neq 1$ 时,

$$\int_1^{+\infty} \frac{\mathrm{d}x}{x^p} = \frac{x^{1-p}}{1-p} \Big|_1^{+\infty} = \lim_{x \to +\infty} \frac{x^{1-p}}{1-p} - \frac{1}{1-p} = \begin{cases} +\infty, & p < 1, \\ \dfrac{1}{p-1}, & p > 1. \end{cases}$$

因此,当 $p > 1$ 时,反常积分 $\int_1^{+\infty} \dfrac{\mathrm{d}x}{x^p}$ 收敛,其值为 $\dfrac{1}{p-1}$;当 $p \leqslant 1$ 时,反常积分 $\int_1^{+\infty} \dfrac{\mathrm{d}x}{x^p}$ 发散.

6.4.2 无界函数的反常积分

如果函数 $f(x)$ 在点 a 的任一邻域(或左、右邻域)内都无界,则点 a 称为函数 $f(x)$ 的**瑕点**.无界函数的反常积分又称为**瑕积分**.

定义 6-3 设函数 $f(x)$ 在 $(a,b]$ 上连续,点 a 为函数 $f(x)$ 的瑕点. 取 $t > a$,如果极限

$$\lim_{t \to a^+} \int_t^b f(x)\mathrm{d}x \tag{6-11}$$

存在,则称此极限值为**函数 $f(x)$ 在区间 $(a,b]$ 上的反常积分**,记作 $\int_a^b f(x)\mathrm{d}x$,即

$$\int_a^b f(x)\mathrm{d}x = \lim_{t \to a^+} \int_t^b f(x)\mathrm{d}x. \tag{6-12}$$

此时也称**反常积分 $\int_a^b f(x)\mathrm{d}x$ 收敛**;如果式(6-12)中的极限不存在,则称**反常积分 $\int_a^b f(x)\mathrm{d}x$ 发散**.

类似地,设函数 $f(x)$ 在 $[a,b)$ 上连续,点 b 为函数 $f(x)$ 的瑕点.取 $t < b$,如果极限

$$\lim_{t \to b^-} \int_a^t f(x)\mathrm{d}x$$

存在,则称**反常积分 $\int_a^b f(x)\mathrm{d}x$ 收敛**,且有

$$\int_a^b f(x)\mathrm{d}x = \lim_{t \to b^-} \int_a^t f(x)\mathrm{d}x;$$

否则,称**反常积分 $\int_a^b f(x)\mathrm{d}x$ 发散**.

设函数 $f(x)$ 在 $[a,b]$ 上除点 $c(a<c<b)$ 以外连续，点 c 为函数 $f(x)$ 的瑕点. 如果下列两个反常积分

$$\int_a^c f(x)\mathrm{d}x \ \ 与 \int_c^b f(x)\mathrm{d}x$$

都收敛，则称**反常积分** $\int_a^b f(x)\mathrm{d}x$ **收敛**，且有

$$\int_a^b f(x)\mathrm{d}x = \int_a^c f(x)\mathrm{d}x + \int_c^b f(x)\mathrm{d}x$$

$$= \lim_{t\to c^-}\int_a^t f(x)\mathrm{d}x + \lim_{t\to c^+}\int_t^b f(x)\mathrm{d}x;$$

否则，称**反常积分** $\int_a^b f(x)\mathrm{d}x$ **发散**.

计算无界函数的反常积分，也可借助于牛顿-莱布尼茨公式.

设 a 为函数 $f(x)$ 的瑕点，在 $(a,b]$ 上 $F'(x)=f(x)$，如果 $\lim\limits_{x\to a^+}F(x)$ 存在，则反常积分

$$\int_a^b f(x)\mathrm{d}x = F(b) - \lim_{x\to a^+}F(x) = F(b) - F(a+0);$$

如果 $\lim\limits_{x\to a^+}F(x)$ 不存在，则反常积分 $\int_a^b f(x)\mathrm{d}x$ 发散.

如果仍用记号 $[F(x)]_a^b$ 表示 $F(b)-F(a+0)$，则对反常积分，形式上仍有

$$\int_a^b f(x)\mathrm{d}x = [F(x)]_a^b.$$

对其他情形的反常积分，也有类似的计算公式，这里不再详述.

【例 6-32】 求反常积分 $\int_0^a \dfrac{\mathrm{d}x}{\sqrt{a^2-x^2}}$ （$a>0$）.

解 因为

$$\lim_{x\to a^-}\frac{1}{\sqrt{a^2-x^2}} = +\infty,$$

所以点 a 为瑕点，于是

$$\int_0^a \frac{\mathrm{d}x}{\sqrt{a^2-x^2}} = \arcsin\frac{x}{a}\Big|_0^a$$

$$= \lim_{x\to a^-}\arcsin\frac{x}{a} - 0 = \frac{\pi}{2}.$$

【例 6-33】 求反常积分 $\int_0^3 \dfrac{\mathrm{d}x}{(x-1)^{\frac{2}{3}}}$.

解 因为

$$\lim_{x \to 1} \frac{1}{(x-1)^{\frac{2}{3}}} = +\infty,$$

所以点 $x=1$ 为瑕点,于是

$$\int_0^3 \frac{\mathrm{d}x}{(x-1)^{\frac{2}{3}}} = \int_0^1 \frac{\mathrm{d}x}{(x-1)^{\frac{2}{3}}} + \int_1^3 \frac{\mathrm{d}x}{(x-1)^{\frac{2}{3}}}$$

$$= 3 \left. (x-1)^{\frac{1}{3}} \right|_0^1 + 3 \left. (x-1)^{\frac{1}{3}} \right|_1^3$$

$$= 3 \lim_{x \to 1^-} (x-1)^{\frac{1}{3}} + 3 + 3\sqrt[3]{2} - \lim_{x \to 1^+} (x-1)^{\frac{1}{3}}$$

$$= 3(1 + \sqrt[3]{2}).$$

【例 6-34】 求反常积分 $\int_{-1}^1 \frac{\mathrm{d}x}{x^2}$.

解 因为

$$\lim_{x \to 0} \frac{1}{x^2} = +\infty,$$

所以点 $x=0$ 为瑕点,

由于 $\quad \int_{-1}^0 \frac{\mathrm{d}x}{x^2} = -\left. \frac{1}{x} \right|_{-1}^0 = \lim_{x \to 0^-} \left(-\frac{1}{x} \right) - 1 = +\infty,$

故反常积分 $\int_{-1}^0 \frac{\mathrm{d}x}{x^2}$ 发散,从而反常积分 $\int_{-1}^1 \frac{\mathrm{d}x}{x^2}$ 发散.

注意 如果疏忽了 $x=0$ 是被积函数的瑕点,就会得到以下错误结果:

$$\int_{-1}^1 \frac{\mathrm{d}x}{x^2} = -\left. \frac{1}{x} \right|_{-1}^1 = -1 - 1 = -2.$$

【例 6-35】 证明反常积分 $\int_0^1 \frac{\mathrm{d}x}{x^q}$,当 $0 < q < 1$ 时收敛;当 $q \geqslant 1$ 时发散.

证 当 $q=1$ 时,

$$\int_0^1 \frac{\mathrm{d}x}{x^q} = \int_0^1 \frac{\mathrm{d}x}{x} = \left. \ln x \right|_0^1 = -\lim_{x \to 0^+} \ln x = +\infty.$$

当 $q \neq 1$ 时,

$$\int_0^1 \frac{\mathrm{d}x}{x^q} = \left. \frac{1}{1-q} x^{1-q} \right|_0^1 = \frac{1}{1-q} \left(1 - \lim_{x \to 0^+} x^{1-q} \right) = \begin{cases} \dfrac{1}{1-q}, & 0 < q < 1, \\ +\infty, & q > 1. \end{cases}$$

因此,当 $0 < q < 1$ 时,反常积分收敛,其值为 $\dfrac{1}{1-q}$;当 $q \geqslant 1$ 时,反常积分发散.

当反常积分的积分区间为无穷区间,且被积函数又有瑕点时,可以把它拆分成几个积分,使每一个积分只是单纯的无穷区间上的反常积分或无界函数的反常积分,然后再分别讨论每个反常积分的收敛性.

设有反常积分 $\int_a^b f(x)\mathrm{d}x$,其中 $f(x)$ 在开区间 (a,b) 内连续, a 可以是 $-\infty$, b 可以是 $+\infty$, a 、 b 也可以是 $f(x)$ 的瑕点.对这样的反常积分,在换元函数 $x=\varphi(t)$ 单调的假设下,可以像定积分一样作换元.

【例 6-36】 求反常积分 $\int_{16}^{+\infty} \dfrac{\mathrm{d}x}{x(1+\sqrt{x})}$.

解 设 $\sqrt{x}=t$,则 $x=t^2$, $\mathrm{d}x=2t\mathrm{d}t$,且当 $x=16$ 时, $t=4$,当 $x\to+\infty$ 时, $t\to+\infty$.于是,

$$\int_{16}^{+\infty} \frac{\mathrm{d}x}{x(1+\sqrt{x})} = 2\int_4^{+\infty} \frac{\mathrm{d}t}{t(1+t)} = 2\int_4^{+\infty} \left(\frac{1}{t} - \frac{1}{1+t}\right)\mathrm{d}t$$

$$= 2\left[\ln\frac{t}{1+t}\right]_4^{+\infty} = 2\ln\frac{5}{4}.$$

*6.4.3 Γ 函数

可以证明,反常积分

$$\int_0^{+\infty} x^{p-1}\mathrm{e}^{-x}\mathrm{d}x$$

当 $p>0$ 时收敛(证明从略).显然,对于 $p>0$ 的不同 p 值,反常积分收敛于不同的数值,于是引入下列定义.

定义 6-4 当 $p>0$ 时,反常积分 $\int_0^{+\infty} x^{p-1}\mathrm{e}^{-x}\mathrm{d}x$ 是 p 的函数,记为 $\Gamma(p)$,即

$$\Gamma(p) = \int_0^{+\infty} x^{p-1}\mathrm{e}^{-x}\mathrm{d}x \quad (p > 0),$$

称为 Γ 函数.

Γ 函数是概率论中的一个重要函数,它的主要性质如下.

定理 6-8 $\Gamma(p)$ 满足下列关系:

(1) $\Gamma(p+1) = p\Gamma(p)$ $(p>0)$;

(2) $\Gamma(n+1) = n!$ $(n \in \mathbf{Z})$;

(3) $\Gamma(p) = 2\int_0^{+\infty} x^{2p-1}\mathrm{e}^{-x^2}\mathrm{d}x$ $(p>0)$;

(4) $\Gamma\left(\dfrac{1}{2}\right) = 2\int_0^{+\infty} \mathrm{e}^{-x^2}\mathrm{d}x = \sqrt{\pi}$.

证 (1)由 Γ 函数的定义及分部积分法,得

$$\Gamma(p+1) = \int_0^{+\infty} x^{p+1-1} e^{-x} dx = -\int_0^{+\infty} x^p d(e^{-x})$$

$$= -x^p e^{-x} \Big|_0^{+\infty} + p \int_0^{+\infty} e^{-x} x^{p-1} dx$$

$$= p\Gamma(p).$$

(2)由于

$$\Gamma(1) = \int_0^{+\infty} e^{-x} dx = -e^{-x} \Big|_0^{+\infty} = 1,$$

由(1)得

$$\Gamma(2) = 1 \cdot \Gamma(1) = 1,$$
$$\Gamma(3) = 2 \cdot \Gamma(2) = 2!,$$
$$\Gamma(4) = 3 \cdot \Gamma(3) = 3!,$$
$$\vdots$$

一般地,$\forall n \in \mathbf{N}$,有

$$\Gamma(n+1) = n!.$$

(3)在 $\Gamma(p) = \int_0^{+\infty} x^{p-1} e^{-x} dx$ 中作代换 $x = u^2$,则

$$\Gamma(p) = \int_0^{+\infty} x^{p-1} e^{-x} dx = \int_0^{+\infty} u^{2p-2} e^{-u^2} 2u du$$

$$= 2 \int_0^{+\infty} x^{2p-1} e^{-x^2} dx.$$

(4)在 $\Gamma(p) = 2 \int_0^{+\infty} x^{2p-1} e^{-x^2} dx$ 中令 $p = \dfrac{1}{2}$,得

$$\Gamma\left(\frac{1}{2}\right) = 2 \int_0^{+\infty} e^{-x^2} dx,$$

我们将在后面例 8-48 中证明 $\int_0^{+\infty} e^{-x^2} dx = \dfrac{\sqrt{\pi}}{2}$,从而

$$\Gamma\left(\frac{1}{2}\right) = \sqrt{\pi}.$$

【例 6-37】 求下列积分的值:

(1) $\int_0^{+\infty} x^3 e^{-x} dx$; (2) $\int_0^{+\infty} x^4 e^{-x^2} dx$.

解 (1) $\int_0^{+\infty} x^3 e^{-x} dx = \int_0^{+\infty} x^{4-1} e^{-x} dx = \Gamma(4) = 3! = 6$;

(2) $\int_0^{+\infty} x^4 e^{-x^2} dx = \dfrac{1}{2} \cdot 2 \int_0^{+\infty} x^{2 \cdot \frac{5}{2} - 1} e^{-x^2} dx = \dfrac{1}{2} \Gamma\left(\dfrac{5}{2}\right)$

$$= \frac{1}{2} \frac{3}{2} \Gamma\left(\frac{3}{2}\right) = \frac{1}{2} \frac{3}{2} \frac{1}{2} \Gamma\left(\frac{1}{2}\right) = \frac{3}{8} \sqrt{\pi}.$$

习题 6.4

1.讨论下列反常积分的敛散性,如果收敛,求反常积分的值:

(1) $\displaystyle\int_0^{+\infty} e^{-ax}\,dx$ $(a > 0)$;

(2) $\displaystyle\int_3^{+\infty} \frac{dx}{\sqrt{x-1}}$;

(3) $\displaystyle\int_{-\infty}^{+\infty} \frac{dx}{x^2+x+1}$;

(4) $\displaystyle\int_2^{+\infty} \frac{dx}{x\sqrt{x^2-1}}$;

(5) $\displaystyle\int_{-\infty}^{+\infty} \frac{2x}{1+x^2}\,dx$;

(6) $\displaystyle\int_{-\infty}^{+\infty} \frac{dx}{(x^2+1)(x^2+4)}$;

(7) $\displaystyle\int_0^{+\infty} e^{-px}\sin\omega x\,dx$ $(p,\omega > 0)$;

(8) $\displaystyle\int_1^{+\infty} \frac{\arctan x}{x^2}\,dx$;

(9) $\displaystyle\int_1^{+\infty} \frac{dx}{e^{x+1}+e^{3-x}}$.

2.讨论下列无界函数的反常积分的敛散性,如果收敛,求反常积分的值:

(1) $\displaystyle\int_1^e \frac{dx}{x\sqrt{1-(\ln x)^2}}$;

(2) $\displaystyle\int_0^3 \frac{dx}{\sqrt[3]{3x-1}}$;

(3) $\displaystyle\int_0^1 \ln x\,dx$;

(4) $\displaystyle\int_0^2 \frac{dx}{(x-1)^2}$;

(5) $\displaystyle\int_0^2 \frac{dx}{\sqrt{|x^2-1|}}$.

3.(1)已知 $\displaystyle\int_c^{+\infty} \frac{dx}{x\sqrt{x-1}} = \pi$,求常数 c 的值;

(2)已知 $\displaystyle\lim_{x\to\infty}\left(\frac{x+c}{x-c}\right)^x = \int_{-\infty}^c xe^{2x}\,dx$,求常数 c 的值.

4.当 k 为何值时,反常积分 $\displaystyle\int_2^{+\infty} \frac{dx}{x(\ln x)^k}$ 收敛?当 k 为何值时,该反常积分发散?又当 k 为何值时,该反常积分取得最小值?

*5.用 Γ 函数表示下列反常积分(已知 $\Gamma\left(\dfrac{1}{2}\right) = \sqrt{\pi}$):

(1) $\displaystyle\int_0^{+\infty} e^{-x^n}\,dx$ $(n > 0)$;

(2) $\displaystyle\int_0^1 \left(\ln\frac{1}{x}\right)^p\,dx$ $(p > -1)$;

(3) $\displaystyle\int_2^{+\infty} e^2\,xe^{-(x-2)^2}\,dx$;

(4) $\displaystyle\int_0^{+\infty} x^{2m+1}e^{-x^2}\,dx$ $(m$ 是正整数$)$;

(5) $\displaystyle\int_0^{+\infty} x^{\frac{7}{2}}e^{-x}\,dx$;

(6) $\displaystyle\int_0^{+\infty} x^{2m}e^{-x^2}\,dx$ $(m$ 是正整数$)$.

*6.证明: $\Gamma\left(\dfrac{2n+1}{2}\right) = \dfrac{1\cdot 3\cdot 5\cdot\cdots\cdot(2n-1)}{2^n}\sqrt{\pi}$,其中 $n\in \mathbf{N}_+$.

*7.证明: $1\cdot 3\cdot 5\cdot\cdots\cdot(2n-1) = \dfrac{\Gamma(2n)}{2^{n-1}\Gamma(n)}$,其中 $n\in \mathbf{N}_+$.

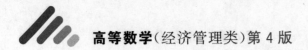

6.5 定积分的应用

6.5.1 定积分的微元法

为了说明定积分的微元法，我们首先回顾在 6.1.1 中通过讨论曲边梯形的面积而引入定积分定义的过程.

设函数 $f(x)$ 在区间 $[a,b]$ 上连续，且 $f(x) \geqslant 0$，以曲线 $y = f(x)$ 为曲边、以 $[a,b]$ 为底的曲边梯形面积 A 可表示为定积分

$$A = \int_a^b f(x) \mathrm{d}x,$$

当时解决该问题的四个步骤为：

（1）用任意一组分点将区间 $[a,b]$ 分割成长度为 $\Delta x_i (i=1,2,\cdots,n)$ 的 n 个小区间，相应地将曲边梯形分割成 n 个小曲边梯形，第 i 个小曲边梯形的面积设为 $\Delta A_i (i=1,2,\cdots,n)$，于是有

$$A = \sum_{i=1}^n \Delta A_i;$$

（2）计算 ΔA_i 的近似值

$$\Delta A_i \approx f(\xi_i) \Delta x_i，其中 x_{i-1} \leqslant \xi_i \leqslant x_i (i=1,2,\cdots,n);$$

（3）求和后得 A 的近似值

$$A \approx \sum_{i=1}^n f(\xi_i) \Delta x_i;$$

（4）取极限，得

$$A = \lim_{\lambda \to 0} \sum_{i=1}^n f(\xi_i) \Delta x_i = \int_a^b f(x) \mathrm{d}x.$$

从上述的讨论可看出：所求量（即面积 A）与某个变量（如 x）的变化区间 $[a,b]$ 有关，并且当区间 $[a,b]$ 被分割成若干个部分区间后，所求量（面积 A）就相应地分成了若干个部分量（即 ΔA_i）之和，即

$$A = \sum_{i=1}^n \Delta A_i,$$

这一性质称为所求量对于区间 $[a,b]$ 具有**可加性**. 我们还要指出，以 $f(\xi_i) \Delta x_i$ 近似代替部分量 ΔA_i 时，要求它们只相差一个比 Δx_i 高阶的无穷小，这样才能保证和式 $\sum_{i=1}^n f(\xi_i) \Delta x_i$ 的极限成为 A 的精确值，从而 A 可表示为定积分

$$A = \int_a^b f(x) \mathrm{d}x.$$

在引出量 A 的积分表达式的四个步骤中,关键的是第二步,这一步是要确定 ΔA_i 的近似值 $f(\xi_i)\Delta x_i$,使得

$$A = \lim_{\lambda \to 0}\sum_{i=1}^{n} f(\xi_i)\Delta x_i = \int_a^b f(x)\mathrm{d}x.$$

观察上述等式我们发现,$f(\xi_i)\Delta x_i$ 形式上对应着 $f(x)\mathrm{d}x$,如果把第二步中的 ξ_i 用 x 代替,Δx_i 用 $\mathrm{d}x$ 代替,则由第二步所得 ΔA_i 的近似值就是第四步积分中的被积表达式,基于以上分析,实际中常对上述过程作如下简化.

首先,省略下标 i,并用 ΔA 表示任一小区间 $[x,x+\mathrm{d}x]$ 上小曲边梯形的面积,于是有

$$A = \sum \Delta A;$$

其次,取 $[x,x+\mathrm{d}x]$ 的左端点 x 作为 ξ,以点 x 处的函数值 $f(x)$ 为高、$\mathrm{d}x$ 为底的矩形面积 $f(x)\mathrm{d}x$ 作为 ΔA 的近似值(如图 6-13 中阴影部分所示),即

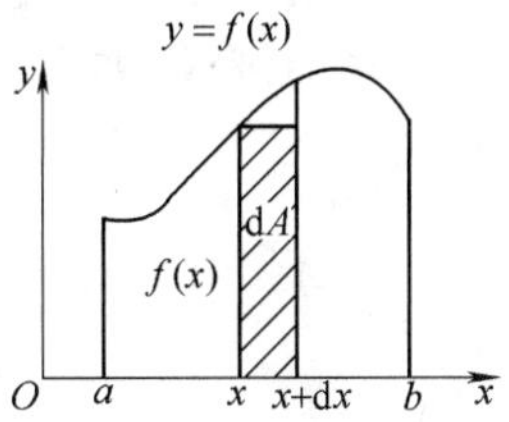

$$\Delta A \approx f(x)\mathrm{d}x,$$

图 6-13

上式右端 $f(x)\mathrm{d}x$ 称为**面积微元**,记作

$$\mathrm{d}A = f(x)\mathrm{d}x.$$

于是

$$A \approx \sum f(x)\mathrm{d}x,$$

因此

$$A = \lim \sum f(x)\mathrm{d}x = \int_a^b f(x)\mathrm{d}x.$$

一般地,如果某一实际问题中的所求量 U 符合下列条件:

(1)U 是一个与变量的变化区间 $[a,b]$ 有关的量;

(2)U 对于区间 $[a,b]$ 具有可加性,即如果把区间 $[a,b]$ 分成若干个部分区间,则 U 相应地分成若干个部分量 ΔU,且 $U = \sum \Delta U$;

(3)相应于小区间 $[x,x+\mathrm{d}x]$ 的部分量 ΔU 可近似表示为 $f(x)\mathrm{d}x$,其中 $f(x)$ 连续.

这时就可以考虑用定积分来表达量 U,其具体步骤为:

(1)根据问题的具体情况,选取一个积分变量(如 x),确定它的变化区间(如区间 $[a,b]$);

(2)在区间 $[a,b]$ 中任取一个小区间并记作 $[x,x+\mathrm{d}x]$,计算相应于这个小区间的部分量 ΔU 的近似值. 如果 ΔU 能近似地表示为 $[a,b]$ 上的连续函数 $f(x)$ 与 $\mathrm{d}x$ 的乘积,则把 $f(x)\mathrm{d}x$ 称为量 U 的**微元**,记作 $\mathrm{d}U$,即

219

$$\mathrm{d}U = f(x)\mathrm{d}x;$$

（3）以量 U 的微元为被积表达式，从 a 到 b 作定积分便得到所求量 U，即

$$U = \int_a^b f(x)\mathrm{d}x.$$

上述方法通常称为**微元法**（或**元素法**）. 下面我们将应用微元法来讨论几何和经济中的一些问题.

6.5.2　定积分在几何学中的应用

1. 平面图形的面积

设平面图形由曲线 $y = f(x)$、$y = g(x)$（$f(x) \geqslant g(x)$）和直线 $x = a$、$x = b(a < b)$ 围成（如图 6-14 所示），现在我们用微元法来求该平面图形的面积 A.

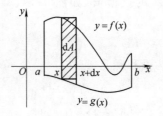

图　6-14

取 x 为积分变量，则它的变化区间为 $[a, b]$. 在区间 $[a, b]$ 内任取一个小区间 $[x, x + \mathrm{d}x]$，则相应于这个小区间的图形的面积近似于高为 $f(x) - g(x)$、底为 $\mathrm{d}x$ 的矩形面积，从而得到面积微元

$$\mathrm{d}A = [f(x) - g(x)]\mathrm{d}x.$$

以面积微元为被积表达式，从 a 到 b 作定积分，便得到该平面图形面积的计算公式

$$A = \int_a^b [f(x) - g(x)]\mathrm{d}x. \tag{6-13}$$

类似地，当平面图形由曲线 $x = \varphi(y)$、$x = \psi(y)$（$\varphi(y) \geqslant \psi(y)$）和直线 $y = c$、$y = d(c < d)$ 围成时（如图 6-15 所示），则其面积为

$$A = \int_c^d [\varphi(y) - \psi(y)]\mathrm{d}y. \tag{6-14}$$

【例 6-38】　求由曲线 $y = \sin x$ 与直线 $y = \dfrac{2}{\pi}x$ 所围第一象限图形的

面积.

解 曲线 $y=\sin x$ 与直线 $y=\dfrac{2}{\pi}x$ 的图形如图6-16所示,它们的交

点坐标为 $(0,0)$ 及 $\left(\dfrac{\pi}{2},1\right)$.

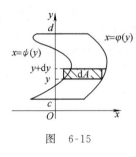

图 6-15

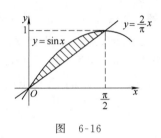

图 6-16

如果取 x 为积分变量,则

$$A=\int_0^{\frac{\pi}{2}}\left(\sin x-\frac{2}{\pi}x\right)\mathrm{d}x$$

$$=\left[-\cos x-\frac{1}{\pi}x^2\right]_0^{\frac{\pi}{2}}=1-\frac{\pi}{4};$$

如果取 y 为积分变量,则

$$A=\int_0^1\left(\frac{\pi}{2}y-\arcsin y\right)\mathrm{d}y$$

$$=\left[\frac{\pi}{4}y^2-y\arcsin y-\sqrt{1-y^2}\right]_0^1=1-\frac{\pi}{4}.$$

显然,本题取 x 为积分变量计算简单.

【例 6-39】 求由曲线 $y^2=2x$ 与直线 $y=x-4$ 所围图形的面积.

解 曲线 $y^2=2x$ 与直线 $y=x-4$ 的图形如图 6-17 所示,它们的交点坐标为 $(2,-2)$ 及 $(8,4)$. 取 y 为积分变量,右边界曲线的方程为 $x=y+4$,左边界曲线的方程为 $x=\dfrac{1}{2}y^2$,积分区间为 $[-2,4]$,于是

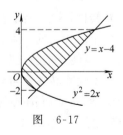

图 6-17

$$A=\int_{-2}^4\left[(y+4)-\frac{1}{2}y^2\right]\mathrm{d}y$$

$$=\left[\frac{1}{2}y^2+4y-\frac{1}{6}y^3\right]_{-2}^4=18.$$

本题若取 x 为积分变量,计算时需要分两部分进行,请读者考虑这是

为什么？

在用定积分解决实际问题时，对同一个问题有时可以选取不同的积分变量，由以上两例可以看到，选取适当的积分变量，可使计算过程简便.

【例 6-40】 求由曲线 $y=x^3-6x$ 和 $y=x^2$ 所围图形的面积.

解 曲线 $y=x^3-6x$ 和 $y=x^2$ 的图形如图 6-18 所示，它们的交点坐标为 $(-2,4)$，$(0,0)$ 及 $(3,9)$. 取 x 为积分变量，在积分区间 $[-2,0]$ 上，上边界曲线的方程为 $y=x^3-6x$，下边界曲线的方程为 $y=x^2$，于是

$$A_1 = \int_{-2}^{0} \left[(x^3-6x) - x^2 \right] \mathrm{d}x;$$

在积分区间 $[0,3]$ 上，上边界曲线的方程为 $y=x^2$，下边界曲线的方程为 $y=x^3-6x$，于是

$$A_2 = \int_{0}^{3} \left[x^2 - (x^3-6x) \right] \mathrm{d}x;$$

所以

$$A = \int_{-2}^{0} \left[(x^3-6x) - x^2 \right] \mathrm{d}x + \int_{0}^{3} \left[x^2 - (x^3-6x) \right] \mathrm{d}x$$

$$= \left[\frac{1}{4}x^4 - 3x^2 - \frac{1}{3}x^3 \right]_{-2}^{0} + \left[\frac{1}{3}x^3 - \frac{1}{4}x^4 + 3x^2 \right]_{0}^{3}$$

$$= \frac{253}{12}.$$

2. 立体的体积

（1）旋转体的体积

一个平面图形，绕着该平面内的一条直线旋转一周所形成的立体称为**旋转体**，这条直线称为**旋转轴**. 如圆柱、圆锥、圆台、球体可以分别看成是由矩形绕它的一条边、直角三角形绕它的直角边、直角梯形绕它的直角腰、半圆绕它的直径旋转一周而形成的立体，所以它们都是旋转体.

上述旋转体都可看做是由连续曲线 $y=f(x)$（$f(x) \geqslant 0$）、直线 $x=a$、$x=b$ 及 x 轴所围成的曲边梯形绕 x 轴旋转一周而成的旋转体（如图 6-19 所示）. 现在我们用定积分的微元法来计算该旋转体的体积 V.

取 x 为积分变量，它的变化区间为 $[a,b]$.

在区间 $[a,b]$ 内任取一个小区间 $[x, x+\mathrm{d}x]$，相应于该小区间的窄曲边梯形

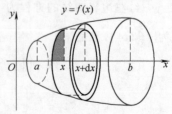

图 6-19

绕 x 轴旋转而成的薄片的体积 ΔV 近似于以点 x 处的函数值 $f(x)$ 为底圆半径、$\mathrm{d}x$ 为高的圆柱体薄片的体积,从而得到旋转体体积微元

$$\mathrm{d}V = \pi \left[f(x) \right]^2 \mathrm{d}x.$$

以体积微元 $\mathrm{d}V$ 为被积表达式,从 a 到 b 作定积分,便得到所求旋转体体积的计算公式

$$V = \pi \int_a^b \left[f(x) \right]^2 \mathrm{d}x. \qquad (6\text{-}15)$$

类似地,由连续曲线 $x = \varphi(y)(\varphi(y) \geqslant 0)$、直线 $y=c$、$y=d(c<d)$ 及 y 轴所围成的曲边梯形绕 y 轴旋转一周而成的旋转体(如图 6-20 所示)体积的计算公式为

$$V = \pi \int_c^d \left[\varphi(y) \right]^2 \mathrm{d}y. \qquad (6\text{-}16)$$

【例 6-41】 求由椭圆 $\dfrac{x^2}{a^2} + \dfrac{y^2}{b^2} = 1$ 所围成的平面图形分别绕 x 轴、y 轴旋转而成的旋转体(称为旋转椭球体)的体积.

解 绕 x 轴旋转的旋转椭球体可以看做是由上半个椭圆

$$y = \frac{b}{a} \sqrt{a^2 - x^2}$$

及 x 轴所围成的平面图形绕 x 轴旋转一周所形成的立体(如图 6-21 所示).由式(6-15)得所求旋转椭球体的体积为

$$V_x = \pi \int_{-a}^a \frac{b^2}{a^2} (a^2 - x^2) \mathrm{d}x = \frac{2\pi b^2}{a^2} \left(a^2 x - \frac{1}{3} x^3 \right) \bigg|_0^a = \frac{4}{3} \pi a b^2.$$

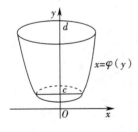

图 6-20

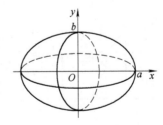

图 6-21

绕 y 轴旋转的旋转椭球体可以看做是由右半个椭圆

$$x = \frac{a}{b} \sqrt{b^2 - y^2}$$

及 y 轴所围成的平面图形绕 y 轴旋转一周所形成的立体(见图 6-21).由公式(6-16)得所求旋转椭球体的体积为

$$V_y = \pi \int_{-b}^{b} \frac{a^2}{b^2} (b^2 - y^2) \mathrm{d}y = \frac{2\pi a^2}{b^2} \left(b^2 y - \frac{1}{3} y^3 \right) \Big|_{0}^{b} = \frac{4}{3} \pi a^2 b.$$

【例 6-42】 证明：由平面图形 $0 \leqslant a \leqslant x \leqslant b, 0 \leqslant y \leqslant f(x)$（见图 6-22）绕 y 轴旋转而成的旋转体体积为

$$V = 2\pi \int_{a}^{b} x f(x) \mathrm{d}x.$$

证 取 x 为积分变量，它的变化区间为 $[a, b]$.

在区间 $[a, b]$ 内任取一个小区间 $[x, x+\mathrm{d}x]$，旋转体中相应于该小区间上的薄圆筒的体积 ΔV 近似于一个展开后长、宽、高分别为 $2\pi x$、$\mathrm{d}x$、$f(x)$ 的长方体体积，从而得到旋转体体积微元

$$\mathrm{d}V = 2\pi x f(x) \mathrm{d}x.$$

以体积微元 $\mathrm{d}V$ 为被积表达式，从 a 到 b 作定积分，得旋转体体积为

$$V = 2\pi \int_{a}^{b} x f(x) \mathrm{d}x.$$

（2）平行截面面积为已知的立体的体积

从计算旋转体体积的过程中可以看出：如果一个立体不是旋转体，但该立体上垂直于某一定轴的各截面的面积是已知的，则该立体的体积也可以用定积分来计算.

取定轴为 x 轴，并设该立体介于过点 $x=a$、$x=b$ $\quad(a<b)$ 且垂直于 x 轴的两个平面（见图 6-23）之间. 以 $A(x)$ 表示过点 x 且垂直于 x 轴的截面面积，且 $A(x)$ 是 x 的已知的连续函数，称这样的立体为**平行截面面积为已知的立体**，下面来计算该立体的体积.

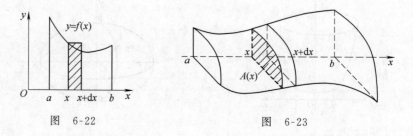

图 6-22   图 6-23

取 x 为积分变量，它的变化区间为 $[a, b]$.

在区间 $[a, b]$ 内任取一个小区间 $[x, x+\mathrm{d}x]$，立体中相应于该小区间的薄片的体积 ΔV 近似于底面积为 $A(x)$、高为 $\mathrm{d}x$ 的扁柱体的体积，即体积微元为

$$\mathrm{d}V = A(x) \mathrm{d}x.$$

以体积微元 $\mathrm{d}V$ 为被积表达式，从 a 到 b 作定积分，得到所求立体体

积的计算公式

$$V = \int_a^b A(x)\,dx. \tag{6-17}$$

【例 6-43】 一平面经过半径为 R 的圆柱体的底圆中心,并与底面交成角 α(见图 6-24),求该平面截圆柱体所得立体的体积.

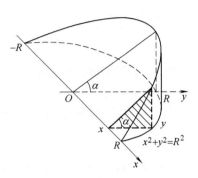

图 6-24

解 取平面与圆柱体底圆的交线为 x 轴,底面上过圆心且垂直于 x 轴的直线为 y 轴,则底圆的方程为

$$x^2 + y^2 = R^2.$$

取 x 为积分变量,它的变化区间为 $[-R, R]$. 在 $[-R, R]$ 内某点 x 处作垂直于 x 轴的截面,其截面是一个直角三角形,它的两条直角边的长分别为

$$\sqrt{R^2 - x^2} \quad \text{及} \quad \sqrt{R^2 - x^2}\tan\alpha,$$

因而截面面积为 $A(x) = \dfrac{1}{2}(R^2 - x^2)\tan\alpha.$

由式(6-17),所求立体体积为

$$V = \int_{-R}^{R} \frac{1}{2}(R^2 - x^2)\tan\alpha\,dx = \tan\alpha \left[R^2 x - \frac{1}{3}x^3 \right]_0^R$$

$$= \frac{2}{3}R^3 \tan\alpha.$$

当然,本题中也可以取 y 为积分变量,在 $[0, R]$ 内某点 y 处作垂直于 y 轴的截面,其截面是一个矩形,它的两边长分别为

$$2\sqrt{R^2 - y^2} \quad \text{及} \quad y\tan\alpha,$$

因而截面面积为 $A(y) = y\tan\alpha \cdot 2\sqrt{R^2 - x^2}.$

由式(6-17),所求立体体积为

$$V = \int_0^R 2\tan\alpha \cdot y\sqrt{R^2 - y^2}\,dy = -\frac{2}{3}\tan\alpha\,(R^2 - y^2)^{\frac{3}{2}} \Big|_0^R$$

$$= \frac{2}{3}R^3 \tan\alpha.$$

6.5.3 定积分在经济学中的应用

1. 由总产量变化率求总产量

若某产品在时刻 t 的总产量 $Q(t)$ 的变化率 $Q'(t)$ 已知,则利用牛顿-

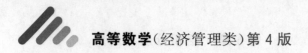

莱布尼茨公式

$$\int_{t_0}^{t} Q'(x)\mathrm{d}x = Q(t) - Q(t_0),$$

可得总产量为

$$Q(t) = \int_{t_0}^{t} Q'(x)\mathrm{d}x + Q(t_0),$$

其中 t_0 为某初始时刻. 通常取 $t_0=0$ 时, $Q(0)=0$, 即刚生产时总产量为零.

明显地, 从时刻 t_1 到 t_2 的总产量的增量为

$$\Delta Q = Q(t_2) - Q(t_1) = \int_{t_1}^{t_2} Q'(x)\mathrm{d}x.$$

【例 6-44】 某工厂生产一种产品, 在时刻 t 的总产量的变化率为

$$Q'(t) = 100 + 12t \quad (\text{单位}/\text{h}),$$

求: (1) 总产量函数 $Q(t)$;

(2) 由 $t=2$ 到 $t=4$ 这段时间的总产量.

解 (1) 总产量函数为

$$Q(t) = \int_{0}^{t} Q'(x)\mathrm{d}x + Q(0) = \int_{0}^{t} (100+12x)\mathrm{d}x + 0$$
$$= 100t + 6t^2 (\text{单位}).$$

(2) 由 $t=2$ 到 $t=4$ 这段时间的总产量为

$$\Delta Q = Q(4) - Q(2) = \int_{2}^{4} (100+12x)\mathrm{d}x$$
$$= \left[100x + 6x^2\right]_{2}^{4} = 272 (\text{单位}).$$

2. 由边际函数求原经济函数

若已知某个经济函数 (如总成本函数、总收益函数、总利润函数) $F(x)$ 的边际函数 $F'(x)$, 则由牛顿-莱布尼茨公式

$$\int_{x_0}^{x} F'(t)\mathrm{d}t = F(x) - F(x_0),$$

可得原经济函数为

$$F(x) = \int_{x_0}^{x} F'(t)\mathrm{d}t + F(x_0),$$

且该经济函数从 a 到 b 的增量为

$$\Delta F = F(b) - F(a) = \int_{a}^{b} F'(t)\mathrm{d}t.$$

【例 6-45】 已知生产某产品 Q 单位时的边际收益为

$$R'(Q) = 100 - \frac{Q}{10} \quad (\text{元}/\text{单位}),$$

试计算:

(1) 总收益函数和平均收益函数；

(2) 生产 40 单位产品后,再生产 10 单位产品时增加的收益.

解 (1) 利用边际收益和总收益的关系 $R(Q) = \int_0^Q R'(t)\mathrm{d}t + Q(0)$,

并注意到 $Q(0)=0$,可得总收益为

$$R(Q) = \int_0^Q \left(100 - \frac{t}{10}\right)\mathrm{d}t = \left[100t - \frac{t^2}{20}\right]_0^Q = 100Q - \frac{Q^2}{20} \ (\text{元}).$$

平均收益为

$$\overline{R}(Q) = \frac{R(Q)}{Q} = \frac{100Q - \dfrac{Q^2}{20}}{Q} = 100 - \frac{Q}{20}(\text{元}).$$

(2) 生产 40 单位产品后,再生产 10 单位产品时增加的收益为

$$\Delta R = R(50) - R(40) = \int_{40}^{50}\left(100 - \frac{t}{10}\right)\mathrm{d}t$$

$$= \left[100t - \frac{t^2}{20}\right]_{40}^{50} = 955 \ (\text{元}).$$

【例 6-46】 已知生产某产品 Q(百台)的边际成本和边际收益分别为

$$C'(Q) = 2 + \frac{Q}{2} \quad (\text{万元/百台}),$$

$$R'(Q) = 5 - Q \quad (\text{万元/百台}),$$

(1) 若固定成本 $C(0) = 1$(万元),求总成本函数与总收益函数；

(2) 产量为多少时,总利润最大? 最大总利润为多少?

解 (1) 总成本函数为

$$C(Q) = \int_0^Q C'(t)\mathrm{d}t + C(0) = \int_0^Q\left(2 + \frac{t}{2}\right)\mathrm{d}t + 1$$

$$= \frac{1}{4}Q^2 + 2Q + 1(\text{万元})；$$

总收益函数为

$$R(Q) = \int_0^Q R'(t)\mathrm{d}t + Q(0) = \int_0^Q(5 - t)\mathrm{d}t + 0$$

$$= 5Q - \frac{Q^2}{2}(\text{万元}).$$

(2) $$L'(Q) = R'(Q) - C'(Q) = 3 - \frac{3}{2}Q,$$

令 $L'(Q) = 0$ 得 $Q = 2$,而 $L''(2) = -\dfrac{3}{2} < 0$,所以产量为 2(百台)时,总利润最大,最大总利润为

$$L(2) = R(2) - C(2) = \left(5 \times 2 - \frac{2^2}{2}\right) - \left(\frac{1}{4} \times 2^2 + 2 \times 2 + 1\right) = 2(\text{万元}).$$

习题 6.5

1.求由下列各组曲线或直线所围成的平面图形的面积：

(1) $y = 4 - x^2$ 与 $y = 3x$；

(2) $y = \sin x, x \in \left[0, \frac{3\pi}{2}\right]$ 与 $x = \frac{3}{2}\pi$ 及 $y = 0$；

(3) $y = \ln x$ 与 $y = \ln a$，$y = \ln b (b > a > 0)$ 及 $x = 0$；

(4) $x = 5y^2$ 与 $x = 1 + y^2$.

2.求曲线 $y = \ln x$ 与其过原点的一条切线及 x 轴围成的平面图形的面积.

3.求垂直于 x 轴的直线，它将曲线 $x^2 - 4y - 4 = 0$ 与直线 $x + y - 2 = 0$ 所围成的平面图形分成面积相等的两部分.

4.求曲线 $y = \ln x$ 在区间 $[2, 6]$ 内的一条切线，使该切线与直线 $x = 2$，$x = 6$ 及曲线 $y = \ln x$ 所围成的图形面积为最小.

5.问 k 为何值时，由曲线 $y = x^2$、直线 $y = kx \ (0 < k < 2)$ 及 $x = 2$ 所围成的图形（图 6-25 中阴影部分）的面积为最小？

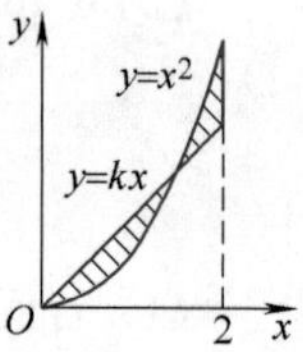

6.求由下列各组曲线或直线所围成的平面图形，绕指定的轴旋转所构成的旋转体的体积：

(1) $y = x^3$，$y = 0$ 及 $x = 2$，分别绕 x 轴、y 轴；

(2) $y^2 = x^3$，$y = 0$ 及 $x = 1$，分别绕 x 轴、y 轴；

(3) $y = x^2$ 及 $x = y^2$，绕 y 轴；

(4) $y = x^2 + 7$ 及 $y = 3x^2 + 5$，绕 x 轴；

(5) $(x - 2)^2 + y^2 = 1$，绕 y 轴；

(6) $xy = a (a > 0)$，$x = a$，$x = 2a$ 及 $y = 0$，绕 y 轴.

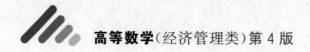

图 6-25

7.求位于曲线 $y = e^{-x}$ 下方，y 轴右方以及 x 轴上方之间的图形绕 x 轴旋转而成的旋转体的体积.

8.求由抛物线 $y^2 = 2x$ 与直线 $x = \frac{1}{2}$ 所围成的图形绕直线 $y = -1$ 旋转所得旋转体的体积.

9.求以抛物线 $y^2 = 2x$ 与直线 $x = 2$ 所围成的图形为底，而垂直于抛物线轴的截面都是等边三角形的立体的体积.

10.求以半长轴 $a = 10$、半短轴 $b = 5$ 的椭圆为底，而垂直于长轴的截面都是等边三角形的立体的体积.

11.已知某工厂的某种产品的产量 Q 的变化率是时间 t（年）的函数 $f(t) = 4t - 5 \ (t \geqslant 0)$，

(1)求该厂在第一个五年计划期间该产品的产量；

(2)按照题设的变化率，求该厂在第二个五年计划期间该产品的产量.

12.已知某商品的需求量 x 对价格 p 的弹性的绝对值为 $\frac{p}{4-p}$，最大需求量为

$x(0) = 400$,试求:

(1)该商品的需求函数和总收入函数;

(2)价格定为多少时总收入最大,此时需求量为多少?

13.设生产某产品的固定成本为 10,当产量为 x 时,边际成本函数为 $MC = 40 - 20x + 3x^2$,边际收入函数为 $MR = 32 - 10x$. 试求:

(1)总利润函数;

(2)使总利润最大的产量.

总习题 6

1.选择题

(1)设在 $[a,b]$ 上,$f(x) > 0$,$f'(x) < 0$,$f''(x) > 0$,记 $s_1 = \int_a^b f(x)\mathrm{d}x$,$s_2 = f(b)(b-a)$,$s_3 = \frac{1}{2}[f(a) + f(b)](b-a)$,则( ).

A. $s_1 < s_2 < s_3$ B. $s_3 < s_1 < s_2$

C. $s_2 < s_1 < s_3$ D. $s_2 < s_3 < s_1$

(2)设 $M = \int_{-\frac{\pi}{2}}^{\frac{\pi}{2}} \frac{\sin x}{1+x^2}\cos^2 x\mathrm{d}x$,$N = \int_{-\frac{\pi}{2}}^{\frac{\pi}{2}} (\sin^3 x + \cos^4 x)\mathrm{d}x$,$P = \int_{-\frac{\pi}{2}}^{\frac{\pi}{2}} (x^2 \sin^3 x - \cos^4 x)\mathrm{d}x$,则( ).

A. $N < P < M$ B. $M < P < N$

C. $N < M < P$ D. $P < M < N$

(3)设 $f(x)$ 是连续函数,$I = t\int_0^{\frac{s}{t}} f(tx)\mathrm{d}x$,且 $t > 0$,$s > 0$,则 I 的值( ).

A.依赖于 s 与 t B.依赖于 s,t 和 x

C.依赖于 t,x,不依赖于 s D.依赖于 s,不依赖于 t

(4)设 $f(x)$ 是连续函数,$f(x) = \int_0^{2x} f\left(\frac{t}{2}\right)\mathrm{d}t + \ln 2$,则 $f(x) = ($).

A. $\mathrm{e}^x \ln 2$ B. $\mathrm{e}^{2x} \ln 2$

C. $\mathrm{e}^x + \ln 2$ D. $\mathrm{e}^{2x} + \ln 2$

(5)设 $f(x) = \int_0^{\sqrt{1+x}-1} \ln(1+x)\mathrm{d}x$,$g(x) = \int_0^{\sqrt{x}} \arcsin x\mathrm{d}x$,则当 $x \to 0$ 时,( ).

A. $f(x)$ 与 $g(x)$ 都不是无穷小   B. $f(x)$ 是比 $g(x)$ 高阶的无穷小

C. $f(x)$ 与 $g(x)$ 是同阶无穷小   D. $f(x)$ 与 $g(x)$ 是等价无穷小

(6)设 $f(x) = \begin{cases} x^2, & 0 \leqslant x < 1, \\ x, & 1 \leqslant x \leqslant 2, \end{cases}$ $\Phi(x) = \int_0^x f(t)\mathrm{d}t$,则 $\Phi(x)$ 在区间 $(0,2)$ 上( ).

A.有第一类间断点   B.有第二类间断点

C.两类间断点都有   D.是连续的

(7)曲线 $y = 1 - x^2$ $(0 \leqslant x \leqslant 1)$,$x$ 轴及 y 轴所围成的图形被曲线 $y = ax^2$ 分

229

为面积相等的两部分,其中 $a>0$,则常数 $a=$ (   ).

A. 1   B. 2

C. 3   D. 4

2. 填空题

(1) 设当 $x \geqslant 0$ 时 $f(x)$ 是连续函数,且 $\int_0^{x^2(1+x)} f(x)\mathrm{d}x = x$,则 $f(2)=$ _____ ;

(2) 设 $f(x)$ 连续函数,则 $\lim\limits_{x\to 0} \dfrac{\int_0^x [te^t \int_{t^2}^0 f(u)\mathrm{d}u]\mathrm{d}t}{x^3 e^x} =$ _____ ;

(3) $\int_{-\frac{1}{2}}^{\frac{1}{2}} \cos x \ln\dfrac{1-x}{1+x}\mathrm{d}x =$ _____ ;

(4) $\int_{-2}^2 \max\{1,x^2\}\mathrm{d}x =$ _____ ;

(5) $\int_0^{+\infty} \dfrac{\mathrm{d}x}{(1+x^2)^8} =$ _____ ;

(6) 设 $f(x)$ 是连续函数,b 为常数,则 $\dfrac{\mathrm{d}}{\mathrm{d}x}\int_0^b f(x+t)\mathrm{d}t =$ _____ ;

(7) 由曲线 $y=e^x$,$y=e^{-x}$ 及直线 $x=1$ 所围成的图形面积为 _____ ;

(8) 由曲线 $y=2x-x^2$ 及直线 $y=x$ 所围成的平面图形绕 x 轴旋转所得旋转体体积为 _____ 。

3. 计算题

(1) 求极限 $\lim\limits_{n\to\infty}\left(\dfrac{1}{\sqrt{n^2+1}}+\dfrac{1}{\sqrt{n^2+2^2}}+\cdots+\dfrac{1}{\sqrt{n^2+n^2}}\right)$;

(2) 求极限 $\lim\limits_{n\to\infty}\left(\dfrac{n+1}{n^2+1}+\dfrac{n+1}{n^2+2^2}+\cdots+\dfrac{n+1}{n^2+n^2}\right)$;

(3) 设 $f(x)=e^{\frac{1}{x+1}}$,求极限 $\lim\limits_{n\to\infty}\sqrt[n]{f(\frac{1}{n})f(\frac{2}{n})\cdots f(\frac{n-1}{n})f(\frac{n}{n})}$;

(4) $\lim\limits_{x\to 0}\dfrac{\int_0^{x^2}\cos x\mathrm{d}x}{\ln(1+x^2)}$;

(5) $\lim\limits_{x\to+\infty}\dfrac{\int_2^x (\arctan t)^2\mathrm{d}t}{\sqrt{x^2+1}}$;

(6) 设函数 $g(x)$ 可微,且 $F(x)=\int_0^x (x+u)g(u)\,\mathrm{d}u$,求 $F''(x)$;

(7) 设可微函数 $f(x)$ 在 $x>0$ 上有定义,其反函数为 $g(x)$,且满足:

$$\int_1^{f(x)} g(t)\,\mathrm{d}t = \dfrac{1}{3}(x^{\frac{3}{2}}-8),$$

试求 $f(x)$;

(8) 已知 $f(x)$ 满足 $f(x)=3x-\sqrt{1-x^2}\int_0^1 f^2(x)\mathrm{d}x$,求 $f(x)$;

(9) 已知 $f(\pi)=1$,且 $\int_0^\pi [f(x)+f''(x)]\sin x\mathrm{d}x=3$,求 $f(0)$;

(10)设 $f(x) = \int_1^x \dfrac{2\ln u}{1+u} \, du$，其中 $x \in (0, +\infty)$，求 $f(x) + f\left(\dfrac{1}{x}\right)$；

(11) $\int_0^{n\pi} |\cos x| \, dx$.

4.设有曲线 $y = e^{\frac{x}{2}}$，在原点 O 与 x 之间求一点 ξ，使该点左右两边阴影部分（如图 6—26 所示）的面积相等，并写出 ξ 的表达式.

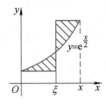

图 6-26

5.求由曲线 $xy = 4$，直线 $y = 4x$ 及 $x = 4y$ 所围成的第一象限内的图形绕 x 轴旋转所得旋转体的体积.

6.求由曲线 $y = \sin x \, (x \in [0, \pi])$ 与 x 轴所围成的图形分别绕 y 轴和直线 $y = 1$ 旋转所得旋转体的体积.

7.证明题

(1)设 $f(x)$ 在 $[a, b]$ 上二阶连续可导，又 $f(a) = f'(a) = 0$，证明：

$$\int_a^b f(x) \, dx = \frac{1}{2} \int_a^b f''(x) (x-b)^2 \, dx.$$

(2)设函数 $f(x)$ 在 $(2, 4)$ 上可导，且 $f(2) = \int_3^4 (x-1)^2 f(x) \, dx$，证明：在 $(2, 4)$ 内至少存在一点 ξ，使得

$$(1-\xi) f'(\xi) = 2f(\xi).$$

(3)设函数 $f(x)$ 在 $(-\infty, +\infty)$ 内连续，且

$$F(x) = \int_0^x (x - 2t) f(t) \, dt,$$

证明：1)如果 $f(x)$ 是偶函数，则 $F(x)$ 也是偶函数；

2)如果 $f(x)$ 非增，则 $F(x)$ 非减.

(4)设 $f(x)$ 与 $g(x)$ 在 $[0, b]$ 上具有非负连续的导数，且 $f(0) = 0$，证明：对 $0 < a \leqslant b$ 有，

$$f(a) \, g(a) \leqslant \int_0^a g(x) f'(x) \, dx + \int_0^b f(x) \, g'(x) \, dx.$$

(5)设 $f(x)$ 在 $[a, b]$ 上连续，且 $f(x) > 0$，记

$$F(x) = \int_a^x f(t) \, dt + \int_b^x \frac{1}{f(t)} \, dt,$$

证明：1) $F'(x) \geqslant 2$；

2) $F(x) = 0$ 在 (a, b) 内有且仅有一个实根.

(6)设 $f(x)$ 是连续函数，且在 $[0, 1]$ 上单调减少，证明：对任意的 $x \in (0, 1)$，

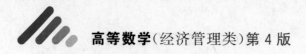

下式总成立

$$\int_0^1 f(t)\ \mathrm{d}t \leqslant \frac{1}{x}\int_0^x f(t)\ \mathrm{d}t.$$

8. 某种产品的总成本 C(万元)的变化率是产量 Q(百台)的函数 $C'(Q)=4+\frac{Q}{4}$，总收入 R(万元)的变化率是产量 Q 的函数 $R'(Q)=8-Q$.

(1)求产量由 100 台增加到 500 台总成本与总收入的增加值；

(2)产量为多少时,总利润最大?

(3)已知固定成本 $C(0)=1$(万元),分别求总成本、总利润与产量 Q 的函数关系式；

(4)求利润最大时的总利润、总成本与总收入.

第7章

微分方程与差分方程初步

载人航天精神

寻求变量之间的函数关系是解决实际问题时常见的重要课题.但是,人们往往并不能直接由所给的条件找到所需要的函数,却比较容易得到含有未知函数的导数或微分的等式,这样的等式即所谓微分方程.

微分方程是由于实践的需要,在微积分学的基础上进一步发展起来的一个重要的数学分支,也是数学科学联系实际的主要途径之一.微分方程不仅在自然科学和工程技术领域有重要作用,而且在社会科学领域也有着广泛的应用.

7.1 微分方程的基本概念

许多自然现象所服从的规律都可以用微分方程表示出来,下面通过具体实例来引入微分方程的概念.

7.1.1 两个实例

【例 7-1】 设某一平面曲线上任意一点 (x,y) 处的切线斜率等于该点处横坐标的 2 倍,且曲线通过点 $(1,2)$,求该曲线的方程.

解 设所求曲线的方程为 $y=f(x)$,根据导数的几何意义,由题意得

$$\frac{\mathrm{d}y}{\mathrm{d}x}=2x, \tag{7-1}$$

且函数 $y=f(x)$ 还应满足条件

$$y|_{x=1}=2. \tag{7-2}$$

方程(7-1)是一个含未知函数 $y=f(x)$ 的导数的方程.为了解出 $y=f(x)$,我们只要将方程(7-1)两端积分,就有

$$y = \int 2x \, \mathrm{d}x = x^2 + C,$$

把条件(7-2)代入上式,得

$$2 = 1^2 + C,$$

由此定出 $C=1$,故所求曲线的方程为

$$y = x^2 + 1.$$

【例 7-2】 设质点以匀加速度 a 作直线运动,当时间 $t=0$ 时,位移 $s=0$,速度 $v=v_0$,求质点运动的位移 s 与时间 t 的函数关系.

解 这是一个物理问题.设质点运动的位移与时间的函数关系为 $s=s(t)$,则由二阶导数的物理意义,得

$$\frac{\mathrm{d}^2 s}{\mathrm{d}t^2} = a,$$

这是一个含有二阶导数的方程,将上式两边连续积分两次,即有

$$\frac{\mathrm{d}s}{\mathrm{d}t} = at + C_1, \tag{7-3}$$

$$s = \frac{1}{2}at^2 + C_1 t + C_2, \tag{7-4}$$

其中 C_1, C_2 为任意常数.

由题意 $s=s(t)$ 还应满足条件

$$s|_{t=0} = 0, v|_{t=0} = v_0, \text{即 } s|_{t=0} = 0, \frac{\mathrm{d}s}{\mathrm{d}t}\Big|_{t=0} = v_0,$$

将上述条件分别代入式(7-3)、式(7-4)得

$$C_1 = v_0, C_2 = 0,$$

故位移与时间的函数关系为

$$s = \frac{1}{2}at^2 + v_0 t.$$

7.1.2 微分方程的概念

由以上两例看到,在一些实际问题的讨论中,往往会出现含有未知函数的导数的方程.下面先给出几个有关定义.

定义 7-1 含有未知函数的导数(或微分)的方程称为**微分方程**.

如果未知函数中只含有一个自变量,则称这样的微分方程为常微分方程.例如,$\frac{\mathrm{d}y}{\mathrm{d}x} = ye^x$,$x^2 y'' + xy' = 3x^2$ 都是常微分方程.

如果未知函数中含有多个自变量,则称这样的微分方程为偏微分方程.

本章只讨论常微分方程,并把常微分方程简称为微分方程.

定义 7-2　　微分方程中出现的未知函数的最高阶导数的阶数,称为微分方程的**阶**.

例如,方程 $\dfrac{\mathrm{d}y}{\mathrm{d}x}=2x$ 是一阶微分方程;方程 $\dfrac{\mathrm{d}^2 s}{\mathrm{d}t^2}=a$ 是二阶微分方程;方程 $x^3 y'''+x^2 (y'')^2+x (y')^3=3x^2$ 是三阶微分方程.

一般地,n 阶微分方程的一般形式是

$$F(x,y,y',\cdots,y^{(n)})=0, \qquad (7\text{-}5)$$

其中 $x,y,y',\cdots,y^{(n-1)}$ 等变量可以不出现,但 $y^{(n)}$ 必须出现.如果能从方程(7-5)中解出 $y^{(n)}$,则微分方程(7-5)变形为

$$y^{(n)}=f(x,y,y',\cdots,y^{(n-1)}). \qquad (7\text{-}6)$$

方程(7-5)称为隐式微分方程,而方程(7-6)称为显式微分方程.以后讨论的微分方程主要是显式微分方程.

特别地,一阶微分方程的一般形式是

$$F(x,y,y')=0.$$

定义 7-3　　如果把函数 $y=\varphi(x)$ 代入微分方程,能使方程成为恒等式,那么称函数 $y=\varphi(x)$ 为微分方程的**解**.

例如,函数 $y=x^2+C$ 和 $y=x^2+1$ 都是微分方程 $\dfrac{\mathrm{d}y}{\mathrm{d}x}=2x$ 的解;$s=\dfrac{1}{2}at^2+C_1 t+C_2$ 和 $s=\dfrac{1}{2}at^2+v_0 t$ 都是微分方程 $\dfrac{\mathrm{d}^2 s}{\mathrm{d}t^2}=a$ 的解.

如果微分方程的解中含有任意常数,且任意常数的个数与微分方程的阶数相同[⊖],这样的解叫做微分方程的**通解**.

例如,函数 $y=x^2+C$ 是微分方程 $\dfrac{\mathrm{d}y}{\mathrm{d}x}=2x$ 的通解;函数 $s=\dfrac{1}{2}at^2+C_1 t+C_2$ 是微分方程 $\dfrac{\mathrm{d}^2 s}{\mathrm{d}t^2}=a$ 的通解.

微分方程的不含任意常数的解叫做微分方程的**特解**.例如,函数 $y=x^2+1$ 是微分方程 $\dfrac{\mathrm{d}y}{\mathrm{d}x}=2x$ 的特解;函数 $s=\dfrac{1}{2}at^2+v_0 t$ 是微分方程 $\dfrac{\mathrm{d}^2 s}{\mathrm{d}t^2}=a$ 的特解.

微分方程的通解中含有任意常数,为了确定这些常数的具体取值,需要附加相应的条件,这种条件称为**定解条件**.对 n 阶微分方程(7-5),定解条件往往形如

$$y|_{x=x_0}=y_0,y'|_{x=x_0}=y_1,\cdots,y^{(n-1)}|_{x=x_0}=y_{n-1},$$

⊖　这里所说的任意常数是相互独立的,即它们不能合并而使得任意常数的个数减少.

上述定解条件又称为**初始条件**(其中 $x_0, y_0, y_1, \cdots, y_{n-1}$ 是已知常数).

　　求微分方程满足初始条件的特解的问题,称为微分方程的**初值问题**.一阶微分方程的初值问题可记作

$$\begin{cases} F(x,y,y')=0, \\ y|_{x=x_0}=y_0. \end{cases} \tag{7-7}$$

二阶微分方程的初值问题可记作

$$\begin{cases} F(x,y,y',y'')=0, \\ y|_{x=x_0}=y_0, \quad y'|_{x=x_0}=y_1. \end{cases} \tag{7-8}$$

　　微分方程的解的图形是一条平面曲线,称为微分方程的**积分曲线**.这样,初值问题(7-7)的解的几何意义,就是微分方程通过点 (x_0, y_0) 的那条积分曲线;初值问题(7-8)的解的几何意义,就是微分方程通过点 (x_0, y_0) 且在该点的斜率为 y_1 的那条积分曲线.

　　【例 7-3】 验证:函数 $y=\dfrac{C}{x}$ 是一阶微分方程 $x\dfrac{\mathrm{d}y}{\mathrm{d}x}+y=0$ 的通解,并说明它的几何意义.

　　解 由 $y=\dfrac{C}{x}$ 可得

$$\frac{\mathrm{d}y}{\mathrm{d}x}=-\frac{C}{x^2}.$$

将 $\dfrac{\mathrm{d}y}{\mathrm{d}x}$ 及 y 代入方程 $x\dfrac{\mathrm{d}y}{\mathrm{d}x}+y=0$ 中,得

$$x\left(-\frac{C}{x^2}\right)+\frac{C}{x}\equiv0.$$

所以函数 $y=\dfrac{C}{x}$ 是微分方程 $x\dfrac{\mathrm{d}y}{\mathrm{d}x}+y=0$ 的解.

　　又因为方程 $x\dfrac{\mathrm{d}y}{\mathrm{d}x}+y=0$ 是一阶的,而函数 $y=\dfrac{C}{x}$ 中含有一个任意常数,即任意常数的个数等于方程的阶数,所以函数 $y=\dfrac{C}{x}$ 是微分方程 $x\dfrac{\mathrm{d}y}{\mathrm{d}x}+y=0$ 的通解.

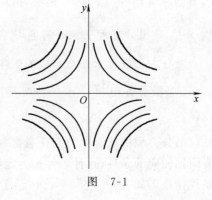

图 7-1

　　函数 $y=\dfrac{C}{x}$ 在 xOy 平面上表示一族等轴双曲线(如图 7-1 所示).

习题　7.1

1.下列方程哪些是微分方程？若是微分方程请指出它的阶：

(1) $2y' - 3y + x^2 = 0$;　　　　　(2) $y' + 2x + 4 = 0$;

(3) $x - 2y + \dfrac{\mathrm{d}y}{\mathrm{d}x} = 1$;　　　　　(4) $y + x + 5 = 0$;

(5) $\dfrac{\mathrm{d}^2 y}{\mathrm{d}x^2} + \dfrac{\mathrm{d}y}{\mathrm{d}x} - 3y = \mathrm{e}^{2x}$;　　　(6) $xyy'' + x\,(y')^3 - y^4 y' = 0$;

(7) $xy''' + x\,(y'')^3 - x^5 y^4 = 0$;　　(8) $\dfrac{\mathrm{d}^n y}{\mathrm{d}x^n} + \dfrac{\mathrm{d}y}{\mathrm{d}x} - 3y = 5\sin x$.

2.验证 $y = \mathrm{e}^x \displaystyle\int_0^x \mathrm{e}^{t^2}\,\mathrm{d}t$ 是微分方程 $y' - y = \mathrm{e}^{x+x^2}$ 的解，并说明它是通解还是特解.

3.验证 $y = Cx^3$ 是微分方程 $3y - xy' = 0$ 的通解，并求满足初始条件 $y\,|_{x=1} = \dfrac{1}{3}$ 的特解.

4.验证由方程 $x^2 - xy + y^2 = C$ 所确定的隐函数是微分方程 $(x - 2y)y' = 2x - y$ 的通解，并求满足初始条件 $y\,|_{x=0} = 1$ 的特解.

5.已知某企业的纯利润 L 对广告费 x 的变化率与常数 A 和纯利润 L 之差成正比，写出纯利润 L 所满足的微分方程.

6.设曲线在点 (x,y) 处的切线斜率等于该点横坐标平方的 2 倍，写出该曲线所满足的微分方程.

7.2　一阶微分方程

本节讨论几种特殊类型的一阶微分方程的解法.

在学习本节时，必须掌握各类方程的标准形式；能准确判断方程的类型；熟悉各类方程的解法.另外，还需要灵活运用数学中经常采用的重要方法——变量代换法，根据所给方程的特点，引进适当的变量代换，把方程化为能够求解的类型，然后求解.

7.2.1　可分离变量的微分方程及齐次方程

1.可分离变量的微分方程

如果一阶微分方程可以写成

$$g(y)\mathrm{d}y = f(x)\mathrm{d}x \tag{7-9}$$

的形式，则称这样的方程为**可分离变量的微分方程**.

方程(7-9)的特点是：方程的一端只含有 y 的函数与 $\mathrm{d}y$，另一端只含有 x 的函数与 $\mathrm{d}x$.例如，方程 $x\mathrm{d}x = y\mathrm{d}y$，$\dfrac{\mathrm{d}y}{\mathrm{d}x} = 2xy$ 都是可分离变量的微

分方程,而方程 $x\dfrac{\mathrm{d}y}{\mathrm{d}x}=y\ln\dfrac{y}{x}$ 不是可分离变量的微分方程.

可分离变量的微分方程的求解步骤.

第一步　分离变量:将原方程化成 $g(y)\mathrm{d}y=f(x)\mathrm{d}x$ 的形式;

第二步　两边积分: $\displaystyle\int g(y)\mathrm{d}y=\int f(x)\mathrm{d}x$,得

$$G(y)=F(x)+C.$$

上式所确定的隐函数就是原方程的通解(称为隐式通解),其中 $G(y)$,
$F(x)$ 分别是 $g(y)$,$f(x)$ 的一个原函数.

【例 7-4】　求微分方程 $\dfrac{\mathrm{d}y}{\mathrm{d}x}=2xy$ 的通解.

解　将所给微分方程分离变量,得

$$\frac{\mathrm{d}y}{y}=2x\mathrm{d}x,$$

两端积分,得

$$\ln|y|=x^2+C_1, \tag{7-10}$$

即

$$|y|=\mathrm{e}^{x^2+C_1},$$

所以

$$y=\pm\mathrm{e}^{x^2+C_1},$$

令 $C=\pm\mathrm{e}^{C_1}$,于是所求通解为

$$y=C\mathrm{e}^{x^2}.$$

注　为了简化解题过程,可将式(7-10)中 $\ln|y|$ 写成 $\ln y$,将 C

写成 $\ln C$.这样,由 $\dfrac{\mathrm{d}y}{y}=2x\mathrm{d}x$ 两端积分,得

$$\ln y=x^2+\ln C,$$

即

$$\ln y=\ln(C\mathrm{e}^{x^2}),$$

故所求通解为

$$y=C\mathrm{e}^{x^2}.$$

【例 7-5】　求微分方程 $3x^2y\mathrm{d}y-\sqrt{1-y^2}\,\mathrm{d}x=0$ 满足初始条件
$y|_{x=1}=0$ 的特解.

解　将所给微分方程分离变量,得

$$\frac{3y\mathrm{d}y}{\sqrt{1-y^2}}=\frac{\mathrm{d}x}{x^2}.$$

两端积分,得

$$-3\sqrt{1-y^2}=-\frac{1}{x}+C,$$

故原方程的通解为

$$3\sqrt{1-y^2}-\frac{1}{x}+C=0.$$

将初始条件 $y|_{x=1}=0$ 代入上式,得 $C=-2$,故所求特解为

$$3\sqrt{1-y^2}-\frac{1}{x}-2=0.$$

【例 7-6】 在氧气充足的条件下,酵母的增长规律可由微分方程 $\dfrac{\mathrm{d}A}{\mathrm{d}t}=kA$ 表示,其中 A 为时刻 t 时酵母的现有量.求现有量 A 与时间 t 的函数关系,并且假定酵母开始发酵后,经过 2h 后其质量为 4g,经过 3h 后,其质量为 6g.试计算发酵前酵母的质量.

解 微分方程 $\dfrac{\mathrm{d}A}{\mathrm{d}t}=kA$ 为可分离变量的微分方程.分离变量得

$$\frac{\mathrm{d}A}{A}=k\mathrm{d}t,$$

两端积分得

$$\ln A=kt+\ln C,\quad \text{即}\ A=Ce^{kt}.$$

因此,酵母的现有量 A 与时间 t 的函数关系为 $A=Ce^{kt}$.

由已知条件可知,当 $t=2$h 时,$A=4$g,当 $t=3$h 时,$A=6$g,于是

$$\begin{cases} 4=Ce^{2k}, \\ 6=Ce^{3k}. \end{cases}$$

解得

$$k=\ln\frac{3}{2},\quad C=\frac{16}{9}.$$

因此

$$A=\frac{16}{9}\left(\frac{3}{2}\right)^t.$$

则当 $t=0$ 时,

$$A=A_0=C=\frac{16}{9},$$

所以酵母发酵前的质量为 $\dfrac{16}{9}$g.

【例 7-7】 氧气充足时,酵母增长规律为 $\dfrac{\mathrm{d}A}{\mathrm{d}t}=kA$.而在缺氧的条件下,酵母在发酵过程中会产生酒精,而酒精将抑制酵母的继续发酵.在酵母增长的同时,酒精量也相应增加,酒精的抑制作用也相应地增加,致使酵母的增长率逐渐下降,直到酵母量稳定地接近于一个极限值为止,上述过程的数学形式如下

$$\frac{\mathrm{d}A}{\mathrm{d}t} = kA(A_m - A).$$

其中 A_m 为酵母量最后极限值,是一个常数.它表示在前期酵母的增长率是逐渐上升,到后期酵母的增长率逐渐下降.求解此微分方程,并假定当 $t=0$ 时,酵母的现有量为 A_0.

解 微分方程 $\dfrac{\mathrm{d}A}{\mathrm{d}t} = kA(A_m - A)$ 是可分离变量的微分方程.分离变量得

$$\frac{\mathrm{d}A}{A(A_m - A)} = k\,\mathrm{d}t.$$

两边积分得

$$\int \frac{\mathrm{d}A}{A(A_m - A)} = \int k\,\mathrm{d}t,$$

即

$$\frac{1}{A_m} \int \left(\frac{1}{A_m - A} + \frac{1}{A} \right) \mathrm{d}A = \int k\,\mathrm{d}t,$$

得

$$\ln A - \ln(A_m - A) = kA_m t + \ln C.$$

因此所求微分方程的通解为

$$\frac{A}{A_m - A} = C\mathrm{e}^{kA_m t}.$$

又由初始条件:$t=0$ 时,$A=A_0$,可得

$$C = \frac{A_0}{A_m - A_0},$$

于是微分方程的特解为

$$\frac{A}{A_m - A} = \frac{A_0}{A_m - A_0} \mathrm{e}^{kA_m t},$$

即

$$A = \frac{A_m}{1 + \left(\dfrac{A_m}{A_0} - 1 \right) \mathrm{e}^{-kA_m t}}.$$

这就是在缺氧的条件下,求得的酵母现有量 A 与时间 t 的函数关系.其曲线叫做生物生长曲线,又名逻辑斯谛(logistic)曲线.在实际应用中常遇到这样一类变量:变量的增长率 $\dfrac{\mathrm{d}A}{\mathrm{d}t}$ 与现有量 A、饱和值与现有量的差 $A_m - A$ 都成正比.这种变量是按逻辑斯谛曲线方程变化的,其图形如图 7-2 所示.在生物学、经济学等学科中常可见到这种类型的模型,参见例7-31.

2. 齐次方程

某些微分方程可通过适当的变量代换，化为可分离变量的微分方程. 下面将要讨论的齐次方程就是这样一类微分方程.

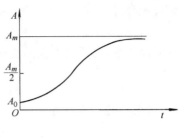

图　7-2

如果一阶微分方程可以写成

$$\frac{\mathrm{d}y}{\mathrm{d}x}=\varphi\left(\frac{y}{x}\right) \qquad (7\text{-}11)$$

的形式，则称这样的方程为**齐次方程**.

例如，方程 $y'=\dfrac{y}{x}+\tan\dfrac{y}{x}$ 是齐次微分方程；由于 $(xy-y^2)\mathrm{d}x-(x^2-2xy)\mathrm{d}y=0$ 可变形为 $\dfrac{\mathrm{d}y}{\mathrm{d}x}=\dfrac{\dfrac{y}{x}-\left(\dfrac{y}{x}\right)^2}{1-2\dfrac{y}{x}}$，故该方程也是齐次方程.

对齐次方程(7-11)，作变换 $u=\dfrac{y}{x}$，则有

$$y=ux,\ \frac{\mathrm{d}y}{\mathrm{d}x}=u+x\,\frac{\mathrm{d}u}{\mathrm{d}x}, \qquad (7\text{-}12)$$

代入方程(7-11)，便得到关于变量 x,u 的方程

$$u+x\,\frac{\mathrm{d}u}{\mathrm{d}x}=\varphi(u). \qquad (7\text{-}13)$$

显然，这是一个可分离变量的微分方程，分离变量得

$$\frac{\mathrm{d}u}{\varphi(u)-u}=\frac{\mathrm{d}x}{x}.$$

两边积分得

$$\int\frac{\mathrm{d}u}{\varphi(u)-u}=\int\frac{\mathrm{d}x}{x}. \qquad (7\text{-}14)$$

求出积分后，再用 $\dfrac{y}{x}$ 代替 u，便得到所给齐次方程的通解.

【例 7-8】　求微分方程 $\dfrac{\mathrm{d}y}{\mathrm{d}x}=\dfrac{y}{x}-\cot\dfrac{y}{x}$ 的通解.

解　原方程为齐次方程，令 $u=\dfrac{y}{x}$，则 $y=ux$，$\dfrac{\mathrm{d}y}{\mathrm{d}x}=u+x\,\dfrac{\mathrm{d}u}{\mathrm{d}x}$，代入原方程，得

$$u+x\,\frac{\mathrm{d}u}{\mathrm{d}x}=u-\cot u.$$

这是可分离变量的微分方程，分离变量得

$$-\tan u\,\mathrm{d}u=\frac{\mathrm{d}x}{x}.$$

241

两边积分得 $\qquad\qquad \ln\cos u = \ln x + \ln C,$

即 $\qquad\qquad\qquad\quad \cos u = Cx.$

代回原变量,得所求方程的通解为

$$\cos\frac{y}{x} = Cx.$$

【例 7-9】 求方程

$$2xy^2\frac{\mathrm{d}y}{\mathrm{d}x} - 2y^3 = x^3\frac{\mathrm{d}y}{\mathrm{d}x}$$

的通解.

解 将所给方程化为

$$\frac{\mathrm{d}y}{\mathrm{d}x} = \frac{2y^3}{2xy^2 - x^3},$$

对方程右端分子、分母同除以 x^3 得

$$\frac{\mathrm{d}y}{\mathrm{d}x} = \frac{2\left(\dfrac{y}{x}\right)^3}{2\left(\dfrac{y}{x}\right)^2 - 1}.$$

因此,所给方程为齐次方程,令 $u = \dfrac{y}{x}$,则 $y = ux$, $\dfrac{\mathrm{d}y}{\mathrm{d}x} = u + x\dfrac{\mathrm{d}u}{\mathrm{d}x}$,

代入得

$$x\frac{\mathrm{d}u}{\mathrm{d}x} + u = \frac{2u^3}{2u^2 - 1},$$

移项并通分得

$$x\frac{\mathrm{d}u}{\mathrm{d}x} = \frac{u}{2u^2 - 1},$$

分离变量得

$$\left(2u - \frac{1}{u}\right)\mathrm{d}u = \frac{1}{x}\mathrm{d}x,$$

两边积分得

$$u^2 - \ln u = \ln x - \ln C,$$

即

$$u^2 + \ln C = \ln(xu),$$

从而得

$$xu = Ce^{u^2}.$$

将 $u = \dfrac{y}{x}$ 代回得所求方程的通解为

$$y = Ce^{\left(\frac{y}{x}\right)^2}.$$

7.2.2　一阶线性微分方程

形如

$$\frac{\mathrm{d}y}{\mathrm{d}x}+P(x)y=Q(x) \tag{7-15}$$

的方程称为**一阶线性微分方程**,其中 $P(x),Q(x)$ 都是连续函数.

方程(7-15)的特点是:方程中出现的未知函数 y 及其导数 $\frac{\mathrm{d}y}{\mathrm{d}x}$ 的指数都是一次的.

如果 $Q(x)\equiv 0$,则方程(7-15)称为**一阶线性齐次微分方程**. 如果 $Q(x)\not\equiv 0$,则方程(7-15)称为**一阶线性非齐次微分方程**.

例如,方程 $y'-x^2y=0$ 与方程 $y'+y=x$ 都是一阶线性微分方程,其中前者是一阶线性齐次微分方程,后者是一阶线性非齐次微分方程;方程 $(y')^2+xy=1$ 与方程 $y'-\dfrac{1}{2x}y=\dfrac{x^2}{2}y^{-1}$ 都不是一阶线性微分方程.

设(7-15)为一阶线性非齐次微分方程. 为了求出该方程的解,我们先把 $Q(x)$ 换成零而写出方程

$$\frac{\mathrm{d}y}{\mathrm{d}x}+P(x)y=0. \tag{7-16}$$

方程(7-16)叫做与一阶线性非齐次方程(7-15)对应的线性齐次方程. 由于方程(7-16)是可分离变量的方程,分离变量后得

$$\frac{\mathrm{d}y}{y}=-P(x)\mathrm{d}x,$$

两边积分,有

$$\ln y =-\int P(x)\mathrm{d}x+\ln C,$$

于是

$$y=C\mathrm{e}^{-\int P(x)\mathrm{d}x},$$

这是(7-15)对应的齐次方程(7-16)的通解.

下面我们使用所谓**常数变易法**来求一阶线性非齐次方程(7-15)的通解. 该方法是把方程(7-15)对应齐次方程(7-16)的通解中的常数 C 变易为关于 x 的待定函数 $C(x)$,使之满足方程(7-15). 为此,设方程(7-15)的解为

$$y = C(x)\mathrm{e}^{-\int P(x)\mathrm{d}x} {}^{\ominus},\tag{7-17}$$

将其代入方程(7-15),得

$$\frac{\mathrm{d}}{\mathrm{d}x}\Big[C(x)\mathrm{e}^{-\int P(x)\mathrm{d}x}\Big] + P(x)C(x)\mathrm{e}^{-\int P(x)\mathrm{d}x} = Q(x),$$

即

$$C'(x)\mathrm{e}^{-\int P(x)\mathrm{d}x} - C(x)P(x)\mathrm{e}^{-\int P(x)\mathrm{d}x} + P(x)C(x)\mathrm{e}^{-\int P(x)\mathrm{d}x} = Q(x),$$

化简,得

$$C'(x)\mathrm{e}^{-\int P(x)\mathrm{d}x} = Q(x),$$

即

$$C'(x) = Q(x)\mathrm{e}^{\int P(x)\mathrm{d}x}.$$

两边积分,得

$$C(x) = \int Q(x)\mathrm{e}^{\int P(x)\mathrm{d}x}\mathrm{d}x + C.\tag{7-18}$$

将式(7-18)代入式(7-17),得一阶线性非齐次方程(7-15)的通解

$$y = \mathrm{e}^{-\int P(x)\mathrm{d}x}\Big(\int Q(x)\mathrm{e}^{\int P(x)\mathrm{d}x}\mathrm{d}x + C\Big),\tag{7-19}$$

即

$$y = C\mathrm{e}^{-\int P(x)\mathrm{d}x} + \mathrm{e}^{-\int P(x)\mathrm{d}x}\cdot\int Q(x)\mathrm{e}^{\int P(x)\mathrm{d}x}\mathrm{d}x.\tag{7-20}$$

从通解表达式(7-20)可以看出,线性非齐次微分方程的通解是两项之和,其中一项 $C\mathrm{e}^{-\int P(x)\mathrm{d}x}$ 是原方程对应的齐次微分方程的通解,另一项 $\mathrm{e}^{-\int P(x)\mathrm{d}x}\cdot\int Q(x)\mathrm{e}^{\int P(x)\mathrm{d}x}\mathrm{d}x$ 是原非齐次方程的一个特解. 在式(7-20)中,令 $C=0$,得到特解

$$y = \mathrm{e}^{-\int P(x)\mathrm{d}x}\cdot\int Q(x)\mathrm{e}^{\int P(x)\mathrm{d}x}\mathrm{d}x.$$

由此可知,一阶线性非齐次微分方程的通解等于对应的齐次方程的通解与非齐次方程的一个特解之和.

【例 7-10】 求微分方程 $\dfrac{\mathrm{d}y}{\mathrm{d}x} - \dfrac{2y}{x-1} = (x-1)^{\frac{3}{2}}$ 的通解.

$\ominus$ 常数变易法中关键的一步,是将齐次线性微分方程通解中的常数 C 变易为函数 $C(x)$. 为什么可以这样做呢?事实上,我们可以通过分析方程(7-15)的解的形式得到.

若 $y = \varphi(x)$ 是方程(7-15)的解,代入方程(7-15),变形得 $\dfrac{\mathrm{d}\varphi(x)}{\varphi(x)} = -P(x)\mathrm{d}x + \dfrac{Q(x)}{\varphi(x)}\mathrm{d}x$,两边积分得 $\ln|\varphi(x)| = -\int P(x)\mathrm{d}x + \int\dfrac{Q(x)}{\varphi(x)}\mathrm{d}x$,于是 $\varphi(x) = \pm\mathrm{e}^{\int\frac{Q(x)}{\varphi(x)}\mathrm{d}x}\cdot\mathrm{e}^{-\int P(x)\mathrm{d}x}$,记 $C(x) = \pm\mathrm{e}^{\int\frac{Q(x)}{\varphi(x)}\mathrm{d}x}$ 是 x 的函数,则方程(7-15)的解具有如下形式:$y = \varphi(x) = C(x)\cdot\mathrm{e}^{-\int P(x)\mathrm{d}x}$.

解 这是一阶线性非齐次微分方程,下面利用常数变易法求解.

原方程对应的齐次方程为

$$\frac{dy}{dx} - \frac{2y}{x-1} = 0.$$

分离变量,得

$$\frac{dy}{y} = 2\frac{dx}{x-1}.$$

两边积分,得

$$\ln y = 2\ln(x-1) + \ln C.$$

所以齐次方程的通解为

$$y = C(x-1)^2.$$

令 $y = C(x)(x-1)^2$ 为原方程的解,代入原方程,得

$$C'(x)(x-1)^2 + 2C(x)(x-1) - \frac{2C(x)(x-1)^2}{x-1} = (x-1)^{\frac{3}{2}},$$

化简,得

$$C'(x) = (x-1)^{-\frac{1}{2}}.$$

所以

$$C(x) = \int (x-1)^{-\frac{1}{2}} dx = 2(x-1)^{\frac{1}{2}} + C.$$

故原方程的通解为

$$y = (x-1)^2 \left[2(x-1)^{\frac{1}{2}} + C \right].$$

【例 7-11】 求方程 $xy' + y = \frac{\ln x}{x}$ 满足初始条件 $y|_{x=1} = \frac{1}{2}$ 的特解.

解 原方程变形为

$$y' + \frac{1}{x}y = \frac{\ln x}{x^2},$$

这是一阶线性非齐次微分方程,其中 $P(x) = \frac{1}{x}$,$Q(x) = \frac{\ln x}{x^2}$. 这里用通

解公式(7-19)求解.

$$\begin{aligned}
y &= e^{-\int P(x)dx}\left(\int Q(x) e^{\int P(x)dx} dx + C \right) \\
&= e^{-\int \frac{1}{x}dx}\left(\int \frac{\ln x}{x^2} e^{\int \frac{1}{x}dx} dx + C \right) \\
&= \frac{1}{x}\left(\int \frac{\ln x}{x^2} x\, dx + C \right) \\
&= \frac{1}{x}\left[\frac{1}{2}(\ln x)^2 + C \right].
\end{aligned}$$

代入初始条件 $y|_{x=1} = \frac{1}{2}$,求得 $C = \frac{1}{2}$,故所求特解是

$$y = \frac{1}{2x}[(\ln x)^2 + 1].$$

【例 7-12】 求方程 $(1 + x\sin y)y' - \cos y = 0$ 的通解.

解 将所给方程改写为

$$\frac{\mathrm{d}y}{\mathrm{d}x} = \frac{\cos y}{1 + x\sin y},$$

此方程既不是线性方程,也不是可分离变量的方程. 但如果将方程改写为

$$\frac{\mathrm{d}x}{\mathrm{d}y} = \frac{1 + x\sin y}{\cos y},$$

即

$$\frac{\mathrm{d}x}{\mathrm{d}y} - x\tan y = \sec y.$$

若将 y 看做自变量,x 看做未知函数,它就成为一阶线性非齐次方程了.

由式(7-19)可得

$$x = e^{-\int -\tan y \mathrm{d}y}\left(\int \sec y e^{\int -\tan y \mathrm{d}y}\mathrm{d}y + C\right)$$

$$= \sec y\left(\int 1\mathrm{d}y + C\right)$$

$$= \sec y(y + C).$$

因此,所求通解为

$$x = \frac{y + C}{\cos y}.$$

*7.2.3 利用变量代换解微分方程

利用变量代换(因变量或自变量的变量代换),把一个微分方程化为已知其求解方法的方程,这是解微分方程最常用的方法.下面举例说明.

【例 7-13】 求微分方程

$$\frac{\mathrm{d}y}{\mathrm{d}x} = (x + y)^2$$

的通解.

解 此方程不是分离变量型,不是齐次方程型,也不是一阶线性微分方程.

设 $u = x + y$,则 $\frac{\mathrm{d}u}{\mathrm{d}x} = 1 + \frac{\mathrm{d}y}{\mathrm{d}x}$. 故

$$\frac{\mathrm{d}y}{\mathrm{d}x} = \frac{\mathrm{d}u}{\mathrm{d}x} - 1,$$

原方程可化为

$$\frac{\mathrm{d}u}{\mathrm{d}x} - 1 = u^2,$$

这是一个可分离变量的微分方程. 分离变量可得

$$\frac{\mathrm{d}u}{1+u^2} = \mathrm{d}x,$$

两端积分得

$$\arctan u = x + C, \quad u = \tan(x+C),$$

故原方程的通解为

$$y = \tan(x+C) - x.$$

【例 7-14】 求方程 $y' = \dfrac{y^2 - x}{2y(x+1)}$ 的通解.

解 将原方程改写成为

$$2yy' = \frac{y^2}{x+1} - \frac{x}{x+1},$$

从而可得到

$$(y^2)' - \frac{1}{x+1}y^2 = -\frac{x}{x+1}.$$

作变量代换: $u = y^2$, 即有

$$u' - \frac{1}{x+1}u = -\frac{x}{x+1}.$$

这是一个关于 u 的一阶非齐次线性方程, 且有 $P(x) = -\dfrac{1}{x+1}, Q(x) = -\dfrac{x}{x+1}$. 由式 (7-19) 可得

$$\begin{aligned}
u &= \mathrm{e}^{-\int \frac{-1}{x+1}\mathrm{d}x}\left[\int\left(-\frac{x}{x+1}\right)\mathrm{e}^{\int \frac{-1}{x+1}\mathrm{d}x}\mathrm{d}x + C\right] \\
&= (x+1)\left[\int -\frac{x}{(x+1)^2}\mathrm{d}x + C\right] \\
&= C(x+1) - (x+1)\ln(x+1) - 1.
\end{aligned}$$

因此, 原方程的通解为

$$y^2 = C(x+1) - (x+1)\ln(x+1) - 1.$$

习题 7.2

1. 求下列微分方程的通解:

(1) $\dfrac{\mathrm{d}y}{\mathrm{d}x} = 6xy$;

(2) $\dfrac{\mathrm{d}y}{\mathrm{d}x} = \mathrm{e}^{x-y}$;

(3) $\dfrac{\mathrm{d}y}{\mathrm{d}x} = \dfrac{1+y^2}{xy+x^3 y}$; (4) $(1+x)y\mathrm{d}x + (1-y)x\mathrm{d}y = 0$;

(5) $\tan y\mathrm{d}x - \cot x\mathrm{d}y = 0$; (6) $\dfrac{\mathrm{d}y}{\mathrm{d}x} = -\dfrac{\mathrm{e}^{y^2+3x}}{y}$.

2. 求下列微分方程的通解:

(1) $2xy\mathrm{d}y - (x^2 + 2y^2)\mathrm{d}x = 0$;

(2) $\dfrac{\mathrm{d}y}{\mathrm{d}x} = \dfrac{y}{x} + \tan\dfrac{y}{x}$;

(3) $(x^3 + y^3)\mathrm{d}x - 3xy^2 \mathrm{d}y = 0$;

(4) $(y+x)\mathrm{d}y + (y-x)\mathrm{d}x = 0$;

(5) $x\dfrac{\mathrm{d}y}{\mathrm{d}x} = y + \sqrt{x^2 - y^2}$;

(6) $x(\ln x - \ln y)\mathrm{d}y - y\mathrm{d}x = 0$;

(7) $(3x^2 + 2xy - y^2)\mathrm{d}x + (x^2 - 2xy)\mathrm{d}y = 0$.

3. 求下列微分方程满足初始条件的特解:

(1) $y' = \dfrac{4x + xy^2}{y - x^2 y}$, $y\big|_{x=0} = 1$;

(2) $\dfrac{\mathrm{d}y}{\mathrm{d}x} = 2xy$, $y\big|_{x=0} = 1$;

(3) $y^2 \mathrm{d}x + (x+1)\mathrm{d}y = 0$, $y\big|_{x=0} = 1$;

(4) $(2x+1)\mathrm{e}^y y' + 2\mathrm{e}^y = 4$, $y\big|_{x=0} = 0$;

(5) $y'\cos y + \sin y = x$, $y\big|_{x=0} = \dfrac{\pi}{4}$;

(6) $(y + \sqrt{x^2 + y^2})\mathrm{d}x - x\mathrm{d}y = 0 \, (x > 0)$, $y(1) = 0$.

4. 求下列微分方程的通解:

(1) $y'\cos x + y\sin x = 1$;

(2) $y' + \dfrac{1}{x}y = \dfrac{\sin x}{x}$;

(3) $(1+x^2)y' - 2xy = (1+x^2)^2$;

(4) $\dfrac{\mathrm{d}y}{\mathrm{d}x} + 2xy = \mathrm{e}^{-x^2}$;

(5) $(x - \mathrm{e}^{-y})\dfrac{\mathrm{d}y}{\mathrm{d}x} = 1$;

(6) $(2y\ln y + y + x)\mathrm{d}y - y\mathrm{d}x = 0$.

5. 求下列微分方程满足初始条件的特解:

(1) $y' - y = \mathrm{e}^x$, $y\big|_{x=0} = 1$.

(2) $\dfrac{\mathrm{d}y}{\mathrm{d}x} + y\cot x = 5\mathrm{e}^{\cos x}$, $y\big|_{x=\frac{\pi}{2}} = -4$;

(3) $y' - y\tan x = \sec x$, $y\big|_{x=0} = 0$;

(4) $\dfrac{\mathrm{d}y}{\mathrm{d}x} + \dfrac{2-3x^2}{x^3}y = 1$, $y\big|_{x=1} = 0$.

*6. 求下列微分方程的通解:

(1) $\dfrac{\mathrm{d}y}{\mathrm{d}x}=\dfrac{1}{(x+y)^2}$；

(2) $\dfrac{\mathrm{d}y}{\mathrm{d}x}=(x+1)^2+(4y+1)^2+8xy+1$；

(3) $\dfrac{\mathrm{d}y}{\mathrm{d}x}=\dfrac{y^6-2x^2}{2xy^5+x^2y^2}$.

7.3　可降阶的高阶微分方程

从本节开始我们将讨论二阶和二阶以上的微分方程,即所谓的高阶微分方程.对于某些特殊类型的高阶微分方程,我们可以通过适当的变量代换把它降为较低阶的微分方程来求解,特别是二阶微分方程,如果能设法将其降至一阶,就有可能用前面所介绍的一阶微分方程的解法来求解了.

下面介绍几种容易降阶的高阶微分方程的求解方法.

7.3.1　$y^{(n)}=f(x)$ 型微分方程

考察方程

$$y^{(n)}=f(x),\qquad\qquad(7\text{-}21)$$

此方程的特点是其左端为未知函数的 n 阶导数,右端只含自变量 x.两端积分,得

$$y^{(n-1)}=\int f(x)\mathrm{d}x+C_1.$$

这是一个 $n-1$ 阶的微分方程,再经积分又得

$$y^{(n-2)}=\int\Big[\int f(x)\mathrm{d}x+C_1\Big]\mathrm{d}x+C_2,$$

依此法继续进行,通过 n 次积分就可求得方程 $y^{(n)}=f(x)$ 的通解.

【例 7-15】　求微分方程 $y'''=1-\sin x$ 的通解.

解　对原方程积分一次,得

$$y''=\int(1-\sin x)\mathrm{d}x=x+\cos x+C,$$

再积分,又得

$$y'=\dfrac{x^2}{2}+\sin x+Cx+C_2,$$

第三次积分,得原微分方程的通解为

$$y=\dfrac{x^3}{6}-\cos x+C_1x^2+C_2x+C_3\quad(\text{其中 }C_1=\dfrac{1}{2}C).$$

7.3.2 $y'' = f(x, y')$ 型微分方程

考察方程

$$y'' = f(x, y'), \qquad (7\text{-}22)$$

该二阶微分方程的特点是不显含未知函数 y. 为了降低该微分方程的阶数,作变换 $y' = p(x)$,即 $\dfrac{dy}{dx} = p$,则 $y'' = \dfrac{dp}{dx} = p'$. 代入方程(7-22),得

$$\frac{dp}{dx} = f(x, p).$$

这是关于变量 x 和 p 的一阶微分方程,设其通解为

$$p = \varphi(x, C_1),$$

即

$$\frac{dy}{dx} = \varphi(x, C_1).$$

对上述方程两端积分,得微分方程(7-22)的通解为

$$y = \int \varphi(x, C_1) dx + C_2.$$

【例 7-16】 求微分方程 $(1 + x^2) y'' = 2xy'$ 满足初始条件 $y\big|_{x=0} = 1$, $y'\big|_{x=0} = 3$ 的特解.

解 因为所给方程是 $y'' = f(x, y')$ 型的,故设 $y' = p$,则 $y'' = \dfrac{dp}{dx}$,代入原方程,得

$$(1 + x^2) \frac{dp}{dx} = 2xp.$$

这是可分离变量的微分方程,分离变量得

$$\frac{dp}{p} = \frac{2x}{1 + x^2} dx.$$

两边积分,得

$$\ln p = \ln(1 + x^2) + \ln C_1,$$

即

$$p = y' = C_1 (1 + x^2).$$

由初始条件 $y'\big|_{x=0} = 3$,代入上式,得

$$C_1 = 3,$$

所以

$$y' = 3(1 + x^2).$$

两边积分,得

$$y = x^3 + 3x + C_2.$$

再由 $y|_{x=0}=1$,得 $C_2=1$. 故所求特解为
$$y=x^3+3x+1.$$

【例 7-17】 求微分方程 $y''-y'=e^x$ 的通解.

解 这是 $y''=f(x,y')$ 型的微分方程. 令 $y'=p$,则 $y''=p'$,代入原方程,得
$$p'-p=e^x.$$

上述方程是一阶线性微分方程,故
$$p=e^{\int dx}\left(\int e^x e^{-\int dx}dx+C\right)$$
$$=e^x(x+C),$$

即
$$\frac{dy}{dx}=e^x(x+C).$$

上式两边积分,得
$$y=\int e^x(x+C)dx$$
$$=xe^x-e^x+Ce^x+C_1$$
$$=xe^x+(C-1)e^x+C_1,$$

故所求通解为
$$y=xe^x+C_2e^x+C_1 \quad (C_2=C-1).$$

7.3.3 $y''=f(y,y')$ 型微分方程

考察方程
$$y''=f(y,y'), \tag{7-23}$$
该二阶微分方程的特点是不显含自变量 x. 令 $y'=p(y)$,则由复合函数求导法则,有
$$y''=\frac{dp}{dx}=\frac{dp}{dy}\cdot\frac{dy}{dx}=p\frac{dp}{dy}.$$

(注意:y' 与 y'' 虽然都是 x 的函数,但注意到方程中不显含 x,故将 y'' 化为对 y 的导数.)
从而原方程化为
$$p\frac{dp}{dy}=f(y,p).$$

这是关于变量 y,p 的一阶微分方程,解这个微分方程,得其通解为
$$p=\frac{dy}{dx}=\varphi(y,C_1),$$

分离变量并积分,便得方程(7-23)的通解为

$$\int \frac{\mathrm{d}y}{\varphi(y, C_1)} = x + C_2.$$

【例 7-18】 求微分方程 $y'' + \frac{(y')^3}{y} = 0$ 的通解.

解 所给方程不显含自变量 x,属于 $y'' = f(y, y')$ 型,设 $y' = p$,则 $y'' = p\dfrac{\mathrm{d}p}{\mathrm{d}y}$,

代入原方程得

$$p\frac{\mathrm{d}p}{\mathrm{d}y} + \frac{1}{y}p^3 = 0.$$

当 $p \neq 0$ 时,约去 p 并分离变量,得

$$-\frac{1}{p^2}\mathrm{d}p = \frac{1}{y}\mathrm{d}y.$$

两端积分,得

$$\frac{1}{p} = \ln y + C_1,$$

即

$$\frac{\mathrm{d}y}{\mathrm{d}x} = \frac{1}{C_1 + \ln y}.$$

再分离变量,得

$$(C_1 + \ln y)\mathrm{d}y = \mathrm{d}x,$$

积分得所给方程的通解为

$$C_1 y + y\ln y - y = x + C_2.$$

【例 7-19】 求微分方程 $1 - yy'' - y'^2 = 0$ 满足初始条件 $y|_{x=0} = 1$, $y'|_{x=0} = \sqrt{2}$ 的特解.

解 所给方程属于 $y'' = f(y, y')$ 型. 令 $y' = p$,则 $y'' = p\dfrac{\mathrm{d}p}{\mathrm{d}y}$,代入原方程得

$$1 - yp\frac{\mathrm{d}p}{\mathrm{d}y} - p^2 = 0.$$

分离变量,得

$$\frac{p\mathrm{d}p}{p^2 - 1} = -\frac{\mathrm{d}y}{y}.$$

两端积分,得

$$\frac{1}{2}\ln(p^2 - 1) = -\ln y + \frac{1}{2}\ln C_1.$$

于是

$$p^2 = (y')^2 = \frac{C_1}{y^2} + 1.$$

将初始条件 $y|_{x=0} = 1, y'|_{x=0} = \sqrt{2}$ 代入上式,得 $C_1 = 1$,故

$$(y')^2 = \frac{1}{y^2} + 1.$$

注意到 $y|_{x=0} = 1 > 0, y'|_{x=0} = \sqrt{2} > 0$,故

$$y' = \sqrt{\frac{1}{y^2} + 1},$$

$$\frac{\mathrm{d}y}{\mathrm{d}x} = \frac{\sqrt{1+y^2}}{y}.$$

分离变量并两端积分,得

$$\sqrt{1+y^2} = x + C_2.$$

再由条件 $y|_{x=0} = 1$ 可得 $C_2 = \sqrt{2}$,故所求特解为

$$\sqrt{1+y^2} = x + \sqrt{2}.$$

习题　7.3

1.求下列微分方程的通解:

(1) $y'' = e^{-x}$;　　　　　　　　(2) $y''' = \sin x - 120x$;

(3) $y'' = 2y'$;　　　　　　　　　(4) $y'' = 1 + y'^2$;

(5) $y'' = (y')^3 + y'$;　　　　　　(6) $y'' = \frac{2y}{y^2+1} y'^2$.

2.求方程 $y'' = \frac{x}{y'}$ 满足初始条件 $y(1) = -1, y'(1) = 1$ 的特解.

3.求方程 $y'' - ay'^2 = 0$ 满足初始条件 $y|_{x=0} = 0, y'|_{x=0} = -1$ 的特解.

4.求方程 $x^2 y'' + xy' = 1$ 满足初始条件 $y|_{x=1} = 0, y'|_{x=1} = 1$ 的特解.

5.求方程 $y^3 y'' + 1 = 0$ 满足初始条件 $y|_{x=1} = 1, y'|_{x=1} = 0$ 的特解.

6.求 $y'' = x$ 的经过点 $M(0,1)$ 且在此点与直线 $2y = x + 2$ 相切的积分曲线.

7.4　高阶线性微分方程

7.4.1　高阶线性微分方程及其解的结构

1.高阶线性微分方程的概念

形如

$$y^{(n)} + P_1(x) y^{(n-1)} + \cdots + P_{n-1}(x) y' + P_n(x) y = f(x) \quad (7\text{-}24)$$

的方程称为 n 阶线性微分方程,其中 $P_1(x), P_2(x), \cdots, P_n(x), f(x)$ 是已知函数. 当 $f(x) \equiv 0$ 时,方程(7-24)称为 n 阶线性齐次微分方程;当 $f(x) \not\equiv 0$ 时,方程(7-24)称为 n 阶线性非齐次微分方程,此时我们把方程

$$y^{(n)} + P_1(x) y^{(n-1)} + \cdots + P_{n-1}(x) y' + P_n(x) y = 0$$

称为线性非齐次微分方程所对应的齐次方程.

为了求线性微分方程的解,需要研究线性微分方程解的性质,确定线性微分方程解的结构. 下面讨论二阶线性微分方程的解的性质与结构,所得结论对 n 阶的线性微分方程同样适用.

2. 线性微分方程解的结构

先讨论二阶线性齐次微分方程

$$y'' + P(x) y' + Q(x) y = 0. \tag{7-25}$$

定理 7-1 (解的叠加原理) 如果函数 $y_1(x)$ 与 $y_2(x)$ 是二阶线性齐次微分方程(7-25)的两个解,那么

$$y = C_1 y_1(x) + C_2 y_2(x) \tag{7-26}$$

也是二阶线性齐次微分方程(7-25)的解,其中 C_1 与 C_2 是任意常数.

证 因为 y_1, y_2 是方程(7-25)的解,所以

$$y''_1 + P(x) y'_1 + Q(x) y_1 = 0; \quad y''_2 + P(x) y'_2 + Q(x) y_2 = 0.$$

将 $y = C_1 y_1(x) + C_2 y_2(x)$ 代入方程(7-25)的左端,得

$$(C_1 y_1 + C_2 y_2)'' + P(x)(C_1 y_1 + C_2 y_2)' + Q(x)(C_1 y_1 + C_2 y_2)$$
$$= C_1 [y''_1 + P(x) y'_1 + Q(x) y_1] + C_2 [y''_2 + P(x) y'_2 + Q(x) y_2]$$
$$= 0.$$

所以 $y = C_1 y_1(x) + C_2 y_2(x)$ 是二阶线性齐次微分方程(7-25)的解.

定理 7-1 表明,由二阶线性齐次微分方程(7-25)的两个特解 $y_1(x)$ 与 $y_2(x)$,可以构造出方程(7-25)的无穷多个解

$$y = C_1 y_1(x) + C_2 y_2(x).$$

上式从形式上来看含有两个任意常数,但它不一定就是微分方程(7-25)的通解. 例如,由观察易知 $y_1 = e^x$ 与 $y_2 = 2e^x$ 都是二阶线性齐次微分方程

$$y'' - y = 0 \tag{7-27}$$

的解,由叠加原理知 $y = C_1 e^x + 2C_2 e^x$ 也是方程 $y'' - y = 0$ 的解,但因为

$$y = C_1 e^x + 2C_2 e^x = (C_1 + 2C_2) e^x = C e^x,$$

上式实际上只含有一个独立的任意常数,所以 $y = C_1 e^x + 2C_2 e^x$ 不是方程(7-27)的通解.

如果我们注意到 $y_1 = e^x, y_2 = e^{-x}$ 是方程(7-27)的两个特解,由于

$$y = C_1 y_1 + C_2 y_2 = C_1 e^x + C_2 e^{-x}$$

中的两个任意常数 C_1、C_2 无论如何也不能合并成一个任意常数,从而这两个任意常数相互独立,$y = C_1 e^x + C_2 e^{-x}$ 就是方程(7-27)的通解.

在什么情况下才能由两个特解构造出方程(7-25)的通解? 即怎样才能使形如式(7-26)的解的确含有两个任意常数,从而能表示为二阶齐次线性方程的通解? 为了回答这个问题,现引入一个新的概念:函数的线性相关与线性无关性.

定义 7-4　设 $y_1(x), y_2(x), \cdots, y_n(x)$ 是定义在区间 I 上的 n 个函数,若存在不全为零的常数 $k_1, k_2, \cdots, k_n$,使得对任意 $x \in I$,恒有
$$k_1 y_1(x) + k_2 y_2(x) + \cdots + k_n y_n(x) \equiv 0,$$
则称这 n 个函数在区间 I 上线性相关;否则称线性无关.

例如,函数组 $1, \sin^2 x, \cos 2x$ 在 $(-\infty, +\infty)$ 内是线性相关的. 因为取 $k_1 = 1, k_2 = -2, k_3 = -1$,则对于任意 $x \in (-\infty, +\infty)$,有
$$1 + (-2)\sin^2 x + (-1)\cos 2x \equiv 0.$$

又如,函数 $1, x, x^2$ 在任何区间 (a, b) 内是线性无关的. 因为如果 k_1, k_2, k_3 不全为零,则在该区间内至多只有两个 x 值能使二次三项式
$$k_1 + k_2 x + k_3 x^2$$
为零;要使它恒等于零,k_1, k_2, k_3 必须全为零.

特别地,对于两个函数 $y_1(x)$ 与 $y_2(x)$ 来说,由定义 7-4 可知:

(1)若在区间 I 内有 $\dfrac{y_1(x)}{y_2(x)} \neq$ 常数,则 $y_1(x)$ 与 $y_2(x)$ 在区间 I 内线性无关;

(2)若在区间 I 内有 $\dfrac{y_1(x)}{y_2(x)} =$ 常数,则 $y_1(x)$ 与 $y_2(x)$ 在区间 I 内线性相关.

有了线性无关与线性相关的概念后,就可得到二阶线性齐次微分方程(7-25)的通解的结构.

定理 7-2　**(二阶线性齐次微分方程的解的结构定理)**　如果函数 $y_1(x)$ 与 $y_2(x)$ 是二阶线性齐次微分方程(7-25)的两个线性无关的特解,则
$$y = C_1 y_1(x) + C_2 y_2(x)$$
是二阶线性齐次微分方程(7-25)的通解,其中 C_1, C_2 是任意常数.

【例 7-20】　验证 $y_1 = \cos x$ 与 $y_2 = \sin x$ 是二阶线性齐次微分方程 $y'' + y = 0$ 的两个解,并写出该方程的通解.

解　将 $y_1 = \cos x$ 与 $y_2 = \sin x$ 分别代入方程 $y'' + y = 0$,可验证它们都是该方程的解. 由于

$$\frac{y_2}{y_1} = \frac{\sin x}{\cos x} = \tan x \neq \text{常数},$$

即 y_1 与 y_2 线性无关. 由定理 7-2 可知

$$y = C_1 \cos x + C_2 \sin x$$

是所求的通解,其中 C_1, C_2 是任意常数.

下面来讨论二阶线性非齐次微分方程

$$y'' + P(x)y' + Q(x)y = f(x)$$

的解的结构.

在前面我们曾经指出,一阶线性非齐次微分方程的通解由两部分组成,一部分是对应齐次方程的通解,另一部分是非齐次方程本身的一个特解.二阶及二阶以上的线性非齐次微分方程的通解也具有同样的结构.

定理 7-3 (二阶线性非齐次微分方程解的结构定理) 设 y^* 是二阶线性非齐次微分方程

$$y'' + P(x)y' + Q(x)y = f(x) \tag{7-28}$$

的一个特解,Y 是方程(7-28)对应的齐次方程的通解,那么

$$y = Y + y^*$$

是二阶线性非齐次微分方程(7-28)的通解.

证 由 Y 是方程 $y'' + P(x)y' + Q(x)y = 0$ 的解,知

$$Y'' + P(x)Y' + Q(x)Y = 0;$$

由 y^* 是方程 $y'' + P(x)y' + Q(x)y = f(x)$ 的解,知

$${y^*}'' + P(x){y^*}' + Q(x)y^* = f(x).$$

将 $y = Y + y^*$ 代入方程(7-28)的左端,得

$$(Y'' + {y^*}'') + P(x)(Y' + {y^*}') + Q(x)(Y + y^*)$$
$$= [Y'' + P(x)Y' + Q(x)Y] + [{y^*}'' + P(x){y^*}' + Q(x)y^*]$$
$$= f(x).$$

注意到 Y 是 $y'' + P(x)y' + Q(x)y = 0$ 的通解,其中含有两个任意常数,于是 $y = Y + y^*$ 中含有两个任意常数,所以 $y = Y + y^*$ 是方程 $y'' + P(x)y' + Q(x)y = f(x)$ 的通解.

线性非齐次微分方程(7-28)的特解有时需用下述定理来帮助求出.

定理 7-4 设二阶线性非齐次微分方程(7-28)的右端 $f(x)$ 是两个函数之和,即

$$y'' + P(x)y' + Q(x)y = f_1(x) + f_2(x),$$

而 y_1^* 与 y_2^* 分别是方程

$$y'' + P(x)y' + Q(x)y = f_1(x)$$

与

$$y''+P(x)y'+Q(x)y=f_2(x)$$

的特解,则 $y_1^*+y_2^*$ 是原方程 $y''+P(x)y'+Q(x)y=f_1(x)+f_2(x)$ 的特解.

证　将 $y=y_1^*+y_2^*$ 代入方程 $y''+P(x)y'+Q(x)y=f_1(x)+f_2(x)$ 的左端,得

$$(y_1^*+y_2^*)''+P(x)(y_1^*+y_2^*)'+Q(x)(y_1^*+y_2^*)$$
$$=[y_1^*{}''+P(x)y_1^*{}'+Q(x)y_1^*]+[y_2^*{}''+P(x)y_2^*{}'+Q(x)y_2^*]$$
$$=f_1(x)+f_2(x).$$

因此, $y_1^*+y_2^*$ 是方程 $y''+P(x)y'+Q(x)y=f_1(x)+f_2(x)$ 的一个特解.

7.4.2　二阶常系数线性齐次微分方程

形如

$$y''+py'+qy=0 \quad (\text{其中 } p,q \text{ 为常数}) \tag{7-29}$$

的方程称为二阶常系数线性齐次微分方程.

由线性齐次微分方程通解结构定理可知,求方程(7-29)的通解的关键是求出它的两个线性无关的特解 y_1, y_2. 那么,怎样求出微分方程(7-29)的两个线性无关的特解呢?

仔细观察方程(7-29)可知,如果函数 $y=f(x)$ 是方程(7-29)的解,即 y, y', y'' 的线性组合恒等于零,那么 y, y', y'' 应该是同类函数. 由微分学知识知,指数函数 $y=\mathrm{e}^{rx}$ 具有这一特征,故我们用 $y=\mathrm{e}^{rx}$ 来尝试,看能否选择适当的常数 r,使它成为方程(7-29)的解.

设 $y=\mathrm{e}^{rx}$ 是方程(7-29)的解,则 $y'=r\mathrm{e}^{rx}$, $y''=r^2\mathrm{e}^{rx}$,代入方程(7-29),得

$$\mathrm{e}^{rx}(r^2+pr+q)=0.$$

由于 $\mathrm{e}^{rx}\neq 0$,所以

$$r^2+pr+q=0.$$

上式表明,如果 r 是二次方程 $r^2+pr+q=0$ 的根,则函数 $y=\mathrm{e}^{rx}$ 就是方程(7-29)的解. 于是,要求微分方程的解,只要先求出关于 r 的代数方程 $r^2+pr+q=0$ 的根.

定义 7-5　代数方程

$$r^2+pr+q=0 \tag{7-30}$$

叫做二阶常系数线性齐次微分方程 $y''+py'+qy=0$ 的特征方程,特征方程的根叫做特征根.

下面根据特征根的三种不同情况,分别讨论方程(7-29)的通解的不同形式.

由代数学知道,二次方程 $r^2+pr+q=0$ 必有两个根,并可由下列求

根公式

$$r_{1,2} = \frac{-p \pm \sqrt{p^2 - 4q}}{2} \qquad (7\text{-}31)$$

给出.

(1)当 $p^2 - 4q > 0$ 时,r_1, r_2 是两个不相等的实根,此时 $y_1 = e^{r_1 x}$ 与 $y_2 = e^{r_2 x}$ 是方程(7-29)的两个特解;且

$$\frac{y_1}{y_2} = e^{(r_1 - r_2)x} \neq 常数,$$

故 y_1, y_2 线性无关,所以方程(7-29)的通解为

$$y = C_1 e^{r_1 x} + C_2 e^{r_2 x}.$$

(2)当 $p^2 - 4q = 0$ 时,r_1, r_2 是两个相等的实根 $r_1 = r_2$,现在我们仅得到方程(7-29)的一个特解

$$y_1 = e^{r_1 x}.$$

若要求出方程 $y'' + py' + qy = 0$ 的通解,还需要找出另一个与 y_1 线性无关的特解 y_2. 为此,设 $\dfrac{y_2}{y_1} = u(x)$,其中 $u(x)$ 为待定函数. 下面来求出 $u(x)$.

由 $\dfrac{y_2}{y_1} = u(x)$,得 $y_2 = u(x)e^{r_1 x}$,所以

$$y'_2 = r_1 e^{r_1 x} u + e^{r_1 x} u' = e^{r_1 x}(r_1 u + u'),$$
$$y''_2 = r_1 e^{r_1 x}(r_1 u + u') + e^{r_1 x}(r_1 u' + u'')$$
$$= e^{r_1 x}(r_1^2 u + 2r_1 u' + u'').$$

将 y''_2, y'_2, y_2 代入方程(7-29),得

$$e^{r_1 x}(u'' + 2r_1 u' + r_1^2 u) + pe^{r_1 x}(r_1 u + u') + qe^{r_1 x} u = 0.$$

约去 $e^{r_1 x}$,化简得

$$u'' + (2r_1 + p)u' + (r_1^2 + pr_1 + q) = 0.$$

因为 r_1 是特征方程 $r^2 + pr + q = 0$ 的二重根,故

$$r_1^2 + pr_1 + q = 0,$$
$$2r_1 = -p,$$

于是

$$u'' = 0.$$

为保证 u 不是常数,取 $u = x$,故

$$y_2 = xe^{r_1 x}.$$

所以方程(7-29)的通解为

$$y = C_1 e^{r_1 x} + C_2 xe^{r_1 x} = (C_1 + C_2 x)e^{r_1 x}.$$

(3)当 $p^2 - 4q < 0$ 时,r_1, r_2 是一对共轭复根 $r_{1,2} = \alpha \pm i\beta$. 此时

$$y_1 = e^{(\alpha + i\beta)x}, y_2 = e^{(\alpha - i\beta)x}$$

是方程(7-29)的两个复数形式的特解. 为得到实数形式的解,利用欧拉公式

$$e^{ix} = \cos x + i\sin x \tag{7-32}$$

可得

$$y_1 = e^{(\alpha + i\beta)x} = e^{\alpha x} \cdot e^{i\beta x} = e^{\alpha x}(\cos \beta x + i\sin \beta x),$$

$$y_2 = e^{(\alpha - i\beta)x} = e^{\alpha x} \cdot e^{-i\beta x} = e^{\alpha x}(\cos \beta x - i\sin \beta x).$$

由解的叠加原理知

$$\overline{y}_1 = \frac{1}{2}(y_1 + y_2) = e^{\alpha x}\cos \beta x,$$

$$\overline{y}_2 = \frac{1}{2i}(y_1 - y_2) = e^{\alpha x}\sin \beta x$$

仍是方程(7-29)的解,且

$$\frac{\overline{y}_1}{\overline{y}_2} = \frac{e^{\alpha x}\cos \beta x}{e^{\alpha x}\sin \beta x} = \cot \beta x \neq 常数,$$

即 $\overline{y}_1, \overline{y}_2$ 线性无关. 所以,方程(7-29)的通解为

$$y = e^{\alpha x}(C_1 \cos \beta x + C_2 \sin \beta x).$$

综上所述,求二阶常系数齐次线性微分方程 $y'' + py' + qy = 0$ 的通解的步骤如下:

第一步　写出微分方程 $y'' + py' + qy = 0$ 的特征方程

$$r^2 + pr + q = 0;$$

第二步　求出特征方程 $r^2 + pr + q = 0$ 的两个根 r_1, r_2;

第三步　根据 r_1, r_2 的三种不同情况,按照下表写出所给方程的通解:

特征方程 $r^2 + pr + q = 0$ 的两个根	微分方程 $y'' + py' + qy = 0$ 的通解
两个不相等的实根 r_1, r_2	$y = C_1 e^{r_1 x} + C_2 e^{r_2 x}$
两个相等的实根 $r_1 = r_2$	$y = (C_1 + C_2 x)e^{r_1 x}$
一对共轭复根 $r_{1,2} = \alpha \pm i\beta$	$y = e^{\alpha x}(C_1 \cos \beta x + C_2 \sin \beta x)$

【例 7-21】　求微分方程 $y'' + 2y' - 3y = 0$ 的通解.

解　所给方程的特征方程是

$$r^2 + 2r - 3 = 0,$$

特征根为两个不相等的实根:

$$r_1 = 1, \ r_2 = -3.$$

故所求通解为

259

$$y = C_1 e^x + C_2 e^{-3x}.$$

【例 7-22】 求微分方程 $\dfrac{d^2 y}{dx^2} + 2\dfrac{dy}{dx} + y = 0$ 满足初始条件 $y|_{x=0} = 3$ 与 $y'|_{x=0} = -1$ 的特解.

解 所给方程的特征方程是

$$r^2 + 2r + 1 = 0,$$

特征根为两个相等的实根:

$$r_1 = r_2 = -1.$$

故方程的通解为

$$y = e^{-x}(C_1 + C_2 x).$$

代入初始条件 $y|_{x=0} = 3$,得 $C_1 = 3$,即

$$y = e^{-x}(3 + C_2 x).$$

上式对 x 求导,得

$$y' = C_2 e^{-x} - (3 + C_2 x)e^{-x}.$$

代入 $y'|_{x=0} = -1$,得 $C_2 = 2$.故所求特解为

$$y = e^{-x}(3 + 2x).$$

【例 7-23】 求微分方程 $y'' - 4y' + 5y = 0$ 的通解.

解 所给方程的特征方程是

$$r^2 - 4r + 5 = 0.$$

特征根是一对共轭复根:

$$r_{1,2} = 2 \pm i.$$

因此所求通解是

$$y = e^{2x}(C_1 \cos x + C_2 \sin x).$$

7.4.3 二阶常系数线性非齐次微分方程

现在我们来讨论二阶常系数线性非齐次微分方程

$$y'' + py' + qy = f(x) \tag{7-33}$$

的解法.

由定理 7-3(二阶线性非齐次微分方程解的结构定理)可知,只要先求出与方程(7-33)对应的齐次方程

$$y'' + py' + qy = 0$$

的通解和非齐次方程(7-33)本身的一个特解,就可以得到方程(7-33)的通解.由于与方程(7-33)对应的齐次方程的通解的求法已在前面得到解决,所以这里只需讨论求方程(7-33)的一个特解 y^* 的方法.

我们只介绍方程(7-33)右端的 $f(x)$ 取两类常见形式函数时求特解

y^* 的方法. 此方法主要利用微分方程自身的特点,先确定出特解 y^* 的形式,再把 y^* 代入方程求出 y^* 中的待定常数,这种方法叫做"待定系数法",它避免了积分运算. $f(x)$ 的两类形式是

(1)$f(x)=\mathrm{e}^{\lambda x}P_m(x)$;

(2)$f(x)=\mathrm{e}^{\lambda x}[P_l(x)\cos \omega x+P_n(x)\sin \omega x]$,

其中 λ,ω 是常数,$P_m(x),P_l(x),P_n(x)$ 分别为 x 的 m,l,n 次多项式.

下面分别介绍 $f(x)$ 为上述两类形式时特解 y^* 的求法.

1. $f(x)=P_m(x)\mathrm{e}^{\lambda x}$ 型

我们知道,多项式与指数函数乘积的导数仍然是多项式与指数函数的乘积,因此,我们推测二阶常系数非齐次线性微分方程

$$y''+py'+qy=P_m(x)\mathrm{e}^{\lambda x} \tag{7-34}$$

的特解 y^* 仍然是多项式与指数函数乘积的形式,即 $y^*=Q(x)\mathrm{e}^{\lambda x}$,其中 $Q(x)$ 是某个待定多项式. 事实上,我们可得如下重要结论.

> **定理 7-5**　微分方程(7-34)一定具有形如
> $$y^*=x^kQ_m(x)\mathrm{e}^{\lambda x}$$

的特解,其中 $Q_m(x)$ 是与 $P_m(x)$ 同次(m 次)的待定多项式,而 k 的值按 λ 不是特征方程的根、是特征方程的单根或是特征方程的重根依次取为 0、1 或 2.

　　证　设 $y^*=Q(x)\mathrm{e}^{\lambda x}$ 是方程(7-34)的解,其中 $Q(x)$ 是某个多项式.
$$y^{*\prime}=Q'(x)\mathrm{e}^{\lambda x}+\lambda Q(x)\mathrm{e}^{\lambda x}=\mathrm{e}^{\lambda x}[Q'(x)+\lambda Q(x)],$$
$$y^{*\prime\prime}=\lambda \mathrm{e}^{\lambda x}[Q'(x)+\lambda Q(x)]+\mathrm{e}^{\lambda x}[Q''(x)+\lambda Q'(x)]$$
$$=\mathrm{e}^{\lambda x}[Q''(x)+2\lambda Q'(x)+\lambda^2 Q(x)].$$

将 $y^*,y^{*\prime},y^{*\prime\prime}$ 代入式(7-34),得

$\mathrm{e}^{\lambda x}[Q''(x)+2\lambda Q'(x)+\lambda^2 Q(x)]+p\mathrm{e}^{\lambda x}[Q'(x)+\lambda Q(x)]+qQ(x)\mathrm{e}^{\lambda x}=P_m(x)\mathrm{e}^{\lambda x}$,

约去 $\mathrm{e}^{\lambda x}$,变形得

$$Q''(x)+(2\lambda+p)Q'(x)+(\lambda^2+p\lambda+q)Q(x)=P_m(x). \tag{7-35}$$

(1)当 $\lambda^2+p\lambda+q\neq 0$,即 λ 不是特征方程的根时,由于等式(7-35)的右端是 m 次多项式,故要使等式(7-35)成立,$Q(x)$ 应是一个 m 次多项式. 令

$$Q(x)=Q_m(x)=b_0x^m+b_1x^{m-1}+\cdots+b_{m-1}x+b_m,$$

其中 $b_0,b_1,\cdots,b_m$ 是待定常数,把上式代入等式(7-35),就得到以 $b_0,b_1,\cdots,b_m$ 作为未知数的 $m+1$ 个方程的联立方程组,从而可以求出 $b_0,b_1,\cdots,b_m$,因此得到所求的特解 $y^*=Q_m(x)\mathrm{e}^{\lambda x}$.

(2)当 $\lambda^2+p\lambda+q=0$ 且 $2\lambda+p\neq 0$,即 λ 是特征方程的单根时,要使等式(7-35)成立,$Q'(x)$ 应是一个 m 次多项式. 此时可令

$$Q(x) = xQ_m(x) = x(b_0 x^m + b_1 x^{m-1} + \cdots + b_{m-1}x + b_m),$$

并用与(1)同样的方法确定 $Q_m(x)$ 的系数 $b_0, b_1, \cdots, b_m$, 即可得 $y^* = xQ_m(x)e^{\lambda x}$.

(3)当 $\lambda^2 + p\lambda + q = 0$ 且 $2\lambda + p = 0$, 即 λ 是特征方程的重根时,要使等式(7-35)成立, $Q''(x)$ 应是一个 m 次多项式. 此时可令

$$Q(x) = x^2 Q_m(x) = x^2(b_0 x^m + b_1 x^{m-1} + \cdots + b_{m-1}x + b_m),$$

用同样的方法确定 $Q_m(x)$ 的系数 $b_0, b_1, \cdots, b_m$, 即可得 $y^* = x^2 Q_m(x)e^{\lambda x}$.

利用上一节的结论与定理 7-5 可知,方程(7-34)的求解步骤如下.

第一步:写出方程(7-34)对应齐次方程的特征方程,求出特征根,并写出对应齐次方程的通解 Y;

第二步:确定 k 的具体取值,写出方程(7-34)的特解形式

$$y^* = x^k Q_m(x)e^{\lambda x},$$

其中 $Q_m(x)$ 是有 $m+1$ 个系数的 m 次待定多项式;

第三步:将 $y^*, y^{*\prime}, y^{*\prime\prime}$ 代入方程(7-34),使方程(7-34)成为恒等式,求出待定系数,得到方程(7-34)的一个特解 y^*;

第四步:写出方程(7-34)的通解

$$y = Y + y^*.$$

【例 7-24】 确定微分方程 $y'' + 4y = 3e^{2x}$ 的特解 y^* 的形式.

解 所给方程对应的齐次方程为

$$y'' + 4y = 0,$$

它的特征方程为

$$r^2 + 4 = 0,$$

特征根为

$$r = \pm 2i.$$

所给方程是二阶常系数线性非齐次微分方程, $f(x) = 3e^{2x}$ 属于 $f(x) = P_m(x)e^{\lambda x}$ 型,其中 $m = 0, \lambda = 2$. 因为 $\lambda = 2$ 不是特征方程的根,故由定理 7-5 可知,所给方程的特解形式为

$$y^* = Ae^{2x} \quad (A \text{ 为待定常数}).$$

【例 7-25】 求微分方程 $y'' - y' - 2y = 2x - 5$ 的通解.

解 先求原方程对应齐次方程 $y'' - y' - 2y = 0$ 的通解. 它的特征方程为

$$r^2 - r - 2 = 0,$$

特征根为 $r_1 = 2, r_2 = -1$. 所以对应齐次方程的通解为

$$Y = C_1 e^{2x} + C_2 e^{-x}.$$

由于 $f(x)=2x-5$ 属于 $f(x)=P_m(x)\mathrm{e}^{\lambda x}$ 型,其中 $m=1,\lambda=0$,且 $\lambda=0$ 不是特征方程的根,故由定理 7-5 知,可设所给方程的特解为
$$y^*=Ax+B.$$
把 y^* 代入原方程,得
$$-2Ax-A-2B=2x-5.$$
比较上式两端同次幂的系数,得
$$\begin{cases} -2A=2, \\ -A-2B=-5, \end{cases}$$
解得 $A=-1,B=3$.原方程的一个特解为
$$y^*=-x+3.$$
于是,原方程的通解为
$$y=C_1\mathrm{e}^{2x}+C_2\mathrm{e}^{-x}-x+3.$$

【例 7-26】　求微分方程 $y''-5y'+6y=x\mathrm{e}^{2x}$ 的通解.

解　所给方程对应的齐次方程为 $y''-5y'+6y=0$,它的特征方程为
$$r^2-5r+6=0,$$
特征根为 $r_1=2,r_2=3$,故对应齐次方程的通解为
$$Y=C_1\mathrm{e}^{2x}+C_2\mathrm{e}^{3x}.$$

由于 $f(x)=x\mathrm{e}^{2x}$ 属于 $f(x)=P_m(x)\mathrm{e}^{\lambda x}$ 型,其中 $m=1,\lambda=2$,且 $\lambda=2$ 是特征方程的单根,故由定理 7-5,可设所给方程的特解为
$$y^*=x(Ax+B)\mathrm{e}^{2x}.$$
求出 $y^{*\prime},y^{*\prime\prime}$,代入原方程并化简,得
$$-2Ax+2A-B=x.$$
比较两端同次幂的系数,有
$$\begin{cases} -2A=1, \\ 2A-B=0. \end{cases}$$
解得
$$A=-\frac{1}{2},B=-1.$$
所以
$$y^*=x\left(-\frac{1}{2}x-1\right)\mathrm{e}^{2x}.$$
于是,原方程的通解为
$$y=C_1\mathrm{e}^{2x}+C_2\mathrm{e}^{3x}-\frac{1}{2}(x^2+2x)\mathrm{e}^{2x}.$$

2. $f(x)=\mathrm{e}^{\lambda x}\left[P_l(x)\cos\omega x+P_n(x)\sin\omega x\right]$ 型

对二阶线性非齐次微分方程

263

$$y'' + py' + qy = e^{\lambda x}[P_l(x)\cos \omega x + P_n(x)\sin \omega x], \qquad (7\text{-}36)$$

利用欧拉公式,把三角函数表示为复指数函数的形式,从而将方程(7-36)转化为方程(7-34)的类型,可得下面的定理.

定理 7-6 微分方程(7-36)一定具有形如

$$y^* = x^k e^{\lambda x}[R_m^{(1)}(x)\cos \omega x + R_m^{(2)}(x)\sin \omega x] \qquad (7\text{-}37)$$

的特解,其中 $R_m^{(1)}(x)$,$R_m^{(2)}(x)$ 同为 m 次多项式,$m = \max\{l, n\}$;而 k 的值按 $\lambda + i\omega$(或 $\lambda - i\omega$)不是特征方程的根或是特征方程的单根依次取为 0 或 1.

【例 7-27】 确定微分方程 $y'' - 2y' + 5y = f(x)$ 的特解 y^* 的形式,其中 $f(x)$ 为:

(1) $f(x) = e^x(\cos 2x - \sin 2x)$;　　　　(2) $f(x) = \sin x$.

解 所给方程对应的齐次方程为

$$y'' - 2y' + 5y = 0,$$

它的特征方程为 $r^2 - 2r + 5 = 0$,特征根为

$$r_{1,2} = 1 \pm 2i.$$

(1) $f(x) = e^x(\cos 2x - \sin 2x)$ 属于 $f(x) = e^{\lambda x}[P_l(x)\cos \omega x + P_n(x)\sin \omega x]$ 型,其中 $\lambda = 1$,$\omega = 2$,$l = n = 0$,由于 $\lambda + i\omega = 1 + 2i$ 是特征方程的根,故由定理 7-6 知,所给方程的特解形式为

$$y^* = x e^x(A\cos 2x + B\sin 2x).$$

(2) $f(x) = \sin x$ 也属于 $f(x) = e^{\lambda x}[P_l(x)\cos \omega x + P_n(x)\sin \omega x]$ 型,其中 $\lambda = 0$,$\omega = 1$,$l = n = 0$,由于 $\lambda + i\omega = i$ 不是特征方程的根,故由定理 7-6 知,所给方程的特解形式为

$$y^* = A\cos x + B\sin x.$$

【例 7-28】 求微分方程 $y'' + y = x\cos 2x$ 的通解.

解 所给方程对应的齐次方程为 $y'' + y = 0$,它的特征方程为

$$r^2 + 1 = 0,$$

其特征根为 $r_{1,2} = \pm i$,故对应齐次方程的通解为

$$Y = C_1 \cos x + C_2 \sin x.$$

由于 $f(x) = x\cos 2x$ 属于 $f(x) = e^{\lambda x}[P_l(x)\cos \omega x + P_n(x)\sin \omega x]$ 型,其中 $\lambda = 0$,$\omega = 2$,$l = 1$,$n = 0$,且 $\lambda + i\omega = 2i$ 不是特征方程的根,故由定理 7-6 知,可设所给方程的特解为

$$y^* = (ax + b)\cos 2x + (cx + d)\sin 2x.$$

把 y^* 代入所给方程,得

$$(4c - 3b - 3ax)\cos 2x - (4a + 3d + 3cx)\sin 2x = x\cos 2x.$$

比较系数,得

$$\begin{cases} 4c - 3b = 0, \\ -3a = 1, \\ 4a + 3d = 0, \\ 3c = 0. \end{cases}$$

于是 $a = -\dfrac{1}{3}, b = 0, c = 0, d = \dfrac{4}{9}$. 故

$$y^* = -\frac{1}{3}x\cos 2x + \frac{4}{9}\sin 2x,$$

所求通解为

$$y = Y + y^* = C_1\cos x + C_2\sin x - \frac{1}{3}x\cos 2x + \frac{4}{9}\sin 2x.$$

习题 7.4

1.求下列微分方程的通解:

(1) $y'' - 6y = 0$;   (2) $y'' + y' - 12y = 0$;

(3) $y'' - 6y' + 9y = 0$;   (4) $y'' + 5y = 0$;

(5) $2y'' - 4y' + 3y = 0$;   (6) $y'' + y = 2x$;

(7) $y'' - 4y = e^{2x}$;   (8) $y'' - 2y' - 3y = 8e^{3x}$;

(9) $y'' - 2y' - 8y = (x+1)e^{-2x}$;   (10) $y'' - 6y' + 9y = (x+1)e^{3x}$;

(11) $y'' - 2y' - 3y = -10\cos x$;   (12) $y'' - 2y' + 2y = e^x\sin x$;

(13) $y'' + y = e^x + \cos x$.

2.确定下列各方程的特解 y^* 的形式:

(1) $y'' + 4y = e^{2x}$;   (2) $y'' - 2y' + y = xe^x$;

(3) $y'' - 6y' + 9y = 2x^2 - x + 3$;   (4) $y'' - 2y' - 3y = e^{-x}$;

(5) $y'' - 2y' + 5y = e^x\sin 2x$;   (6) $y'' + y = \cos x$.

3.求下列微分方程满足初始条件的特解:

(1) $y'' + 3y' + 2y = 0, y(0) = 0, y'(0) = 1$;

(2) $y'' + 9y = 0, y(0) = 2, y'(0) = 3$;

(3) $y'' - 2y' - e^{2x} = 0, y(0) = y'(0) = 1$.

4.设二阶线性非齐次微分方程 $y'' + p(x)y' = f(x)$ 有一特解 $y = \dfrac{1}{x}$,它对应的齐次方程有一特解为 $y = x^2$,试求:

(1) $p(x), f(x)$ 的表达式;   (2)此方程的通解.

5.(1)若 $1 + P(x) + Q(x) = 0$,证明微分方程

$$y'' + P(x)y' + Q(x)y = 0$$

有一特解 $y = e^x$;

若 $P(x) + xQ(x) = 0$,证明微分方程

$$y'' + P(x)y' + Q(x)y = 0$$

有一特解 $y = x$.

(2)根据(1)的结论求 $(x-1)y'' - xy' + y = 0$ 满足 $y|_{x=0} = 2, y'|_{x=0} = 1$ 的特解.

7.5 微分方程在经济学中的应用

前面几节中,已经介绍了微分方程的概念及简单微分方程的求解方法.微分方程的理论和方法在经济学和管理科学中都有非常重要的应用.

本节通过几个常见问题的微分方程模型,介绍微分方程在经济学中的应用.

【例 7-29】 设某商品的需求价格弹性为 $\varepsilon_p = -k$ (k 为常数),求该商品的需求函数 $Q = Q(p)$.

解 根据需求价格弹性的定义

$$\varepsilon_p = \frac{\mathrm{d}Q}{\mathrm{d}p} \cdot \frac{p}{Q}$$

可得微分方程

$$\frac{\mathrm{d}Q}{\mathrm{d}p} \cdot \frac{p}{Q} = -k,$$

此方程为一阶可分离变量的微分方程.分离变量得

$$\frac{\mathrm{d}Q}{Q} = -k \frac{\mathrm{d}p}{p},$$

两边同时积分

$$\ln Q = -k\ln p + \ln C,$$

因此

$$Q = Ce^{-k\ln p} = Cp^{-k},$$

所以所求的需求函数为

$$Q = Cp^{-k} \quad (k \text{ 为常数}).$$

【例 7-30】 已知某厂的纯利润 L 对广告费 x 的变化率 $\dfrac{\mathrm{d}L}{\mathrm{d}x}$ 与常数 A 和纯利润 L 之差成正比,且当 $x=0$ 时,$L=L_0$,试求纯利润 L 与广告费 x 之间的函数关系.

解 由题意可有

$$\frac{\mathrm{d}L}{\mathrm{d}x} = k(A - L).$$

其中 k 为常数,且 $L|_{x=0} = L_0$.

这是一个可分离变量的微分方程,分离变量得

$$\frac{\mathrm{d}L}{A-L} = k\mathrm{d}x,$$

两边积分可得

$$-\ln(A-L) = kx - \ln C,$$

即

$$L = A - Ce^{-kx}.$$

由初始条件 $L\big|_{x=0} = L_0$,解得 $C = A - L_0$.所以纯利润 L 与广告费 x 的函数关系为

$$L = A - (A - L_0)e^{-kx}.$$

上面两例给出了微分方程的一些简单应用.微分方程在经济数量分析,特别是在动态经济模型中十分有用.下面再来介绍微分方程在经济学中的三个应用模型.

【例 7-31】 (产品的推销模型)一种耐用商品在某一地区已售出的总量为 $x(t)$,设潜在的消费总量是 N,在销售初期,商家依靠宣传、免费试用等方式打开销路,若该商品确实受欢迎,则消费者会一传十、十传百,购买的人会逐渐增多.此时该商品的销售速率主要受已购者数量 $x(t)$ 的影响,所以销售速率近似正比于已购者的数量 $x(t)$.但由于该地区潜在消费者数量有限,在销售后期,该商品的销售速率将主要受未购者数量 $N-x(t)$ 的影响,即销售速率正比于未购者的数量 $N-x(t)$.因此,可认为产品销售速率正比于 $x(t)$ 与 $N-x(t)$ 的乘积,即

$$\frac{\mathrm{d}x}{\mathrm{d}t} = kx(N-x). \tag{7-38}$$

其中 k 为比例常数.这一模型称作逻辑斯谛阻滞增长模型.

类似于例 7-7,得方程(7-38)的通解为

$$x(t) = \frac{N}{1 + Ce^{-Nkt}}. \tag{7-39}$$

由初始条件 $x\big|_{t=0} = x_0$,可解出式(7-39)中的

$$C = \frac{N}{x_0} - 1 > 0,$$

由此可给出逻辑斯谛阻滞增长模型的曲线(图 7-3).

由式(7-39)可求得

$$x'(t) = \frac{CN^2 k e^{-Nkt}}{(1 + Ce^{-Nkt})^2},$$

$$x''(t) = \frac{CN^3 k^2 e^{-Nkt}(Ce^{-Nkt} - 1)}{(1 + Ce^{-Nkt})^3}.$$

从而可知 $x'(t)>0$,即表明 $x(t)$ 单调增加.

令 $x''(t)=0$ 有

$$Ce^{-Nkt}-1=0.$$

此时 $x(t)=\dfrac{N}{2}$,对应于图 7-3 上的 t_0 时刻,即曲线上的拐点.当 $t>t_0$ 时,$x''(t)<0$,曲线是上凸的,显示销售速率不断减少;当 $t<t_0$ 时,$x''(t)>0$,曲线是下凸的,显示销售速率不断增大.

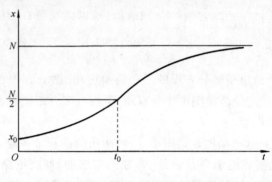

图　7-3

这表明,在销售量小于最大需求量的一半时,销售速率不断增大,而当销售量大于最大需求量的一半时,销售速率不断减小.销售量在最大需求量的一半左右时,商品最为畅销.

通过对逻辑斯谛阻滞增长模型的分析,得出对产品的推销模型的如下结论:从 20%到 80%.用户采用某新产品的这段时期,应为该产品正式大批量生产的时期,初期应较小批量生产,并要加强宣传、广告的力度,而到后期则应适时转产了.

【例 7-32】 (价格调整模型)设某种商品的供给量 S 与需求量 D 是只依赖于价格 P 的线性函数,它们分别为

$$S=a+bP, \tag{7-40}$$
$$D=\alpha-\beta P. \tag{7-41}$$

其中 a,b,α,β 均为常数,且 $b>0,\beta>0$.

当供给量与需求量相等时,由式(7-40)及式(7-41)可求得供求平衡价格为

$$P_e=\frac{\alpha-a}{\beta+b}, \tag{7-42}$$

P_e 称为该种商品的均衡价格.

一般地,当市场上该商品供过于求,即 $S>D$ 时,价格将下跌;供不应求,即 $S<D$ 时,价格将上涨.因此,该商品在市场上的价格将随着时间的

变化而围绕着均衡价格 P_e 上下波动,价格 P 是时间 t 的函数,即 $P=P(t)$.

假定在时间 t 的价格 $P(t)$ 的变化率 $\dfrac{\mathrm{d}p}{\mathrm{d}t}$ 与这时的过剩需求量 $D-S$ 成正比,即

$$\frac{\mathrm{d}P}{\mathrm{d}t}=k(D-S). \tag{7-43}$$

其中 k 为正的常数,用来反映价格调整速度.将式(7-40)～式(7-42)代入到式(7-43)中,可得

$$\frac{\mathrm{d}P}{\mathrm{d}t}=\lambda(P_e-P). \tag{7-44}$$

其中 $\lambda=(b+\beta)k>0$,方程(7-44)的通解为

$$P=P_e+C\mathrm{e}^{-\lambda t}.$$

假设初始价格为 $P|_{t=0}=P_0$,代入 $P=P_e+C\mathrm{e}^{-\lambda t}$ 中得

$$C=P_0-P_e,$$

因此上述价格调整模型的解为

$$P(t)=P_e+(P_0-P_e)\mathrm{e}^{-\lambda t}.$$

由 $\lambda>0$ 可知,

$$\lim_{t\to+\infty}P(t)=P_e,$$

即说明实际价格 $P(t)$ 最终将趋向于均衡的价格 P_e.

【例 7-33】 (多玛(Domar,E. D)经济增长模型)设 $S(t)$ 为 t 时刻的储蓄,$I(t)$ 为 t 时刻投资,$Y(t)$ 为 t 时刻的国民收入.多玛曾提出了下面简单的宏观经济增长模型

$$\begin{cases} S(t)=\alpha Y(t), \\ I(t)=\beta\dfrac{\mathrm{d}Y(t)}{\mathrm{d}t}, \\ S(t)=I(t), \\ Y(0)=Y_0. \end{cases} \tag{7-45}$$

其中 α,β 为正常数,Y_0 为初期国民收入,$Y_0>0$.

式(7-45)中第一个方程表示储蓄与国民收入成正比(α 称为储蓄率);第二个方程表示投资与国民收入的变化率成正比(β 称为加速数);第三个方程表示储蓄等于投资.

由式(7-45)前三个方程消去 $S(t)$ 和 $I(t)$,可得关于 $Y(t)$ 的微分方程

$$\frac{\mathrm{d}Y}{\mathrm{d}t}=\lambda Y,\lambda=\frac{\alpha}{\beta}>0,$$

其通解为

$$Y = Ce^{\lambda t}.$$

由初始条件 $Y(0) = Y_0$，得 $C = Y_0$. 于是有

$$S(t) = I(t) = \alpha Y(t) = \alpha Y_0 e^{\lambda t}.$$

由 $\lambda > 0$ 可知，$S(t)$，$I(t)$，$Y(t)$ 均为时间 t 的单调增加函数，是随时间不断增长的.

习题 7.5

1. 英国人口学家马尔萨斯根据百余年的人口统计资料，于 1798 年提出了人口指数增长模型. 设单位时间内人口的增长量与当时的人口总数 $x(t)$ 成正比. 若已知 $t = t_0$ 时的人口总数为 x_0，求时间 t 与人口总数 $x(t)$ 的函数关系. 根据我国国家统计局 1990 年 10 月 30 日发表的公报，1990 年 7 月 1 日我国人口总数为 11.6 亿，过去 8 年的年人口平均增长率为 14.8‰，若今后的年增长率保持这个数字，估算 2000 年我国的人口总数.

2. 设某商品的供给函数 $S(t)$ 与需求函数 $D(t)$ 分别为

$$S(t) = 60 + p + 4\frac{\mathrm{d}p}{\mathrm{d}t}, \quad D(t) = 100 - p + 3\frac{\mathrm{d}p}{\mathrm{d}t},$$

其中 $p(t)$ 表示 t 时刻的价格，且 $p(0) = 8$，试求均衡价格关于时间的函数.

3. 假设有一个很小的相对独立的小镇，总人口 1800 人，并假设最初有 5 人患流感，且流感以每天 12.8% 的比率蔓延，那么 10 天内将有多少人被感染？经过多少时间该镇将有一半人被感染.

4. 设某商品的供给函数为

$$Q_s = -6 + 8p,$$

需求函数为

$$Q_d = 42 - 4p - 4p' + p'',$$

且有 $p(0) = 6$，$p'(0) = 4$，若在每一时刻市场均是出清⊖的，求价格函数 $p(t)$.

7.6　差分方程的基本概念

在微分方程中，我们研究的变量的取值是连续的. 但在科学技术和经济管理的许多实际问题中，经济变量的取值并非连续变化而是离散变化的. 例如，国民生产总值按年计算；净利润按季度计算；生产量、采购量或销售量按月计算. 如何寻求这些离散型变量之间的关系和变化规律呢？差分方程是研究这类离散数学模型的有力工具.

⊖　经济学术语. 当价格确实能使需求等于供给，以至于任何人都可以在那个价格上买到他所要买的东西，或者卖掉他所要卖的东西，这时，市场是出清的.——编辑注

先引入差分及差分方程的有关概念.

定义 7-6　设 t 为时间变量,只取非负整数,而函数 $y_t = f(t)$ 为因变量.当 t 取遍非负整数时函数值可排成一个数列: $y_0, y_1, \cdots, y_t, \cdots$,称

$$\Delta y_t = y_{t+1} - y_t = f(t+1) - f(t)$$

为 y_t 的**一阶差分**.类似地可以定义 n 阶差分

$$\Delta^n y_t = \Delta(\Delta^{n-1} y_t) = \Delta^{n-1} y_{t+1} - \Delta^{n-1} y_t$$

$$= \sum_{i=0}^{n} (-1)^i C_n^i y_{t+n-i} \quad (n = 2, 3, \cdots),$$

其中 $C_n^i = \dfrac{n\,!}{i\,!\,(n-i)\,!}$.

事实上,$y_t = f(t)$ 在 t 的二阶差分就是在 t 的一阶差分的差分,记作 $\Delta^2 y_t$,即

$$\begin{aligned}
\Delta^2 y_t &= \Delta(\Delta y_t) \\
&= \Delta y_{t+1} - \Delta y_t \\
&= y_{t+2} - 2y_{t+1} + y_t.
\end{aligned}$$

类似地,三阶差分为

$$\begin{aligned}
\Delta^3 y_t &= \Delta(\Delta^2 y_t) \\
&= \Delta^2 y_{t+1} - \Delta^2 y_t \\
&= \Delta y_{t+2} - 2\Delta y_{t+1} + \Delta y_t \\
&= y_{t+3} - 3y_{t+2} + 3y_{t+1} - y_t.
\end{aligned}$$

例如,设 $y_t = 2t^2 - 3$,那么

$$\begin{aligned}
\Delta y_t &= y_{t+1} - y_t \\
&= [2(t+1)^2 - 3] - (2t^2 - 3) \\
&= 4t + 2, \\
\Delta^2 y_t &= [2(t+2)^2 - 3] - 2[2(t+1)^2 - 3] + (2t^2 - 3) \\
&= 4.
\end{aligned}$$

定义 7-7　形如

$$F(t, y_t, \Delta y_t, \cdots, \Delta^n y_t) = 0$$

的方程称为 n 阶**差分方程**.其中 F 是关于自变量 t 及其因变量 y_t 与差分 $\Delta y_t, \cdots, \Delta^n y_t$ 的已知函数,且 F 中一定含有 $\Delta^n y_t$.

例如,以下方程均为差分方程

$$\Delta y_t - 2y_t - 5 = 0,$$

$$\Delta^2 y_t - 3\Delta y_t - 3y_t - t = 0,$$

$$\Delta^3 y_t + y_t + 3 = 0.$$

由差分的定义即定义 7-6 可知,任意阶的差分都可表示为函数在不

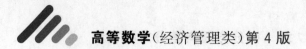

同点的函数值的代数和,所以上述各差分方程又可表示为

$$y_{t+1} - 3y_t - 5 = 0,$$

$$y_{t+2} - 5y_{t+1} + y_t - t = 0,$$

$$y_{t+3} - 3y_{t+2} + 3y_{t+1} + 3 = 0.$$

故定义 7-7 又可定义如下:

定义 7-8　形如

$$F(t, y_t, y_{t+1}, \cdots, y_{t+n}) = 0 \tag{7-46}$$

的方程称为 **n 阶差分方程**,其中 F 是关于 $t, y_t, y_{t+1}, \cdots, y_{t+n}$ 的已知函数,且 F 中一定含有 y_t 与 y_{t+n}(否则即为低于 n 阶的差分方程).

显然,此处是将差分方程的阶定义为 F 中未知函数下标的最大差.

应注意到定义 7-7 与定义 7-8 并不是完全等价的,例如,方程 $\Delta^2 y_t + \Delta y_t = 0$ 按定义 7-7 为二阶差分方程;而将此方程改写为

$$\Delta y_t{}^2 + \Delta y_t = (y_{t+2} - 2y_{t+1} + y_t) + (y_{t+1} - y_t)$$

$$= y_{t+2} - y_{t+1} = 0,$$

按定义 7-8,其为一阶差分方程.

由于经济学中通常遇到的是按定义 7-8 给出的差分方程,故我们只讨论式(7-46)这种形式的差分方程.

定义 7-9　如果将已知函数 $y_t = \varphi(t)$ 代入差分方程中,使其对任意非负整数 t 都成为恒等式,则称 $y_t = \varphi(t)$ 是差分方程的解,如果 y_t 中包含彼此独立的任意常数的个数恰好等于方程的阶数,则称之为差分方程的通解;如果 y_t 中不包含任意常数,就称之为特解.

【**例 7-34**】　验证函数 $y_t = \dfrac{t(t-1)}{2} + C$($C$ 是任意常数)是一阶方程

$$y_{t+1} - y_t = t$$

的通解.

解　将

$$y_t = \frac{t(t-1)}{2} + C,$$

$$y_{t+1} = \frac{(t+1)(t+1-1)}{2} + C$$

代入到方程中,有

$$\frac{(t+1)t}{2} + C - \left[\frac{t(t-1)}{2} + C\right] = t,$$

即

$$t = t.$$

所以

$$y_t = \frac{t(t-1)}{2} + C$$

是一阶差分方程

$$y_{t+1} - y_t = t$$

的通解.

与微分方程相似,为了由通解确定差分方程的某个特解,需要给出此特解应满足的定解条件. n 阶差分方程(7-46)给出的常见定解条件为初始条件

$$t = 0, y_0 = y(0), y_1 = y(1), \cdots, y_{n-1} = y(n-1).$$

【例 7-35】　验证 $y_t = \dfrac{C}{1+Ct}$ 是差分方程

$$y_{t+1} = \frac{y_t}{1 + y_t}$$

的通解,并求 $y_0 = -4$ 时的特解.

解　因为 $y_t = \dfrac{C}{1+Ct}$,所以

$$y_{t+1} = \frac{C}{1+C(t+1)} = \frac{C}{1+C+Ct}.$$

将 $y_t = \dfrac{C}{1+Ct}$ 代入到所给方程的右端得

$$\frac{y_t}{1+y_t} = \frac{C}{1+Ct} \Big/ \left(1 + \frac{C}{1+Ct}\right)$$

$$= \frac{C}{1+C+Ct}$$

$$= y_{t+1},$$

所以 $y_t = \dfrac{C}{1+Ct}$ 是所给方程的通解.

将 $y_0 = -4$ 代入到 $y_t = \dfrac{C}{1+Ct}$ 中可得

$$-4 = \frac{C}{1+0},$$

即

$$C = -4.$$

故所求特解为

$$y_t = \frac{4}{4t-1}.$$

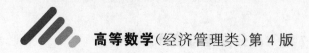

另外,在差分方程中,如果保持自变量 t 的滞后结构不变,而将 t 向前或推后一个相同的间隔,所得到的新差分方程与原方程有相同的解,即它们是等价的,例如方程

$$ay_{t+2} - by_t = 0$$

与方程

$$ay_{t+1} - by_{t-1} = 0 \quad 或 \quad ay_{t+3} - by_{t+1} = 0$$

是等价的.因此在求解差分方程时,可根据需要或方便,将方程中不同点的未知函数的下标均移动相同的值.

习题 7.6

1.求函数 $y_t = a^t \quad (0 < a \neq 1)$ 的差分 Δy_t.

2.求函数 $y_t = t^a \quad (t \neq 0)$ 的差分 Δy_t.

3.设函数 $y_t = te^t + 2t^2 - 1$,求 Δy_t.

4.设函数 $y_t = t^2 + 2t - 3$,求 Δy_t , $\Delta^2 y_t$.

5.设函数 $y_t = \ln(1+t) + 2^t$,求 $\Delta^3 y_t$.

6.确定下列差分方程的阶:

(1) $8y_{t+2} - y_{t+1} = \sin t$;　　　　(2) $3y_{t+2} - 2y_{t+1} = 6t + 1$;

(3) $8y_{t+2} - 9y_{t+1} + 7y_t = \cos t$;　　(4) $2y_{t+2} - 3y_{t+1} + y_t = t^2 + 1$;

(5) $7y_{t+3} - y_t = 9$;　　　　　　　(6) $5y_{t+5} - 7y_t = 4$.

7.验证函数 $y_t = C_1 + C_2 \cdot 2^t$ 是差分方程 $y_{t+2} - 3y_{t+1} + 2y_t = 0$ 的解,并求 $y_0 = 1, y_1 = 3$ 时方程的特解.

8.试改变差分方程 $\Delta^3 y_t + \Delta^2 y_t = 0$ 的形式.

7.7　常系数线性差分方程

本节讨论差分方程的求解问题.和微分方程类似,差分方程可以是线性的或非线性的,齐次的或非齐次的,一阶的或高阶的等等,下面就从最简单的一类开始.

7.7.1　一阶常系数线性差分方程

一阶常系数线性差分方程的一般形式为

$$y_{t+1} + ay_t = f(t). \tag{7-47}$$

其中 $a \neq 0$.与方程(7-47)相对应的齐次差分方程为

$$y_{t+1} + ay_t = 0. \tag{7-48}$$

1. 迭代法求解

对于齐次差分方程(7-48),将其改写为

$$y_{t+1} = (-a) y_t,$$

分别将 $t = 0, 1, 2, \cdots$,代入上式,得

$$y_1 = (-a) y_0,$$
$$y_2 = (-a) y_1 = (-a)^2 y_0,$$
$$\vdots$$
$$y_t = (-a)^t y_0 = C(-a)^t. \qquad (7\text{-}49)$$

式(7-49)即为一阶常系数线性齐次差分方程(7-48)的通解,其中 $C = y_0$ 是任意常数.

特别地,当 $-a = 1$ 时,方程(7-48)的通解为 $y_t = C$.

对于非齐次方程(7-47),针对 $f(t)$ 的两种不同情形,具体的求解过程分别如下进行:

(1)设 $f(t) = b$ 为常数.此时,一阶常系数线性非齐次方程(7-47)可改写为

$$y_{t+1} = (-a) y_t + b. \qquad (7\text{-}50)$$

分别将 $t = 0, 1, 2, \cdots$ 代入式(7-50),可得

$$y_1 = (-a) y_0 + b,$$
$$\begin{aligned} y_2 &= (-a) y_1 + b \\ &= (-a)^2 y_0 + b[1 + (-a)], \end{aligned}$$
$$\begin{aligned} y_3 &= (-a) y_2 + b \\ &= (-a)^3 y_0 + b[1 + (-a) + (-a)^2], \end{aligned}$$
$$\vdots$$
$$y_t = (-a)^t y_0 + b[1 + (-a) + (-a)^2 + \cdots + (-a)^{t-1}].$$

若 $-a \neq 1$,则由等比数列求和公式得

$$y_t = (-a)^t y_0 + b \frac{1 - (-a)^t}{1 + a} \qquad (t = 0, 1, 2 \cdots)$$

即

$$y_t = (-a)^t \left(y_0 - \frac{b}{1+a} \right) + \frac{b}{1+a}$$
$$= C(-a)^t + \frac{b}{1+a} \quad (t = 0, 1, 2, \cdots).$$

其中 $C = y_0 - \dfrac{b}{1+a}$ 为任意常数.

若 $-a = 1$,则

$$y_t = y_0 + bt$$
$$= C + bt \quad (t = 0, 1, 2, \cdots).$$

其中 $C=y_0$ 为任意常数.

综上所述可得,差分方程

$$y_{t+1}+ay_t=b$$

的通解为

$$y_t=\begin{cases} C(-a)^t+\dfrac{b}{1+a}, & \text{当 } a\neq-1 \text{ 时,} \\ C+bt, & \text{当 } a=-1 \text{ 时.} \end{cases} \tag{7-51}$$

由式(7-51)可知,非齐次方程

$$y_{t+1}=(-a)y_t+b$$

的通解由两部分组成,其中第一项 $C(-a)^t(a\neq-1)$ 或 $C(a=-1)$ 恰好为其对应的齐次方程(7-48)的通解,而第二项 $\dfrac{b}{1+a}(a\neq-1)$ 或 $bt(a=-1)$ 正是方程(7-50)的一个特解.

上述结论对一阶常系数线性差分方程(7-47)都成立. 即若 $y^*(t)$ 为一阶常系数非齐次线性差分方程(7-47)的一个特解,而 $y_c(t)$ 为一阶常系数齐次线性差分方程(7-48)的通解,那么,一阶常系数线性差分方程(7-47)的通解为

$$y_t=y_c(t)+y^*(t). \tag{7-52}$$

(2)设 $f(t)$ 为一般情况. 此时,一阶常系数非齐次线性方程(7-47)可改写为

$$y_{t+1}=(-a)y_t+f(t).$$

分别以 $t=0,1,2,\cdots$ 代入上式,可得

$$y_1=(-a)y_0+f(0),$$
$$\begin{aligned} y_2 &=(-a)y_1+f(1) \\ &=(-a)^2y_0+(-a)f(0)+f(1), \end{aligned}$$
$$\begin{aligned} y_3 &=(-a)y_2+f(2) \\ &=(-a)^3y_0+(-a)^2f(0)+(-a)f(1)+f(2), \end{aligned}$$
$$\vdots$$
$$\begin{aligned} y_t &=(-a)^ty_0+(-a)^{t-1}f(0)+(-a)^{t-2}f(1)+\cdots+ \\ &\quad (-a)f(t-2)+f(t-1) \end{aligned}$$
$$=C(-a)^t+\sum_{k=0}^{t-1}(-a)^kf(t-k+1). \tag{7-53}$$

其中 $C=y_0$ 为任意常数.

式(7-53)即为一阶常系数非齐次线性差分方程(7-47)的通解.并且在式(7-53)中的第一项是一阶常系数线性齐次方程(7-48)的通解,而第二项是一阶常系数非齐次线性方程(7-47)的一个特解.

【例 7-36】 求差分方程

$$y_{t+1} - \frac{2}{3}y_t = \frac{1}{5}$$

的通解.

解 所给方程为一阶常系数非齐次线性差分方程且 $f(t) = \frac{1}{5}$ 为常数,又

$$a = -\frac{2}{3}, \quad b = \frac{1}{5}, \quad \frac{b}{1+a} = \frac{3}{5},$$

由式(7-51)可知,方程的通解为

$$y_t = C\left(\frac{2}{3}\right)^t + \frac{3}{5} \quad (C \text{ 为任意常数}).$$

【例 7-37】 求差分方程

$$y_{t+1} + 7y_t = 2$$

满足初始条件 $y_0 = 1$ 的特解.

解 所给方程为一阶常系数线性非齐次差分方程且 $f(t) = 2$ 为常数,又

$$a = 7, b = 2, \frac{b}{1+a} = \frac{1}{4}.$$

由式(7-51)可知,方程的通解为

$$y_t = C(-7)^t + \frac{1}{4} \quad (C \text{ 为任意常数}).$$

由初始条件 $t = 0$ 时,$y_0 = 1$ 代入得

$$C = \frac{3}{4},$$

因此所求的特解为

$$y_t = \frac{3}{4}(-7)^t + \frac{1}{4}.$$

【例 7-38】 求差分方程

$$y_{t+1} + y_t = 2^t$$

的通解.

解 此方程为一阶常系数非齐次线性差分方程且 $f(t) = 2^t$,又 $a = 1$.
由式(7-53)可知,$y_{t+1} + y_t = 2^t$ 的特解为

$$y_t^* = \sum_{k=0}^{t-1}(-1)^k 2^{t-k-1} = 2^{t-1}\sum_{k=0}^{t-1}\left(-\frac{1}{2}\right)^k$$

$$= 2^{t-1}\frac{1-\left(-\frac{1}{2}\right)^t}{1+\frac{1}{2}} = \frac{1}{3}\cdot 2^t - \frac{1}{3}(-1)^t.$$

所以,该方程的通解为

$$y_t = C_1(-1)^t + \frac{1}{3} \cdot 2^t - \frac{1}{3}(-1)^t$$

$$= C(-1)^t + \frac{1}{3} \cdot 2^t.$$

其中 $C = C_1 - \frac{1}{3}$ 为任意常数.

2. 待定系数法

从前面可知,欲求一阶常系数非齐次线性方程(7-47)的通解,只要求出其对应的齐次方程(7-48)的通解与非齐次方程的一个特解即可. 而齐次方程(7-48)的通解为 $y_c(t) = C(-a)^t$.

那么非齐次方程(7-47)的一个特解应如何求得呢? 下面就函数 $f(t)$ 的几种常见形式,介绍利用待定系数法求特解的方法.

(1) $f(t) = P_n(t)$,即 $f(t)$ 为 t 的 n 次多项式 $P_n(t)$.

我们不加证明给出下列结论:

一阶常系数差分方程 $y_{t+1} + ay_t = P_n(t)$ 一定具有形如

$$y^*(t) = t^k Q_n(t)$$

的特解,其中 $Q_n(t)$ 是 t 的 n 次待定多项式,而 k 的取值如下确定:

$$k = \begin{cases} 0, & \text{若 } a \neq -1, \\ 1, & \text{若 } a = -1. \end{cases}$$

【例 7-39】 求差分方程

$$y_{t+1} - 2y_t = 2t + 1$$

的通解.

解 因为 $f(t) = 2t + 1, a = -2$,故可设特解

$$y^* = A + Bt.$$

其中 A, B 为待定系数,将其代入到原差分方程中得

$$A + B(t+1) - 2(A + Bt) = 2t + 1,$$

即

$$-Bt + B - A = 2t + 1.$$

比较上式两端关于 t 的同次幂的系数得

$$\begin{cases} -B = 2, \\ B - A = 1. \end{cases}$$

于是有

$$\begin{cases} A = -3, \\ B = -2. \end{cases}$$

因此,所求特解为

$$y^* = -3 - 2t,$$

从而所求通解为

$$y_t = C2^t - 2t - 3,$$

其中 C 为任意常数.

【例 7-40】　求差分方程

$$y_{t+1} - y_t = 3 + 2t$$

的通解.

解　因为 $f(t) = 3 + 2t, a = -1$,故可设特解

$$y^* = t(A + Bt).$$

其中 A, B 为待定系数,将其代入到原差分方程中得

$$A + B + 2Bt = 3 + 2t.$$

比较上式两端关于 t 的同次幂的系数得

$$A = 2, \quad B = 1.$$

因此所求特解为

$$y^* = 2t + t^2.$$

从而所求通解为

$$y_t = C + 2t + t^2.$$

（2）$f(t) = bd^t$,即 $f(t)$ 为 t 的指数函数 bd^t（其中 b, d 为非零常数.）

我们不加证明给出下列结论:

一阶常系数差分方程 $y_{t+1} + ay_t = bd^t$ 一定具有形如

$$y^*(t) = At^k d^t$$

的特解,其中 A 是待定常数,而 k 的取值如下确定:

$$k = \begin{cases} 0,若\ a \neq -d, \\ 1,若\ a = -d. \end{cases}$$

【例 7-41】　求差分方程

$$y_{t+1} - \frac{1}{2}y_t = \left(\frac{5}{2}\right)^t$$

的通解.

解　因为 $f(t) = \left(\frac{5}{2}\right)^t, a = -\frac{1}{2}, \quad b = 1, \quad d = \frac{5}{2}$,

故设方程的特解为

$$y^*(t) = A\left(\frac{5}{2}\right)^t,$$

代入方程,有

$$A\left(\frac{5}{2}\right)^{t+1} - \frac{1}{2}A\left(\frac{5}{2}\right)^t = \left(\frac{5}{2}\right)^t,$$

从而解得 $A = \frac{1}{2}$, $y^*(t) = \frac{1}{2}\left(\frac{5}{2}\right)^t$, 因此所求通解为

$$y_t = C\left(\frac{1}{2}\right)^t + \frac{1}{2}\left(\frac{5}{2}\right)^t$$

$$= \frac{C}{2^t} + \frac{5^t}{2^{t+1}}.$$

其中 C 为任意常数.

7.7.2　二阶常系数线性差分方程

二阶常系数线性差分方程的一般形式为

$$y_{t+2} + ay_{t+1} + by_t = f(t). \tag{7-54}$$

其中 a, b 为常数, $f(t)$ 为 t 的已知函数且 $b \neq 0$. 与方程(7-54)相对应的齐次差分方程为

$$y_{t+2} + ay_{t+1} + by_t = 0. \tag{7-55}$$

与二阶线性微分方程解的结构相类似, 二阶常系数线性差分方程也有完全类似的解的结构的定理如下:

> **定理 7-7**　若函数 $y_1(t)$, $y_2(t)$ 是齐次方程(7-55)的解, 则
>
> $$y(t) = C_1 y_1(t) + C_2 y_2(t)$$
>
> 也是方程(7-55)的解, 其中 C_1, C_2 为任意常数.

> **定理 7-8**　若函数 $y_1(t)$, $y_2(t)$ 为方程(7-55)的两个线性无关的特解, 那么该方程的通解为
>
> $$y_c(t) = C_1 y_1(t) + C_2 y_2(t).$$
>
> 其中 C_1, C_2 是任意常数.

> **定理 7-9**　若 $y^*(t)$ 是二阶非齐次方程(7-54)的一个特解, $y_c(t)$ 是对应的齐次方程(7-55)的通解, 那么方程(7-54)的通解是
>
> $$y_t = y_c(t) + y^*(t).$$

下面我们利用上述定理来讨论二阶常系数线性差分方程的解法.

1. 二阶常系数线性齐次差分方程的解法

要求得齐次方程(7-55)的通解, 由定理 7-8 可知, 只要求得两个线性无关的特解即可.

根据方程(7-55)的特点, 设方程(7-55)有特解

$$y_t = \lambda^t.$$

其中 λ 为非零待定系数.

将 $y_t = \lambda^t$ 代入到方程(7-55)中,可得

$$\lambda^t(\lambda^2 + a\lambda + b) = 0.$$

因为 $\lambda^t \neq 0$,所以有

$$\lambda^2 + a\lambda + b = 0, \tag{7-56}$$

并且称二次代数方程(7-56)为齐次方程(7-55)或非齐次方程(7-54)的特征方程.特征方程的根称为特征根或特征值.

根据特征方程根的不同情况,分别讨论如下:

(1)当特征方程有两个相异的实根

$$\lambda_1 = \frac{-a + \sqrt{a^2 - 4b}}{2}, \quad \lambda_2 = \frac{-a - \sqrt{a^2 - 4b}}{2}$$

时,齐次方程(7-55)有两个线性无关的特解

$$y_1(t) = \lambda_1{}^t, \quad y_2(t) = \lambda_2{}^t.$$

故齐次方程(7-55)的通解为

$$y_c(t) = C_1\lambda_1{}^t + C_2\lambda_2{}^t.$$

其中 C_1, C_2 为任意常数.

(2)当特征方程有两个相等的实根

$$\lambda_1 = \lambda_2 = -\frac{1}{2}a$$

时,齐次方程(7-55)有一个特解

$$y_1(t) = \left(-\frac{1}{2}a\right)^t.$$

通过验证可知,

$$y_2(t) = t\left(-\frac{1}{2}a\right)^t$$

也为齐次方程(7-55)的一个特解且 $y_1(t)$ 与 $y_2(t)$ 线性无关,所以,齐次方程(7-55)的通解为

$$y_c(t) = (C_1 + C_2 t)\left(-\frac{1}{2}a\right)^t.$$

其中 C_1, C_2 为任意常数.

(3)当特征方程有一对共轭复根

$$\lambda_{1,2} = \alpha \pm i\beta$$

时,将它们化为三角表示式

$$r = \sqrt{\alpha^2 + \beta^2} = \sqrt{b}, \quad \tan\theta = \frac{\beta}{\alpha} = -\frac{\sqrt{4b - a^2}}{a}.$$

那么

$$\alpha = r\cos\theta,$$

$$\beta = r\sin\theta,$$

所以
$$\lambda_1 = r(\cos\theta + i\sin\theta),$$
$$\lambda_2 = r(\cos\theta - i\sin\theta),$$

因此
$$y'_1(t) = \lambda_1{}^t = r^t(\cos\theta t + i\sin\theta t),$$
$$y'_2(t) = \lambda_2{}^t = r^t(\cos\theta t - i\sin\theta t)$$

均为方程(7-55)的特解. 并且可验证

$$\frac{1}{2}[y'_1(t) + y'_2(t)] \cancel{及} \frac{1}{2i}[y'_1(t) - y'_2(t)]$$

也都是方程(7-55)的特解, 亦即 $r^t\cos\theta t$ 及 $r^t\sin\theta t$ 都是方程(7-55)的特解. 因此可得齐次方程(7-55)的通解形式为

$$y_c(t) = r^t(C_1\cos\theta t + C_2\sin\theta t),$$

其中 C_1, C_2 为任意常数.

【例 7-42】 求差分方程

$$y_{t+2} + \frac{1}{2}y_{t+1} - \frac{1}{2}y_t = 0$$

的通解.

解 所给差分方程的特征方程是

$$\lambda^2 + \frac{1}{2}\lambda - \frac{1}{2} = 0.$$

它有两个相异的实根 $\lambda_1 = -1$, $\lambda_2 = \frac{1}{2}$. 所以,所求通解为

$$y_c(t) = C_1(-1)^t + C_2\left(\frac{1}{2}\right)^t \quad (C_1, C_2 \text{ 为任意常数}).$$

【例 7-43】 求差分方程

$$y_{t+2} + 4y_{t+1} + 4y_t = 0$$

的通解.

解 所给差分方程的特征方程是

$$\lambda^2 + 4\lambda + 4 = 0,$$

它有两个相等的实根 $\lambda_1 = \lambda_2 = -2$. 所以,所求通解为

$$y_c(t) = (C_1 + C_2 t)(-2)^t,$$

其中 C_1, C_2 为任意常数.

【例 7-44】 求差分方程

$$y_{t+2} + 2y_{t+1} + 3y_t = 0$$

的通解.

解 所给差分方程的特征方程是

$$\lambda^2 + 2\lambda + 3 = 0,$$

它有一对共轭的复根 $\lambda_{1,2} = -1 \pm \sqrt{2}\mathrm{i}$.

因为 $r = \sqrt{3}, \tan\theta = \dfrac{\sqrt{2}}{-1} = -\sqrt{2}$ ，故所求通解为

$$y_c(t) = (\sqrt{3})^t (C_1 \cos\theta t + C_2 \sin\theta t),$$

其中 $\theta = \arctan(-\sqrt{2})$，$C_1, C_2$ 为任意常数.

2. 二阶常系数线性非齐次差分方程的解法

与前面一阶常系数线性非齐次差分方程类似，二阶常系数非齐次线性差分方程也可用待定系数法求其特解，再由定理 7-9 即可得非齐次方程的通解. 下面，我们对函数 $f(t)$ 为常见的形式给出求非齐次方程 (7-54) 特解的方法.

(1) $f(t) = P_n(t)$（$P_n(t)$ 为 n 次多项式）.

此时，方程 (7-54) 为

$$y_{t+2} + a y_{t+1} + b y_t = P_n(t) \qquad (b \neq 0),$$

它一定具有形如

$$y^*(t) = t^k Q_n(t)$$

的特解，其中 $Q_n(t)$ 是 n 次待定多项式，而 k 的取值如下确定：

$$k = \begin{cases} 0, & \text{若 } 1 \text{ 不是特征方程的根}, \\ 1, & \text{若 } 1 \text{ 是特征方程的单根}, \\ 2, & \text{若 } 1 \text{ 是特征方程的重根}. \end{cases}$$

【例 7-45】 求差分方程

$$y_{t+2} - 6 y_{t+1} + 8 y_t = 2 + 3t$$

的通解.

解　所给方程的特征方程为

$$\lambda^2 - 6\lambda + 8 = 0,$$

其根为 $\qquad \lambda_1 = 2, \lambda_2 = 4,$

对应的齐次方程通解为

$$y_c(t) = C_1 2^t + C_2 4^t,$$

由于 1 不是特征方程的根，故可设特解

$$y^*(t) = A + Bt,$$

其中 A, B 为待定系数.

将所设特解代入到方程中，有

$$A + B(t+2) - 6[A + B(t+1)] + 8(A + Bt) = 2 + 3t.$$

即

$$3A - 4B + 3Bt = 2 + 3t,$$

从而可得

$$A = 2, \quad B = 1.$$

因此所求特解为

$$y^*(t) = 2 + t.$$

所以所求通解为

$$y_t = C_1 2^t + C_2 4^t + 2 + t.$$

【例 7-46】 求差分方程

$$y_{t+2} - \frac{1}{2} y_{t+1} - \frac{1}{2} y_t = t$$

的通解.

解 所给方程的特征方程为

$$\lambda^2 - \frac{1}{2} \lambda - \frac{1}{2} = 0,$$

特征方程的根为

$$\lambda_1 = 1, \quad \lambda_2 = -\frac{1}{2},$$

原方程对应齐次方程的通解为

$$y_c = C_1 + C_2 \left(-\frac{1}{2}\right)^t.$$

因为 1 是特征方程的单根,故可设特解为

$$y^*(t) = t(At + B),$$

将 $y^*(t)$ 代入原差分方程,得

$$A = \frac{1}{3}, \quad B = -\frac{7}{9},$$

$$y^*(t) = t\left(\frac{1}{3}t - \frac{7}{9}\right),$$

所以所求通解为

$$y_t = C_1 + C_2 \left(-\frac{1}{2}\right)^t + \frac{1}{3}t^2 - \frac{7}{9}t.$$

【例 7-47】 求差分方程

$$y_{t+2} - 2y_{t+1} + y_t = 1$$

满足初始条件 $y_0 = \frac{1}{2}, y_1 = 1$ 的特解.

解 所给方程的特征方程为

$$\lambda^2 - 2\lambda + 1 = 0,$$

有两相等实根 $\lambda_1 = \lambda_2 = 1$.

故原方程所对应的齐次方程的通解为

$$y_c(t) = (C_1 + C_2 t) \cdot 1^t = C_1 + C_2 t.$$

因为 1 是特征方程的重根,故可设原方程的特解为

$$y^*(t) = At^2,$$

将其代入到原方程中去可得 $A = \dfrac{1}{2}$,

$$y^*(t) = \frac{1}{2} t^2,$$

所以所给方程的通解为

$$y_t = C_1 + C_2 t + \frac{1}{2} t^2.$$

由初始条件 $y_0 = \dfrac{1}{2}, y_1 = 1$ 得

$$y_0 = C_1 = \frac{1}{2},$$

$$y_1 = C_1 + C_2 + \frac{1}{2} = 1,$$

即

$$C_1 = \frac{1}{2}, \quad C_2 = 0,$$

故所求特解为

$$y_t = \frac{1}{2} + \frac{1}{2} t^2 = \frac{1}{2}(1 + t^2).$$

(2) $f(t) = cd^t$ (c 为非零常数且 $d \neq 0, d \neq 1$).

此时,方程(7-54)为

$$y_{t+2} + a y_{t+1} + b y_t = cd^t \quad (b \neq 0),$$

它一定具有形如

$$y^*(t) = At^k d^t$$

的特解,其中 A 是待定常数,而 k 的取值如下确定:

$$k = \begin{cases} 0, \text{若 } d \text{ 不是特征方程的根,} \\ 1, \text{若 } d \text{ 是特征方程的单根,} \\ 2, \text{若 } d \text{ 是特征方程的重根.} \end{cases}$$

【例 7-48】　求差分方程

$$y_{t+2} - 4 y_{t+1} + 4 y_t = 2^t$$

的通解.

解　所给方程的特征方程为

$$\lambda^2 - 4\lambda + 4 = 0.$$

它有两相等的实根 $\lambda_1 = \lambda_2 = 2$.

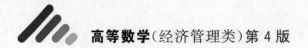

因为 $d=2$ 是特征方程的重根,故可设特解

$$y^*(t) = At^2 2^t.$$

将其代入到原方程中,可求得 $A = \dfrac{1}{8}$.

所以所求通解为

$$y_t = (C_1 + C_2 t)2^t + \frac{1}{8}t^2 \cdot 2^t.$$

其中 C_1, C_2 为任意常数.

习题 7.7

1.求下列差分方程的通解:

(1) $y_{t+1} - 2y_t = t$;   (2) $y_{t+1} - y_t = 2t^2$;

(3) $3y_{t+1} - 2y_t = 0$;   (4) $y_{t+1} - 3y_t = 7 \cdot 2^t$.

2.求差分方程 $y_{t+1} + 3y_t = 4$ 满足初始条件 $y_0 = 4$ 的特解.

3.求差分方程 $y_{t+1} - y_t = -5$ 满足初始条件 $y_0 = 1$ 的特解.

4.求差分方程 $8y_{t+1} + 4y_t = 3$ 满足初始条件 $y_0 = \dfrac{1}{2}$ 的特解.

5.求下列二阶差分方程的通解.

(1) $y_{t+2} + 4y_{t+1} + 3y_t = 0$;   (2) $y_{t+2} + 4y_t = 0$;

(3) $y_{t+2} - 4y_{t+1} + 4y_t = 3^t$;   (4) $y_{t+2} + y_t = t$;

(5) $y_{t+2} + 4y_t = 2$.

6.求差分方程 $y_{t+2} - 3y_{t+1} + 3y_t = 5$ 满足初始条件 $y_0 = 5, y_1 = 8$ 的特解.

7.求差分方程 $y_{t+2} + 2y_{t+1} - 3y_t = 0$ 满足初始条件 $y_0 = -1, y_1 = 1$ 的特解.

8.求差分方程 $y_{t+2} + 4y_t = 2^t$ 满足初始条件 $y_0 = 1, y_1 = -\dfrac{1}{8}\cos 2$ 的特解.

7.8 差分方程在经济学中的简单应用

本节介绍差分方程在经济学中的几个简单应用例题.

【例 7-49】 (存款模型)设 S_0 是初始存款,年利率为 $r(0 < r < 1)$,t 年末金额累积到 $S_t(t = 1, 2, \cdots)$.若以复利累积,那么

$$S_{t+1} = S_t + rS_t = (1+r)S_t \quad (t = 0, 1, 2\cdots).$$

求 t 年末累积金额 S_t.

    解 因为

$$S_{t+1} = S_t + rS_t = (1+r)S_t$$

为一阶常系数齐次线性差分方程.

由迭代法求得其通解为

$$S_t = (1+r)^t S_0.$$

其中 $t = 0, 1, 2, \cdots$.

【例 7-50】 (卡恩(Kahn)消费模型)试解下述卡恩模型,即求 Y_t 和 C_t.

$$\begin{cases} Y_t = C_t + I, \\ C_t = \alpha Y_{t-1} + \beta. \end{cases}$$

其中 $0 < \alpha < 1, \beta > 0$,且 Y_t 和 C_t 分别是时期 t 的国民收入和消费,I 是投资.假设每期相同.

解 消去模型中的 C_t,可得到关于 Y_t 的一阶常系数非齐次线性差分方程

$$Y_t - \alpha Y_{t-1} = \beta + I \quad (t = 1, 2, \cdots).$$

容易求得其解为

$$Y_t = (Y_0 - Y_e)\alpha^t + Y_e,$$

其中 Y_0 为基期的国民收入,$Y_e = \dfrac{\beta + I}{1 - \alpha}$.

由卡恩模型还可得到消费

$$C_t = (Y_0 - Y_e)\alpha^t + \frac{\alpha I + \beta}{1 - \alpha}.$$

除了上述卡恩所提出的宏观经济消费模型外,我们再介绍一个消费模型.

【例 7-51】 (消费模型)设 C 是消费,S 是储蓄,Y 是收入,它们都是时间 t 的函数,一个简单的消费模型如下

$$\begin{cases} C_t + S_t = Y_t, & (7\text{-}57) \\ Y_t = \alpha S_{t-1}, & (7\text{-}58) \\ C_t = \beta Y_t. & (7\text{-}59) \end{cases}$$

其中 Y_t 在 $t = 0$ 时的值为 Y_0.已知,$\alpha > 0, 0 < \beta < 1$,此外 β 是边际消费倾向.求解此差分方程.

解 将模型中的方程(7-58)、(7-59)代入方程(7-57)中,即得要解的差分方程

$$Y_{t+1} = \alpha(1 - \beta) Y_t,$$

且

$$Y_t = (\alpha - \alpha\beta)^t Y_0,$$
$$C_t = \beta Y_t,$$

因此

287

$$C_t = \beta(\alpha - \alpha\beta)^t Y_0.$$

因为 $C_0 = \beta Y_0$,所以

$$C_t = (\alpha - \alpha\beta)^t C_0,$$
$$S_t = Y_t - C_t,$$

因此

$$S_t = (1-\beta)(\alpha - \alpha\beta)^t Y_0,$$

而且,因为 $S_0 = Y_0 - C_0 = (1-\beta)Y_0$,所以

$$S_t = (\alpha - \alpha\beta)^t S_0.$$

因为 $0 < \beta < 1$,所以 $\alpha - \alpha\beta > 0$.

若 $\alpha(1-\beta) > 1$,离散序列是 $\{Y_t\}$,$\{C_t\}$ 和 $\{S_t\}$ 都是单调增加并发散于 $+\infty$;若 $\alpha(1-\beta) < 1$,则它们是单调递减并收敛于 $Y^* = 0$;若 $\alpha(1-\beta) = 1$,则在 $Y^* = 0$ 处是常数.

【例 7-52】 (梅茨勒(L. A. Metzler)存货模型)梅茨勒曾提出如下的存货模型

$$\begin{cases} y_t = u_t + s_t + v_0, & (7\text{-}60) \\ u_t = \beta y_{t-1}, & (7\text{-}61) \\ s_t = \beta(y_{t-1} - y_{t-2}). & (7\text{-}62) \end{cases}$$

其中 y_t 为 t 期总收入,u_t 为 t 期销售收入,s_t 为 t 期库存量,v_0 和 β 为常数,且 $0 < \beta < 1$.试求 y_t, u_t, s_t 关于 t 的表达式.

解 将方程(7-61)、(7-62)代入方程(7-60),得

$$y_t = \beta y_{t-1} + \beta(y_{t-1} - y_{t-2}) + v_0,$$

上式等价于

$$y_{t+2} - 2\beta y_{t+1} + \beta y_t = v_0.$$

这是二阶常系数线性差分方程,对应的特征方程为

$$\lambda^2 - 2\beta\lambda + \beta = 0,$$

因为 $0 < \beta < 1$,所以 $\beta^2 - \beta < 0$,故特征根为一对共轭复根

$$\lambda_{1,2} = \beta \pm i\sqrt{\beta(1-\beta)}.$$

因此

$$r = \sqrt{\beta^2 + \beta(1-\beta)} = \sqrt{\beta},$$
$$\tan\theta = \frac{\sqrt{\beta(1-\beta)}}{\beta}.$$

于是对应的齐次方程

$$y_{t+2} - 2\beta y_{t+1} + \beta y_t = 0$$

的通解为

$$y_t = (\sqrt{\beta})^t (C_1 \cos \theta t + C_2 \sin \theta t),$$

其中 $\theta = \arctan = \dfrac{\sqrt{\beta(1-\beta)}}{\beta}$. 而非齐次方程

$$y_{t+2} - 2\beta y_{t+1} + \beta y_t = v_0$$

的特解为

$$y^*(t) = \frac{v_0}{1-\beta}.$$

故非齐次方程的通解为

$$y_t = (\sqrt{\beta})^t (C_1 \cos \theta t + C_2 \sin \theta t) + \frac{v_0}{1-\beta}.$$

习题　7.8

1.某家庭从现在着手,从每月工资中拿出一部分资金存入银行,用于投资子女的教育,并计算 20 年后开始从投资账户中每月支取 1 000 元,直到 10 年后子女大学毕业并用完全部资金.要实现这个投资目标,20 年内要总共筹措多少资金? 每月要在银行存入多少钱? 假设投资的月利率为 0.5%.

2.一辆新轿车价值 20 万元,以后每年比上一年价值减少 20%,问 t(t 为正整数)年末这辆轿车价值为多少万元? 若这辆轿车价值低于 1 万元就要报废,则这辆轿车最多能使用多少年?

总习题 7

1.选择题

(1) 微分方程 $(y')^3 + 2(y')^2 - 2x^3 y^4 = 0$ 的阶数是(　　).

A. 1　　　　　　B. 2　　　　　　C. 3　　　　　　D. 4

(2)下列结论正确的是(　　).

A. 微分方程的通解一定包含它的所有解

B. 所有微分方程都存在通解

C. 用分离变量法解微分方程时,对方程变形可能会丢掉原方程的某些解

D. 函数 $y = C_1 \sin \omega t + 2C_2 \sin \omega t$($C_1, C_2$ 为两个任意常数)为方程 $y'' + \omega y = 0$ 的通解

(3)差分方程 $y_t - 3y_{t-1} - 4y_{t-2} = 0$ 的通解是(　　).

A. $y_t = At^4$ 　　　　　　　　B. $y_t = B(-1)^t$

C. $y_t = (-1)^t + B \cdot 4^t$ 　　　　D. $y_t = A \cdot (-1)^t + B \cdot 4^t$

(4)设函数 $y = f(x)$ 满足关系式 $f(x) = \int_0^{3x} f\left(\dfrac{t}{3}\right) \mathrm{d}t + \ln 3$,则 $f(x) = ($　　$)$.

A. $\mathrm{e}^x \ln 3$ 　　B. $\mathrm{e}^{3x} \ln 3$ 　　C. $\mathrm{e}^x + \ln 3$ 　　D. $\mathrm{e}^{3x} + \ln 3$

(5)设函数 $y = f(x)$ 是微分方程 $y'' - 2y' + 4y = 0$ 的一个解,且 $f(x_0) > 0$,

$f'(x_0) = 0$,则 $y = f(x)$ 在点 x_0 处(　　).

A. 有极大值　　　　　　　　B. 某邻域内单调增加

C. 有极小值　　　　　　　　D. 某邻域内单调减少

（6）设线性无关的函数 y_1, y_2, y_3 都是微分方程 $y'' + p(x)y' + q(x)y = f(x)$ 的解,则此方程的通解为 $y = $(　　).

A. $C_1 y_1 + C_2 y_2 + y_3$

B. $C_1 y_1 + C_2 y_2 - (C_1 + C_2)y_3$

C. $C_1 y_1 + C_2 y_2 - (1 - C_1 - C_2)y_3$

D. $C_1 y_1 + C_2 y_2 + (1 - C_1 - C_2)y_3$

2. 填空题

（1）已知函数 $y = y(x)$ 在任意点 x 处的增量 $\Delta y = \dfrac{y\Delta x}{1 + x^2} + o(\Delta x)$, $y(0) = \pi$,则 $y(1) = $ ＿＿＿＿＿＿＿＿＿＿.

（2）以函数 $x = \sin(y + C)$ 为通解的微分方程是 ＿＿＿＿＿＿＿＿＿＿.

（3）以 $y = C_1 e^x + C_2 e^{2x} + e^x$ 为通解的微分方程是 ＿＿＿＿＿＿＿＿＿＿.

（4）已知微分方程 $y'' + 3y' = f(x)$ 的一个特解为 y^* ,则该方程的通解为 ＿＿＿＿＿＿＿＿＿＿.

（5）某公司每年的工资总额在比上一年增长 20% 的基础上再追加 200 万元,若以 y_t 表示第 t 年的工资总额(单位:百万元),则 y_t 满足的差分方程为 ＿＿＿＿＿＿＿＿.

3. 求下列方程的通解或特解:

（1）$y' + \sin(2x - y) = \sin(2x + y)$; （2）$xy' + y = 1$;

（3）$2y_{t+1} + 10y_t - 5t = 0$; （4）$y' = 2(x^2 + y)x$;

（5）$y\mathrm{d}x + (y - x)\mathrm{d}y = 0$; （6）$\dfrac{\mathrm{d}y}{\mathrm{d}x} = x^2 + 2xy + y^2 + 2x + 2y$;

（7）$y' = \dfrac{x + 1 - \sin y}{\cos y}$; （8）$y_{t+1} - y_t = t \cdot 2^t$;

（9）$y'y'' - x = 0$; （10）$\begin{cases} \dfrac{y''}{y'} - 2y = 0, \\ y \big|_{x=0} = 0, y' \big|_{x=0} = 1; \end{cases}$

（11）$y'' - y = 4x e^x$, $y \big|_{x=0} = 0, y' \big|_{x=0} = 1$;

（12）$y''' + 6y'' + (9 + a^2)y' = 1 (a > 0)$.

4. 确定下列微分方程的特解 y^* 的形式:

（1）$y'' - 4y' + 4y = e^{2x} + 4x$;

（2）$y'' - 2y' + 10y = e^x \sin 3x$.

5. 设 $f(x)$ 在 $(0, +\infty)$ 上连续,对任意的 $x \in (0, +\infty)$ 满足

$$x \int_0^1 f(tx)\mathrm{d}t = 2\int_0^x f(t)\mathrm{d}t + xf(x) + x^3 ,$$

且 $f(1) = 0$,求 $f(x)$.

6. 已知二阶常系数微分方程

$$y'' + \alpha y' + \beta y = \gamma(x + 2)$$

有特解 $y^* = e^x + 1 - x^2 - 6x$ ，求 α,β,γ 的值，并求该方程的通解.

7. 某市几十家专业商场，今年销售全自动洗衣机 15 千台，预计今后几年销售数量将以每年 60% 的速率增长，估计年销售达 60 千台时销售市场基本趋于饱和. 试求出全自动洗衣机的销售曲线方程.

8. 一曲线过点 $(4,-1)$，且其上任意点处的切线在切点与 x 轴之间的线段被 y 轴平分，求该曲线的方程.

9. 据统计，某城市 2010 年的猪肉产量为 30 万吨，价格为 6.00 元/kg. 2011 年生产猪肉 25 万吨，价格为 6.00 元/kg. 已知 2012 年的猪肉产量为 28 万吨，价格为 8.00 元/kg 若维持目前的消费水平与生产方式，并假定猪肉产量与价格之间是线性关系. 问若干年以后的产量与价格是否会趋于稳定？若稳定请求出稳定的产量和价格.

探月精神

第8章
多元函数微积分学

前面各章所讨论的函数都是只有一个自变量的函数,即一元函数.但自然科学和工程技术中的很多问题都要取决于多个因素,反映到数学上,就是一个变量依赖于多个变量的情形.这就提出了多元函数以及多元函数的微积分问题.

多元函数微分学是一元函数微分学的推广和发展,它们既有很多类似之处,又有不少重大差别.由于从二元函数到二元以上的多元函数,有关概念、理论和方法大多可以类推,所以我们重点介绍二元函数微分学及其应用.

8.1 空间解析几何初步

8.1.1 空间直角坐标系与空间的点

在平面解析几何中,正是由于平面直角坐标系的建立,平面上的点与二元有序数组(x,y)一一对应.

现通过建立空间直角坐标系,可以建立空间的点与三元有序数组(x,y,z)之间的一一对应关系.

在空间任意取一个定点O,以O为原点作三条具有相同的单位长度,且两两互相垂直的数轴,依次记为x轴(横轴)、y轴(纵轴)、z轴(竖轴),统称坐标轴(图8-1).这三条轴的正方向要符合右手法则,即以右手握住z轴,当右手的四个手指从x轴正向以$\frac{\pi}{2}$转向y轴正向时,大拇指的指向就是z轴的正向(图8-2),这样的三条坐标轴构成一个空间直角坐标系,

称为 $Oxyz$ 坐标系,点 O 称为**坐标原点**(或原点).

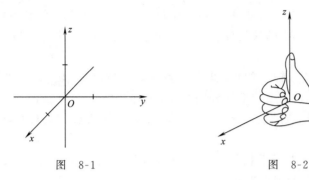

图　8-1　　　　　　　　　　　图　8-2

　　通常把 x 轴和 y 轴置于水平面上,而 z 轴是铅直线. 三条坐标轴中的任意两条确定一个平面,称为**坐标面**. 由 x 轴和 y 轴所确定的坐标面叫做 xOy 面,由 y 轴、z 轴及由 z 轴、x 轴所确定的坐标面,分别叫做 yOz 面和 zOx 面. 三个坐标面把空间分成八个部分,每一部分叫做**卦限**,含有 x 轴、y 轴及 z 轴正半轴的那个卦限叫做**第一卦限**,其他第二、第三、第四卦限在 xOy 面的上方,按逆时针方向确定. 在 xOy 面下方与第一至第四卦限相对应的是第五至第八卦限. 这八个卦限分别用字母 Ⅰ,Ⅱ,Ⅲ,Ⅳ,Ⅴ,Ⅵ,Ⅶ,Ⅷ表示,如图 8-3 所示.

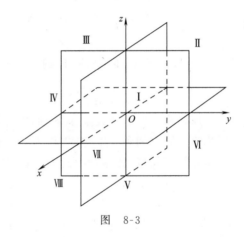

图　8-3

　　建立了空间直角坐标系后,空间任一点就可以用三个有序的实数来表示.

　　设 M 为空间任意一点,过点 M 分别作三个平面垂直于 x 轴、y 轴和 z 轴,它们与 x 轴、y 轴和 z 轴的交点依次为 P、Q、R(图 8-4). 设这三个点在 x 轴、y 轴、z 轴上的坐标分别为 x,y,z,于是由点 M 就唯一确定了三个有序数 x,y,z;反过来,如果已知三个有序数 x,y,z,我们可以在 x 轴、y 轴、z 轴上分别取坐标为 x,y,z 的三个点 P,Q,

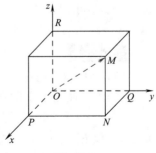

图　8-4

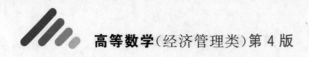

R，然后通过点 P,Q,R 分别作垂直于 x 轴、y 轴、z 轴的三个平面，这三个平面必然交于空间一点 M. 由此可见，空间一点 M 与三个有序数 x,y,z 之间存在着一一对应关系，我们把有序数 x,y,z 称为点 M 的坐标，并依次称 x,y,z 为点 M 的横坐标、纵坐标、竖坐标，点 M 通常记为 $M(x,y,z)$.

坐标面和坐标轴上的点，其坐标各有一定的特征. 例如，在坐标面 xOy、yOz 和 zOx 上点的坐标分别为 $(x,y,0)$，$(0,y,z)$ 和 $(x,0,z)$；在 x 轴、y 轴和 z 轴上点的坐标分别为 $(x,0,0)$、$(0,y,0)$ 和 $(0,0,z)$；原点的坐标是 $(0,0,0)$.

与平面直角坐标系相仿，可以证明，空间任两点 $M_1(x_1,y_1,z_1)$ 与 $M_2(x_2,y_2,z_2)$ 间的距离为

$$|M_1M_2| = \sqrt{(x_2-x_1)^2+(y_2-y_1)^2+(z_2-z_1)^2}.$$

特别地，空间任意点 $M(x,y,z)$ 与坐标原点 $O(0,0,0)$ 的距离为

$$|OM| = \sqrt{x^2+y^2+z^2}.$$

若线段 M_1M_2 的中点 M_0 的坐标为 (x_0,y_0,z_0)，则

$$x_0 = \frac{x_1+x_2}{2}, \quad y_0 = \frac{y_1+y_2}{2}, \quad z_0 = \frac{z_1+z_2}{2}.$$

通常将二元有序数组 (x,y) 的集合，三元有序数组 (x,y,z) 的集合分别称为二维空间和三维空间. 作为它们的抽象，类比可以得到四维、五维乃至 n 维空间概念. 尽管我们不能画出它们的图形，但仍可设想四元有序数组 (x_1,x_2,x_3,x_4) 与四维空间的"点"一一对应. 引入四维和四维以上的 n 维空间，对于人们分析实际问题非常有益，特别是对经济问题，其意义更为明显，因为人们常常将经济系统分为多个子系统或多种商品进行分析，引入多维空间概念后就会带来极大的方便.

8.1.2 空间曲面与方程

与平面解析几何中建立平面曲线与二元方程 $f(x,y)=0$ 的对应关系一样，可以在空间直角坐标系中建立空间曲面与三元方程 $f(x,y,z)=0$ 的对应关系.

定义 8-1 如果曲面 S 与方程 $F(x,y,z)=0$ 满足下述关系：

(1) 曲面 S 上任一点的坐标都满足方程 $F(x,y,z)=0$；

(2) 不在曲面 S 上的点的坐标都不满足方程

$$F(x,y,z)=0.$$

那么，方程 $F(x,y,z)=0$ 就称为**曲面 S 的方程**，而曲面 S 称为**方程 $F(x,y,z)=0$ 的图形**（图 8-5）.

【例 8-1】 求与两相异点 $M_1(x_1,y_1,z_1)$
与 $M_2(x_2,y_2,z_2)$ 等距离的动点 $M(x,y,z)$ 的
轨迹方程.

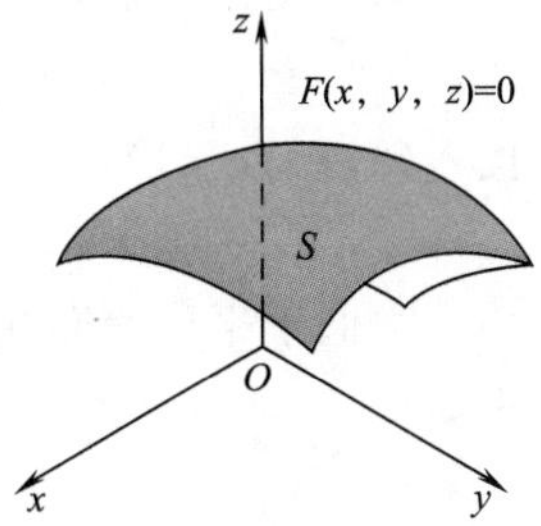

解 由立体几何知识可知,动点 M 的轨
迹为线段 M_1M_2 的垂直平分面. 依题意有
$$|MM_1|=|MM_2|.$$
由两点间距离公式有
$$(x-x_1)^2+(y-y_1)^2+(z-z_1)^2$$
$$=(x-x_2)^2+(y-y_2)^2+(z-z_2)^2.$$
化简得点 M 的轨迹方程
$$Ax+By+Cz+D=0.$$

图 8-5

其中 $A=x_2-x_1,B=y_2-y_1,C=z_2-z_1,D=\dfrac{1}{2}(x_1^2+y_1^2+z_1^2-x_2^2-y_2^2-z_2^2)$
均为常数.

【例 8-2】 求球心为点 $M_0(x_0,y_0,z_0)$,半径为 R 的球面方程.

解 在球面上任取一点 $M(x,y,z)$,则
$$|MM_0|=R,$$
故
$$(x-x_0)^2+(y-y_0)^2+(z-z_0)^2=R^2.$$
特别地,当球心在原点 O 时,球面方程为
$$x^2+y^2+z^2=R^2.$$

常见的空间曲面有平面、柱面和二次曲面等.

1. 平面

空间平面的一般式方程为
$$Ax+By+Cz+D=0.$$
其中 A,B,C,D 均为常数.

显然,过原点的平面方程为
$$Ax+By+Cz=0 \quad (D=0).$$
平行于 z 轴的平面方程为 $Ax+By+D=0(C=0)$.
平行于 y 轴的平面方程为 $Ax+Cz+D=0(B=0)$.
平行于 x 轴的平面方程为 $By+Cz+D=0(A=0)$.
表示坐标平面 yOz,zOx,xOy 的平面方程依次为:$x=0,y=0,z=0$.
垂直于 x 轴、y 轴、z 轴的平面方程依次为:$x=a,y=b,z=c(a,b,c$ 为
常数).

【例 8-3】 求过 x 轴和点 $(4,-3,-1)$ 的平面方程.

解 由于平面过 x 轴,则必有 $A=D=0$,故可设所求平面方程为

$$By+Cz=0,$$

代入 $(4,-3,-1)$,有 $C=-3B$,故所求平面方程为

$$y-3z=0.$$

类似于平面直角坐标系中直线的截距式方程,空间平面的截距式方程为

$$\frac{x}{a}+\frac{y}{b}+\frac{z}{c}=1.$$

其中平面与 x 轴、y 轴、z 轴分别交于点 $P(a,0,0)$,$Q(0,b,0)$,$R(0,0,c)$,且 $abc\neq0$.

2. 柱面

动直线 L 与定直线 m 平行,动直线 L 沿给定曲线 C 移动而形成的空间曲面,称为**柱面**,动直线 L 称为柱面的**母线**,曲线 C 称为柱面的**准线**.

例如,不含 z 的方程 $x^2+y^2=R^2$,在空间直角坐标系中表示圆柱面,它的母线平行于 z 轴,准线为 xOy 平面上的圆 $x^2+y^2=R^2$(见图 8-6).

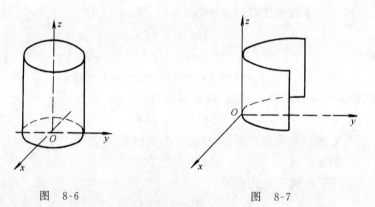

图 8-6   图 8-7

又如,方程 $y=2x^2$ 表示母线平行于 z 轴的柱面,它的准线是 xOy 坐标面上的抛物线 $y=2x^2$.称该柱面为抛物柱面(见图8-7).

再如,方程 $x+y=1$ 表示母线平行于 z 轴的柱面,它的准线是 xOy 面上的直线 $x+y=1$(事实上,它就是平行于 z 轴的平面,见图 8-8).

一般地,只含 x 和 y 而缺 z 的方程 $f(x,y)=0$ 在空间直角坐标系中,表示母线平行于 z 轴的柱面,而其准线为 xOy 坐标面上的曲线 $f(x,y)=0$.

仿上,请读者说明方程 $g(x,z)=0$ 与 $h(y,z)=0$

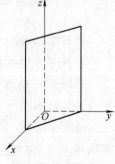

图 8-8

在空间直角坐标系中表示怎样的柱面.

3. 二次曲面

在平面直角坐标系中,二元二次方程 $a_1 x^2 + a_2 y^2 + b_1 xy + c_1 x + c_2 y = d$ 所表示的曲线称为二次曲线.

类似地,在空间直角坐标系中,三元二次方程

$$a_1 x^2 + a_2 y^2 + a_3 z^2 + b_1 xy + b_2 yz + b_3 zx + c_1 x + c_2 y + c_3 z = d$$

所表示的曲面,称为二次曲面,其中 $a_i, b_i, c_i (i=1,2,3)$ 和 d 均为常数.

常见的二次曲面有:

球面　$x^2 + y^2 + z^2 = R^2$　$(R>0)$.

椭球面　$\dfrac{x^2}{a^2} + \dfrac{y^2}{b^2} + \dfrac{z^2}{c^2} = 1$　$(a>0, b>0, c>0)$.

单叶双曲面　$\dfrac{x^2}{a^2} + \dfrac{y^2}{b^2} - \dfrac{z^2}{c^2} = 1$　$(a>0, b>0, c>0)$.

双叶双曲面　$\dfrac{x^2}{a^2} + \dfrac{y^2}{b^2} - \dfrac{z^2}{c^2} = -1$　$(a>0, b>0, c>0)$.

二次锥面　$\dfrac{x^2}{a^2} + \dfrac{y^2}{b^2} - \dfrac{z^2}{c^2} = 0$　$(a>0, b>0, c>0)$.

椭圆抛物面　$\dfrac{x^2}{a^2} + \dfrac{y^2}{b^2} = z$　$(a>0, b>0)$.

旋转抛物面　$\dfrac{x^2}{a^2} + \dfrac{y^2}{a^2} = z$　$(a>0)$.

双曲抛物面(马鞍面)　$\dfrac{x^2}{a^2} - \dfrac{y^2}{b^2} = z$　$(a>0, b>0)$.

三元方程 $f(x, y, z) = 0$ 所表示的曲面的图形,可采用"截痕法"作图.所谓"截痕法",就是用坐标平面及平行于坐标平面的平面与所讨论的曲面相截,然后考察其交线(即截痕)的图形,最后综合各种情况,描绘出曲面的大致形状.这是空间解析几何中较常用的一种方法.

【例 8-4】 用截痕法作出椭圆抛物面 $\dfrac{x^2}{a^2} + \dfrac{y^2}{b^2} = z (a>0, b>0)$ 的图形.

解　由方程 $\dfrac{x^2}{a^2} + \dfrac{y^2}{b^2} = z$,可知 $z \geqslant 0$,故曲面在 xOy 平面上方,xOy 平面与曲面相交于原点 $O(0,0,0)$.

用平行于 xOy 平面的平面 $z = z_1 (z_1 > 0)$ 去截曲面,交线方程为

$$\begin{cases} \dfrac{x^2}{a^2} + \dfrac{y^2}{b^2} = z, \\ z = z_1, \end{cases} \quad \text{或} \quad \begin{cases} \dfrac{x^2}{(\sqrt{z_1}\,a)^2} + \dfrac{y^2}{(\sqrt{z_1}\,b)^2} = 1, \\ z = z_1. \end{cases}$$

这是平面 $z=z_1$ 上的椭圆,且椭圆半轴随 z_1 的增大而增大.

曲面与坐标平面 $yOz(x=0)$ 的交线方程为

$$\begin{cases} z=\dfrac{y^2}{b^2}, \\ x=0. \end{cases}$$

这是 yOz 平面上的一条抛物线.

用平行于 yOz 平面的平面 $x=x_1$ 去截曲面,交线方程为

$$\begin{cases} z=\dfrac{y^2}{b^2}+\dfrac{x^2}{a^2}, \\ x=x_1. \end{cases}$$

这是平面 $x=x_1$ 上的一条抛物线.

类似地,用 zOx 平面$(y=0)$和平行于 $y=0$ 的平面 $y=y_1$ 去截曲面,交线亦为抛物线.

综上讨论,可画椭圆抛物面的大致图形(图 8-9).

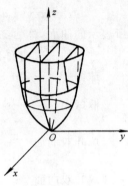

图 8-9

习题 8.1

1.求点 (a,b,c) 关于(1)各坐标面;(2)各坐标轴;(3)坐标原点的对称点的坐标.

2.求点 $(2,4,-5)$ 到各坐标轴的距离.

3.在 yOz 面上,求与三点 $A(2,1,2)$,$B(1,3,1)$,$C(0,-1,2)$ 等距离的点.

4.一动点 M 到点 $B(-4,2,4)$ 的距离是到点 $A(5,4,0)$ 距离的两倍,求动点 M 的轨迹方程.

5.建立以点 $(-1,-3,2)$ 为球心,且过点 $(1,-1,1)$ 的球面方程.

6.方程 $x^2+y^2+z^2-2x+4y-4z-7=0$ 表示什么曲面?

7.画出下列方程所表示的曲面:

(1) $x^2+(y-a)^2=a^2$; (2) $\dfrac{x^2}{9}+z^2=1$; (3) $y^2-4z=0$.

8.画出下列方程所表示的二次曲面的图形:

(1) $\dfrac{x^2}{4}+\dfrac{y^2}{9}+z^2=1$; (2) $z=\dfrac{x^2}{3}+\dfrac{y^2}{4}$.

9.求过 $(2,-1,4)$,$(0,2,3)$,$(-1,3,-2)$ 三个点的平面方程.

10.已知动点 $M(x,y,z)$ 到 xOy 平面的距离与点 M 到点 $(1,-1,2)$ 的距离相等,求动点 M 的轨迹方程.

8.2　多元函数的概念

8.2.1　区域

设 $P_0(x_0,y_0)$ 为平面上一定点,$\delta>0$,以 P_0 为圆心,δ 为半径的圆
$$U(P_0,\delta)=\{(x,y)\mid (x-x_0)^2+(y-y_0)^2<\delta^2\}$$
称为点 P_0 的 δ **邻域**.点 P_0 的去心邻域记为 $\mathring{U}(P_0,\delta)$.

设 D 为 xOy 平面上一点集,$P_0\in D$,若存在 $\delta>0$,使得 $U(P_0,\delta)\subset D$,则称 P_0 为 D 的**内点**.(图 8-10)

如果点集 D 的任一点都是内点,则称 D 为**开集**.例如,$D=\{(x,y)\mid 1<x^2+y^2<4\}$ 中每个点都是 D 的内点,因此 D 为开集.

如果点 P_0 的任一邻域内既有属于 D 的点,又有不属于 D 的点(点 P_0 本身可以属于 D,也可以不属于 D),则称 P_0 为 D 的**边界点**.D 的边界点的全体称为 D 的**边界**.(见图 8-11)

　　图　8-10

　　图　8-11

例如,$D=\{(x,y)\mid 1<x^2+y^2<4\}$ 的边界为圆周 $x^2+y^2=1$ 和 $x^2+y^2=4$.

设 D 是开集,若对于 D 内任意两点,都可用折线连接起来,且该折线上的点都属于 D,则称开集 D 是**连通**的,连通的开集称为**区域**或**开区域**.例 如,$\{(x,y)\mid x+y>1\}$,$\{(x,y)\mid 2<x^2+y^2<4\}$ 都 是 区 域,但 $\{(x,y)\mid |x|>1,y\in\mathbf{R}\}$ 就不是区域.

开区域连同它的边界,称为**闭区域**.例如,$\{(x,y)\mid 2\leqslant x^2+y^2\leqslant 4\}$,$\{(x,y)\mid x+y\geqslant 1\}$ 都是闭区域.今后在不需要区分开区域和闭区域时,我们通称为区域.

如果区域 D 总可以被包含在一个以原点为中心半径适当大的圆内,

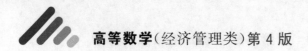

则称 D 为**有界区域**,否则称为**无界区域**。

对照上述概念,区域 $\{(x,y)\,|\,2 < x^2 + y^2 < 4\}$ 为有界区域,$\{(x,y)\,|\,x + y < 1\}$ 为无界区域。

8.2.2　二元函数的定义

一元函数研究一个变量对因变量的影响.在许多实际问题,特别是经济问题中,往往要研究多个自变量对因变量的影响,这就需要引入多元函数的概念.

例如,长、宽、高分别为 x,y,z 的长方体的表面积为

$$S = 2(xy + yz + zx)\quad(x > 0, y > 0, z > 0).$$

显然,当 x,y,z 都变化时,表面积 S 也随之而变,故 S 为 x,y,z 三个变量的函数,称为三元函数.

又如,在生产中产量 Y 与投入资金 K 和劳动 L 之间有如下关系

$$Y = AK^\alpha L^\beta.$$

其中 A,α,β 均为正常数,此函数关系在西方经济学中被称为柯布-道格拉斯(Cobb-Douglas)生产函数.

可见,所谓多元函数是指依赖于多个自变量的函数关系.

定义 8-2　设 D 为 xOy 平面上一个点集,若对于 D 中任一点 (x,y),按照某个确定的法则 f,变量 z 总有唯一确定的数值与点 (x,y) 对应,则称变量 z 是变量 x,y 的二元函数,记作

$$z = f(x,y),(x,y) \in D.$$

其中 x,y 称为**自变量**,z 称为**因变量**,点集 D 称为 $z = f(x,y)$ 的**定义域**,数集 $\{z\,|\,z = f(x,y),(x,y) \in D\}$ 称为该函数的**值域**.

当自变量 x,y 分别取值 x_0,y_0 时,因变量 z 的对应值 z_0 称为函数 $z = f(x,y)$ 当 $x = x_0,y = y_0$ 时的**函数值**,记作 $z_0 = f(x_0,y_0)$.

类似地,可以定义三元,四元,$\cdots$,n 元函数.通常,n 元函数记为

$$z = f(x_1, x_2, \cdots, x_n),(x_1, x_2, \cdots, x_n) \in D.$$

其中 $x_1, x_2, \cdots, x_n$ 为自变量,z 为因变量,D 为定义域.

关于二元函数的定义域,与一元函数类似,我们作如下约定:在一般的讨论用解析式(算式)表示的函数时,它的定义域就是使这个解析式有意义的实数对 (x,y) 所构成的集合,并称其为**自然定义域**.

例如,函数

$$z = \frac{1}{\ln(x+y)}$$

的定义域为 $\{(x,y)\,|\,x + y > 0, x + y \neq 1\}$(图 8-12).

又如,$z=\sqrt{x^2+y^2-1}+\sqrt{4-x^2-y^2}$ 的定义域为 $\{(x,y)\,|\,1\leqslant x^2+y^2\leqslant4\}$.

一元函数 $y=f(x)$ 在平面直角坐标系中一般表示一条曲线,对于二元函数 $z=f(x,y)$,由空间曲面知识,它在空间直角坐标系中一般表示一个曲面,其定义域 D 就是该曲面在 xOy 平面上的投影(图8-13).

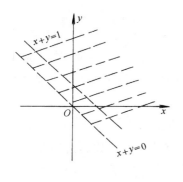

图　8-12　　　　　　　　　图　8-13

设函数 $z=f(x,y)$ 的定义域为 D,当 $(x,y)\in D,t\in\mathbf{R}$ 时,有 $(tx,ty)\in D$,若存在常数 K,使对任意 $(x,y)\in D$,恒有
$$f(tx,ty)=t^Kf(x,y).$$
则称函数 $z=f(x,y)$ 为 **K 次齐次函数**.类似地,可以定义 n 元 K 次齐次函数.

齐次函数是经济学中经常遇到的一类函数.例如,前面提到的柯布-道格拉斯生产函数就是 $\alpha+\beta$ 次齐次函数.
$$f(K,L)=AK^\alpha L^\beta,$$
$$f(tK,tL)=A(tK)^\alpha(tL)^\beta=t^{\alpha+\beta}f(K,L).$$

一般地,设描述产出 Y 与投入要素 $x_1,x_2,\cdots,x_n$(资本,劳力,……)之间的生产函数为
$$Y=f(x_1,x_2,\cdots,x_n).$$
通常假设其为齐次函数,即
$$f(\lambda x_1,\lambda x_2,\cdots,\lambda x_n)=\lambda^K f(x_1,x_2,\cdots,x_n).$$
当 $K=1$ 时,表示产出与生产规模成比例,称为规模报酬不变或固定规模报酬;当 $K>1$ 时,称为规模报酬递增;当 $K<1$ 时,称为规模报酬递减.

8.2.3　二元函数的极限

设函数 $f(x,y)$ 在区域 D 上有定义,$P_0(x_0,y_0)$ 是 D 的内点或边界

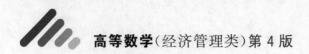

点. 如果当 D 内的点 $P(x,y)$ 无限趋近于点 $P_0(x_0,y_0)$ 时, 对应的函数值 $f(x,y)$ 无限趋近于常数 A, 那么 A 就叫做 $f(x,y)$ 当 $(x,y) \to (x_0,y_0)$ 时的极限. 记作

$$\lim_{(x,y) \to (x_0,y_0)} f(x,y) = A,$$

或

$$\lim_{\substack{x \to x_0 \\ y \to y_0}} f(x,y) = A,$$

或

$$f(x,y) \to A \quad ((x,y) \to (x_0,y_0))$$

由于 $P(x,y) \to P_0(x_0,y_0)$ 等价于 P 与 P_0 这两点间的距离 $\sqrt{(x-x_0)^2 + (y-y_0)^2} \to 0$, 所以我们可仿照一元函数的极限定义给出二元函数极限的定义.

定义 8-3 设函数 $f(x,y)$ 在区域 D 上有定义, $P_0(x_0,y_0)$ 是 D 的内点或边界点. 如果存在常数 A, 对于任意给定的正数 ε, 总存在正数 δ, 使得 D 内的点 $P(x,y)$ 满足 $0 < \sqrt{(x-x_0)^2 + (y-y_0)^2} < \delta$ 时, 就有

$$|f(x,y) - A| < \varepsilon,$$

那么称常数 A 为函数 $f(x,y)$ 当 $(x,y) \to (x_0,y_0)$ 时的**极限**, 记作

$$\lim_{(x,y) \to (x_0,y_0)} f(x,y) = A, \quad \text{或} \quad \lim_{\substack{x \to x_0 \\ y \to y_0}} f(x,y) = A.$$

我们把二元函数的极限叫二重极限.

在上述定义中, 所谓二重极限存在, 是指 $P(x,y)$ 以任何方式趋于 $P_0(x_0,y_0)$ 时, 函数都无限接近于 A, 因此, 若 $P(x,y)$ 以某一特殊方式, 如沿 x 轴(y 轴)或沿某定曲线趋于 $P_0(x_0,y_0)$ 时, 即使函数无限接近于某一确定常数, 我们也不能断定函数以此常数为极限. 但是反过来, 若当 $P(x,y)$ 沿两条不同路径趋于 $P_0(x_0,y_0)$ 时, 函数趋于不同的值, 则我们可以断定该函数无极限.

【例 8-5】 求极限 $\displaystyle \lim_{(x,y) \to (2,0)} \frac{y}{\sin(xy)}$.

解 因 $\displaystyle \lim_{t \to 0} \frac{t}{\sin t} = 1$, 故

$$\lim_{(x,y) \to (2,0)} \frac{y}{\sin(xy)} = \lim_{(x,y) \to (2,0)} \frac{xy}{\sin(xy)} \frac{1}{x}$$

$$= \lim_{(x,y) \to (2,0)} \frac{xy}{\sin(xy)} \cdot \lim_{(x,y) \to (2,0)} \frac{1}{x} = \frac{1}{2}.$$

【例 8-6】 求 $\displaystyle \lim_{(\Delta x, \Delta y) \to (0,0)} \frac{\Delta x \Delta y}{\sqrt{(\Delta x)^2 + (\Delta y)^2}}$.

解 对任意 $(\Delta x, \Delta y) \neq (0,0)$, 有 $\left| \dfrac{\Delta y}{\sqrt{(\Delta x)^2 + (\Delta y)^2}} \right| \leqslant 1$, 故当 $(\Delta x,$

$\Delta y)\to(0,0)$ 时，$\dfrac{\Delta y}{\sqrt{(\Delta x)^2+(\Delta y)^2}}$ 为有界变量.

又因 $\lim\limits_{(\Delta x,\Delta y)\to(0,0)}\Delta x=0$，故

$$\lim_{(\Delta x,\Delta y)\to(0,0)}\frac{\Delta x\Delta y}{\sqrt{(\Delta x)^2+(\Delta y)^2}}=0.$$

【例 8-7】　设函数

$$f(x,y)=\begin{cases}\dfrac{xy}{x^2+y^2},&(x,y)\neq(0,0),\\[2mm]0,&(x,y)=(0,0),\end{cases}$$

证明：$\lim\limits_{(x,y)\to(0,0)}f(x,y)$ 不存在.

证　当点 $P(x,y)$ 沿 $y=kx$ 趋于 $(0,0)$ 时，有

$$\lim_{\substack{(x,y)\to(0,0)\\y=kx}}f(x,y)=\lim_{\substack{(x,y)\to(0,0)\\y=kx}}\frac{xy}{x^2+y^2}=\lim_{x\to0}\frac{kx^2}{x^2+k^2x^2}=\frac{k}{1+k^2}$$

为 k 的函数，随 k 的值不同而改变，故二重极限不存在. 证毕.

【例 8-8】　证明：当 $(x,y)\to(0,0)$ 时，$f(x,y)=\dfrac{xy}{x+y}$ 的极限不存在.

证　当 (x,y) 沿着 x 轴 $(y=0)$ 趋于 $(0,0)$ 时，

$$\lim_{\substack{(x,y)\to(0,0)\\y=0}}f(x,y)=\lim_{\substack{(x,y)\to(0,0)\\y=0}}\frac{xy}{x+y}=\lim_{x\to0}\frac{x\cdot0}{x+0}=0;$$

当 (x,y) 沿着抛物线 $y=x^2-x$ 轴趋于 $(0,0)$ 时，

$$\lim_{\substack{(x,y)\to(0,0)\\y=x^2-x}}f(x,y)=\lim_{\substack{(x,y)\to(0,0)\\y=x^2-x}}\frac{xy}{x+y}=\lim_{x\to0}\frac{x^2(x-1)}{x^2}=-1;$$

故 $f(x,y)$ 当 $(x,y)\to(0,0)$ 时极限不存在，证毕。

8.2.4　二元函数的连续性

类似于一元函数连续的概念，我们有：

定义 8-4　设函数 $f(x,y)$ 在点 $P_0(x_0,y_0)$ 的某个邻域内有定义，如果

$$\lim_{(x,y)\to(x_0,y_0)}f(x,y)=f(x_0,y_0),$$

则称 $f(x,y)$ 在点 $P_0(x_0,y_0)$ 处**连续**，否则称 $f(x,y)$ 在点 $P_0(x_0,y_0)$ 处**间断**.

若函数 $f(x,y)$ 在区域 D 上每一点都连续，则称函数 $f(x,y)$ 在**区域 D 上连续**或称 $f(x,y)$ 是区域 D 上的**连续函数**.

若函数 $z=f(x,y)$ 在区域 D 内连续，则它在 D 内的图形就是一个连续曲面.

【例 8-9】　证明：$f(x,y)=\sqrt{x^2+y^2}$ 在 $(0,0)$ 处连续.

证   对任意 $\varepsilon>0$，取 $\delta=\varepsilon$. 当 $P(x,y)$ 满足 $0<\sqrt{(x-0)^2+(y-0)^2}<\delta$ 时，有

$$\left|\sqrt{x^2+y^2}-0\right|<\varepsilon.$$

故 $\lim\limits_{(x,y)\to(0,0)}f(x,y)=0=f(0,0)$，所以 $f(x,y)=\sqrt{x^2+y^2}$ 在 $(0,0)$ 处连续. 证毕.

前面例 8-7 中讨论过的函数

$$f(x,y)=\begin{cases}\dfrac{xy}{x^2+y^2}, & (x,y)\neq(0,0),\\[2mm]0, & (x,y)=(0,0)\end{cases}$$

当 $(x,y)\to(0,0)$ 时，极限不存在，故点 $(0,0)$ 为该函数的一个间断点.

与一元函数类似，若 $f(x,y)$ 和 $g(x,y)$ 为区域 D 上的连续函数，则 $f(x,y)\pm g(x,y)$，$f(x,y)g(x,y)$，$\dfrac{f(x,y)}{g(x,y)}(g(x,y)\neq0)$ 仍为区域 D 上的连续函数. 连续函数的复合函数仍为连续函数.

类似于闭区间上一元连续函数的性质，有界闭区域上多元连续函数具有如下性质：

定理 8-1   （有界性与最大值最小值定理） 在有界闭区域 D 上的多元连续函数必定在 D 上有界，且能取得它的最大值和最小值.

定理 8-2   （介值定理） 在有界闭区域 D 上的多元连续函数必取得介于最大值和最小值之间的任何值.

习题   8.2

1. 已知 $f(x,y)=\dfrac{xy}{x^2-y^2}$，试求 $f(2,1)$，$f(1,0)$ 和 $f(tx,ty)$.

2. 设 $f(x+y,x-y)=xy+y^2$，求 $f(x,y)$.

3. 求下列各函数的定义域：

(1) $z=\arcsin\dfrac{x^2+y^2}{2}$；

(2) $z=\sqrt{x-y}+2\ln(1-x-y)$；

(3) $u=\sqrt{x^2+y^2+z^2-r^2}+\dfrac{1}{\sqrt{R^2-x^2-y^2-z^2}}\,(R>r>0)$；

(4) $u=3\sqrt{2-z}-\mathrm{e}^{\sqrt{x-x^2-y^2}}$.

4. 求下列极限：

(1) $\lim\limits_{(x,y)\to(0,2)}y\ln(y+\mathrm{e}^x)$；   (2) $\lim\limits_{\substack{x\to1\\y\to0}}\left[\dfrac{x+y}{x^2+y^2}+2\cos(xy)\right]$；

(3) $\lim\limits_{(x,y)\to(0,0)} \dfrac{xy}{\sqrt{4+3xy}-2}$;　　(4) $\lim\limits_{\substack{x\to 1\\y\to 0}} \dfrac{\sin(2xy)}{y}$.

5. 证明下列极限不存在:

(1) $\lim\limits_{(x,y)\to(0,0)} \dfrac{x+y}{x-y}$;　　(2) $\lim\limits_{\substack{x\to 0\\y\to 0}} \dfrac{x^2 y}{x^4+y^2}$.

8.3　偏导数

8.3.1　偏导数及其计算法

对于一元函数, 因变量对自变量的变化率, 就是一元函数的导数. 对于多元函数, 往往要研究在其他变量固定不变时, 因变量对某个自变量的变化率, 这种变化率就是多元函数的偏导数. 以二元函数 $z=f(x,y)$ 为例, 如果固定自变量 $y=y_0$, 则函数 $z=f(x,y_0)$ 就是 x 的一元函数, 该函数对 x 的变化率(即导数)就称为函数 $z=f(x,y)$ 对 x 的偏导数. 这样把一元函数导数的极限定义式移植到二元函数上来, 就有下面偏导数的定义.

定义 8-5　设函数 $z=f(x,y)$ 在点 (x_0,y_0) 的某一邻域内有定义, 当 y 固定在 y_0, 而 x 在 x_0 处取得增量 Δx 时, 相应的函数有增量 $f(x_0+\Delta x,y_0)-f(x_0,y_0)$, 如果

$$\lim\limits_{\Delta x\to 0} \dfrac{f(x_0+\Delta x,y_0)-f(x_0,y_0)}{\Delta x}$$

存在, 则称此极限值为函数 $z=f(x,y)$ 在点 (x_0,y_0) 处对 x 的偏导数, 记作

$$\dfrac{\partial z}{\partial x}\Big|_{\substack{x=x_0\\y=y_0}},\quad \dfrac{\partial f}{\partial x}\Big|_{\substack{x=x_0\\y=y_0}},\quad z'_x(x_0,y_0) \text{ 或 } f'_x(x_0,y_0)^{\ominus}$$

即

$$f'_x(x_0,y_0)=\lim\limits_{\Delta x\to 0} \dfrac{f(x_0+\Delta x,y_0)-f(x_0,y_0)}{\Delta x}.$$

类似地, 函数 $z=f(x,y)$ 在点 (x_0,y_0) 处对 y 的偏导数可定义为

$$\lim\limits_{\Delta y\to 0} \dfrac{f(x_0,y_0+\Delta y)-f(x_0,y_0)}{\Delta y},$$

记作

305

$\ominus$　偏导数记号 z'_x, f'_y 也可记为 z_x, f_y, 下面高阶偏导数的记号也有类似的情形.

$$\frac{\partial z}{\partial y}\bigg|_{\substack{x=x_0\\y=y_0}}, \quad \frac{\partial f}{\partial y}\bigg|_{\substack{x=x_0\\y=y_0}}, \quad z'_y(x_0,y_0) \text{ 或 } f'_y(x_0,y_0).$$

如果函数 $z=f(x,y)$ 在区域 D 内每一点 (x,y) 处对 x 的偏导数都存在,那么这个偏导数就是 x,y 的函数,我们称之为函数 $z=f(x,y)$ **对自变量 x 的偏导函数**,记作

$$\frac{\partial z}{\partial x}, \quad \frac{\partial f}{\partial x}, \quad z'_x(x,y) \text{ 或 } f'_x(x,y).$$

类似地,可以定义函数 $z=f(x,y)$ **对自变量 y 的偏导函数**,记作

$$\frac{\partial z}{\partial y}, \quad \frac{\partial f}{\partial y}, \quad z'_y(x,y) \text{ 或 } f'_y(x,y).$$

与导数 $f'(x_0)$ 和 $f'(x)$ 之间的关系类似,点 (x_0,y_0) 处的偏导数 $f'_x(x_0,y_0)$ 就是偏导函数 $f'_x(x,y)$ 在点 (x_0,y_0) 处的函数值;偏导数 $f'_y(x_0,y_0)$ 就是偏导函数 $f'_y(x,y)$ 在点 (x_0,y_0) 处的函数值. 就像一元函数的导函数一样,以后在不至于混淆的地方也把偏导函数简称为偏导数.

偏导数的概念还可推广到二元以上的函数. 例如,三元函数 $u=f(x,y,z)$ 在点 (x,y,z) 处对 x 的偏导数定义为

$$f'_x(x,y,z)=\lim_{\Delta x \to 0}\frac{f(x+\Delta x,y,z)-f(x,y,z)}{\Delta x}.$$

由偏导数的概念不难看出,求多元函数对某个自变量的偏导数并不需要新的方法,只需把函数中的其余自变量看做常数,因变量对这个自变量求导即可. 例如,对于函数 $z=f(x,y)$,求 $\frac{\partial z}{\partial x}$ 时,只要把 $f(x,y)$ 中的 y 暂时看做常数,在这个前提下,z 对 x 求导,即得 $\frac{\partial z}{\partial x}$;求 $\frac{\partial z}{\partial y}$ 时,只要把 $f(x,y)$ 中的 x 暂时看做常数,在这个前提下,z 对 y 求导,即得 $\frac{\partial z}{\partial y}$.

【例 8-10】 设函数 $z=x^3+3xy+y^2$,求 $\frac{\partial z}{\partial x}$ 及 $\frac{\partial z}{\partial y}$.

解 求 $\frac{\partial z}{\partial x}$ 时,把 y 看做常数,此时 y^2 也是常数,于是得

$$\frac{\partial z}{\partial x}=(x^3)'_x+(3xy)'_x+(y^2)'_x=3x^2+3y+0=3x^2+3y.$$

求 $\frac{\partial z}{\partial y}$ 时,把 x 看做常数,此时 x^3 也是常数,于是得

$$\frac{\partial z}{\partial y}=(x^3)'_y+(3xy)'_y+(y^2)'_y=0+3x+2y=3x+2y.$$

【例 8-11】 设 $z=y^x$,求 $z'_x\big|_{\substack{x=1\\y=1}}, z'_y\big|_{\substack{x=1\\y=1}}$.

解　$z'_x = y^x \ln y, z'_x \big|_{\substack{x=1 \\ y=1}} = 0.$

$z'_y = xy^{x-1}, z'_y \big|_{\substack{x=1 \\ y=1}} = 1.$

【例 8-12】　已知 $z = (1+xy)^y$，求 z'_x, z'_y.

解　因为 $z = (1+xy)^y = \mathrm{e}^{y\ln(1+xy)}$，所以

$$z'_x = \mathrm{e}^{y\ln(1+xy)} \cdot y \cdot \frac{y}{1+xy} = \frac{y^2}{1+xy} \mathrm{e}^{y\ln(1+xy)} = y^2(1+xy)^{y-1},$$

$$z'_y = \mathrm{e}^{y\ln(1+xy)} \left[\ln(1+xy) + y \cdot \frac{x}{1+xy} \right]$$

$$= (1+xy)^y \left[\ln(1+xy) + \frac{xy}{1+xy} \right].$$

【例 8-13】　求 $r = \sqrt{x^2+y^2+z^2}$ 的三个偏导数.

解　$\dfrac{\partial r}{\partial x} = \dfrac{x}{\sqrt{x^2+y^2+z^2}} = \dfrac{x}{r}$，利用对称性，有

$$\frac{\partial r}{\partial y} = \frac{y}{r}, \quad \frac{\partial r}{\partial z} = \frac{z}{r}.$$

【例 8-14】　已知理想气体的状态方程 $pV = RT$（R 为常量），证明：

$$\frac{\partial p}{\partial V} \cdot \frac{\partial V}{\partial T} \cdot \frac{\partial T}{\partial p} = -1.$$

证　因为 $p = \dfrac{RT}{V}$，　$\dfrac{\partial p}{\partial V} = -\dfrac{RT}{V^2}$，

$V = \dfrac{RT}{p}$，　$\dfrac{\partial V}{\partial T} = \dfrac{R}{p}$，

$T = \dfrac{pV}{R}$，　$\dfrac{\partial T}{\partial p} = \dfrac{V}{R}$，

故　$\dfrac{\partial p}{\partial V} \cdot \dfrac{\partial V}{\partial T} \cdot \dfrac{\partial T}{\partial p} = -\dfrac{RT}{V^2} \cdot \dfrac{R}{p} \cdot \dfrac{V}{R} = -\dfrac{RT}{pV} = -1.$ 证毕.

在一元微分学中，导数 $\dfrac{\mathrm{d}y}{\mathrm{d}x}$ 可以看做函数的微分 $\mathrm{d}y$ 与自变量的微分 $\mathrm{d}x$ 之商，故导数亦称为微商. 而上式表明，偏导数的记号是一个整体记号，$\dfrac{\partial z}{\partial x}, \dfrac{\partial z}{\partial y}$ 既不是"分数"，也不是商，单独的记号 $\partial z, \partial x, \partial y$ 没有任何意义.

二元函数 $z = f(x, y)$ 在点 (x_0, y_0) 处的偏导数有以下几何意义：

设 $M_0(x_0, y_0, f(x_0, y_0))$ 为曲面 $z = f(x, y)$ 上的一点，过点 M_0 作平面 $y = y_0$，截此曲面得一曲线，此曲线在平面 $y = y_0$ 上的方程为 $z = f(x, y_0)$. 由于 $f'_x(x_0, y_0) = \dfrac{\mathrm{d}f(x, y_0)}{\mathrm{d}x} \bigg|_{x=x_0}$，故由导数的几何意义知：偏导数

$f'_x(x_0,y_0)$ 就是该曲线在点 M_0 处的切线 M_0T_x 对 x 轴的斜率(图 8-14). 如果切线 M_0T_x 与 x 轴正向的夹角为 α，则有 $\tan\alpha=\dfrac{\partial f}{\partial x}\Big|_{\substack{x=x_0\\y=y_0}}$. 同样，偏导数 $f'_y(x_0,y_0)$ 的几何意义是曲面被平面 $x=x_0$ 所截得的曲线在点 M_0 处切线 M_0T_y 对 y 轴的斜率.

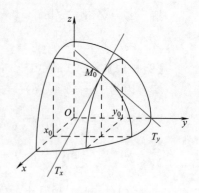

图　8-14

在一元微分学中，函数在一点连续是函数在该点可导的必要条件，但对于二元函数来说，即使两个偏导数在某点都存在，也不能保证函数在该点连续. 例如在例 8-7 中，函数

$$f(x,y)=\begin{cases}\dfrac{xy}{x^2+y^2}, & (x,y)\neq(0,0),\\ 0, & (x,y)=(0,0)\end{cases}$$

的极限 $\lim\limits_{\substack{x\to0\\y\to0}}f(x,y)$ 不存在，故 $z=f(x,y)$ 在 $(0,0)$ 处不连续. 但两个偏导数

$$f_x(0,0)=\lim_{\Delta x\to0}\frac{f(0+\Delta x,0)-f(0,0)}{\Delta x}=0,$$

$$f_y(0,0)=\lim_{\Delta y\to0}\frac{f(0,0+\Delta y)-f(0,0)}{\Delta y}=0$$

却都存在，这是多元函数与一元函数性质的重要区别之一.

8.3.2　偏导数的经济意义

下面介绍偏导数的经济意义.

设有甲、乙两种商品，它们的价格分别为 p_1 和 p_2，需求量分别为 Q_1 和 Q_2. 需求量 Q_1 和 Q_2 由价格 p_1 和 p_2 决定，记需求函数分别为

$$Q_1=Q_1(p_1,p_2),\quad Q_2=Q_2(p_1,p_2),$$

则 Q_1 和 Q_2 关于 p_1 和 p_2 的偏导数表示这两种商品的边际需求.

$\dfrac{\partial Q_1}{\partial p_1}$ 是 Q_1 关于自身价格 p_1 的边际需求，表示商品甲的价格 p_1 发生变化时，商品甲的需求量 Q_1 的变化率；$\dfrac{\partial Q_1}{\partial p_2}$ 是 Q_1 关于相关价格 p_2 的边际需求，表示商品乙的价格 p_2 发生变化时，商品甲的需求量 Q_1 的变化率.

读者不妨对 $\dfrac{\partial Q_2}{\partial p_1}$ 和 $\dfrac{\partial Q_2}{\partial p_2}$ 作出解释.

在一元函数中,给出了弹性概念,在多元函数中也可以定义弹性概念,称之为偏弹性.

当价格 p_2 不变,而价格 p_1 发生变化时,需求量 Q_1 和 Q_2 将随 p_1 的变化而变化. 此时可定义偏弹性

$$E_{11} = \lim_{\Delta p_1 \to 0} \frac{\dfrac{\Delta_1 Q_1}{Q_1}}{\dfrac{\Delta p_1}{p_1}} = \frac{p_1}{Q_1} \cdot \frac{\partial Q_1}{\partial p_1},$$

$$E_{21} = \lim_{\Delta p_1 \to 0} \frac{\dfrac{\Delta_1 Q_2}{Q_2}}{\dfrac{\Delta p_1}{p_1}} = \frac{p_1}{Q_2} \cdot \frac{\partial Q_2}{\partial p_1}.$$

其中 $\Delta_1 Q_i = Q_i(p_1 + \Delta p_1, p_2) - Q_i(p_1, p_2) (i = 1, 2)$. 类似地,当价格 p_1 不变而价格 p_2 发生变化时,有

$$E_{12} = \lim_{\Delta p_2 \to 0} \frac{\dfrac{\Delta_2 Q_1}{Q_1}}{\dfrac{\Delta p_2}{p_2}} = \frac{p_2}{Q_1} \cdot \frac{\partial Q_1}{\partial p_2},$$

$$E_{22} = \lim_{\Delta p_2 \to 0} \frac{\dfrac{\Delta_2 Q_2}{Q_2}}{\dfrac{\Delta p_2}{p_2}} = \frac{p_2}{Q_2} \cdot \frac{\partial Q_2}{\partial p_2}.$$

其中 $\Delta_2 Q_i = Q_i(p_1, p_2 + \Delta p_2) - Q_i(p_1, p_2) (i = 1, 2)$.

$E_{11}(E_{22})$ 称为商品甲(乙)的需求量 $Q_1(Q_2)$ 对自身价格 $p_1(p_2)$ 的直接价格偏弹性.

$E_{12}(E_{21})$ 称为商品甲(乙)的需求量 $Q_1(Q_2)$ 对相关价格 $p_2(p_1)$ 的交叉价格偏弹性.

E_{11} 表示商品甲、乙的价格在某个水平上,当乙的价格 p_2 保持不变,商品甲的价格 p_1 增加 1% 时,需求量 Q_1 变化(增加或减少)的百分比,它反映了在 p_2 保持不变,p_1 变化时,需求量 Q_1 的变化的灵敏度. E_{22} 有类似的意义.

E_{12} 表示商品甲和乙的价格在某种水平上,当商品甲的价格 p_1 保持不变,商品乙的价格 p_2 增加 1% 时,需求量 Q_1 变化(增加或减少)的百分比,它反映了在 p_1 保持不变,p_2 变化时,需求量 Q_1 变化的灵敏度. E_{21} 有类似的意义.

需求量对价格的交叉弹性,可以用来分析两种商品的相互关系.

若 $E_{12}<0$,即商品甲的需求对商品乙的交叉价格弹性是负数,则表示当商品甲的价格不变,而商品乙的价格上升时,商品甲的需求量将相应地减少.这时称商品甲和乙之间是互相补充的关系.如照相机与胶卷这两种商品就是相互补充的关系,照相机的价格的上升不但使本身的需求量下降,也会直接影响到胶卷,使其需求量下降.反过来,这两种商品有一种价格下跌,它们的需求量将会同时上升.

若 $E_{12}>0$,即商品甲的需求对商品乙的交叉价格弹性是正数,则表示当商品 A 的价格不变,而商品乙的价格上升时,商品甲的需求量将相应地增加,这时称商品甲和乙之间是相互竞争(相互取代)的关系.如猪肉的价格不变而鱼的价格上升,将有部分顾客从买鱼转向买猪肉,致使猪肉需求增加,这两种商品就是相互竞争(相互取代)的关系.

【例 8-15】 求需求函数 $Q_1 = 1000 p_1^{-\frac{1}{2}} p_2^{\frac{1}{5}}$ 在点 $(p_1,p_2)=(4,32)$ 处需求的直接价格偏弹性、交叉价格偏弹性,并说明商品甲和乙是相互竞争还是相互补充的关系.

解 当 $p_1=4$,$p_2=32$ 时,$Q_1=1000$,

$$\frac{\partial Q_1}{\partial p_1} = -500 p_1^{-\frac{3}{2}} p_2^{\frac{1}{5}}, \quad \frac{\partial Q_1}{\partial p_2} = 200 p_1^{-\frac{1}{2}} p_2^{-\frac{4}{5}},$$

$$E_{11}\Bigg|_{\substack{p_1=4 \\ p_2=32}} = \left[\frac{p_1}{Q_1} \cdot \frac{\partial Q_1}{\partial p_1}\right]_{\substack{p_1=4 \\ p_2=32}} = -\frac{1}{2},$$

$$E_{12}\Bigg|_{\substack{p_1=4 \\ p_2=32}} = \left[\frac{p_2}{Q_1} \cdot \frac{\partial Q_1}{\partial p_2}\right]_{\substack{p_1=4 \\ p_2=32}} = \frac{1}{5}.$$

因 $E_{12}\Bigg|_{\substack{p_1=4 \\ p_2=32}} = \frac{1}{5}>0$,故商品甲、乙是相互竞争的关系.

【例 8-16】 已知某种商品的需求量 Q 是该商品价格 p_1、另一相关商品价格 p_2 以及消费者收入 x 的函数

$$Q_1 = \frac{1}{200} p_1^{-\frac{3}{8}} p_2^{-\frac{2}{5}} x^{\frac{5}{2}}.$$

求 E_{11}、E_{12} 以及需求的收入偏弹性 E_{1x}.

解 $$\frac{\partial Q_1}{\partial p_1} = -\frac{3}{8} \cdot \frac{1}{200} p_1^{-\frac{11}{8}} p_2^{-\frac{2}{5}} x^{\frac{5}{2}},$$

故 $E_{11} = \frac{p_1}{Q_1} \cdot \frac{\partial Q_1}{\partial p_1} = -\frac{3}{8}$. 类似地

$$E_{12} = -\frac{2}{5}, \quad E_{1x} = \frac{5}{2}.$$

对于经济活动中的其他函数,也可类似地定义偏弹性.

8.3.3　高阶偏导数

设函数 $z=f(x,y)$ 在区域 D 内具有偏导数

$$\frac{\partial z}{\partial x}=f'_x(x,y),\quad \frac{\partial z}{\partial y}=f'_y(x,y),$$

那么在 D 内 $f'_x(x,y)$，$f'_y(x,y)$ 都是 x，y 的函数. 如果这两个函数的偏导数也存在，则称 $f'_x(x,y)$ 及 $f'_y(x,y)$ 的偏导数为函数 $z=f(x,y)$ 的**二阶偏导数**. 按照对变量求导次序的不同有下列四个二阶偏导数：

$$\frac{\partial}{\partial x}\left(\frac{\partial z}{\partial x}\right)=\frac{\partial^2 z}{\partial x^2}=f''_{xx}(x,y),\quad \frac{\partial}{\partial y}\left(\frac{\partial z}{\partial x}\right)=\frac{\partial^2 z}{\partial x\partial y}=f''_{xy}(x,y),$$

$$\frac{\partial}{\partial x}\left(\frac{\partial z}{\partial y}\right)=\frac{\partial^2 z}{\partial y\partial x}=f''_{yx}(x,y),\quad \frac{\partial}{\partial y}\left(\frac{\partial z}{\partial y}\right)=\frac{\partial^2 z}{\partial y^2}=f''_{yy}(x,y),$$

其中第二、第三两个偏导数称为**二阶混合偏导数**.

类似地，可定义三阶、四阶以及 n 阶偏导数. 我们把二阶及二阶以上的偏导数称为**高阶偏导数**. 相对于高阶偏导数，偏导数 $f'_x(x,y)$ 及 $f'_y(x,y)$ 就叫做函数 $z=f(x,y)$ 的**一阶偏导数**.

【例 8-17】　设 $z=x^3y^2-5xy^3+2y-1$，求 $\dfrac{\partial^2 z}{\partial x^2}$，$\dfrac{\partial^2 z}{\partial y^2}$，$\dfrac{\partial^2 z}{\partial x\partial y}$，$\dfrac{\partial^2 z}{\partial y\partial x}$.

解　$\dfrac{\partial z}{\partial x}=3x^2y^2-5y^3,\qquad \dfrac{\partial z}{\partial y}=2x^3y-15xy^2+2.$

$\dfrac{\partial^2 z}{\partial x^2}=6xy^2,\qquad\qquad\qquad \dfrac{\partial^2 z}{\partial y^2}=2x^3-30xy.$

$\dfrac{\partial^2 z}{\partial x\partial y}=6x^2y-15y^2,\qquad\quad \dfrac{\partial^2 z}{\partial y\partial x}=6x^2y-15y^2.$

在本例中我们看到 $\dfrac{\partial^2 z}{\partial x\partial y}=\dfrac{\partial^2 z}{\partial y\partial x}$，那么是否所有二元函数的两个二阶混合偏导数都相等呢？可举例说明事实并非如此，但在一定条件下，有下述定理.

定理 8-3　如果函数 $z=f(x,y)$ 的两个二阶混合偏导数 $\dfrac{\partial^2 z}{\partial x\partial y}$ 和 $\dfrac{\partial^2 z}{\partial y\partial x}$ 在区域 D 内连续，那么在该区域 D 内 $\dfrac{\partial^2 z}{\partial x\partial y}=\dfrac{\partial^2 z}{\partial y\partial x}$.

这个定理说明，二阶混合偏导数在连续的条件下与求偏导次序无关. 另外高阶混合偏导数也有相应的结论.

【例 8-18】　设函数 $z=x^y$，求 $\dfrac{\partial^3 z}{\partial x^2\partial y}$，$\dfrac{\partial^3 z}{\partial x\partial y\partial x}$.

解　$\dfrac{\partial z}{\partial x}=yx^{y-1},$

$$\frac{\partial^2 z}{\partial x^2} = y(y-1)x^{y-2} = (y^2-y)x^{y-2},$$

$$\frac{\partial^3 z}{\partial x^2 \partial y} = (2y-1)x^{y-2} + (y^2-y)x^{y-2}\ln x$$

$$= [2y-1+y(y-1)\ln x]x^{y-2},$$

由于三阶混合偏导数都连续,故

$$\frac{\partial^3 z}{\partial x \partial y \partial x} = \frac{\partial^3 z}{\partial x^2 \partial y} = [2y-1+y(y-1)\ln x]x^{y-2}.$$

习题 8.3

1.求下列函数的偏导数:

(1) $z = x^3 y - xy^3$;

(2) $z = \dfrac{x^2+y^2}{xy}$;

(3) $z = \dfrac{y}{x^2+y^2}$;

(4) $z = \sin^2(2x-3y)$;

(5) $z = y\sqrt{4x-y^2}$;

(6) $u = x^{\frac{y}{z}}$;

(7) $u = z^3 \cdot \sqrt{\ln(2xy)}$.

2.计算下列各题:

(1)设 $f(x,y) = \ln\left(1+\dfrac{y}{2x}\right)$,求 $f'_x(1,2)$ 和 $f'_y(1,2)$;

(2)设 $z = (1+xy)^y$,求 $z'_y(1,1)$;

(3)设 $z = e^{x^2 y} + y - (y-2)\arccos\dfrac{1}{x+y}$,求 $z'_x(x,2)$;

(4)设 $u = \dfrac{2x-y^3}{z}$,求 $u'_y(1,1,1)$ 及 $u'_z(1,1,1)$.

3.设 $T = 2\pi\sqrt{\dfrac{l}{g}}$,证明:$l\dfrac{\partial T}{\partial l} + g\dfrac{\partial T}{\partial g} = 0$.

4.设 $z = xyf\left(\dfrac{y}{x}\right)$,其中 $f(u)$ 可导,证明:$x\dfrac{\partial z}{\partial x} + y\dfrac{\partial z}{\partial y} = 2z$.

5.曲线 $\begin{cases} z = 1-x^2-y^2, \\ y = 1 \end{cases}$ 在点 $\left(-\dfrac{1}{2},1,-\dfrac{1}{4}\right)$ 处的切线对 x 轴的倾角是多少?

6.求下列函数的二阶偏导数 $\dfrac{\partial^2 z}{\partial x^2}$,$\dfrac{\partial^2 z}{\partial y^2}$,$\dfrac{\partial^2 z}{\partial x \partial y}$:

(1) $z = x^3 + y^3 - 2xy^2$;

(2) $z = \arctan\dfrac{x}{y}$;

(3) $z = y^x$;

(4) $z = 2\cos^2\left(x-\dfrac{y}{2}\right)$.

7.设 $u = (y+x^2-y^3)z^3$,求 $u''_{zx}(1,0,-2)$,$u''_{yz}(0,-1,1)$,$u'''_{zxz}(2,0,1)$.

8. 设 $r = \sqrt{x^2 + y^2 + z^2}$,试证：$\dfrac{\partial^2 (\ln r)}{\partial x^2} + \dfrac{\partial^2 (\ln r)}{\partial y^2} + \dfrac{\partial^2 (\ln r)}{\partial z^2} = \dfrac{1}{r^2}$.

8.4　全微分

在一元函数 $y = f(x)$ 中,当自变量在点 x 处取得增量 Δx 时,其相应的函数增量 $\Delta y = f(x+\Delta x) - f(x)$ 一般不是 Δx 的线性函数,计算起来较为复杂.但若 $f(x)$ 在 x 处可导时,就有 $\Delta y = f'(x)\Delta x + o(\Delta x)$,因此当 $|\Delta x|$ 很小时,Δy 可以用 Δx 的线性函数 $f'(x)\Delta x$(函数的微分)近似代替,此时误差仅为 Δx 的高阶无穷小.

现在考虑二元函数.设函数 $z = f(x,y)$ 在点 $P(x,y)$ 的某个邻域内有定义,$P'(x+\Delta x, y+\Delta y)$ 为该邻域内的任意一点,则称

$$f(x+\Delta x, y+\Delta y) - f(x,y)$$

为函数在点 P 对应于自变量增量 $\Delta x, \Delta y$ 的**全增量**,记作 Δz,即

$$\Delta z = f(x+\Delta x, y+\Delta y) - f(x,y). \tag{8-1}$$

类似于一元函数情形,我们希望用自变量 x 和 y 的增量 Δx 和 Δy 的线性函数去近似代替全增量 Δz,其误差又要较小.

以矩形面积的变化为例来说明上述问题.设矩形的长与宽分别为 x 和 y,则其面积为 $z = xy$.当边长有增量 Δx 和 Δy 时,面积的全增量为

$$\Delta z = (x+\Delta x)(y+\Delta y) - xy = y\Delta x + x\Delta y + \Delta x\Delta y.$$

Δz 即为图 8-15 中的阴影部分,它是两部分之和.第一部分(斜线阴影部分)为 $y\Delta x + x\Delta y$,它是增量 Δx 和 Δy 的线性函数;第二部分(网状阴影部分)为 $\Delta x\Delta y$,它是当 $\rho = \sqrt{(\Delta x)^2 + (\Delta y)^2} \to 0$ 时的高阶无穷小,即 $\Delta x\Delta y = o(\rho)$.所以当 $|\Delta x|$ 及 $|\Delta y|$ 很小时,第二部分 $\Delta x\Delta y$ 是可以忽略不计的,于是我们有

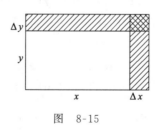

图　8-15

$$\Delta z = y\Delta x + x\Delta y + o(\rho),\ 且\ \Delta z \approx y\Delta x + x\Delta y.$$

类似于一元函数情形,我们把全增量关于 Δx 和 Δy 的线性函数部分 $y\Delta x + x\Delta y$ 叫做函数 $z = xy$ 的全微分.

8.4.1　全微分的定义

定义 8-6　设函数 $z = f(x,y)$ 在点 (x,y) 的某邻域内有定义,如果函数 $z = f(x,y)$ 在点 (x,y) 的全增量 $\Delta z = f(x+\Delta x, y+\Delta y) - f(x,y)$ 可

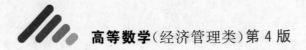

表示为

$$\Delta z = A\Delta x + B\Delta y + o(\rho), \tag{8-2}$$

其中 A,B 不依赖于 $\Delta x,\Delta y$ 而仅与 x,y 有关,$\rho = \sqrt{(\Delta x)^2 + (\Delta y)^2}$,则称函数 $z = f(x,y)$ 在点 (x,y) **可微分**,而 $A\Delta x + B\Delta y$ 称为函数 $z = f(x,y)$ 在点 (x,y) 的**全微分**,记为 dz,即

$$dz = A\Delta x + B\Delta y.$$

如果函数 $z = f(x,y)$ 在区域 D 内每一点都可微分,那么就称函数 $z = f(x,y)$ 在 D 内**可微分**. 函数在区域 D 内任意点 (x,y) 处的全微分也称为该函数的**全微分**.

8.4.2 全微分存在的条件

下面讨论函数在一点可微分的条件.

定理 8-4 （必要条件） 若函数 $z = f(x,y)$ 在点 (x,y) 处可微分,则

(1)函数 $z = f(x,y)$ 在点 (x,y) 处连续;

(2)函数 $z = f(x,y)$ 在点 (x,y) 处偏导数存在,且函数 $z = f(x,y)$ 在点 (x,y) 处的全微分为

$$dz = \frac{\partial z}{\partial x}\Delta x + \frac{\partial z}{\partial y}\Delta y. \tag{8-3}$$

证 因为函数 $f(x,y)$ 在点 $P(x,y)$ 处可微分,于是对于点 P 的某一邻域内的任一点 $P_1(x+\Delta x, y+\Delta y)$,总有

$$\Delta z = f(x+\Delta x, y+\Delta y) - f(x,y) = A\Delta x + B\Delta y + o(\rho) \tag{8-4}$$

(1)在式(8-4)中令 $\Delta x \to 0$,$\Delta y \to 0$,取极限,并注意到此时 $\rho \to 0$,就得

$$\lim_{\substack{\Delta x \to 0 \\ \Delta y \to 0}} [f(x+\Delta x, y+\Delta y) - f(x,y)] = 0,$$

从而

$$\lim_{\substack{\Delta x \to 0 \\ \Delta y \to 0}} f(x+\Delta x, y+\Delta y) = f(x,y),$$

即函数 $z = f(x,y)$ 在点 (x,y) 处连续.

(2)在式(8-4)中令 $\Delta y = 0$,此时 $\rho = |\Delta x|$,式(8-4)成为

$$f(x+\Delta x, y) - f(x,y) = A\Delta x + o(|\Delta x|).$$

上式两边各除以 Δx,再令 $\Delta x \to 0$,取极限,就得到

$$\lim_{\Delta x \to 0} \frac{f(x+\Delta x, y) - f(x,y)}{\Delta x} = A.$$

从而偏导数 $\frac{\partial z}{\partial x}$ 存在,且等于 A;同理可证 $\frac{\partial z}{\partial y}$ 存在,且等于 B. 所以式(8-3)成立. 证毕.

一元函数在某点的导数存在是微分存在的充分必要条件,但对于多元函数则不然.例如,函数 $f(x,y)=\begin{cases}\dfrac{xy}{x^2+y^2}, & (x,y)\neq(0,0),\\ 0, & (x,y)=(0,0)\end{cases}$ 在点$(0,0)$的两个偏导数都存在且 $f'_x(0,0)=0,f'_y(0,0)=0$.但由于 $f(x,y)$ 在点$(0,0)$处不连续,因此 $f(x,y)$在点$(0,0)$处不可微分.

由上面的讨论知,偏导数存在只是可微分的必要条件,而不是充分条件,但如果加上"偏导数连续"条件,就可保证函数可微分.

定理 8-5 **(充分条件)** 如果函数 $z=f(x,y)$的偏导数$\dfrac{\partial z}{\partial x}$和$\dfrac{\partial z}{\partial y}$在点$(x,y)$连续,那么函数 $z=f(x,y)$在点(x,y)处可微分.

函数 $f(x,y)$在任一点处可微分、偏导数存在及连续之间有以下关系:

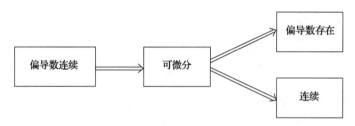

图中箭头方向表示成立,反向都不成立.

习惯上,将 Δx 和 Δy 分别记做 $\mathrm{d}x$ 和 $\mathrm{d}y$,并分别称为**自变量 x 和 y 的微分**.这样由式$(8\text{-}3)$可知,函数 $z=f(x,y)$的全微分为

$$\mathrm{d}z=\frac{\partial z}{\partial x}\mathrm{d}x+\frac{\partial z}{\partial y}\mathrm{d}y;$$

函数 $z=f(x,y)$在点(x_0,y_0)处的全微分为

$$\mathrm{d}z\Big|_{\substack{x=x_0\\y=y_0}}=\frac{\partial z}{\partial x}\Big|_{\substack{x=x_0\\y=y_0}}\mathrm{d}x+\frac{\partial z}{\partial y}\Big|_{\substack{x=x_0\\y=y_0}}\mathrm{d}y.$$

全微分的概念和计算公式还可以类推到三元及三元以上的函数.例如,如果三元函数 $u=f(x,y,z)$可微分,那么它的全微分为

$$\mathrm{d}u=\frac{\partial u}{\partial x}\mathrm{d}x+\frac{\partial u}{\partial y}\mathrm{d}y+\frac{\partial u}{\partial z}\mathrm{d}z;$$

它在点(x_0,y_0,z_0)处的全微分为

$$\mathrm{d}u\Big|_{(x_0,y_0,z_0)}=\frac{\partial u}{\partial x}\Big|_{(x_0,y_0,z_0)}\mathrm{d}x+\frac{\partial u}{\partial y}\Big|_{(x_0,y_0,z_0)}\mathrm{d}y+\frac{\partial u}{\partial z}\Big|_{(x_0,y_0,z_0)}\mathrm{d}z.$$

【例 8-19】 求函数 $z=x^2y^2$ 在点$(2,-1)$处,当 $\Delta x=0.02,\Delta y=-0.01$时的全微分和全增量.

解 $\dfrac{\partial z}{\partial x}\Big|_{\substack{x=2\\y=-1}}=2xy^2\Big|_{\substack{x=2\\y=-1}}=4$，$\dfrac{\partial z}{\partial y}\Big|_{\substack{x=2\\y=-1}}=2yx^2\Big|_{\substack{x=2\\y=-1}}=-8$，所以由式(8-3)得

$$dz=4\times0.02-8\times(-0.01)=0.16.$$

由全增量的计算式(8-1)，得

$$\Delta z=(2+0.02)^2\times(-1-0.01)^2-2^2\times(-1)^2\approx0.1624.$$

【例 8-20】 （1）求函数 $z=\sin\dfrac{x}{y}$ 的全微分 dz；

（2）求函数 $u=x+\arctan\dfrac{z}{y}$ 的全微分.

解 （1）因为 $\dfrac{\partial z}{\partial x}=\dfrac{1}{y}\cos\dfrac{x}{y}$，$\dfrac{\partial z}{\partial y}=-\dfrac{x}{y^2}\cos\dfrac{x}{y}$，所以

$$dz=\frac{\partial z}{\partial x}dx+\frac{\partial z}{\partial y}dy=\frac{1}{y}\cos\frac{x}{y}\left(dx-\frac{x}{y}dy\right).$$

（2）因为 $\dfrac{\partial u}{\partial x}=1$，$\dfrac{\partial u}{\partial y}=-\dfrac{z}{y^2+z^2}$，$\dfrac{\partial u}{\partial z}=\dfrac{y}{y^2+z^2}$，所以

$$du=dx-\frac{z}{y^2+z^2}dy+\frac{y}{y^2+z^2}dz.$$

【例 8-21】 设函数 $z=x^3+3xy+y^2$，求 $dz\Big|_{(2,1)}$.

解 因为 $\dfrac{\partial z}{\partial x}\Big|_{\substack{x=2\\y=1}}=(3x^2+3y)\Big|_{\substack{x=2\\y=1}}=15$，$\dfrac{\partial z}{\partial y}\Big|_{\substack{x=2\\y=1}}=(3x+2y)\Big|_{\substack{x=2\\y=1}}=8$，所以

$$dz\Big|_{(2,1)}=15dx+8dy.$$

*8.4.3 全微分在近似计算中的应用

由全微分定义可知，当 $z=f(x,y)$ 可微分且 $|\Delta x|$ 及 $|\Delta y|$ 很小时，有二元函数的函数值增量的近似计算公式

$$\Delta z\approx dz=f_x'(x,y)\Delta x+f_y'(x,y)\Delta y. \tag{8-5}$$

由式(8-1)，还可得二元函数的函数值近似计算公式

$$f(x+\Delta x,y+\Delta y)\approx f(x,y)+f_x'(x,y)\Delta x+f_y'(x,y)\Delta y. \tag{8-6}$$

下面利用式(8-5)和式(8-6)，介绍全微分的应用.

【例 8-22】 某企业的成本 C 与产品 A 和 B 的数量 x,y 之间的关系为 $C=x^2-0.5xy+y^2$. 现 A 的产量从 100 增加到 105，B 的产量由 50 增加到 52，求成本需增加多少？

解 由式(8-5)得：$\Delta C\approx dC=C'_x\Delta x+C'_y\Delta y$

$$=(2x-0.5y)\Delta x+(2y-0.5x)\Delta y,$$

依题意, $x=100, \Delta x=5, y=50, \Delta y=2$, 则

$$\Delta C \approx (2\times100-0.5\times50)\times5+(2\times50-0.5\times100)\times2$$
$$=975,$$

即成本需增加 975.

【例 8-23】 计算 $\ln(\sqrt[3]{1.03}+\sqrt[4]{0.98}-1)$ 的近似值.

解 取二元函数 $f(x,y)=\ln(\sqrt[3]{x}+\sqrt[4]{y}-1)$, 令 $x=1$, $y=1$, $\Delta x=0.03, \Delta y=-0.02$, 于是

$$f(1,1)=0, \quad f'_x(1,1)=\frac{1}{3}, \quad f'_y(1,1)=\frac{1}{4}.$$

由式(8-6)得

$$\ln(\sqrt[3]{1.03}+\sqrt[4]{0.98}-1)\approx0+\frac{1}{3}\times0.03-\frac{1}{4}\times0.02=0.005.$$

习题　8.4

1. 求下列函数的全微分:

(1) $z=x^2-2xy+y^3$;

(2) $z=e^{\frac{x}{y}}$;

(3) $z=x\sqrt{x^2-y^2}$;

(4) $z=\dfrac{2x-y}{x+2y}$;

(5) $u=x(x+y^2+z^3)$;

(6) $u=x^{yz}$.

2. 计算下列函数在给定点处的全微分:

(1) $z=\ln(5-3x+y^2)$, $(1,-1)$;

(2) $u=z(2x-y^3)$, $(1,-1,2)$.

3. 求函数 $z=\dfrac{y}{x}$, 当 $x=2, y=1, \Delta x=0.1, \Delta y=-0.2$ 时的全微分和全增量.

*4. 计算下列近似值:

(1) $(1.007)^{2.98}$;

(2) $\sin 29° \tan 46°$.

*5. 设有边长为 $x=6\text{ m}$ 与 $y=8\text{ m}$ 的矩形, 当 x 边增加 5cm 而 y 边减少 10cm 时, 求此矩形对角线增量的近似值.

8.5　多元复合函数的求导法则及全微分的形式不变性

在一元函数微分学中, 复合函数的求导法则有着十分重要的作用. 本节要介绍的多元复合函数的求导法则, 在多元函数微分学中也起着关键的作用. 现在我们把一元复合函数的求导法则推广到多元复合函数.

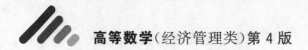

8.5.1 多元复合函数的求导法则

下面按照多元复合函数不同的复合情形,分三种情况讨论.

情形Ⅰ 复合函数的中间变量均为一元函数

设由一个二元函数

$$z=f(u,v) \tag{8-7}$$

及两个一元函数

$$u=\varphi(x), v=\psi(x) \tag{8-8}$$

构成的复合函数为

$$z=f(\varphi(x),\psi(x)), \tag{8-9}$$

这里 u,v 为复合函数(8-9)的中间变量,x 为自变量,变量之间的依赖关系可用图 8-16 表示.

图 8-16

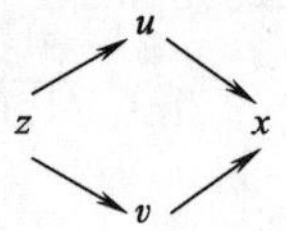

我们可以像一元复合函数求导法则那样,不通过式(8-9),而直接从较简单的式(8-7)和式(8-8),求出 z 对 x 的导数.

定理 8-6 如果函数 $u=\varphi(x)$ 及 $v=\psi(x)$ 都在点 x 可导,函数 $z=f(u,v)$ 在对应点 (u,v) 处具有连续偏导数,则复合函数 $z=f(\varphi(x),\psi(x))$ 在点 x 可导,且

$$\frac{\mathrm{d}z}{\mathrm{d}x}=\frac{\partial z}{\partial u}\cdot\frac{\mathrm{d}u}{\mathrm{d}x}+\frac{\partial z}{\partial v}\cdot\frac{\mathrm{d}v}{\mathrm{d}x}. \tag{8-10}$$

证 给自变量 x 以增量 Δx,由式(8-8),u 与 v 将各取得对应增量 $\Delta u,\Delta v$,从而函数 $z=f(u,v)$ 相应地取得增量 Δz. 由于 $z=f(u,v)$ 在点 (u,v) 具有连续偏导数,故它在该点可微,从而 z 的全增量 Δz 可表示为

$$\Delta z=\frac{\partial z}{\partial u}\Delta u+\frac{\partial z}{\partial v}\Delta v+o(\rho),$$

其中 $\rho=\sqrt{(\Delta u)^2+(\Delta v)^2}$. 上式两端同除以 Δx,得

$$\frac{\Delta z}{\Delta x}=\frac{\partial z}{\partial u}\cdot\frac{\Delta u}{\Delta x}+\frac{\partial z}{\partial v}\cdot\frac{\Delta v}{\Delta x}+\frac{o(\rho)}{\Delta x}, \tag{8-11}$$

由于

$$\lim_{\Delta x\to 0}\frac{\Delta u}{\Delta x}=\frac{\mathrm{d}u}{\mathrm{d}x},\ \lim_{\Delta x\to 0}\frac{\Delta v}{\Delta x}=\frac{\mathrm{d}v}{\mathrm{d}x},$$

并有

$$\begin{aligned}\lim_{\Delta x\to 0}\left|\frac{o(\rho)}{\Delta x}\right|&=\lim_{\Delta x\to 0}\left|\frac{o(\rho)}{\rho}\right|\cdot\left|\frac{\rho}{\Delta x}\right|=\lim_{\Delta x\to 0}\left|\frac{o(\rho)}{\rho}\right|\cdot\lim_{\Delta x\to 0}\left|\frac{\sqrt{(\Delta u)^2+(\Delta v)^2}}{\Delta x}\right|\\&=\lim_{\Delta x\to 0}\left|\frac{o(\rho)}{\rho}\right|\cdot\lim_{\Delta x\to 0}\left|\sqrt{\left(\frac{\Delta u}{\Delta x}\right)^2+\left(\frac{\Delta v}{\Delta x}\right)^2}\right|\\&=0\cdot\left|\sqrt{\left(\frac{\mathrm{d}u}{\mathrm{d}x}\right)^2+\left(\frac{\mathrm{d}v}{\mathrm{d}x}\right)^2}\right|=0\end{aligned}$$

因此 $\lim\limits_{\Delta x \to 0} \dfrac{o(\rho)}{\Delta x}=0.$

对式(8-11)令 $\Delta x \to 0$ 取极限,得

$$\lim_{\Delta x \to 0} \frac{\Delta z}{\Delta x}=\frac{\partial z}{\partial u} \cdot \frac{\mathrm{d}u}{\mathrm{d}x}+\frac{\partial z}{\partial v} \cdot \frac{\mathrm{d}v}{\mathrm{d}x}.$$

即复合函数 $z=f(\varphi(x),\psi(x))$ 在点 x 可导,且

$$\frac{\mathrm{d}z}{\mathrm{d}x}=\frac{\partial z}{\partial u} \cdot \frac{\mathrm{d}u}{\mathrm{d}x}+\frac{\partial z}{\partial v} \cdot \frac{\mathrm{d}v}{\mathrm{d}x}.$$

证毕.

定理 8-6 可推广到复合函数的中间变量多于两个的情形. 例如,在定理 8-6 的相应条件下,由 $z=f(u,v,w)$ 与 $u=\varphi(x),v=\psi(x),w=\omega(x)$ 复合得到的复合函数(依赖关系可用图 8-17 表示)

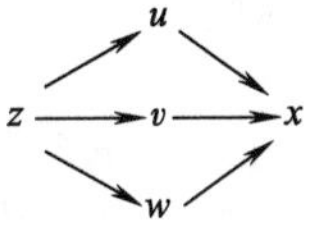

图　8-17

$$z=f(\varphi(x),\psi(x),\omega(x)),$$

在点 x 处可导,且其导数为

$$\frac{\mathrm{d}z}{\mathrm{d}x}=\frac{\partial z}{\partial u} \cdot \frac{\mathrm{d}u}{\mathrm{d}x}+\frac{\partial z}{\partial v} \cdot \frac{\mathrm{d}v}{\mathrm{d}x}+\frac{\partial z}{\partial w} \cdot \frac{\mathrm{d}w}{\mathrm{d}x}.$$

在式(8-10)及上式中的导数称为**全导数**.

【例 8-24】 设 $z=u^2+v^3,u=\cos x,v=\dfrac{1}{x}$,求全导数 $\dfrac{\mathrm{d}z}{\mathrm{d}x}$.

解　$\dfrac{\mathrm{d}z}{\mathrm{d}x}=\dfrac{\partial z}{\partial u} \cdot \dfrac{\mathrm{d}u}{\mathrm{d}x}+\dfrac{\partial z}{\partial v} \cdot \dfrac{\mathrm{d}v}{\mathrm{d}x}=2u \cdot (-\sin x)+3v^2 \cdot \left(-\dfrac{1}{x^2}\right)$

$\qquad =-\left(\sin 2x+\dfrac{3}{x^4}\right).$

情形 II　复合函数的中间变量均为多元函数

定理 8-6 还可推广到中间变量不是一元函数的情形.

定理 8-7　如果函数 $u=\varphi(x,y)$ 及 $v=\psi(x,y)$ 在点 (x,y) 处的偏导数存在,函数 $z=f(u,v)$ 在对应点 (u,v) 处具有连续偏导数,那么复合函数 $z=f(\varphi(x,y),\psi(x,y))$ 在点 (x,y) 处的两个偏导数都存在(依赖关系可用图 8-18 表示),且

$$\frac{\partial z}{\partial x}=\frac{\partial z}{\partial u} \cdot \frac{\partial u}{\partial x}+\frac{\partial z}{\partial v} \cdot \frac{\partial v}{\partial x}, \tag{8-12}$$

$$\frac{\partial z}{\partial y}=\frac{\partial z}{\partial u} \cdot \frac{\partial u}{\partial y}+\frac{\partial z}{\partial v} \cdot \frac{\partial v}{\partial y}. \tag{8-13}$$

由定理 8-6 易知式(8-12)及式(8-13)都是成立的. 事实上,在求 $\dfrac{\partial z}{\partial x}$ 时,把 y 看做常量,$z=f(\varphi(x,y),\psi(x,y))$ 仍可看做 x 的一元函数而应用

319

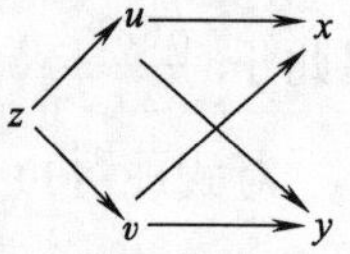

定理 8-6,只是应把式(8-10)中的 d 改为 ∂,即得计算

$\dfrac{\partial z}{\partial x}$ 的公式.同理由式(8-10)可得计算 $\dfrac{\partial z}{\partial y}$ 的公式.

图 8-18

【例 8-25】 设 $z = u^2 \ln v, u = \dfrac{y}{x}, v = x^2 + y^2$,求

$\dfrac{\partial z}{\partial x}, \dfrac{\partial z}{\partial y}$.

解
$$\frac{\partial z}{\partial x} = \frac{\partial z}{\partial u} \cdot \frac{\partial u}{\partial x} + \frac{\partial z}{\partial v} \cdot \frac{\partial v}{\partial x} = 2u \ln v \cdot \left(-\frac{y}{x^2} \right) + \frac{u^2}{v} \cdot 2x$$
$$= -\frac{2y^2}{x^3} \ln(x^2 + y^2) + \frac{2y^2}{x(x^2 + y^2)};$$
$$\frac{\partial z}{\partial y} = \frac{\partial z}{\partial u} \cdot \frac{\partial u}{\partial y} + \frac{\partial z}{\partial v} \cdot \frac{\partial v}{\partial y} = 2u \ln v \cdot \frac{1}{x} + \frac{u^2}{v} \cdot 2y$$
$$= \frac{2y}{x^2} \ln(x^2 + y^2) + \frac{2y^3}{x^2(x^2 + y^2)}.$$

定理 8-7 可推广到两个以上中间变量的情形. 由 $z = f(u, v, w)$ 与 $u = \varphi(x, y), v = \psi(x, y), w = \omega(x, y)$ 复合得到的复合函数(依赖关系可用图 8-19 所示)的偏导数为

$$\frac{\partial z}{\partial x} = \frac{\partial z}{\partial u} \cdot \frac{\partial u}{\partial x} + \frac{\partial z}{\partial v} \cdot \frac{\partial v}{\partial x} + \frac{\partial z}{\partial w} \cdot \frac{\partial w}{\partial x}, \quad (8\text{-}14)$$

$$\frac{\partial z}{\partial y} = \frac{\partial z}{\partial u} \cdot \frac{\partial u}{\partial y} + \frac{\partial z}{\partial v} \cdot \frac{\partial v}{\partial y} + \frac{\partial z}{\partial w} \cdot \frac{\partial w}{\partial y}. \quad (8\text{-}15)$$

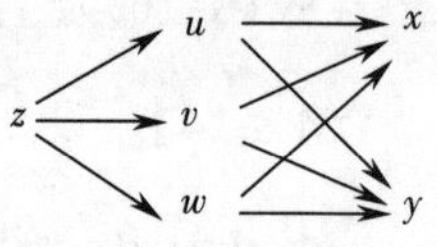

图 8-19

情形Ⅲ 复合函数的中间变量既有一元函数,又有多元函数

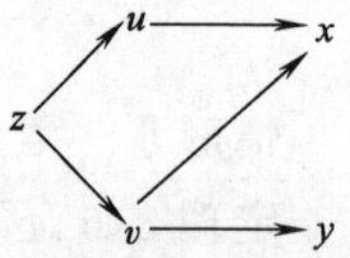

定理 8-8 如果函数 $u = \varphi(x)$ 在点 x 可导,$v = \psi(x, y)$ 在点 (x, y) 处的偏导数存在,函数 $z = f(u, v)$ 在对应点 (u, v) 处具有连续偏导数,则复合函数 $z = f(\varphi(x), \psi(x, y))$ 在点 (x, y) 处的两个偏导数都存在(依赖关系可用图 8-20 表示),且

图 8-20

$$\frac{\partial z}{\partial x} = \frac{\partial z}{\partial u} \cdot \frac{\mathrm{d}u}{\mathrm{d}x} + \frac{\partial z}{\partial v} \cdot \frac{\partial v}{\partial x}, \quad (8\text{-}16)$$

$$\frac{\partial z}{\partial y} = \frac{\partial z}{\partial v} \cdot \frac{\partial v}{\partial y}. \quad (8\text{-}17)$$

这是定理 8-7 的特殊情形.由于 $u = \varphi(x)$ 是一元函数,故 $\dfrac{\partial u}{\partial x}$ 换成 $\dfrac{\mathrm{d}u}{\mathrm{d}x}$,

$\dfrac{\partial u}{\partial y} = 0$;由式(8-12)、式(8-13)分别得式(8-16)、式(8-17).

在情形Ⅲ中还会遇到这样的情形,即复合函数的某些中间变量本身又是复合函数的自变量.例如

$$z = f(x, y, \omega(x, y))$$

这可看做情形Ⅲ的特殊情形：$z = f(u, v, w)$，$u = x$，$v = y$，$w = \omega(x, y)$，因此由式(8-14)及式(8-15)得复合函数 $z = f(x, y, \omega(x, y))$ 的偏导数为

$$\frac{\partial z}{\partial x} = \frac{\partial f}{\partial x} + \frac{\partial z}{\partial w} \cdot \frac{\partial w}{\partial x}, \tag{8-18}$$

$$\frac{\partial z}{\partial y} = \frac{\partial f}{\partial y} + \frac{\partial z}{\partial w} \cdot \frac{\partial w}{\partial y}. \tag{8-19}$$

注意　$\dfrac{\partial z}{\partial x}$ 与 $\dfrac{\partial f}{\partial x}$ 是不同的，$\dfrac{\partial z}{\partial x}$ 是把复合函数 $z = f(x, y, \omega(x, y))$ 中的 y 看做不变而对 x 的偏导数，$\dfrac{\partial f}{\partial x}$ 是把函数 $z = f(x, y, w)$ 中的 y 及 w 看做不变而对 x 的偏导数．$\dfrac{\partial z}{\partial y}$ 与 $\dfrac{\partial f}{\partial y}$ 也有类似的区别．

【例 8-26】　设 $z = f(x, y, w) = (x - y)^w$，而 $w = x^2 + y^2$，求 $\dfrac{\partial z}{\partial x}$，$\dfrac{\partial z}{\partial y}$．

解　$\dfrac{\partial z}{\partial x} = \dfrac{\partial f}{\partial x} + \dfrac{\partial z}{\partial w} \cdot \dfrac{\partial w}{\partial x} = w(x - y)^{w-1} + (x - y)^w \ln(x - y) \cdot 2x$

$\qquad = (x - y)^{x^2 + y^2 - 1}[x^2 + y^2 + 2x(x - y)\ln(x - y)],$

$\quad\ \ \dfrac{\partial z}{\partial y} = \dfrac{\partial f}{\partial y} + \dfrac{\partial z}{\partial w} \cdot \dfrac{\partial w}{\partial y} = -w(x - y)^{w-1} + (x - y)^w \ln(x - y) \cdot 2y$

$\qquad = -(x - y)^{x^2 + y^2 - 1}[x^2 + y^2 - 2y(x - y)\ln(x - y)].$

多元复合函数的复合关系是多种多样的，甚至可以说有无限多种，我们不可能也没有必要把各种情况下的求导公式都列举出来．分析上述求导公式，我们看到：

一个复合函数有几个中间变量，该函数对任一自变量的偏导数（或导数）就表示为几项之和，且每一项都是函数对中间变量的偏导数（或导数）与该中间变量对自变量的偏导数（或导数）的乘积．

上述结论对任何多元复合函数都适用．由此我们可写出各式各样多元复合函数的求导公式．

例如，由 $z = f(u, v)$，$u = \varphi(x, y)$，$v = \psi(y)$ 构成的复合函数为 $z = f(\varphi(x, y), \psi(y))$，其偏导数的公式为

$$\frac{\partial z}{\partial x} = \frac{\partial z}{\partial u} \cdot \frac{\partial u}{\partial x}, \quad \frac{\partial z}{\partial y} = \frac{\partial z}{\partial u} \cdot \frac{\partial u}{\partial y} + \frac{\partial z}{\partial v} \cdot \frac{\mathrm{d}v}{\mathrm{d}y}. \tag{8-20}$$

再如，由 $z = f(u)$ 和 $u = \varphi(x, y)$ 构成的复合函数为 $z = f(\varphi(x, y))$，其偏导数的公式为

$$\frac{\partial z}{\partial x} = \frac{\mathrm{d}z}{\mathrm{d}u} \cdot \frac{\partial u}{\partial x}, \quad \frac{\partial z}{\partial y} = \frac{\mathrm{d}z}{\mathrm{d}u} \cdot \frac{\partial u}{\partial y}. \tag{8-21}$$

特别地，当 u 是 x 的一元函数时，上一行中第二式就不存在了，第一

式便变成 $\dfrac{\mathrm{d}z}{\mathrm{d}x}=\dfrac{\mathrm{d}z}{\mathrm{d}u}\cdot\dfrac{\mathrm{d}u}{\mathrm{d}x}$，即一元复合函数的求导公式.

【例 8-27】 设 $z=\dfrac{y}{f(x^2-y^2)}$，其中 $f(u)$ 为可导函数，验证：

$$\frac{1}{x}\cdot\frac{\partial z}{\partial x}+\frac{1}{y}\cdot\frac{\partial z}{\partial y}=\frac{z}{y^2}.$$

证 $\quad\dfrac{\partial z}{\partial x}=\dfrac{-yf'(u)\dfrac{\partial u}{\partial x}}{f^2(u)}=\dfrac{-2xyf'(u)}{f^2(u)}$，

$$\frac{\partial z}{\partial y}=\frac{f(u)-yf'(u)\dfrac{\partial u}{\partial y}}{f^2(u)}=\frac{f(u)+2y^2f'(u)}{f^2(u)},$$

$$\frac{1}{x}\cdot\frac{\partial z}{\partial x}+\frac{1}{y}\cdot\frac{\partial z}{\partial y}=\frac{-2xyf'(u)}{xf^2(u)}+\frac{f(u)+2y^2f'(u)}{yf^2(u)}$$

$$=\frac{1}{yf(u)}=\frac{\dfrac{y}{f(u)}}{y^2}=\frac{z}{y^2}.$$

在多元复合函数求导中，为方便起见，常采用下面记号：

$$f'_1=\frac{\partial f(u,v)}{\partial u},\quad f'_2=\frac{\partial f(u,v)}{\partial v},$$

$$f''_{11}=\frac{\partial^2 f(u,v)}{\partial u^2},\ f''_{12}=\frac{\partial^2 f(u,v)}{\partial u\partial v},$$

$$f''_{21}=\frac{\partial^2 f(u,v)}{\partial v\partial u},\ f''_{22}=\frac{\partial^2 f(u,v)}{\partial v^2}.$$

【例 8-28】 设函数 $z=f(xy,x^2+y^2)$，f 具有二阶连续偏导数，求 $\dfrac{\partial z}{\partial x}$，$\dfrac{\partial^2 z}{\partial x\partial y}$.

解 令 $u=xy,v=x^2+y^2$，则 $z=f(xy,x^2+y^2)$ 可看成由 $u=xy$，$v=x^2+y^2,z=f(u,v)$ 复合而成，所以

$$\frac{\partial z}{\partial x}=yf'_u+2xf'_v=yf'_1+2xf'_2,$$

$$\frac{\partial^2 z}{\partial x\partial y}=f'_1+y\frac{\partial f'_1}{\partial y}+2x\frac{\partial f'_2}{\partial y}.$$

求 $\dfrac{\partial f'_1}{\partial y}$ 和 $\dfrac{\partial f'_2}{\partial y}$ 时，注意到 $f'_1=f'_u(xy,x^2+y^2)$ 及 $f'_2=f'_v(xy,x^2+y^2)$ 仍然是复合函数，因此根据复合函数求导法则，有

$$\frac{\partial f'_1}{\partial y}=\frac{\partial f'_1}{\partial u}\cdot\frac{\partial u}{\partial y}+\frac{\partial f'_1}{\partial v}\cdot\frac{\partial v}{\partial y}=xf''_{11}+2yf''_{12},$$

$$\frac{\partial f'_2}{\partial y}=\frac{\partial f'_2}{\partial u}\cdot\frac{\partial u}{\partial y}+\frac{\partial f'_2}{\partial v}\cdot\frac{\partial v}{\partial y}=xf''_{21}+2yf''_{22}.$$

于是
$$\frac{\partial^2 z}{\partial x \partial y} = f_1' + y(xf_{11}'' + 2yf_{12}'') + 2x(xf_{21}'' + 2yf_{22}'')$$
$$= f_1' + xyf_{11}'' + 2(x^2 + y^2)f_{12}'' + 4xyf_{22}''.$$

注意　在上述恒等变形中，因为 f 具有二阶连续偏导数，所以有 $f_{12}'' = f_{21}''$.

8.5.2　全微分的形式不变性

设 $z = f(u, v)$ 有连续偏导数，则
$$\mathrm{d}z = \frac{\partial z}{\partial u}\mathrm{d}u + \frac{\partial z}{\partial v}\mathrm{d}v.$$

进一步如果 u, v 又是 x, y 的函数，$u = \varphi(x, y)$，$v = \psi(x, y)$，且 u, v 具有连续偏导数，则对复合函数 $z = f(\varphi(x, y), \psi(x, y))$ 有

$$\mathrm{d}z = \frac{\partial z}{\partial x}\mathrm{d}x + \frac{\partial z}{\partial y}\mathrm{d}y$$
$$= \left(\frac{\partial z}{\partial u} \cdot \frac{\partial u}{\partial x} + \frac{\partial z}{\partial v} \cdot \frac{\partial v}{\partial x}\right)\mathrm{d}x + \left(\frac{\partial z}{\partial u} \cdot \frac{\partial u}{\partial y} + \frac{\partial z}{\partial v} \cdot \frac{\partial v}{\partial y}\right)\mathrm{d}y$$
$$= \frac{\partial z}{\partial u}\left(\frac{\partial u}{\partial x}\mathrm{d}x + \frac{\partial u}{\partial y}\mathrm{d}y\right) + \frac{\partial z}{\partial v}\left(\frac{\partial v}{\partial x}\mathrm{d}x + \frac{\partial v}{\partial y}\mathrm{d}y\right)$$
$$= \frac{\partial z}{\partial u}\mathrm{d}u + \frac{\partial z}{\partial v}\mathrm{d}v.$$

由此可见，不论 z 是自变量 u, v 的函数，还是以 u, v 作为中间变量的函数，它的全微分形式一致，这个性质称为**全微分的形式不变性**.

利用这一性质，可以把一元函数的和、差、积、商的微分法则推广到多元函数.

设 u, v 是某些自变量的多元函数，则有

(1) $\mathrm{d}(u \pm v) = \mathrm{d}u \pm \mathrm{d}v$；　　　　(2) $\mathrm{d}(Cu) = C\mathrm{d}u$　（C 为常数）；

(3) $\mathrm{d}(uv) = v\mathrm{d}u + u\mathrm{d}v$；　　　　(4) $\mathrm{d}\left(\dfrac{u}{v}\right) = \dfrac{v\mathrm{d}u - u\mathrm{d}v}{v^2}$.

我们来证明第三个公式. 由全微分形式不变性，有
$$\mathrm{d}(uv) = \frac{\partial(uv)}{\partial u}\mathrm{d}u + \frac{\partial(uv)}{\partial v}\mathrm{d}v = v\mathrm{d}u + u\mathrm{d}v.$$

利用全微分形式不变性及和、差、积、商的微分法则，往往可简化全微分或偏导数的计算.

【例 8-29】　设 $z = f\left(3x + 2y, \dfrac{y}{x}\right)$，其中 f 可微，求 $\mathrm{d}z$，$\dfrac{\partial z}{\partial x}$，$\dfrac{\partial z}{\partial y}$.

解　令 $u = 3x + 2y$，$v = \dfrac{y}{x}$，利用全微分形式不变性及微分运算法

则,得

$$\mathrm{d}z = f_1' \mathrm{d}(3x+2y) + f_2' \mathrm{d}\left(\frac{y}{x}\right)$$

$$= f_1'(3\mathrm{d}x+2\mathrm{d}y) + f_2'\frac{x\mathrm{d}y-y\mathrm{d}x}{x^2}$$

$$= \left(3f_1' - \frac{y}{x^2}f_2'\right)\mathrm{d}x + \left(2f_1' + \frac{1}{x}f_2'\right)\mathrm{d}y.$$

又因为 $\mathrm{d}z = \dfrac{\partial z}{\partial x}\mathrm{d}x + \dfrac{\partial z}{\partial y}\mathrm{d}y$,所以

$$\frac{\partial z}{\partial x} = 3f_1' - \frac{y}{x^2}f_2', \quad \frac{\partial z}{\partial y} = 2f_1' + \frac{1}{x}f_2'.$$

习题 8.5

1.设 $z = x^2 y$,而 $x = t^2$,$y = 1-t^3$,求全导数 $\dfrac{\mathrm{d}z}{\mathrm{d}t}$.

2.设 $z = \arctan(xy)$,而 $y = \mathrm{e}^x$,求全导数 $\dfrac{\mathrm{d}z}{\mathrm{d}x}$.

3.设 $u = \mathrm{e}^{2x}(y-z)$,而 $y = 2x$,$z = x^3$,求全导数 $\dfrac{\mathrm{d}u}{\mathrm{d}x}$.

4.设 $z = \mathrm{e}^u \cos v$,而 $u = xy$,$v = 2x-y$,求 $\dfrac{\partial z}{\partial x}$ 和 $\dfrac{\partial z}{\partial y}$.

5.设 $z = \ln(u^2+v)$,而 $u = y\sin x$,$v = x^2+y$,求 $\dfrac{\partial z}{\partial x}$ 和 $\dfrac{\partial z}{\partial y}$.

6.设 $z = (2x+y)^{x+2y}$,求 $\dfrac{\partial z}{\partial x}$ 和 $\dfrac{\partial z}{\partial y}$.

7.求下列函数的一阶偏导数,其中 f 具有一阶连续偏导数:

(1) $u = f(x^2-y^2, 3x+2y)$;

(2) $u = f(x+y^2+z^3, xyz)$;

(3) $u = f(x-y, x+2y, y)$;

(4) $u = f\left(\dfrac{x}{y}, \dfrac{y}{z}\right)$.

8.设 $z = f(x^3+y^3)$,其中 $f(u)$ 可导,求 $y^2\dfrac{\partial z}{\partial x} - x^2\dfrac{\partial z}{\partial y}$.

9.设 $z = xy + yf\left(\dfrac{x}{y}\right)$,其中 $f(u)$ 为可导函数,证明: $x\dfrac{\partial z}{\partial x} + y\dfrac{\partial z}{\partial y} = xy+z$.

10.求下列函数的 $\dfrac{\partial^2 z}{\partial x^2}$,$\dfrac{\partial^2 z}{\partial x\partial y}$,$\dfrac{\partial^2 z}{\partial y^2}$(其中 f 具有二阶连续偏导数):

(1) $z = f(xy, y)$; (2) $z = f(xy^2, x^2 y)$.

11.设 $w = f(x+y+z, xyz)$,f 具有二阶连续偏导数,求 $\dfrac{\partial^2 w}{\partial x\partial z}$.

8.6　隐函数的求导公式

我们在第 1 章中已经提出了隐函数的概念,并提供了不经过显化直接由方程

$$F(x,y)=0$$

求它所确定的隐函数的导数的方法. 但是,一个方程 $F(x,y)=0$ 能否确定一个隐函数? 这个隐函数是否可导? 其导数有无公式表达? 本节将介绍隐函数存在定理来解决这些问题,并进一步把结论推广到多元隐函数中去.

定理 8-9　（隐函数存在定理 1）　如果函数 $F(x,y)$ 满足

(1)在点 (x_0,y_0) 的某一邻域内具有连续偏导数;

(2)$F(x_0,y_0)=0$;

(3)$F_y'(x_0,y_0)\neq0$.

那么方程 $F(x,y)=0$ 在点 (x_0,y_0) 的某一邻域内唯一确定一个连续且有连续导数的函数 $y=f(x)$,它满足条件 $y_0=f(x_0)$ 及 $F(x,f(x))\equiv0$, 且有

$$\frac{\mathrm{d}y}{\mathrm{d}x}=-\frac{F_x'}{F_y'}. \tag{8-22}$$

这个定理我们不证,仅就式(8-22)作如下推导.

将方程 $F(x,y)=0$ 所确定的隐函数 $y=f(x)$ 代入方程中,得恒等式

$$F(x,f(x))\equiv0,$$

左端可以看做 x 的复合函数,求这个函数的全导数,由于恒等式两端求导后仍然恒等,故有

$$F_x'+F_y'\frac{\mathrm{d}y}{\mathrm{d}x}=0.$$

因为 F_y' 连续,且 $F_y'(x_0,y_0)\neq0$,所以存在点 (x_0,y_0) 的一个邻域,在该邻域内 $F_y'\neq0$,于是得

$$\frac{\mathrm{d}y}{\mathrm{d}x}=-\frac{F_x'}{F_y'}.$$

如果 $F(x,y)$ 的二阶偏导数也都连续,我们可以把式(8-22)的右端看做 x 的复合函数,再一次求导,就可得二阶导数.

【例 8-30】　验证 Kepler 方程 $y-x-\varepsilon\sin y=0(0<\varepsilon<1)$ 在点 $(0,0)$ 的某个邻域内唯一确定一个具有连续导数的函数 $y=f(x)$,它满足 $0=f(0)$,并求 $f'(0)$.

解 令 $F(x,y)=y-x-\varepsilon\sin y$，则 $F'_x=-1$，$F'_y=1-\varepsilon\cos y$，$F(0,0)=0$，$F'_y(0,0)=1-\varepsilon\neq0$. 因此由定理 8-9 可知，方程 $y-x-\varepsilon\sin y=0(0\leqslant\varepsilon<1)$ 在点 $(0,0)$ 的某个邻域内唯一确定一个具有连续导数的函数 $y=f(x)$，它满足 $0=f(0)$.

下面求 $f'(0)$. 由式 (8-22) 得

$$\frac{\mathrm{d}y}{\mathrm{d}x}=-\frac{F'_x}{F'_y}=\frac{1}{1-\varepsilon\cos y},$$

所以 $f'(0)=\dfrac{1}{1-\varepsilon}$.

定理 8-9 可以推广到 F 包含两个以上变量的情形. 例如，在一定条件下，含有三个变量 x,y,z 的方程 $F(x,y,z)=0$ 可以确定二元隐函数 $z=f(x,y)$，并可由 F 求出该隐函数的偏导数.

定理 8-10（隐函数存在定理 2） 如果函数 $F(x,y,z)$ 满足

(1) 在点 (x_0,y_0,z_0) 的某一邻域内具有连续偏导数；

(2) $F(x_0,y_0,z_0)=0$；

(3) $F'_z(x_0,y_0,z_0)\neq0$.

那么方程 $F(x,y,z)=0$ 在点 (x_0,y_0,z_0) 的某一邻域内唯一确定一个连续且有连续偏导数的函数 $z=f(x,y)$，它满足条件 $z_0=f(x_0,y_0)$ 及 $F(x,y,f(x,y))\equiv0$，并有

$$\frac{\partial z}{\partial x}=-\frac{F'_x}{F'_z},\quad \frac{\partial z}{\partial y}=-\frac{F'_y}{F'_z}. \tag{8-23}$$

由定理 8-9 易知上式是成立的. 事实上，在求 $\dfrac{\partial z}{\partial x}$ 时，把 y 看做常量，$F(x,y,z)=0$ 仍可看做一元隐函数而应用定理 8-9，只是应把式 (8-22) 中的 d 改为 ∂，把 y 换成 z，即得计算 $\dfrac{\partial z}{\partial x}$ 的公式. 同理式 (8-22) 可得计算 $\dfrac{\partial z}{\partial y}$ 的公式.

【例 8-31】 设 $x^2+2y^2+3z^2+xy-z=9$，求 $\dfrac{\partial z}{\partial x}$，$\dfrac{\partial z}{\partial y}$，$\dfrac{\partial^2 z}{\partial x\partial y}$.

解 令 $F(x,y,z)=x^2+2y^2+3z^2+xy-z-9$，则

$$F'_x=2x+y,\quad F'_y=4y+x,\quad F'_z=6z-1,$$

所以

$$\frac{\partial z}{\partial x}=-\frac{F'_x}{F'_z}=\frac{2x+y}{1-6z},\quad \frac{\partial z}{\partial y}=-\frac{F'_y}{F'_z}=\frac{x+4y}{1-6z}.$$

注意到 z 是 x,y 的函数，将 $\dfrac{\partial z}{\partial x}=\dfrac{2x+y}{1-6z}$ 再对 y 求偏导数，得

$$\frac{\partial^2 z}{\partial x \partial y} = \frac{1 \cdot (1-6z) - (2x+y) \cdot \left(-6 \dfrac{\partial z}{\partial y}\right)}{(1-6z)^2}$$

$$= \frac{(1-6z)^2 + 6(2x+y)(x+4y)}{(1-6z)^3}.$$

我们指出,求方程确定的隐函数的导数(或偏导数)的方法,一般有三种:直接求导法、微分法和公式法.

【例 8-32】 设函数 $z = f(x, y)$ 由方程 $e^z = xyz$ 确定,求 $\dfrac{\partial z}{\partial x}, \dfrac{\partial z}{\partial y}$.

解法一(直接求导法) 在方程 $e^z = xyz$ 两边直接对 x 求导

$$e^z \frac{\partial z}{\partial x} = yz + xy \frac{\partial z}{\partial x},$$

$$\frac{\partial z}{\partial x} = \frac{yz}{e^z - xy} = \frac{yz}{xyz - xy} = \frac{z}{xz - x}.$$

同理可得

$$\frac{\partial z}{\partial y} = \frac{z}{yz - y}.$$

解法二(微分法) 在 $e^z = xyz$ 两边微分

$$e^z dz = yz dx + xz dy + xy dz,$$

$$(e^z - xy) dz = yz dx + xz dy,$$

$$dz = \frac{yz}{e^z - xy} dx + \frac{xz}{e^z - xy} dy,$$

故

$$\frac{\partial z}{\partial x} = \frac{yz}{e^z - xy}, \quad \frac{\partial z}{\partial y} = \frac{xz}{e^z - xy}.$$

解法三(公式法) 设 $F(x, y, z) = e^z - xyz$,则

$$F_x = -yz, \quad F_y = -xz, \quad F_z = e^z - xy,$$

故

$$\frac{\partial z}{\partial x} = -\frac{F_x}{F_z} = \frac{yz}{e^z - xy},$$

$$\frac{\partial z}{\partial y} = -\frac{F_y}{F_z} = \frac{xz}{e^z - xy}.$$

值得一提的是,在解法一中要注意 z 为 x, y 的函数,故 $e^z = e^{f(x,y)}$ 为以 z 为中间变量,以 x, y 为自变量的函数,求导时应注意复合函数求导法则,而方程右边的 $xyz = xy f(x, y)$ 求导时应注意积的求导公式的应用.

习题　8.6

1. 设 $e^x + xy - y^3 = 0$,求 $\dfrac{dy}{dx}$.

327

2. 设 $x^2 + 3y^2 = a^2$,求 $\dfrac{\mathrm{d}^2 y}{\mathrm{d}x^2}$.

3. 求下列方程所确定的隐函数的偏导数 $\dfrac{\partial z}{\partial x}$ 和 $\dfrac{\partial z}{\partial y}$:

(1) $z^3 + 3xyz - 3\sin(xy) = 1$;   (2) $\dfrac{x}{z} = x^2 y - \ln \dfrac{z}{y}$.

4. 设 $x - az = \mathrm{e}^{y-bz} - 1$,求 $a\dfrac{\partial z}{\partial x} + b\dfrac{\partial z}{\partial y}$.

5. 设 $2xz - 2xyz + \ln(xyz) = 0$,求全微分 $\mathrm{d}z \big|_{(1,1)}$.

6. 设 $2\sin(x + 2y - 3z) = x + 2y - 3z$,证明: $\dfrac{\partial z}{\partial x} + \dfrac{\partial z}{\partial y} = 1$.

7. 设 $\Phi(u,v)$ 具有连续偏导数,证明由方程 $\Phi\left(\dfrac{x}{z}, \dfrac{y}{z}\right) = 0$ 所确定的函数 $z = f(x,y)$ 满足

$$x\frac{\partial z}{\partial x} + y\frac{\partial z}{\partial y} = z.$$

8. 设函数 $z = z(x,y)$ 由方程 $z^3 - 2xz + y = 0$ 确定,求 $\dfrac{\partial^2 z}{\partial x^2}$, $\dfrac{\partial^2 z}{\partial y^2}$.

9. 设函数 $z = z(x,y)$ 由方程 $z^3 - 3xyz = 8$ 确定,求 $\dfrac{\partial^2 z}{\partial x \partial y}\bigg|_{\substack{x=0 \\ y=0}}$.

8.7 多元函数的极值和最大(小)值

在实际问题中,常会碰到求多元函数的最大值、最小值问题. 与一元函数一样,多元函数的最大值、最小值也与多元函数的极大值、极小值密切相关. 我们以二元函数为例,先介绍极值的概念.

8.7.1 多元函数的极值

定义 8-7 设函数 $f(x,y)$ 的定义域为 D,点 $P_0(x_0, y_0)$ 为 D 的内点. 如果存在点 P_0 的某一邻域,使得对于该邻域内任何异于 $P_0(x_0, y_0)$ 的点 (x,y),总有

$$f(x,y) < f(x_0, y_0),$$

则称 $f(x_0, y_0)$ 为 $f(x,y)$ 的一个**极大值**,点 (x_0, y_0) 为 $f(x,y)$ 的一个**极大值点**;如果总有

$$f(x,y) > f(x_0, y_0),$$

则称 $f(x_0, y_0)$ 为 $f(x,y)$ 的一个**极小值**,点 (x_0, y_0) 为 $f(x,y)$ 的一个**极小值点**.

函数的极大值与极小值统称为函数的**极值**;函数的极大值点与极小值点统称为函数的**极值点**.

例如,对于函数 $z=f(x,y)=x^2+y^2$, $f(0,0)=0$ 为 $f(x,y)$ 的一个极小值,这是因为对于任何异于 $(0,0)$ 的点 (x,y),总有不等式 $f(x,y)>f(0,0)$ 成立.

又如,对于函数 $z=f(x,y)=y^2-x^2$,因为在点 $(0,0)$ 的任一邻域内,函数值总是有正有负的,所以函数值 $f(0,0)=0$ 既不是极小值,也不是极大值.

类似于一元函数的情形,关于二元函数极值的判定与求法,我们首先有:

定理 8-11 (极值的必要条件)设函数 $z=f(x,y)$ 在点 (x_0,y_0) 处取得极值,则必有

$$f'_x(x_0,y_0)=0,\quad f'_y(x_0,y_0)=0$$

或 $\qquad f'_x(x_0,y_0)$, $f'_y(x_0,y_0)$ 中至少有一个不存在.

证 设函数 $z=f(x,y)$ 在点 (x_0,y_0) 处取得极值,则显然 $f(x_0,y_0)$ 是关于 x 的一元函数 $f(x,y_0)$ 的极值,由定理 4-3(函数取得极值的必要条件)有

$$f'_x(x_0,y_0)=0 \text{ 或 } f'_x(x_0,y_0) \text{ 不存在.}$$

类似地, $f(x_0,y_0)$ 是关于 y 的一元函数 $f(x_0,y)$ 的极值,故又有

$$f'_y(x_0,y_0)=0 \text{ 或 } f'_y(x_0,y_0) \text{ 不存在.}$$

综上所述,函数 $z=f(x,y)$ 在点 (x_0,y_0) 处取得极值,必有

$$f'_x(x_0,y_0)=0,\quad f'_y(x_0,y_0)=0$$

或 $\qquad f'_x(x_0,y_0)$, $f'_y(x_0,y_0)$ 中至少有一个不存在.

证毕.

对于偏导数存在的函数,如何寻求其极值点,定理 8-11 给我们划定了范围:只要在驻点中去找.怎样判别一个驻点是不是极值点呢? 下面的定理回答了这个问题.

定理 8-12 (极值的充分条件) 设函数 $z=f(x,y)$ 在点 (x_0,y_0) 的某个邻域内连续且有一阶及二阶连续偏导数,又 $f'_x(x_0,y_0)=0$, $f'_y(x_0,y_0)=0$,令

$$A=f''_{xx}(x_0,y_0), B=f''_{xy}(x_0,y_0), C=f''_{yy}(x_0,y_0),$$

则函数 $z=f(x,y)$ 在点 (x_0,y_0) 处是否取得极值的条件如下:

(1)若 $AC-B^2>0$,则 $f(x_0,y_0)$ 是极值.且当 $A<0$ 时, $f(x_0,y_0)$ 为极大值;当 $A>0$ 时, $f(x_0,y_0)$ 为极小值;

(2)若 $AC-B^2<0$,则 $f(x_0,y_0)$ 不是极值;

(3)若 $AC-B^2=0$,则 $f(x_0,y_0)$ 可能是极值,也可能不是极值,需要

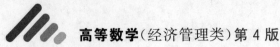

另作讨论.

证明从略.

根据定理 8-11 与定理 8-12,对于具有二阶连续偏导数的二元函数 $z=f(x,y)$,求其极值的步骤如下.

第一步 解方程组 $\begin{cases} f'_x(x,y)=0, \\ f'_y(x,y)=0, \end{cases}$ 求出函数 $f(x,y)$ 的全部驻点.

第二步 对每个驻点 (x_0,y_0),求出 $A=f''_{xx}(x_0,y_0)$,$B=f''_{xy}(x_0,y_0)$,$C=f''_{yy}(x_0,y_0)$.

第三步 定出 $AC-B^2$ 的符号,由定理 8-12 的结论,判定 $f(x_0,y_0)$ 是不是极值,是极大值还是极小值.

【例 8-33】 求函数 $f(x,y)=6y-x^2-2y^3$ 的极值.

解 解方程组

$$\begin{cases} f'_x=-2x=0, \\ f'_y=6-6y^2=0, \end{cases}$$

得驻点为 $(0,1),(0,-1)$.

函数的二阶偏导数为

$$f''_{xx}(x,y)=-2, \quad f''_{xy}(x,y)=0, \quad f''_{yy}(x,y)=-12y.$$

在点 $(0,1)$ 处,$A=-2,B=0,C=-12$,因为 $AC-B^2=2\times12>0$,$A<0$,所以函数在该点有极大值 $f(0,1)=4$.

在点 $(0,-1)$ 处,$A=-2,B=0,C=12$,因为 $AC-B^2=-2\times12<0$,所以 $f(0,-1)=-4$ 不是极值.

8.7.2 函数的最大值和最小值

由本章 8.1 定理 8-1 知道,在有界闭区域 D 上连续的多元函数一定存在最大值和最小值. 如何求出多元函数在 D 上的最值呢? 与求闭区间上一元连续函数的最值的方法类似,我们先求出函数在 D 内(指除边界之外部分)一切驻点及偏导数不存在的点处的函数值,再求出函数在区域边界上的最大值和最小值,将这些值进行比较,其中最大者即为最大值,最小者即为最小值. 但这种做法,往往相当复杂. 在通常遇到的实际问题中,如果根据问题的性质,知道可微函数 $f(x,y)$ 在区域 D 内一定有最大值(或最小值),而 $f(x,y)$ 在 D 内只有唯一驻点,则此驻点处的函数值就是最大值(或最小值).

【例 8-34】 要造一个容量一定的有盖长方体的箱子,问长、宽、高各取怎样的尺寸时,才能使所用的材料最省.

解 设箱子的长、宽分别为 x,y,容量为 V,则箱子的高为 $\dfrac{V}{xy}$. 箱子的表面积为

$$A=2\left(xy+x\cdot\dfrac{V}{xy}+y\cdot\dfrac{V}{xy}\right)=2\left(xy+\dfrac{V}{y}+\dfrac{V}{x}\right)\quad(x>0,y>0).$$

这是 x,y 的二元函数.令

$$\begin{cases}A'_x=2\left(y-\dfrac{V}{x^2}\right)=0,\\[2mm]A'_y=2\left(x-\dfrac{V}{y^2}\right)=0,\end{cases}$$

解上述方程组,得

$$x=\sqrt[3]{V},y=\sqrt[3]{V}.$$

根据题意可知,表面积 A 的最小值一定存在,现在只有唯一驻点 $(\sqrt[3]{V},\sqrt[3]{V})$,因此可断定 $x=\sqrt[3]{V}$,$y=\sqrt[3]{V}$ 时,A 取得最小值,亦即当箱子的长、宽分别取 $\sqrt[3]{V},\sqrt[3]{V}$,高取

$$\dfrac{V}{\sqrt[3]{V}\cdot\sqrt[3]{V}}=\sqrt[3]{V}$$

时,所用的材料最省.

【例 8-35】 设某工厂生产 A,B 两种产品,其销售价格分别为 $p_1=12$,$p_2=18$(单位:元),总成本 C(单位:万元)是两种产品产量 x 和 y(单位:千件)的函数

$$C(x,y)=2x^2+xy+2y^2,$$

当两种产品的产量为多少时,可获得最大利润,最大利润为多少?

解 总收入函数

$$R(x,y)=12x+18y.$$

总利润函数

$$\begin{aligned}L(x,y)&=R(x,y)-C(x,y)\\&=12x+18y-2x^2-xy-2y^2\quad(x>0,y>0),\end{aligned}$$

令
$$L'_x=12-4x-y=0,$$
$$L'_y=18-x-4y=0,$$

得驻点 $(2,4)$.

由该问题知最大利润一定存在,且在开区域 $D:x>0,y>0$ 内只有唯一驻点,故当 $x=2$(千件),$y=4$(千件)时取得最大利润,最大利润 $L(2,4)=48$(万元).

8.7.3 条件极值 拉格朗日乘数法

前面讨论的极值问题,对于函数的自变量,除了限制在定义域中之

外,并无其他条件,所以有时候也称其为**无条件极值**.但在有些实际问题中,会遇到对函数的自变量还有附加条件的极值.

例如,求原点$(0,0)$到曲线$xy=1$的距离.如果设(x,y)为曲线$xy=1$上的任一点,那么这个问题可归结为求函数$z=\sqrt{x^2+y^2}$在约束条件$xy=1$下的极小值.这种极值相对于无条件极值来说,称为**条件极值**.

如何求条件极值呢? 在某些时候,条件极值可化为无条件极值来求解.例如,求目标函数$z=\sqrt{x^2+y^2}$在条件$xy=1$下的条件极值,就可化为求函数$z=\sqrt{x^2+\dfrac{1}{x^2}}$的无条件极值.但在很多情况下,将条件极值转化为无条件极值并不简单.下面我们介绍一种直接求条件极值的方法,这种方法称为拉格朗日乘数法(证明从略).

用拉格朗日乘数法求目标函数$z=f(x,y)$在条件$\varphi(x,y)=0$下极值的步骤如下.

第一步 作拉格朗日函数$L(x,y,\lambda)=f(x,y)+\lambda\varphi(x,y)$.

第二步 求三元函数$L(x,y,\lambda)$的驻点,即

令$\begin{cases}L'_x=f'_x(x,y)+\lambda\varphi'_x(x,y)=0,\\ L'_y=f'_y(x,y)+\lambda\varphi'_y(x,y)=0,\\ L'_\lambda=\varphi(x,y)=0,\end{cases}$得$\begin{cases}x=x_0,\\ y=y_0,\\ \lambda=\lambda_0,\end{cases}$

其中点(x_0,y_0)就是函数$z=f(x,y)$在条件$\varphi(x,y)=0$下的可能极值点.

第三步 判定$f(x_0,y_0)$是否为极值(对实际问题往往可根据问题本身的性质来判定).

拉格朗日乘数法还可以推广到自变量多于两个或条件多于一个的情形.例如,求函数$u=f(x,y,z)$在条件$\varphi(x,y,z)=0$下的极值的步骤如下.

第一步 作拉格朗日函数$L(x,y,z,\lambda)=f(x,y,z)+\lambda\varphi(x,y,z)$.

第二步 求出四元函数$L(x,y,z,\lambda)$的驻点(x_0,y_0,z_0,λ_0),其中(x_0,y_0,z_0)为函数$u=f(x,y,z)$在条件$\varphi(x,y,z)=0$下的可能极值点.

第三步 判定$f(x_0,y_0,z_0)$是否为极值.

【例 8-36】 设生产某种产品的数量P与所用两种原料A和B的数量x,y满足关系式$P=0.005x^2y$,欲用 150 元购买原料,已知原料A和B的单价分别为 1 元、2 元,问购进两种原料各多少时,可使生产的产品数量最多?

解 问题归结为求$P=0.005x^2y$在条件$x+2y=150$下的极值.作拉格朗日函数

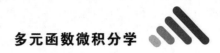

$$L(x,y,\lambda)=0.005x^2y+\lambda(x+2y-150),$$

令 $\begin{cases} L'_x=2\times0.005xy+\lambda=0, \\ L'_y=0.005x^2+2\lambda=0, \\ L'_\lambda=x+2y-150=0, \end{cases}$ 　解之得 $\begin{cases} \lambda=-25, \\ x=100, \\ y=25. \end{cases}$

由题意可知 P 的最大值一定存在,所以最大值只能在唯一可能的极值点 $(100,25)$ 取得,即当购进原料 A 和 B 的数量各为 100 和 25 时,可使生产的产品数量最多.

【例 8-37】　求空间内一点 $M_0(x_0,y_0,z_0)$ 到平面 $Ax+By+Cz+D=0$（A、B、C 不全为零）的距离.

解　设点 $M(x,y,z)$ 为平面 $Ax+By+Cz+D=0$ 上的任意一点,则点 M_0 到点 M 的距离为 $d=\sqrt{(x-x_0)^2+(y-y_0)^2+(z-z_0)^2}$,故问题转化为求函数

$$d=\sqrt{(x-x_0)^2+(y-y_0)^2+(z-z_0)^2}$$

在条件

$$Ax+By+Cz+D=0$$

下的最小值.

作拉格朗日函数

$$L=(x-x_0)^2+(y-y_0)^2+(z-z_0)^2+\lambda(Ax+By+Cz+D),$$

令

$$\begin{cases} L'_x=2(x-x_0)+\lambda A=0, \\ L'_y=2(y-y_0)+\lambda B=0, \\ L'_z=2(z-z_0)+\lambda C=0, \\ L'_\lambda=Ax+By+Cz+D=0, \end{cases}$$

解得

$$x=x_0-\frac{Ax_0+By_0+Cz_0+D}{A^2+B^2+C^2}A,$$

$$y=y_0-\frac{Ax_0+By_0+Cz_0+D}{A^2+B^2+C^2}B,$$

$$z=z_0-\frac{Ax_0+By_0+Cz_0+D}{A^2+B^2+C^2}C.$$

由于 d 的最小值一定存在,所以最小值只能在唯一可能的极值点 $\left(x_0-\dfrac{Ax_0+By_0+Cz_0+D}{A^2+B^2+C^2}A, y_0-\dfrac{Ax_0+By_0+Cz_0+D}{A^2+B^2+C^2}B,\right.$

$\left. z_0-\dfrac{Ax_0+By_0+Cz_0+D}{A^2+B^2+C^2}C\right)$ 处取得,故点 $M_0(x_0,y_0,z_0)$ 到平面 $Ax+$

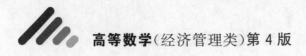
$By + Cz + D = 0$ 的距离为

$$d = \frac{|Ax_0 + By_0 + Cz_0 + D|}{\sqrt{A^2 + B^2 + C^2}}.$$

*8.7.4　最小二乘法

在很多实际问题中,常常需要根据两个变量的一些实验数据,来找出这两个变量之间函数关系的近似表达式.通常把这样得到的近似表达式称为**经验公式**.有了经验公式后,我们可以把实践中积累的经验提高到理论高度加以分析,再用于指导实践.下面介绍建立经验公式的一个常用的方法.

设根据实验测得变量 x 和 y 的 n 组数据如下:

x	x_1	x_2	$\cdots$	x_i	$\cdots$	x_n
y	y_1	y_2	$\cdots$	y_i	$\cdots$	y_n

把点 (x_i, y_i) 画在直角坐标系中,得到的点图叫做**散点图**.如果所有的散点大体散布在某一条直线 l 附近,那么可以用线性函数

$$y = a + bx \tag{8-24}$$

来近似描述 x 和 y 之间的函数关系(图 8-21).但如何选取 a 和 b,使得直线(8-24)和所有的散点都很靠近(此时函数(8-24)很好地代表了 x 与 y 之间的变化规律)? 这就是我们下面要解决的问题.

令 $\delta_i = |y_i - (a + bx_i)|$,称 δ_i 为实测值与估计值的**偏差**,它刻画了点 $(x_i,$

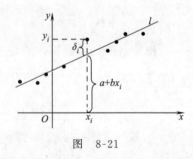

图 8-21

$y_i)$ 到直线 l 的远近程度. 于是 $\sum\limits_{i=1}^{n} \delta_i^2 = \sum\limits_{i=1}^{n} [y_i - (a + bx_i)]^2$ 就定量地描述了直线 l 与这 n 个点之间总的远近程度,它是随着不同的直线 l(即不同的 a 和 b)而变化的,因此是 a, b 的二元函数,记为 $Q(a, b)$,即

$$Q(a, b) = \sum_{i=1}^{n} [y_i - (a + bx_i)]^2. \tag{8-24}$$

现在我们的问题就转化为:确定函数 $y = a + bx$ 的 a 和 b,使 $Q(a, b)$ 最小.这种通过"偏差平方和"达到最小值来确定参数 a, b 的方法称为**最小二乘法**.

由二元函数极值的必要条件得

$$\begin{cases} \dfrac{\partial Q}{\partial a} = -2 \sum\limits_{i=1}^{n} [y_i - (a + bx_i)] = 0, \\ \dfrac{\partial Q}{\partial b} = -2 \sum\limits_{i=1}^{n} [y_i - (a + bx_i)] x_i = 0, \end{cases}$$

整理后的方程组为

$$\begin{cases} na + (\sum_{i=1}^{n} x_i)b = \sum_{i=1}^{n} y_i, \\ (\sum_{i=1}^{n} x_i)a + (\sum_{i=1}^{n} x_i^2)b = \sum_{i=1}^{n} x_i y_i, \end{cases} \tag{8-25}$$

解方程组(8-25),将其解 a,b 分别记作 $\hat{a},\hat{b}$,得

$$\hat{b} = \frac{L_{xy}}{L_{xx}}, \quad \hat{a} = \bar{y} - \hat{b}\bar{x},$$

其中 $L_{xy} = \sum_{i=1}^{n} x_i y_i - n\bar{x}\bar{y}$, $L_{xx} = \sum_{i=1}^{n} x_i^2 - n\bar{x}^2$, $\bar{x} = \frac{1}{n}\sum_{i=1}^{n} x_i$, $\bar{y} = \frac{1}{n}\sum_{i=1}^{n} y_i$.

可以证明,所求得的 $\hat{a},\hat{b}$ 确实使 $Q(a,b)$ 取得最小值. 因此 x 和 y 之间的经验公式为

$$y = \hat{a} + \hat{b}x.$$

【例 8-38】　某地区收集到人均收入 x(千元)和平均每百户拥有计算机的台数 y 的统计资料,如表 8-1 所示,试根据表 8-1 中数据,确定 x 与 y 之间的线性经验公式.

解　　　　　
$$\bar{x} = \frac{1}{9}\sum_{i=1}^{9} x_i \approx 3.3667,$$

$$\bar{y} = \frac{1}{9}\sum_{i=1}^{9} y_i \approx 10.1222,$$

$$L_{xy} = \sum_{i=1}^{9} x_i y_i - 9\bar{x}\bar{y} \approx 38.3843,$$

$$L_{xx} = \sum_{i=1}^{9} x_i^2 - 9\bar{x}^2 \approx 13.0980,$$

$$\hat{b} = \frac{L_{xy}}{L_{xx}} \approx 2.9305,$$

$$\hat{a} = \bar{y} - \hat{b}\bar{x} \approx 0.2568,$$

故　　　　　$$y = 2.9305x + 0.2568.$$

表　8-1

i	1	2	3	4	5	6	7	8	9
x_i/千元	1.5	1.8	2.4	3.0	3.5	3.9	4.4	4.8	5.0
y_i/台	4.8	5.7	7.0	8.3	10.9	12.4	13.1	13.6	15.3

习题 8.7

1. 求函数 $f(x,y) = 4(x-y) - x^2 - y^2$ 的极值.

2. 求函数 $f(x,y) = x^3 - y^3 - 3xy$ 的极值.

3. 求函数 $z = x^2 - xy + y^2 - 2x + y$ 的极值.

4. 求函数 $z = (6x - x^2)(4y - y^2)$ $(x > 0, y > 0)$ 的极值.

5. 在 xOy 平面上求一点,使得它到 $x = 0, y = 0$ 及 $x + 2y - 16 = 0$ 三条直线的距离的平方之和为最小.

6. 要造一个容积为常数 V 的长方体无盖水池,问如何安排水池的尺寸才能使它的表面积最小.

7. 求内接于半径为 R 的半圆且有最大面积的矩形.

8. 销售某产品作两种方式的广告宣传,设当宣传费分别为 x 和 y(单位:千元)时,销售量 S(单位:件)是 x 和 y 的函数

$$S = \frac{200x}{5+x} + \frac{100y}{10+y}.$$

若销售产品所得利润是销售量的 $\frac{1}{5}$ 减去总的广告费,两种方式广告费共计 25(千元),应如何分配两种方式的广告费,才能使利润最大?最大利润是多少?

9. 企业在两个不同市场上出售同一产品,两市场的需求函数分别是 $p_1 = 18 - 2Q_1$,$p_2 = 12 - Q_2$,其中 p_1 和 p_2 分别表示该产品在两个市场的价格(单位:万元/吨),Q_1 和 Q_2 分别表示该产品在两个市场的销售量(即需求量,单位:吨),总成本函数为 $C = 2Q + 5$,其中 $Q = Q_1 + Q_2$.

(1)如果该企业实行价格差别策略,试确定两个市场上该产品的销售量和价格,使该企业获得最大利润;

(2)如果该企业实行价格无差别策略,试确定两个市场上该产品的销售量及其统一的价格,使该企业的总利润最大化;并比较两种价格策略下的总利润大小.

8.8 二重积分的概念和性质

8.8.1 曲顶柱体的体积

设有一立体,它的底是 xOy 面上的有界闭区域 D,侧面是以 D 的边界曲线为准线而母线平行于 z 轴的柱面,它的顶是曲面 $z = f(x,y)$,这里 $f(x,y) \geqslant 0$ 且在 D 上连续(图 8-22a).这种立体称为**曲顶柱体**,试求这个曲顶柱体的体积.

我们知道,平顶柱体(高不变)的体积为

体积=高×底面积.

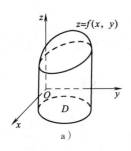
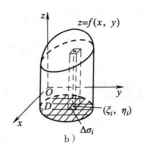

图　8-22

但对曲顶柱体,当点 (x,y) 在闭区域 D 上变动时,高 $f(x,y)$ 是个变量,所以其体积不能用平顶柱体的体积来计算.回顾第 6 章中求曲边梯形的面积的问题不难想到,曲顶柱体类似于曲边梯形,顶部曲面相当于曲边梯形的曲边,底面闭区域相当于曲边梯形的底所在的区间,于是可仿照求曲边梯形的面积的思想方法,来解决目前的问题.

第一步　分割

用任意曲线网把闭区域 D 分割成 n 个小闭区域

$$\Delta\sigma_1,\Delta\sigma_2,\cdots,\Delta\sigma_n,$$

分别以这些小闭区域的边界曲线为准线,作母线平行于 z 轴的柱面,这些柱面把原来的曲顶柱体分为 n 个小曲顶柱体.

第二步　取近似

由于 $f(x,y)$ 连续,故对同一个小闭区域来说,$f(x,y)$ 变化很小,在每个小闭区域 $\Delta\sigma_i$(其面积也记作 $\Delta\sigma_i$)上任取一点 (ξ_i,η_i),这时小曲顶柱体可近似看做以 $f(\xi_i,\eta_i)$ 为高而底为 $\Delta\sigma_i$ 的平顶柱体(图 8-22b),其体积 ΔV_i 的近似值为

$$\Delta V_i\approx f(\xi_i,\eta_i)\Delta\sigma_i\quad(i=1,2,\cdots,n).$$

第三步　求和

这 n 个小平顶柱体体积之和可以认为是整个曲顶柱体体积的近似值,即

$$V=\sum_{i=1}^{n}\Delta V\approx\sum_{i=1}^{n}f(\xi_i,\eta_i)\Delta\sigma_i.$$

第四步　取极限

显然,当对闭区域 D 的分割无限变细,即当各小闭区域 $\Delta\sigma_i$ 的直径($\Delta\sigma_i$ 中任意两点间的最大距离)中的最大值 λ 趋于零时,上述和式的极限就是所讨论的曲顶柱体的体积,即

$$V=\lim_{\lambda\to0}\sum_{i=1}^{n}f(\xi_i,\eta_i)\Delta\sigma_i.$$

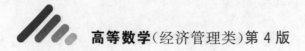

8.8.2　二重积分的概念

撒开上面问题的几何特性,一般地研究这种和的极限,就抽象出如下二重积分的定义.

定义 8-8　设 $f(x,y)$ 是有界闭区域 D 上的有界函数.将闭区域 D 任意分成 n 个小闭区域

$$\Delta\sigma_1,\Delta\sigma_2,\cdots,\Delta\sigma_n,$$

并仍用 $\Delta\sigma_i$ 表示第 i 个小闭区域 $\Delta\sigma_i$ 的面积.在每个 $\Delta\sigma_i$ 上任取一点 (ξ_i,η_i),作乘积 $f(\xi_i,\eta_i)\Delta\sigma_i(i=1,2,\cdots,n)$,并求和 $\sum_{i=1}^{n}f(\xi_i,\eta_i)\Delta\sigma_i$,如果当各小闭区域的直径中的最大值 λ 趋于零时,这个和的极限总存在,则称此极限为函数 $f(x,y)$ 在闭区域 D 上的**二重积分**,记作 $\iint\limits_{D}f(x,y)\mathrm{d}\sigma$,即

$$\iint\limits_{D}f(x,y)\mathrm{d}\sigma=\lim_{\lambda\to0}\sum_{i=1}^{n}f(\xi_i,\eta_i)\Delta\sigma_i, \tag{8-26}$$

其中 $f(x,y)$ 称为**被积函数**,$f(x,y)\mathrm{d}\sigma$ 称为**被积表达式**,$\mathrm{d}\sigma$ 称为**面积微元**,x 与 y 称为**积分变量**,D 称为**积分区域**,$\sum_{i=1}^{n}f(\xi_i,\eta_i)\Delta\sigma_i$ 称为**积分和**.

在二重积分的定义中对闭区域 D 的划分是任意的,如果在直角坐标系中用平行于坐标轴的直线网来划分 D,那么除了包含边界点的一些小闭区域外,其余的小闭区域都是矩形闭区域.如果矩形小闭区域 $\Delta\sigma_i$ 的边长为 Δx_j 和 Δy_k,则其面积 $\Delta\sigma_i=\Delta x_j\cdot\Delta y_k$.因此在直角坐标系中,有时也把面积微元 $\mathrm{d}\sigma$ 记作 $\mathrm{d}x\mathrm{d}y$,而把二重积分 $\iint\limits_{D}f(x,y)\mathrm{d}\sigma$ 记作

$$\iint\limits_{D}f(x,y)\mathrm{d}x\mathrm{d}y,$$

其中 $\mathrm{d}x\mathrm{d}y$ 称为**直角坐标系中的面积微元**.

这里我们要指出,当 $f(x,y)$ 在闭区域 D 上连续时,式(8-26)右端的和的极限必定存在,也就是说,函数 $f(x,y)$ 在 D 上的二重积分必定存在.在以后的讨论中,我们总假定 $f(x,y)$ 在闭区域 D 上连续.

由二重积分的定义可知,曲顶柱体的体积是函数 $f(x,y)$ 在底 D 上的二重积分

$$V=\iint\limits_{D}f(x,y)\mathrm{d}\sigma.$$

8.8.3 二重积分的性质

比较定积分与二重积分的定义可以想到,二重积分与定积分有类似的性质,现叙述如下.

性质 1 设 k 为常数,则

$$\iint\limits_D k f(x,y)\mathrm{d}\sigma = k\iint\limits_D f(x,y)\mathrm{d}\sigma.$$

性质 2 $$\iint\limits_D [f(x,y) \pm g(x,y)]\mathrm{d}\sigma = \iint\limits_D f(x,y)\mathrm{d}\sigma \pm \iint\limits_D g(x,y)\mathrm{d}\sigma.$$

性质 3 如果闭区域 D 被有限条曲线分为有限个部分闭区域,则在 D 上的二重积分等于在各部分闭区域上的二重积分的和. 例如,D 分为两个闭区域 D_1 与 D_2 时,有

$$\iint\limits_D f(x,y)\mathrm{d}\sigma = \iint\limits_{D_1} f(x,y)\mathrm{d}\sigma + \iint\limits_{D_2} f(x,y)\mathrm{d}\sigma.$$

这一性质表明二重积分对于积分区域具有可加性.

性质 4 如果在 D 上,$f(x,y)=1$,σ 为 D 的面积,则

$$\iint\limits_D 1 \cdot \mathrm{d}\sigma = \iint\limits_D \mathrm{d}\sigma = \sigma.$$

性质 4 的几何意义是很明显的,因为高为 1 的平顶柱体的体积在数值上就等于柱体的底面积.

性质 5 如果在 D 上,$f(x,y) \leqslant g(x,y)$,则有

$$\iint\limits_D f(x,y)\mathrm{d}\sigma \leqslant \iint\limits_D g(x,y)\mathrm{d}\sigma.$$

特殊地,由于

$$-|f(x,y)| \leqslant f(x,y) \leqslant |f(x,y)|,$$

又有

$$\left| \iint\limits_D f(x,y)\mathrm{d}\sigma \right| \leqslant \iint\limits_D |f(x,y)|\,\mathrm{d}\sigma.$$

性质 6 设 M 和 m 分别是 $f(x,y)$ 在闭区域 D 上的最大值和最小值,σ 是 D 的面积,则有

$$m\sigma \leqslant \iint\limits_D f(x,y)\mathrm{d}\sigma \leqslant M\sigma.$$

性质 7 (**二重积分的中值定理**) 设函数 $f(x,y)$ 在闭区域 D 上连续,σ 为 D 的面积,则在 D 上至少存在一点 (ξ,η),使得

$$\iint_D f(x,y)\mathrm{d}\sigma = f(\xi,\eta)\cdot\sigma.$$

性质 1～性质 6 的证明不难,留给读者思考,下面证明性质 7.

由面积 $\sigma\neq0$ 和性质 6 得

$$m \leqslant \frac{1}{\sigma}\iint_D f(x,y)\mathrm{d}\sigma \leqslant M,$$

上式表明 $\dfrac{1}{\sigma}\iint_D f(x,y)\mathrm{d}\sigma$ 介于函数 $f(x,y)$ 在闭区域 D 上的最小值 m 和最大值 M 之间,根据闭区域上连续函数的介值定理,在 D 上至少存在一点 (ξ,η),使得

$$\frac{1}{\sigma}\iint_D f(x,y)\mathrm{d}\sigma = f(\xi,\eta),$$

即

$$\iint_D f(x,y)\mathrm{d}\sigma = f(\xi,\eta)\cdot\sigma.$$

【例 8-39】 比较二重积分 $\iint_D \ln(x+y)\mathrm{d}\sigma$ 与 $\iint_D [\ln(x+y)]^2\mathrm{d}\sigma$ 的大小,其中积分区域 $D=\{(x,y)\,|\,0\leqslant x\leqslant1, e\leqslant y\leqslant4\}$.

解 显然,在积分区域 D 上有
$$e\leqslant x+y\leqslant5,$$
所以 $\ln(x+y)\geqslant1$,故
$$\ln(x+y)\leqslant[\ln(x+y)]^2,$$
由性质 5,得
$$\iint_D \ln(x+y)\mathrm{d}\sigma \leqslant \iint_D [\ln(x+y)]^2\mathrm{d}\sigma.$$

习题 8.8

1.根据二重积分的性质,比较下列积分的大小:

(1) $I_1 = \iint_{D_1}\mathrm{d}\sigma$, $I_2 = \iint_{D_2}\mathrm{d}\sigma$,其中 $D_1 = \{(x,y)\,|\,x^2+y^2\leqslant6\}$, $D_2 = \{(x,y)\,\big|\,|x|+|y|\leqslant\pi\}$;

(2) $I_1 = \iint_D (x+y)^3\mathrm{d}\sigma$, $I_2 = \iint_D (x+y)^2\mathrm{d}\sigma$,其中 D 是圆周 $(x-2)^2+(y-1)^2=2$ 围成的闭区域;

(3) $I_1 = \iint_D \ln(x+y)\mathrm{d}\sigma$, $I_2 = \iint_D (x+y)^2\mathrm{d}\sigma$, $I_3 = \iint_D \sqrt{x+y}\mathrm{d}\sigma$,其中 D 是由直线

$x=0, y=0, x+y=\dfrac{1}{2}, x+y=1$ 围成的闭区域.

2. 利用二重积分的性质, 估计下列积分的值:

(1) $I=\displaystyle\iint\limits_{D}\sqrt{4+xy}\,\mathrm{d}\sigma$, 其中 $D=\{(x,y)\mid 0\leqslant x\leqslant 2, 0\leqslant y\leqslant 2\}$;

(2) $I=\displaystyle\iint\limits_{D}(y-x)\,\mathrm{d}\sigma$, 其中 $D=\{(x,y)\mid x^2+y^2\leqslant 1\}$;

(3) $I=\displaystyle\iint\limits_{D}(2x^2+y^2+1)\,\mathrm{d}\sigma$, 其中 D 是两坐标轴与直线 $x+y=1$ 围成的闭区域.

8.9 二重积分的计算

直接按二重积分的定义来计算二重积分, 一般都很复杂, 不是一种切实可行的方法. 本节讨论二重积分的计算方法, 其基本思想是把二重积分化为累次积分(即两次定积分)来计算.

8.9.1 利用直角坐标计算二重积分

下面利用二重积分的几何意义来阐明怎样把二重积分 $\displaystyle\iint\limits_{D}f(x,y)\,\mathrm{d}\sigma$ 化为两次定积分.

设积分区域 D 可以用不等式

$$\varphi_1(x)\leqslant y\leqslant\varphi_2(x), \quad a\leqslant x\leqslant b$$

来表示(图 8-23), 其中函数 $\varphi_1(x), \varphi_2(x)$ 在区间 $[a,b]$ 上连续.

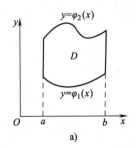 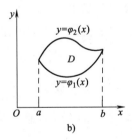

图 8-23

设 $f(x,y)\geqslant 0$, 按照二重积分的几何意义, $\displaystyle\iint\limits_{D}f(x,y)\,\mathrm{d}\sigma$ 表示区域 D 上以曲面 $z=f(x,y)$ 为顶的曲顶柱体的体积. 因此我们只要能求出曲顶柱体的体积, 便得到了二重积分的值. 下面我们应用第 6 章中计算"平行截面面积为已知的立体的体积"的方法, 来计算这个曲顶柱体的体积.

先计算截面面积.为此,在区间 $[a,b]$ 上任意取定一点 x_0,过该点作平行于 yOz 面的平面,这个平面截曲顶柱体所得的截面是一个以区间 $[\varphi_1(x_0),\varphi_2(x_0)]$ 为底、曲线 $z=f(x_0,y)$ 为曲边的曲边梯形(图 8-24 中阴影部分),所以该截面的面积为

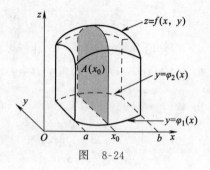

图 8-24

$$A(x_0) = \int_{\varphi_1(x_0)}^{\varphi_2(x_0)} f(x_0,y)\mathrm{d}y.$$

一般地,过区间 $[a,b]$ 上任一点 x 且平行于 yOz 面的平面截曲顶柱体所得截面的面积为

$$A(x) = \int_{\varphi_1(x)}^{\varphi_2(x)} f(x,y)\mathrm{d}y,$$

于是,应用计算平行截面面积为已知的立体体积的方法,得曲顶柱体的体积为

$$V = \int_a^b A(x)\mathrm{d}x = \int_a^b \Big[\int_{\varphi_1(x)}^{\varphi_2(x)} f(x,y)\mathrm{d}y\Big]\mathrm{d}x.$$

这个体积也就是所求二重积分的值,故

$$\iint\limits_D f(x,y)\mathrm{d}\sigma = \int_a^b \Big[\int_{\varphi_1(x)}^{\varphi_2(x)} f(x,y)\mathrm{d}y\Big]\mathrm{d}x. \tag{8-27}$$

上式右端的积分叫做先对 y、后对 x 的**二次积分**.它的意思是,先把 x 看做固定的,$f(x,y)$ 作为 y 的一元函数在 $[\varphi_1(x),\varphi_2(x)]$ 上对 y 求定积分,然后把算得的结果(是 x 的函数)再在 $[a,b]$ 上对 x 求定积分.这个先对 y、后对 x 的二次积分也常记作

$$\int_a^b \mathrm{d}x \int_{\varphi_1(x)}^{\varphi_2(x)} f(x,y)\mathrm{d}y.$$

因此,等式(8-27)也写成

$$\iint\limits_D f(x,y)\mathrm{d}\sigma = \int_a^b \mathrm{d}x \int_{\varphi_1(x)}^{\varphi_2(x)} f(x,y)\mathrm{d}y. \tag{8-28}$$

这就是把二重积分化为先对 y、后对 x 的二次积分的公式.

在上述讨论中,我们假定了 $f(x,y) \geqslant 0$,但实际上式(8-28)对任意连续函数 $f(x,y)$ 都成立.

类似地,如果积分区域 D 可以用不等式

$$\psi_1(y) \leqslant x \leqslant \psi_2(y), \quad c \leqslant y \leqslant d$$

来表示(图 8-25),其中函数 $\psi_1(y),\psi_2(y)$ 在区间 $[c,d]$ 上连续,那么就有

$$\iint\limits_{D} f(x,y)\mathrm{d}\sigma = \int_{c}^{d}\mathrm{d}y\int_{\psi_1(y)}^{\psi_2(y)} f(x,y)\mathrm{d}x. \tag{8-29}$$

上式右端的积分叫做先对 x、后对 y 的二次积分.

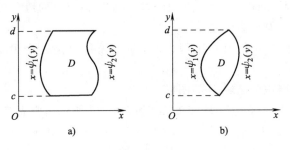

图 8-25

以后我们称图 8-23 所示的积分区域为 X 型区域,X 型区域 D 的特点是:穿过 D 内部且平行于 y 轴的直线与 D 的边界相交不多于两点;对 X 型区域 D,我们可用式(8-28)把原二重积分化为先对 y、后对 x 的二次积分.类似地,我们称图 8-25 所示的积分区域为 Y 型区域,Y 型区域 D 的特点是:穿过 D 内部且平行于 x 轴的直线与 D 的边界相交不多于两点;对 Y 型区域 D,我们可用公式(8-29)把原二重积分化为先对 x、后对 y 的二次积分.

需要指出的是,如果区域 D 如图 8-26 那样,既不是 X 型区域,又不是 Y 型区域,我们可以把 D 分割成几个小部分,使每个部分是 X 型区域或是 Y 型区域.例如,在图 8-26 中,把 D 分成三部分,它们都是 X 型区域,从而在这三部分上的二重积分都可应用式(8-28).各部分上的二重积分求得后,根据二重积分的性质 3,它们的和就是在 D 上的二重积分.

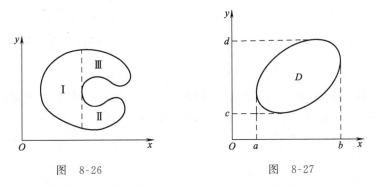

图 8-26   图 8-27

如果积分区域 D 既是 X 型的,可用不等式 $\varphi_1(x)\leqslant y\leqslant\varphi_2(x)$,$a\leqslant x\leqslant b$ 表示,又是 Y 型的,可用不等式 $\psi_1(y)\leqslant x\leqslant\psi_2(y)$,$c\leqslant y\leqslant d$ 表示(图 8-27),则由式(8-28)及式(8-29)可得

$$\int_a^b \mathrm{d}x \int_{\varphi_1(x)}^{\varphi_2(x)} f(x,y)\mathrm{d}y = \int_c^d \mathrm{d}y \int_{\psi_1(y)}^{\psi_2(y)} f(x,y)\mathrm{d}x.$$

上式表明,这两个不同次序的二次积分相等,都等于同一个二重积分. 由此可知,在具体计算一个二重积分时,我们可以有目的地选择其中一种二次积分,使计算更为简便.

将二重积分化为二次积分时,确定积分限是一个关键,其一般步骤是:

(1)画出积分区域 D 的图形;

(2)若积分区域 D 是 X 型的(如图 8-28 所示),则先确定区域 D 上点的横坐标的变化范围 $[a,b]$,a 与 b 就是后对 x 积分的下限与上限;再在 $[a,b]$ 内部横坐标为 x 的点处,作 y 轴的平行线,该直线上 D 内的点的纵坐标从 $\varphi_1(x)$ 变到 $\varphi_2(x)$,它们就是先对 y 积分的下限与上限.

类似地,若积分区域 D 是 Y 型的(如图 8-29 所示),则先确定 D 上点的纵坐标的变化范围 $[c,d]$,c 与 d 就是后对 y 积分的下限与上限;再在 $[c,d]$ 内部纵坐标为 y 的点处,作 x 轴的平行线,该直线上 D 内的点的横坐标从 $\psi_1(y)$ 变到 $\psi_2(y)$,它们就是先对 x 积分的下限与上限.

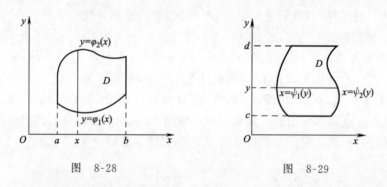

图 8-28　　　　　　　　图 8-29

【例 8-40】 把二重积分 $\iint_D f(x,y)\mathrm{d}x\mathrm{d}y$ 化为两种次序的二次积分,其中 D 是由直线 $y=2x$,$y=0$ 及 $x=1$ 所围成的闭区域.

解 首先,画出积分区域 D 的图形(图 8-30),它是 X 型区域,D 上的点的横坐标的变化范围为 $[0,1]$;在 $[0,1]$ 内部横坐标为 x 的点处,作 y 轴的平行线,该直线上 D 内的点的纵坐标从 0 变到 $2x$,利用公式 (8-28) 得

$$\iint_D f(x,y)\mathrm{d}x\mathrm{d}y = \int_0^1 \mathrm{d}x \int_0^{2x} f(x,y)\mathrm{d}y.$$

由图 8-31 又知,D 是 Y 型区域,D 上的点的纵坐标的变化范围为 $[0,2]$;在 $[0,2]$ 内部纵坐标为 y 的点处,作 x 轴的平行线,该直线上 D 内的

点的横坐标从 $\frac{y}{2}$ 变到 1,利用公式(8-29)得

$$\iint\limits_{D} f(x,y)\mathrm{d}x\mathrm{d}y = \int_0^2 \mathrm{d}y \int_{\frac{y}{2}}^1 f(x,y)\mathrm{d}x.$$

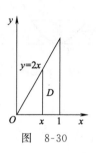

图 8-30

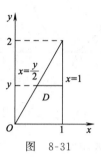

图 8-31

【例 8-41】 计算 $\iint\limits_{D} xy\mathrm{d}x\mathrm{d}y$,其中 D 是由直线 $x-y+2=0$ 及抛物线 $y=x^2$ 所围成的闭区域.

解 画出积分区域 D 的图形(图 8-32),D 既是 X 型区域又是 Y 型区域.先将 D 看做 X 型区域,利用式(8-28),则有

$$\begin{aligned}
\iint\limits_{D} xy\mathrm{d}x\mathrm{d}y &= \int_{-1}^2 \mathrm{d}x \int_{x^2}^{x+2} xy\mathrm{d}y \\
&= \int_{-1}^2 \left[\frac{1}{2}xy^2\right]_{x^2}^{x+2} \mathrm{d}x \\
&= \frac{1}{2}\int_{-1}^2 \left[x(x+2)^2 - x^5\right]\mathrm{d}x \\
&= \frac{1}{2}\left[\frac{1}{4}x^4 + \frac{4}{3}x^3 + 2x^2 - \frac{1}{6}x^6\right]_{-1}^2 = \frac{45}{8}.
\end{aligned}$$

若将 D 看做 Y 型区域,则需用经过点 $(-1,1)$ 且平行于 x 轴的直线 $y=1$ 把区域 D 分成 D_1 与 D_2 两部分(图 8-33),其中

$$D_1 = \{(x,y) \mid -\sqrt{y} \leqslant x \leqslant \sqrt{y}, 0 \leqslant y \leqslant 1\},$$
$$D_2 = \{(x,y) \mid y-2 \leqslant x \leqslant \sqrt{y}, 1 \leqslant y \leqslant 4\}.$$

根据二重积分关于积分区域的可加性及式(8-29),就有

$$\begin{aligned}
\iint\limits_{D} xy\mathrm{d}x\mathrm{d}y &= \iint\limits_{D_1} xy\mathrm{d}x\mathrm{d}y + \iint\limits_{D_2} xy\mathrm{d}x\mathrm{d}y \\
&= \int_0^1 \mathrm{d}y \int_{-\sqrt{y}}^{\sqrt{y}} xy\mathrm{d}x + \int_1^4 \mathrm{d}y \int_{y-2}^{\sqrt{y}} xy\mathrm{d}x.
\end{aligned}$$

由此可见,本题若将 D 看做 Y 型区域后再利用式(8-29)计算会比较麻烦.

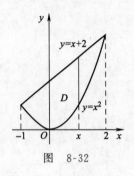

图　8-32

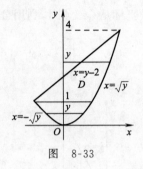

图　8-33

【例 8-42】 计算 $\iint\limits_{D} \dfrac{\sin y}{y}\mathrm{d}x\mathrm{d}y$，其中 D 是由直线 $y=x$ 及抛物线 $y^2=x$ 所围成的闭区域.

解　画出积分区域 D 的图形，D 既是 X 型区域又是 Y 型区域. 我们按 Y 型区域(图 8-34)来计算，先对 x 后对 y 积分，得

$$\iint\limits_{D} \frac{\sin y}{y}\mathrm{d}x\mathrm{d}y = \int_0^1 \mathrm{d}y \int_{y^2}^{y} \frac{\sin y}{y}\mathrm{d}x$$

$$= \int_0^1 \frac{\sin y}{y}\big[x\big]_{y^2}^{y}\mathrm{d}y$$

$$= \int_0^1 (1-y)\sin y\,\mathrm{d}y = 1-\sin 1.$$

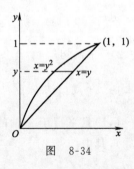

图　8-34

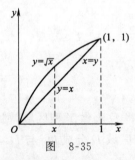

图　8-35

如果将 D 看做 X 型区域(图 8-35)，先对 y 后对 x 积分，则有

$$\iint\limits_{D} \frac{\sin y}{y}\mathrm{d}x\mathrm{d}y = \int_0^1 \mathrm{d}x \int_{x}^{\sqrt{x}} \frac{\sin y}{y}\mathrm{d}y,$$

由于 $\dfrac{\sin y}{y}$ 的原函数不能用初等函数来表达，所以上式就无法往下计算了.

上述例 8-41、例 8-42 说明，在将二重积分化为二次积分时，为了计算简便可行，需要选择恰当的二次积分的次序. 这时，既要考虑积分区域 D 的形状，又要考虑被积函数 $f(x,y)$ 的特性.

【例 8-43】 交换二次积分 $\int_1^2 \mathrm{d}x \int_{\frac{1}{x}}^{x} f(x,y)\mathrm{d}y$ 的次序.

解　与题设二次积分对应的二重积分 $\iint\limits_D f(x,y)\mathrm{d}x\mathrm{d}y$ 的积分区域为

$$D: \quad 1 \leqslant x \leqslant 2, \quad \frac{1}{x} \leqslant y \leqslant x,$$

于是可作出 D 的图形(图 8-36),再将 D 看做 Y 型区域,先对 x 后对 y 积分,则有

$$\int_1^2 \mathrm{d}x \int_{\frac{1}{x}}^{x} f(x,y)\mathrm{d}y = \int_{\frac{1}{2}}^{1} \mathrm{d}y \int_{\frac{1}{y}}^{2} f(x,y)\mathrm{d}x +$$
$$\int_1^2 \mathrm{d}y \int_{y}^{2} f(x,y)\mathrm{d}x.$$

【例 8-44】 计算 $\int_0^a \mathrm{d}y \int_y^a \mathrm{e}^{-x^2} \mathrm{d}x \quad (a > 0)$.

解　因为积分 $\int \mathrm{e}^{-x^2} \mathrm{d}x$ 不能用初等函数表示,所以应考虑交换原二次积分的次序. 由于

$$D: \quad 0 \leqslant y \leqslant a, \quad y \leqslant x \leqslant a,$$

故 D 的图形如图 8-37,将 D 看做 X 型区域,先对 y 后对 x 积分,则有

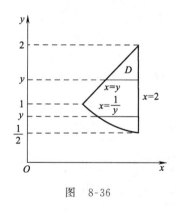

图　8-36

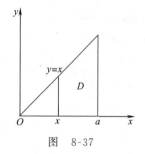

图　8-37

$$\int_0^a \mathrm{d}y \int_y^a \mathrm{e}^{-x^2} \mathrm{d}x = \int_0^a \mathrm{d}x \int_0^x \mathrm{e}^{-x^2} \mathrm{d}y$$
$$= \int_0^a \mathrm{e}^{-x^2} \big[y \big]_0^x \mathrm{d}x$$
$$= \int_0^a x\mathrm{e}^{-x^2} \mathrm{d}x = \frac{1}{2}(1 - \mathrm{e}^{-a^2}).$$

在第 6 章定积分的学习中我们知道,如果积分区间关于原点对称且被积函数是奇(偶)函数,则定积分的计算往往可大大简化. 对二重积分也

有类似结论,且也必须同时兼顾积分区域的对称性和被积函数的奇偶性.为应用方便,我们叙述如下:

(1)如果积分区域 D 关于 x 轴对称,则

$$\iint\limits_D f(x,y)\mathrm{d}x\mathrm{d}y=\begin{cases}0, & \text{当 } f(x,y) \text{ 关于 } y \text{ 是奇函数},\\ 2\iint\limits_{D_1} f(x,y)\mathrm{d}x\mathrm{d}y, & \text{当 } f(x,y) \text{ 关于 } y \text{ 是偶函数},\end{cases}$$

其中 D_1 是 D 在 x 轴某一侧的部分(例如,取 x 轴上方的部分).

(2)如果积分区域 D 关于 y 轴对称,则

$$\iint\limits_D f(x,y)\mathrm{d}x\mathrm{d}y=\begin{cases}0, & \text{当 } f(x,y) \text{ 关于 } x \text{ 是奇函数},\\ 2\iint\limits_{D_1} f(x,y)\mathrm{d}x\mathrm{d}y, & \text{当 } f(x,y) \text{ 关于 } x \text{ 是偶函数},\end{cases}$$

其中 D_1 是 D 在 y 轴某一侧的部分.

(3)如果积分区域 D 关于 x 轴和 y 轴都对称,则

$$\iint\limits_D f(x,y)\mathrm{d}x\mathrm{d}y=\begin{cases}0, & \text{当 } f(x,y) \text{ 关于 } x \text{ 或 } y \text{ 是奇函数},\\ 4\iint\limits_{D_1} f(x,y)\mathrm{d}x\mathrm{d}y, & \text{当 } f(x,y) \text{ 关于 } x \text{ 和 } y \text{ 都是偶函数},\end{cases}$$

其中 D_1 是 D 在第一象限中的部分.

【例 8-45】 计算 $\iint\limits_{|x|+|y|\leqslant 1} x(3x-y^2)\mathrm{d}x\mathrm{d}y$.

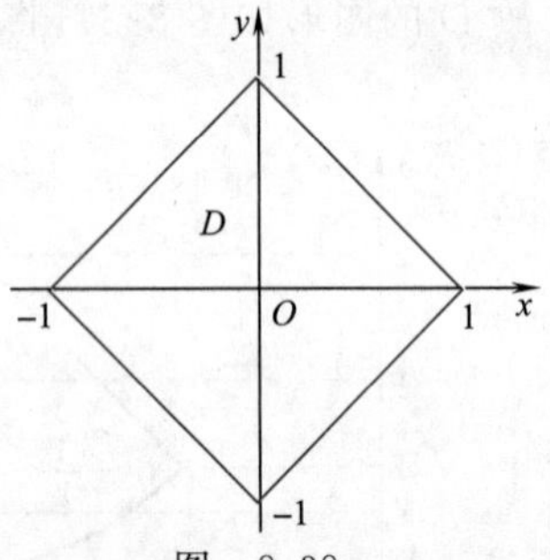

图 8-38

解 积分区域 D 的图形如图 8-38 所示,其第一象限部分记为 D_1. 由于 D 关于 x 轴和 y 轴都对称,且函数 $f(x,y)=3x^2$ 关于 x 和 y 都是偶函数,故有

$$\begin{aligned}\iint\limits_{|x|+|y|\leqslant 1} 3x^2\mathrm{d}x\mathrm{d}y &= 4\iint\limits_{D_1} 3x^2\mathrm{d}x\mathrm{d}y\\ &=4\int_0^1\mathrm{d}x\int_0^{1-x}3x^2\mathrm{d}y\\ &=4\int_0^1 3x^2(1-x)\mathrm{d}x=1;\end{aligned}$$

又因为 D 关于 y 轴对称,函数 $g(x,y)=xy^2$ 关于 x 是奇函数,故有

$$\iint\limits_{|x|+|y|\leqslant 1} xy^2\mathrm{d}x\mathrm{d}y=0,$$

所以

$$\iint\limits_{|x|+|y|\leqslant 1} x(3x-y^2)\mathrm{d}x\mathrm{d}y=\iint\limits_{|x|+|y|\leqslant 1} 3x^2\mathrm{d}x\mathrm{d}y-\iint\limits_{|x|+|y|\leqslant 1} xy^2\mathrm{d}x\mathrm{d}y=1-0=1.$$

8.9.2　利用极坐标计算二重积分

有些二重积分,积分区域的边界曲线用极坐标方程来表示比较方便,且被积函数在极坐标系下的表达式也比较简单,此时我们就可以考虑利用极坐标来计算二重积分.

依二重积分的定义

$$\iint\limits_{D}f(x,y)\mathrm{d}\sigma = \lim_{\lambda\to 0}\sum_{i=1}^{n}f(\xi_i,\eta_i)\Delta\sigma_i,$$

下面来研究上式右端的和式的极限在极坐标系中的表达式.

假定从极点 O 出发且穿过闭区域 D 内部的射线与 D 的边界曲线相交不多于两点.我们用一族同心圆:$r=$ 常数,以及一族射线:$\theta=$ 常数,把 D 分成 n 个小闭区域(图 8-39).除了包含边界点的一些小闭区域外,小闭区域的面积为

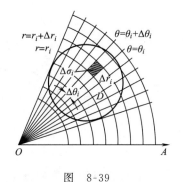

图　8-39

$$\Delta\sigma_i = \frac{1}{2}(r_i+\Delta r_i)^2\Delta\theta_i - \frac{1}{2}r_i^2\Delta\theta_i$$

$$= \frac{1}{2}(2r_i+\Delta r_i)\Delta r_i\cdot\Delta\theta_i$$

$$= \frac{r_i+(r_i+\Delta r_i)}{2}\cdot\Delta r_i\cdot\Delta\theta_i$$

$$= \overline{r_i}\cdot\Delta r_i\cdot\Delta\theta_i.$$

其中 $\overline{r_i}=\dfrac{r_i+(r_i+\Delta r_i)}{2}$ 是相邻两个同心圆半径的平均值.

在小区域 $\Delta\sigma_i$ 内取圆周 $r=\overline{r_i}$ 上的点 $(\overline{r_i},\overline{\theta_i})$,则由直角坐标与极坐标之间的关系得

$$\xi_i=\overline{r_i}\cos\overline{\theta_i},\eta_i=\overline{r_i}\sin\overline{\theta_i}.$$

于是

$$\iint\limits_{D}f(x,y)\mathrm{d}\sigma = \lim_{\lambda\to 0}\sum_{i=1}^{n}f(\xi_i,\eta_i)\Delta\sigma_i$$

$$= \lim_{\lambda\to 0}\sum_{i=1}^{n}f(\overline{r_i}\cos\overline{\theta_i},\overline{r_i}\sin\overline{\theta_i})\cdot\overline{r_i}\cdot\Delta r_i\cdot\Delta\theta_i$$

$$= \iint\limits_{D}f(r\cos\theta,r\sin\theta)r\,\mathrm{d}r\,\mathrm{d}\theta. \tag{8-30}$$

为了便于记忆,把上式看成是二重积分的一种变量代换:$x=r\cos\theta,y=$

$r\sin\theta$,在此代换下,面积微元 $d\sigma = r\,dr\,d\theta$.

与直角坐标系下二重积分类似,极坐标系下二重积分同样可以化为二次积分来计算.设积分区域 D 可以用不等式

$$\varphi_1(\theta)\leqslant r\leqslant\varphi_2(\theta),\quad \alpha\leqslant\theta\leqslant\beta$$

来表示(图 8-40),其中 $\varphi_1(\theta),\varphi_2(\theta)$ 连续,则

$$\iint\limits_{D}f(r\cos\theta,r\sin\theta)r\,dr\,d\theta = \int_{\alpha}^{\beta}d\theta\int_{\varphi_1(\theta)}^{\varphi_2(\theta)}f(r\cos\theta,r\sin\theta)r\,dr.$$

$$(8\text{-}31)$$

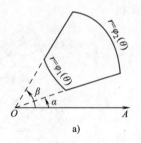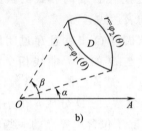

图 8-40

在极坐标下二重积分化为二次积分的上述公式中,关键是积分上、下限的确定,其基本方法是:

(1)确定区域 D 上点的极角的变化范围 $[\alpha,\beta]$,α,β 就是后对 θ 积分的下限与上限;

(2)在 $[\alpha,\beta]$ 内任意取定一个 θ 值,作极点出发极角为 θ 的射线,若该射线上 D 内的点的极径从 $\varphi_1(\theta)$ 变到 $\varphi_2(\theta)$(图 8-41),则它们就是先对 r 积分的下限与上限.

特别地,当积分区域 D 是图 8-42 所示的曲边扇形时,可以把它看做图 8-40a 中 $\varphi_1(\theta)=0,\varphi_2(\theta)=\varphi(\theta)$ 的特例.此时区域 D 可表示为

$$0\leqslant r\leqslant\varphi(\theta),\quad \alpha\leqslant\theta\leqslant\beta,$$

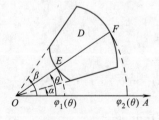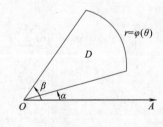

图 8-41　　　　图 8-42

而式(8-31)成为

$$\iint\limits_{D} f(r\cos\theta, r\sin\theta) r\,\mathrm{d}r\,\mathrm{d}\theta = \int_{\alpha}^{\beta} \mathrm{d}\theta \int_{0}^{\varphi(\theta)} f(r\cos\theta, r\sin\theta) r\,\mathrm{d}r.$$

当积分区域 D 如图 8-43 所示,极点在 D 的内部时,可以把它看做图 8-42 中 $\alpha=0, \beta=2\pi$ 的特例. 此时区域 D 可表示为

$$0\leqslant r\leqslant\varphi(\theta), \quad 0\leqslant\theta\leqslant2\pi,$$

而式(8-31)成为

$$\iint\limits_{D} f(r\cos\theta, r\sin\theta) r\,\mathrm{d}r\,\mathrm{d}\theta = \int_{0}^{2\pi} \mathrm{d}\theta \int_{0}^{\varphi(\theta)} f(r\cos\theta, r\sin\theta) r\,\mathrm{d}r.$$

【例 8-46】　将二重积分 $\iint\limits_{D} f(x,y)\mathrm{d}\sigma$ 化为极坐标下二次积分,其中 D: $x^2+y^2\leqslant1$.

解　画出积分区域 D 的图形(图 8-44), D 上点的极角的变化范围为 $[0,2\pi]$;对 $[0,2\pi]$ 内任意一个 θ 值,作极点出发极角为 θ 的射线,该射线上 D 内点的极径从 0 变到 1. 由式(8-30)及式(8-31)得

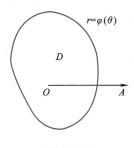

图　8-43

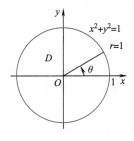

图　8-44

$$\iint\limits_{D} f(x,y)\mathrm{d}\sigma = \iint\limits_{D} f(r\cos\theta, r\sin\theta) r\,\mathrm{d}r\,\mathrm{d}\theta$$
$$= \int_{0}^{2\pi} \mathrm{d}\theta \int_{0}^{1} f(r\cos\theta, r\sin\theta) r\,\mathrm{d}r.$$

【例 8-47】　计算二重积分 $\iint\limits_{D} \left|\dfrac{y}{x}\right| \mathrm{d}\sigma$, 其中 $D=\{(x,y)\,|\,x^2+y^2\leqslant2x, x\geqslant1\}$.

解　积分区域 D 的图形如图 8-45 所示, D 上点的极角的变化范围为 $\left[-\dfrac{\pi}{4}, \dfrac{\pi}{4}\right]$;对 $\left[-\dfrac{\pi}{4}, \dfrac{\pi}{4}\right]$ 内任意一个 θ 值,作极点出发极角为 θ 的射线,该射线上

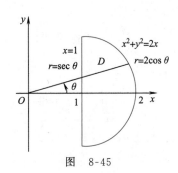

图　8-45

D 内点的极径从 $\sec\theta$ 变到 $2\cos\theta$. 由式(8-30)及式(8-31)得

$$\iint\limits_{D}\left|\frac{y}{x}\right|\mathrm{d}\sigma = \iint\limits_{D} r\cdot|\tan\theta|\mathrm{d}r\,\mathrm{d}\theta = \int_{-\frac{\pi}{4}}^{\frac{\pi}{4}}|\tan\theta|\mathrm{d}\theta\int_{\sec\theta}^{2\cos\theta} r\,\mathrm{d}r$$

$$= \frac{1}{2}\int_{-\frac{\pi}{4}}^{\frac{\pi}{4}}(4\cos^2\theta - \sec^2\theta)|\tan\theta|\mathrm{d}\theta$$

$$= \int_{0}^{\frac{\pi}{4}}(4\sin\theta\cos\theta - \sec^2\theta\tan\theta)\mathrm{d}\theta$$

$$= \left[2\sin^2\theta - \frac{1}{2}\tan^2\theta\right]_{0}^{\frac{\pi}{4}} = \frac{1}{2}.$$

【例 8-48】 (1)计算二重积分 $\iint\limits_{D}\mathrm{e}^{-x^2-y^2}\mathrm{d}\sigma$,其中 $D: x^2+y^2\leqslant a^2$ 第一象限部分;

(2)计算反常积分 $\int_{0}^{+\infty}\mathrm{e}^{-x^2}\mathrm{d}x$.

解 (1) $\iint\limits_{D}\mathrm{e}^{-x^2-y^2}\mathrm{d}\sigma = \int_{0}^{\frac{\pi}{2}}\mathrm{d}\theta\int_{0}^{a} r\,\mathrm{e}^{-r^2}\mathrm{d}r$

$$= \int_{0}^{\frac{\pi}{2}}\left[-\frac{1}{2}\mathrm{e}^{-r^2}\right]_{0}^{a}\mathrm{d}\theta$$

$$= \frac{1}{2}(1-\mathrm{e}^{-a^2})\int_{0}^{\frac{\pi}{2}}\mathrm{d}\theta = \frac{\pi}{4}(1-\mathrm{e}^{-a^2}).$$

(2)如图 8-46 所示,构造三个积分区域:

$D_1 = \{(x,y)\,|\,x^2+y^2\leqslant R^2, x\geqslant 0, y\geqslant 0\}$,
$D_2 = \{(x,y)\,|\,0\leqslant x\leqslant R, 0\leqslant y\leqslant R\}$,
$D_3 = \{(x,y)\,|\,x^2+y^2\leqslant 2R^2, x\geqslant 0, y\geqslant 0\}$.

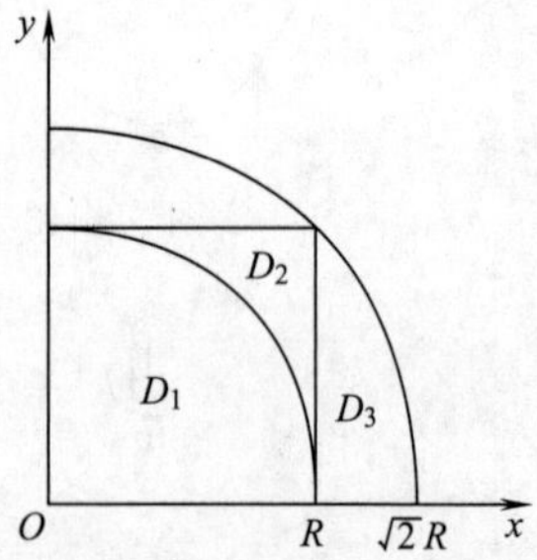

显然 $D_1\subset D_2\subset D_3$. 因为 $\mathrm{e}^{-x^2-y^2}>0$,故由二重积分的性质得

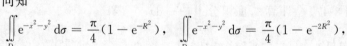

图 8-46

$$\iint\limits_{D_1}\mathrm{e}^{-x^2-y^2}\mathrm{d}\sigma \leqslant \iint\limits_{D_2}\mathrm{e}^{-x^2-y^2}\mathrm{d}\sigma \leqslant \iint\limits_{D_3}\mathrm{e}^{-x^2-y^2}\mathrm{d}\sigma,$$

由(1)问知

$$\iint\limits_{D_1}\mathrm{e}^{-x^2-y^2}\mathrm{d}\sigma = \frac{\pi}{4}(1-\mathrm{e}^{-R^2}), \quad \iint\limits_{D_3}\mathrm{e}^{-x^2-y^2}\mathrm{d}\sigma = \frac{\pi}{4}(1-\mathrm{e}^{-2R^2}),$$

而

$$\iint\limits_{D_2}\mathrm{e}^{-x^2-y^2}\mathrm{d}\sigma = \int_{0}^{R}\mathrm{e}^{-x^2}\mathrm{d}x\cdot\int_{0}^{R}\mathrm{e}^{-y^2}\mathrm{d}y = \left(\int_{0}^{R}\mathrm{e}^{-x^2}\mathrm{d}x\right)^2,$$

于是上面不等式可写成

$$\frac{\pi}{4}(1-\mathrm{e}^{-R^2}) \leqslant \left(\int_0^R \mathrm{e}^{-x^2}\,\mathrm{d}x\right)^2 \leqslant \frac{\pi}{4}(1-\mathrm{e}^{-2R^2}),$$

令 $R \to +\infty$，上式两端趋于同一极限 $\dfrac{\pi}{4}$，从而

$$\int_0^{+\infty} \mathrm{e}^{-x^2}\,\mathrm{d}x = \frac{\sqrt{\pi}}{2}.$$

习题 8.9

1. 计算下列二重积分：

(1) $\displaystyle\iint\limits_D (x-y)\,\mathrm{d}\sigma$，其中 $D = \{(x,y) \mid 0 \leqslant x \leqslant 2, 0 \leqslant y \leqslant 1\}$；

(2) $\displaystyle\iint\limits_D (x^2+y^2)\,\mathrm{d}\sigma$，其中 D 是由两坐标轴及直线 $x+y=1$ 所围成的闭区域；

(3) $\displaystyle\iint\limits_D x\cos(x+y)\,\mathrm{d}\sigma$，其中 D 是顶点分别为 $(0,0)$，$(\pi,0)$，(π,π) 的三角形闭区域；

(4) $\displaystyle\iint\limits_D (x+2y-1)\,\mathrm{d}\sigma$，其中 $D = \{(x,y) \mid 0 \leqslant x \leqslant 2y^2, 0 \leqslant y \leqslant 1\}$.

2. 画出积分区域，并计算下列二重积分：

(1) $\displaystyle\iint\limits_D x\sqrt{y}\,\mathrm{d}\sigma$，其中 D 是由两条抛物线 $y=x^2$，$y=\sqrt{x}$ 所围成的闭区域；

(2) $\displaystyle\iint\limits_D \frac{\sin x}{x}\,\mathrm{d}\sigma$，其中 D 是由 $x=y$，$x=2y$，$x=2$ 所围成的闭区域；

(3) $\displaystyle\iint\limits_D \mathrm{e}^{x+y}\,\mathrm{d}\sigma$，其中 $D = \{(x,y) \mid |x|+|y| \leqslant 1\}$；

(4) $\displaystyle\iint\limits_D (x^2-y^2)\,\mathrm{d}\sigma$，其中 D 是由直线 $y=x$，$y=2x$，$y=2$ 所围成的闭区域.

3. 化二重积分 $I = \displaystyle\iint\limits_D f(x,y)\,\mathrm{d}\sigma$ 为二次积分(分别给出两种不同的积分次序)，其中积分区域 D 分别为：

(1) 由两坐标轴及直线 $2x+y=2$ 所围成的闭区域；

(2) 由 $y^2=x$ 及 $x=1$ 所围成的闭区域；

(3) 由 $y=\dfrac{1}{x}$，$y=x$ 及 $x=3$ 所围成的闭区域.

4. 交换下列二次积分的次序：

(1) $\displaystyle\int_0^1 \mathrm{d}x \int_0^x f(x,y)\,\mathrm{d}y$；

(2) $\displaystyle\int_0^2 \mathrm{d}y \int_{y^2}^{2y} f(x,y)\,\mathrm{d}x$；

(3) $\displaystyle\int_{-1}^1 \mathrm{d}x \int_1^{\sqrt{2-x^2}} f(x,y)\,\mathrm{d}y$；

(4) $\int_0^1 \mathrm{d}y \int_y^{2-y} f(x,y)\mathrm{d}x$;

(5) $\int_0^{\frac{1}{2}} \mathrm{d}x \int_x^{2x} f(x,y)\mathrm{d}y + \int_{\frac{1}{2}}^1 \mathrm{d}x \int_x^1 f(x,y)\mathrm{d}y$.

5.通过交换积分次序计算下列二重积分:

(1) $\int_0^1 \mathrm{d}y \int_{\sqrt{y}}^1 \mathrm{e}^{\frac{y}{x}} \mathrm{d}x$;

(2) $\int_0^{\sqrt{\pi}} x\mathrm{d}x \int_{x^2}^{\pi} \dfrac{\sin y}{y}\mathrm{d}y$.

6.设 $f(x)$ 连续,证明: $\int_0^1 \mathrm{d}y \int_0^{\sqrt{y}} \mathrm{e}^y f(x)\mathrm{d}x = \int_0^1 (\mathrm{e} - \mathrm{e}^{x^2})f(x)\mathrm{d}x$.

7.计算由四个平面 $x=0, x=1, y=0, y=1$ 所围成的柱体被平面 $z=0$ 及 $x+y+z=2$ 截得的立体的体积.

8.利用"对称性"计算下列二重积分:

(1) $\iint\limits_D x^3 \cos(x^2+y)\mathrm{d}\sigma$,其中 $D = \{(x,y) \mid x^2+y^2 \leqslant y\}$;

(2) $\iint\limits_D [5xy^2 + 3x^2 y]\mathrm{d}x\mathrm{d}y$,其中 $D = \{(x,y) \mid x^2+y^2 \leqslant 1, x \geqslant 0\}$;

(3) $\iint\limits_D (\mid x \mid + \mid y \mid)\mathrm{d}x\mathrm{d}y$,其中 $D = \{(x,y) \mid \mid x \mid + \mid y \mid \leqslant 1\}$.

9.画出积分区域,把积分 $\iint\limits_D f(x,y)\mathrm{d}x\mathrm{d}y$ 表示为极坐标形式的二次积分,其中积分区域 D 是:

(1) $\{(x,y) \mid x^2+y^2 \leqslant 9\}$;

(2) $\{(x,y) \mid a^2 \leqslant x^2+y^2 \leqslant b^2\} (b > a > 0)$;

(3) $\{(x,y) \mid x^2+y^2 \leqslant y\}$;

(4) $\{(x,y) \mid 0 \leqslant x \leqslant y \leqslant 1\}$;

(5) $\{(x,y) \mid x^2+y^2 \leqslant 2x, x+y \geqslant 2\}$.

10.化下列二次积分为极坐标形式的二次积分:

(1) $\int_0^1 \mathrm{d}x \int_x^{\sqrt{3}x} f(x,y)\mathrm{d}y$;

(2) $\int_0^a \mathrm{d}x \int_0^a f(x^2+y^2)\mathrm{d}y (a > 0)$;

(3) $\int_0^2 \mathrm{d}y \int_0^{\sqrt{2y-y^2}} f(x,y)\mathrm{d}x$;

(4) $\int_0^1 \mathrm{d}y \int_{\sqrt{y}}^1 f(x-y)\mathrm{d}x$.

11.把下列积分化为极坐标形式,并计算积分值:

(1) $\int_{-2}^2 \mathrm{d}x \int_0^{\sqrt{4-x^2}} (x^2+y^2)\mathrm{d}y$;

(2) $\int_0^1 \mathrm{d}x \int_{x^2}^x (x^2+y^2)^{-\frac{1}{2}}\mathrm{d}y$;

(3) $\displaystyle\int_0^2 \mathrm{d}x \int_0^{\sqrt{2x-x^2}} \sqrt{x^2+y^2}\,\mathrm{d}y$;

(4) $\displaystyle\int_0^a \mathrm{d}y \int_{-\sqrt{a^2-y^2}}^{\sqrt{a^2-y^2}} \mathrm{e}^{-(x^2+y^2)}\,\mathrm{d}x \,(a>0)$.

12.利用极坐标计算下列二重积分:

(1) $\displaystyle\iint\limits_{D} \sqrt{x^2+y^2}\,\mathrm{d}\sigma$,其中 D 是由圆周 $x^2+y^2=9$ 所围成的闭区域;

(2) $\displaystyle\iint\limits_{D} \sin(x^2+y^2)\,\mathrm{d}\sigma$,其中 $D=\{(x,y)\mid \pi^2 \leqslant x^2+y^2 \leqslant 4\pi^2\}$;

(3) $\displaystyle\iint\limits_{D} \arctan\frac{y}{x}\,\mathrm{d}\sigma$,其中 D 是由圆周 $x^2+y^2=4$,$x^2+y^2=1$ 及直线 $y=0$,$y=x$ 所围成的在第一象限内的闭区域;

(4) $\displaystyle\iint\limits_{D} \ln(1+x^2+y^2)\,\mathrm{d}\sigma$,其中 $D=\{(x,y)\mid x^2+y^2\leqslant 1, x\geqslant 0, y\geqslant 0\}$.

13.选用适当的坐标计算下列各题:

(1) $\displaystyle\iint\limits_{D} (x^2+y^2)\,\mathrm{d}\sigma$,其中 D 是由直线 $y=x$,$y=3x$,$x=1$ 所围成的闭区域;

(2) $\displaystyle\iint\limits_{D} \sqrt{\frac{1-x^2-y^2}{1+x^2+y^2}}\,\mathrm{d}\sigma$,其中 D 是由圆周 $x^2+y^2=1$ 及坐标轴所围成的在第一象限内的闭区域;

(3) $\displaystyle\iint\limits_{D} \frac{y^2}{x^2}\,\mathrm{d}\sigma$,其中 D 是由直线 $y=2$,$y=x$ 及曲线 $xy=1$ 所围成的闭区域;

(4) $\displaystyle\iint\limits_{D} (x+y)\,\mathrm{d}x\mathrm{d}y$,其中 $D=\{(x,y)\mid x^2+y^2\leqslant 2Rx\}$;

(5) $\displaystyle\iint\limits_{D} |x^2+y^2-1|\,\mathrm{d}x\mathrm{d}y$,其中 $D=\{(x,y)\mid x^2+y^2\leqslant 2\}$.

14.求圆柱面 $x^2+y^2=ay$ 被平面 $z=0$ 及抛物面 $z=x^2+y^2$ 截得的立体的体积.

15.求由曲面 $z=2x^2+y^2$ 及 $z=6-x^2-2y^2$ 所围成的立体的体积.

总习题 8

1.选择题

(1) $\displaystyle\lim_{\substack{x\to 0 \\ y\to 0}} \frac{1-\sqrt{x\sin y+1}}{y\sin x}=($).

A. $\dfrac{1}{2}$ B. 0 C. ∞ D. $-\dfrac{1}{2}$

(2)函数 $f(x,y)=\begin{cases} \dfrac{xy}{x^2+y^2}, & x^2+y^2\neq 0, \\ 0, & x^2+y^2=0 \end{cases}$ 在点 $(0,0)$ 处(   ).

A.连续但不存在偏导数   B.存在偏导数但不连续

C.既不连续又不存在偏导数   D.既连续又存在偏导数

(3)函数 $z = f(x,y)$ 满足 $\dfrac{\partial z}{\partial y} = x^2 + 2y$,且 $f(x,x^2) = 1$,则 $f(x,y) = ($ $)$.

A. $-1 + x^2 y + y^2 - 2x^4$ B. $1 + x^2 y + y^2 - 2x^4$

C. $1 + x^2 y^2 + y^2 + 2x^4$ D. $1 + x^2 + y^2 + 2x^4$

(4) $f'_x(x_0,y_0) = 0$, $f'_y(x_0,y_0) = 0$ 是函数 $f(x,y)$ 在点 (x_0,y_0) 处取得极值的( ).

A.必要条件,但非充分条件   B.充分条件,但非必要条件

C.充分必要条件   D.既非充分条件,又非必要条件

(5)下列结论中正确的是( ).

A.若闭区域 D 由圆周 $x^2 + y^2 = a^2$ 围成,则 $\iint\limits_{D}(x^2 + y^2)\mathrm{d}\sigma = \iint\limits_{D}a^2 \mathrm{d}\sigma$

B. $\displaystyle\int_0^1 \mathrm{d}y \int_{-\sqrt{1-y^2}}^{\sqrt{1-y^2}} x^2 y^2 \mathrm{d}x = \int_0^1 \mathrm{d}x \int_{-\sqrt{1-x^2}}^{\sqrt{1-x^2}} x^2 y^2 \mathrm{d}y$

C.若 $D = \{(x,y) \mid x^2 + y^2 \leqslant 1, x \geqslant 0\}$,则 $\iint\limits_{D}(x + x^3 y)\mathrm{d}\sigma = 0$

D.若 $D = \{(x,y) \mid x^2 + y^2 \leqslant x + y\}$,则 $\iint\limits_{D}f(x^2 + y^2)\mathrm{d}\sigma = \int_{-\frac{\pi}{2}}^{\pi}\mathrm{d}\theta \int_0^{\sin\theta+\cos\theta} rf(r^2)\mathrm{d}r$

(6)设平面区域 $D = \{(x,y) \mid -a \leqslant x \leqslant a, x \leqslant y \leqslant a\}$, $D_1 = \{(x,y) \mid 0 \leqslant x \leqslant a, x \leqslant y \leqslant a\}$,则 $\iint\limits_{D}(xy + \cos x \sin y)\mathrm{d}x\mathrm{d}y = ($ $)$.

A. $2\iint\limits_{D_1}\cos x \sin y \mathrm{d}x\mathrm{d}y$ B. $2\iint\limits_{D_1}xy\mathrm{d}x\mathrm{d}y$

C. $4\iint\limits_{D_1}(xy + \cos x \sin y)\mathrm{d}x\mathrm{d}y$ D. 0

(7)设函数 $f(x,y)$ 连续,则 $\displaystyle\int_1^2 \mathrm{d}x \int_x^2 f(x,y)\mathrm{d}y + \int_1^2 \mathrm{d}y \int_1^{4-y} f(x,y)\mathrm{d}x = ($ $)$.

A. $\displaystyle\int_1^2 \mathrm{d}x \int_1^{4-x} f(x,y)\mathrm{d}y$ B. $\displaystyle\int_1^2 \mathrm{d}x \int_x^{4-x} f(x,y)\mathrm{d}y$

C. $\displaystyle\int_1^2 \mathrm{d}y \int_1^{4-y} f(x,y)\mathrm{d}x$ D. $\displaystyle\int_1^2 \mathrm{d}y \int_y^2 f(x,y)\mathrm{d}x$

(8)设函数 $f(x,y)$ 连续,且 $f(x,y) = xy + \iint\limits_{D}f(x,y)\mathrm{d}x\mathrm{d}y$,其中 D 是由 $y = 0$, $x = 1$, $y = x^2$ 所围成的闭区域,则 $f(x,y) = ($ $)$.

A. xy B. $2xy$ C. $xy + \dfrac{1}{8}$ D. $xy + 1$

2.填空题

(1)设函数 $z = \ln(x - y^2)$,则 $\mathrm{d}z = $ _____.

(2)设函数 $z = \displaystyle\int_0^{2x+y} \mathrm{e}^{-t^2} \mathrm{d}t$,则 $\dfrac{\partial^2 z}{\partial x^2} = $ _____.

(3)若函数 $f(x,y) = 2x^2 + ax + xy^2 - 2y$ 在点 $(1,1)$ 处取得极值,则常数

$a =$ _____.

（4）设 $D = \{(x,y) \mid x^2 + y^2 \leqslant R^2\}$，则根据重积分的几何意义可得：

$$\iint\limits_{D} \sqrt{R^2 - x^2 - y^2}\,\mathrm{d}\sigma = \underline{\qquad}.$$

（5）设函数 $f(x)$ 连续，$f(2) = 1$，若记 $F(t) = \int_1^t \mathrm{d}y \int_y^t f(x)\,\mathrm{d}x$，则 $F'(2) =$ _____.

（6）将 $I = \int_{-a}^{a}\mathrm{d}x \int_{a-\sqrt{a^2-x^2}}^{a+\sqrt{a^2-x^2}} f(x,y)\,\mathrm{d}y$ 化为极坐标下的二次积分，得 $I =$ _____.

3. 设 $f(x,y) = \begin{cases} \dfrac{xy}{\sqrt{x^2+y^2}}, & x^2+y^2 \neq 0, \\ 0, & x^2+y^2 = 0, \end{cases}$ 求 $f'_x(x,y)$.

4. 设 $z = \dfrac{y}{f(x^2-y^2)}$，其中 $f(u)$ 可微，求 $\dfrac{\partial z}{\partial x}, \dfrac{\partial z}{\partial y}$.

5. 设 $z = f\left(xy, \dfrac{y}{x}\right)$，其中 $z = f(u,v)$ 具有二阶连续偏导数，求 $\dfrac{\partial^2 z}{\partial x \partial y}$.

6. 设 $z = f(u,v)$ 具有二阶连续偏导数，且 $u = x - 2y$，$v = x + ay$，$f''_{12} = 0$ 求常数 a，使

$$6\frac{\partial^2 z}{\partial x^2} + \frac{\partial^2 z}{\partial x \partial y} - \frac{\partial^2 z}{\partial y^2} = 0.$$

7. 某厂要造一个无盖的长方体水箱，已知它的底部造价为每平方米 18 元,侧面造价均为每平方米 6 元,设计的总造价为 216 元,问如何选择它的尺寸,才能使水箱容积最大？

8. 求内接于半径为 R 的球且体积最大的圆柱体的高.

9. 设 $f(u,v)$ 具有连续偏导数,且 $f(cx - az, cy - bz) = 0$,证明：

$$a\frac{\partial z}{\partial x} + b\frac{\partial z}{\partial y} = c.$$

10. 计算下列二重积分：

（1）$\iint\limits_{D}(x^2 - y^2)\mathrm{d}\sigma$,其中 $D = \{(x,y) \mid 0 \leqslant y \leqslant \sin x, 0 \leqslant x \leqslant \pi\}$;

（2）$\iint\limits_{D} \sqrt{R^2 - x^2 - y^2}\,\mathrm{d}\sigma$,其中 D 是由圆周 $x^2 + y^2 = Rx$ 所围成的闭区域;

（3）$\iint\limits_{D} |\cos(x+y)|\,\mathrm{d}x\mathrm{d}y$,其中 D 是由直线 $y = x, y = 0, x = \dfrac{\pi}{2}$ 所围成的闭区域;

（4）$\iint\limits_{D} x[1 + yf(x^2+y^2)]\mathrm{d}\sigma$,其中 D 是由 $y = x^3, y = 1, x = -1$ 所围成的闭区域,$f(x)$ 为连续函数.

11. 交换下列二次积分的次序：

（1）$\int_0^4 \mathrm{d}y \int_{-\sqrt{4-y}}^{\frac{1}{2}(y-4)} f(x,y)\mathrm{d}x$;

(2) $\int_0^1 \mathrm{d}y \int_0^{2y} f(x,y)\mathrm{d}x + \int_1^3 \mathrm{d}y \int_0^{3-y} f(x,y)\mathrm{d}x$;

(3) $\int_0^1 \mathrm{d}x \int_{\sqrt{x}}^{1+\sqrt{1-x^2}} f(x,y)\mathrm{d}y$.

12. 设 $f(x)$ 是连续函数且 $f(x) > 0$,利用二重积分证明:

$$\int_a^b f(x)\mathrm{d}x \int_a^b \frac{1}{f(x)}\mathrm{d}x \geqslant (b-a)^2.$$

第 9 章

无 穷 级 数

无穷级数是高等数学的一个重要组成部分,它是表示函数,研究函数的性质,进行数值计算的有力工具.本章先讨论常数项级数,介绍无穷级数的一些基本内容,然后讨论函数项级数,着重讨论幂级数及相关问题.

9.1 常数项级数的概念和性质

9.1.1 常数项级数的概念

初等数学中出现的加法,一般都是有限项相加,但在某些实际问题中,也会出现无穷多项相加的情形.

例如,$\frac{1}{3}=0.3333\cdots$,在近似计算中,可取小数点后若干位作为 $\frac{1}{3}$ 的近似值

$$\frac{1}{3}\approx\frac{3}{10}+\frac{3}{10^2}+\cdots+\frac{3}{10^n},$$

且 n 越大,精确程度越高,故由极限定义可得

$$\frac{1}{3}=\lim_{n\to\infty}\left(\frac{3}{10}+\frac{3}{10^2}+\cdots+\frac{3}{10^n}\right).$$

再如,要计算半径为 R 的圆的面积 A,先作圆内接正六边形,其面积记为 u_1,显然 u_1 是 A 的一个粗略近似值.为了得到 A 的一个更好的近似值,以这个正六边形的每条边为底,分别作一个顶点在圆周上的等腰三角形(见图 9-1),记这六个等腰三角形的面积之和为 u_2,则 u_1+u_2(即圆内

接正十二边形的面积)为 A 的一个较好的
近似值.同样地,在该正十二边形的每条边
上分别作一个顶点在圆周上的等腰三角形,
记这十二个等腰三角形的面积之和为
u_3,则 $u_1+u_2+u_3$(即圆内接正二十四边形
的面积)是 A 的一个更好的近似值.如此继
续下去,圆内接 $3 \cdot 2^n$ 边形的面积就逐步逼
近圆面积,即有

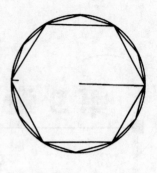

图 9-1

$$A=\lim_{n \to \infty}(u_1+u_2+\cdots+u_n).$$

这种无穷多项相加的形式就是无穷级数.一般地,对任意给定的数列
$\{u_n\}$,称

$$u_1+u_2+\cdots+u_n+\cdots$$

为**常数项无穷级数**,简称**数项级数**或**级数**,记为 $\sum\limits_{n=1}^{\infty}u_n$,即

$$\sum_{n=1}^{\infty}u_n=u_1+u_2+\cdots+u_n+\cdots.$$

其中 $u_1,u_2,\cdots$ 依次叫做级数的第 1 项,第 2 项,$\cdots$,u_n 又叫做级数的**一般
项**或**通项**.

称级数 $\sum\limits_{n=1}^{\infty}u_n$ 的前 n 项之和 $u_1+u_2+\cdots+u_n$ 为该级数 $\sum\limits_{n=1}^{\infty}u_n$ 的**部分
和**,记为 s_n,即

$$s_n=u_1+u_2+\cdots+u_n.$$

显然,$s_1=u_1$,$s_2=u_1+u_2$,$s_3=u_1+u_2+u_3$,$\cdots$,当 n 依次取 1,
2,3,$\cdots$ 时,s_n 构成一个数列 $\{s_n\}$,称为级数 $\sum\limits_{n=1}^{\infty}u_n$ 的**部分和数列**.

定义 9-1 对给定的级数 $\sum\limits_{n=1}^{\infty}u_n$,若其部分和数列 $\{s_n\}$ 有极限 s,即

$$\lim_{n \to \infty}s_n=s,$$

则称级数 $\sum\limits_{n=1}^{\infty}u_n$ **收敛**,并称极限值 s 为此级数的**和**,记为

$$\sum_{n=1}^{\infty}u_n=u_1+u_2+\cdots+u_n+\cdots=s.$$

如果部分和数列 $\{s_n\}$ 没有极限,则称级数 $\sum\limits_{n=1}^{\infty}u_n$ **发散**.

由定义 9-1 可知,判定级数是否收敛就转化为判定其部分和数列是

否收敛.

【例 9-1】 证明:公比为 q 的**等比级数**（几何级数）

$$\sum_{n=1}^{\infty} aq^{n-1} = a + aq + \cdots + aq^{n-1} + \cdots \quad (a \neq 0),$$

当 $|q| < 1$ 时收敛,其和为 $s = \dfrac{a}{1-q}$,当 $|q| \geqslant 1$ 时发散.

证 当 $q \neq 1$ 时,有

$$s_n = a(1 + q + \cdots + q^{n-1}) = \frac{a(1-q^n)}{1-q},$$

如果 $|q| < 1$,则由 $\lim\limits_{n\to\infty} q^n = 0$,得

$$\lim_{n\to\infty} s_n = \frac{a}{1-q};$$

如果 $|q| > 1$,则由 $\lim\limits_{n\to\infty} q^n = \infty$,得

$$\lim_{n\to\infty} s_n = \infty.$$

当 $q = 1$ 时,有

$$s_n = na, \quad 故 \lim_{n\to\infty} s_n = \infty;$$

当 $q = -1$ 时,有

$$s_n = \begin{cases} a, & n \text{ 为奇数}, \\ 0, & n \text{ 为偶数}, \end{cases}$$

故 $\lim\limits_{n\to\infty} s_n$ 不存在.

综上所述,当 $|q| < 1$ 时,等比级数 $\sum\limits_{n=1}^{\infty} aq^{n-1}$ 收敛;且和为 $s = \dfrac{a}{1-q}$;

当 $|q| \geqslant 1$ 时,等比级数 $\sum\limits_{n=1}^{\infty} aq^{n-1}$ 发散.

【例 9-2】 判别级数 $\sum\limits_{n=1}^{\infty} \dfrac{1}{n(n+1)}$ 的敛散性.

解 由于

$$u_n = \frac{1}{n(n+1)} = \frac{1}{n} - \frac{1}{n+1},$$

因此

$$s_n = \frac{1}{1 \cdot 2} + \frac{1}{2 \cdot 3} + \cdots + \frac{1}{n(n+1)}$$

$$= \left(1 - \frac{1}{2}\right) + \left(\frac{1}{2} - \frac{1}{3}\right) + \cdots + \left(\frac{1}{n} - \frac{1}{n+1}\right)$$

$$= 1 - \frac{1}{n+1},$$

361

从而

$$\lim_{n \to \infty} s_n = 1,$$

所以该级数收敛,其和为 1.

【例 9-3】 证明调和级数 $\sum\limits_{n=1}^{\infty} \dfrac{1}{n}$ 发散.

证 由拉格朗日中值定理

$$\ln(n+1) - \ln n = \frac{1}{n+\theta} < \frac{1}{n} \quad (0 < \theta < 1),$$

故

$$s_n = 1 + \frac{1}{2} + \cdots + \frac{1}{n}$$
$$> (\ln 2 - \ln 1) + (\ln 3 - \ln 2) + \cdots + [\ln(n+1) - \ln n]$$
$$= \ln(n+1) \to +\infty,$$

所以

$$\lim_{n \to \infty} s_n = +\infty.$$

从而 $\sum\limits_{n=1}^{\infty} \dfrac{1}{n}$ 发散. 证毕.

9.1.2 级数的基本性质

性质 9-1 对任意常数 $k \neq 0$,级数 $\sum\limits_{n=1}^{\infty} (k \cdot u_n)$ 与级数 $\sum\limits_{n=1}^{\infty} u_n$ 同时收

敛或同时发散,且在收敛时有

$$\sum_{n=1}^{\infty} (k \cdot u_n) = k \cdot \sum_{n=1}^{\infty} u_n.$$

证 设级数 $\sum\limits_{n=1}^{\infty} u_n$ 与 $\sum\limits_{n=1}^{\infty} (k \cdot u_n)$ 的部分和分别记为 s_n 与 s'_n,则

$$s'_n = k \cdot s_n.$$

所以 $\lim\limits_{n \to \infty} s'_n$ 与 $\lim\limits_{n \to \infty} s_n$ 同时存在或同时不存在,且在存在时有

$$\lim_{n \to \infty} s'_n = k \cdot \lim_{n \to \infty} s_n,$$

即

$$\sum_{n=1}^{\infty} (k \cdot u_n) = k \cdot \sum_{n=1}^{\infty} u_n.$$

证毕.

性质 9-2 若级数 $\sum\limits_{n=1}^{\infty} u_n$ 和 $\sum\limits_{n=1}^{\infty} v_n$ 均收敛,则级数 $\sum\limits_{n=1}^{\infty} (u_n \pm v_n)$ 也收

敛，且有

$$\sum_{n=1}^{\infty}(u_n \pm v_n) = \sum_{n=1}^{\infty}u_n \pm \sum_{n=1}^{\infty}v_n.$$

证 设级数 $\sum\limits_{n=1}^{\infty}u_n$，$\sum\limits_{n=1}^{\infty}v_n$ 及 $\sum\limits_{n=1}^{\infty}(u_n \pm v_n)$ 的部分和分别为 s_n，s'_n 及 s''_n，则

$$\begin{aligned}
s''_n &= (u_1 \pm v_1) + (u_2 \pm v_2) + \cdots + (u_n \pm v_n)\\
&= (u_1 + u_2 + \cdots + u_n) \pm (v_1 + v_2 + \cdots + v_n)\\
&= s_n \pm s'_n.
\end{aligned}$$

又因为 $\sum\limits_{n=1}^{\infty}u_n$ 及 $\sum\limits_{n=1}^{\infty}v_n$ 均收敛，所以

$$\lim_{n\to\infty}s''_n = \lim_{n\to\infty}s_n \pm \lim_{n\to\infty}s'_n,$$

即有

$$\sum_{n=1}^{\infty}(u_n \pm v_n) = \sum_{n=1}^{\infty}u_n \pm \sum_{n=1}^{\infty}v_n.$$

证毕.

性质 9-3 在级数 $\sum\limits_{n=1}^{\infty}u_n$ 前面去掉（或加上、或改变）有限项，级数的敛散性不变.

证 只证"在级数的前面去掉有限项"的情形，其他情形类似可证.

将级数 $u_1 + u_2 + \cdots + u_k + u_{k+1} + \cdots + u_{k+n} + \cdots$ 的前 k 项去掉，得到新的级数 $u_{k+1} + u_{k+2} + \cdots + u_{k+n} + \cdots$，其部分和

$$\begin{aligned}
s'_n &= u_{k+1} + u_{k+2} + \cdots + u_{k+n}\\
&= s_{k+n} - s_k.
\end{aligned}$$

其中 s_{k+n} 为原级数的前 $k+n$ 项之和，s_k 为常数，显然，当 $n \to \infty$ 时，s'_n 与 s_{k+n} 同时有极限或同时无极限，故两个级数具有相同的敛散性. 证毕.

例如，级数 $\sum\limits_{n=1}^{\infty}\dfrac{1}{(n+3)(n+4)}$ 可以看做级数 $\sum\limits_{n=1}^{\infty}\dfrac{1}{n(n+1)}$ 去掉前三项，故这两个级数具有相同的敛散性，而 $\sum\limits_{n=1}^{\infty}\dfrac{1}{n(n+1)}$ 收敛，故 $\sum\limits_{n=1}^{\infty}\dfrac{1}{(n+3)(n+4)}$ 也收敛.

性质 9-4 收敛级数任意加括号后所得的级数仍收敛，且其和不变.

证明从略.

值得注意的是，由加括号之后所得的级数收敛，不能推得原级数收敛，例如，级数

$$(1-1)+(1-1)+(1-1)+\cdots$$

收敛,且和为零,但原级数

$$1-1+1-1+1-1+\cdots$$

发散,由此可知,级数中的括号不能随意去掉.

性质 9-5 (级数收敛的必要条件) 若级数 $\sum\limits_{n=1}^{\infty} u_n$ 收敛,则其一般项 u_n 必趋向于零,即

$$\lim_{n\to\infty} u_n = 0.$$

证 $\lim\limits_{n\to\infty} u_n = \lim\limits_{n\to\infty}(s_n - s_{n-1}) = \lim\limits_{n\to\infty} s_n - \lim\limits_{n\to\infty} s_{n-1} = s - s = 0.$
证毕.

注 (1)性质 9-5 的逆否命题是:如果 $\lim\limits_{n\to\infty} u_n \neq 0$,则级数 $\sum\limits_{n=1}^{\infty} u_n$ 一定发散.此结论可用来判定级数发散.

(2)性质 9-5 的逆命题不成立.即如果 $\lim\limits_{n\to\infty} u_n = 0$,则不能得到级数 $\sum\limits_{n=1}^{\infty} u_n$ 收敛的结论.例如,调和级数 $\sum\limits_{n=1}^{\infty} \dfrac{1}{n}$,尽管 $\lim\limits_{n\to\infty} \dfrac{1}{n} = 0$,但 $\sum\limits_{n=1}^{\infty} \dfrac{1}{n}$ 是发散级数.

【**例 9-4**】 判定下列级数的敛散性:

(1) $\sum\limits_{n=1}^{\infty} \dfrac{n}{2n+1}$;   (2) $\sum\limits_{n=1}^{\infty} \left(\dfrac{1}{2^n} - \dfrac{3}{n}\right)$.

解 (1)因为

$$\lim_{n\to\infty} u_n = \lim_{n\to\infty} \frac{n}{2n+1} = \frac{1}{2} \neq 0,$$

由性质 9-5,得级数 $\sum\limits_{n=1}^{\infty} \dfrac{n}{2n+1}$ 发散;

(2)由例 9-1 知等比级数 $\sum\limits_{n=1}^{\infty} \dfrac{1}{2^n}$ 收敛,由调和级数发散及性质 9-1 知 $\sum\limits_{n=1}^{\infty} \dfrac{3}{n}$ 发散,再由性质 9-2,所给级数

$$\sum_{n=1}^{\infty} \left(\frac{1}{2^n} - \frac{3}{n}\right)$$

发散.

习题 9.1

1.写出下列级数的一般项:

(1) $\dfrac{1}{2} + \dfrac{1}{4} + \dfrac{1}{6} + \dfrac{1}{8} + \cdots$;　　　(2) $\dfrac{2}{2} + \dfrac{3}{5} + \dfrac{4}{10} + \dfrac{5}{17} + \cdots$;

(3) $\dfrac{2}{1} - \dfrac{3}{2} + \dfrac{4}{3} - \dfrac{5}{4} + \cdots$;　　　(4) $\dfrac{a^2}{3} - \dfrac{a^3}{5} + \dfrac{a^4}{7} - \dfrac{a^5}{9} + \cdots$.

2. 已知级数 $\sum\limits_{n=1}^{\infty} u_n$ 的前 n 项部分和为 $s_n = \dfrac{2n}{n+1}$ ，求 u_1, u_2, u_n ，并求级数的和.

3. 用定义判别下列级数的敛散性:

(1) $\sum\limits_{n=1}^{\infty} (\sqrt{n+1} - \sqrt{n})$;

(2) $\sum\limits_{n=1}^{\infty} \dfrac{1}{(n+\alpha)(n-1+\alpha)}$　$(\alpha > 0)$;

(3) $\sum\limits_{n=1}^{\infty} (-1)^{n-1} \dfrac{2n+1}{n(n+1)}$;

(4) $\sum\limits_{n=1}^{\infty} \log_2 \left(1 + \dfrac{1}{n}\right)$.

4. 判别下列级数的敛散性:

(1) $-\dfrac{2}{3} + \dfrac{2^2}{3^2} - \dfrac{2^3}{3^3} + \cdots + (-1)^n \dfrac{2^n}{3^n} + \cdots$;

(2) $\sum\limits_{n=1}^{\infty} n\sin\dfrac{\pi}{n}$;　　　(3) $\sum\limits_{n=1}^{\infty} \dfrac{1}{\left(1 + \dfrac{1}{n}\right)^n}$;

(4) $\sum\limits_{n=1}^{\infty} \dfrac{n(n+1) + 2^n}{n(n+1)2^n}$;　　　(5) $\sum\limits_{n=1}^{\infty} \left(\dfrac{1}{2n} - \dfrac{1}{2^n}\right)$.

5. 如果级数 $\sum\limits_{n=1}^{\infty} u_n$ 收敛,判别下列级数的敛散性:

(1) $100 + \sum\limits_{n=1}^{\infty} u_n$;　　　(2) $\sum\limits_{n=1}^{\infty} 100 u_n$;

(3) $\sum\limits_{n=1}^{\infty} (u_n + 100)$;　　　(4) $\sum\limits_{n=1}^{\infty} \dfrac{100}{u_n}$.

6. 求级数 $\sum\limits_{n=1}^{\infty} \dfrac{1}{(3n+1)(3n+4)}$ 的和.

9.2　常数项级数的审敛法

9.2.1　正项级数的审敛法

常数项级数的各项可以是正数、负数、或者零,若级数的各项均非负,即 $u_n \geqslant 0 (n = 1, 2, \cdots)$,则称此级数为**正项级数**. 正项级数在级数中占有重要一席,下面讨论正项级数的敛散性问题.

定理 9-1　正项级数 $\sum\limits_{n=1}^{\infty} u_n$ 收敛的充分必要条件是其部分和数列

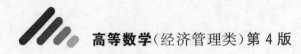

$\{s_n\}$ 有上界.

证 级数 $\sum\limits_{n=1}^{\infty} u_n$ 收敛的充分必要条件是其部分和数列 $\{s_n\}$ 收敛,即 $\lim\limits_{n\to\infty} s_n$ 存在.而对任意的 $n \in \mathbf{N}$

$$s_{n+1} - s_n = u_{n+1} \geqslant 0.$$

可见 $\{s_n\}$ 是单调递增数列,从而 $\lim\limits_{n\to\infty} s_n$ 是否存在取决于 $\{s_n\}$ 是否有上界,所以级数 $\sum\limits_{n=1}^{\infty} u_n$ 收敛的充分必要条件是数列 $\{s_n\}$ 有上界.证毕.

定理 9-2 （比较判别法） 设正项级数 $\sum\limits_{n=1}^{\infty} u_n$ 及 $\sum\limits_{n=1}^{\infty} v_n$ 满足

$$u_n \leqslant v_n \quad (n=1,2,\cdots).$$

(1) 若 $\sum\limits_{n=1}^{\infty} v_n$ 收敛,则 $\sum\limits_{n=1}^{\infty} u_n$ 也收敛.

(2) 若 $\sum\limits_{n=1}^{\infty} u_n$ 发散,则 $\sum\limits_{n=1}^{\infty} v_n$ 也发散.

证 设两级数 $\sum\limits_{n=1}^{\infty} u_n$ 与 $\sum\limits_{n=1}^{\infty} v_n$ 的部分和分别为 s_n 与 s'_n,显然

$$s_n \leqslant s'_n \quad (n=1,2,\cdots).$$

而两级数是否收敛,取决于部分和数列 $\{s_n\}$ 及 $\{s'_n\}$ 是否有上界,从 $\{s'_n\}$ 有上界,很容易推得 $\{s_n\}$ 有上界,所以只要 $\sum\limits_{n=1}^{\infty} v_n$ 收敛,$\sum\limits_{n=1}^{\infty} u_n$ 必收敛.同理,若 $\sum\limits_{n=1}^{\infty} u_n$ 发散,则 $\sum\limits_{n=1}^{\infty} v_n$ 必发散.证毕.

推论 1 对正项级数 $\sum\limits_{n=1}^{\infty} u_n$,若能找到某个收敛的正项级数 $\sum\limits_{n=1}^{\infty} v_n$,某个常数 $c > 0$ 及某个自然数 N,使得当 $n > N$ 时,有

$$u_n \leqslant c \cdot v_n,$$

则级数 $\sum\limits_{n=1}^{\infty} u_n$ 必收敛.

【例 9-5】 判别级数 $\sum\limits_{n=1}^{\infty} \left(2^n \cdot \sin\dfrac{\pi}{3^n}\right)$ 的敛散性.

解 几何级数 $\sum\limits_{n=1}^{\infty} \left(\dfrac{2}{3}\right)^n$ 显然收敛,而对 $n = 1,2,\cdots$

$$0 < 2^n \sin\frac{\pi}{3^n} < \pi \cdot \left(\frac{2}{3}\right)^n,$$

故由比较判别法,正项级数 $\sum\limits_{n=1}^{\infty} \left(2^n \cdot \sin\dfrac{\pi}{3^n}\right)$ 收敛.

推论 2 对正项级数 $\sum\limits_{n=1}^{\infty} u_n$，若能找到某个发散的正项级数 $\sum\limits_{n=1}^{\infty} v_n$，某个常数 $c>0$ 及某个自然数 N，使得当 $n>N$ 时，有

$$u_n \geqslant c \cdot v_n,$$

则级数 $\sum\limits_{n=1}^{\infty} u_n$ 必发散.

【例 9-6】 讨论 p - 级数 $\sum\limits_{n=1}^{\infty} \dfrac{1}{n^p}$ 的敛散性.

解 分 $p \leqslant 1$ 和 $p>1$ 两种情形讨论.

(1) 当 $p \leqslant 1$ 时，有

$$\frac{1}{n^p} \geqslant \frac{1}{n} \quad (n=1,2,3,\cdots),$$

而调和级数 $\sum\limits_{n=1}^{\infty} \dfrac{1}{n}$ 发散，故由比较判别法，p - 级数 $\sum\limits_{n=1}^{\infty} \dfrac{1}{n^p}$ 发散.

(2) 当 $p>1$ 时，p -级数的部分和

$$
\begin{aligned}
s_n &= 1 + \frac{1}{2^p} + \frac{1}{3^p} + \cdots + \frac{1}{n^p} \\
&= 1 + \int_1^2 \frac{1}{2^p} \mathrm{d}x + \int_2^3 \frac{1}{3^p} \mathrm{d}x + \cdots + \int_{n-1}^{n} \frac{1}{n^p} \mathrm{d}x \\
&< 1 + \int_1^2 \frac{1}{x^p} \mathrm{d}x + \int_2^3 \frac{1}{x^p} \mathrm{d}x + \cdots + \int_{n-1}^{n} \frac{1}{x^p} \mathrm{d}x \\
&= 1 + \int_1^n \frac{1}{x^p} \mathrm{d}x \\
&= 1 + \frac{1}{p-1} - \frac{1}{(p-1)n^{p-1}} \\
&< 1 + \frac{1}{p-1}.
\end{aligned}
$$

故 $\{s_n\}$ 有上界，即 p - 级数 $\sum\limits_{n=1}^{\infty} \dfrac{1}{n^p}$ 收敛.

利用 p -级数在 $p>1$ 时收敛，$p \leqslant 1$ 时发散的结果，可以判别某些正项级数的敛散性.

推论 3 对正项级数 $\sum\limits_{n=1}^{\infty} u_n$，

(1) 若 $u_n \geqslant \dfrac{1}{n}(n=1,2,\cdots)$，则 $\sum\limits_{n=1}^{\infty} u_n$ 发散.

(2) 若能找到 $p>1$，使得 $u_n \leqslant \dfrac{1}{n^p}(n=1,2,\cdots)$，则 $\sum\limits_{n=1}^{\infty} u_n$ 收敛.

367

【例 9-7】 讨论级数 $\sum\limits_{n=1}^{\infty} \dfrac{1}{\sqrt{n(n+1)}}$ 的敛散性.

解 因为 $\dfrac{1}{\sqrt{n(n+1)}} > \dfrac{1}{n+1}(n=1,2,\cdots)$,而级数 $\sum\limits_{n=1}^{\infty} \dfrac{1}{n+1}$ 发散,由

比较判别法,级数 $\sum\limits_{n=1}^{\infty} \dfrac{1}{\sqrt{n(n+1)}}$ 发散.

定理 9-3 (比较判别法的极限形式) 对正项级数 $\sum\limits_{n=1}^{\infty} u_n$ 及 $\sum\limits_{n=1}^{\infty} v_n$,设

$$\lim_{n\to\infty} \frac{u_n}{v_n} = A.$$

(1)若 $0 < A < +\infty$,则两个级数同时收敛或同时发散.

(2)若 $A = 0$,则从 $\sum\limits_{n=1}^{\infty} v_n$ 收敛可推得 $\sum\limits_{n=1}^{\infty} u_n$ 收敛.

(3) 若 $A = +\infty$,则从 $\sum\limits_{n=1}^{\infty} v_n$ 发散可推得 $\sum\limits_{n=1}^{\infty} u_n$ 发散.

证 (1)由 $\lim\limits_{n\to\infty} \dfrac{u_n}{v_n} = A, 0 < A < +\infty$,对给定的正数 $\varepsilon = \dfrac{A}{2}$,存在自然数
N,使得当 $n > N$ 时,有

$$A - \frac{A}{2} < \frac{u_n}{v_n} < A + \frac{A}{2},$$

即

$$\frac{A}{2} v_n < u_n < \frac{3A}{2} v_n.$$

由定理 9-2 的推论,级数 $\sum\limits_{n=1}^{\infty} u_n$ 与 $\sum\limits_{n=1}^{\infty} v_n$ 同敛散.

类似地可证(2)和(3). 证毕.

【例 9-8】 判别级数 $\sum\limits_{n=1}^{\infty} \sin \dfrac{1}{n}$ 的敛散性.

解 因为

$$\lim_{n\to\infty} \frac{\sin \dfrac{1}{n}}{\dfrac{1}{n}} = 1,$$

所以级数 $\sum\limits_{n=1}^{\infty} \sin \dfrac{1}{n}$ 与调和级数 $\sum\limits_{n=1}^{\infty} \dfrac{1}{n}$ 同敛散,即级数 $\sum\limits_{n=1}^{\infty} \sin \dfrac{1}{n}$ 发散.

【例 9-9】 判别级数 $\sum\limits_{n=1}^{\infty} \ln\left(1 + \dfrac{1}{n^2}\right)$ 的敛散性.

解　由于

$$\lim_{n\to\infty}\frac{\ln\left(1+\dfrac{1}{n^2}\right)}{\dfrac{1}{n^2}}=1,$$

所以级数 $\sum\limits_{n=1}^{\infty}\ln\left(1+\dfrac{1}{n^2}\right)$ 与级数 $\sum\limits_{n=1}^{\infty}\dfrac{1}{n^2}$ 同敛散,而 p - 级数 $\sum\limits_{n=1}^{\infty}\dfrac{1}{n^2}$ 收敛,故

级数 $\sum\limits_{n=1}^{\infty}\ln\left(1+\dfrac{1}{n^2}\right)$ 收敛.

比较判别法及其极限形式是借助一个已知的级数 $\sum\limits_{n=1}^{\infty}v_n$ 来判别级数

$\sum\limits_{n=1}^{\infty}u_n$ 的敛散性,而下面介绍的比值判别法及根值判别法则不必如此.

定理 9-4　(比值判别法,达朗贝尔(D'Alembert)判别法)　对正项

级数 $\sum\limits_{n=1}^{\infty}u_n$,若

$$\lim_{n\to\infty}\frac{u_{n+1}}{u_n}=r,$$

则

(1) 当 $r<1$ 时,级数 $\sum\limits_{n=1}^{\infty}u_n$ 收敛;

(2) 当 $r>1$ 时,级数 $\sum\limits_{n=1}^{\infty}u_n$ 发散;

(3) 当 $r=1$ 时,级数 $\sum\limits_{n=1}^{\infty}u_n$ 可能收敛,也可能发散.

证　(1) 由 $\lim\limits_{n\to\infty}\dfrac{u_{n+1}}{u_n}=r<1$,对给定的 $\varepsilon=\dfrac{1-r}{2}>0$,存在正整数 N,使

得当 $n\geqslant N$ 时,有

$$\left|\frac{u_{n+1}}{u_n}-r\right|<\varepsilon=\frac{1-r}{2},$$

于是

$$\frac{u_{n+1}}{u_n}<r+\varepsilon=\frac{1+r}{2}=q<1\qquad(n\geqslant N),$$

即有

$$u_{N+1}<qu_N,$$
$$u_{N+2}<q^2u_N,$$
$$\vdots$$
$$u_{N+m}<q^mu_N.$$

由几何级数 $\sum\limits_{m=1}^{\infty} q^m u_N$ 收敛,可知级数 $\sum\limits_{m=1}^{\infty} u_{N+m} = \sum\limits_{n=N+1}^{\infty} u_n$ 收敛,从而 $\sum\limits_{n=1}^{\infty} u_n$ 收敛.

(2)由 $\lim\limits_{n\to\infty} \dfrac{u_{n+1}}{u_n} = r > 1$,对给定的 $\varepsilon = \dfrac{r-1}{2} > 0$,存在正整数 N,使得当 $n \geqslant N$ 时,有

$$\left| \frac{u_{n+1}}{u_n} - r \right| < \varepsilon,$$

即有

$$\frac{u_{n+1}}{u_n} > r - \varepsilon = \frac{r+1}{2} = q > 1 \qquad (n \geqslant N),$$

于是

$$u_{N+1} > q u_N,$$
$$u_{N+2} > q^2 u_N,$$
$$\vdots$$
$$u_{N+m} > q^m u_N,$$

由几何级数 $\sum\limits_{m=1}^{\infty} q^m u_N$ 发散,可知级数 $\sum\limits_{m=1}^{\infty} u_{N+m} = \sum\limits_{n=N+1}^{\infty} u_n$ 发散,从而 $\sum\limits_{n=1}^{\infty} u_n$ 发散.

(3) 对 p - 级数 $\sum\limits_{n=1}^{\infty} \dfrac{1}{n^p}$,

$$r = \lim_{n\to\infty} \frac{u_{n+1}}{u_n} = \lim_{n\to\infty} \frac{\dfrac{1}{(n+1)^p}}{\dfrac{1}{n^p}} = \lim_{n\to\infty} \left(\frac{n}{n+1} \right)^p = 1.$$

而 p - 级数在 $p > 1$ 时收敛,在 $p \leqslant 1$ 时发散,故当 $r = 1$ 时,级数 $\sum\limits_{n=1}^{\infty} u_n$ 可能收敛,也可能发散,即此定理不能做出判断. 证毕.

【例 9-10】 判别级数 $\sum\limits_{n=1}^{\infty} \dfrac{n!}{10^n}$ 的敛散性.

解 由于

$$\lim_{n\to\infty} \frac{u_{n+1}}{u_n} = \lim_{n\to\infty} \frac{\dfrac{(n+1)!}{10^{n+1}}}{\dfrac{n!}{10^n}} = \lim_{n\to\infty} \frac{n+1}{10} = +\infty,$$

故级数 $\sum\limits_{n=1}^{\infty} \dfrac{n!}{10^n}$ 发散.

【例 9-11】 判别级数 $\sum_{n=1}^{\infty}(n+1)\cdot\left(\dfrac{x}{2}\right)^{n}$ $(x>0)$ 的敛散性.

解 由于

$$\lim_{n\to\infty}\frac{u_{n+1}}{u_{n}}=\lim_{n\to\infty}\frac{(n+2)\left(\dfrac{x}{2}\right)^{n+1}}{(n+1)\left(\dfrac{x}{2}\right)^{n}}=\frac{x}{2},$$

故当 $0<x<2$ 时,级数收敛,当 $x>2$ 时,级数发散;当 $x=2$ 时,级数变为 $\sum_{n=1}^{\infty}(n+1)$,显然发散. 总之,该级数的敛散性与 x 的取值有关.

【例 9-12】 判别级数 $\sum_{n=1}^{\infty}\dfrac{1}{(2n-1)\cdot 2n}$ 的敛散性.

解 由于 $\lim_{n\to\infty}\dfrac{u_{n+1}}{u_{n}}=\lim_{n\to\infty}\dfrac{(2n-1)\cdot 2n}{(2n+1)(2n+2)}=1$,故不能使用比值判别法,可用其他方法判别.

因为 $\dfrac{1}{(2n-1)\cdot 2n}<\dfrac{1}{n^{2}}$,而级数 $\sum_{n=1}^{\infty}\dfrac{1}{n^{2}}$ 收敛,故由比较判别法可知,级数 $\sum_{n=1}^{\infty}\dfrac{1}{(2n-1)\cdot 2n}$ 收敛.

定理 9-5 （根值判别法,柯西判别法） 对正项级数 $\sum_{n=1}^{\infty}u_{n}$,若

$$\lim_{n\to\infty}\sqrt[n]{u_{n}}=r,$$

则

(1) 当 $r<1$ 时,级数 $\sum_{n=1}^{\infty}u_{n}$ 收敛.

(2) 当 $r>1$ 时,级数 $\sum_{n=1}^{\infty}u_{n}$ 发散.

(3) 当 $r=1$ 时,级数 $\sum_{n=1}^{\infty}u_{n}$ 可能收敛,也可能发散.

证 (1)由 $\lim_{n\to\infty}\sqrt[n]{u_{n}}=r$,对给定的 $\varepsilon=\dfrac{1-r}{2}>0$,存在正整数 N,使得当 $n>N$ 时,有

$$\left|\sqrt[n]{u_{n}}-r\right|<\varepsilon,$$

即有

$$\sqrt[n]{u_{n}}<r+\varepsilon=\frac{1+r}{2}=q<1\quad(n>N),$$

从而有

$$u_n < q^n \quad (n > N),$$

而几何级数 $\sum\limits_{n=1}^{\infty} q^n$ 收敛,由比较判别法知,$\sum\limits_{n=1}^{\infty} u_n$ 收敛.

(2)同理可证.

(3)当 $r=1$ 时,仍以 p - 级数为例,不管 $\sum\limits_{n=1}^{\infty} \dfrac{1}{n^p}$ 收敛还是发散均满足 $\sqrt[n]{u_n} \to 1(n \to \infty)$,故当 $r=1$ 时,$\sum\limits_{n=1}^{\infty} u_n$ 可能收敛也可能发散. 证毕.

【例 9-13】 判别级数 $\sum\limits_{n=1}^{\infty} \left(\dfrac{na}{n+1}\right)^n (a>0)$ 的敛散性.

解 因为

$$\lim_{n \to \infty} \sqrt[n]{u_n} = \lim_{n \to \infty} \dfrac{na}{n+1} = a,$$

所以,当 $a<1$ 时,级数收敛,当 $a>1$ 时,级数发散,而当 $a=1$ 时

$$u_n = \left(\dfrac{n}{n+1}\right)^n \to \dfrac{1}{e} \neq 0.$$

故级数发散.

以上介绍了几种有关正项级数敛散性判别的常见方法,在实际应用时,可按以下顺序选择使用:检查一般项是否收敛于零,应用比值判别法或根值判别法,比较判别法的极限形式,比较判别法,检查部分和数列是否有界.

9.2.2 任意项级数的审敛法

所有项正负符号不完全相同的级数称为任意项级数. 判别任意项级数 $\sum\limits_{n=1}^{\infty} u_n$ 是否收敛,通常先判别它所对应的正项级数 $\sum\limits_{n=1}^{\infty} |u_n|$ 是否收敛.

定理 9-6 若级数 $\sum\limits_{n=1}^{\infty} |u_n|$ 收敛,则级数 $\sum\limits_{n=1}^{\infty} u_n$ 必收敛.

证 令 $v_n = \dfrac{1}{2}(u_n + |u_n|)$,显然

$$0 \leqslant v_n \leqslant |u_n|,$$

由 $\sum\limits_{n=1}^{\infty} |u_n|$ 收敛,可知正项级数 $\sum\limits_{n=1}^{\infty} v_n$ 也收敛. 又

$$u_n = 2v_n - |u_n|,$$

即

$$\sum_{n=1}^{\infty} u_n = 2\sum_{n=1}^{\infty} v_n - \sum_{n=1}^{\infty} |u_n|,$$

故 $\sum\limits_{n=1}^{\infty} u_n$ 收敛. 证毕.

定义 9-2 如果级数 $\sum\limits_{n=1}^{\infty} |u_n|$ 收敛,则称级数 $\sum\limits_{n=1}^{\infty} u_n$ **绝对收敛**;若

级数 $\sum\limits_{n=1}^{\infty} u_n$ 收敛,且级数 $\sum\limits_{n=1}^{\infty} |u_n|$ 发散,则称级数 $\sum\limits_{n=1}^{\infty} u_n$ **条件收敛**.

【例 9-14】 判别级数 $\sum\limits_{n=1}^{\infty} \dfrac{\sin n\alpha}{n^2}$ 的敛散性.

解 因为 $\left| \dfrac{\sin n\alpha}{n^2} \right| \leqslant \dfrac{1}{n^2}$,而级数 $\sum\limits_{n=1}^{\infty} \dfrac{1}{n^2}$ 收敛,所以正项级数

$\sum\limits_{n=1}^{\infty} \left| \dfrac{\sin n\alpha}{n^2} \right|$ 也收敛.由定义 9-2 知,级数 $\sum\limits_{n=1}^{\infty} \dfrac{\sin n\alpha}{n^2}$ 绝对收敛.又由定理

9-6 可知绝对收敛的级数必然收敛,故级数 $\sum\limits_{n=1}^{\infty} \dfrac{\sin n\alpha}{n^2}$ 收敛.

【例 9-15】 证明对任意实数 x,级数 $\sum\limits_{n=0}^{\infty} \dfrac{x^n}{n!}$ 绝对收敛.

证 考察正项级数 $\sum\limits_{n=0}^{\infty} \dfrac{|x|^n}{n!}$,对任意 x,

$$\lim_{n\to\infty} \frac{|u_{n+1}|}{|u_n|} = \lim_{n\to\infty} \frac{\dfrac{|x|^n}{n!}}{\dfrac{|x|^{n-1}}{(n-1)!}} = \lim_{n\to\infty} \frac{|x|}{n} = 0 < 1,$$

故级数 $\sum\limits_{n=0}^{\infty} \dfrac{|x^n|}{n!}$ 收敛,从而原级数 $\sum\limits_{n=0}^{\infty} \dfrac{x^n}{n!}$ 绝对收敛.证毕.

对绝对收敛的级数 $\sum\limits_{n=1}^{\infty} u_n$,可以通过证明正项级数 $\sum\limits_{n=1}^{\infty} |u_n|$ 的收敛性

来得出级数 $\sum\limits_{n=1}^{\infty} u_n$ 的收敛性.但对不绝对收敛的级数 $\sum\limits_{n=1}^{\infty} u_n$,则要通过级

数收敛的定义以及一般项是否趋于零等性质,来判别它的敛散性.下面
先介绍一种特殊级数 —— 交错级数收敛的条件.

定义 9-3 形如

$$\sum_{n=1}^{\infty} (-1)^{n-1} u_n = u_1 - u_2 + u_3 - u_4 + \cdots$$

或

$$\sum_{n=1}^{\infty} (-1)^n u_n = -u_1 + u_2 - u_3 + u_4 - \cdots$$

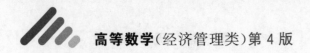

的任意项级数，称为**交错级数**．其中 $u_n > 0$, $n = 1, 2, 3 \cdots$.

定理 9-7 （莱布尼茨判别法） 设交错级数 $\sum\limits_{n=1}^{\infty} (-1)^{n-1} u_n$ 满足：

(1) 数列 $\{u_n\}$ 单调递减，

(2) $\lim\limits_{n \to \infty} u_n = 0$,

则级数 $\sum\limits_{n=1}^{\infty} (-1)^{(n-1)} u_n$ 收敛，且其和 $s \leqslant u_1$, 其余项 R_n 的绝对值 $|R_n| = |s - s_n| \leqslant u_{n+1}$, $(n = 1, 2, \cdots)$.

证 该级数的前 $2n$ 项之和

$$s_{2n} = u_1 - (u_2 - u_3) - \cdots - (u_{2n-2} - u_{2n-1}) - u_{2n} \leqslant u_1,$$

又

$$s_{2n} = (u_1 - u_2) + (u_3 - u_4) + \cdots + (u_{2n-1} - u_{2n}),$$

由条件(1)有，数列 $\{s_{2n}\}$ 单调增加且有上界，故 $\lim\limits_{n \to \infty} s_{2n}$ 存在．而

$$\lim\limits_{n \to \infty} s_{2n+1} = \lim\limits_{n \to \infty} (s_{2n} + u_{2n+1}) = \lim\limits_{n \to \infty} s_{2n},$$

所以 $\lim\limits_{n \to \infty} s_n$ 存在，从而级数 $\sum\limits_{n=1}^{\infty} (-1)^{n-1} u_n$ 收敛，且其和 $s \leqslant u_1$.

又因为

$$|R_n| = |s - s_n| = |\pm (u_{n+1} - u_{n+2} + \cdots)| = u_{n+1} - u_{n+2} + \cdots$$

也是收敛的交错级数，故 $|R_n| \leqslant u_{n+1}$. 证毕.

【例 9-16】 证明级数 $\sum\limits_{n=1}^{\infty} \frac{(-1)^n}{n^p}$ $(0 < p \leqslant 1)$ 条件收敛.

证 显然 $\{u_n\} = \left\{\frac{1}{n^p}\right\}$ 满足(1) 单调递减；(2) $u_n \to 0 (n \to \infty)$. 由莱布尼茨判别法知级数 $\sum\limits_{n=1}^{\infty} \frac{(-1)^n}{n^p}$ （其中 $0 < p \leqslant 1$） 收敛，而 $\sum\limits_{n=1}^{\infty} \left|\frac{(-1)^n}{n^p}\right| = \sum\limits_{n=1}^{\infty} \frac{1}{n^p}$ $(0 < p \leqslant 1)$ 发散，故交错级数 $\sum\limits_{n=1}^{\infty} \frac{(-1)^n}{n^p}$ 在 $0 < p \leqslant 1$ 时条件收敛. 证毕.

【例 9-17】 判别级数 $\sum\limits_{n=1}^{\infty} \frac{(-1)^n}{\sqrt{n(n+1)}}$ 的敛散性.

解 显然，该级数为交错级数，由于数列 $\{u_n\} = \left\{\frac{1}{\sqrt{n(n+1)}}\right\}$ 单调递减，且 $\lim\limits_{n \to \infty} u_n = \lim\limits_{n \to \infty} \frac{1}{\sqrt{n(n+1)}} = 0$, 故由莱布尼茨判别法知，级数 $\sum\limits_{n=1}^{\infty} \frac{(-1)^n}{\sqrt{n(n+1)}}$ 收敛. 又级数 $\sum\limits_{n=1}^{\infty} \left|\frac{(-1)^n}{\sqrt{n(n+1)}}\right| = \sum\limits_{n=1}^{\infty} \frac{1}{\sqrt{n(n+1)}}$ 发散，

因此级数 $\displaystyle\sum_{n=1}^{\infty} \frac{(-1)^n}{\sqrt{n(n+1)}}$ 为条件收敛.

例 9-16 和例 9-17 表明,当绝对值级数 $\displaystyle\sum_{n=1}^{\infty}|u_n|$ 发散时,我们只能判断 $\displaystyle\sum_{n=1}^{\infty} u_n$ 不是绝对收敛的,而不能断定原级数 $\displaystyle\sum_{n=1}^{\infty} u_n$ 也发散.但是,如果把正项级数的比值审敛法应用于判定任意项级数的绝对收敛性,则可得下列重要结论:

定理 9-8 若级数 $\displaystyle\sum_{n=1}^{\infty} u_n$ 满足

$$\lim_{n\to\infty}\left|\frac{u_{n+1}}{u_n}\right| = \rho \quad (0 \leqslant \rho \leqslant +\infty),$$

则

(1) 当 $\rho < 1$ 时,级数绝对收敛;

(2) 当 $\rho > 1$(或为 $+\infty$)时,级数发散;

(3) 当 $\rho = 1$ 时,级数可能绝对收敛,可能条件收敛,也可能发散.

证　(1) 当 $\rho < 1$ 时,$\displaystyle\sum_{n=1}^{\infty}|u_n|$ 收敛,即级数 $\displaystyle\sum_{n=1}^{\infty} u_n$ 绝对收敛.

(2) 当 $\rho > 1$(或为 $+\infty$)时,由定理 9-4 的证明(2)知 $\lim\limits_{n\to\infty}|u_n| \neq 0$,从而

$$\lim_{n\to\infty} u_n \neq 0,$$

根据级数收敛的必要条件得级数 $\displaystyle\sum_{n=1}^{\infty} u_n$ 发散.

(3) 当 $\rho = 1$ 时,级数可能绝对收敛,可能条件收敛,也可能发散.例如,下列三个级数

$$\sum_{n=1}^{\infty}(-1)^{n-1}\frac{1}{n^2},\ \sum_{n=1}^{\infty}(-1)^{n-1}\frac{1}{n},\ \sum_{n=1}^{\infty}(-1)^{n-1},$$

它们都满足 $\lim\limits_{n\to\infty}\left|\dfrac{u_{n+1}}{u_n}\right| = 1$,但第一个级数绝对收敛,第二个级数条件收敛,第三个级数发散.

证毕.

【例 9-18】 讨论级数 $\displaystyle\sum_{n=1}^{\infty} \frac{(-1)^n}{\sqrt{n}} x^n$ 的敛散性.

解　由于

$$\lim_{n \to \infty} \frac{|u_{n+1}|}{|u_n|} = \lim_{n \to \infty} \left| \frac{\frac{(-1)^{n+1}x^{n+1}}{\sqrt{n+1}}}{\frac{(-1)^n x^n}{\sqrt{n}}} \right| = |x|.$$

由定理 9-8 可知,当 $|x|<1$ 时,级数 $\sum\limits_{n=1}^{\infty} \dfrac{(-1)^n}{\sqrt{n}} x^n$ 绝对收敛;当 $|x|>1$

时,级数 $\sum\limits_{n=1}^{\infty} \dfrac{(-1)^n}{\sqrt{n}} x^n$ 发散.

另外,当 $x=1$ 时,由例 9-16 知级数 $\sum\limits_{n=1}^{\infty} \dfrac{(-1)^n}{\sqrt{n}}$ 条件收敛;当 $x=-1$

时,级数 $\sum\limits_{n=1}^{\infty} \dfrac{1}{\sqrt{n}}$ 发散.

习题 9.2

1.判别下列级数的敛散性:

(1) $\dfrac{1}{1^2+1} + \dfrac{1}{2^2+1} + \cdots + \dfrac{1}{n^2+1} + \cdots$;

(2) $\dfrac{1}{2 \cdot 3 \cdot 4} + \dfrac{2}{3 \cdot 4 \cdot 5} + \dfrac{3}{4 \cdot 5 \cdot 6} + \cdots + \dfrac{n}{(n+1)(n+2)(n+3)} + \cdots$;

(3) $\sum\limits_{n=1}^{\infty} \dfrac{1}{\sqrt{n(n+1)}}$;

(4) $\sum\limits_{n=1}^{\infty} \left(1 - \cos \dfrac{1}{n}\right)$;

(5) $\sum\limits_{n=1}^{\infty} \dfrac{\ln n}{n^2}$;

(6) $\sum\limits_{n=1}^{\infty} \dfrac{1}{1+a^n}$ $(a>0)$.

2.已知 $a_n \leqslant b_n \leqslant c_n (n=1,2,\cdots)$,级数 $\sum\limits_{n=1}^{\infty} a_n$ 与 $\sum\limits_{n=1}^{\infty} c_n$ 均收敛,证明级数 $\sum\limits_{n=1}^{\infty} b_n$ 收敛.

3.判别下列级数的收敛性:

(1) $1 + \dfrac{1}{1} + \dfrac{1}{2 \cdot 1} + \cdots + \dfrac{1}{(n-1) \cdot \cdots \cdot 3 \cdot 2 \cdot 1} + \cdots$;

(2) $\dfrac{1}{10} + \dfrac{1 \cdot 2}{10^2} + \dfrac{1 \cdot 2 \cdot 3}{10^3} + \cdots$;

(3) $\sum\limits_{n=1}^{\infty} \dfrac{n!}{n^n}$;

(4) $\displaystyle\sum_{n=1}^{\infty} \frac{1}{2n(2n-1)}$;

(5) $\displaystyle\sum_{n=1}^{\infty} \frac{5^n}{(4+n)^{100}}$;

(6) $\displaystyle\sum_{n=1}^{\infty} n\tan\frac{\pi}{2^{n+1}}$.

4. 判别下列级数的收敛性:

(1) $\displaystyle\sum_{n=1}^{\infty} 2^{-n-(-1)^n}$;

(2) $\displaystyle\sum_{n=1}^{\infty} n^n \sin^n \frac{2}{n}$;

(3) $\displaystyle\sum_{n=1}^{\infty} \left(\frac{n}{3n-2}\right)^n$;

(4) $\displaystyle\sum_{n=1}^{\infty} \frac{1}{[\ln(n+1)]^n}$;

(5) $\displaystyle\sum_{n=1}^{\infty} \left(\frac{n}{3n-1}\right)^{2n-1}$.

5. 判别下列级数的收敛性:

(1) $\dfrac{3}{4} + 2\left(\dfrac{3}{4}\right)^2 + 3\left(\dfrac{3}{4}\right)^3 + 4\left(\dfrac{3}{4}\right)^4 + \cdots$;

(2) $\dfrac{1}{a+b} + \dfrac{1}{2a+b} + \dfrac{1}{3a+b} + \cdots$　$(a>0, b>0)$;

(3) $\dfrac{10}{1} + \dfrac{10^2}{1\cdot 2} + \dfrac{10^3}{1\cdot 2\cdot 3} + \cdots$;

(4) $\sqrt{2} + \sqrt{\dfrac{3}{2}} + \cdots + \sqrt{\dfrac{n+1}{n}} + \cdots$;

(5) $\dfrac{2}{3} + \dfrac{3}{6} + \dfrac{4}{11} + \cdots + \dfrac{n+1}{n^2+2} + \cdots$;

(6) $\displaystyle\sum_{n=1}^{\infty} \frac{n\cos^2\frac{n\pi}{3}}{2^n}$;

(7) $\displaystyle\sum_{n=1}^{\infty} \frac{n^4}{n!}$.

6. 判定下列级数是否收敛? 如果是收敛的,是条件收敛还是绝对收敛?

(1) $\displaystyle\sum_{n=1}^{\infty} \frac{\sin n}{n^2}$;

(2) $\displaystyle\sum_{n=2}^{\infty} (-1)^n \frac{1}{\ln n}$;

(3) $\displaystyle\sum_{n=1}^{\infty} \frac{(-1)^{n+1}}{\sqrt{2n-1}}$;

(4) $\displaystyle\sum_{n=1}^{\infty} \frac{\sin n\alpha}{\sqrt{n^3}}$;

(5) $\sum_{n=1}^{\infty} (-1)^n \left(\frac{2}{3}\right)^n$;

(6) $\sum_{n=1}^{\infty} \frac{(-1)^{n+1}}{\sqrt{2n-1}}$;

(7) $\sum_{n=1}^{\infty} (-1)^{n-1} \frac{n}{3^{n-1}}$;

(8) $1 - \frac{3}{4} + \frac{4}{6} - \frac{5}{8} + \cdots$.

7. 如果级数 $\sum_{n=1}^{\infty} u_n$ 收敛, 而且 $\lim_{n\to\infty} \frac{v_n}{u_n} = 1$, 问能否判断级数 $\sum_{n=1}^{\infty} v_n$ 也收敛?

9.3 幂级数

9.3.1 函数项级数的概念

对任意一个定义在区间 I 上的函数列 $\{u_n(x)\}$, 称表达式

$$\sum_{n=1}^{\infty} u_n(x) = u_1(x) + u_2(x) + \cdots + u_n(x) + \cdots$$

为定义在区间 I 上的一个函数项无穷级数, 简称**函数项级数**.

对每个确定的值 $x_0 \in I$, 函数项级数 $\sum_{n=1}^{\infty} u_n(x)$ 就变成数项级数 $\sum_{n=1}^{\infty} u_n(x_0)$, 该数项级数可能收敛, 也可能发散. 若 $\sum_{n=1}^{\infty} u_n(x_0)$ 收敛, 则称点 x_0 为函数项级数 $\sum_{n=1}^{\infty} u_n(x)$ 的一个**收敛点**; 若 $\sum_{n=1}^{\infty} u_n(x_0)$ 发散, 则称点 x_0 为函数项级数 $\sum_{n=1}^{\infty} u_n(x)$ 的一个**发散点**. 函数项级数 $\sum_{n=1}^{\infty} u_n(x)$ 的全体收敛点的集合叫该函数项级数的**收敛域**; 全体发散点组成的集合, 叫做该函数项级数的**发散域**.

对收敛域中的每一个 x, 函数项级数 $\sum_{n=1}^{\infty} u_n(x)$ 都有唯一确定的和 (记为 $s(x)$) 与之相对应, 从而 $\sum_{n=1}^{\infty} u_n(x)$ 是定义在收敛域上的一个函数. 即

$$\sum_{n=1}^{\infty} u_n(x) = s(x) \quad (x \in \text{收敛域}).$$

称 $s(x)$ 为函数项级数 $\sum_{n=1}^{\infty} u_n(x)$ 的和函数, 同样称

$$s_n(x) = u_1(x) + u_2(x) + \cdots + u_n(x) = \sum_{m=1}^{n} u_m(x)$$

为函数项级数 $\sum\limits_{n=1}^{\infty} u_n(x)$ 的部分和，于是，当 x 属于该函数项级数的收敛域时，有

$$\lim_{n \to \infty} s_n(x) = s(x).$$

显然，级数 $\sum\limits_{n=1}^{\infty} u_n(x)$ 的收敛域即为其和函数 $s(x)$ 的定义域.

例如，对任意实数 x，几何级数

$$\sum_{n=0}^{\infty} x^n = 1 + x + x^2 + \cdots + x^{n-1} + \cdots$$

是一个函数项级数，其部分和函数为

$$s_n(x) = \begin{cases} \dfrac{1-x^n}{1-x}, & x \neq 1, \\ n, & x = 1. \end{cases}$$

显然，当 $|x| < 1$ 时，$\lim\limits_{n \to \infty} s_n(x) = \dfrac{1}{1-x}$ ，而当 $|x| \geqslant 1$ 时，$\lim\limits_{n \to \infty} s_n(x)$ 不存在，所以几何级数的和函数为

$$s(x) = \frac{1}{1-x} \quad (|x| < 1).$$

9.3.2　幂级数

函数项级数中简单而常用的级数就是幂级数. 幂级数的一般形式为

$$\sum_{n=0}^{\infty} a_n x^n = a_0 + a_1 x + a_2 x^2 + \cdots + a_n x^n + \cdots,$$

或

$$\sum_{n=0}^{\infty} a_n (x - x_0)^n = a_0 + a_1(x - x_0) + \cdots + a_n(x - x_0)^n + \cdots.$$

其中 $a_0, a_1, a_2, \cdots, a_n, \cdots$ 均为常数，叫做幂级数的系数. 例如

$$\sum_{n=0}^{\infty} x^n = 1 + x + x^2 + \cdots + x^n + \cdots,$$

$$\sum_{n=0}^{\infty} \frac{x^n}{n!} = 1 + x + \frac{x^2}{2!} + \cdots + \frac{x^n}{n!} + \cdots,$$

$$\sum_{n=1}^{\infty} \frac{(-1)^{n-1}}{n} x^n = x - \frac{x^2}{2} + \frac{x^3}{3} - \cdots + \frac{(-1)^{n-1}}{n} x^n + \cdots$$

都是幂级数.

对幂级数的敛散性，有下面的定理：

定理 9-9 （阿贝尔（Abel）定理） 如果幂级数 $\sum\limits_{n=0}^{\infty} a_n x^n$ 在某点 $x_0 \neq 0$ 处收敛，则在满足不等式 $|x| < |x_0|$ 的一切点 x 处均收敛且绝对收敛；如果它在某点 x_1 处发散，则在满足不等式 $|x| > |x_1|$ 的一切点 x 处均发散.

证 因为 x_0 为收敛点，即级数 $\sum\limits_{n=0}^{\infty} a_n x_0^n$ 收敛，由级数收敛的必要条件，有 $\lim\limits_{n\to+\infty} a_n x_0^n = 0$，从而数列 $\{a_n x_0^n\}$ 有界. 不妨设

$$|a_n x_0^n| < M \quad (n \in \mathbf{N}),$$

其中 M 为某一正数. 而当 $|x| < |x_0|$ 时，

$$|a_n x^n| = |a_n x_0^n| \cdot \left|\frac{x}{x_0}\right|^n < M \cdot r^n.$$

其中 $r = \left|\dfrac{x}{x_0}\right| < 1$，故几何级数 $\sum\limits_{n=0}^{\infty} M r^n$ 收敛，由定理 9-2 的推论 1 知，级数 $\sum\limits_{n=0}^{\infty} |a_n x^n|$ 收敛，即级数 $\sum\limits_{n=0}^{\infty} a_n x^n$ 绝对收敛.

定理的第二部分可用反证法证明. 设幂级数 $\sum\limits_{n=0}^{\infty} a_n x^n$ 在某个满足不等式 $|x| > |x_1|$ 的点 x_2 处收敛，由定理的第一部分，应在 x_1 处收敛，这与假设矛盾. 证毕.

由定理 9-9 可知，只要幂级数在某点 $x_0 \neq 0$ 处收敛，则必在开区间 $(-|x_0|, |x_0|)$ 内处处收敛；如果它在某点 x_1 处发散，则必在区间 $(-\infty, -|x_1|) \cup (|x_1|, +\infty)$ 内处处发散. 若幂级数既有收敛点，又有发散点，我们就可找到一点 $R > 0$ 使得在 $(-R, R)$ 内处处收敛，而在 $(-\infty, -R) \cup (R, +\infty)$ 内处处发散，即 $x = \pm R$ 两点成为收敛与发散的分界点，这样的 R 叫幂级数 $\sum\limits_{n=0}^{\infty} a_n x^n$ 的**收敛半径**.

由于在 $x = \pm R$ 两点处幂级数可能收敛，也可能发散，故幂级数的收敛域应为 $(-R, R)$ 并上 $\pm R$ 两点中收敛点的集合，即四种区间 $(-R, R)$，$[-R, R)$，$(-R, R]$，$[-R, R]$ 中的某一个，也就是说幂级数的收敛点集中在一起，集中在以原点为中心的某个对称区间（不考虑端点）内，称开区间 $(-R, R)$ 为幂级数的**收敛区间**.

当幂级数 $\sum\limits_{n=0}^{\infty} a_n x^n$ 在一切 $x \neq 0$ 处皆发散时，我们规定 $R = 0$，这时该幂级数仅在 $x = 0$ 处收敛，其收敛区间退化为一点，即原点 $x = 0$；当

幂级数 $\sum\limits_{n=0}^{\infty} a_n x^n$ 对一切 x 皆收敛时,规定 $R = +\infty$,这时收敛区间为 $(-\infty, +\infty)$. 综上所述,幂级数的收敛半径 R 满足不等式 $0 \leqslant R \leqslant +\infty$.

关于幂级数收敛半径的求法,有下面的定理:

定理 9-10 对幂级数 $\sum\limits_{n=0}^{\infty} a_n x^n$,若

$$\lim_{n \to \infty} \left| \frac{a_{n+1}}{a_n} \right| = \rho,$$

则

(1)当 $0 < \rho < +\infty$ 时,$R = \dfrac{1}{\rho}$;

(2)当 $\rho = 0$ 时,$R = +\infty$;

(3)当 $\rho = +\infty$ 时,$R = 0$.

证 考察正项级数 $\sum\limits_{n=0}^{\infty} |a_n x^n|$,有

$$\lim_{n \to \infty} \left| \frac{u_{n+1}}{u_n} \right| = \lim_{n \to \infty} \frac{|a_{n+1} x^{n+1}|}{|a_n x^n|} = \lim_{n \to \infty} \left| \frac{a_{n+1}}{a_n} \right| \cdot |x| = \rho |x|.$$

(1) 因为 $0 < \rho < +\infty$,由比值判别法,当 $\rho|x| < 1$ 即 $|x| < \dfrac{1}{\rho}$ 时,$\sum\limits_{n=0}^{\infty} a_n x^n$ 绝对收敛;当 $\rho|x| > 1$ 即 $|x| > \dfrac{1}{\rho}$ 时,$\sum\limits_{n=0}^{\infty} |a_n x^n|$ 发散,且从某个 n 开始,$|a_{n+1} x^{n+1}| > |a_n x^n|$,故 $|a_n x^n|$ 不趋于零,从而 $\sum\limits_{n=0}^{\infty} a_n x^n$ 发散. 由此可见 $R = \dfrac{1}{\rho}$.

容易证明定理的(2)和(3). 证毕.

【例 9-19】 求幂级数 $\sum\limits_{n=1}^{\infty} \dfrac{x^n}{n^2 \cdot 3^n}$ 的收敛半径、收敛区间和收敛域.

解 由于

$$\lim_{n \to \infty} \left| \frac{a_{n+1}}{a_n} \right| = \lim_{n \to \infty} \frac{n^2 \cdot 3^n}{(n+1)^2 \cdot 3^{n+1}} = \frac{1}{3},$$

所以,收敛半径 $R = 3$,收敛区间为 $(-3, 3)$.

当 $x = 3$ 时,原级数变为 $\sum\limits_{n=1}^{\infty} \dfrac{1}{n^2}$,显然收敛. 而当 $x = -3$ 时,原级数变为 $\sum\limits_{n=1}^{\infty} \dfrac{(-1)^n}{n^2}$,也收敛,故收敛域为 $[-3, 3]$.

【例 9-20】 求幂级数 $\sum\limits_{n=1}^{\infty}\dfrac{x^{2n}}{2^n}$ 的收敛区间和收敛域.

解 此级数无奇数幂的项,不能直接使用定理 9-10,可用比值判别法求解.由于

$$\lim_{n\to\infty}\left|\frac{u_{n+1}}{u_n}\right|=\lim_{n\to\infty}\left|\frac{x^{2(n+1)}}{2^{n+1}}\cdot\frac{2^n}{x^{2n}}\right|=\frac{1}{2}x^2,$$

故当 $\dfrac{x^2}{2}<1$,即 $|x|<\sqrt{2}$ 时,$\sum\limits_{n=1}^{\infty}\dfrac{x^{2n}}{2^n}$ 绝对收敛;当 $\dfrac{x^2}{2}>1$,即 $|x|>\sqrt{2}$ 时,$\sum\limits_{n=1}^{\infty}\dfrac{x^{2n}}{2^n}$ 发散;而当 $x=\pm\sqrt{2}$ 时,原级数变为 $\sum\limits_{n=1}^{\infty}1$,显然发散.

故收敛区间和收敛域为 $(-\sqrt{2},\sqrt{2})$.

此题亦可令 $x^2=y$,由定理 9-10 有 $\sum\limits_{n=1}^{\infty}\dfrac{y^n}{2^n}$ 的收敛半径为 $R_y=2$,从而 $R_x=\sqrt{2}$.

【例 9-21】 求幂级数 $\sum\limits_{n=0}^{\infty}\dfrac{1}{\sqrt{n+2}}(x-1)^n$ 的收敛域.

解 令 $t=x-1$,幂级数化为 $\sum\limits_{n=0}^{\infty}\dfrac{1}{\sqrt{n+2}}t^n$,

由于

$$\lim_{n\to\infty}\left|\frac{a_{n+1}}{a_n}\right|=\lim_{n\to\infty}\frac{\sqrt{n+2}}{\sqrt{n+3}}=1,$$

故由定理 9-10 知,当 $|t|<1$ 时,$\sum\limits_{n=0}^{\infty}\dfrac{1}{\sqrt{n+2}}t^n$ 绝对收敛;当 $|t|>1$ 时,级数 $\sum\limits_{n=0}^{\infty}\dfrac{t^n}{\sqrt{n+2}}$ 发散;当 $t=1$ 时,级数变为 $\sum\limits_{n=0}^{\infty}\dfrac{1}{\sqrt{n+2}}$,显然发散;当 $t=-1$ 时,级数变为 $\sum\limits_{n=0}^{\infty}(-1)^n\cdot\dfrac{1}{\sqrt{n+2}}$,则是收敛的.

因此幂级数 $\sum\limits_{n=0}^{\infty}\dfrac{1}{\sqrt{n+2}}t^n$ 的收敛域为 $[-1,1)$,由 $t=x-1$ 可知,幂级数 $\sum\limits_{n=0}^{\infty}\dfrac{1}{\sqrt{n+2}}(x-1)^n$ 的收敛域为 $[0,2)$.

下面简要介绍幂级数的一些基本性质,证明从略.

定理 9-11 设幂级数 $\sum\limits_{n=0}^{\infty}a_nx^n$ 的收敛半径 $R>0$,其和函数为 $s(x)$,则

(1) $s(x)$ 在收敛域上连续.

(2) $s(x)$ 在 $(-R,R)$ 内可导，且有

$$s'(x) = \sum_{n=0}^{\infty}(a_n x^n)' = \sum_{n=1}^{\infty} n a_n x^{n-1}, \ x \in (-R,R).$$

(3) $s(x)$ 在 $(-R,R)$ 内可积，且有

$$\int_0^x s(x)\mathrm{d}x = \sum_{n=0}^{\infty}\int_0^x a_n x^n \mathrm{d}x = \sum_{n=0}^{\infty} \frac{a_n}{n+1} x^{n+1}, \ x \in (-R,R).$$

定理 9-11 的内容可用下面的三段话表示：

(1) 和函数在其定义域（即幂级数的收敛域）上连续．

(2) 幂级数在其收敛区间 $(-R,R)$ 内可逐项求导或逐项积分，即

$$\sum_{n=0}^{\infty}(a_n x^n)' = \left(\sum_{n=0}^{\infty} a_n x^n\right)',$$

$$\sum_{n=0}^{\infty}\left(\int_0^x a_n x^n \mathrm{d}x\right) = \int_0^x \left(\sum_{n=0}^{\infty} a_n x^n\right)\mathrm{d}x.$$

且逐项求导或逐项积分后所得的幂级数与原幂级数有相同的收敛半径．

(3) 逐项求导或逐项积分之后得到的幂级数的和函数就等于原幂级数和函数的导数或积分．

值得指出的是，尽管幂级数经过逐项积分或逐项求导后，所得幂级数与原幂级数的收敛半径 R 保持不变，但在收敛区间端点 $x=\pm R$ 处的敛散性可能会发生变化，需要另外讨论．

【例 9-22】　求幂级数 $\displaystyle\sum_{n=1}^{\infty} n x^n$ 的和函数．

解　将级数

$$\sum_{n=0}^{\infty} x^n = \frac{1}{1-x}, \ x \in (-1,1)$$

逐项求导得到

$$\sum_{n=1}^{\infty} n \cdot x^{n-1} = \sum_{n=0}^{\infty}(x^n)' = \left(\sum_{n=0}^{\infty} x^n\right)' = \left(\frac{1}{1-x}\right)' = \frac{1}{(1-x)^2}, \ x \in (-1,1),$$

所以

$$\sum_{n=1}^{\infty} n x^n = x \cdot \sum_{n=1}^{\infty} n \cdot x^{n-1} = \frac{x}{(1-x)^2}, \ x \in (-1,1).$$

【例 9-23】　在 $(-1,1)$ 内求幂级数 $\displaystyle\sum_{n=0}^{\infty} \frac{x^n}{n+1}$ 的和函数．

解　设 $s(x) = \displaystyle\sum_{n=0}^{\infty} \frac{x^n}{n+1}$，显然 $s(0)=1$. 而

$$[x \cdot s(x)]' = \left(\sum_{n=0}^{\infty} \frac{x^{n+1}}{n+1}\right)' = \sum_{n=0}^{\infty}\left(\frac{x^{n+1}}{n+1}\right)' = \sum_{n=0}^{\infty} x^n = \frac{1}{1-x},$$

于是

$$x \cdot s(x) = \int_0^x \frac{1}{1-x} \mathrm{d}x = -\ln(1-x),$$

所以

$$s(x) = \begin{cases} -\dfrac{1}{x}\ln(1-x), & 0 < |x| < 1, \\ 1, & x = 0. \end{cases}$$

【例 9-24】 求幂级数 $\displaystyle\sum_{n=1}^{\infty} \frac{(-1)^{n-1}}{n} x^n$ 的和函数,并求级数 $\displaystyle\sum_{n=1}^{\infty} \frac{(-1)^{n-1}}{n}$ 的和.

解 将幂级数

$$\sum_{n=0}^{\infty} (-1)^n x^n = \frac{1}{1+x}, \ x \in (-1,1)$$

逐项积分得到

$$\sum_{n=0}^{\infty} \frac{(-1)^n}{n+1} x^{n+1} = \sum_{n=0}^{\infty} \int_0^x (-1)^n x^n \mathrm{d}x = \int_0^x \sum_{n=0}^{\infty} (-1)^n x^n \mathrm{d}x$$

$$= \int_0^x \frac{1}{1+x} \mathrm{d}x = \ln(1+x), \quad x \in (-1,1),$$

即

$$\sum_{n=1}^{\infty} \frac{(-1)^{n-1}}{n} x^n = \ln(1+x), \quad x \in (-1,1).$$

当 $x=1$ 时,该幂级数变为 $\displaystyle\sum_{n=1}^{\infty} \frac{(-1)^{n-1}}{n}$,显然收敛,故由定理 9-11 知上式对 $x=1$ 仍然成立,从而

$$\sum_{n=1}^{\infty} \frac{(-1)^{n-1}}{n} = \sum_{n=1}^{\infty} \frac{(-1)^{n-1}}{n} x^n \Big|_{x=1} = \ln(1+x) \Big|_{x=1} = \ln 2.$$

习题 9.3

1.求下列幂级数的收敛半径与收敛区间:

(1) $\displaystyle\sum_{n=0}^{\infty} (-1)^{n-1}(n+1)x^n$;

(2) $\displaystyle\sum_{n=1}^{\infty} \frac{(2x)^n}{n!}$;

(3) $\displaystyle\sum_{n=1}^{\infty} \frac{(x+2)^n}{n2^n}$;

(4) $\displaystyle\sum_{n=1}^{\infty} (-1)^n \frac{x^{2n}}{2n-1}$;

(5) $\displaystyle\sum_{n=0}^{\infty} \frac{(-4)^n}{n+1} x^{2n+1}$.

2.求下列幂级数的收敛域:

(1) $\dfrac{1}{2}x + \dfrac{1}{2^2 \cdot 2^2}x^2 + \dfrac{1}{2^3 \cdot 3^2}x^3 + \dfrac{1}{2^4 \cdot 4^2}x^4 + \cdots$;

(2) $1 + \dfrac{1}{3}x + \dfrac{2}{5}x^2 + \dfrac{6}{7}x^3 + \dfrac{24}{9}x^4 + \cdots$;

(3) $x + \dfrac{4}{2!}x^2 + \dfrac{9}{3!}x^3 + \dfrac{16}{4!}x^4 + \cdots$;

(4) $\dfrac{x+2}{2} + \dfrac{(x+2)^2}{2 \cdot 2^2} + \dfrac{(x+2)^3}{3 \cdot 2^3} + \dfrac{(x+2)^4}{4 \cdot 2^4} + \cdots$;

(5) $\displaystyle\sum_{n=1}^{\infty} \dfrac{x^n}{n^n}$;

(6) $\displaystyle\sum_{n=1}^{\infty} \dfrac{x^{2n}}{n}$;

(7) $\displaystyle\sum_{n=0}^{\infty} \dfrac{(-4)^n}{n+1}x^{2n+1}$.

3. 求下列级数的收敛域:

(1) $\displaystyle\sum_{n=0}^{\infty} (2 - x^2)^n$;   (2) $\displaystyle\sum_{n=0}^{\infty} \dfrac{\sin nx}{n!}$.

4. 利用公式 $\displaystyle\sum_{n=0}^{\infty} t^n = \dfrac{1}{1-t}$ $(-1 < t < 1)$, 求下列幂级数在收敛区间内的和函数:

(1) $\displaystyle\sum_{n=0}^{\infty} \dfrac{x^{n+1}}{n+1}$ $(-1 < x < 1)$;

(2) $\displaystyle\sum_{n=0}^{\infty} (-1)^n (n+1) x^n$ $(-1 < x < 1)$.

5. 利用幂级数的性质求下列幂级数的和函数:

(1) $x - \dfrac{1}{2}x^2 + \dfrac{1}{3}x^3 - \dfrac{1}{4}x^4 + \cdots + (-1)^{n-1} \dfrac{1}{n}x^n + \cdots$;

(2) $1 + 2x + 3x^2 + 4x^3 + \cdots + nx^{n-1} + \cdots$;

(3) $1 - 2x + 3x^2 - 4x^3 + \cdots + (-1)^n (n+1) x^n + \cdots$;

(4) $\displaystyle\sum_{n=0}^{\infty} n x^{n+1}$.

6. 如果 $\displaystyle\sum_{n=0}^{\infty} a_n y^n$ 的收敛域为 $(-9, 9]$, 求 $\displaystyle\sum_{n=0}^{\infty} a_n (x-3)^{2n}$ 的收敛域.

9.4　函数展开成幂级数

9.4.1　泰勒级数

前面讨论了幂级数求和的问题, 现在讨论相反的问题, 也就是将一个函数展开成幂级数的问题. 对一个给定的函数 $f(x)$, 如果能找到一个幂级数, 使得它在某个区间内收敛, 且和函数恰好就是 $f(x)$, 则称 $f(x)$ 在

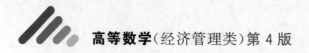

该区间内可以展开成幂级数,简称 $f(x)$ 可展开成幂级数.

由第 4 章泰勒中值定理的相关内容,不难知道:如果 $f(x)$ 在 x_0 的某邻域内具有直到无穷阶的导数,且可以展开成幂级数,则该幂级数一定为

$$f(x_0) + \frac{f'(x_0)}{1!}(x-x_0) + \frac{f''(x_0)}{2!}(x-x_0)^2 + \cdots + \frac{f^{(n)}(x_0)}{n!}(x-x_0)^n + \cdots,$$

即 $f(x)$ 可展开成的幂级数的形式是唯一的.

上述幂级数称为 $f(x)$ 在 x_0 处的泰勒级数,取 $x_0 = 0$,幂级数变为

$$f(0) + \frac{f'(0)}{1!}x + \frac{f''(0)}{2!}x^2 + \cdots + \frac{f^{(n)}(0)}{n!}x^n + \cdots,$$

称为 $f(x)$ 的麦克劳林级数.

事实上,只要 $f(x)$ 在 x_0 处任意阶可导,就可以写出 $f(x)$ 在 x_0 处的泰勒级数(或麦克劳林级数);若 $f(x)$ 可展开成幂级数,则必然展开成它的泰勒级数(麦克劳林级数).而 $f(x)$ 的泰勒级数(麦克劳林级数)本身是否在 x_0 的某邻域内收敛;即使收敛,是否收敛到 $f(x)$ 等,上述结论均未明确,也就是说,若 $f(x)$ 性质较好(可展开成幂级数),则其泰勒级数必在 x_0 的某邻域内收敛,且收敛到 $f(x)$;若 $f(x)$ 性质不太好,其泰勒级数仍有可能存在,但它未必收敛,即使收敛,也未必收敛到 $f(x)$.

9.4.2 函数的幂级数展开

一个函数如能展开成幂级数,则必定展开为其泰勒级数或麦克劳林级数,所以函数的幂级数展开式又称为函数的泰勒级数展开式或麦克劳林级数展开式.

我们可以得到下面的定理:

定理 9-12 设函数 $f(x)$ 在点 x_0 的某邻域 $U(x_0)$ 内有任意阶导数,则 $f(x)$ 在该邻域内可展开成泰勒级数

$$f(x) = f(x_0) + \frac{f'(x_0)}{1!}(x-x_0) + \frac{f''(x_0)}{2!}(x-x_0)^2 + \cdots + \frac{f^{(n)}(x_0)}{n!}$$
$$(x-x_0)^n + \cdots$$

的充要条件是 $f(x)$ 的泰勒公式中的余项 $R_n(x)$ 满足

$$\lim_{n \to +\infty} R_n(x) = 0 \quad (x \in U(x_0)).$$

证明从略.

【例 9-25】 求函数 $f(x) = \mathrm{e}^x$ 的麦克劳林级数展开式.

解 由 $f^{(n)}(x) = \mathrm{e}^x$,故

$$f(0) = f'(0) = f''(0) = \cdots = f^{(n)}(0) = \cdots = 1,$$

于是得到级数

$$1+x+\frac{x^2}{2!}+\cdots+\frac{x^n}{n!}+\cdots,$$

其收敛半径 $R=+\infty$.

又 e^x 的麦克劳林公式中的余项的绝对值

$$|R_n(x)|=\frac{e^{\theta x}}{(n+1)!}|x|^{n+1}\leqslant\frac{|x|^{n+1}}{(n+1)!}e^{|x|},$$

而正项级数 $\sum\limits_{n=1}^{\infty}\frac{|x|^{n+1}}{(n+1)!}e^{|x|}$ 收敛,故一般项

$$\frac{|x|^{n+1}}{(n+1)!}e^{|x|}\to0\quad(n\to\infty),\quad x\in(-\infty,+\infty).$$

从而有

$$\lim_{n\to\infty}R_n(x)=0.$$

由定理 9-12 知,$f(x)=e^x$ 能展开成麦克劳林级数

$$e^x=1+x+\frac{1}{2!}x^2+\cdots+\frac{1}{n!}x^n+\cdots\quad x\in(-\infty,+\infty).$$

【例 9-26】　将函数 $f(x)=\sin x$ 展开成 x 的幂级数.

解　由 $f^{(n)}(x)=\sin\left(x+\frac{n\pi}{2}\right)$,故 $f^{(n)}(0)$ 顺序循环地取 $0,1,0,$ $-1,\cdots(n=0,1,2,3,\cdots)$ 于是得到级数

$$x-\frac{x^3}{3!}+\frac{x^5}{5!}-\cdots+(-1)^{n-1}\cdot\frac{x^{2n-1}}{(2n-1)!}+\cdots,$$

其收敛半径 $R=+\infty$.

而 $\sin x$ 的麦克劳林公式中的余项为

$$R_n(x)=\frac{1}{(n+1)!}\sin\left(\theta x+\frac{(n+1)\pi}{2}\right)x^{n+1},\quad 0<\theta<1,$$

显然有

$$|R_n(x)|\leqslant\frac{1}{(n+1)!}|x|^{n+1}\to0,\quad x\in(-\infty,+\infty).$$

所以

$$\lim_{n\to\infty}R_n(x)=0.$$

于是,$\sin x$ 可以展开成麦克劳林级数

$$\sin x=x-\frac{1}{3!}x^3+\frac{1}{5!}x^5-\cdots+(-1)^n\cdot\frac{x^{2n+1}}{(2n+1)!}+\cdots,$$
$$x\in(-\infty,+\infty).$$

利用泰勒公式及定理 9-12 将函数 $f(x)$ 展开成泰勒级数的方法,叫做直接展开法.一般情况下,用直接展开法求一个函数的泰勒展开式不太

387

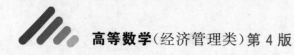

容易,有时甚至不太可能,因此更多的情况要用所谓的间接展开法,即利用幂级数的性质以及某些已知函数的泰勒级数展开式来求另一些函数的泰勒级数展开式.

【例 9-27】 将 $f(x)=\cos x$ 展开式 x 的幂级数.

解 对 $\sin x$ 的展开式逐项求导得

$$\cos x=(\sin x)'=\Big[\sum_{n=0}^{\infty}\frac{(-1)^n}{(2n+1)!}x^{2n+1}\Big]'$$

$$=\sum_{n=0}^{\infty}\frac{(-1)^n}{(2n)!}x^{2n}$$

$$=1-\frac{1}{2!}x^2+\frac{1}{4!}x^4-\cdots+\frac{(-1)^n}{(2n)!}x^{2n}+\cdots,\quad-\infty<x<+\infty.$$

【例 9-28】 求 $f(x)=\text{anctan } x$ 的麦克劳林级数展开式.

解 由

$$\frac{1}{1+x}=\sum_{n=0}^{\infty}(-1)^n x^n,\quad-1<x<1$$

可知

$$\frac{1}{1+x^2}=\sum_{n=0}^{\infty}(-1)^n x^{2n},\quad-1<x<1.$$

于是

$$\text{anctan } x=\int_0^x\frac{1}{1+x^2}\mathrm{d}x$$

$$=\int_0^x\Big[\sum_{n=0}^{\infty}(-1)^n x^{2n}\Big]\mathrm{d}x$$

$$=\sum_{n=0}^{\infty}\int_0^x(-1)^n x^{2n}\mathrm{d}x$$

$$=\sum_{n=0}^{\infty}\frac{(-1)^n}{(2n+1)}x^{2n+1},\quad-1\leqslant x\leqslant1.$$

类似地,可得到下列两个展开式

$$\ln(1+x)=\int_0^x\frac{1}{1+x}\mathrm{d}x=\sum_{n=1}^{\infty}\frac{(-1)^{n-1}}{n}x^n$$

$$=x-\frac{1}{2}x^2+\cdots+\frac{(-1)^{n-1}}{n}x^n+\cdots,\quad-1<x\leqslant1$$

$$(1+x)^a=1+ax+\frac{a(a-1)}{2!}x^2+\cdots+\frac{a(a-1)\cdots(a-n+1)}{n!}x^n+\cdots,$$

$$-1<x<1.$$

上式在区间端点处是否成立,与 a 的取值有关. 现不加证明给出以下结论:

$$
\begin{cases}
当\ \alpha\leqslant-1\ 时, & -1<x<1; \\
当-1<\alpha<0\ 时, & -1<x\leqslant1; \\
当\ \alpha>1\ 时, & -1\leqslant x\leqslant1.
\end{cases}
$$

【例 9-29】 将函数 $\sin x$ 展开式 $\left(x-\dfrac{\pi}{4}\right)$ 的幂级数.

解　$\sin x=\dfrac{1}{\sqrt{2}}\left[\cos\left(x-\dfrac{\pi}{4}\right)+\sin\left(x-\dfrac{\pi}{4}\right)\right].$

而

$$
\cos\left(x-\frac{\pi}{4}\right)=1-\frac{\left(x-\dfrac{\pi}{4}\right)^2}{2!}+\frac{\left(x-\dfrac{\pi}{4}\right)^4}{4!}-\cdots,
$$
$$
-\infty<x<+\infty,
$$

$$
\sin\left(x-\frac{\pi}{4}\right)=\left(x-\frac{\pi}{4}\right)-\frac{\left(x-\dfrac{\pi}{4}\right)^3}{3!}+\frac{\left(x-\dfrac{\pi}{4}\right)^5}{5!}-\cdots,
$$
$$
-\infty<x<+\infty.
$$

所以

$$
\sin x=\frac{1}{\sqrt{2}}\left[1+\left(x-\frac{\pi}{4}\right)-\frac{\left(x-\dfrac{\pi}{4}\right)^2}{2!}-\frac{\left(x-\dfrac{\pi}{4}\right)^3}{3!}+\cdots\right],
$$
$$
-\infty<x<+\infty.
$$

【例 9-30】 将函数 $f(x)=\dfrac{1}{x^2+4x+3}$ 展开成 $(x-1)$ 的幂级数.

解　$f(x)=\dfrac{1}{2}\left(\dfrac{1}{1+x}-\dfrac{1}{3+x}\right)=\dfrac{1}{4\left(1+\dfrac{x-1}{2}\right)}-\dfrac{1}{8\left(1+\dfrac{x-1}{4}\right)},$

而

$$
\frac{1}{1+\dfrac{x-1}{2}}=1-\frac{x-1}{2}+\frac{(x-1)^2}{2^2}-\cdots+(-1)^n\frac{(x-1)^n}{2^n}+\cdots,
$$
$$
-1<x<3,
$$
$$
\frac{1}{1+\dfrac{x-1}{4}}=1-\frac{x-1}{4}+\frac{(x-1)^2}{4^2}-\cdots+(-1)^n\frac{(x-1)^n}{4^n}+\cdots,
$$
$$
-3<x<5.
$$

所以

$$
f(x)=\frac{1}{x^2+4x+3}=\sum_{n=0}^{\infty}(-1)^n\left(\frac{1}{2^{n+2}}-\frac{1}{2^{2n+3}}\right)(x-1)^n,
$$
$$
-1<x<3.
$$

习题 9.4

1.将下列函数展开成 x 的幂级数,并求展开式成立的区间:

(1) $\dfrac{1}{1+x^2}$;   (2) $\sin^2 x$;

(3) $x\mathrm{e}^{-x}$;   (4) $\dfrac{1}{a-x}$ $(a \neq 0)$;

(5) $\dfrac{1}{(1+x)^2}$;   (6) $\dfrac{1}{x^2-5x+6}$;

(7) $\arctan x + \dfrac{1}{2}\ln\dfrac{1+x}{1-x}$.

2.将下列函数展开成 $(x-1)$ 的幂级数:

(1) $f(x) = \ln(1+x)$;   (2) $f(x) = \dfrac{1}{x^2-x-2}$.

3.将函数 $f(x) = \cos x$ 展开为 $\left(x+\dfrac{\pi}{3}\right)$ 的幂级数.

4.将函数 $f(x) = \arctan\dfrac{1-2x}{1+2x}$ 展开为 x 的幂级数,并求 $\displaystyle\sum_{n=0}^{\infty}\dfrac{(-1)^n}{2n+1}$ 的和.

9.5 幂级数在近似计算中的应用

若 $f(x)$ 可展开成幂级数 $f(x) = \displaystyle\sum_{n=0}^{\infty}\dfrac{f^{(n)}(0)}{n!}x^n$,则在收敛域内,其泰勒公式中的余项 $R_n(x) \to 0$ $(n \to \infty)$,即可用 $f(x)$ 的 n 阶泰勒多项式 $p_n(x)$($f(x)$ 泰勒级数展开式中的前 $(n+1)$ 项之和)来近似代替 $f(x)$.

【例 9-31】 求 $\sqrt[10]{1000}$ 的近似值,精确到 10^{-6}.

解 由于 $\sqrt[10]{1000} = 2 \cdot \left(1+\dfrac{24}{1000}\right)^{-\frac{1}{10}}$.

$$(1+x)^\alpha = 1 + \alpha x + \dfrac{\alpha(\alpha-1)}{2!}x^2 + \cdots + \dfrac{\alpha(\alpha-1)\cdots(\alpha-n+1)}{n!}x^n + \cdots,$$
$$-1 < x < 1,$$

所以

$$2\left(1+\dfrac{24}{1000}\right)^{-\frac{1}{10}} = 2\left[1 - \dfrac{1}{10}\cdot\dfrac{24}{1000} + \dfrac{1}{2!}\cdot\dfrac{1}{10}\cdot\left(\dfrac{1}{10}+1\right)\cdot\left(\dfrac{24}{1000}\right)^2 - \right.$$
$$\left. \dfrac{1}{3!}\cdot\dfrac{1}{10}\cdot\left(\dfrac{1}{10}+1\right)\left(\dfrac{1}{10}+2\right)\cdot\left(\dfrac{24}{1000}\right)^3 + \cdots\right].$$

取 $\sqrt[10]{1000} \approx 2\left[1 - \dfrac{1}{10}\cdot\dfrac{24}{1000} + \dfrac{1}{2!}\cdot\dfrac{1}{10}\cdot\left(\dfrac{1}{10}+1\right)\cdot\left(\dfrac{24}{1000}\right)^2 - \right.$
$$\left. \dfrac{1}{3!}\cdot\dfrac{1}{10}\cdot\left(\dfrac{1}{10}+1\right)\left(\dfrac{1}{10}+2\right)\left(\dfrac{24}{1000}\right)^3\right] \approx 1.9952623,$$

误差 $|2R_3| < 2 \cdot \dfrac{1}{4!} \cdot \dfrac{1}{10} \cdot \left(\dfrac{1}{10}+1\right)\left(\dfrac{1}{10}+2\right)\left(\dfrac{1}{10}+3\right)\left(\dfrac{24}{1000}\right)^4 < 2 \cdot 10^{-7}$ 达到要求.

【例 9-32】 计算积分 $\displaystyle\int_0^1 \mathrm{e}^{-x^2}\,\mathrm{d}x$,精确到 10^{-4}.

解 积分 $\displaystyle\int \mathrm{e}^{-x^2}\,\mathrm{d}x$ 不能表示为初等函数. 由

$$\mathrm{e}^{-x^2} = 1 - x^2 + \frac{x^4}{2!} - \frac{x^6}{3!} + \cdots, \quad -\infty < x < +\infty,$$

所以

$$\int_0^1 \mathrm{e}^{-x^2}\,\mathrm{d}x = \int_0^1 \mathrm{d}x - \int_0^1 x^2\,\mathrm{d}x + \int_0^1 \frac{x^4}{2!}\,\mathrm{d}x - \int_0^1 \frac{x^6}{3!}\,\mathrm{d}x + \cdots$$

$$= 1 - \frac{1}{3} + \frac{1}{2! \cdot 5} - \frac{1}{3! \cdot 7} + \frac{1}{4! \cdot 9} - \frac{1}{5! \cdot 11} + \frac{1}{6! \cdot 13} - \frac{1}{7! \cdot 15} + \cdots$$

$$= 1 - \frac{1}{3} + \frac{1}{10} - \frac{1}{42} + \frac{1}{216} - \frac{1}{1320} + \frac{1}{9360} - \frac{1}{75600} + \cdots,$$

由于

$$\frac{1}{75600} < 10^{-4},$$

故由定理 9-7 知

$$\int_0^1 \mathrm{e}^{-x^2}\,\mathrm{d}x \approx 1 - \frac{1}{3} + \frac{1}{10} - \frac{1}{42} + \frac{1}{216} - \frac{1}{1320} + \frac{1}{9360} \approx 0.74684.$$

【例 9-33】 求 $\ln 2$ 的近似值,误差不超过 10^{-5}.

解 由

$$\ln(1+x) = x - \frac{x^2}{2} + \frac{x^3}{3} - \frac{x^4}{4} + \cdots + (-1)^{n-1}\frac{x^n}{n} + \cdots, \quad x \in (-1,1].$$

取 $x=1$,得

$$\ln 2 = 1 - \frac{1}{2} + \frac{1}{3} - \frac{1}{4} + \cdots + (-1)^{n-1}\frac{1}{n} + \cdots,$$

取 $\ln 2 \approx 1 - \dfrac{1}{2} + \dfrac{1}{3} - \dfrac{1}{4} + \cdots + (-1)^{n-1}\dfrac{1}{n}$,误差

$$|R_n| < \frac{1}{n+1}.$$

要保证误差不超过 10^{-5},就要取前 100000 项之和作为 $\ln 2$ 的近似值,计算量太大,应选择收敛速度快的级数来取代.

将 $\ln(1+x)$ 幂级数展开式中的 x 换成 $(-x)$,得

$$\ln(1-x) = -x - \frac{x^2}{2} - \frac{x^3}{3} - \frac{x^4}{4} - \cdots, \quad x \in [-1,1),$$

所以

$$\ln \frac{1+x}{1-x} = \ln(1+x) - \ln(1-x)$$

$$= 2\left(x + \frac{1}{3}x^3 + \frac{1}{5}x^5 + \cdots\right), \quad x \in (-1, 1).$$

取 $x = \frac{1}{3}$，得到

$$\ln 2 = 2\left(\frac{1}{3} + \frac{1}{3} \cdot \frac{1}{3^3} + \frac{1}{5} \cdot \frac{1}{3^5} + \frac{1}{7} \cdot \frac{1}{3^7} + \cdots\right),$$

只要取前 5 项之和

$$\ln 2 \approx \frac{2}{3}\left[1 + \frac{1}{3} \cdot \left(\frac{1}{3}\right)^2 + \frac{1}{5} \cdot \left(\frac{1}{3}\right)^4 + \frac{1}{7} \cdot \left(\frac{1}{3}\right)^6 + \frac{1}{9} \cdot \left(\frac{1}{3}\right)^8\right]$$

$$\approx 0.69314,$$

误差

$$|2R_9| = 2\left[\frac{1}{11} \cdot \left(\frac{1}{3}\right)^{11} + \frac{1}{13} \cdot \left(\frac{1}{3}\right)^{13} + \cdots\right]$$

$$< \frac{2}{11} \cdot \left(\frac{1}{3}\right)^{11} \cdot \left[1 + \left(\frac{1}{3}\right)^2 + \left(\frac{1}{3}\right)^4 + \cdots\right]$$

$$= \frac{2}{11} \cdot \left(\frac{1}{3}\right)^{11} \cdot \frac{9}{8} < 1.2 \times 10^{-6}.$$

还可用幂级数计算 e 及 π 的近似值.

在公式

$$e^x = 1 + x + \frac{x^2}{2!} + \cdots + \frac{x^n}{n!} + \cdots, \quad -\infty < x < +\infty$$

中令 $x = 1$ 得

$$e = 1 + 1 + \frac{1}{2!} + \frac{1}{3!} + \cdots + \frac{1}{n!} + \cdots,$$

误差

$$R_n = \frac{1}{(n+1)!} + \frac{1}{(n+2)!} + \cdots$$

$$\leqslant \frac{1}{(n+1)!}\left[1 + \frac{1}{n+1} + \frac{1}{(n+1)^2} + \cdots\right]$$

$$= \frac{1}{n \cdot n!}.$$

取 $n = 9$ 得

$$e \approx 1 + 1 + \frac{1}{2!} + \cdots + \frac{1}{9!} \approx 2.718281.$$

误差为 $R_9 < \frac{1}{9 \cdot 9!} < 10^{-6}.$

同理,在公式

$$\arctan x = x - \frac{x^3}{3} + \frac{x^5}{5} - \frac{x^7}{7} + \cdots, \quad x \in [-1, 1]$$

中令 $x = 1$，得

$$\frac{\pi}{4} = 1 - \frac{1}{3} + \frac{1}{5} - \frac{1}{7} + \cdots \text{（收敛速度太慢）}.$$

换取 $x = \frac{1}{\sqrt{3}}$ 得

$$\frac{\pi}{6} = \frac{1}{\sqrt{3}} - \frac{1}{3} \cdot \left(\frac{1}{\sqrt{3}}\right)^3 + \frac{1}{5} \cdot \left(\frac{1}{\sqrt{3}}\right)^5 - \cdots,$$

从而有

$$\pi = 2\sqrt{3}\left[1 - \frac{1}{3 \cdot 3} + \frac{1}{5 \cdot 3^2} - \frac{1}{7 \cdot 3^3} + \cdots + (-1)^n \frac{1}{(2n+1) \cdot 3^n} + \cdots\right].$$

取前 8 项之和，得

$$\pi \approx 2\sqrt{3}\left(1 - \frac{1}{9} + \frac{1}{45} - \frac{1}{189} + \frac{1}{729} - \frac{1}{2673} + \frac{1}{9477} - \frac{1}{32805}\right)$$

$$\approx 3.1416,$$

误差 $< 2\sqrt{3} \cdot \frac{1}{17 \cdot 3^8} < 3.5 \times 10^{-5}$.

习题 9.5

1. 计算 e 的值，要求误差不超过 0.001.

2. 计算 $\cos 10°$ 的值，要求误差不超过 0.0001.

3. 计算 $\int_0^1 \cos\sqrt{x}\,\mathrm{d}x$ 的值，要求误差不超过 0.0001.

总习题 9

1. 选择题

(1) 若级数 $\sum\limits_{n=1}^{\infty} u_n$ 收敛于 s，则级数 $\sum\limits_{n=1}^{\infty}(u_n + u_{n+1})$ ( ).

A. 收敛于 $2s - u_1$ B. 收敛于 $2s + u_1$

C. 收敛于 $2s$ D. 发散

(2) 设 $0 \le u_n \le \frac{1}{n}$，则下列级数中一定收敛的是 ( ).

A. $\sum\limits_{n=1}^{\infty} u_n$ B. $\sum\limits_{n=1}^{\infty}(-1)^n u_n$ C. $\sum\limits_{n=1}^{\infty}\sqrt{u_n}$ D. $\sum\limits_{n=1}^{\infty}(-1)^n u_n^2$

(3) 设 a 为常数，则级数 $\sum\limits_{n=1}^{\infty}\left[\frac{\sin(na)}{n^2} - \frac{1}{\sqrt{n}}\right]$ ( ).

A. 绝对收敛   B. 条件收敛

C. 发散　　　　　　　　　　　　　　D. 敛散性与 a 有关

(4)级数 $\displaystyle\sum_{n=1}^{\infty}(-1)^{n-1}\ln\left(1+\frac{a}{n}\right)$ $(a>0)$(　　).

A. 发散　　　　　　　　　　　　　　B. 条件收敛

C. 敛散性与 a 有关　　　　　　　　D. 绝对收敛

(5)若级数 $\displaystyle\sum_{n=1}^{\infty}a_n(x-1)^n$ 在 $x=-1$ 处收敛,则级数在 $x=2$ 处(　　).

A. 绝对收敛　　　　　　　　　　　　B. 敛散性不能确定

C. 发散　　　　　　　　　　　　　　D. 条件收敛

2. 填空题

(1)级数 $\dfrac{1}{1\cdot4}+\dfrac{1}{4\cdot7}+\dfrac{1}{7\cdot10}+\cdots$ 的和 $s=$ _____.

(2)级数 $\displaystyle\sum_{n=1}^{\infty}(-1)^{n-1}\dfrac{1}{n^p}$ 收敛的充分必要条件是_____.

(3)设有幂级数 $\displaystyle\sum_{n=1}^{\infty}a_{2n}(x+2)^{2n}$. 若 $\lim\left|\dfrac{a_{2n}}{a_{2n+2}}\right|=\dfrac{1}{2}$,则该幂级数的收敛区间是_____.

(4)把 $\dfrac{x}{a+bx}$ $(ab\ne0)$ 展开为 x 的幂级数,其收敛半径 $R=$ _____.

(5)设幂级数 $\displaystyle\sum_{n=0}^{\infty}a_nx^n$ 的收敛半径为 3,则幂级数 $\displaystyle\sum_{n=0}^{\infty}na_n(x-1)^{n-1}$ 的收敛区间为_____.

(6)级数 $\displaystyle\sum_{n=1}^{\infty}\dfrac{1}{(n+1)2^n}$ 的和是_____.

(7)设 $f(x)=\dfrac{1}{1+x^2}$,则 $f^{(n)}(0)=$ _____.

3. 判别下列级数的敛散性:

(1) $1+\dfrac{2}{3}+\dfrac{3}{5}+\dfrac{4}{7}+\dfrac{5}{9}+\cdots$;

(2) $\displaystyle\sum_{n=1}^{\infty}\left(\dfrac{1}{3n}+\dfrac{1}{2^n}\right)$;

(3) $\displaystyle\sum_{n=1}^{\infty}\left(1-\cos\dfrac{1}{\sqrt{n}}\right)$;

(4) $\displaystyle\sum_{n=1}^{\infty}\dfrac{\ln n}{2n^3-1}$;

(5) $\displaystyle\sum_{n=1}^{\infty}\dfrac{n^3\left[\sqrt{2}+(-1)^n\right]^n}{3^n}$;

(6) $\displaystyle\sum_{n=1}^{\infty}\sin(\pi\sqrt{n^2+a^2})$ $(0<a<1)$.

4. 判别下列级数的敛散性,若收敛,是绝对收敛还是条件收敛?

(1) $\displaystyle\sum_{n=1}^{\infty}(-1)^{n-1}\left(\dfrac{1}{n}-\dfrac{1}{n+1}\right)$;　　(2) $\displaystyle\sum_{n=1}^{\infty}\dfrac{\cos n}{5^n+1}$;

(3) $\displaystyle\sum_{n=1}^{\infty} (-1)^n \frac{(2n+1)!}{n^n}$;

(4) $\displaystyle\sum_{n=1}^{\infty} \frac{(-1)^n}{\ln(1+n)}$.

5.求下列幂级数的收敛区间,并在收敛区间内求其和函数:

(1) $\displaystyle\sum_{n=1}^{\infty} \frac{3^n x^n}{n}$;

(2) $\displaystyle\sum_{n=1}^{\infty} \frac{2n-1}{2^n} x^{2n-2}$;

(3) $\displaystyle\sum_{n=1}^{\infty} \frac{n+1}{n} x^n$;

(4) $\displaystyle\sum_{n=1}^{\infty} (-1)^{n-1} n x^n$.

6.求下列幂级数的收敛域及和函数:

(1) $\displaystyle\sum_{n=1}^{\infty} \frac{x^{n-1}}{n \cdot 3^n}$;

(2) $\displaystyle\sum_{n=1}^{\infty} \frac{2n-1}{2^n} x^{2n-2}$.

7.将下列函数展开为 x 的幂级数,并指出其收敛区间:

(1) $(x+1)e^x$;

(2) $\sin x - x\cos x$;

(3) $\dfrac{1}{(2-x)^2}$.

8.将函数 $f(x) = \ln \dfrac{x}{1+x}$ 展开成 $(x-1)$ 的幂级数.

9.求级数

$$x - \frac{x^3}{3} + \frac{x^5}{5} - \cdots + (-1)^{n-1} \frac{x^{2n-1}}{2n-1} + \cdots$$

的收敛域及和函数,并求 $\displaystyle\sum_{n=1}^{\infty} \frac{(-1)^{n-1}}{(2n-1) \cdot 3^{n-1}}$.

10.将

$$f(x) = \frac{d}{dx}\left(\frac{e^x - 1}{x}\right) \quad (x \neq 0)$$

展开为 x 的幂级数,并求 $\displaystyle\sum_{n=1}^{\infty} \frac{n}{(n+1)!}$ 的和.

附录

极 坐 标

坐标是用来表示点的位置的数或有序数组.在平面上建立直角坐标系后,平面上的点与有序数组就建立了一一对应关系.这种有序数组就是对应点的直角坐标.有时根据需要,也可采用其他形式的坐标系.极坐标就是其中的一种.

在平面上任取一定点 O,称为极点.自 O 引一条射线 Ox,称为极轴.再选定一个单位长度和角度正方向(通常取逆时针方向).这样就建立了极坐标系.

对于平面上任意一点 P,用 r 表示线段 OP 的长度,用 θ 表示以 Ox 为始边,以 OP 为终边的角度(用弧度制表示),r 称为极径,θ 称为极角,有序数组 (r,θ) 称为点 P 的极坐标(附图).

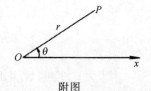

附图

对于极点 O,其极径 $r=0$,θ 可取任意实数值.

通常情况下极径都是正值.在某些情况下,极径 r 也可取负值.本书只讨论 r 为非负值的情况.

易见,如果 (r,θ) 是一个点的极坐标,那么 $(r,\theta+2k\pi)$(k 为任意整数)也是该点的极坐标.因此,点与极坐标之间不是一一对应关系,而是一对多的对应关系.有时为方便起见,我们常将 θ 限定在区间 $[0,2\pi]$ 上讨论,或将极角用负值表示.例如,极坐标 $\left(3,2k\pi+\dfrac{7\pi}{4}\right)$,($k$ 为任意整数)与 $\left(3,\dfrac{7\pi}{4}\right)$ 及 $\left(3,-\dfrac{\pi}{4}\right)$ 表示同一个点.

极坐标系与直角坐标系是两种不同的坐标系,现在建立它们之间的关系.

把极点作为直角坐标系的原点,极轴作为 x 轴. 于是有

$$\begin{cases} x = r\cos\theta, \\ y = r\sin\theta, \end{cases} \qquad (1)$$

或 $\quad \begin{cases} r = \sqrt{x^2 + y^2}, \\ \cos\theta = \dfrac{x}{\sqrt{x^2+y^2}}, \sin\theta = \dfrac{y}{\sqrt{x^2+y^2}}. \end{cases} \qquad (2)$

用式(1)、式(2)可以将两种坐标相互转化.

【例1】 已知点 P 的极坐标为 $\left(3, \dfrac{\pi}{4}\right)$,求它的直角坐标.

解 由式(1)得

$$x = 3\cos\frac{\pi}{4} = \frac{3\sqrt{2}}{2}, y = 3\sin\frac{\pi}{4} = \frac{3\sqrt{2}}{2},$$

所以所求坐标为 $\left(\dfrac{3\sqrt{2}}{2}, \dfrac{3\sqrt{2}}{2}\right)$.

【例2】 已知点 P 的直角坐标为 $(-\sqrt{3}, 1)$,求该点的极坐标.

解 由式(2)得

$$r = \sqrt{(-\sqrt{3})^2 + 1^2} = 2, \cos\theta = \frac{-\sqrt{3}}{2},$$

可取 $\theta = \dfrac{5\pi}{6}$. 所以点 P 的极坐标可表示为 $\left(2, \dfrac{5\pi}{6}\right)$.

【例3】 将直角坐标系下圆的方程

$$(x-a)^2 + (y-b)^2 = R^2 \qquad (R > 0)$$

化为极坐标系下的方程.

解 由所给方程得

$$x^2 + y^2 - 2ax - 2by = R^2 - a^2 - b^2,$$

将 $\begin{cases} x = r\cos\theta, \\ y = r\sin\theta \end{cases}$ 代入上式,得所求方程为

$$r^2 - 2ar\cos\theta - 2br\sin\theta = R^2 - a^2 - b^2.$$

特别地,

(1)当圆心在原点时,方程为 $r = R$;

(2)当圆心的直角坐标为 $(R, 0)$ 时,方程化为 $r^2 = 2rR\cos\theta$,所以 $r = 0$ 或 $r = 2R\cos\theta$. 又因为方程 $r = 2R\cos\theta$ 中,当 $\theta = \pm\dfrac{\pi}{2}$ 时 $r = 0$,所以曲线仅用方程

$$r = 2R\cos\theta$$

表示即可.

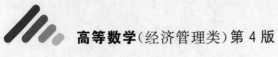

(3)当圆心的直角坐标为$(0,R)$时,与(2)同理可得 $r=2R\sin\theta$.

建议读者从平面几何及三角函数的知识的角度来理解并记忆上面几种特殊情形下的方程,以便以后运用.(见第 8 章 8.9.2 利用极坐标计算二重积分)

【例 4】 将曲线的极坐标方程

$$r=\cos\theta+\sin\theta$$

化为直角坐标方程.

解 方程两边同乘以 r,得

$$r^2=r\cos\theta+r\sin\theta,$$

也就是 $x^2+y^2=x+y$.

部分习题参考答案与提示

第 1 章

总习题 1

1.(1) $[-1,2]$;　　　(2) $(-\infty,-1) \cup \left(-1,\frac{1}{2}\right)$;

(3) $[1,+\infty)$;　　　(4)整数集 **Z**.

2.(1)这两个函数不同,因为它们的定义域不同;

(2)这两个函数不同,因为它们的定义域不同;

(3)这两个函数不同,因为它们的对应法则不同;

(4)这两个函数相同,因为它们的定义域与对应法则均相同.

3.(1) $F(x)=\begin{cases} 3x+5, & x\leqslant 1, \\ 5x+2, & 1<x<2, \\ 4x-5, & x\geqslant 2, \end{cases}$ $F(0)=5,F(1)=8,F(2)=3,$

$F(1.5)=9.5,F(3)=7.$

(2) $F(x)=0,H(x)=1.$

4.奇函数:(1),(2),(4);

偶函数:(5),(6);

非奇非偶:(3).

5. $f(x)=\begin{cases} -x^2+x-1, & -1\leqslant x<0, \\ 0, & x=0, \\ x^2+x+1, & 0<x\leqslant 1. \end{cases}$

6.1.

7.(1) $y=\dfrac{1-x}{1+x}$;　　(2) $y=\log_2 \dfrac{x}{1-x}$;　　(3) $y=\mathrm{e}^{x-1}-2$;

(4) $y=\begin{cases} x, & x<0, \\ \sqrt{x}, & x\geqslant 0. \end{cases}$

8. $g(x)=\dfrac{1+x}{2-x}.$

9. $\dfrac{1}{x^2}-2.$

10. $\dfrac{1}{x} + \dfrac{\sqrt{1+x^2}}{|x|}$.

11. $f(x+1) = \begin{cases} x+2, & x \leqslant 0, \\ 2x+1, & x > 0, \end{cases}$; $f(\ln x) = \begin{cases} \ln x + 1, & 0 < x \leqslant e, \\ 2\ln x - 1, & x > e; \end{cases}$

$f(\sin x) = \sin x + 1$.

12. $\varphi(x) = \sqrt{\ln(1-x)}$,其定义域为 $(-\infty, 0)$.

13. (1) $(1, e]$；   (2) $(0, \ln 2]$；   (3) $\left(-\dfrac{1}{3}, \dfrac{2}{3}\right]$.

14. (1)由 $y = u^{-2}, u = 2x+3$ 复合而成；

(2)由 $y = u^2 + 1$, $u = \sin x + \cos x + 1$ 复合而成；

(3)由 $y = \sin u$, $u = \sqrt{v}$, $v = \ln w$, $w = x^2 + 1$ 复合而成；

(4)由 $y = u^2, u = \sin v, v = \lg w, w = 3x+5$ 复合而成.

15. $Q = \begin{cases} -10 + 2.8p, & \dfrac{25}{7} \leqslant p < 4, \\ -18 + 4.8p, & p \geqslant 4. \end{cases}$

16. $R = \begin{cases} 130x, & 0 \leqslant x \leqslant 700, \\ 9100 + 117x, & 700 < x \leqslant 1000. \end{cases}$

第 2 章

习题 2.1

1.(1)收敛,极限为 0；   (2) 收敛,极限为 $\dfrac{1}{2}$；

(3)发散 ；   (4)收敛,极限为 1.

2.略.

3.略.

4.略.

5.(1)略.   (2)发散.

习题 2.2

1. 0, 0,存在.

2.略.

3.(1) 0； (2) 1；   (3) 2.

4.(1) 0； (2)不存在； (3) 3.

5.略.

6.略.

7. 略.

习题 2.3

1.(1)无穷大;　　(2)无穷小;　　(3)正无穷大;

(4)负无穷大;　(5)既不是无穷小也不是无穷大;

(6)无穷小;　　(7)无穷小;　　(8)既不是无穷小也不是无穷大.

2.(1)当 $x \to -1$ 或 $x \to \infty$ 时为无穷小,当 $x \to 0$ 时为无穷大;

(2)当 $x \to 0$ 或 $x \to -1$ 时为无穷小,当 $x \to 2$ 或当 $x \to \infty$ 时为无穷大;

(3)当 $x \to 1$ 时为无穷小,当 $x \to 0^+$ 时为负无穷大,当 $x \to +\infty$ 时为正无穷大.

3.(1)0;　　(2)0;　　(3)0;　　(4)∞.

4.无界,不是无穷大.

习题 2.4

1.(1)4;　　　　(2)$\dfrac{648}{7}$;　　(3)2;　　　　(4)1;

(5)$\dfrac{2}{5}$;　　(6)$-\dfrac{1}{4}$;　　(7)-1;　　(8)$\dfrac{1}{4}$;

(9)2;　　　(10)0;　　　(11)1;　　　(12)$\dfrac{1}{2}$;

(13)$+\infty$;　　(14)0;　　(15)0.

2.(1)略.　　(2)$b = 1, c = -2$.

3.(1)$a = b = -4$;　　　　(2)$a = -4, b = -2$;

(3)$a \neq -4, b$ 为任意实数.

4.$k = -3, a = 4$.

5.$k = 1, a = -1$.

6.略.

7.不存在.

习题 2.5

1.(1)1;　　　　(2)1;　　　(3)3;　　　(4)3.

2.(1)0;　　　　(2)π;　　　(3)$\dfrac{2}{3}$;　　(4)$\dfrac{1}{3}$;

(5)$-\dfrac{1}{2}$;　　(6)$\dfrac{1}{2}$;　　(7)1;　　(8)$-\sqrt{2}$;

(9)8;　　　　(10)$\dfrac{1}{3}$;　　(11)1;　　　(12)x;

(13)2.

3.(1)e^{-3};　　(2)e^2;　　　(3)e^{-1};　　(4)e^{-6};

(5)e^{-2};　　(6)e^4;　　　(7)e^{-5};　　(8)e^2;

(9) e^2 ; (10) e^{-1}.

4. $\ln 2$.

5. 不一定.

习题 2.6

1. 当 $x \to 0$ 时, $x^2 - x^3$ 是比 $x - x^2$ 高阶的无穷小.

2.(1)同阶(不等价); (2)等价;

(3) 同阶(不等价); (4)等价.

3. $a = \dfrac{1}{4}$, $n = 2$.

4.(1)1; (2) $\dfrac{1}{2}$.

5. 2.

6. 2.

7. 不一定.

8.(1) $\dfrac{2}{3}$; (2) $\dfrac{1}{2}$; (3)1; (4)4;

(5) $-\dfrac{1}{2}$; (6) e ; (7) $\ln 2$; (8)1;

(9)0; (10) -1 ; (11) $\begin{cases} 0, & m > n, \\ 1, & m = n, \\ \infty, & m < n; \end{cases}$ (12)1;

(13)2; (14) $-\dfrac{2}{3}$; (15)2.

习题 2.7

1.(1)不连续; (2)连续; (3) $x = 0$, $x = 1$ 处都不连续.

2.(1)间断点为 $x = 1$, $x = 2$. $x = 1$ 是第一类间断点中的可去间断点, $x = 2$ 是第二类间断点中的无穷间断点;

(2)间断点为 $x = -1$, $x = 0$ 及 $x = 1$. $x = -1$ 是第二类间断点中的无穷间断点, $x = 0$ 是第一类间断点中的跳跃间断点, $x = 1$ 是第一类间断点中的可去间断点;

(3)间断点为 $x = 0$,它是第一类间断点中的可去间断点;

(4)间断点为 $x = 2$,它是第一类间断点中的跳跃间断点.

3. $(-\infty, -3), [-1, 2), (2, +\infty)$, $\sqrt{\dfrac{3}{5}}$.

4.(1) $a = 1, b = \dfrac{1}{2}$; (2) $a = 1, b \neq \dfrac{1}{2}$; (3) $a \neq 1, b$ 为任意常数.

5. 间断点为 $x=-1$ 及 $x=1$，均为第一类间断点中的跳跃间断点.

6. 间断点为 $x=0$，它是第一类间断点中的跳跃间断点.

7. (1)1;   (2)2;   (3)-1;   (4)2;

(5)$\mathrm{e}^{-\frac{1}{2}}$;   (6)e;   (7)$\mathrm{e}^2$;   (8)$\dfrac{1}{2}$;

(9)$\dfrac{1}{2}$;   (10)1.

8~14. 略.

总习题 2

1. (1)D;   (2)D;   (3)C;   (4)A;
(5)C;   (6)C;   (7)C;   (8)B;
(9)D;   (10)D.

2. (1)-3,$\dfrac{1}{5}$;   (2)$-\dfrac{15}{16}$,$-\dfrac{1}{4}$;   (3)9,3;   (4)-10;

(5)1,1;   (6)$x=1$;   (7)10;   (8)-5,0;

(9)0.

3. (1)$\dfrac{1}{2}$;   (2)$\dfrac{1}{\mathrm{e}}$;   (3)$\dfrac{n(n+1)}{2}$;   (4)1;

(5)$\dfrac{p+q}{2}$;   (6)0;   (7)$\dfrac{1}{9}$;   (8)$-\dfrac{1}{4}$;

(9)$\mathrm{e}^{\frac{1}{2}}$;   (10)$\sqrt[3]{abc}$;   (11)0;   (12)$\dfrac{1}{2}$.

4. 略.

5. (1)间断点为 $x=k\pi,k\in\mathbf{Z}$；$x=0$ 为可去间断点，$x=k\pi,k\neq0$，
   $k\in\mathbf{Z}$，是无穷间断点.

   (2)间断点为 $x=0$，$x=1$；$x=0$ 是第一类间断点中的跳跃间断
   点，$x=1$ 是第二类间断点中的无穷间断点.

6. $f(x)$ 在 $(-\infty,0)$,$(0,+\infty)$ 内连续，$x=0$ 是 $f(x)$ 的第一类间断
   点中的跳跃间断点.

7. (1)$a=b=2$;   (2)$a=b\neq2$;   (3)$a\neq b$.

8. $\dfrac{2}{3}$.

9. 提示：作辅助函数令 $\varphi(x)=f(x)-f(x+a)$.

10. 提示：先证明 $f(x)$ 在闭区间 $[a,b]$ 上连续.

403

第 3 章

习题 3.1

1. 略.

2. (1) $-f'(x_0)$；　　　　(2) $2f'(x_0)$.

3. (1) 0；　　　　(2) $2tf'(0)$.

4. 2，$+\infty$，不存在.

5. $\dfrac{1}{2}$.

6. (1) 连续但不可导；　　　　(2) 可导；

   (3) 连续但不可导；　　　　(4) 不连续.

7. 略.

8. 切线方程：$4x-4\sqrt{2}y+4-\pi=0$；法线方程：$4x+2\sqrt{2}y-2-\pi=0$.

9. $(2,\ln 2)$.

10. 略.

习题 3.2

1. (1) $\dfrac{1}{2\sqrt{x}}-\dfrac{1}{x^2}+2\sin x$；　　(2) $2^x\ln 2+2x+\dfrac{1}{x\ln 2}$；

   (3) $x(2\ln x+1)$；　　　　(4) $e^x(\cos x-\sin x)$；

   (5) $x^2(3\ln x\cos x+\cos x-x\ln x\sin x)$；

   (6) $2x\arctan x+\dfrac{x^2}{1+x^2}$；

   (7) $\cos x\cdot\arcsin x+\dfrac{\sin x}{\sqrt{1-x^2}}$；

   (8) $\dfrac{(1+x^2)\sec^2 x\arctan x-\tan x}{(1+x^2)(\arctan x)^2}$；

   (9) $\dfrac{\sec x(x\tan x-1)}{x^2}$；　　(10) $\dfrac{e^x(x^3-x^2+x+1)}{(x^2+1)^2}$；

   (11) $\dfrac{e^x(x\ln x-\ln x-1)}{(x\ln x)^2}$；　　(12) $\dfrac{2(\sin x+\cos x+2)}{(1+2\cos x)^2}$.

2. (1) $2e^{2x}$；　　　　(2) $\dfrac{1}{x-1}$；

   (3) $-\dfrac{2\arccos x}{\sqrt{1-x^2}}$；　　(4) $\dfrac{1}{1+x^2}$；

$(5)\ \dfrac{4x}{3\sqrt[3]{x^2-1}}$;

$(6)\ \dfrac{\mathrm{e}^{\arctan\sqrt{x}}}{2\sqrt{x}(1+x)}$;

$(7)\ 2\cot 2x$;

$(8)\ \dfrac{\cos\sqrt{2x+1}}{\sqrt{2x+1}}$;

$(9)\ \dfrac{\mathrm{e}^{-x}}{1+\mathrm{e}^{-2x}}$;

$(10)\ -\dfrac{1}{x^2}\cos\dfrac{1}{x}\mathrm{e}^{\sin\frac{1}{x}}$;

$(11)\ \dfrac{4\mathrm{e}^{2x}}{(\mathrm{e}^{2x}+1)^2}$;

$(12)\ -\dfrac{\cos\sqrt{x}}{\sqrt{x}\,(1+\sin\sqrt{x})^2}$;

$(13)\ -\dfrac{1}{(1+x)\sqrt{2x(1-x)}}$;

$(14)\ n\sin^{n-1}x\cdot\sin(n+1)x$;

$(15)\ -\dfrac{1}{1+x^2}$;

$(16)\ \dfrac{1}{\sqrt{1-x^2}\,(\sqrt{1-x^2}+1)}$;

$(17)\ \arcsin\dfrac{x}{2}$;

$(18)\ \dfrac{2}{x\ln x\ln(\ln x)}$;

$(19)\ \csc x$;

$(20)\ \sec x$;

$(21)\ \begin{cases}\dfrac{2}{1+x^2}, & |x|<1,\\[2mm] -\dfrac{2}{1+x^2}, & |x|>1;\end{cases}$

$(22)\ \csc^3 x$;

$(23)\ -\dfrac{2x}{x^4-1}$;

$(24)\ \dfrac{1}{\sqrt{x}(1-x)}$;

$(25)\ \sin x\cdot\ln\tan x$;

$(26)\ \dfrac{\ln x}{x\,\sqrt{1+\ln^2 x}}$;

$(27)\ \dfrac{x^2}{1-x^4}$;

$(28)\ \sqrt{a^2-x^2}$;

$(29)\ \dfrac{2\,(\sqrt{\sin^2 x+1}+\sin x)^2\cos x}{\sqrt{\sin^2 x+1}}$;

$(30)\ \dfrac{x\,(\sqrt{x^2+1}+\sqrt{x^2-1})^2}{\sqrt{x^4-1}}$.

3. $(1)\ -1$; $(2)\ \dfrac{13}{3}$; $(3)\ -\dfrac{1}{18}$; $(4)\ 1$.

4. $(1)\ 2xf'(x^2)$; $(2)\ 2f(x)f'(x)$; $(3)\ 4xf(x^2)f'(x^2)$;

$(4)\ 4xf(f(x^2))\cdot f'(f(x^2))\cdot f'(x^2)$;

$(5)\ [f'(\sin^2 x)-f'(\cos^2 x)]\sin 2x$;

$(6)\ \cos(f(x))\cdot f'(x)\cdot f(\sin x)+\sin(f(x))\cdot f'(\sin x)\cdot\cos x$.

5. $-x\mathrm{e}^{x-1}$.

6. $x\ln(2x+1) + \dfrac{x^2}{2x+1}$.

7. (1) $f'(x) = \begin{cases} \dfrac{\sqrt{1+x^2}-1}{x^2}\dfrac{}{\sqrt{1+x^2}}, & x \neq 0, \\[3mm] \dfrac{1}{2}, & x = 0; \end{cases}$

(2) $f'(x) = \begin{cases} 2\mathrm{e}^{2x}, & x < 0, \\[3mm] \dfrac{x\sin 2x - \sin^2 x}{x^2}, & x > 0. \end{cases}$

习题 3.3

1. (1) $2\arctan x + \dfrac{2x}{1+x^2}$;   (2) $2x\mathrm{e}^{x^2}(2x^2+3)$;

(3) $\dfrac{\mathrm{e}^x(x^2-2x+2)}{x^3}$;   (4) $-\dfrac{x}{(x^2+1)^{\frac{3}{2}}}$;

(5) $-2\mathrm{e}^{-x}\cos x$;   (6) $-\dfrac{2(1+x^2)}{(1-x^2)^2}$.

2. (1) $\dfrac{1}{x^4}f''\left(\dfrac{1}{x}\right) + \dfrac{2}{x^3}f'\left(\dfrac{1}{x}\right)$;   (2) $\mathrm{e}^{f(x)}\{[f'(x)]^2 + f''(x)\}$.

3. (1) $-4\mathrm{e}^x\cos x$;   (2) $2^{100} \cdot 100!$.

4. (1) $\mathrm{e}^x(x+n)$;   (2) $y^{(n)} = \begin{cases} \ln x + 1, & n = 1, \\[3mm] \dfrac{(-1)^n(n-2)!}{x^{n-1}}, & n \geqslant 2; \end{cases}$

(3) $2^{n-1}\sin\left(2x + \dfrac{(n-1)\pi}{2}\right)$; (4) $4^{n-1}\cos\left(4x + \dfrac{n\pi}{2}\right)$;

(5) $y^{(n)} = \begin{cases} 1 - \dfrac{1}{(x+1)^2}, & n = 1, \\[3mm] \dfrac{(-1)^n n!}{(x+1)^{n+1}}, & n \geqslant 2; \end{cases}$

(6) $(-1)^n n!\left(\dfrac{1}{x^{n+1}} - \dfrac{1}{(x-1)^{n+1}}\right)$;

(7) $2^n\dfrac{1}{m}\left(\dfrac{1}{m}-1\right)\left(\dfrac{1}{m}-2\right)\cdots\left(\dfrac{1}{m}-n+1\right)(2x+1)^{\frac{1}{m}-n}$.

习题 3.4

1. (1) $\dfrac{y-x^2}{y^2-x}$;   (2) $\dfrac{\mathrm{e}^{x+y}-y}{x-\mathrm{e}^{x+y}}$;

(3) $-\dfrac{2x+y}{x+2y}$;   (4) $-\dfrac{2x\sin 2x + xy\mathrm{e}^{xy} + y}{x^2\mathrm{e}^{xy} + x\ln x}$.

2. (1) $-\dfrac{x^2+4y^2}{16y^3}$;   (2) $-2\csc^2(x+y)\cot^3(x+y)$;

(3) $-\dfrac{\cos(x+y)}{(1+\sin(x+y))^3}$;   (4) $\dfrac{\mathrm{e}^{2y}(2-x\mathrm{e}^y)}{(1-x\mathrm{e}^y)^3}$.

3. (1) $0, -\dfrac{2}{3a}$;   (2) $-\dfrac{1}{\mathrm{e}}, \dfrac{1}{\mathrm{e}^2}$.

4. (1) $(1+x^2)^{\tan x}\left[\sec^2 x\ln(1+x^2)+\dfrac{2x\tan x}{1+x^2}\right]$;

(2) $\left(\dfrac{x}{1+x}\right)^x\left(\ln\dfrac{x}{1+x}+\dfrac{1}{1+x}\right)+x^{\frac{x}{1+x}}\left[\dfrac{\ln x}{(1+x)^2}+\dfrac{1}{1+x}\right]$;

(3) $\sqrt{\dfrac{x(x^2+1)}{(x^2-1)^3}}\left(\dfrac{1}{2x}+\dfrac{x}{x^2+1}-\dfrac{3x}{x^2-1}\right)$;

(4) $\dfrac{(x+1)^2\sqrt{3x-2}}{x^3\sqrt{2x+1}}\left[\dfrac{2}{x+1}+\dfrac{3}{2(3x-2)}-\dfrac{3}{x}-\dfrac{1}{2x+1}\right]$.

5. 切线方程: $x+y-\dfrac{\sqrt{2}}{2}a=0$,法线方程: $x-y=0$.

6. 切线方程: $\mathrm{e}x-y+1=0$,法线方程: $x+\mathrm{e}y-\mathrm{e}=0$.

*7. (1) t, $\dfrac{1}{6t}$; \qquad\qquad (2) $\dfrac{\sin t+\cos t}{\cos t-\sin t}$, $\dfrac{2}{\mathrm{e}^t(\cos t-\sin t)^3}$;

(3) $\dfrac{3t^2-1}{2t}$, $-\dfrac{3t^2+1}{4t^3}$; \qquad (4) $-\dfrac{1}{2t}$, $\dfrac{1+t^2}{4t^3}$.

*8. 切线方程: $2x+3y-12=0$,法线方程: $3x-2y-5=0$.

*9. 切线方程: $2x+2y-1=0$,法线方程: $2x-2y-1=0$.

习题 3.5

1. (a) $\Delta y>0$, $\mathrm{d}y>0$, $\Delta y-\mathrm{d}y>0$;

(b) $\Delta y>0$, $\mathrm{d}y>0$, $\Delta y-\mathrm{d}y<0$;

(c) $\Delta y<0$, $\mathrm{d}y<0$, $\Delta y-\mathrm{d}y<0$;

(d) $\Delta y<0$, $\mathrm{d}y<0$, $\Delta y-\mathrm{d}y>0$.

2. $\dfrac{3}{4}\mathrm{d}x$, 0.03.

3. (1) $(\cos 2x-2x\sin 2x)\mathrm{d}x$; (2) $x(2-x)\mathrm{e}^{-x}\mathrm{d}x$;

(3) $-\dfrac{2x}{1+x^4}\mathrm{d}x$; \qquad\qquad (4) $-\dfrac{x}{|x|\sqrt{1-x^2}}\mathrm{d}x$;

(5) $\dfrac{x+(1-x)\ln(1-x)}{x^2(x-1)}\mathrm{d}x$;

(6) $-(x^2-1)^{-\frac{3}{2}}\mathrm{d}x$;

(7) $\mathrm{e}^{-x}[\sin(1-x)-\cos(1-x)]\mathrm{d}x$;

(8) $4[2x^x(\ln x+1)-3\tan x\sec^2 x]\mathrm{d}x$.

4. (1) $\dfrac{y+x}{y-x}\mathrm{d}x$; \qquad\qquad (2) $\dfrac{y}{x-y}\mathrm{d}x$;

(3) $-\dfrac{2xy^2+y\sin(xy)}{x\sin(xy)+2x^2y}\mathrm{d}x$; (4) $\dfrac{2+\ln(x-y)}{3+\ln(x-y)}\mathrm{d}x$.

5. (1) $2\sqrt{x}+C$; \qquad\qquad (2) $\ln|x|+C$;

(3) $\dfrac{1}{2}\ln|2x+1|+C$;　　　(4) $-\dfrac{1}{2}\cot 2x+C$;

(5) $\dfrac{2}{3}x^{\frac{3}{2}}+C$;　　　　(6) $-\dfrac{1}{x+1}+C$;

(7) $2^{x^2}\ln 2$;　　　　　(8) $\dfrac{1}{2\sqrt{1-x^2}}$.

6. 约减少 $43.63\ \text{cm}^2$; 约增加 $104.72\ \text{cm}^2$.

7. (1) 2.0052;　　　　(2) 0.8748.

总习题 3

1. (1)D; (2)C; (3)A; (4)D; (5)B; (6)C; (7)C.

2. (1) $2x^2+1$;　(2) 16;　(3) $\dfrac{3}{2}\pi$;　(4) $10!$;

(5) 4;　　　　　(6) $-\dfrac{2^{-x}\ln 2}{1+2^{-x}}\mathrm{d}x$;

(7) $x-y=0$;　　　(8) $x-2y+2=0$;

(9) 3;　　　　　(10) $3x-y-7=0$;

(11) $\dfrac{1}{x(1+\ln y)}\mathrm{d}x$;　　(12) $-1,-1,1$.

3. (1) $-\dfrac{2\left(\sqrt{x^2+1}-x\right)^2}{\sqrt{x^2+1}}$;　(2) $\dfrac{\mathrm{e}^x}{\sqrt{1+\mathrm{e}^{2x}}}$;

(3) $\dfrac{2}{\mathrm{e}^{4x}+1}$;　　　　(4) $\dfrac{1}{2\sqrt{x}(1+x)}$;

(5) $\sqrt{x\sin 2x\sqrt{\mathrm{e}^{4x}+1}}\left(\dfrac{1}{2x}+\cot 2x+\dfrac{\mathrm{e}^{4x}}{\mathrm{e}^{4x}+1}\right)$;

(6) $x^{\frac{1}{x}-2}(1-\ln x)-\left(\dfrac{1}{x}\right)^x(1+\ln x)$;

(7) $\dfrac{x+(1+x)\mathrm{e}^{\frac{1}{x}}}{x\left(1+\mathrm{e}^{\frac{1}{x}}\right)^2}\quad(x\neq 0)$;

(8) $f'(x)=\begin{cases}\cos x-x\sin x,&x<0,\\[2mm]\dfrac{2x\sin 2x-\sin^2 x}{2x\sqrt{x}},&x>0.\end{cases}$

4. (1) $-\dfrac{y\mathrm{e}^{xy}+\sin x}{x\mathrm{e}^{xy}+2y}$;　　　(2) $\dfrac{y\sin(xy)-\mathrm{e}^{x+y}}{\mathrm{e}^{x+y}-x\sin(xy)}$.

5. $2\mathrm{e}^2$.

6. $\dfrac{f''(y)-[1-f'(y)]^2}{x^2[1-f'(y)]^3}$. 提示:运用对数求导法.

*7. (1) $-\dfrac{\sin t}{2t}$, $\dfrac{\sin t-t\cos t}{4t^3}$; (2) $-\tan t$, $\dfrac{1}{3}\sec^4 t\csc t$.

8. (1) $(-1)^n n! \left[\dfrac{1}{(x-3)^{n+1}} - \dfrac{1}{(x-2)^{n+1}} \right]$;

(2) $y^{(n)} = \begin{cases} 2 - \dfrac{4}{(2x-1)^2}, & n = 1, \\[3mm] \dfrac{(-1)^n 2^{n+1} n!}{(2x-1)^{n+1}}, & n \geqslant 2. \end{cases}$

9. (1) 连续且可导;　　　　　(2) 连续但不可导.

10. 略.

11. 略.

12. $y = 2x - 12$. 提示:先求 $f(1)$ 与 $f'(1)$,再利用周期性求 $f(6)$ 与 $f'(6)$.

第4章

习题 4.1

1~2. 略.

3. (1)有三个根分别位于区间 (1, 2),(2, 3) 及 (3, 4) 内.

(2)有无数个根,在区间 $(n\pi, (n+1)\pi)$ 内,其中 $n = 0, \pm 1, \pm 2, \cdots$.

4~7. 略.

8. 提示:用拉格朗日中值定理.

9. 略.

10. 提示:设 $\varphi(x) = f(x)\mathrm{e}^{-x}$,再证明 $\varphi(x)$ 为常数.

习题 4.2

1. (1) $\dfrac{2}{3\sqrt[6]{a}}$;　　(2) $\cos a$;　　(3) 1 ;　　(4) $-\dfrac{1}{8}$;

(5) $-\infty$;　　(6) 1 ;　　(7) 1 ;　　(8) $\dfrac{n(n+1)}{2}$;

(9) 2 ;　　(10) 2 ;　　(11) $\dfrac{1}{2}$;　　(12) 1 ;

(13) e ;　　(14) 1 ;　　(15) $\sqrt{e}$;　　(16) $-\dfrac{1}{32}$;

(17) 125 ;　　(18) e^{-1} ;　　(19) $\mathrm{e}^{-\frac{1}{2}}$.

2. $a = -3, b = \dfrac{9}{2}$.

3. 略.

4. $f'(0) = \dfrac{a}{2}$.

习题 4.3

1. $f(x) = -44 - 25(x-3) + 9(x-3)^2 + 7(x-3)^3 + (x-3)^4$.

2. $f(x) = 1 - 9x + 30x^2 - 45x^3 + 30x^4 - 9x^5 + x^6$.

3. $f(x) = \dfrac{2}{2!}x^2 - \dfrac{2^3}{4!}x^4 + \dfrac{2^5}{6!}x^6 + \cdots + (-1)^{n-1}\dfrac{2^{2n-1}}{(2n)!}x^{2n} -$

$\dfrac{2^{2n+1}\cos(2\theta x + (n+1)\pi)}{(2n+2)!}x^{2n+2}$ $(0 < \theta < 1)$.

4. $f(x) = x + \dfrac{x^3}{3!} + \dfrac{9(\theta x) + 6(\theta x)^3}{4![1 - (\theta x)^2]^{7/2}}x^4$.

5. $\ln x = \ln 2 + \dfrac{1}{2}(x-2) - \dfrac{1}{2^3}(x-2)^2 + \dfrac{1}{3 \cdot 2^3}(x-2)^3 - \cdots +$

$(-1)^{n-1}\dfrac{1}{n \cdot 2^n}(x-2)^n + o((x-2)^n)$.

6. $xe^x = x + x^2 + \dfrac{x^3}{2!} + \cdots + \dfrac{x^n}{(n-1)!} + o(x^n)$.

7. $A_0 = 1$, $A_1 = -1$, $A_2 = 1$, $R(x) = -\dfrac{(x+1)^3}{x+2}$.

8. (1) $\sqrt[3]{30} \approx 3.10724$, $|R_3| < 1.88 \times 10^{-5}$;

(2) $\sin 18° \approx 0.3090$, $|R_3| < 1.3 \times 10^{-4}$.

9. (1) 0;   (2) 1;   (3) $\dfrac{1}{3}$.

习题 4.4

1. (1) 在 $(-\infty, -1]$，$[1, +\infty)$ 内单调减少，在 $[-1, 1]$ 内单调增加；

(2) 在 $(-\infty, -1]$，$[1, +\infty)$ 内单调减少，在 $[-1, 1]$ 内单调增加；

(3) 在 $\left(0, \dfrac{1}{2}\right]$ 内单调减少，在 $\left[\dfrac{1}{2}, +\infty\right)$ 内单调增加；

(4) 在 $[0, 1]$ 内单调增加，在 $[1, 2]$ 内单调减少；

(5) 在 $\left(-\infty, \dfrac{1}{2}\right]$ 内单调减少，在 $\left[\dfrac{1}{2}, +\infty\right)$ 内单调增加；

(6) 在 $\left[0, \dfrac{\pi}{3}\right]$，$\left[\dfrac{5\pi}{3}, 2\pi\right]$ 内单调减少，在 $\left[\dfrac{\pi}{3}, \dfrac{5\pi}{3}\right]$ 内单调增加；

(7) 在 $\left(-\infty, \dfrac{2a}{3}\right]$，$[a, +\infty)$ 内单调增加，在 $\left[\dfrac{2a}{3}, a\right]$ 内单调减少；

(8) 在 $(-\infty, 0]$，$\left[\dfrac{2}{5}, +\infty\right)$ 内单调增加，在 $\left[0, \dfrac{2}{5}\right]$ 内单调

减少.

2. 略.

3. 在 $(0, +\infty)$ 内实根的个数是 2.

4. 不一定. 如，$f(x) = x + \sin x$ 在 $(-\infty, +\infty)$ 内单调增加，但 $f'(x) = 1 + \cos x$ 在 $(-\infty, +\infty)$ 内不单调.

5. (1) 极大值 $y(0) = 7$，极小值 $y(1) = 6$；

(2) 极大值 $y\left(-\dfrac{3}{2}\right) = 0$，极小值 $y\left(-\dfrac{1}{2}\right) = -\dfrac{27}{2}$；

(3) 极小值 $y(0) = 0$；

(4) 极大值 $y(0) = \sqrt[3]{a^4}$，极小值 $y(-a) = 0$，$y(a) = 0$；

(5) 极大值 $y\left(\dfrac{1}{2}\right) = \dfrac{81}{8}\sqrt[3]{18}$，极小值 $y(-1) = 0$，$y(5) = 0$；

(6) 极大值 $y\left(\dfrac{\pi}{4}\right) = \sqrt{2}$；

(7) 极大值 $y\left(\dfrac{\pi}{4} + 2k\pi\right) = \dfrac{\sqrt{2}}{2}\mathrm{e}^{\frac{\pi}{4}+2k\pi}$，极小值 $y\left(\dfrac{\pi}{4} + (2k+1)\pi\right) = -\dfrac{\sqrt{2}}{2}\mathrm{e}^{\frac{\pi}{4}+(2k+1)\pi}$，$(k = 0, \pm 1, \pm 2, \cdots)$；

(8) 极小值 $y\left(\dfrac{12}{5}\right) = -\dfrac{1}{24}$.

6. $a = \dfrac{2}{3}$，$f\left(\dfrac{\pi}{3}\right) = \dfrac{\sqrt{3}}{2}$ 为极大值.

7. (1) 最大值 5，最小值 $-\dfrac{17}{3}$；

(2) 最大值 20，最小值 0；

(3) 最大值 $\dfrac{17}{8}$，最小值 $-10 + \sqrt{6}$；

(4) 最大值 $f(1) = \dfrac{1}{2}$；

(5) 最小值 $f(-\sqrt[3]{4}) = 3\sqrt[3]{16}$.

8. 从中点处截.

9. 截去边长为 $\dfrac{a}{6}$ 的小方块，能使作成的盒子容积最大.

10. 250 个单位产品.

11. 140 个单位.

12. $2, 20e^{-1}, 10e^{-1}$.

13. 8 个单位.

14. $6, 1200$ 元.

15. 1800 元.

习题 4.5

1.(1)在 $\left(-\infty, \frac{1}{2}\right)$ 内是凸的,在 $\left[\frac{1}{2}, +\infty\right)$ 上是凹的,拐点 $\left(\frac{1}{2}, \frac{13}{2}\right)$.

   (2)在 $(-\infty, -1]$,$[1, +\infty)$ 内是凸的,在 $[-1, 1]$ 上是凹的,拐点 $(-1, \ln 2)$,$(1, \ln 2)$.

   (3)在 $(-\infty, 0)$ 上是凹的,在 $(0, +\infty)$ 内是凸的.

   (4)在 $(-\infty, -1)$,$(-1, 2]$ 内是凸的,在 $[2, +\infty)$ 上是凹的,拐点 $\left(2, \frac{2}{9}\right)$.

   (5)在 $(-\infty, -2]$,$[0, +\infty)$ 内是凸的,在 $[-2, 0]$ 上是凹的,拐点 $\left(-2, 1-\frac{9}{2}\sqrt[3]{2}\right)$,$(0, 1)$.

   (6)在 $\left(-\infty, -\frac{1}{5}\right]$ 内是凸的,在 $\left[-\frac{1}{5}, 0\right]$,$[0, +\infty)$ 上是凹的,拐点 $\left(-\frac{1}{5}, -\frac{6}{5}\sqrt[3]{\frac{1}{25}}\right)$.

2. $a = -\frac{3}{2}$,$b = \frac{9}{2}$.

3. $a = -6$,$b = 9$,$c = 2$.

4. 略.

5.(1)水平渐近线 $y = 0$;铅直渐近线 $x = -2$;

   (2)水平渐近线 $y = 0$;

   (3)铅直渐近线 $x = -1, x = 1$;

   (4)水平渐近线 $y = \frac{2}{\pi}$,$y = -\frac{2}{\pi}$;铅直渐近线 $x = 0$;

   (5)铅直渐近线 $x = -1, x = 1$.

*6.(1)铅直渐近线 $x = 1$,斜渐近线 $y = x + 2$;

   (2)水平渐近线 $y = 0$,斜渐近线 $y = x$;

   (3)铅直渐近线 $x = 0$,斜渐近线 $y = ex$.

习题 4.6

1. 略.

习题 4.7

1. $C(Q) = 100 + 20Q$，$L(Q) = -20Q^2 + 320Q - 100$，$C'(Q) = 20$，$L'(Q) = -40Q + 320$.

2.（1）-24，表示价格为 6 时,价格上涨 1 个单位,需求量约减少 24 个单位；

（2）-1.85，表示价格为 6 时,价格上涨 1%,需求量约减少 1.85%；

（3）总收益增加,约增加 1.69%.

3.（1）a； （2）kx；

（3）$\dfrac{\sqrt{x}}{2(\sqrt{x}-4)}$； （4）$\dfrac{x}{2(x-9)}$.

4.（1）$\dfrac{16}{9} < p < 4$ 时,需求是高弹性的；$0 < p < \dfrac{16}{9}$ 时,需求是低弹性的；

（2）$\sqrt{\dfrac{a}{3}} < p < \sqrt{a}$ 时,需求是高弹性的；$0 < p < \sqrt{\dfrac{a}{3}}$ 时,需求是低弹性的.

总习题 4

1.（1）A；（2）C；（3）C；（4）C；（5）B；（6）B.

2.（1）$m = -1$，$n = 4$； （2）$\dfrac{1}{4}$；

（3）$-(n+1)$，$-e^{-(n+1)}$； （4）1；

（5）2.

3.（1）$\dfrac{3}{2}$； （2）$\dfrac{1}{4}$； （3）$-\dfrac{1}{2}$； （4）$-\dfrac{1}{2}$；

（5）$e^{-\frac{2}{\pi}}$； （6）$a_1 \cdot a_2 \cdots a_n$.

4. 在 $(-\infty, 1]$ 内单调减少,在 $[1, +\infty)$ 内单调增加；

5. 前 10 项.

6.（1,2）和（$-1, -2$）.

7. 正方形的周长为 $\dfrac{4a}{4+\pi}$，圆的周长为 $\dfrac{\pi a}{4+\pi}$.

8.（1）$\dfrac{p}{20-p}$； （2）$10 < p < 20$.

9. $p_0 = \dfrac{ab}{b-1}$，$Q_0 = \dfrac{c}{1-b}$.

10. $\dfrac{5}{8}b + \dfrac{1}{2}a$，$\dfrac{c}{16b}(5b-4a)^2$.

11. 提示:先在 $[0, c]$, $[c, 1]$ 上分别用拉格朗日中值定理,然后用罗尔定理.

12. 提示:构造函数 $F(x) = e^{-kx} f(x)$.

13. 提示:作辅助函数 $F(x) = \dfrac{f(x)}{x^2}$.

14. 提示:利用函数最值.

第 5 章

习题 5.1

1. $\arcsin x + \pi$

2. 略.

3. (1) $-\dfrac{1}{x^2} + C$;   (2) $\dfrac{3}{10} x^{\frac{10}{3}} + C$;

(3) $x + \dfrac{2}{3} x^3 + \dfrac{1}{5} x^5 + C$;   (4) $\dfrac{2}{5} x^{\frac{5}{2}} - 2x^{\frac{3}{2}} + 4x^{\frac{1}{2}} + C$;

(5) $2\sqrt{x} - \dfrac{1}{x} + C$;   (6) $\dfrac{1}{3} x^3 + \dfrac{2}{5} x^{\frac{5}{2}} - \dfrac{2}{3} x^{\frac{3}{2}} - x + C$;

(7) $2e^x + 3\ln|x| + C$;   (8) $e^x - \tan x + C$;

(9) $\dfrac{5^x e^x}{1 + \ln 5} + C$;   (10) $e^x - 3\cos x + \tan x + C$;

(11) $-\cot x - x + C$;   (12) $\tan x - \sec x + C$;

(13) $\dfrac{x + \sin x}{2} + C$;   (14) $\dfrac{1}{2}\tan x + C$;

(15) $\tan x - \sec x + C$;   (16) $\sin x - \cos x + C$;

(17) $-\cot x - \tan x + C$;   (18) $2\tan x + 2\sec x - x + C$;

(19) $3\arctan x - 2\arcsin x + C$; (20) $\arcsin x + C$;

(21) $x - \arctan x + C$;   (22) $\ln|x| + \arctan x + C$;

(23) $-\dfrac{1}{x} + \arctan x + C$;   (24) $\arcsin x - \ln|x| + C$;

(25) $x^3 - x + \arctan x + C$; (26) $\dfrac{1}{2} x^2 + x + \arctan x + C$.

4. $y = \ln x - 1$.

5. 收益函数为 $R(x) = 100x - 0.005x^2$;平均收益函数为 $\overline{R(x)} = 100 - 0.005x$.

6. 10931.

7. $-\dfrac{4}{3}$.

8. $x\mathrm{e}^x$.

9. 提示:设 $F(x)$ 是 $f(x)$ 的一个原函数,先证明 $[F(x)]' = [F(-x)]'$.

习题 5.2

1. 略.

2. (1) $\dfrac{1}{a}F(ax+b)+C$；　　　(2) $-\dfrac{1}{2}F(\mathrm{e}^{-2x})+C$；

(3) $\dfrac{1}{3}F(\sin 3x)+C$；　　　(4) $2\sqrt{f(\ln x)}+C$.

3. (1) $-\dfrac{1}{303}(1-3x)^{101}+C$；　(2) $-\dfrac{2}{5}\sqrt{2-5x}+C$；

(3) $\dfrac{1}{7}\sin(7x+1)+C$；　　(4) $-\dfrac{1}{2}(1-3x)^{\frac{2}{3}}+C$；

(5) $-\dfrac{1}{2(2x+3)}+C$；　　　(6) $\dfrac{1}{18}\ln(4+9x^2)+C$；

(7) $-\sqrt{2-x^2}+C$；　　　　(8) $-\dfrac{1}{2}\cos x^2+C$；

(9) $\dfrac{1}{9}(1+2x^3)^{\frac{3}{2}}+C$；　　(10) $-\dfrac{1}{5}\mathrm{e}^{-x^5}+C$；

(11) $\dfrac{1}{4}\arcsin\dfrac{x^4}{2}+C$；　(12) $-\sin\dfrac{1}{x}+C$；

(13) $-\arcsin\dfrac{1}{x}+C$；　　(14) $-2\ln|\cos\sqrt{x}|+C$；

(15) $2\arctan\sqrt{x}+C$；　　(16) $\dfrac{1}{2}\ln|2\ln x+1|+C$；

(17) $\arcsin(\ln x)+C$；　　(18) $\dfrac{1}{3}(1+\ln x)^3+C$；

(19) $\dfrac{1}{6}\ln(2+3\mathrm{e}^{2x})+C$；　(20) $x-\ln(1+\mathrm{e}^x)+C$；

(21) $\dfrac{1}{2}\ln\left|\dfrac{1+\mathrm{e}^x}{1-\mathrm{e}^x}\right|+C$；　(22) $\dfrac{1}{3}(x^2-5x+2)^3+C$；

(23) $\dfrac{1}{2}\ln(x^2+2x+5)+C$；　(24) $-\dfrac{1}{\arcsin x}+C$；

(25) $\dfrac{2^{\arctan x}}{\ln 2}+C$；　　(26) $\dfrac{1}{4}\tan^2(2x+1)+C$；

(27) $2\sqrt{\sin x-\cos x}+C$；　(28) $\dfrac{1}{3}\sin^3 x-\dfrac{1}{5}\sin^5 x+C$；

(29) $\dfrac{1}{3}\tan^3 x-\tan x+x+C$；

(30) $\dfrac{1}{7}\sec^7 x-\dfrac{2}{5}\sec^5 x+\dfrac{1}{3}\sec^3 x+C$；

(31) $\dfrac{3}{8}x + \dfrac{1}{4}\sin 2x + \dfrac{1}{32}\sin 4x + C$;

(32) $2\sqrt{1 - \csc x} + C$;　　　(33) $\dfrac{1}{\sqrt{2}}\arctan\dfrac{\tan x}{\sqrt{2}} + C$;

(34) $-\dfrac{1}{8}\sin 4x + \dfrac{1}{4}\sin 2x + C$;

(35) $\dfrac{1}{2}x - \dfrac{1}{16}\sin 8x + C$;

(36) $\dfrac{1}{4}x - \dfrac{3}{8}\arctan\dfrac{2x}{3} + C$;

(37) $\dfrac{1}{2}\arcsin\dfrac{2x}{3} + \dfrac{1}{4}\sqrt{9 - 4x^2} + C$;

(38) $\dfrac{1}{2}\arctan(\sin^2 x) + C$;

(39) $2\ln|\arcsin\sqrt{x}| + C$;　　(40) $-e^{\sin^2\frac{1}{x}} + C$.

4. (1) $\dfrac{1}{2}\ln\left|\dfrac{2 - \sqrt{4 - x^2}}{x}\right| + C$;

(2) $-\dfrac{x}{2}\sqrt{4 - x^2} + 2\arcsin\dfrac{x}{2} + C$;

(3) $\dfrac{x}{\sqrt{1 - x^2}} + C$;　　　(4) $-\dfrac{1}{3}(2a^2 + x^2)\sqrt{a^2 - x^2} + C$;

(5) $-\dfrac{\sqrt{1 + x^2}}{x} + C$;　　　(6) $\dfrac{1}{2}\arctan x - \dfrac{x}{2(1 + x^2)} + C$;

(7) $\dfrac{\sqrt{x^2 - a^2}}{a^2 x} + C$;　　　(8) $\sqrt{x^2 - 9} - 3\arccos\dfrac{3}{x} + C$;

(9) $\left(\dfrac{1}{3}x + 1\right)\sqrt{2x - 3} + C$;

(10) $\dfrac{3}{2}\sqrt[3]{(x + 1)^2} - 6\sqrt[3]{x + 1} + 12\ln(2 + \sqrt[3]{x + 1}) + C$;

(11) $3\sqrt[3]{x} - 6\sqrt[6]{x} + 6\ln(1 + \sqrt[6]{x}) + C$;

(12) $2\sqrt{x} - 4\sqrt[4]{x} + 4\ln(1 + \sqrt[4]{x}) + C$;

(13) $\ln\left|\dfrac{\sqrt{x + 2} - 1}{\sqrt{x + 2} + 1}\right| + C$;

(14) $2\sqrt{x - 2} + \sqrt{2}\arctan\sqrt{\dfrac{x - 2}{2}} + C$;

(15) $\dfrac{1}{3}\arctan\dfrac{\sqrt{e^{2x} - 9}}{3} + C$; (16) $\arcsin x + \sqrt{1 - x^2} + C$;

(17) $\dfrac{x}{\sqrt{x^2+1}}+C$;　　　　(18) $\dfrac{1}{3}\arccos\dfrac{3}{x}+C$;

(19) $-2\sqrt{\dfrac{1-x}{x}}+2\arctan\sqrt{\dfrac{1-x}{x}}+C$;

(20) $-\dfrac{1}{3a^2}(a^2t^2-1)^{\frac{3}{2}}+C$;

(21) $\ln\left|x-1+\sqrt{x^2-2x-3}\right|+C$;

(22) $\arcsin\dfrac{x-2}{3}+C$.

习题 5.3

1. (1) $\dfrac{1}{3}x\cos(1-3x)+\dfrac{1}{9}\sin(1-3x)+C$;

(2) $-(x+1)e^{1-x}+C$;

(3) $-x^2\cos x+2x\sin x+2\cos x+C$;

(4) $\dfrac{1}{2}x^2\sin x^2+\dfrac{1}{2}\cos x^2+C$;

(5) $\dfrac{1}{4}(2x^2-6x+13)e^{2x}+C$;

(6) $x\ln x-x+C$;

(7) $\dfrac{1}{2}(x^2-1)\ln(x-1)-\dfrac{1}{4}x^2-\dfrac{1}{2}x+C$;

(8) $2\sqrt{x}\ln x-4\sqrt{x}+C$;

(9) $\dfrac{1}{2}(1+x^2)\left[\ln(1+x^2)-1\right]+C$;

(10) $\dfrac{1}{4}x^2-\dfrac{1}{4}x\sin 2x-\dfrac{1}{8}\cos 2x+C$;

(11) $x\arctan x-\dfrac{1}{2}\ln(1+x^2)+C$;

(12) $\dfrac{1}{3}x^3\arctan x-\dfrac{1}{6}x^2+\dfrac{1}{6}\ln(1+x^2)+C$;

(13) $-\dfrac{1}{x}\ln^2 x-\dfrac{2}{x}\ln x-\dfrac{2}{x}+C$;

(14) $-\dfrac{2}{17}e^{-2x}\left(\cos\dfrac{x}{2}+4\sin\dfrac{x}{2}\right)+C$;

(15) $\dfrac{1}{10}e^{-x}(\cos 2x-2\sin 2x-5)+C$;

(16) $\dfrac{1}{2}x\left[\sin(\ln x)-\cos(\ln x)\right]+C$;

$(17) - \dfrac{1}{2}x^2 + x\tan x + \ln|\cos x| + C;$

$(18) - \dfrac{1}{2}(x\csc^2 x + \cot x) + C;$

$(19) - 2\sqrt{1-x}\arcsin\sqrt{x} + 2\sqrt{x} + C;$

$(20)\ \dfrac{1}{2}(x^2-1)\arctan\sqrt{x} - \dfrac{1}{6}x^{\frac{3}{2}} + \dfrac{1}{2}\sqrt{x} + C;$

$(21)\ \dfrac{2}{5}x^{\frac{5}{2}} + 2\sqrt{x}\arcsin\sqrt{x} + 2\sqrt{1-x} + C;$

$(22)\ x(\arcsin x)^2 + 2\sqrt{1-x^2}\arcsin x - 2x + C;$

$(23)\ x\arctan x - \dfrac{1}{2}\ln(1+x^2) - \dfrac{1}{2}(\arctan x)^2 + C;$

$(24)\ \dfrac{2}{3}(\sqrt{3x+9}-1)\mathrm{e}^{\sqrt{3x+9}} + C;$

$(25)\ 3\mathrm{e}^{\sqrt[3]{x}}(\sqrt[3]{x^2} - 2\sqrt[3]{x} + 2) + C;$

$(26)\ x\ln(\sqrt{1+x}+\sqrt{1-x}) - \dfrac{1}{2}x + \dfrac{1}{2}\arcsin x + C.$

2. $\cos x - \dfrac{2}{x}\sin x + C.$

3. $x\ln x + C.$

4. $-\ln x + C.$

习题 **5.4**

$1.(1)\ \dfrac{4}{3}\ln|x+4| - \dfrac{1}{3}\ln|x+1| + C;$

$(2)\ \dfrac{1}{5}\ln|x-1| + \dfrac{4}{5}\ln|x+4| + C;$

$(3) - \dfrac{4}{x-2} - \dfrac{11}{2(x-2)^2} + C;$

$(4)\ \dfrac{1}{x+1} + \dfrac{1}{2}\ln|x^2-1| + C;$

$(5)\ \ln|x| - \dfrac{1}{2}\ln|x+1| - \dfrac{1}{4}\ln(x^2+1) - \dfrac{1}{2}\arctan x + C;$

$(6)\ \dfrac{1}{4}\ln\left|\dfrac{x-1}{x+1}\right| - \dfrac{1}{2}\arctan x + C;$

$(7)\ \dfrac{1}{2}\arctan\dfrac{x+1}{2} + C;$

$(8)\ \dfrac{1}{2}\ln(x^2+2x+2) - \arctan(x+1) + C;$

(9) $\frac{1}{2}\ln(x^2+2x+3)-\frac{3}{\sqrt{2}}\arctan\frac{x+1}{\sqrt{2}}+C$;

(10) $x+\ln(x^2-2x+2)+\arctan(x-1)+C$;

(11) $\ln|x^2+3x-10|+C$;   (12) $\frac{1}{2}x^2-\frac{9}{2}\ln(9+x^2)+C$;

(13) $\ln|x|-\frac{1}{2}\ln(x^2+1)+C$;

(14) $\frac{3}{1+\sqrt[3]{x}}+\ln\left|\frac{x}{(1+\sqrt[3]{x})^3}\right|+C$;

(15) $x-4\sqrt{x+1}+4\ln(1+\sqrt{x+1})+C$;

(16) $2\arctan\sqrt{\frac{1-x}{1+x}}+\ln\left|\frac{\sqrt{1-x}-\sqrt{1+x}}{\sqrt{1-x}+\sqrt{1+x}}\right|+C$.

2. (1) $\frac{2}{\sqrt{5}}\arctan\frac{\tan\frac{x}{2}}{\sqrt{5}}+C$;   (2) $\frac{2}{\sqrt{3}}\arctan\frac{2\tan\frac{x}{2}+1}{\sqrt{3}}+C$;

(3) $\frac{1}{2}\ln|\tan\frac{x}{2}|-\frac{1}{4}\tan^2\frac{x}{2}+C$;

(4) $\ln|1+\tan\frac{x}{2}|+C$;

(5) $\frac{1}{4}\tan^2\frac{x}{2}+\tan\frac{x}{2}+\frac{1}{2}\ln|\tan\frac{x}{2}|+C$;

(6) $\cos x+\sec x+C$;

(7) $-\frac{1}{2}\cot\left(x+\frac{\pi}{4}\right)+C$;   (8) $\frac{1}{2}\arctan\frac{\tan x}{2}+C$;

(9) $\frac{1}{2}(\tan x)^2+\ln|\tan x|+C$.

总习题 5

1. (1)A;(2)B;(3)A;(4)C;(5)D.

2. (1) $\tan x+\sec x+C$;

(2) $-e^{-x}\ln(1+e^x)+x-\ln(1+e^x)+C$;

(3) $\frac{1}{3}(1-x^2)^{\frac{3}{2}}+C$;

(4) $2x\sec^2 2x-\tan 2x+C$;   (5) $x+2\ln|x-1|+C$.

3. (1) $\frac{1}{3}\arctan\frac{x^{\frac{3}{2}}}{2}+C$;

(2) $\frac{1}{4}\ln|x|-\frac{1}{24}\ln(x^6+4)+C$;

(3) $\dfrac{1}{\ln3-\ln2}\arctan\left(\dfrac{3}{2}\right)^{x}+C$；

(4) $-\dfrac{1}{2}\left(\arctan(1-x)\right)^{2}+C$；

(5) $\arcsin(\sin^{2}x)+C$；

(6) $\sqrt{2}\ln\left|\csc\dfrac{x}{2}-\cot\dfrac{x}{2}\right|+C$；

(7) $2\sqrt{3-2x-x^{2}}+6\arcsin\dfrac{x+1}{2}+C$；

(8) $-\dfrac{\sqrt{(1+x^{2})^{3}}}{3x^{3}}+\dfrac{\sqrt{1+x^{2}}}{x}+C$；

(9) $\ln(x+\sqrt{x^{2}+8})-\dfrac{x}{\sqrt{x^{2}+8}}+C$；

(10) $\dfrac{1}{54}\arccos\dfrac{3}{x}+\dfrac{\sqrt{x^{2}-9}}{18x^{2}}+C$；

(11) $\ln\dfrac{|x|}{(\sqrt[6]{x}+1)^{6}}+C$；

(12) $\dfrac{3}{2}\arcsin\dfrac{2}{3}x+\dfrac{1}{2}\sqrt{9-4x^{2}}+C$；

(13) $\dfrac{x\ln x}{\sqrt{1+x^{2}}}-\ln(x+\sqrt{1+x^{2}})+C$；

(14) $-\dfrac{3}{2}\sqrt[3]{\dfrac{x+1}{x-1}}+C$；

(15) $\dfrac{x\mathrm{e}^{x}}{\mathrm{e}^{x}+1}-\ln(\mathrm{e}^{x}+1)+C$；

(16) $\dfrac{\mathrm{e}^{x}}{x+1}+C$；

(17) $2\sin xf'(\sin x)-2f(\sin x)+C$；

(18) $\mathrm{e}^{\sin x}(x-\sec x)+C$；

(19) $2\mathrm{e}^{x}\tan x+C$；

(20) $\dfrac{1}{4}x^{4}+\ln\left|\dfrac{\sqrt[4]{x^{4}+1}}{x^{4}+2}\right|+C$；

(21) $-\dfrac{1}{x}+\dfrac{1}{4}\ln\left|\dfrac{1+x}{1-x}\right|-\dfrac{1}{2}\arctan x+C$；

(22) $\dfrac{1}{\sqrt{2}}\arctan\dfrac{\tan 2x}{\sqrt{2}}+C$。

4. $\dfrac{x\mathrm{e}^{\frac{x}{2}}}{2(1+x)^{\frac{3}{2}}}$。

5. $\dfrac{f(x)}{x\mathrm{e}^x}+C.$

6. $\tan x.$

7. (1) 3;　　　(2) $C(x)=\dfrac{3}{2}x^2+20x+200$;　　　(3)亏损 164 元.

8. 略.

第 6 章

习题 6.1

1. (1) $\dfrac{5}{2}$;　　　　　　　　(2) $\mathrm{e}-1.$

2. (1) $\displaystyle\int_0^1\dfrac{1}{1+x}\mathrm{d}x$;　　　　　　(2) $\displaystyle\int_0^1\dfrac{1}{1+x^2}\mathrm{d}x.$

3. (1) $\dfrac{1}{2}\pi a^2$;　　(2) 1;　　(3) 0;　　(4) 0.

4. $2n.$

5. (1) 6;　　　(2) -2;　　(3) -3;　　(4) 5.

6. (1) $\displaystyle\int_0^1 x^2\mathrm{d}x$ 较大;　　　　(2) $\displaystyle\int_0^2 x^3\mathrm{d}x$ 较大;

　　(3) $\displaystyle\int_1^2 \ln x\mathrm{d}x$ 较大;　　　　(4) $\displaystyle\int_0^{\frac{\pi}{2}} x\mathrm{d}x$ 较大.

7. (1) $\dfrac{2\pi}{13}\leqslant I\leqslant\dfrac{2\pi}{7}$;　　　　(2) $1\leqslant I\leqslant\mathrm{e}$;

　　(3) $\dfrac{1}{2}\leqslant I\leqslant\dfrac{\sqrt{2}}{2}$;　　　　(4) $\dfrac{\pi}{2}\leqslant I\leqslant\dfrac{\sqrt{2}}{2}\pi.$

8~11. 略.

习题 6.2

1. (1) $\dfrac{29}{6}$;　　　　　　　　(2) $2\sqrt{\mathrm{e}}-1$;

　　(3) $1-\dfrac{\pi}{4}$;　　　　　　(4) $1+\dfrac{\pi}{4}$;

　　(5) $\dfrac{\pi}{3}$;　　　　　　　(6) $\dfrac{4(2+\sqrt{2})}{15}$;

　　(7) $2\sqrt{2}$;　　　　　　　(8) $\mathrm{e}^4+\mathrm{e}^2-2$;

　　(9) $4\sqrt{2}$;　　　　　　　(10) $\dfrac{10}{3}.$

2.(1) $\dfrac{x}{1+\cos x}$;

(2) $\dfrac{3x^2}{\sqrt{1+x^{12}}} - \dfrac{2x}{\sqrt{1+x^8}}$;

(3) $e^{-\sin^2 x}\cos x - e^{-x^4}2x$;

(4) $-|\sin x|\sin x - |\cos x|\cos x$;

(5) $-\cos(\cos x) + 1 - x\sin(\cos x)\sin x$;

(6) 0.

3. $-\dfrac{\cos x}{1+y}$.

4. $-4t^4$.

5. $f(x)$.

6.(1) $\sqrt{2}$;　　　(2) 1;　　　(3) $-\dfrac{1}{6}$;　　(4)1;

(5) $\dfrac{1}{2}f(0)$.

7. 1.

8. 极小值为 0 ,拐点 $(1, 1-2e^{-1})$.

9. $\varphi(x) = \begin{cases} \dfrac{x^2}{2} + x + \dfrac{1}{2}, & -1 \leqslant x \leqslant 0, \\ \dfrac{x^2}{2} + \dfrac{1}{2}, & 0 < x \leqslant 1, \end{cases}$ $\varphi(x)$ 在 $[-1,1]$ 上连续,

在 $x = 0$ 处不可导.

10~11. 略.

12. $\dfrac{2}{3}$.

习题 6.3

1.(1) $\dfrac{15625}{18}$;　　　　　　　(2) $\dfrac{1}{2}\ln\dfrac{6}{5}$;

(3)0;　　　　　　　　(4) $\dfrac{1}{3}\ln 2$;

(5) $\dfrac{2}{7}$;　　　　　　　　(6) $\dfrac{1}{3}\ln\dfrac{5}{2}$;

(7) $\dfrac{1}{\sqrt{2}}\arctan\sqrt{2}$;　　　(8) $1 - \ln(1+e) + \ln 2$;

(9) $2(\sqrt{3}-1)$;　　　　　(10) π;

(11) $\dfrac{\pi^3}{324}$;　　　　　　　(12) $\dfrac{\pi^2}{12}$;

(13) $\dfrac{\pi}{2}$;   (14) $2-\dfrac{\pi}{2}$;

(15) $\dfrac{\pi}{16}a^4$;   (16) $\dfrac{8}{3}$;

(17) $(\sqrt{3}-1)a$;   (18) $\sqrt{3}-\dfrac{\pi}{3}$;

(19) $1-\dfrac{\pi}{4}$;   (20) $\sqrt{2}-\dfrac{2}{\sqrt{3}}$;

(21) $1-2\ln2$;   (22) $1-\dfrac{\pi}{4}$.

2. $\dfrac{37}{24}-\dfrac{1}{e}$.

3. 最大值为 $\ln3$,最小值为 $\ln\dfrac{3}{4}$.

4. $f(x)=\cos x-\sin x$.

5. (1) $\dfrac{1-3e^{-2}}{4}$;   (2) 4π ;

(3) $\dfrac{\pi^2}{16}-\dfrac{\pi}{4}+\dfrac{1}{2}$;   (4) $4(2\ln2-1)$;

(5) $\dfrac{2\pi}{3}-\dfrac{\sqrt{3}}{2}$;   (6) $\dfrac{\pi^2}{72}+\dfrac{\sqrt{3}\pi}{6}-1$;

(7) $\sqrt{3}\ln(2+\sqrt{3})-1$;   (8) $\dfrac{\pi}{4}+\dfrac{1}{2}\ln2$;

(9) $\dfrac{1}{5}(e^{\pi}-2)$;   (10) $\dfrac{1}{2}(e\sin1-e\cos1+1)$;

(11) $\dfrac{\pi}{2}-1$;   (12) $2-\dfrac{2}{e}$;

(13) $4\sqrt{2}\pi$.

6. $I_n=e-nI_{n-1}$, $I_3=6-2e$.

7. (1) 2 ;   (2) $\dfrac{\pi^2}{8}+\dfrac{1}{2}$;

(3) 0 ;   (4) $\dfrac{16}{35}$;

(5) $\ln3$;   (6) $4\sqrt{2}-2$;

(7) $1-\dfrac{\sqrt{3}}{6}\pi$;   (8) $\dfrac{\pi}{2}$;

(9) $\dfrac{\sqrt{3}}{18}\pi+\dfrac{1}{2}\ln3$;

$$(10) \begin{cases} \dfrac{1 \cdot 3 \cdot 5 \cdot \cdots \cdot m}{2 \cdot 4 \cdot 6 \cdot \cdots \cdot (m+1)} \cdot \dfrac{\pi}{2}, & m \text{ 为奇数,} \\[3mm] \dfrac{2 \cdot 4 \cdot 6 \cdot \cdots \cdot m}{1 \cdot 3 \cdot 5 \cdot \cdots \cdot (m+1)}, & m \text{ 为偶数.} \end{cases}$$

8. 略.

9. 2.

10. 略.

习题 6.4

1. (1) $\dfrac{1}{a}$; (2) 发散; (3) $\dfrac{2}{\sqrt{3}}\pi$; (4) $\dfrac{\pi}{6}$;

(5) 发散; (6) $\dfrac{\pi}{6}$; (7) $\dfrac{\omega}{p^2 + \omega^2}$;

(8) $\dfrac{\pi}{4} + \dfrac{1}{2}\ln 2$; (9) $\dfrac{\pi}{4}e^{-2}$.

2. (1) $\dfrac{\pi}{2}$; (2) $\dfrac{3}{2}$; (3) -1; (4) 发散;

(5) $\dfrac{\pi}{2} + \ln(2 + \sqrt{3})$.

3. (1) 1; (2) $\dfrac{5}{2}$.

4. 当 $k > 1$ 时, 收敛于 $\dfrac{1}{(k-1)(\ln 2)^{k-1}}$; 当 $k \leqslant 1$ 时, 发散; 当 $k = 1 - \dfrac{1}{\ln\ln 2}$ 时, 取得最小值.

5. (1) $\dfrac{1}{n}\Gamma\left(\dfrac{1}{n}\right)$; (2) $\Gamma(p+1)$;

(3) $\dfrac{1}{2}e^2(1 + 2\sqrt{\pi})$; (4) $\dfrac{1}{2}m!$;

(5) $\dfrac{105}{16}\sqrt{\pi}$; (6) $\dfrac{(2m-1)!!}{2^{m+1}}\sqrt{\pi}$.

6~7. 略.

习题 6.5

1. (1) $\dfrac{125}{6}$; (2) 3; (3) $b - a$; (4) $\dfrac{2}{3}$.

2. $\dfrac{e}{2} - 1$.

3. $x = -2$.

4. $y = \dfrac{1}{4}x + \ln 4 - 1$

5. $\sqrt{2}$.

6. (1) $\dfrac{128}{7}\pi,\dfrac{64}{5}\pi$;　　　(2) $\dfrac{\pi}{4},\dfrac{4}{7}\pi$;　　(3) $\dfrac{3}{10}\pi$;

　(4) $34\dfrac{2}{15}\pi$;　　　　(5) $4\pi^2$;　　　(6) $2\pi a^2$.

7. $\dfrac{\pi}{2}$.

8. $\dfrac{4}{3}\pi$.

9. $4\sqrt{3}$.

10. $\dfrac{1000}{3}\sqrt{3}$.

11. (1) 25;　　　(2) 125.

12. (1) 需求函数为 $x=100(4-p)$，总收入函数为 $R(x)=4x-\dfrac{1}{100}x^2$;

　(2) 价格 $p=2$ 时总收入最大，相应的需求量为 $x=200$.

13. (1) 总利润函数 $L(x)=-x^3+5x^2-8x-10$;

　(2) 产量为 2 时利润最大.

总习题 6

1. (1)C; (2)D; (3)D; (4)B; (5)B; (6)D; (7)C.

2. (1) $\dfrac{1}{5}$;　　　(2) 0;　　　(3) 0;　　　(4) $\dfrac{20}{3}$;

　(5) $\dfrac{429}{4096}\pi$;　　　　(6) $f(b+x)-f(x)$;

　(7) $e+e^{-1}-2$;　　　　(8) $\dfrac{1}{5}\pi$.

3. (1) $\ln(1+\sqrt{2})$;　　　　(2) $\dfrac{\pi}{4}$;

　(3) 2;　　　　　　(4) 1;

　(5) $\dfrac{\pi^2}{4}$;　　　　　(6) $3g(x)+2xg'(x)$;

　(7) $\sqrt{x}-1$;

　(8) $3x-3\sqrt{1-x^2}$ 或 $3x-\dfrac{3}{2}\sqrt{1-x^2}$;

　(9) 2;　　　　　　(10) $\ln^2 x$;

　(11) $2n$.

4. $\dfrac{x e^{\frac{x}{2}}-2e^{\frac{x}{2}}+2}{e^{\frac{x}{2}}-1}$.

5. 16π.

6. $2\pi^2, 4\pi - \dfrac{\pi^2}{2}$.

7. 略.

8.(1)19 万元,20 万元;　　　　(2) $Q = 3.2$ 百台;

(3) $C(Q) = 1 + 4Q + \dfrac{1}{8}Q^2$, $L(Q) = -1 + 4Q - \dfrac{5}{8}Q^2$;

(4) $L(3.2) = 5.4$ 万元,$C(3.2) = 15.08$ 万元,$R(3.2) = 20.48$ 万元.

第 7 章

习题 7.1

1.(1)是 ,一阶;　(2)是 ,一阶;　(3)是 ,一阶;　(4)不是;

(5)是 ,二阶;　(6)是 ,二阶;　(7)是 ,三阶;　(8)是 , n 阶.

2.是特解.

3. $y = \dfrac{1}{3}x^3$.

4. $x^2 - xy + y^2 = 1$.

5. $\dfrac{\mathrm{d}L}{\mathrm{d}x} = K(A - L)$.

6. $\dfrac{\mathrm{d}y}{\mathrm{d}x} = 2x^2$.

习题 7.2

1. (1) $y = Ce^{3x^2}$;

(2) $e^y = e^x + C$;

(3) $(1 + y^2)(1 + x^2) = Cx^2$;

(4) $\ln|xy| + x - y = C$;

(5) $\ln|\sin y| = -\ln|\cos x| + C$;

(6) $3e^{-y^2} = 2e^{3x} + C$.

2. (1) $e^{\left(\frac{y}{x}\right)^2} = Cx$;　　　　(2) $\sin \dfrac{y}{x} = Cx$;

(3) $x^3 - 2y^3 = Cx$;　　　　(4) $x^2 - 2xy - y^2 = C$;

(5) $\arcsin \dfrac{y}{x} = \mathrm{sgn}x \cdot \ln|x| + C$;

(6) $Cy = 1 + \ln \dfrac{y}{x}$;

(7) $xy^2 - x^2 y - x^3 = C$.

3. (1) $(1-x^2)(4+y^2) = 5$； (2) $y = e^{x^2}$；

   (3) $y = \dfrac{1}{1+\ln|1+x|}$； (4) $e^y = \dfrac{4x+1}{2x+1}$；

   (5) $\sin y = x - 1 + \left(\dfrac{\sqrt{2}}{2} + 1\right)e^{-x}$；

   (6) $y = \dfrac{1}{2}(x^2 - 1)$.

4. (1) $y = \sin x + C\cos x$； (2) $y = \dfrac{C - \cos x}{x}$；

   (3) $y = \dfrac{C}{\ln x} + ax$； (4) $y = (x + C)e^{-x^2}$；

   (5) $x = e^y\left(C + \dfrac{1}{2}e^{-2y}\right)$； (6) $x = y[(\ln y)^2 + \ln y + C]$.

5. (1) $y = (x+1)e^x$； (2) $y\sin x + 5e^{\cos x} = 1$；

   (3) $y = \dfrac{x}{\cos x}$； (4) $2y = x^3 - x^3 e^{\frac{1}{x^2}-1}$.

6. (1) $\arctan(x+y) = y + C$；

   (2) $\arctan\left(\dfrac{2}{3} + \dfrac{2}{3}x + \dfrac{8}{3}y\right) = 6x + C$；

   (3) $(y^3 - 3x)^7(y^3 + 2x)^3 = Cx^{15}$.

习题 7.3

1. (1) $y = e^{-x} + C_1 x + C_2$；

   (2) $y = \cos x - 5x^4 + C_1 x^2 + C_2 x + C_3$；

   (3) $y = C_1 e^{2x} + C_2$；

   (4) $y = -\ln\cos(x + C_1) + C_2$；

   (5) $y = \arcsin(C_2 e^x) + C_1$；

   (6) $y = \tan(C_1 x + C_2)$.

2. $y = \dfrac{1}{2}(x^2 - 3)$.

3. $y = -\dfrac{1}{a}\ln|ax+1|$.

4. $y = \ln x + \dfrac{1}{2}\ln^2 x$.

5. $y = \sqrt{2x - x^2}$.

6. $y = \dfrac{1}{6}x^3 + \dfrac{1}{2}x + 1$.

习题 7.4

1. (1) $y = C_1 + C_2 e^{6x}$； (2) $y = C_1 e^{3x} + C_2 e^{-4x}$；

427

(3) $y = (C_1 + C_2 x) \mathrm{e}^{3x}$;　　(4) $y = C_1 \cos \sqrt{5} x + C_2 \sin \sqrt{5} x$;

(5) $y = \mathrm{e}^{x} \left(C_1 \cos \dfrac{\sqrt{2}}{2} x + C_2 \sin \dfrac{\sqrt{2}}{2} x \right)$;

(6) $y = C_1 cosx + C_2 \sin x + 2x$;

(7) $y = C_1 \mathrm{e}^{-2x} + C_2 \mathrm{e}^{2x} + \dfrac{1}{4} x \mathrm{e}^{2x}$;

(8) $y = C_1 \mathrm{e}^{-x} + C_2 \mathrm{e}^{3x} + 2x \mathrm{e}^{3x}$;

(9) $y = -\dfrac{1}{36} x(3x + 14) \mathrm{e}^{-2x} + C_1 \mathrm{e}^{-2x} + C_2 x \mathrm{e}^{4x}$;

(10) $y = (C_1 + C_2 x) \mathrm{e}^{3x} + x^2 \left(\dfrac{1}{6} x + \dfrac{1}{2} \right) \mathrm{e}^{3x}$;

(11) $y = C_1 \mathrm{e}^{-x} + C_2 \mathrm{e}^{3x} + \sin x + 2\cos x$;

(12) $y = \mathrm{e}^{x} (C_1 \cos x + C_2 \sin x) - \dfrac{1}{2} x \mathrm{e}^{x} \cos x$;

(13) $y = C_1 \cos x + C_2 \sin x + \dfrac{1}{2} \mathrm{e}^{x} + \dfrac{1}{2} x \sin x$.

2. (1) $y^* = A \mathrm{e}^{2x}$;　　　　(2) $y^* = x^2 (Ax + B) \mathrm{e}^{x}$;

(3) $y^* = Ax^2 + Bx + C$;　　(4) $y^* = Ax \mathrm{e}^{-x}$;

(5) $y^* = x \mathrm{e}^{x} (A\cos 2x + B\sin 2x)$;

(6) $y^* = x(A\cos x + B\sin x)$.

3. (1) $y = \mathrm{e}^{-x} - \mathrm{e}^{-2x}$;　　　　(2) $y = 2\cos 3x + \sin 3x$;

(3) $y = \dfrac{1}{4} + \dfrac{1}{4} (3 + 2x) \mathrm{e}^{2x}$.

4. (1) $p(x) = -\dfrac{1}{x}, f(x) = \dfrac{3}{x^3}$;

(2) $y = C_1 + C_2 x^2 + \dfrac{1}{x}$.

5. (1) 略;　　　　　　(2) $y = 2\mathrm{e}^{x} - x$.

习题 7.5

1. $x(t) = x_0 \mathrm{e}^{0.0148(t-t_0)}$;　　约 13.45 亿.

2. $p = 4(5 - 3\mathrm{e}^{-2t})$.

3. 约 18 人; 约 46 天.

4. $p(t) = \mathrm{e}^{6t} + \mathrm{e}^{-2t} + 4$.

习题 7.6

1. $a^t (a - 1)$.

2. $\displaystyle\sum_{i=1}^{n} C_n^i t^{n-i}$.

3. $e^t[t(e-1)+e]+4t+2$.

4. $2t+3$,2.

5. $\ln \dfrac{(t+4)\,(t+2)^3}{(t+3)^3(t+1)}+2^t$.

6. (1)一阶；　　　　(2)一阶；　　　　(3)二阶；

　(4)二阶；　　　　(5)三阶；　　　　(6)五阶.

7. $y_t=-1+2^{t+1}$.

8. $y_{t+3}-2y_{t+2}+y_{t+1}=0$.

习题 7.7

1. (1) $y_t=C\cdot 2^t-t-1$;　　　(2) $y_t=\dfrac{2}{3}t^3-t^2+\dfrac{1}{3}t+C$;

　(3) $y_t=C\left(\dfrac{2}{3}\right)^t$;　　　(4) $y_t=C\cdot 3^t-7\cdot 2^t$.

2. $y_t=(-1)^t 3^{t+1}+1$.

3. $y_t=1-5t$.

4. $y_t=\dfrac{1}{4}\left[1+\left(-\dfrac{1}{2}\right)^n\right]$.

5. (1) $y_t=C_1(-1)^t+C_2(-3)^t$;

　(2) $y_t=C_1\sin 2t+C_2\cos 2t$;

　(3) $y_t=(C_1+C_2 t)2^t+3^t$;

　(4) $y_t=C_1\cos\dfrac{\pi}{2}t+C_2\sin\dfrac{\pi}{2}t+\dfrac{1}{2}(t-1)$;

　(5) $y_t=C_1\sin 2t+C_2\cos 2t+\dfrac{1}{2}$.

6. $y_t=2\left(\sqrt{3}\right)^{t+1}\sin\dfrac{\pi}{6}t+5$.

7. $y_t=-\dfrac{1}{2}\left[1+(-3)^t\right]$.

8. $y_t=-\cot 2\cdot\sin 2t+\dfrac{7}{8}\cos 2t+2^{t-3}$.

习题 7.8

1. 90073.45 元，194.95 元.

2. 13 年 5 个月.

总习题 7

1. (1) A；　(2) C；　(3) D；　(4) B；　(5)A；　(6)D.

2. (1) $\pi e^{\frac{\pi}{4}}$;　　　　　　　(2) $y'=\dfrac{1}{\sqrt{1-x^2}}$;

(3) $y'' - 3y' + 2y = 0$；　　　(4) $y = C_1 + C_2 e^{-3x} + y^*$.

(5) $y_t = 1.2 y_{t-1} + 2$.

3. (1) $\ln(\csc y - \cot y) = \sin 2x + C$；

(2) $y = 1 + \dfrac{C}{x}$；

(3) $y_t = C(-5)^t + \dfrac{5}{12}\left(t - \dfrac{1}{6}\right)$；

(4) $x^2 + y + 1 = Ce^{x^2}$；

(5) $x = y(C - \ln y)$；　　　(6) $(x + y + 1)(x + C) = -1$；

(7) $\sin y = x + Ce^{-x}$；　　　(8) $y_t = C + (t - 2) \cdot 2^t$；

(9) $y = \pm\left[\dfrac{x}{2}\sqrt{x^2 + C_1} + \dfrac{C_1}{2}\ln\left|x + \sqrt{x^2 + C_1}\right|\right] + C_2$；

(10) $y = \tan x$；

(11) $y = e^x(x^2 - x + 1) - e^{-x}$；

(12) $y = \dfrac{1}{9 + a^2}x + C_1 + (C_2\cos ax + C_3\sin ax)e^{-3x}$.

4. (1) $y^* = Ax + B + Cx^2 e^{2x}$；(2) $f(x) = e^{\lambda x}(A\cos \omega x + B\sin \omega x)$.

5. $f(x) = \dfrac{3}{4x^2} - \dfrac{3x^2}{4}$.

6. $\alpha = -1, \beta = 0, \gamma = 2$；$y = -x(x + 6) + C_1 + C_2 e^x$.

7. $x(t) = \dfrac{60}{1 + 3e^{-0.6t}}$.

8. $y = -\dfrac{1}{2}\sqrt{x}$.

9. 若干年后的产量与价格都会趋于稳定,其稳定的产量为 26.875 万 t,稳定的价格为 7.25 元/kg.

习题 8.1

1. (1) $(a, b, -c)$，$(-a, b, c)$，$(a, -b, c)$；

(2) $(a, -b, -c)$，$(-a, b, -c)$，$(-a, -b, c)$；

(3) $(-a, -b, -c)$.

2. x 轴：$\sqrt{41}$，y 轴：$\sqrt{29}$，z 轴：$2\sqrt{5}$.

3. $(0, 1, 1)$.

4. $3x^2 + 3y^2 + 3z^2 - 48x - 28y + 8z + 128 = 0$.

5. $(x + 1)^2 + (y + 3)^2 + (z - 2)^2 = 9$.

6. 表示球心在点 $(1, -2, 2)$、半径为 4 的球面.

7. 略.

8. 略.

9. $14x + 9y - z - 15 = 0$.

10. $x^2 + y^2 - 2x + 2y - 4z + 6 = 0$.

习题 8.2

1. $\dfrac{2}{3}$, 0, $\dfrac{xy}{x^2 - y^2}$.

2. $\dfrac{x^2 - xy}{2}$.

3. (1) $\{(x,y) \mid x^2 + y^2 \leqslant 2\}$;

(2) $\{(x,y) \mid x \geqslant y, x + y < 1\}$;

(3) $\{(x,y,z) \mid r^2 \leqslant x^2 + y^2 + z^2 < R^2\}$;

(4) $\{(x,y,z) \mid x^2 + y^2 \leqslant z \leqslant 2\}$.

4. (1) $2\ln 3$；　　(2) 3；　　　(3) $\dfrac{4}{3}$；　　(4) 2.

5. 略.

习题 8.3

1. (1) $\dfrac{\partial z}{\partial x} = 3x^2 y - y^3$, $\dfrac{\partial z}{\partial y} = x^3 - 3xy^2$;

(2) $\dfrac{\partial z}{\partial x} = \dfrac{1}{y} - \dfrac{y}{x^2}$, $\dfrac{\partial z}{\partial y} = \dfrac{1}{x} - \dfrac{x}{y^2}$;

(3) $\dfrac{\partial z}{\partial x} = \dfrac{-2xy}{(x^2 + y^2)^2}$, $\dfrac{\partial z}{\partial y} = \dfrac{x^2 - y^2}{(x^2 + y^2)^2}$;

(4) $\dfrac{\partial z}{\partial x} = 2\sin 2(2x - 3y)$, $\dfrac{\partial z}{\partial y} = -3\sin 2(2x - 3y)$;

(5) $\dfrac{\partial z}{\partial x} = \dfrac{2y}{\sqrt{4x - y^2}}$, $\dfrac{\partial z}{\partial y} = \dfrac{2(2x - y^2)}{\sqrt{4x - y^2}}$;

(6) $\dfrac{\partial u}{\partial x} = \dfrac{y}{z} x^{\frac{y}{z} - 1}$, $\dfrac{\partial u}{\partial y} = \dfrac{1}{z} x^{\frac{y}{z}} \ln x$, $\dfrac{\partial u}{\partial z} = -\dfrac{y}{z^2} x^{\frac{y}{z}} \ln x$;

(7) $\dfrac{\partial u}{\partial x} = \dfrac{z^3}{2x \sqrt{\ln(2xy)}}$, $\dfrac{\partial u}{\partial y} = \dfrac{z^3}{2y \sqrt{\ln(2xy)}}$, $\dfrac{\partial u}{\partial z} = 3z^2 \sqrt{\ln(2xy)}$.

2. (1) $\dfrac{-y}{x(2x + y)}$, $\dfrac{1}{2x + y}$;　　(2) $1 + 2\ln 2$;

(3) $4x e^{2x^2}$;　　　　　　　　(4) $-3, -1$.

3. 略.

4. 略.

5. $\dfrac{\pi}{4}$.

6. (1) $\dfrac{\partial^2 z}{\partial x^2} = 6x$, $\dfrac{\partial^2 z}{\partial y^2} = 6y - 4x$, $\dfrac{\partial^2 z}{\partial x \partial y} = -4y$;

(2) $\dfrac{\partial^2 z}{\partial x^2} = \dfrac{-2xy}{(y^2+x^2)^2}$, $\dfrac{\partial^2 z}{\partial y^2} = \dfrac{2xy}{(y^2+x^2)^2}$, $\dfrac{\partial^2 z}{\partial x \partial y} = \dfrac{x^2-y^2}{(y^2+x^2)^2}$;

(3) $\dfrac{\partial^2 z}{\partial x^2} = y^x \ln^2 y$, $\dfrac{\partial^2 z}{\partial y^2} = x(x-1)y^{x-2}$, $\dfrac{\partial^2 z}{\partial x \partial y} = xy^{x-1}\ln y + y^x \dfrac{1}{y} =$

$y^{x-1}(1+x\ln y)$;

(4) $\dfrac{\partial^2 z}{\partial x^2} = -4\cos(2x-y)$, $\dfrac{\partial^2 z}{\partial y^2} = -\cos(2x-y)$, $\dfrac{\partial^2 z}{\partial x \partial y} =$

$2\cos(2x-y)$.

7. $u''_{zx}(1,0,-2) = 24$, $u''_{yz}(0,-1,1) = -6$, $u'''_{zxz}(2,0,1) = 24$.

8. 略.

习题 8.4

1. (1) $2(x-y)\mathrm{d}x + (3y^2-2x)\mathrm{d}y$;

(2) $\dfrac{1}{y}\mathrm{e}^{\frac{x}{y}}\mathrm{d}x - \dfrac{x}{y^2}\mathrm{e}^{\frac{x}{y}}\mathrm{d}y$;

(3) $\dfrac{2x^2-y^2}{\sqrt{x^2-y^2}}\mathrm{d}x - \dfrac{xy}{\sqrt{x^2-y^2}}\mathrm{d}y$;

(4) $\dfrac{5(y\mathrm{d}x - x\mathrm{d}y)}{(x+2y)^2}$;

(5) $(2x+y^2+z^3)\mathrm{d}x + 2xy\mathrm{d}y + 3xz^2\mathrm{d}z$;

(6) $yzx^{yz-1}\mathrm{d}x + zx^{yz}\ln x\mathrm{d}y + yx^{yz}\ln x\mathrm{d}z$.

2. (1) $-\left(\mathrm{d}x + \dfrac{2}{3}\mathrm{d}y\right)$;　　　　(2) $4\mathrm{d}x - 6\mathrm{d}y + 3\mathrm{d}z$.

3. $-0.125, -0.119$.

*4. (1) 1.021 ;　　　　(2) 0.502 .

*5. $-5\mathrm{cm}$.

习题 8.5

1. $4t^3 - 7t^6$.

2. $\dfrac{\mathrm{d}z}{\mathrm{d}x} = \dfrac{\mathrm{e}^x(1+x)}{x^2\mathrm{e}^{2x}+1}$.

3. $\mathrm{e}^{2x}(4x - 2x^3 + 2 - 3x^2)$.

4. $\dfrac{\partial z}{\partial x} = \mathrm{e}^{xy}[y\cos(2x-y) - 2\sin(2x-y)]$, $\dfrac{\partial z}{\partial y} = \mathrm{e}^{xy}[x\cos(2x-y) +$

$\sin(2x-y)]$.

5. $\dfrac{\partial z}{\partial x} = \dfrac{1}{y^2\mathrm{e}^{2x}+x^2+y}(2y^2\mathrm{e}^{2x}+2x)$, $\dfrac{\partial z}{\partial y} = \dfrac{1}{y^2\mathrm{e}^{2x}+x^2+y}(2y\mathrm{e}^{2x}+1)$.

6. $\dfrac{\partial z}{\partial x} = (2x+y)^{x+2y}\left[\ln(2x+y) + \dfrac{2x+4y}{2x+y}\right]$,

$$\frac{\partial z}{\partial y} = (2x+y)^{x+2y}\left[2\ln(2x+y) + \frac{x+2y}{2x+y}\right].$$

7. (1) $u'_x = 2xf'_1 + 3f'_2$, $u'_y = -2yf'_1 + 2f'_2$;

  (2) $u'_x = f'_1 + yzf'_2$, $u'_y = 2yf'_1 + xzf'_2$, $u'_z = 3z^2f'_1 + xyf'_2$;

  (3) $u'_x = f'_1 + f'_2$, $u'_y = -f'_1 + 2f'_2 + f'_3$;

  (4) $u'_x = \frac{1}{y}f'_1$, $u'_y = -\frac{x}{y^2}f'_1 + \frac{1}{z}f'_2$, $u'_z = -\frac{y}{z^2}f'_2$.

8. 0.

9. 略.

10. (1) $\frac{\partial^2 z}{\partial x^2} = y^2 f''_{11}$, $\frac{\partial^2 z}{\partial x \partial y} = f'_1 + y(xf''_{11} + f''_{12})$, $\frac{\partial^2 z}{\partial y^2} = x^2 f''_{11} + 2xf''_{12} + f''_{22}$;

  (2) $\frac{\partial^2 z}{\partial x^2} = 2yf'_2 + y^4 f''_{11} + 4xy^3 f''_{12} + 4x^2 y^2 f''_{22}$,

  $\frac{\partial^2 z}{\partial x \partial y} = 2yf'_1 + 2xf'_2 + 2xy^3 f''_{11} + 2x^3 yf''_{22} + 5x^2 y^2 f''_{12}$,

  $\frac{\partial^2 z}{\partial y^2} = 2xf'_1 + 4x^2 y^2 f''_{11} + 4x^3 yf''_{12} + x^4 f''_{22}$.

11. $\frac{\partial^2 w}{\partial x \partial z} = f''_{11} + yf'_2 + y(x+z)f''_{12} + xy^2 zf''_{22}$.

习题 8.6

1. $\frac{dy}{dx} = \frac{e^x + y}{3y^2 - x}$.

2. $\frac{d^2 y}{dx^2} = -\frac{a^2}{9y^3}$.

3. (1) $\frac{\partial z}{\partial x} = \frac{y(\cos xy - z)}{z^2 + xy}$, $\frac{\partial z}{\partial y} = \frac{x(\cos xy - z)}{z^2 + xy}$;

  (2) $\frac{\partial z}{\partial x} = \frac{z(1 - 2xyz)}{x - z}$, $\frac{\partial z}{\partial y} = \frac{z^2(1 + yx^2)}{(z-x)y}$.

4. 1.

5. $dz|_{(1,1)} = -dx + dy$.

6. 略.

7. 略.

8. $\frac{\partial^2 z}{\partial x^2} = -\frac{16xz}{(3z^2 - 2x)^3}$, $\frac{\partial^2 z}{\partial y^2} = -\frac{6z}{(3z^2 - 2x)^3}$.

9. $\frac{\partial^2 z}{\partial x \partial y}\Big|_{\substack{x=0 \\ y=0}} = \frac{1}{2}$.

习题 8.7

1. 极大值 $f(2, -2) = 8$.

2.极大值 $f(-1,1)=1$.

3.极小值 $z(1,0)=-1$.

4.极大值 $z(3,2)=36$.

5. $\left(\dfrac{8}{5},\dfrac{16}{5}\right)$.

6.长、宽均为 $\sqrt[3]{2V}$,高为 $\dfrac{1}{2}\sqrt[3]{2V}$ 时,表面积最小.

7.矩形两边分别为 $\sqrt{2}R,\dfrac{\sqrt{2}}{2}R$.

8.两种方式的广告费分别为 $x=15$ 千元,$y=10$ 千元时,获最大利润 15 千元.

9.(1)两个市场上该产品的销售量分别为 $Q_1=4$ 吨、$Q_2=5$ 吨,价格分别为 $p_1=10$ 万元/吨、$p_2=7$ 万元/吨时,企业获得最大利润;(2)两个市场上该产品的销售量分别为 $Q_1=5$ 吨,$Q_2=4$ 吨,统一的价格为 $p=8$ 万元/吨时,企业获得最大利润;企业实行价格差别策略所得最大利润 52 万元大于统一价格的最大利润 49 万元.

习题 8.8

1.(1) $I_1\leqslant I_2$;   (2) $I_1\geqslant I_2$;   (3) $I_1\leqslant I_2\leqslant I_3$.

2.(1) $8\leqslant I\leqslant 8\sqrt{2}$;   (2) $-\sqrt{2}\pi\leqslant I\leqslant\sqrt{2}\pi$;   (3) $\dfrac{1}{2}\leqslant I\leqslant\dfrac{3}{2}$.

习题 8.9

1.(1)1;   (2) $\dfrac{1}{6}$;   (3) $-\dfrac{3}{2}\pi$;   (4) $\dfrac{11}{15}$.

2.(1) $\dfrac{6}{55}$;   (2) $\dfrac{1}{2}(1-\cos 2)$;

(3) $e-e^{-1}$;   (4) $-\dfrac{5}{6}$.

3.(1) $\displaystyle\int_0^1 dx\int_0^{2-2x} f(x,y)dy$ 或 $\displaystyle\int_0^2 dy\int_0^{\frac{1}{2}(2-y)} f(x,y)dx$;

(2) $\displaystyle\int_0^1 dx\int_{-\sqrt{x}}^{\sqrt{x}} f(x,y)dy$ 或 $\displaystyle\int_{-1}^1 dy\int_{y^2}^1 f(x,y)dx$;

(3) $\displaystyle\int_1^3 dx\int_{\frac{1}{x}}^x f(x,y)dy$ 或 $\displaystyle\int_{\frac{1}{3}}^1 dy\int_{\frac{1}{y}}^3 f(x,y)dx+\int_1^3 dy\int_y^3 f(x,y)dx$.

4.(1) $\displaystyle\int_0^1 dy\int_y^1 f(x,y)dx$;

(2) $\displaystyle\int_0^4 dx\int_{\frac{x}{2}}^{\sqrt{x}} f(x,y)dy$;

(3) $\int_1^{\sqrt{2}} dy \int_{-\sqrt{2-y^2}}^{\sqrt{2-y^2}} f(x,y) dx$;

(4) $\int_0^1 dx \int_0^x f(x,y) dy + \int_1^2 dx \int_0^{2-x} f(x,y) dy$;

(5) $\int_0^1 dy \int_{\frac{y}{2}}^y f(x,y) dx$.

5. (1) $\dfrac{1}{2}$;　　　　　　　　　(2) 1.

6. 略.

7. 1.

8. (1) 0;　　　(2) $\dfrac{2}{3}$;　　　(3) $\dfrac{4}{3}$.

9. (1) $\int_0^{2\pi} d\theta \int_0^3 f(r\cos\theta, r\sin\theta) r dr$;

(2) $\int_0^{2\pi} d\theta \int_a^b f(r\cos\theta, r\sin\theta) r dr$;

(3) $\int_0^{\pi} d\theta \int_0^{\sin\theta} f(r\cos\theta, r\sin\theta) r dr$;

(4) $\int_{\frac{\pi}{4}}^{\frac{\pi}{2}} d\theta \int_0^{\csc\theta} f(r\cos\theta, r\sin\theta) r dr$;

(5) $\int_0^{\frac{\pi}{4}} d\theta \int_{\frac{2}{\sin\theta+\cos\theta}}^{2\cos\theta} f(r\cos\theta, r\sin\theta) r dr$.

10. (1) $\int_{\frac{\pi}{4}}^{\frac{\pi}{3}} d\theta \int_0^{\sec\theta} f(r\cos\theta, r\sin\theta) r dr$;

(2) $\int_0^{\frac{\pi}{4}} d\theta \int_0^{a\sec\theta} f(r^2) r dr + \int_{\frac{\pi}{4}}^{\frac{\pi}{2}} d\theta \int_0^{a\csc\theta} f(r^2) r dr$;

(3) $\int_0^{\frac{\pi}{2}} d\theta \int_0^{2\sin\theta} f(r\cos\theta, r\sin\theta) r dr$;

(4) $\int_0^{\frac{\pi}{4}} d\theta \int_{\sec\theta\tan\theta}^{\sec\theta} f(r\cos\theta - r\sin\theta) r dr$.

11. (1) 4π;　　　　　　　　　(2) $\sqrt{2} - 1$;

(3) $\dfrac{16}{9}$;　　　　　　　　(4) $\dfrac{\pi}{2}(1 - e^{-a^2})$.

12. (1) 18π;　　　　　　　　(2) $\pi(\cos\pi^2 - \cos4\pi^2)$;

(3) $\dfrac{3}{64}\pi^2$;　　　　　　(4) $\dfrac{\pi}{4}(2\ln2 - 1)$.

13. (1) $\dfrac{8}{3}$;　　　　　　　　(2) $\dfrac{\pi}{8}(\pi - 2)$;

(3) $\dfrac{9}{4}$;   (4) πR^3 ;

(5) π .

14. $\dfrac{3\pi}{32}a^4$.

15. 6π .

总习题 8

1. (1)D; (2)B; (3)B; (4)A; (5)B; (6)A;

(7)C; (8)C.

2. (1) $\dfrac{\mathrm{d}x - 2y\mathrm{d}y}{x - y^2}$;   (2) $-8(2x + y)\mathrm{e}^{-(2x+y)^2}$;

(3) -5 ;   (4) $\dfrac{2}{3}\pi R^3$;

(5)1;   (6) $\displaystyle\int_0^{\pi}\mathrm{d}\theta\int_0^{2a\sin\theta} rf(r\cos\theta, r\sin\theta)\mathrm{d}r$.

3. $f_x'(x,y) = \begin{cases} \dfrac{y^3}{(x^2 + y^2)^{\frac{3}{2}}}, & x^2 + y^2 \neq 0, \\ 0, & x^2 + y^2 = 0. \end{cases}$

4. $\dfrac{\partial z}{\partial x} = -\dfrac{2xyf'}{f^2}$, $\dfrac{\partial z}{\partial y} = \dfrac{2y^2 f' - f}{f^2}$.

5. $f_1' - \dfrac{1}{x^2}f_2' + xyf_{11}'' - \dfrac{y}{x^3}f_{22}''$.

6. $a = 3$ 或 -2 .

7. 长、宽、高分别取 2m,2m,3m.

8. $\dfrac{2R}{\sqrt{3}}$.

9. 略.

10. (1) $\pi^2 - \dfrac{40}{9}$;   (2) $\dfrac{1}{3}R^3\left(\pi - \dfrac{4}{3}\right)$;

(3) $\dfrac{1}{2}\pi - 1$;   (4) $-\dfrac{2}{5}$.

11. (1) $\displaystyle\int_{-2}^{0}\mathrm{d}x\int_{2x+4}^{4-x^2} f(x,y)\mathrm{d}y$;   (2) $\displaystyle\int_0^2\mathrm{d}x\int_{\frac{1}{2}x}^{3-x} f(x,y)\mathrm{d}y$;

(3) $\displaystyle\int_0^1\mathrm{d}y\int_{y^2}^{2} f(x,y)\mathrm{d}x + \int_1^2\mathrm{d}y\int_0^{\sqrt{2y-y^2}} f(x,y)\mathrm{d}x$.

12. 略.

习题 9.1

1. (1) $u_n = \dfrac{1}{2n}$;   (2) $u_n = \dfrac{n+1}{n^2+1}$;

(3) $u_n = (-1)^{n-1} \dfrac{n+1}{n}$;　　(4) $u_n = (-1)^{n-1} \dfrac{a^{n+1}}{2n+1}$.

2. $u_1 = 1, u_2 = \dfrac{1}{3}, u_n = \dfrac{2}{n(n+1)}$, $s = 2$.

3. (1)发散;　　(2)收敛;　　(3)收敛;　　(4)发散.

4. (1)收敛;　　(2)发散;　　(3)发散;　　(4)收敛;

(5)发散.

5. (1)收敛;　　(2)收敛;　　(3)发散;　　(4)发散.

6. $\dfrac{1}{12}$.

习题 9.2

1. (1)收敛;　　(2)收敛;　　(3)发散;

(4)收敛;　　(5)收敛;　　(6) $\alpha > 1$ 时收敛, $\alpha \leqslant 1$ 时发散.

2. 提示:利用正项级数的比较判别法.

3. (1)收敛;　　(2)发散;　　(3)收敛;

(4)收敛;　　(5)发散;　　(6)收敛.

4. (1)收敛;　　(2)发散;　　(3)收敛;

(4)收敛;　　(5)收敛.

5. (1)收敛;　　(2)发散;　　(3)收敛;　　(4)发散;

(5)发散;　　(6)收敛;　　(7)收敛.

6. (1)绝对收敛;　　(2)条件发散;　　(3)条件收敛;　　(4)绝对收敛;

(5)绝对收敛;　　(6)条件发散;　　(7)绝对收敛;　　(8)发散.

7. 不能.

习题 9.3

1. (1)1, $(-1,1)$;　　　　　(2) $+\infty, (-\infty, +\infty)$;

(3) 2, $(-4,0)$;　　　　　(4)1, $(-1,1)$;

(5) $\dfrac{1}{2}, \left(-\dfrac{1}{2}, \dfrac{1}{2}\right)$.

2. (1) $[-2,2]$;　　　　　(2)点 $x=0$ 收敛;

(3) $(-\infty, +\infty)$;　　　(4) $[-4,0)$;

(5) $(-\infty, +\infty)$;　　　(6) $(-1,1)$;

(7) $\left[-\dfrac{1}{2}, \dfrac{1}{2}\right]$.

3. (1) $(-\sqrt{3}, -1), (1, \sqrt{3})$;　　(2) $(-\infty, +\infty)$.

4. (1) $-\ln(1-x)$;　　　　(2) $\dfrac{1}{(1+x)^2}$.

5. (1) $\ln(1+x)$ $\quad(-1 < x \leqslant 1)$;

(2) $\dfrac{1}{(1-x)^2}$ $\quad(-1 < x < 1)$;

(3) $\dfrac{1}{(1+x)^2}$ $\quad(-1 < x < 1)$;

(4) $\dfrac{x^2}{(1-x)^2}$ $\quad(-1 < x < 1)$.

6. $[0,6]$.

习题 9.4

1. (1) $\displaystyle\sum_{n=0}^{\infty} (-1)^n x^{2n}$, $|x| < 1$;

(2) $\displaystyle\sum_{n=1}^{\infty} (-1)^{n-1} \dfrac{2^{2n-1}}{(2n)!} x^{2n}$, $|x| < +\infty$;

(3) $\displaystyle\sum_{n=0}^{\infty} (-1)^n \dfrac{x^{n+1}}{n!}$ $\quad(-\infty < x < +\infty)$;

(4) $\displaystyle\sum_{n=0}^{\infty} \dfrac{1}{a^{n+1}} x^n$, $|x| < a$;

(5) $\displaystyle\sum_{n=1}^{\infty} (-1)^{n-1} n x^{n-1}$, $|x| < 1$;

(6) $\displaystyle\sum_{n=0}^{\infty} \left(\dfrac{1}{2^{n+1}} - \dfrac{1}{3^{n+1}}\right) x^n$, $|x| < 2$;

(7) $\displaystyle\sum_{n=0}^{\infty} \dfrac{2}{4n+1} x^{4n+1}$ $\quad(-1 < x < 1)$.

2. (1) $\ln 2 + \displaystyle\sum_{n=1}^{\infty} \dfrac{(-1)^{n-1}}{n 2^n} (x-1)^n$ $\quad(-1 < x \leqslant 3)$;

(2) $-\dfrac{1}{3} \displaystyle\sum_{n=0}^{\infty} \left(1 + \dfrac{(-1)^n}{2^{n+1}}\right) (x-1)^n$ $\quad(0 < x < 2)$.

3. $\dfrac{1}{2} \displaystyle\sum_{n=0}^{\infty} (-1)^n \left[\dfrac{1}{(2n)!} \left(x + \dfrac{\pi}{3}\right)^{2n} + \dfrac{\sqrt{3}}{(2n+1)!} \left(x + \dfrac{\pi}{3}\right)^{2n+1} \right]$

$(-\infty < x < +\infty)$.

4. $\dfrac{\pi}{4} - 2 \displaystyle\sum_{n=0}^{\infty} \dfrac{(-1)^n 4^n}{2n+1} x^{2n+1}$, $x \in \left(-\dfrac{1}{2}, \dfrac{1}{2}\right]$; $\quad \dfrac{\pi}{4}$.

习题 9.5

1. 2.715.

2. 0.9848.

3. 0.7636.

总习题 9

1.(1)A ；　　(2)D；　　(3)C；　　(4)B；　　(5)A.

2.(1) $\dfrac{1}{3}$ ；　　　　　　　　　(2) $p>0$ ；

(3) $\left(-2-\dfrac{1}{\sqrt{2}},-2+\dfrac{1}{\sqrt{2}}\right)$ ；　(4) $\left|\dfrac{a}{b}\right|$ ；

(5) $(-2,4)$ ；　　　　　　　(6) $2\ln2-1$ ；

(7) $f^{(n)}(0)=\begin{cases}0, & n\text{ 为奇数,}\\(-1)^{\frac{n}{2}}\cdot n!, & n\text{ 为偶数.}\end{cases}$

3.(1)发散；　　(2)发散；　　　(3)发散；

(4)收敛；　　(5)收敛；　　　(6)收敛.

4.(1)收敛,绝对收敛；　　(2)收敛,绝对收敛；

(3)发散；　　　　　　(4)收敛且为条件收敛.

5.(1) $\left(-\dfrac{1}{3},\dfrac{1}{3}\right)$, $-\ln(1-3x)$ ；

(2) $(-\sqrt{2},\sqrt{2})$, $\dfrac{2+x^2}{(2-x^2)^2}$ ；

(3) $(-1,1)$, $\dfrac{x}{1-x}-\ln(1-x)$ ；

(4) $(-1,1)$, $\dfrac{x}{(1+x)^2}$.

6.(1) $[-3,3)$, $s(x)=\begin{cases}-\dfrac{1}{x}\ln(3-x), & x\in[-3,0)\bigcup(0,3),\\[2mm]\dfrac{1}{3}, & x=0;\end{cases}$

(2) $(-\sqrt{2},\sqrt{2})$, $s(x)=\dfrac{2+x^2}{(2-x^2)^2}$.

7.(1) $\displaystyle\sum_{n=0}^{\infty}\dfrac{n+1}{n!}x^n$ 　 $(-\infty<x<+\infty)$ ；

(2) $\displaystyle\sum_{n=1}^{\infty}\dfrac{(-1)^{n-1}}{(2n+1)(2n-1)!}x^{2n+1}$ 　 $(-\infty<x<+\infty)$ ；

(3) $\displaystyle\sum_{n=0}^{\infty}\dfrac{n+1}{2^{n+2}}x^n$ 　 $(-2<x<2)$.

8. $\ln\dfrac{x}{1+x}=-\ln2+\displaystyle\sum_{n=1}^{\infty}\dfrac{(-1)^{n-1}}{n}\left(1-\dfrac{1}{2^n}\right)(x-1)^n$ 　 $(0<x\leqslant2)$.

9. $(-1,1)$, $\arctan x$, $\dfrac{\sqrt{3}}{6}\pi$.

10. $f(x)=\displaystyle\sum_{n=1}^{\infty}\dfrac{nx^{n-1}}{(n+1)!}$ 　 $(x\neq0)$, $\displaystyle\sum_{n=1}^{\infty}\dfrac{n}{(n+1)!}=1$.

参考文献

[1]同济大学教学教研室,高等数学[M].5版.北京:高等教育出版社,2002.

[2]龚德恩.经济数学基础(第一分册 微积分)[M].修订本.成都:四川人民出版社,1998.

[3]吉林大学数学系.数学分析[M].北京:人民教育出版社,1979.

[4]常大勇.经济管理数学模型[M].北京:北京经济学院出版社,1996.

[5]钱颂迪.运筹学[M].北京:清华大学出版社,1990.

[6]M克莱因.古今数学思想[M].申又枨,等译.上海:上海科学技术出版社,1986.

[7]李志煦,等.微积分[M].北京:高等教育出版社,1988.

[8]李心灿,等.高等数学[M].北京:高等教育出版社,1999.